희소금속의
제련과
리사이클링

지은이 손호상

1983 경북대학교 금속공학과 학사
1985 경북대학교 금속공학과 석사
1993 일본 Kyoto대학 야금학과 박사
1985~1988 현대자동차 기술연구소
1993~1994 (주)영풍 석포제련소 기술연구소
1994~2001 포스코 기술연구소
2001~현재 경북대학교 신소재공학부 교수
2013~2015 경북대학교 공과대학 학장
경북대학교 산업대학원 원장
2017~2018 한국자원리싸이클링학회 회장
2018~현재 포스코 석좌교수

경북대학교 학술총서 9

희소금속의 제련과 리사이클링

초판 1쇄 2023년 2월 23일 | **초판 2쇄** 2023년 9월 26일
지은이 손호상 | **펴낸이** 홍원화 | **펴낸 곳** 경북대학교출판부
출판등록 1973년 10월 10일 ㉣97호 | **주소** 대구광역시 북구 대학로 80
전화 053-950-3830 | **팩스** 053-953-4692
이메일 press@knu.ac.kr | **홈페이지** http://knupress.com
ISBN 978-89-7180-607-4 93580

정가는 뒤표지에 있습니다. 파본은 바꾸어 드립니다.

이 저서는 〈2022년 경북대학교 연구학술총서 집필 및 출간지원사업〉의 재원으로 출간되었습니다.

희소금속의 제련과 리사이클링

Extractive Metallurgy and Recycling of Rare Metals

손호상 지음

경북대학교출판부

머리말

인류가 금속을 사용하기 시작한 역사는 이라크의 샤니다르 동굴에서 자연동으로 만든 인류 최초의 구리제품인 펜던트(길이 2.3 cm, 두께 0.3 cm)가 발견되면서 기원전 9500년경으로 거슬러 올라가게 되었다. 구리(Cu)에 이어 기원전에 납(Pb), 은(Ag), 금(Au), 주석(Sn), 철(Fe), 수은(Hg)의 순서로 금속을 사용하여 이 일곱 가지 금속을 고대금속(metals of antiquity)이라 부른다. 최초의 금속 유물들은 장신구로 사용되었으나 뒤이어 화폐, 무기, 농기구 등으로 사용되면서 금속은 우리 인류와 밀접한 관계를 가지게 되었다. 인류는 이러한 금속을 만들기 위한 '자원'과 '기술'을 확보하기 위해 수많은 전쟁을 하였으며, 현재도 이러한 상황은 바뀌지 않아 '자원전쟁', '기술전쟁', '자원의 무기화'와 같은 용어들이 난무하고 있다.

여기서 자원(resources)은 '원재료나 광물과 같이 인류에게 유용한 물질의 저장원'으로, '지하자원'이나 '천연자원'을 의미하였으나, 최근에는 순환경제(circular economy)의 등장과 함께 도시광산인 '지상자원'까지 포함하게 되었다. '도시광산'이란 지상에 축적되어 있는 공업제품을 재생가능한 자원으로 간주하여, 이러한 자원이 축적된 장소를 도시광산으로 명명하면서 사용되기 시작하여 지금은 사회 전반에서 일반적인 용어로 자리 잡았다.

한편 천연자원은 특정한 지역에 편중되어 있는 경우가 많으며, 특히 우리나라는 몇 가지를 제외한 대부분의 금속자원을 수입에 의존하고 있다. 그러나 산업과 사회의 발달에 따라 우리나라에도 많은 지상자원이 축적되어 있으므로 이러한 지상자원을 유용하게 활용하는 것이 '자원전쟁'에서 살아남아 성장의 한계를 극복할 수 있는 지름길이 될 것이다. 특히 최근의 탄소중립(carbon neutral)은 더 이상 미룰 수 없는 최대의 과제가 되었지만, 이를 달성하기 위한 최선의 방법 중 한 가지가 자원 리사이클링, 특히 '금속자원의 리사이클링'이다. 지상자원으로부터 금속을 추출하면 금속 종류에 따라 천연자원으로부터 금속을 추출하는 것에 비하여 불과 수 %에서 수십 %의 에너지로도 충분하며, 이산화탄소 배출량도 획기적으로 감소한다. 따라서 금속자원의 리사이클링은 더 이상 선택이 아닌 필수가 되었다.

한편 도시광물로부터 금속자원을 회수하는 기술의 기본은 천연자원에서 금속을 추출하는 기술에서 출발한다. 따라서 전작인 『자원리사이클링공학』에서는 이러한 금속의 리사이클링을 위한 기초적인 내용을 중심으로 다루었으며, 또 『범용금속의 리사이클링』에서는 금속 중에서 생산량이 압도적으로 많은 철을 비롯하여 알루미늄, 구리, 아연, 납의 제련과 리사이클링 기술을 살펴보았다. 본 서에서는 첨단산업을 지탱하는 희소금속과 귀금속의 제련기술과 함께 주요 발생원에 따른 각 금속의 리사이클링 기술에 대해 상세하게 설명하였다. 다만 희토류 원소(17개)와 백금족 금속(6개)을 포함하여 우리나라에서 지정한 50여 개가 넘는 모든 희소금속을 다룰 수는 없어 최근 이슈가 되고 있는 핵심 금속(critical metals)을 위주로 설명하였다.

우선 제1장에서는 금속제련과 리사이클링 기술의 필요성부터 금속리사이클링 기술의 근간이 되는 금속 제련기술의 기본적인 개요에 대하여, 그리고 제2장~제4장에서는 배터리 양극재에 사용되는 Li, Ni, Co와 함께 솔더 합금의 주원료인 Sn의 제련과 리사이클링 기술에 대해 설명하였다. 제5장~제7장에는 반도체와 태양전지 원료인 Si과 대표적인 구조용 경금속인 Mg, Ti에 대하여, 제8장~제12장에는 고융점 희소금속인 Zr과 Hf, W, Mo, V, Nb과 Ta에 대하여 설명하였다. 그리고 제13장에는 귀금속인 Au, Ag와 Pt, Pd 등의 백금족 금속에 대하여, 마지막으로 제14장에는 희토류 원소의 제련과 리사이클링 기술에 대해 설명하였다. 비록 이 한 권의 책으로 모든 희소금속을 다루지는 못하지만, 전작인 『자원리사이클링공학』, 『범용금속의 리사이클링』과 함께 본 서를 활용한다면 순환경제 시대의 새로운 비즈니스 모델 구축은 물론 지구환경 보호와 한정된 자원의 효율적인 이용 및 탄소중립의 달성으로 우리 사회의 지속 가능한 성장에 크게 기여할 수 있을 것으로 기대한다.

마지막으로 본 서의 출간을 지원해 주신 경북대학교에 감사드리며, 특히 교정 및 출간을 위해 수고를 아끼지 않으신 경북대학교출판부 직원분들께 깊은 감사의 인사를 드린다.

2023년 2월

소야(蘇爺) 손호상

희소금속의 제련과 리사이클링

contents

제3장 니켈과 코발트
Nickel and Cobalt

제4장 주석
Tin

contents

제5장 실리콘 Silicon

제6장 마그네슘 Magnesium

제 7 장 타이타늄
Titanium

제 8 장 지르코늄과 하프늄
Zirconium and Hafnium

희소금속의 제련과 리사이클링

contents

제9장 텅스텐 Tungsten

제10장 몰리브데넘 Molybdenum

제 11 장 바나듐
Vanadium

제 12 장 나이오븀과 탄탈럼
Niobium and Tantalum

contents

제 13 장 귀금속
Precious Metals

제 14 장 희토류 원소
Rare Earth Elements

1

금속제련과 리사이클링의 개요

Introduction to Extractive Metallurgy and Recycling

제1장 |

금속제련과 리사이클링의 개요

Introduction to Extractive Metallurgy and Recycling

1. 서론

지구상에 존재하는 천연자원은 사용할 수 있는 양이 한정되어 있으므로 무한정 사용할 수 없는 것이 현실이다. 1972년 Donella H. Meadows 등이 『성장의 한계(The Limits to Growth)』[1]를 발표하여 이러한 자원 고갈에 대해 경종을 울린 지 벌써 반세기가 지났다. 그동안 '도시광산(Urban Mine)'이란 신조어가 생겨나면서 천연자원인 지하자원에서 지상자원으로 관심을 돌리게 되었다.[2] 또 『성장의 한계』가 발표되고 약 40년이 지난 2013년과 2014년에 '선형경제(linear economy)에서 순환경제(circular economy)로의 전환'이 다보스 포럼의 핵심의제로 연이어 등장하여 우리의 관심을 모았다. 늦은 감은 있으나 이러한 움직임은 지속가능한 사회 형성에 공헌할 수 있는 새로운 대안이 제시되었다는 점에서는 매우 고무적인 현상이다.

천연에서 금속 상태로도 존재하는 금, 은, 구리 등을 제외하면 금속 대부분은 천연 상태에서 산화물, 황화물, 탄산염 등의 화합물로 존재한다. 인류는 산불 등 외부적인 사건이나 시행착오를 거쳐 자연 상태에서 화합물로 존재하는 금속광석에서 금속을 추출하게 되었다. 이러한 금속의 제련 기술은 인류 문명의 발달에 따른 주변 기술의 변천에 따라 크게 발전하여 왔다. 천연광석에서 금속을 추출하는 기술은 채굴한 광석을 선광한 후 물리화학적 법칙과 원리에 따라 목적으로 하는 금속을 금속 상태나 화합물 등으로 회수하는 것이다. 물리화학적 처리 기술에는 고온으로 용융하여 상을 분리하는 건식제련, 상온 근처에서 산이나 알칼리 용액 등으로 처리하여 목적금속을 회수하는 습식제련, 전기를 이용하여 목적금속을 채취하는 전해제련이 있다.

지상자원에서 금속을 추출하는 기술 역시 천연자원에서 금속을 추출하는 기술과 큰 차이는 없다. 지상자원을 수집하여 필요에 따라 파·분쇄하고 선별하는 전처리를 거친 후, 회수하고자 하는 목적금속에 적합한 물리화학적 처리를 한다. 오히려 지상자원은 금속 상태로도 존재하므로, 화합물을 환원하여 금속 상태로 만드는 환원 공정이 필요 없는 경우도 많아 환원에 소비되는 에너지를 줄일 수 있어 저비용의 친환경 기술이라 할 수 있다. 특히 금속은 리사이클링에 의해 원재료와 동등한 품질의 소재로 재생할 수 있는 장점이 있다. 예를 들면 알루미늄이나 타이타늄, 마그네슘 등의 금속 스크랩은 수집과 선별 후, 용융하여 적절한 정제 공정만 거치면 곧바로 새로운 제품에 사용할 수 있는 원재료로 재생된다. 특히 금속을 리사이클링하면 제품 생산에 필요한 에너지와 CO_2 발생량을 현저하게 줄일 수 있다. 따라서 스크랩으로부터 금속을 생산하는 것은 탄소중립에 의한 지구환경 보호는 물론 새로운 친환경 비즈니스 모델이 될 것이다.

제1장에서는 금속제련과 리사이클링 기술의 필요성부터 금속의 분류, 리사이클링 기술의 근간이 되는 금속제련 기술의 기본적인 개요를 설명

하였다.

제2장에서는 주기율표에서 첫 번째로 등장하는 금속이자 생산량 대부분이 리튬이온 배터리에 사용되는 리튬(Li)의 제련 기술과 리사이클링 기술에 관하여 설명하였다. 아울러 리튬이온 배터리의 리사이클링 기술도 상세하게 설명하였다.

제3장에서는 리튬이온 배터리 양극재의 주요 원료이면서 특정 지역에서만 산출되는 니켈(Ni)과 코발트(Co)의 제련과 리사이클링 기술에 관해 설명하였다. 특히 Ni과 Co는 같은 광석에서 산출되는 경우가 많고, Co는 구리나 니켈 제련 부산물로 생산되므로 Ni과 같은 장에서 다루었다.

제4장에서는 희소금속이지만 인류 역사와 함께한 주석(Sn)의 제련과 리사이클링 기술에 관해 설명하였다. Sn은 청동기 시대부터 사용하여 온 금속이지만, 최근에는 전기·전자 제품의 무연 솔더(lead free solder, 땜납) 합금의 주원료로 사용되고 있으므로, 솔더 합금의 리사이클링 기술에 관해 설명하였다.

제5장에서는 실리콘(Si)의 제련과 리사이클링 기술에 관해 설명하였다. Si 그 자체는 구조용 금속이 아니며, 자원적으로도 매우 풍부하고, 생산량 대부분이 철강 제조용으로 사용되는 금속이다. 그러나 고순도 Si은 태양전지, 반도체 등에 사용되는 핵심금속이며, 최근에는 리튬이온 배터리의 음극재 후보가 된 금속이다. Si의 리사이클링에서는 주로 절삭 칩과 태양전지 셀의 리사이클링에 관하여 설명하였다.

제6장에서는 구조용 금속 중 밀도가 가장 낮은 마그네슘(Mg)의 제련과 리사이클링 기술에 관해 설명하였다. Mg은 Al 등의 합금원소로도 사용되지만, 자동차 경량화에 의한 연비나 전비 증가를 위한 철강재의 대체

재료로 주목을 받으면서 새로운 Mg 합금을 개발하기 위한 많은 연구가 이루어지고 있다. 특히 Mg은 우리나라에도 비교적 풍부한 자원으로, 향후 새로운 제련 기술의 개발이 기대되고 있다.

제7장에서는 Mg과 함께 비강도가 높은 경량금속이면서 전략금속인 타이타늄(Ti)의 제련과 리사이클링 기술에 대하여 설명하였다. Ti은 자원적으로는 아홉 번째로 풍부한 금속이지만, 금속으로의 환원이 어려워 일본, 중국, 러시아 등 5~6개국에서만 생산되는 핵심금속이다. Ti은 제품제조 공정에서 다량의 스크랩이 발생하므로, 이러한 스크랩을 리사이클링한다면 Ti 사용 분야의 확대를 기대할 수 있다.

제8장에서는 주기율표에서 Ti과 같은 족에 속하면서 제련 방법도 거의 유사한 지르코늄(Zr)과 하프늄(Hf)의 제련 기술과 리사이클링 기술에 관해 설명하였다. 특히 Zr과 Hf은 같은 광석에서 산출되며, Hf은 Zr의 부산물로 생산된다. 또 Zr은 원자력산업에서 연료봉의 피복재로 사용되는 핵심금속이지만, 자원적인 문제와 기술적인 문제에 따라 Hf과 함께 일부 국가에서만 생산되고 있다.

제9장에서는 대표적인 중금속이면서 고융점 금속인 텅스텐(W, 중석)의 제련과 리사이클링 기술에 관해 설명하였다. 특히 W은 우리나라에서도 생산되고 있는 희소금속으로, 기계산업에 필수적인 공구강은 물론 초경합금의 주원료로 사용되는 핵심금속이지만, 현재 W의 천연원료 대부분을 중국에서 수입하고 있으므로 스크랩의 리사이클링을 활성화하여 지상자원에서의 공급처를 확보하는 것이 시급하다.

제10장에서는 W과 함께 대표적인 고융점 금속인 몰리브데넘(Mo)의 제련과 리사이클링 기술에 관해 설명하였다. Mo은 철강의 합금원소로

사용될 뿐만 아니라 석유화학 등의 촉매로도 사용되고 있으므로 촉매 중 Mo의 회수 기술에 관해서도 설명하였다.

제11장에서는 차세대 전지의 원료로 주목받고 있는 고융점 희소금속으로, 철강의 합금원소는 물론 화학산업에서 촉매로 널리 사용되는 비나듐(V)의 제련과 리사이클링 기술에 관해 설명하였다. 특히 석유화학 탈황 폐촉매 중에는 다량의 V이 함유되어 있으므로 이의 리사이클링이 중요하다.

제12장에서는 V과 같은 족에 속하는 고융점 희소금속인 나이오븀(Nb)과 탄탈럼(Ta)의 제련과 리사이클링 기술에 관해 설명하였다. 특히 Ta은 Nb의 부산물로 생산되고 있다. Nb은 철강의 중요한 합금원소이며, Ta은 전자산업의 콘덴서 재료로 필수적인 금속이지만 한정된 지역에서만 산출될 뿐 아니라 생산량도 얼마 되지 않는 핵심금속이다.

제13장에서는 귀금속(precious metals)인 금(Au), 은(Ag) 및 백금족 금속(platinum group metals)의 제련과 리사이클링 기술에 관해 설명하였다. 금, 은은 경제적 가치는 물론 전기·전자산업에서도 핵심적인 역할을 하는 핵심금속이지만, 우리나라에서는 희소금속으로 지정되어 있지 않다. 백금족 금속은 전체 생산량이 연간 500톤에도 미치지 못할 뿐만 아니라 대부분은 남아프리카공화국과 러시아 등 극히 한정된 국가에서만 생산되고 있다. 또 백금(Pt), 팔라듐(Pd) 등은 독특한 촉매 특성이 있어서 일반 산업용 촉매를 비롯하여 내연기관 자동차의 배기가스 촉매는 물론 수소 연료전지의 필수 촉매 재료로 사용되므로 안정적인 공급원을 확보하는 것이 시급한 금속이다.

제14장에서는 희소금속 중에서도 희소(rare)라는 단어를 사용하는 희토류 원소(rare earth elements) 17종의 제련과 리사이클링 기술에 관

하여 설명하였다. 희토류 원소는 이름과 달리 지각 중에 비교적 풍부하게 존재하는 원소도 있으나, 광범위한 영역에 분포되어 경제적 가치가 떨어지며, 일부 지역에만 경제성 있는 광석이 존재하는 대표적인 희소금속이다. 특히 희토류 원소는 독특한 여러 가지 특성으로 인해 현대산업에 필수적인 핵심금속이 되었다.

이상에서 살펴본 바와 같이 이 책에서는 현대 산업사회의 핵심금속 39종의 제련 기술과 이를 응용한 리사이클링 기술에 관한 기존의 상용 기술은 물론 향후 유망한 기술에 관하여 설명하였다.

2. 탄소중립과 금속 리사이클링

그림 1.1에 금속 리사이클링 관점에서의 선형경제와 순환경제의 개념을 모식적으로 나타내었다.[3] 그동안 인류는 그림처럼 천연자원을 채취(resource extraction)하여 제품을 생산하고(production) 사용(consumption) 후에 폐기(dispose)하는 선형경제(linear economy) 구조 속에서 살아왔지만, 이러한 경제 모델에서는 성장의 한계에 도달할 수밖에 없다. 특히 천연자원에서 금속을 추출하는 과정은 다량의 에너지를 소비할 뿐만 아니라 지구 온난화의 주범인 CO_2를 다량으로 배출한다. 또 제품의 수명이 다하면 필연적으로 막대한 양의 폐기물(waste)이 발생하지만, 이제는 이러한 폐기물을 처분할 장소조차 구하지 못하는 실정이 되었다. 따라서 이러한 선형경제의 대안으로 순환경제(circular economy) 모델이 주목을 받게 되었다.

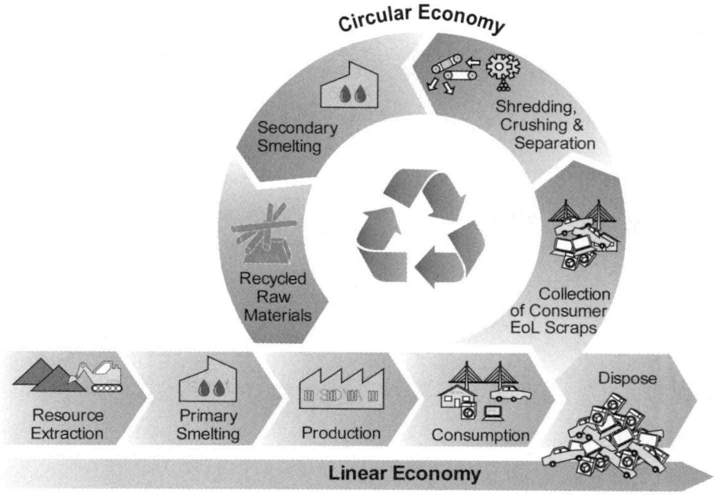

그림 1.1. 금속 리사이클링 관점에서의 선형경제와 순환경제

순환경제는 제품 생산부터 사용 이후까지의 전체 과정에서 상품의 사용기간을 늘리고, 자원을 효율적으로 사용하여 폐기물 배출을 최소화하는 것이다. 자원 리사이클링 관점에서는 제품의 수명이 다하여 배출되는 폐기물을 재자원화하여 지속 가능한 경제구조를 구축하는 것이다.

이산화탄소(CO_2)가 지구 온난화의 주범이 되어 전 세계적으로 탄소중립(carbon neutral)*이 큰 주목을 받게 되었다. 광석으로부터 금속을 추출하는 제련산업에서는 탄소를 환원제로 사용하여 금속(철강, Si, Sn, Pb 등)을 추출하는 건식제련은 물론 습식제련을 위한 예비처리나 에너지원으로도 화석 연료를 많이 사용하고 있다. 따라서 탄소중립을 위한 대체 환원제로 수소가 주목받고 있으나, 수소에 의한 환원은 대부분 흡열반응

---

* 탄소중립(carbon neutral): 이산화탄소(CO_2)를 배출한 만큼 이산화탄소를 흡수하는 대책을 세워 실질적인 이산화탄소 배출량을 '0'으로 만든다는 개념(출처: 네이버 지식백과)

이므로 별도의 열원이 필요하며, 타이타늄, 알루미늄, 마그네슘 등 열역학적으로 수소로는 환원할 수 없는 금속광물들도 많다.

한편, 금속 스크랩을 리사이클링하여 원소재로 재생하면 품질의 저하 없이도 천연광석에서 금속을 추출하는 것보다 CO_2 발생량과 에너지 소비량을 대폭으로 낮출 수 있다. 표 1.1에는 몇 가지 금속의 1차 지금(광석에서 생산된 금속)과 2차 지금(스크랩 등 2차 자원에서 생산된 금속)을 생산할 때의 CO_2 발생량과 에너지 원단위를 비교하여 나타내었다.[4] 스크랩을 이용한 2차 지금을 생산할 때 납(Pb)은 CO_2 발생량이 98.8 %까지 감소하며, 알루미늄, 아연, 구리, 철의 순으로 CO_2 발생량이 대폭 감소

표 1.1. 광석에서의 1차 지금 생산과 스크랩에서의 2차 지금 생산 시의 CO_2 발생량(CO_2 kton/10^5 ton)과 에너지 원단위(TJ/10^5 ton) 비교

	금속	1차 지금	2차 지금	절감량/절감률(%)	
이산화탄소 발생량	철 Fe	167	70	97	58.1
	알루미늄 Al	383	29	354	92.4
	구리 Cu	125	44	81	64.8
	아연 Zn	236	56	180	76.3
	납 Pb	163	2	161	98.8
	니켈 Ni	212	22	190	89.6
	주석 Sn	218	3	215	98.6
	종이 Paper	0.17	0.14	0.03	17.6
에너지 원단위	철 Fe	1,400	1,170	230	16.4
	알루미늄 Al	4,700	240	4,460	94.9
	구리 Cu	1,690	630	1,060	62.7
	아연 Zn	2,400	1,800	600	25.0
	납 Pb	1,000	13	987	98.7
	니켈 Ni	2,064	186	1,878	91.0
	주석 Sn	1,820	20	1,800	98.9
	종이 Paper	3,520	1,880	1,640	46.6

하여 지구환경 보호를 위한 탄소중립에 크게 이바지할 수 있다. 또 모든 금속은 스크랩으로부터 재생하면 용융과 정련 등에 사용되는 에너지만 필요하므로 알루미늄, 납, 니켈, 주석 등의 2차 지금 생산 시 에너지 원단위 절감률은 90 %를 넘는 수준이다. 그리고 타이타늄 스펀지와 스크랩으로부터 잉곳을 만드는 것을 비교하면 약 95 %의 에너지와 CO_2 발생량을 절감할 수 있다.[5] 따라서 금속산업에서 탄소중립을 달성할 수 있는 획기적인 신기술이 등장하기 전까지는 도시광산을 활용한 리사이클링만이 지구 온난화를 방지할 수 있는 최선의 해법이 될 것이다.

3. 금속의 분류와 희소금속

주기율표에는 100여 개의 원소가 실려 있는데, 그중에서 80여 개의 원소가 금속이나 반금속으로 불리는 원소들이며, 다수의 원소는 금속 재료로 실용화되어 널리 사용되고 있다. 그림 1.2에는 주기율표상의 금속 원소를 희소금속과 범용금속으로 분류하여 나타내었다. 금속은 크게 전 세계 금속 생산량의 95 % 이상을 차지하는 철강(Fe)과 그 나머지인 비철금속(non-ferrous metals)으로 구분한다. 비철금속은 다시 그중에서도 비교적 생산량이 많은 범용금속(common metals, Al, Cu, Zn, Pb), 귀금속에 속하는 Au, Ag, 그리고 백금족 금속, 희토류 원소(REEs)를 포함한 희소금속(rare metals)과 기타 금속으로 구분할 수 있다.

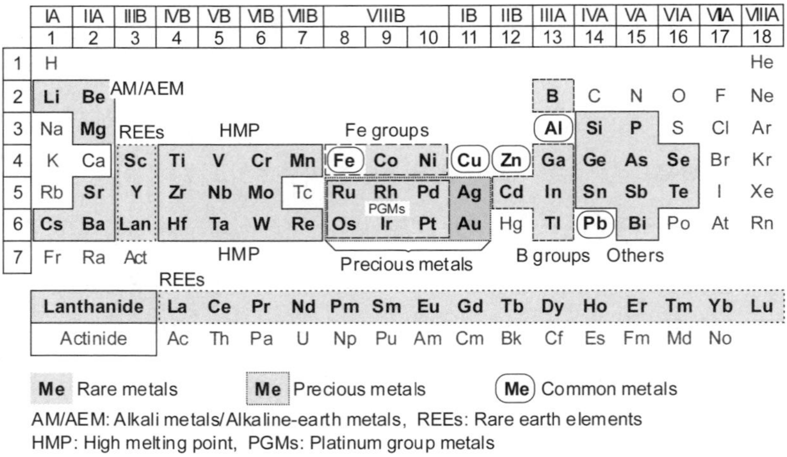

그림 1.2. 주기율표상의 금속 분류와 희소금속

한편 희소금속은 영어의 'rare metals'를 번역한 것으로, 범용금속에 상대되는 말이다. 희귀한 금속이란 뜻이지만 학술적으로 분명하게 정의된 단어는 아니며, 오히려 최근에는 핵심금속(critical metals)이라 부르기도 한다.[6] 따라서 어떤 원소를 희소금속으로 분류할 것인지에 대해서도 보편적인 기준이 있는 것은 아니다. 그러나 일반적으로 희소금속이란 백금족 금속처럼 원소의 지각 내 존재도가 낮거나 지역적으로 편재된 금속, Ti처럼 자원적으로는 풍부하여도 금속으로의 추출이나 정련이 어려운 금속, 또 V처럼 지각 중의 원소 존재도는 높지만, 지역적으로 널리 분포되어 있어서 광석의 품위가 낮아 경제적으로 채산성이 없는 금속을 지칭한다. 그리고 Ni이나 Co처럼 장래에 안정적인 공급이 곤란할 가능성이 다른 금속보다 상대적으로 높은 금속도 희소금속으로 분류하고 있다.[7] 따라서 희소금속으로 분류되는 금속의 종류는 국가별로 차이가 있다. 표 1.2에는 우리나라를

비롯한 몇몇 국가(지역)에서 지정한 희소금속(핵심금속)의 예를 나타내었으며,[6] 이 책에서 다루는 희소금속은 굵은 글씨체로 표시하였다.

우리나라에서는 표 1.2에 나타낸 바와 같이 백금족 금속(6종)과 희토류 원소(17종)를 포함하여 35종(56원소)을 희소금속으로 분류하고 있다. 이러한 분류는 나라마다 사정이 달라, 일본에서는 31종(Mg, Cd, P, Si 제

표 1.2. 국가별 지정 희소금속(핵심금속)의 예

Country	Critical metals and materials
Korea	▪ Alkali metals: **Li**, **Mg**, Cs, Be, Sr, Ba ▪ Fe group: **Co**, **Ni** ▪ Half metals: **Si**, **Sn**, P, Ge, As, Se, Sb, Te, Bi ▪ Refractory metals: **Ti**, **Zr**, **Hf**, **W**, **Mo**, **V**, **Nb**, **Ta**, Cr, Mn, Re ▪ B group: B, Ga, In, Tl, Cd ▪ **PGMs***: **Ru, Rh, Pd, Os, Ir, Pt** ▪ **REEs**** (17 elements)
European Union	▪ Ge, Ga, In, Bi, Be, Sb, **Ta**, **Nb**, **Hf**, **Co**, **W**, **V**, **Mg**, **Si**, ▪ He, barite, b orates, natural graphite, natural rubber, fluorspar, phosphate rock ▪ **PGMs*** ▪ **REEs**** (17 elements), **Sc**
USA	▪ Critical: **REEs**** (Dy, Eu, Nd, Tb, Y) ▪ Near critical: **Li**, Te, In, Ce, La
Japan	▪ 30 rare metals: **Li**, **Ni**, **Co**, **Ti**, **Zr**, **Hf**, **W**, **Mo**, **Nb**, **Ta**, V, **Pt**, **Pd**, Rb, Cs, Be, Sr, Ba, Cr, Re, Mn, B, Ga, In, Tl, Ge, Sb, Bi, Se, Te ▪ **REEs**** (17 elements)
China	▪ Rare metals: 4 light metals (**Li**, Rb, Cs, Be) ▪ 15 heavy and refractory metals: **W**, **Mo**, **Sn**, **Co**, **Ni**, V, **Ti**, **Zr**, **Hf**, **Nb**, Ta, Sr, Be ▪ 8 scare metals: Ga, In, Ge, Se, Sb, Te, Re, Tl, Cr, Cd ▪ 6 **PGMs*** ▪ 17 **REEs****
UNEP	**Li**, **Co**, **Ta**, In, Ge, Ga, Sb, **PGM**, **REEs****

* PGMs: Platinum group metals, ** REEs: Rare earth elements

외, 백금족 금속은 Pd, Pt만 포함 등), 미국에서는 33종(Mg, Ni, P, As, Sb, Sn 제외, Ca, Rb, Th, U, Pu 포함)을 핵심금속으로 지정하여 관리하고 있지만, 이러한 분류는 시대에 따라 달라질 수 있다.[8] 특히 실리콘(Si)은 지각 중 원소 존재도에서 산소 다음으로 풍부하고, 연간 전 세계 생산량도 800만 톤 수준이지만 우리나라에서는 희소금속으로 지정하고 있다.

희소금속은 일부를 제외하면 소량만 첨가해도 금속 소재에 다양한 기능을 부여할 수 있는 핵심 물질이다. Nb은 전 세계의 연간 생산량이 10만 톤에도 못 미치지만 특수강의 핵심 첨가원소이다. 특히 리튬이온 배터리의 주요 구성 물질인 Li, Ni, Co 등은 물론, 촉매로 사용되는 Pt, Pd 등의 백금족 금속, 자성재료로 사용되는 Nd(네오디뮴), Dy(디스프로슘) 등의 희토류 원소는 첨단산업의 핵심 소재가 되었다. 표 1.3에는 이러한 희소금속의 첨가 목적과 용도에 따른 첨가 금속의 예를 나타내었다.

표 1.3. 희소금속의 첨가 목적 및 용도, 첨가 금속의 예

첨가 목적 및 용도	첨가 희소금속의 예
철강 고기능화를 위한 첨가물	**Ni, Co, W, Mo, V, Nb**, Cr, Mn
초경합금공구	**W, Co, V, Ni, Ta**, Cr
형광 재료	**Y, La**, Ce, Eu, Tb
플라스틱의 난연제	Sb
자동차 배기가스 정화 촉매	**Pt, Pd, Rh**
소형 콘덴서	**Ta, Nb, Ni**
액정 TV	In, **Sn**
리튬이온 배터리	**Li, Ni, Co**, Mn, **(Si, V)**
희토류 자석	**Nd, Dy, Tb, Sm, Co**
납 대체 재료	**Sn**, Bi
발광다이오드(LED)	Ga
반도체	**Si**, Ga, As
수소 연료전지	**Pt, Pd**
열전 변환 소자	Bi, Te, Sb

4. 금속제련의 개요

금속제련이란 상평형의 물리화학적 법칙과 원리에 따라 상을 분리하여 금속상을 추출하는 기술 체계이다. 즉, 원료를 물리화학적 법칙에 따라 처리하여 순금속이나 합금 또는 화합물로 추출하는 조작을 의미한다. 여기서 원료는 주로 천연광석을 의미하였으나, 이제는 지상자원인 도시광산까지 포함하게 되었다. 실제로 도시광산에서 금속을 추출하는 기술의 근본 원리나 실제 공정은 천연광석의 제련 기술에서 유래하였다. 따라서 이하에서는 제련의 대상이 되는 원료부터 제련의 기본 원리 등에 대해 간략히 설명한다. 더욱 상세한 내용에 대해서는 제련공학이나 자원리사이클링공학[9] 등을 참고할 수 있을 것이다.

1) 금속제련의 원료

전통적으로 금속제련의 원료로는 '지하자원'이나 '천연자원'만 생각해 왔다. 그러나 최근에는 순환경제와 탄소중립의 중요성이 주목받으면서 도시광산인 '지상자원'도 중요한 금속제련의 원료로 주목받게 되었다.

(1) 천연광석

주기율표의 금속원소 중에는 Cu, Ag, Au 등과 같이 자연 상태에서 금속으로 존재하는 것도 있으나, 대부분은 황화물, 산화물, 탄산염, 규산염, 황산염, 비화물 등의 광물(mineral)로 산출된다. 표 1.4에는 이러한 천연광석들의 종류를 나타내었다.[10,11] 광석(ore)이란 지각을 구성하는 광물 중에서 경제적으로 채굴, 선광*, 제련할 수 있는 양의 유가광물과 무가

표 1.4. 광석의 종류와 주요 구성 성분

Type of ore	Elements or compounds
Native metals	Cu, **Ag**, **Au**, As, Sb, Bi, **Pt(Os, Ir, Pd)**, Mn(nodules on ocean floor)
Oxides	Al_2O_3, Fe_2O_3, Fe_3O_4, **SiO_2**, **SnO_2**, MnO_2, **TiO_2**, $FeO \cdot Cr_2O_3$, **$FeO \cdot WO_3$**, Cu_2O, ZnO, ThO_2, Bi_2O_3, **MgO**, **$(Fe, Mn)(Nb, Ta)_2O_6$**
Sulfides	Ag_2S, Cu_2S, CuS, PbS, ZnS, HgS, $FeS \cdot CuS$, FeS_2, Sb_2S_3, Bi_2S_3, **MoS_2**, **NiS**, CdS, $FeAs_2 \cdot FeS_2$, $(Fe, Ni)_9(S, Te)_8$, (Tl, Pb)S
Carbonates	$CaCO_3$, **$CaCO_3 \cdot MgCO_3$**, **$MgCO_3$**, $FeCO_3$, $PbCO_3$, $BaCO_3$, $SrCO_3$, $ZnCO_3$, $MnCO_3$, $CuCO_3 \cdot Cu(OH)_2$, $2CuCO_3 \cdot Cu(OH)_2$, K_2CO_3, $(BiO)_2CO_3 \cdot H_2O$
Silicates	$Be_3AlSi_6O_{18}$, **$ZrSiO_4$**, $Sc_2Si_2O_7$, $NiSiO_3 \cdot XMgSiO_3$, $ThSiO_4$, **$LiAlSi_2O_6$**
Sulfates	$BaSO_4$, $SrSO_4$, $PbSO_4$, $CaSO_4 \cdot 2H_2O$, $CuSO_4 \cdot 2Cu(OH)_2$
Fluorides	CaF_2
Halides	NaCl, KCl, AgCl, **$KCl \cdot MgCl_2 \cdot 6H_2O$**, NaCl and **$MgCl_2$** in sea water
Phosphates	**$LiF \cdot AlPO_4$**, **$Th_3(PO_4)_4 \cdot X(Re)(a^*)PO_4$**
Miscellaneous	**$(Fe, Mn)WO_4$**, **$CaWO_4$**, **$(Co, Ni)As_2$**, **$(Co, Fe)As_2$**, **NiSb**, **$PtAs_2$**, $(Cu, Tl, Ag)_2Se$

* (a) Rare earth elements such as Ce, Nd etc. or La

치한 맥석(gangue)의 혼합체를 일컫는다. 이러한 광석에는 목적금속이 단독으로 존재하기도 하지만 몇 가지 금속이 복합되어 있는 경우가 많다.

* 광석 중에서 가치가 없는 맥석(gangue) 등을 제거하는 공정

Mo은 단독광으로도 존재하지만, Cu와 복합광이거나 Cu 광석의 선광 과정에서 부산물로 회수되기도 한다. 또 어떤 금속들은 목적금속을 추출하는 공정에서 부산물로 회수되기도 한다. 예를 들면, Hf은 Zr 제련의 부산물로서만 생산되고 있다. 특히 리튬이온 배터리의 양극재로 사용되는 코발트(Co)는 대부분 Cu-Co, Ni-Co 광석 중에 소량 함유되어 있어서 Cu 및 Ni 제련의 부산물로 생산되고 있다. 또 아연(Zn) 제련에서는 은(Ag), 카드뮴(Cd), 인듐(In) 등을, 동 제련에서는 은(Ag), 금(Au), 백금(Pt), 팔라듐(Pd) 등을 부수적으로 회수하고 있다.

한편 상당수의 비철금속은 Fe과의 화합물로 존재하여 Fe을 제거하는 것이 가장 큰 과제이다. 예를 들면 Ti 원료인 ilmenite는 $FeTiO_3$이며, Ni 황화광인 pentlandite는 $(Ni,Fe)_9S_8$, Ni 산화광인 laterite는 $(Ni,Co)SiO_3 \cdot (Fe,Al,Cr)_2O_3 \cdot xH_2O$이다. 그리고 Sn 광석인 석석(cassiterite, tinstone, SnO_2)에는 불순물로 다량의 Fe이 존재한다. 따라서 이러한 금속의 제련에서는 Fe을 우선하여 제거한 후에 각각의 금속을 추출하고 있다.

(2) 도시광물

금속의 관점에서 '도시광산'이란 그동안 인류가 천연광석에서 추출한 금속으로 생산한 공업 제품이 지상에 축적된 것을 재생 가능한 자원으로 간주하여 만들어 낸 말이다. 사회 전반에서 일반적인 용어가 된 도시광산에 들어 있는 유가물은 도시광물이라 할 수 있다. 표 1.5에는 대표적인 도시광산과 도시광물, 그것에 함유된 금속원소를 나타내었다.[12] 천연광석에는 목적금속들이 가장 많이 함유되어 있고 여기에 몇 가지 불순물 또는 유가금속원소들이 소량 함유되어 있어서 목적금속과 함께 유가금속을

표 1.5. 도시광산과 도시광물 및 그것에 함유된 금속원소

도시광산	도시광물	함유 금속원소
이동 수단	자동차, 전동차, 선박, 항공기 등	Fe, Al, Ti, Cu, Zn, Co, V, Mo, Nb, REEs 등
전기·전자 제품	PC, 전자레인지, 냉장고, 세탁기, 복사기, 휴대폰, 의료기기 등	Cu, Ag, Au, Pt, Pd, Fe, In, W, Zr, Co, Ti, Mo, Ga, Ta, Nb, Si, REEs 등
전동기, 공구류	모터류, 절삭공구	Fe, Cu, W, Co, V, Mo, Ti, Si, REEs 등
전지	1, 2차전지, 수소 연료전지, 태양전지	Pb, Li, Ni, Mn, Fe, Zn, Hg, Cd, Co, Sb, Al, Pt, Si, Ag, Sn, REEs 등
촉매	촉매 스크랩, 석유화학 촉매, 자동차용 촉매	Pt, Pd, Ni, Mo, V, Co 등
설비, 구조물	건물, 교량, 철로, 송전선, 통신케이블, 기계 설비류 등	Fe, Al, Cu, Zn, Ni, Sn, Mn, Cr 등
기타	도금슬러지, 도금폐액, ASR	Cu, Zn, Sn, Cr, Fe, Ni, Ag, Au, Pt, Pd 등

부산물로 회수하고 있다. 그러나 도시광물에는 다양한 금속원소들이 공존하는 경우가 많다. 예를 들면 폐리튬이온 배터리에는 Li, Ni, Co, Mn, Al, Cu 등이, 휴대용 전자기기에는 Au, Ag, Ta 등 열 가지가 넘는 금속이 함유되어 있다. 자동차는 철강을 비롯한 다양한 비철금속들로 구성되어 있어서 자원 리사이클링의 보고라고 할 수 있다. 또 석유화학산업에서 발생하는 폐촉매 중에는 촉매 구성성분인 Mo, Ni, V 등은 물론 석유 중의 V이나 Mo이 포집되어 있다. 내연기관 자동차의 배기가스 정화용 폐촉매 중에는 Pt, Pd 등의 백금족 금속이 함유되어 있다.

2) 원료의 전처리

천연광석은 물론 도시광물 대부분은 채취하거나 수집한 상태에서 곧바로 금속 추출 공정을 진행할 수 없다. 천연광석은 채굴하여 파쇄, 선별(선광) 공정에서 목적금속의 품위를 높여 제련 공정에 공급하며, 필요에 따라서는 화학적인 전처리(건조, 하소, 배소)를 거치기도 한다.[13,14] 도시광물도 목적금속 이외의 여러 가지 물질이 혼합되어 있으므로 수집하여 파쇄한 후 선별 공정을 거친다. 이처럼 제련이나 리사이클링 공정의 효율을 높이고 처리하기 쉽게 만드는 것을 전처리 또는 예비처리라 한다. 이러한 전처리 공정을 통해 목적금속의 품위를 높인 원료에서 목적금속을 추출한다.

(1) 원료의 파쇄와 분쇄

천연자원의 대부분은 고체*이며, 도시광물에는 액체도 있으나 고체가 더 많다. 따라서 이러한 고체 원료에서 유가물을 추출하기 위해서는 먼저 크기에 따라 파쇄하고 분쇄하거나 압축하여야 한다. 분쇄(comminution)는 재료의 파괴 현상을 이용하여 덩치 큰 고체를 잘게 부수는 것으로, 기계적인 단위 조작의 일종이다.

특히 도시광물은 폐자동차, 폐가전 등과 같이 다양한 물질의 집합체로 이루어져 있고, 천연광석에도 다량의 맥석이 함유되어 있으므로, 유용한 성분의 선별 효율을 높이기 위해서는 반드시 파쇄와 분쇄가 필요하다. 그리고 원료를 습식으로 처리하여 목적금속을 회수하는 습식제련에서는 원료의 표면적을 크게 하여 침출 효율을 높이기 위해서 원료의 분쇄가 필요하다.

---

* 리튬(Li)의 경우 광석과 함께 염호가 중요한 자원이다.

일반적으로 큰 원료를 미분말로 만드는 경우, 특정한 분쇄기 한 대만으로 분쇄의 목적을 달성할 수 없다. 설사 가능하다고 하여도 매우 비경제적인 방법이므로 단계적 분쇄를 반복하여야 한다. 따라서 일반적으로는 그림 1.3과 같이 1차 파쇄(조파쇄), 2차 파쇄(중분쇄), 3차 파쇄(미분쇄)의 순으로 실시하고 있는데, 표 1.6에는 각각의 파쇄에 사용되는 파쇄기의 예를 나타내었다.[15] 그리고 도시광물인 폐자동차나 냉장고 등 대형 가전의 파쇄와 선별에는 슈레더(shredder)를 사용하고 있다.

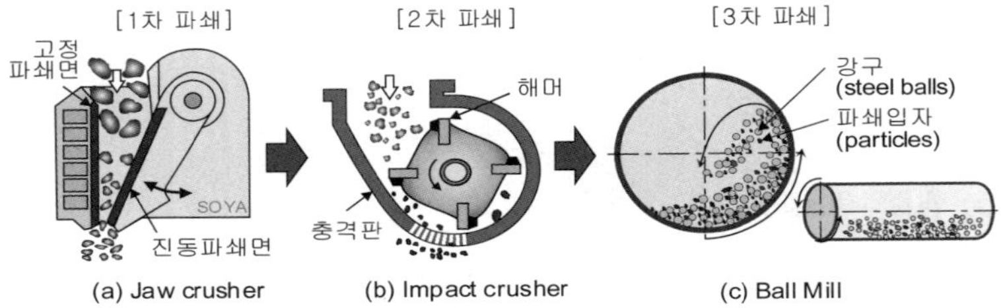

그림 1.3. 일반적인 3단계 파쇄 공정과 파쇄기의 예

표 1.6. 파·분쇄 순서와 파·분쇄기 종류

파·분쇄 순서	파·분쇄기 종류
조파쇄 (1차 파쇄)	조 크러셔(jaw crusher), 자이러토리 크러셔(gyratory crusher)
중분쇄 (2차 파쇄)	롤 크러셔(rolls crusher), 임팩트 크러셔(impact crusher), 콘 크러셔(cone crusher), 해머 크러셔(hammer crusher)
미분쇄 (3차 파쇄)	해머 밀(hammer mill), 로드 밀(rod mill), 볼 밀(ball mill), 레이먼드 밀(raymond mill), 버티칼 롤러 밀(vertical roller mill), 핀 밀(pin mill), 제트 밀(jet mill), 어트리터 밀(attritor mill)

(2) 입자의 크기별 분류

파쇄한 입자를 그대로 사용하기도 하지만, 일반적으로는 두 가지 이상

의 크기로 분류한다. 공업적인 분립에는 체질(screening)과 분급(classification) 두 가지가 있다. 일반적으로 체질이 분급보다 간단하고 정확하여 편리하지만, 입자 크기가 작아지면 공업적인 체질이 불가능하다. 일반적으로 거친 체질은 10~20메시*(1 mm 정도)이며, 입자 크기가 그 이하가 되면 분급을 하게 된다. 분급은 유압이나 공기에 의한 분리(hydraulic and air separation)이다.

(3) 선별

천연광석이나 도시광물은 목적금속이 다른 금속이나 비금속 물질과 혼합된 경우가 대부분이므로, 이러한 원료를 파쇄하거나 분쇄한 후에 종류별로 선별할 필요가 있다. 선별은 목적성분을 분리·회수하기 위한 것으로, 물리적 및 물리화학적 성질, 예를 들면 밀도, 경도, 자성, 도전율, 표면의 습윤성(젖음성) 등의 차이를 이용한다. 대표적인 선별 기술을 분류하면 표 1.7과 같다. 다만 전체 입도 범위에서 적용할 수 있는 선별법은 없으며, 이용하는 물성이나 장치, 대상물에 따라서 그 범위가 결정된다는 점에 주의하여야 한다. 따라서 분쇄 공정에서 사전에 분포가 좁은 분쇄물을 얻는 분쇄 조건을 설정하거나 분쇄물의 입도 조정이 필요하다.[16]

표 1.7. 대표적인 선별 기술의 분류

분류 1	분류 2	적용 예
(1) 수 선별		
(2) 부유 선별		
(3) 중력 선별	건식 중력 선별	풍력 선별, 지그재그 선별 유동층 선별, 사이클론 선별

* 메시(mesh): 1 inch 길이에 있는 사각형의 개수

분류 1	분류 2	적용 예
	습식 중력 선별	수력 선별, 지그(jig) 선별, 테이블 선별
	중액 선별	
	자성유체 선별	
(4) 자력 선별	건식 자력 선별	
	습식 자력 선별	
	고자력 선별	
	습식 고자력·고구배 선별	
(5) 전기적 선별	와전류 선별	리니어모터방식, 영구자석방식, 드럼방식
	정전기 선별	정전기, 코로나방전형, 혼합형, 마찰대전형
(6) 광학적 선별		
(7) X선 선별	형광 X-선 선별, 투과 X-선 선별	

(4) 성형 조립

원료의 선별을 위해 분쇄하였으면 후속 공정에 따라 취급이 쉽도록 성형·조립(granulation)을 하기도 한다. 특히 미분말은 폭발 위험을 방지하기 위해 성형하기도 하며, 금속 분말은 표면 산화에 의해 용해가 곤란한 경우가 많으므로 성형하여 용해로에 장입한다. 대표적인 분말 성형법으로는 분말 원료에 적당한 수분과 점결제를 첨가하여 압축 성형하는 단광(briquet)법과 미분의 원료에 적당한 수분과 점결제를 첨가한 후 펠레타이저(pelletizer) 중에서 운동시켜 성형·조립하는 펠레타이징(pelletizing)법이 있다. 그림 1.4에 각각의 모식도를 나타내었다.[17]

한편 분말 원료의 조성에 따라서 CaO, SiO_2 등의 적당한 용제(flux), 분말 코크스 등의 연료와 수분을 첨가하여 잘 혼합하고, 화격자(fire grate) 상에서 원료층에 점화한 후, 통풍에 의한 연소로 원료를 구워 단

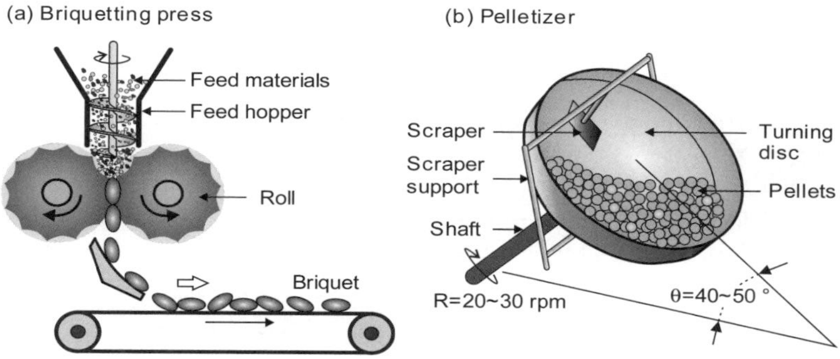

그림 1.4. 브리케팅기(a)와 펠레타이저(b)의 모식도

단하게 하는 소결(sintering)을 하기도 한다.

3) 금속제련법의 분류

금속제련의 대상이 되는 천연광석은 주로 산화물이나 황화물로 존재한다. 이러한 광석을 분쇄하여 선광 공정을 거치면 목적성분이 농축된 정광(concentrate)이 얻어지는데, 정광에서 금속을 추출하는 환원 공정을 제련이라 한다. 그림 1.5에는 천연자원이나 도시광산(urban mine)에서 목적으로 하는 금속, 합금, 화합물 등을 추출하는 공정도를 나타내었다. 광물에서 금속을 추출하는 제련 공정은 크게 건식제련(pyro-metallurgy), 습식제련(hydro-metallurgy), 전해제련(electro-metallurgy)*으로 구분한다.

제련 공정의 선택은 전후 공정을 포함한 경제성과 목적금속의 화학적 반응성에 의해 결정된다. 예를 들면 ① 고품위 광석이나 쉽게 용융되는 광석은 건식으로 처리하며, 저품위 광석이나 난용융성 광석은 건식으로

* 전해제련: 수용액 및 용융염 전해제련과 전해정련은 물론이고 넓은 의미에서는 전기를 이용하여 금속을 얻는 제련법을 지칭하기도 하며, 수용액 전해제련은 습식제련의 범주에 포함하기도 한다.

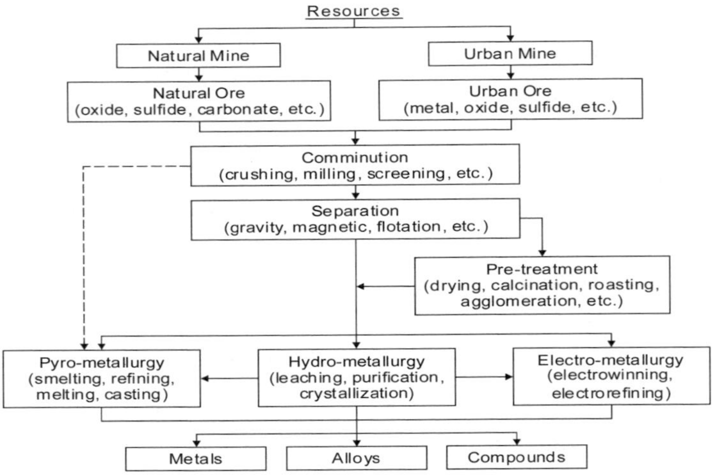

그림 1.5. 원료로부터 금속 등을 추출하는 공정도

처리하면 연료가 많이 필요하고, 슬래그 양도 많아지므로 습식으로 처리하는 것이 경제적이다. ② 화학적 반응성이 강해 건식제련으로 금속을 얻기가 곤란하거나, 산화제련으로는 불순물을 제거할 수 없으면 습식제련으로 처리한다. 다만 이러한 단일의 제련 방법으로 금속을 추출하기보다는 건식과 습식 등의 복합 공정으로 순도 높은 목적금속을 얻는 경우도 많다.

한편 천연광석은 산화물, 황화물, 탄산염 등이 복합 화합물로 존재하므로, 순수한 금속이나 화합물을 추출하기 위해서는 적절한 환원제가 필요하다. 각 금속에 적용하는 환원법은 평형론(예: 열역학)을 기반으로 하며, 환원제와 환원 방법에 따라 다음과 같이 분류할 수 있다.[18]

① 탄소에 의한 열환원: Sn, Si, Fe, Ferro-alloy(Fe-Si, Fe-Ni, Fe-Mn 등)

② 산소에 의한 열환원: Ni, Cu, Pb 등의 황화광

③ 수소에 의한 열환원: W, Mo, Ni, V 등

④ 활성금속에 의한 열환원: Ti, Zr, Nb, Ta, V, U, Th, Fe-Mo, Fe-V, REEs(희토류원소)

⑤ 수용액 전해채취: Ni, Co, Ag, Au, Zn 등

⑥ 용융염 전해채취: Li, Mg, V, Na, REEs, Al 등

여기서 ①~④는 건식제련에 속하며, ⑤, ⑥은 전해제련이지만 ⑤는 습식제련(침출, 정제 등)의 후속 공정이다.

4) 건식제련

건식제련은 고온에서 반응을 촉진하고 목적금속과 맥석을 포함한 불순물들을 분리하는 방법이다. 건식제련을 보다 세분하면 표 1.8과 같다.[19] 건식제련은 조금속을 만드는 환원제련과 순금속까지 정제하는 건식정제로 구분하지만,[20] 원료의 예비처리 공정인 건조, 하소(calcination), 배소(roasting) 등도 원료가 용융되지 않을 정도의 온도로 가열하여 처리하는 것이므로 건식제련의 범주에 포함하기도 한다. 특히 Ni, Cu 등의 황화광을 자용로(flash smelting furnace)에서 용련하기 위해서는 정광 중의 수분을 0.3 % 이하로 건조하여야 한다. 그 외에도 제련 공정 등에서 발생한 더스트 등을 습식으로 포집하였으면 수분이 일정 수준 이하가 되도록 건조하여야 한다. 또 환원 공정에서 탄산염의 분해 때문에 발생하는 CO_2 등에 의한 환원 가스의 희석을 피하려고 미리 하소를 하기도 하며, 반응성을 높이거나 불순물을 제거하기 위해 원료의 조성을 바꾸는 배소를 하기도 한다.

표 1.8. 건식제련의 상세한 구분

건식제련	예비처리	건조	정광 등에 부착된 수분을 제거하는 공정
		하소	건조보다 높은 온도에서 정광 등의 결정수나 기체 성분을 미리 제거하는 공정
		배소	정광 등이 용융되지 않는 온도에서 화학반응에 의해 조성을 변화시키는 공정
	환원제련	환원 용련	광석의 환원에 의해 금속을 액체로 얻는 방법으로, 금속/슬래그 분배를 활용하므로 미환원의 잔류물이나 유해한 성분의 분리가 용이(Sn, Si, 합금철 등)
		황화물 용련	Ni, Cu 등은 매트, 즉 황화물로서의 특성을 기본으로 하여 산소에 의한 열환원으로 제련
		고체 금속을 만드는 환원제련	광석의 환원에 의해 고체의 순금속을 얻는 경우 (고융점 금속, 예: W, Mo, Ni 등의 수소환원)
			환원된 금속이 불순물인 경우(Ti, Zr의 제조) (융점이 높고, 그 산화물이 안정하여 환원되기 어려우며, 또 안정한 탄화물을 만들어서 탄소질 환원제를 사용할 수 없는 것)
		휘발제련	증기압이 비교적 큰 것을 대상으로 한다. (Hg, Zn, Cd, 알칼리, 알칼리토류금속 등)
	건식정제	휘발정제	진공용해(Nb-Al 중 Al 제거 등)
		상태도 성질을 이용한 정제	용리법(Sn 중 Fe 제거 등)
			대용정제(zone-refining) (고순도 Si 제조)
		화학반응을 이용한 정제	산화에 의한 정제
			환원에 의한 정제
			황화물로 제거하는 정제
			할로겐화 정제
			열해리에 의한 정제(Ni carbonyl, iodin법 등)
			금속간 화합물로 제거하는 정제
			기타 방법

환원제련에는 W이나 Mo 등 고융점 금속을 고체 상태에서 환원하는 방법과 고온의 노 내에서 원료와 용제(flux) 등이 용융·융합되어 몇 가지 상(phase)으로 나누어지는 용융제련, 목적금속이나 그 화합물을 기체 상태로 회수하는 휘발제련 등이 있다. 용융제련에서는 광석(정광), 환원제, 연료 및 용제(flux) 등을 노 내에 넣어서 용융하고, 정광 중의 맥석을 슬래그로 분리하여 목적금속을 조금속(crude metal) 등으로 만든다.

환원제련에서 얻어진 조금속은 그 상태로 사용하기도 하지만 대부분은 정제 공정을 거쳐서 고순도화시킨다. 건식정제에는 고온에서의 증기압 차이를 이용한 휘발정제, 상태도 성질을 이용한 용리 및 대융정제 등이 있으며, 화학적 성질의 차이를 이용한 정제도 있다.

(1) 산화물의 탄소에 의한 열환원

고체 상태의 탄소(C)는 고온에서 강력한 환원제로 작용하므로, 이러한 탄소를 환원제로 사용하여 고융점이나 난환원성 산화물을 환원하는 것을 탄소 열환원(carbo-thermic reduction)이라 한다. 환원제인 탄소는 반응에 필요한 에너지원으로도 작용한다. 산화물의 탄소 열환원은 금속-산화물의 평형 산소 퍼텐셜인 p_{O_2}가 다음 식에 나타낸 부도아(Boudouard) 반응의 p_{O_2}보다 높은 경우에만 가능하다.[17]

$$C(s) + CO_2(g) = 2CO(g),\quad \Delta G^0 = 171{,}660 - 175.02\,T \text{ (J)} \qquad (1.1)$$

탄소 열환원에서 반응계 내의 p_{O_2}는 부도아 반응의 평형값 이하가 될 수 없으므로, 이 값보다 낮은 금속-산화물의 평형 산소분압을 가지는 산화물의 탄소 열환원은 곤란하다. 탄소 열환원을 적용하는 예는 다음과 같다.

Sn: SnO_2 → 전기로+C → 조Sn

Si: SiO_2 → 전기로+C → 조Si

페로알로이(Fe-M합금, M: Ni, Si, Cr, Mn):

(Fe, M)O_x → 전기로+C → 조Fe-M합금

무연 솔더 합금의 주원료인 Sn은 전기 아크로 중에서 탄소를 환원제로 사용한 다단계의 제련 공정을 거쳐서 얻어지며, 폐솔더 합금 드로스 등도 C으로 환원하여 Sn을 회수하기도 한다. 또 금속 Si이나 페로실리콘(FeSi)도 고온의 전기로에서 탄소로 환원하여 만들고 있다. 스테인리스강의 원료가 되는 페로니켈(FeNi)은 Ni 산화광을 전기로에서 탄소로 환원하여 직접 Fe-Ni 합금으로 만든다. 다만 최근의 탄소중립과 관련하여 수소 등 대체 환원제에 대한 관심이 뜨겁다.

(2) 황화물의 산소에 의한 열환원

황화물 원료 중의 유황(S)을 산소와 반응시켜 SO_2(g)로 제거하여 금속을 얻는 제련법이다. 즉, 황화광의 용융제련은 광석 중의 S를 산소와 반응시켜 SO_2(g)로 제거함과 동시에 Fe를 FeO로 제거하는 것이다. Cu는 산소 정련으로 금속 Cu까지 만들어지지만, 니켈 황화광(Ni-Fe-S)은 용제(flux, SiO_2 등)와 함께 노 내에서 산소에 의한 열환원 용융제련으로 상당량의 S와 Fe가 제거되고 목적 금속인 Ni은 매트(matte, Ni_3S_2-FeS)에 농축된다. 정광 중의 Fe는 FeO로 산화되어 첨가한 플럭스와 나머지 불순물이 슬래그를 형성하여 분리된다.[21]

$$Ni_{4.5}Fe_{4.5}S_8(s) + 5.7O_2(g) = 4.5NiS(l) + 4.5FeO(l) + 3.5SO_2(g) \quad (1.2)$$

$$2Fe(l) + O_2(g) + SiO_2(s) = 2FeO \cdot SiO_2(l) \quad (1.3)$$

이어서 매트를 전로 등에서 산화용련하여 Fe분을 슬래그로 제거하고,

Ni이 약 70 %인 고품위 매트까지만 얻어진다. 특히 이 프로세스는 Fe을 먼저 산화시켜 정광 중의 SiO_2와 플럭스로 첨가하는 규사로 용융 슬래그($2FeO \cdot SiO_2$)를 만들어 분리 제거하는 슬래그 제련이며, 유황(S)이 연소하여 SO_2를 생성하는 발열반응으로 별도의 열원은 필요하지 않다. 니켈 산화광을 황화시켜 Ni-Fe-S 매트를 만들어 처리하는 예도 있다.

(3) 산화물의 수소에 의한 열환원

W이나 Mo 등의 고융점 금속은 용융환원으로 조금속을 얻기 힘들다. 또 쉽게 탄화물을 만드는 금속은 탄소 열환원을 적용할 수 없다.(일부 WO_3를 C으로 환원하여 직접 WC를 만드는 경우가 있음.)[22] 이 경우 기체 환원제인 수소를 이용하여 고체 상태의 조금속을 얻을 수 있는데, 대표적인 예는 다음과 같다.

Mo: $MoS_2 \rightarrow MoO_3 \rightarrow MoO_2 \rightarrow$ Mo powder

W: $CaWO_4 \rightarrow WO_3 \rightarrow WO_2 \rightarrow$ W powder

Ni: $Ni_3S_2 \rightarrow NiO \rightarrow$ Ni powder

수소는 산화물의 산소와 결합하여 물이 되므로 깨끗한 환원 매체이지만, 일반적인 금속의 제련에서는 거의 사용하지 않는다. 그러나 Mo이나 W과 같이 고가이면서 융점이 높아 환원이 어렵거나, C과 반응하여 안정한 탄화물을 만드는 등의 특수한 경우에는 수소를 사용하고 있다. 이러한 반응에서는 다단계의 환원반응으로 금속상을 얻고 있다. 예를 들어 Mo* 은 MoS_2 정광을 산화 배소하여 MoO_3를 만든 후 수소에 의해 $MoO_3 \rightarrow$

---

* 제10장 몰리브데넘 참조

$MoO_2 \rightarrow Mo$의 단계적 환원반응으로 만든다.[23] W도 수소에 의해 WO_3에서 WO_2 등 저급 산화물을 거쳐서 W으로 환원된다.[22,*]

그러나 Ti과 같이 산소와의 친화력이 높은 금속은 수소로 환원할 수 없으므로 열역학적인 검토를 거쳐 적용 가능한 금속을 선정하여야 한다. 특히 수소 환원은 대부분 흡열반응이므로 열원을 확보하는 것이 필요하다.

(4) 활성금속에 의한 열환원

Ti이나 Zr처럼 산소 친화력이 높은 금속은 탄소나 수소로 환원할 수 없지만, 할로겐 원소(Cl, F 등)와의 친화력이 높아 염화물이나 불화물로 만든 후, 다시 활성금속을 이용하여 금속상으로 환원한다. 환원제인 활성금속으로는 Mg, Na, Ca 등을 사용하며, 대표적인 예는 다음과 같다.

$$\text{Ti: } TiCl_4(g) + 2Mg(l) = Ti(s) + 2MgCl_2(l) \quad (1.4)$$

$$\text{Zr: } ZrCl_4(g) + 2Mg(l) = Zr(s) + 2MgCl_2(l) \quad (1.5)$$

$$\text{V: } VCl_3(g) + (3/2)Mg(l) = V(s) + (3/2)MgCl_2(l) \quad (1.6)$$

$$\text{Ta: } K_2TaF_7(s) + 2Na(g) = Ta(s) + Na_2K_2F_7(l) \quad (1.7)$$

$$\text{U: } UF_4(l) + 2Mg(l) = U(s) + 2MgF_2(l) \quad (1.8)$$

$$\text{Th: } ThF_4(l) + 2Ca(l) = Th(s) + 2CaF_2(l) \quad (1.9)$$

$$\text{Rare earth: } 2RF_3(l) + 3Ca(l) = 2R(l,s) + 3CaF_2(l) \quad (1.10)$$

$$Sm_2O_3(s) + 2MM(l) = 2Sm(g) + MM_2O_3(s)^{\dagger} \quad (1.11)$$

또 다음 식과 같이 Nb, V 등의 산화물을 Al으로 열환원 하기도 한다.[24]

$$\text{Nb: } Nb_2O_5(s) + (10/3)Al(l) = 2Nb(l) + (5/3)Al_2O_3(l) \quad (1.12)$$

* 제9장 텅스텐 참조

† MM: 미시메탈(misch metal). Ce, La, Nd 등의 염화물을 용융염 전해에 의해 석출시킨 합금

$$V:\ V_2O_5(s) + (10/3)Al(l) = 2V(l) + (5/3)Al_2O_3(l) \tag{1.13}$$

산소 친화력이 높은 금속은 환원 후 정제가 곤란하므로 원료가 되는 각 금속의 화합물(할로겐 화합물 등)이 고순도여야 한다. 그리고 목적금속은 환원제로 사용하는 금속의 용해도가 없어야 고순도 금속을 얻을 수 있다. 다만 이 환원 프로세스는 환원제가 되는 금속의 제조에 많은 에너지를 소비하고 다량의 CO_2를 배출한다. 예를 들면, Ti, Zr 제련에서 $TiCl_4$와 $ZrCl_4$의 환원에 사용되는 Mg은 환원 생성물인 $MgCl_2$를 전기 에너지를 소비하는 용융염 전해에 의해 재생하고, Ti이나 Zr 제련 공정으로 순환하고 있다.[25] 또 피전법으로 Mg을 만들 때 환원제인 Si이나 페로실리콘(Fe-Si)은 고온의 전기로에서 탄소 열환원으로 만들고 있다.[26]

(5) 휘발제련

금속이나 그 화합물은 고체나 액체에서도 일정 온도에서 정해진 증기압을 나타낸다. 금속의 포화증기압($\log p^0$)은 온도($1/T$)에 따라 직선적으로 증가하며, 거의 평행하다. 일부 금속은 증발할 때 복잡한 분자를 형성하지만, 대부분은 단원자 상태의 증기 분자를 형성하며, 온도가 상승하면 보다 간단한 형태로 분해된다. Mg, Hg, Cd, Zn 등과 같이 증기압이 비교적 큰 금속의 경우 증기압 차이를 이용하여 분리 혹은 정제를 하며, 이러한 제련법을 휘발제련(vaporization metallurgy)이라 한다.[27]

(6) 건식정제

금속은 소량의 불순물이 남아 있는 조금속 상태에서 사용하기도 하지만, 일반적으로는 조금속의 순도를 높여서 사용한다. 조금속을 용융 상태나 고체 상태에서 목적금속과 불순물의 물리화학적 성질의 차이를 이용하여 여러 가지 방법으로 정제한다. 특히 고융점 금속은 전자빔 용해 등을 이용한 불순물 원소의 휘발 제거에 의해 정제하기도 한다.[28] Nb은 Al 열환원법으로 Nb-Al 합금을 만든 후 진공 중에서 아크로나 전자빔 용해로 Al을 증발 제거하여 저산소의 C-free Nb을 만든다.*

5) 습식제련

습식제련은 고체 원료 중의 목적금속을 적당한 용매(수용액 등)에 녹여 이온 형태로 만든 다음, 화학적으로 환원하여 목적금속을 얻거나, 순화합물로 침전시켜 회수하는 상온 근처에서의 제련법이다. 그림 1.6에는 일반적인 습식제련의 공정도를 나타내었다.[29] 특히 습식제련은 원료를 적당한 용매에 용해시키는 침출(leaching)에서 출발하므로 고체 원료는 파

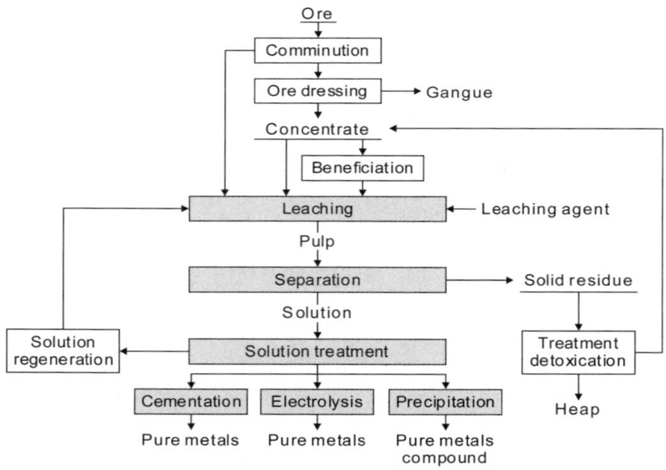

그림 1.6. 일반적인 습식제련의 흐름도

---

* 제12장 나이오븀과 탄탈럼 참조

쇄와 분쇄, 선별 등의 전처리가 필요하다. 또 필요에 따라서 하소나 배소 등의 고온 전처리를 하기도 한다. 그리고 용액 중에는 원료 중의 다양한 성분이 용해되어 있으므로 이러한 원소를 제거하고, 목적금속별로 분리한다. 이러한 습식제련 기술은 다양한 도시광물로부터 유가금속을 회수하는 공정에도 효과적으로 적용되고 있다. 특히 이온교환 수지, 용매추출 등의 분리 기술을 적용하여 범용금속은 물론이고 귀금속이나 희토류를 포함한 희소금속의 추출에 적극적으로 활용되고 있다.

(1) 광석의 예비처리

광석의 물리적 처리(파쇄, 선광)를 통하여 목적금속의 품위와 선별 효율을 높이고 용매와의 반응 표면적을 증대시킨다. 그리고 필요에 따라 화학적 처리(배소 등)를 통해 침출하기 쉬운 화합물로 만들기도 한다.

(2) 침출

침출(leaching)은 고체 원료 중의 목적금속을 용액 중에 이온으로 용출시키고 불용성이나 난용성의 불순물을 잔사(residue)로 남기는 조작으로, 습식처리의 가장 기본이 되는 공정이다. 침출법은 조작 압력에 따라 상압 침출과 가압 침출로 구분되며, 사용하는 용매에 따라 산 침출(acid leaching), 알칼리 침출(alkaline leaching), 수 침출(water leaching)로 나눌 수 있다. 그리고 침출 대상물에 따라 금속 침출, 산화물 침출, 황화물 침출 등으로 나누기도 한다. 어떠한 침출법을 선택할 것인지는 처리원료 중의 목적성분 및 동반 물질의 화학적 성질이나 양, 환경문제 등의 인자를 고려하여 결정한다. 예를 들면 Ni 산화광은 고온고압 침출

(HPAL, high pressure acid leach)을 이용한다. 또 Ni 황화광이나 매트(matte)는 다음 식과 같이 황산이나 암모니아 등으로 침출한다.[21]

$$Ni_3S_2(s) + H_2SO_4(aq.) + 0.5O_2(g) = NiSO_4(aq.) + 2NiS(s) + H_2O(l) \tag{1.14}$$

$$NiS(s) + 2O_2(g) + 6NH_3(l) = Ni(NH_3)_6^{2+} + SO_4^{2+} \tag{1.15}$$

(3) 고액 분리와 용액의 정제

고체 원료 중의 모든 물질이 용해되지는 않으므로 침출한 후에 미용해 잔사 등의 고형물을 제거하기 위해 고액 분리를 한다. 그리고 침출에서 목적금속만 용해시킬 수는 없으므로 침출액 중의 불순물을 화학적으로 제거하는 정제 공정을 거친다. 또 필요에 따라 목적금속 이온의 농도를 높이거나 목적금속 이온을 추출하기 위해 용매추출이나 이온교환 등의 농축 및 정제 공정도 거친다.

(4) 금속 회수 및 화합물 침전

습식제련의 최종 공정으로 수용액 중의 목적금속을 환원하여 회수한다. 특히 순금속으로 채취하기 위해 전해채취를 하며, 다음 식과 같이 수소가스를 이용하여 순금속으로 회수하기도 한다.[21]

$$Ni^{2+} + H_2(g) = Ni(s) + 2H^+ \tag{1.16}$$

또 pH를 조정하거나 침전제를 첨가하여 목적금속을 순수한 화합물로 회수하기도 한다. 예를 들면 Li은 다음 식과 같이 Li_2CO_3나 LiOH로 회수하고 있다.[30]

$$Li_2SO_4(aq.) + Na_2CO_3(aq.) \rightarrow Li_2CO_3(s) + Na_2SO_4(aq.) \tag{1.17}$$

$$Li_2CO_3(aq) + Ca(OH)_2(s) = 2LiOH(aq) + CaCO_3(s) \quad (1.18)$$

(5) 비수용매법(Solvometallurgy)

최근에는 원료를 유기용매로 침출하는 비수용매법에 대해서도 많은 연구가 이루어지고 있다.[31,32] 다만 비수용매법이지만 물을 최대한 적게 사용하는 방법이다. 비수용매법은 유기용매에 의한 침출(solvent leaching), 잔사 분리, 비수용매를 이용한 용매추출이나 이온교환에 의한 용액의 정제, 침전이나 비수용매에서의 전해채취로 구성되어 있다.

6) 전해제련

전해질 수용액 또는 용융염 등의 이온 전도체(ionic conductor)에 전류를 흘려 화학변화를 일으켜 물질을 분리하거나 제조하는 프로세스를 전해(electrolysis)라 하며, 전해를 이용한 제련을 전해제련(electro-metallurgy)이라 부른다. 전해제련에는 전해 채취법과 전해 정제법이 있으며, 또 수용액 중에서의 전해 제련법과 용융염 전해법이 있다.

(1) 수용액 전해채취

천연광석은 물론이고 도시광물의 고체 원료를 산이나 알칼리 등의 적당한 용매에 침출한 후, 전해에 방해되는 불순물 이온을 정액 공정에서 제거하고, 불용성 양극(anode)을 사용한 전기분해로 음극(cathode)상에 고순도의 금속상을 석출시키는 것이다. 전해채취에 의해 용매는 재생되므로 다시 원료의 침출 공정 등에 사용하며, 대표적인 예는 다음과 같다. 이 외에 귀금속인 금, 은도 전해채취를 한다.

$$Ni:\ +Ni_3S_2|NiSO_4-H_2SO_4-Na_2SO_4|Ni- \quad (1.19)$$

$$Co:\ +\text{crude } Co|CoSO_4-H_2SO_4-(NH_4)_2SO_4|Co- \quad (1.20)$$

$$Cr:\ +O_2,\text{ 불용성 양극}|Cr_2(SO_4)_3(NH_4)_2SO_4-H_2SO_4|Cr- \quad (1.21)$$

(2) 용융염 전해채취

전기화학적으로 수소보다 현저하게 비하고(base), 수소 과전압이 작으면 수용액 전해에서는 물의 분해만 일어나므로 전해채취를 할 수 없다. 또 Mg 등 산소와의 친화력이 높은 활성금속들은 건식제련법으로 용융제련을 하면 불순물과도 반응하여 고순도의 금속을 얻을 수 없다. 따라서 이러한 활성금속들은 염화물이나 불화물의 금속염을 만들어 정제한 후, 수용액 전해법과 같은 원리로 전기분해를 하여 금속을 채취하거나 정제한다.

용융염 전해에서의 전해질은 용융된 고온의 용융염으로, 융점을 낮추기 위해 공정조성의 복합 염을 사용하며, 목적금속의 염이 포함되어 있다. 전극으로는 탄소를 많이 사용하지만, 나트륨 전해와 같이 전극에서 발생하는 산소와 반응하여 소모되는 양극과, Mg이나 V의 전해와 같이 전극에서 탄소 양극과 반응하지 않고 Cl_2 가스가 발생하는 비소모형 양극이 있다.

용융염 전해를 하는 대표적인 금속으로는 Li, Be, Ca, Ce, Mg 등이 있으며, 특히 각종 희토류(La, Ce, MM, Nd-Fe, La, Ce, MM, Pr-Fe, Nd-Fe, Di-Fe, Dy-Fe, Al-Y)는 용융염 전해에 의해 제조하는데, 대표적인 예는 다음과 같다.

$$Li:\ +C\,|\,LiCl-KCl\,|\,Li(l)- \quad (1.22)$$

$$Mg:\ +C\,|\,MgCl_2-KCl-NaCl\,|\,Mg(l)- \quad (1.23)$$

$$Na: \; + C \,|\, NaOH - Na_2CO_3 \,|\, Na(l) - \quad (1.24)$$

$$V: \; + C \,|\, VCl_2 - LiCl - KCl \,|\, V - \quad (1.25)$$

$$\text{Rare earth}: \; + C \,|\, RCl_3 - CaCl_2 \,|\, R(l, s) - \quad (1.26)$$

최근에는 Ti[33]이나 Mg[34] 등 산소 친화력이 높은 금속 산화물을 용융염 전해로 환원하기 위해 많은 연구가 이루어지고 있다.

(3) 전해정제

전해정제법은 전해채취와 달리 양극에 조금속을 사용하며, 용액 중으로 용출된 금속이온을 다시 음극에 석출시켜 고순도화하는 방법이다. 전해정제는 용매에 따라 수용액 전해정제와 용융염 전해정제로 구분한다. 대표적인 수용액 전해정제는 구리의 건식제련에서 얻은 조동을 전해정제하여 고순도의 전기동을 얻는 것으로, 구리보다 비한(base) 금속은 용액 중에 남으며, 귀한(noble) 금속은 고체 상태로 전해조 바닥에 침전(anode slime)된다. 한편 조금속 V이나 Ta 등을 용융염 전해욕을 사용하여 전해정제하기도 한다.[35]

[참고문헌]

1 D. H. Meadows, D. L. Meadows, J. Randers and W. W. Behrens III, 1972: The Limit to Growth - A Report for the Club of Rome's Project on the Predicament of Mankind, p.56, Universe Books, NEW YORK.

2 M. Nanjo, 1987: Urban Mine, New Resources for the Year 2,000 and Beyond, Bulletin of the Research Institute of Mineral Dressing and Metallurgy, Tohoku University 43(2), pp.239-251. (실제 발행은 1988년 3월 25일)

3 손호상, 2021: 범용금속의 리사이클링, p.23, 경북대학교출판부.

4 S. Grimes, J. Donaldson, and G. C. Gomez, 2008: Report on the Environmental Benefits of Recycling, p.4, Bureau of International Recycling (BIR), Brussels, Belgium.

5 Nicholas D. Corby III, 2020: Titanium Scrap Trends - A Brave New World, Procd. of Titanium Virtual 2020, 13 October 2020, Titanium USA.

6 Y. Yang, 2019: Chapter 15 Primary Production and Recycling of Critical Metals, p.316, Critical Materials, Ed. by S. E. Offerman, World Scientific.

7 손호상, 2021: 범용금속의 리사이클링, p.14, 경북대학교출판부.

8 한국희소금속산업기술센터, https://www.kiram.re.kr/info/introduce-abstract

9 손호상, 2019: 자원리사이클링공학, 경북대학교출판부.

10 A. C. Reardon, editor, 2011: Ch. 4 Discovering Metals—A Historical Overview, Metallurgy for the Non-Metallurgist, 2nd Ed., p.76, ASM International.

11 손호상, 2021: 범용금속의 리사이클링, p.68, 경북대학교출판부.

12 손호상, 2021: 범용금속의 리사이클링, p.13, 경북대학교출판부.

13 손호상, 2019: 자원리사이클링공학, p.67, 경북대학교출판부.

14 손호상, 2019: 자원리사이클링공학, p.107, 경북대학교출판부.

15 Metso Mining and Construction, 2015: Basics in Minerals Processing, Metso Corporation, www.metso.com

16 손호상, 2021: 범용금속의 리사이클링, p.42, 경북대학교출판부.

17 손호상, 2021: 범용금속의 리사이클링, p.52-53, 경북대학교출판부.

18 K. Ono, 2004: Extractive Metallurgy III: Physicochemical Classification of Reduction Processes and Steelmaking, Materia Japan 43(8), pp.680-685.

19 손호상, 2021: 범용금속의 리사이클링, p.69, 경북대학교출판부.

20 大谷正康, 1971: 鉄冶金熱力学, p.2, 日刊工業新聞社, 東京.

21 Ho-Sang Sohn, 2021: Current Status of Nickel Smelting Technology, Resources Recycling 30(2), pp.3-13.

22 Ho-Sang Sohn, 2021: Current Status of Smelting and Recycling Technologies of Tungsten, Journal of Korean Powder Metallurgy Institute 28(4), pp.342-351.

23 손호상, 박종일, 최승덕, 2010: 고순도 몰리브덴 제조기술 현황, 재료마당 23(3), pp.15-23.

24 S. Sattelberger and G. Löber, 2001: Production of High Purity Niobium Masteralloys, Niobium Science & Technology, Proceedings of the International Symposium Niobium 2001, pp.97-104.

25 Ho-Sang Sohn, 2020: Production Technology of Titanium by Kroll Process, J. of Korean Inst. of Resources Recycling 29(4), pp.3-14.

26 Ho-Sang Sohn, 2021: Smelting and Refining of Silicon, Resources Recycling 31(1), pp.3-11.

27 Ho-Sang Sohn, 2021: Current Status of Magnesium Smelting and Recycling Technology, J. Korean Inst. of Resources Recycling 29(5), pp.3-14.

28 H. A. Wilhelm, F. A. Schmidt, and T. G. Ellis, 1966: Columbium metal by the aluminothermic reduction of Cb_2O_5. JOM 18, pp.1303-1308.

29 安座上竹四, 栗倉泰弘, 1999: 金屬製錬工學(Extractive Metallurgy), p.109, 日本金屬學會.

30 Ho-Sang Sohn, 2022: Extractive Metallurgy of Lithium, Resources Recycling 31(3), pp.3-15.

31 K. Binnemans and P. T. Jones, 2017: Solvometallurgy: An Emerging Branch of Extractive Metallurgy J. Sustain. Metall. 3, pp.570-600.

32 M. Orefice, H. Audoor, Z. Li, and K. Binnemans, 2019: Solvometallurgical route for the recovery of Sm, Co, Cu and Fe from SmCo permanent magnets Separation and Purification Technology 219 pp.281-289.

33 T. H. Okabe, 2005: New smelting process of titanium, J. of Japanese Institute of Light Metals 55(11), pp.537-543.

34 T. H. Lee, T. H. Okabe, J. Y. Lee, Y. M. Kim, and J. Kang, 2021: Development of a novel electrolytic process for producing high-purity magnesium metal from magnesium oxide using a liquid tin cathode, J. Magnesium and Alloys 9, pp.1644-1655.

35 R. Yuan, S. Li, Y. Che, et al., 2021: A critical review on extraction and refining of vanadium metal, International Journal of Refractory Metals and Hard Materials 101, 105696.

2

리튬

Lithium

제2장 | 리튬
Lithium

1. 서론

리튬(lithium, Li)은 원자번호 3번으로 주기율표상의 가장 첫 번째 금속이며, 상온에서의 밀도가 0.534 g/cm^{3}으로 물 위에 쉽게 떠다닐 수 있을 정도로 가장 가벼운 금속이다. 순수한 Li은 반응성이 매우 강한 활성 물질이며, 자연 상태에는 레피도라이트(lepidolite), 페타라이트(petalite) 등의 광물에 존재하지만, 대부분의 Li 광물이 물에 잘 녹아 전 세계의 바닷물에 수백만 톤의 Li이 용해되어 있다.[1] 또 Li은 버섯, 새우, 견과류, 씨앗과 같은 다양한 식품에서도 발견되며,[2] 지각 중 원소 존재도가 20 ppm(32위)[3]으로 비교적 풍부하지만 연간 생산량이 10만 톤(2021년 기준)에 불과한 희소금속에 속한다.

Li이 함유된 광석인 페타라이트(엽장석, $LiAlSi_4O_{10}$)는 1800년에 브라질의 화학자 안드라다(José Bonifácio de Andrada)가 스웨덴 우퇴(Utö) 섬의 광산에서 발견하였다. 그 후 1817년에 옌스 베르셀리우스의 연구실에서 일하던 알파드손(Johan August Arfvedson)이 페타라이트를 분석하여 새로운 원소가 있다는 것을 발견했다. 이 원소는 나트륨이나 칼륨과 비슷한 화합물을 형성했지만, 나트륨이나 칼륨의 탄산염 및 수산화물이 물에 대한 용해도와 염기성이 높은 것과는 달리 탄산리튬 및 수산화리튬의 물에 대한 용해도나 염기성은 낮았다. 이 새로운 원소를 처음에는 'lithion'으로 불렀으나, 광석에서 발견되었기 때문에 돌(stone)을 뜻하는 그리스어 'lithos'로부터 이 원소를 'lithium'으로 불렀다.[4] 그리고 알파드슨은 후일 레피도라이트와 스포듀민에도 같은 원소가 있다는 것을 밝혀내었다.

한편 1818년에는 가멜린(Christian Gmelin)이 Li 염류가 진홍색 불꽃 반응을 보인다는 사실을 처음으로 관찰하였으나, 가멜린이나 알파드슨은 Li 염류로부터 금속 Li을 분리하는 데는 실패하였다. 그러나 같은 시기에 데이비(Humphry Davy)와 브랜드(William Thomas Brande)는 Li_2O를 용융염 전해하여 미량의 Li을 얻었으며, 1854년에 분젠(Robert Wilhelm Bunsen)과 마티센(Augustus Matthiessen)은 염화리튬(LiCl)을 용융염 전해하여 대량의 금속 Li을 얻었다.[1] 이러한 용융염 전해 기술은 1923년에 독일의 메탈게젤샤프트사(Metallgesellschaft AG)에 의해 LiCl과 KCl의 혼합염에서 LiCl을 용융염 전해하여 금속 Li을 얻는 상업적 생산법으로 발전하였으며,[4,5] 현재도 금속 Li의 제조법으로 사용되고 있다.

표 2.1에는 Li의 물리화학적 성질을 나타내었다. Li은 은백색의 무른 금속으로, 화학적 성질은 알칼리토류 금속과 비슷하다. 특히 Li은 모든 금속 원소 중에서 가장 가볍고, 비열은 24.86 J/(mol·K)으로 모든 고체 원소 중에서 가장 높으며, 산화-환원 전위(-3.045 V)는 모든 원소 중에서 가장 낮은 특징을 가지고 있다. 또 Li의 융점과 끓는점은 알칼리 금속 중에서 가장 높다.

Li은 구조용 금속이 아님에도 불구하고 매우 다양한 용도로 사용되고 있다. 특히 Li은 공기 중에서 쉽게 산화되지만, 경량 합금의 첨가 원소로

표 2.1. 리튬의 물리화학적 성질

Symbol / Atomic number		Li / 3
Atomic weight (g/mol)		6.94
Density (g/cm^3)	at 25 ℃	0.534
	at m.p.	0.512
Melting point (℃)		180.5
Boiling point (℃)		1,330
Specific heat C_p at 293 K (J/(mol·K))		24.860
Heat of fusion (kJ/mol)		3.0
Heat of vaporization (kJ/mol)		136
Electron config.		[He] $2s^1$
Oxidation states		+1 (a strongly basic oxide)
Thermal conductivity (W/(m·K))		84.8
Electrical resistivity at 20 ℃ (nΩ·m)		92.8
Thermal expansion at 25 ℃ (μm/(m · K))		46
Mohs hardness		0.6
Crystal structure		bcc

사용되어 왔으며, Al-Li 합금은 항공기 구조용 재료로 사용되고 있다.[6] 또 Li은 이온화 경향이 높아 Li이온 배터리가 스마트폰 등의 휴대용 전자기기는 물론 전기자동차의 전원으로 사용되면서 매우 친숙한 금속이 되었다. 그리고 Li이 함유된 유리는 열에 강하여 인덕션 히터 등의 열판으로 사용되고 있으며, 망원경의 내부 거울과 같은 과학 장비에도 쓰인다. 또 Li은 튼튼한 인공 치아의 재료인 단단한 도자 세라믹을 만드는 데 쓰이기도 하며, 비눗물인 Li 스테아레이트(lithium stearate)는 자동차 엔진을 부드럽게 작동하도록 도와주는 윤활유(grease)를 만드는 데도 사용된다. 그리고 일부 Li 화합물은 의약품에도 사용되고 있다.[3]

한편 최근 지구 온난화 방지를 위한 탄소중립(carbon neutral)이 중요한 사회적 이슈로 등장하면서 동력원으로 Li이온 배터리를 사용하는 전기자동차의 보급이 활성화되면서 Li은 더욱더 중요한 핵심원소가 되었다. Li은 염수호(salt lake)와 광석 등의 천연자원에서 추출하고 있으나, 폐배터리 등의 지상자원에서 추출하여 회수하는 것도 필요하게 되었다. 기존의 Li 리사이클링 기술은 대부분 천연자원에서 Li을 추출하는 제련 기술을 응용한 것이다. 따라서 이러한 Li의 제련 기술을 이해한다면 새로운 Li 리사이클링 기술 개발에 크게 이바지할 수 있을 것이다.

2. 리튬의 생산량과 용도

그림 2.1에는 전 세계 Li 함유 광물 및 간수(brine)의 연간 생산량 변화를 나타내었다.[7] 1990년대까지는 Li의 용도가 많지 않아 생산량이 미미하였으나, 2000년대부터 휴대용 기기의 보급이 활성화되면서 Li이온 배터리의 수요가 증가하여 Li의 생산량이 현저하게 늘어나기 시작했다. 특히 최근에는 전기자동차의 보급이 늘어나면서 Li 함유 원료의 생산량도 급증하였다.

그림 2.2에는 미국을 제외한 Li 함유량 기준 전 세계 Li의 연간 생산량 변화를 나타내었다.[8] 1994년의 Li 생산량은 6,100톤에 불과했으나, 휴대용 기기의 보급이 활성화되면서 2012년까지 연간 약 10 %씩 증가하였다. 이후 일시적으로 정체되었으나, 2017년부터 중국의 LiB(lithium-ion battery) 수요 급증과 전기자동차 보급이 활성화되면서 Li 생산량도 급증하여 2021년에는 약 10만 톤(추정)까지 생산되어 27년 만에 약 16배 이상으로 증가

하였다. 향후 전기자동차 보급이 활성화될 것으로 예상되므로 Li의 수요는 더욱더 증가할 것으로 보인다.[1]

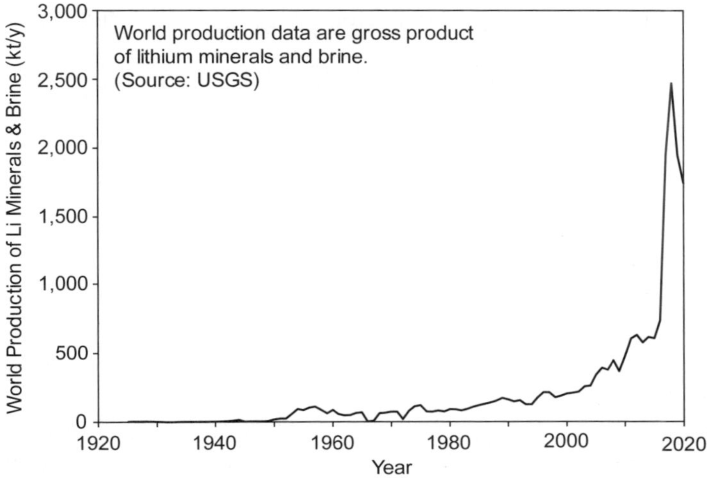

그림 2.1. 전 세계 리튬 광물 및 간수의 연간 생산량 변화

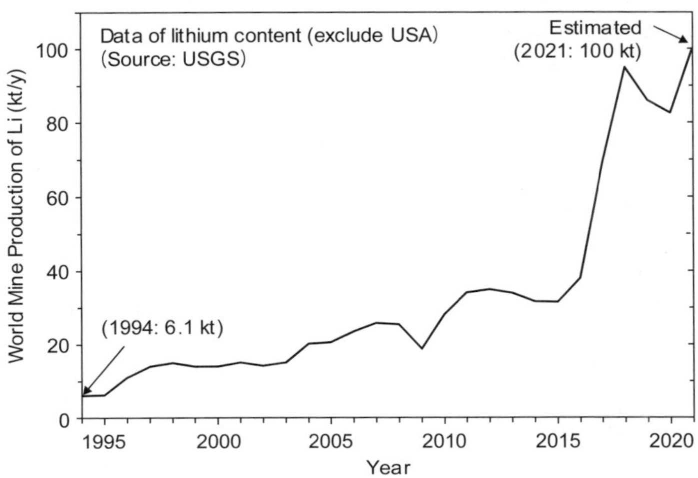

그림 2.2. 전 세계 Li 함유량 기준의 연간 생산량 변화

그림 2.3에는 2020년의 국가별 Li 자원 매장량과 미국을 제외한 생산량 비율을 나타내었다.[8] Li 자원의 매장량은 칠레가 43.7 %로 가장 많으며, 이어서 호주, 아르헨티나, 중국 등의 순서로 많다. 그러나 Li의 생산량은 호주가 48.7 %로 가장 많으며 이어서 칠레, 중국, 아르헨티나 순이다. 지각 중 Li의 원소 존재도는 20 ppm(32위)으로 납(14 ppm, 36위)보다 풍부하지만 지역적 편재가 심한 희소금속이어서, Li의 안정적인 수급을 위해서도 폐자원, 특히 폐Li이온 배터리에서 리사이클링하는 것이 필요하다.

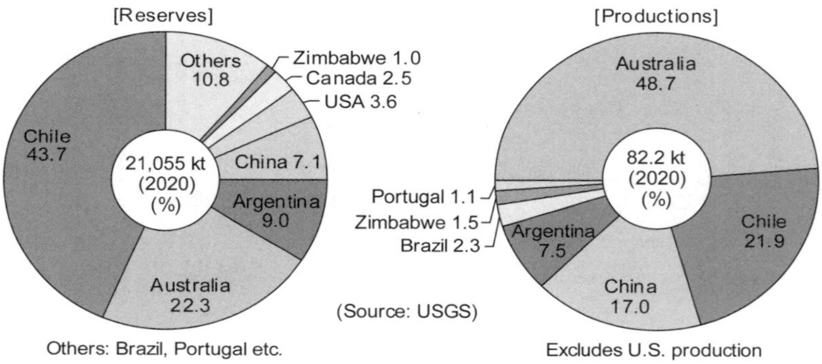

그림 2.3. 국가별 리튬 매장량과 생산량 비율 비교

그림 2.4에는 Li의 1차 자원 종류에 따른 중간 제품(금속 Li 및 화합물)과 각각의 최종 용도를 나타내었다.[9] Li 자원은 염수호의 간수(brines)와 광물(minerals)로 구분하며, Li 자원에 따라 금속 Li과 LiCl, Li_2CO_3, Li(OH), C_4H_9Li 등의 다양한 화합물로 만든다. 이러한 금속 Li과 Li 화합물들은 합금원소, 배터리 등을 비롯한 다양한 용도로 사용된다. 또 Li 광석을 전처리한 정광은 내열유리와 세라믹의 첨가제, 그리고 철강제련에서 용강을 연속 주조할 때 몰드 파우더* 등으로 사용하고 있다.

그림 2.5에는 Li의 최종 용도별 비율을 2008년도와 2021년도를 비교하여 나타내었다.[1,10,11] 상기한 바와 같이 Li은 배터리를 비롯하여 합금원소, 세라믹, 윤활유 등에 사용되고 있는데, 2008년에는 Li의 23 %만 배터리용으로 사용되었으나, 2021년에는 약 74 %가 Li이온 배터리용으로 사용되었다. 이러한 추세는 전기자동차와 휴대용 기기의 보급이 늘어나면서 앞으로도 지속될 것으로 예상된다.

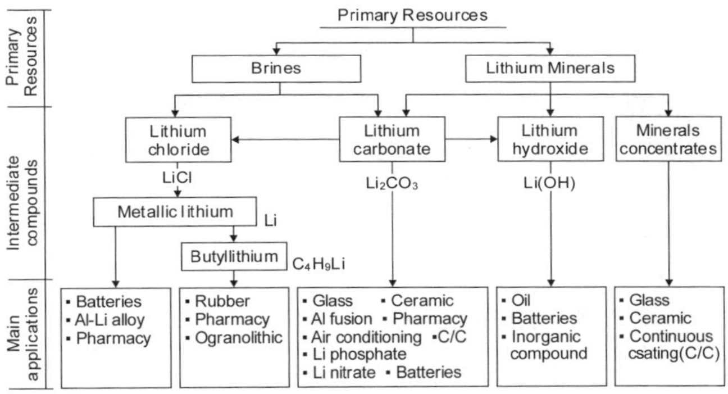

그림 2.4. Li의 1차 자원 종류에 따른 중간 제품(화합물)과 최종 용도

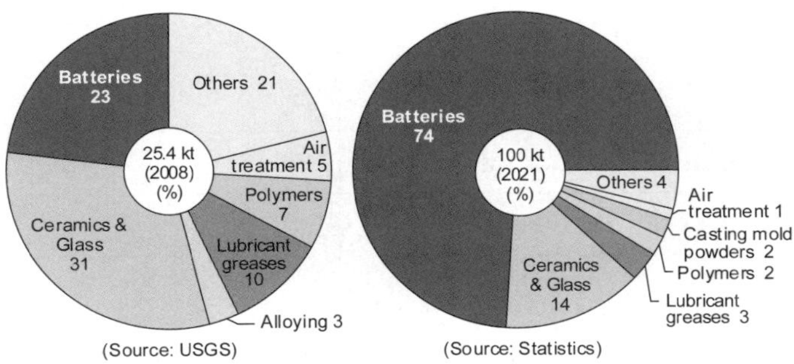

그림 2.5. 2008년도와 2021년도의 Li 최종 용도 비교

---

* 몰드 파우더(mold powder): 용강(molten steel)을 연속으로 주조할 때 용강과 수냉 몰드(Cu) 사이에 윤활 작용을 위해 첨가하는 분말

3. 리튬의 제련

1) 리튬 자원

Li의 천연자원은 그림 2.4와 같이 크게 간수(brines)와 광물로 구분하며, 광물에는 페그마타이트(pegmatites)와 퇴적암(sedimentary rocks)의 두 가지가 있다. 최근에는 2차 자원인 폐Li이온 배터리의 양극재도 중요한 Li 원이 되었다. 이러한 원료에서 금속 Li은 물론 여러 가지 중간 화합물을 만들어 다양한 용도로 사용하고 있다.

첫 번째로 많은 Li 공급원은 전체 Li 매장량의 60 % 이상을 차지하는 간수이며, 전체 Li 간수의 약 78 %는 Salar 염수호*에 매장되어 있다.[9] 표 2.2에는 대표적인 Li 자원인 염수호 종류별 Li 함유량 등을 나타내었다.[12]

표 2.2. Li 함유 염수호의 종류별 Li 함유량과 산지

Resource	Li content (mg/L)	Country of the largest amount
Sea water	0.18	Argentina, Chile, China(Tibet)
Continental	~532 <2,700 (with K and B)	Bolivia Chile
Geothermal	<400 (with Mn and Zn)	USA
Oil field	<700 (with Br)	USA

두 번째로 많은 Li 공급원은 페그마타이트(pegmatites)이며, Li 매장

* Salar 염수호(Salar de Uyuni): 볼리비아 사막지대의 넓이 10,600 km²에 이르는 건조 호수로, 전 세계 Li의 절반이 매장되어 있다.

량의 23~30 %를 차지한다. 표 2.3에 Li을 함유한 광석과 Li 함유량을 나타내었다.[9,12] Li 함유량이 많은 페그마타이트는 Li의 주요 공급원이지만, 전체 페그마타이트 중에서는 0.1 % 미만에 불과하다.[9]

세 번째는 퇴적암(sedimentary rocks, clay)으로 헥토라이트(hectorite)와 자다라이트(jadarite)이지만, 전체 Li 자원의 3 % 미만에 불과하다. 헥토라이트에는 0.3~0.6 %, 자다라이트에는 0.1 % 정도의 Li이 함유되어 있다.[13]

표 2.3. 리튬 광석의 종류별 Li 함유량

	Minerals	Formula	Lithium content (wt%)	
			Commercial	Theoretical
Pegmatites	Amblygonite	$LiAlFPO_4$ or $2LiF{\cdot}Al_2O_2{\cdot}P_2O_5$	3.5~4.2	4.74
	Eucryptite	$LiAlSiO_4$	2.34~3.3	5.53
	Lepidolite	$LiKAl_2F_2Si_3O_9$ or $LiF{\cdot}KF{\cdot}Al_2O_3{\cdot}3SiO_2$	1.4~1.9	3.56
	Petalite	$LiAlSi_4O_{10}$ or $Li_2O{\cdot}Al_2O_3{\cdot}8SiO_2$	1.6~2.21	2.27
	Spodumene	$LiAlSi_2O_6$ or $Li_2O{\cdot}Al_2O_3{\cdot}4SiO_2$	1.9~3.3	3.73
	Zabuyelite	Li_2CO_3	-	18.75
	Zinnwaldite	$LiKFeAl_2F_2Si_3O_{10}$ or $LiF{\cdot}KF{\cdot}FeO{\cdot}Al_2O_3{\cdot}3SiO_2$	1.21~1.3	1.7
Clay	Jadarite	$LiNaSiB_3O_7(OH)$	0.096~0.1	3.39
	Hectorite	$Na_{0.3}(Mg,Li)_3Si_4O_{10}(F,OH)_2$	0.36	0.54
	Montmorillonite	$(Na,Ca)_{0.3}(Al,Mg)_2Si_4O_{10}(OH)_2{\cdot}n(H_2O)$	-	0.56

한편 Li의 2차 자원인 폐Li이온 배터리의 양극재에는 표 2.4와 같이 다양한 종류가 있으나,[14] 기본적으로 $LiMO_2$의 형태를 하고 있다. 배터리

의 양극재에는 Li이 약 7 wt% 함유되어 있어 천연광물보다 Li 품위가 높고, Li, Ni, Co 제련법을 응용하여 더욱 간단하게 모든 유가금속을 회수할 수 있다. 다만 양극재 분말을 회수하기 위해서는 배터리의 해체, 방전, 선별 등의 전처리가 필요하다.

표 2.4. 양극 활성물질에 따른 리튬이온 배터리의 분류

Type	Formula	Cycle life	Application
LCO	$LiCoO_2$	500~1,000	Mobile phone, tablet, laptop, camera
NCM	$LiNiCoMnO_2$	1,000~2,000	E-bike, medical device, EV, industrial
NCA	$LiNiCoAlO_2$	500	Medical device, industrial, electric powertrain(Tesla)
LMO	$LiMn_2O_4$	300~700	Power tools, medical devices, electric powertrain
LFP	$LiFePO_4$	1,000~2,000	Portable and stationary needing endurance and high load currents
LTO	$Li_4Ti_5O_{12}$	3,000~7,000	UPS, electric powertrain solar-powered street lighting

2) 리튬 수용액의 화학

염수호의 간수 중에는 Li 외에도 Mg, K, Na 등 많은 불순물이 함유되어 있다. 광석에서 Li을 추출할 때도 침출을 통해 수용액으로 만들지만, Li만 선택적으로 용해할 수 없으므로 침출액에도 불순물이 용해되어 있다. 이러한 불순물들은 수용액 중 불순물 이온의 용해도 차이, 가수분해(hydrolysis), 치환반응(cementation) 등으로 석출시켜 제거한다.

(1) 용해도곱(solubility product constant)

수용액 중의 용해도는 용해도곱(K_{sp})으로 평가할 수 있으며, $M_mX_n(s)$의 용해 반응은 다음 식과 같이 나타낸다.

$$M_mX_n(s) = mM^+ + nX^- \tag{2.1}$$

$$\Delta G^0 = m\Delta G^0(M^+) + n\Delta G^0(X^-) - \Delta G^0(M_mX_n)$$

식(2.1)의 평형상수 K는 다음 식과 같고, 용해도곱 K_{sp}로 정의하며 열역학적으로 계산하여 구할 수 있다.

$$K = [M^+]^m[X^-]^n = \exp\left(-\frac{\Delta G^0}{RT}\right) \equiv K_{sp}(\text{solubility product}) \tag{2.2}$$

표 2.5에는 이러한 계산에 필요한 몇 가지 화학종의 열역학 데이터를 나타내었으며,[15] 표 2.6에는 몇 가지 염들의 용해도곱을 나타내었다.[16,17] 예를 들어 Li_2CO_3의 용해도곱은 다음과 같이 계산하지만, 실측값과는 약간 차이가 있다.

$$Li_2CO_3(s) = 2Li^+(aq) + CO_3^{2-}(aq),\ \Delta G^0_{298} = 17.28\ kJ \tag{2.3}$$

$$K_{sp} = \exp\left(-\frac{\Delta G^0}{RT}\right) = \exp\left(-\frac{17{,}280}{8.314 \times 298}\right) = 9.35 \times 10^{-4} \tag{2.4}$$

염수호의 간수 중 Mg, K, Na 등은 제거해야 할 불순물이다. 불순물 이온들이 수분의 천일 증발 때문에 용해도곱보다 많아지면 과포화 상태가 되어 $MgCl_2$, KCl, NaCl 등으로 석출된다. 그리고 탄산리튬이나 수산화리튬의 결정화도 수용액 중의 용해도를 이용한다.

표 2.5. 리튬 제련 관련 화학종의 열역학 데이터

Species	State	ΔG^0_{298} (kJ/mol)	ΔH^0_{298} (kJ/mol)	S^0_{298} (J/(mol·K))
Ca^{2+}	aq	-553.58	-542.83	-53.1
$CaCl_2$	c	-748.1	-795.8	104.6
$CaCO_3$	c	-1128.79	-1206.92	92.9
CaF_2	c	-1167.3	-1219.6	68.87
CaO	c	-604.03	-635.09	39.75

Species	State	ΔG^0_{298} (kJ/mol)	ΔH^0_{298} (kJ/mol)	S^0_{298} (J/(mol·K))
$Ca(OH)_2$	c	-898.49	-986.09	83.39
K^+	aq	-283.27	-252.38	102.5
KCl	c	-409.14	-436.747	82.59
KCl	aq	-414.49	-419.53	159.0
K_2CO_3	c	-1063.5	-1151.02	155.52
KOH	c	-379.08	-424.764	78.9
KOH	aq	-440.50	-482.37	91.6
Li^+	aq	-293.31	-278.49	13.4
LiCl	c	-384.37	-408.61	59.33
LiCl	aq	-424.58	-445.64	69.9
Li_2CO_3	c	-1132.06	-1207.72	90.37
Li_2CO_3	aq	-1114.6	-1234.11	-29.7
Li_2O	c	-561.18	-597.94	37.57
LiOH	c	-438.95	-484.93	42.8
LiOH	aq	-450.58	-508.48	2.8
Mg^{2+}	aq	-454.8	-466.85	-138.1
$MgCl_2$	c	-591.79	-641.32	89.62
$MgCO_3$	c	-1012.1	-1095.8	65.7
$Mg(OH)_2$	c	-833.51	-924.54	63.18
MgO	c	-569.43	-601.70	26.94
Na^+	aq	-261.905	-240.12	59.0
NaCl	c	-384.138	-411.153	72.13
NaCl	aq	-393.133	-407.27	115.5
Na_2CO_3	c	-1044.44	-1130.68	134.98
Na_2CO_3	aq	-1051.64	-1157.38	61.1
Na_2O	c	-375.46	-414.22	75.06
NaOH	c	-379.494	-425.609	64.455
Cl^-	aq	-131.228	-167.159	56.5
F^-	aq	-278.79	-332.63	-13.8
OH^-	aq	-157.244	-229.994	-10.75
CO_3^{2-}	aq	-527.81	-677.14	-56.9
SO_4^{2-}	aq	-744.53	-909.27	20.1
CO_2	aq	-385.98	-413.80	117.6
PO_4^{3-}	aq	-1018.7	-1277.4	-222
H_2O	l	-237.178	-285.830	69.91

표 2.6. 간수 중 생성물의 용해도곱 K_{sp} (at 25 ℃)

Compound	K_{sp}	Compound	K_{sp}
$CaCO_3$	3.36×10^{-9}	$MgCO_3$	6.82×10^{-6}
$CaCl_2\cdot6H_2O$	1.23×10^{4}	$MgCO_3\cdot3H_2O$	$2.38\ 10^{-6}$
KCl	7.08	$MgCO_3\cdot5H_2O$	3.79×10^{-6}
Li_2CO_3	8.15×10^{-4}	$Mg(OH)_2$	5.61×10^{-12}
Li_3PO_3	2.37×10^{-11}	$MgCl_2\cdot6H_2O$	2.46×10^{4}
LiF	1.84×10^{-3}	NaCl	3.82×10^{1}

(2) 가수분해

가수분해는 반응물이 물과 반응하여 분해생성물이 얻어지는 반응으로, 용매인 물의 $H_2O = H^+ + OH^-$ 해리반응에 의해 일어난다. 일반적으로 산이나 알칼리 용액에서 침출할 때 용액은 서서히 중성화되면서 가수분해 현상에 의해 가역적인 침전반응이 일어난다. 따라서 용액 중의 Mg^{2+} 등과 같은 특정 이온을 수산화물로써 침전·제거(회수)할 수 있는 가수분해반응은 산-염기반응으로, 평형관계는 다음과 같다.

$$M^{2+} + 2H_2O = M(OH)_2(s) + 2H^+,\ K = \frac{a^2_{H^+}}{a_{M^{2+}}} \tag{2.5}$$

여기서 생성되는 수산화물의 활동도를 1로 두고, 평형상수 K의 양변에 상용대수를 취하면 다음 식이 얻어진다.

$$\log a_{M^{2+}} = -\log K - 2pH,\ \therefore\ pH = -0.5\log K - 0.5\log a_{M^{2+}} \tag{2.6}$$

식(2.6)으로부터 온도와 압력이 일정할 때, 특정 이온과 그 수산화물이 평형하는 pH는 그 이온의 활동도에 의존하는 것을 알 수 있다. 일반적으로 $a_{M^{2+}}$가 10^{-6} 이하이면 용액 중에 M^{2+}가 완전히 제거되었다고 가정할 수 있으므로, 용액 중의 불순물 이온 등을 수산화물로 제거하거나 회수하기 위한 용액의 pH를 구할 수 있다.

(3) 치환침전

용액 중의 목적 원소와 수산화물의 용해도에 차이가 없는 원소는 가수분해에 의한 분리가 곤란하므로 이온화 경향의 차이를 이용하는 치환 환원법을 이용한다. 즉, 비한(base) 원소를 투입하여 귀한(noble) 원소의 이온을 고체 상태로 치환환원하는 것으로, 치환침전 혹은 세멘테이션(cementation)이라 부른다. 용액 중 M^{2+}을 다음 식과 같이 환원제인 R을 첨가하여 고체상의 M(s)으로 제거할 수 있다.

$$M^{2+} + R = M(s) + R^{2+}, \quad K = \frac{a_{R^{2+}}}{a_{M^{2+}}} \tag{2.7}$$

여기서 $a_{R^{2+}}$=0.1로 두면 M^{2+}의 제거한계를 구할 수 있다.

3) 염수호에서의 리튬 추출

염수호나 바닷물에는 Li이 0.06~0.15 % 함유되어 있으므로 간수에서 여러 가지 Li 화합물들을 저렴한 비용으로 생산할 수 있다. 염수호의 간수 중 Li을 추출하는 방법은 염수호의 조성과 입지 조건이 달라 여러 가지 방법이 실용화되어 있으나, 기본적으로는 태양열을 이용하여 천일 증발시키고 치환침전(cementation)을 이용하여 불순물을 석출시켜 제거한다. 최근 Li이온 배터리 산업의 확대에 따라 탄산리튬 생산량이 증가하면서 전통적인 천일 증발-석출법과 함께 이온교환법, 용매추출법, 흡착법, 멤브레인법 등에 관해 많은 연구가 이루어지고 있다.[1,18] 그림 2.6에는 염수호나 바닷물에서 Li 화합물과 KCl 등의 부산물을 생산하는 일반적인 공정도를 아직 연구 단계에 있는 것과 함께 나타내었다.[1,19]

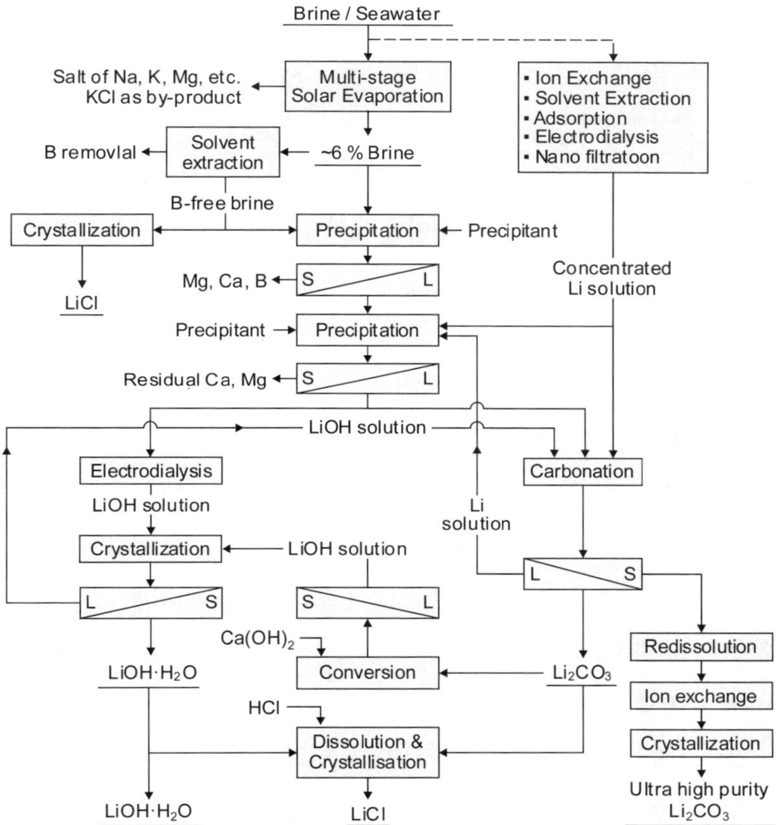

그림 2.6. 염수호나 바닷물에서 Li 화합물과 기타 부산물을 생산하는 일반적인 공정도

(1) 리튬의 농축

간수에서 천일 증발-석출법으로 Li을 회수하는 첫 단계는 간수 중의 NaCl(halite), KCl(sylvite), NaCl·KCl(sylvinite), Mg염 및 기타 알칼리염류를 태양열을 이용해 천일 증발시켜 단계별로 침전·제거하여 Li을 농축하는 것이다. 따라서 Li의 회수는 간수의 종류에 따라 단계별 석출염

의 형태만 다를 뿐 유사한 공정을 이용하며, 기본적으로는 수용액 구성 이온들의 용해도곱 차이를 이용한다. 다만 태양열을 이용하여 Li을 농축하므로 광석에서의 Li 회수보다 에너지 비용이 낮은 장점이 있으나, 대부분의 염수호가 고지대에 있고 Li을 농축하는 데 1~2년의 기간이 소요되며, Li 회수율이 낮아(약 25 %) 이를 높이기 위해 많은 연구가 수행되고 있다.

(2) 리튬 농축 용액 중 불순물 제거

Mg이 많은 간수를 태양열에 의한 천일 증발로 Li을 약 4.4 % 이상으로 농축하면 Li의 침전이 시작된다. 또 천일 증발로 Li이 5.5~6.5 %까지 농축되면 Li_2CO_3나 LiCl을 제조한다. 일반적으로 Li 회수 공정에서 간수 중의 Mg도 함께 침전되므로 간수 중의 Mg/Li 비(중량비)가 높으면 Li 회수에 불리하다.[20] 특히 고순도의 Li_2CO_3나 LiCl을 제조하기 위해서는 Mg을 추가로 제거하여야 한다.

황산 간수는 SO_4 이온의 농도가 높아 천일 증발에서 6,000 ppm 이상으로 Li을 농축하기 힘들고, Mg/Li 비율이 높아 정제 전에 미리 Mg/Li을 0.5(2 %Mg, 4 %Li) 이하로 낮추어야 한다. 따라서 Mg^{2+}가 많이 용해된 Li 농축 용액에 생석회(CaO)나 가성소다(NaOH)를 첨가하여 다음 식과 같이 치환반응으로 Mg 이온을 제거한다.[21]

$$Mg^{2+} + Ca(OH)_2 = Mg(OH)_2(s) + Ca^{2+},\quad \Delta G^0_{298} = -36.3 \text{ kJ} \qquad (2.8)$$

$$Mg^{2+} + 2Na(OH) = Mg(OH)_2(s) + 2Na^+,\quad \Delta G^0_{298} = -148.8 \text{ kJ} \qquad (2.9)$$

잔류하는 Mg^{2+}는 Na(OH)를 추가로 첨가하여 $Mg(OH)_2$로 제거할 수 있다. 나머지 불순물들은 CaO나 Na(OH), Na_2CO_3 등을 첨가하여 치환

반응으로 제거하며, 이때 CaO는 다음 식과 같이 물과 반응하여 $Ca(OH)_2$를 생성하여 반응에 관여한다.

$$CaO(s) + H_2O(l) = Ca(OH)_2(s), \quad \Delta G^0_{298} = -57.412 \text{ kJ} \tag{2.10}$$

그리고 표 2.6에 나타낸 것처럼 $CaCO_3$의 K_{sp}(=3.36×10^{-9})가 매우 낮아 쉽게 석출되므로 용액 중에 용해된 Ca^{2+}는 Na_2CO_3나 Li_2CO_3를 첨가하여 다음 식과 같이 $CaCO_3$로 제거한다.

$$Ca^{2+} + Na_2CO_3 = CaCO_3(s) + 2Na^+, \quad \Delta G^0_{298} = -47.2 \text{ kJ} \tag{2.11}$$

$$Ca^{2+} + Li_2CO_3 = CaCO_3(s) + 2Li^+, \quad \Delta G^0_{298} = -30.02 \text{ kJ} \tag{2.12}$$

용융염 전해로 금속 Li을 생산할 때는 출발원료인 LiCl 중의 B을 제거해야 한다. 용액 중에 남아 있는 B을 용매추출로 제거하거나, 식(2.9)와 같이 Li 함유 용액에 NaOH를 첨가하여 pH를 8.5~10.5 정도로 조정하면 Mg이 $Mg(OH)_2$로 제거되면서 B을 흡착시켜 제거할 수 있다.[22]

(3) 정제 용액 중의 리튬 회수

불순물을 제거한 용액 중의 Li은 다음 식과 같이 탄산염이나 인산염[22]으로 회수한다.[1]

$$2LiOH(aq.) + Na_2CO_3(s) = Li_2CO_3(s) + 2NaOH(aq.) \tag{2.13}$$

$$2LiOH(aq.) + CO_2(g) = Li_2CO_3(s) + H_2O \tag{2.14}$$

$$3LiCl(aq.) + H_3PO_4(aq.) = Li_3PO_4(s) + 3HCl(aq.) \tag{2.15}$$

Li_2CO_3나 Li_3PO_4에 CaO를 첨가하면 다음 식과 같은 반응으로 LiOH가 만들어진다.[1]

$$Li_2CO_3(aq.) + CaO(s) + H_2O = 2LiOH(aq.) + CaCO_3(s) \tag{2.16}$$

$$3Li_3PO_4(aq.) + 5CaO(s) + 5H_2O \tag{2.17}$$

$$= 9LiOH(aq.) + Ca_5(PO_4)_3 \cdot OH(s)$$

한편 그림 2.7에는 물에 대한 Li_2CO_3와 LiOH의 용해도를 비교하여 나타내었다. LiOH의 용해도는 온도와 함께 증가하지만, Li_2CO_3의 용해도는 온도가 증가할수록 오히려 감소하는 경향을 나타내며, Li_2CO_3가 LiOH보다 용해도가 매우 낮은 것을 알 수 있다. 그러나 다음 식과 같이 $CO_2(g)$를 취입하면서 Li_2CO_3를 수침출하면 쉽게 lithium bicarbonate($LiHCO_3$)로 용해된다.

$$Li_2CO_3(s) + CO_2(g) + H_2O(aq.) = 2LiHCO_3(aq.) \quad (2.18)$$

용액을 증류하여 $LiHCO_3$를 고체로 만든 후 하소하면 다음 식과 같이 고순도의 고체 Li_2CO_3로 회수할 수 있다.[23]

$$2LiHCO_3(aq) = Li_2CO_3(s) + H_2O(g) + CO_2(g) \quad (2.19)$$

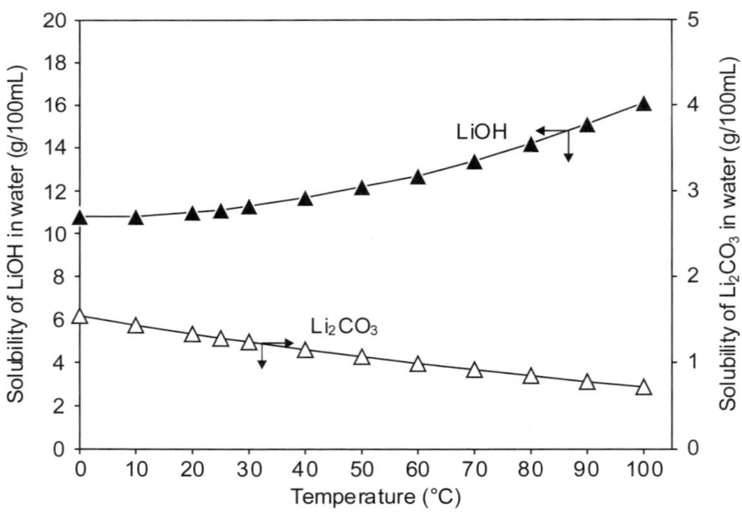

그림 2.7. 물에 대한 Li_2CO_3와 LiOH의 온도에 따른 용해도

(4) 리튬의 선택적 추출

Li의 선택적 추출법에는 흡착법, 이온교환법, 용매추출법, 전해법 등이 있다. 우선 흡착법은 MnO_2, TiO_2, $Al(OH)_3$ 등의 흡착제를 사용하여 Li을 선택적으로 흡착시켜 회수하는 방법이다. 그러나 간수 중에 함유된 Mg, Na, K, Ca 이온 등도 동시에 흡착되는 문제점이 있어서 이를 해결하기 위한 많은 연구가 이루어지고 있다. 용매추출도 Na, K 이온에 대해 Li을 선택적으로 추출할 수 있으나, Mg, Ca 등의 이온을 미리 제거해야 하며, 효율을 높이기 위해 Li 추출 전에 Li을 농축해야 한다고 알려져 있다.[23]

음이온 선택 멤브레인으로 $LiFePO_4$ 전극에서 Li을 간접적으로 이동시켜 $FePO_4$로 석출시키는 전해법도 알려져 있는데, 그림 2.8에 전해셀의 구조를 나타내었다.[1,24] 전해셀은 음이온 교환막에 의해 두 개의 슬롯으로 분리되어 있으며,[25] 한쪽 슬롯은 간수로 채워져 있고, 다른 쪽 슬롯에는 Mg^{2+}가 없는 전해질이 채워져 있다. 간수에는 $FePO_4$ 양극이 장착되어 있으며, Mg^{2+}가 없는 전해질에는 $LiFePO_4$ 음극이 장착되어 있다. 외부에서 전위를 인가하면 간수 중에 있는 Li^+가 $FePO_4$의 중간으로 들어가

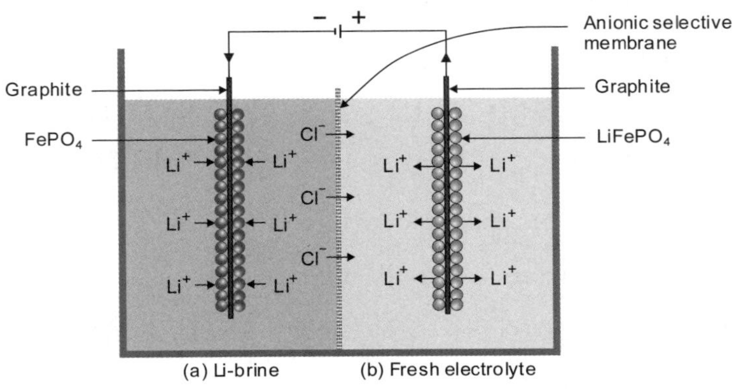

그림 2.8. $LiFePO_4$와 $FePO_4$ 전극을 이용한 리튬 회수 전해셀의 구조

$LiFePO_4$를 생성하며, $LiFePO_4$ 음극에서는 멤브레인 전해에 의해 Li^+는 Mg^{2+}가 없는 전해질 쪽으로 방출되어 다음 식과 같이 $FePO_4$를 생성한다.[1]

$$\text{Charge: } LiFePO_4 = FePO_4 + Li^+ + e \quad (2.20)$$

$$\text{Discharge: } FePO_4 + Li^+ + e = LiFePO_4 \quad (2.21)$$

이때 음이온 교환막은 양이온이 통과하지 못하므로, 음이온은 간수에서 Mg^{2+} 무첨가 전해질로 전달되어 전하의 균형을 유지한다. 이를 통해 Mg^{2+}가 없는 간수에서 Li^+만 선택적으로 추출할 수 있으며, Mg/Li 비율을 현저하게 감소(493→0.3)시켜 간수 중의 Mg과 Li을 효율적으로 분리할 수 있다.

(5) 염수호에서의 리튬 추출 공정 예

그림 2.9에는 Salar 염수호의 간수에서 Li을 추출하는 Atacama 방식의 공정도를 나타내었다.[1,26] 간수 중 불순물들의 염을 단계별로 석출시킨 후, 4~6 %의 Li을 함유한 간수를 Li_2CO_3 회수 공정으로 보낸다. 생석회(CaO), 소다회(Na_2CO_3) 등으로 Mg이나 Ca 등을 침전시켜 제거하고, 이어서 93 ℃로 가열하여 소다회와 반응시키면 Li_2CO_3가 석출된다. 이어서 고액 분리한 고체를 건조하여 순수한 Li_2CO_3로 회수하지만, Li 회수 전에 이온교환 등으로 잔류하는 Mg, Ca 등을 제거하기도 한다. 그리고 이러한 공정에서 생성된 $CaCO_3$는 Mg을 제거하는 공정에서 재활용할 수 있다.

그림 2.10에는 Atacama, FMC, 중국 등에서의 처리 방식을 비교하여 나타내었다.[1,27] Hombre Muerto 염수호(아르헨티나)는 FMC 방식을 사용하며, Atacama와는 달리 pH와 온도를 조정한 후 Li만 선택적으로 흡착하는 알루미나계 흡착제를 사용하여 Li을 1 % 정도까지 농축하고 이어서 천

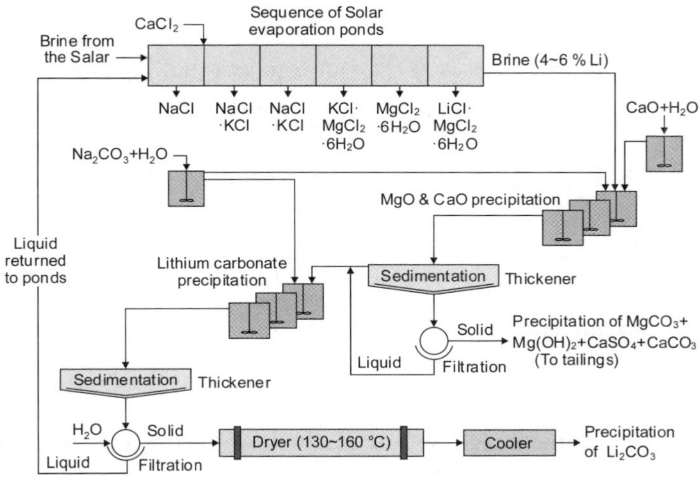

그림 2.9. Salar 염수호에서 Li을 추출하는 Atacama 방식의 공정도

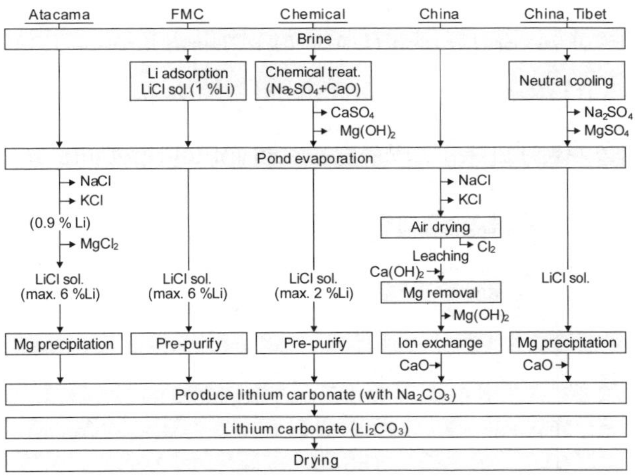

그림 2.10. 염수호에서의 리튬 화합물 추출 공정 비교

일 증발로 Li을 다시 농축시킨다. Li을 농축한 후의 공정은 Atacama와 거의 같다. Olaroz 염수호(아르헨티나)에서는 CaO를 간수에 첨가하여 Mg을

제거하고, 이어서 천일 증발에 의해 약 1 %Li까지 농축시키고 Na_2CO_3(소다회)를 첨가하여 조탄산리튬을 생성시킨다. 이어서 CO_2(g)를 불어 넣으면서 Li_2CO_3를 식(2.18)과 같이 재용해하여 여과한 다음 $LiHCO_3$ 용액 중의 Ca, Mg, B 등 잔류하는 불순물을 이온교환으로 제거하고 가열·결정화시켜 정제된 Li_2CO_3를 얻는다.

4) 광석에서의 리튬 추출

표 2.3에서와 같이 Li을 함유한 광석들은 많으나, Li이 가장 풍부한 광석은 스포듀민(spodumene, $LiAlSi_2O_6$)으로, Li이 약 3.73 %(8.03 % Li_2O)나 함유되어 있다. 우선 스포듀민의 특징에 대해 알아본다. 그림 2.11에는 $LiAlSiO_4$-SiO_2-H_2O계의 온도-압력 상태도에 Li 광석 중 가장 풍부한 스포듀민과 관련한 α-spodumene ($LiAlSi_2O_6$), β-spodumene ($LiAlSi_5O_{12}$), eucryptite ($LiAlSiO_4$), petalite ($LiAlSi_4O_{10}$), virgilite ($LiAlSi_5O_{12}$) 등의 안정 영역을 나타내었다.[28] 스포듀민은 eucryptite나 petalite 등의 규산염

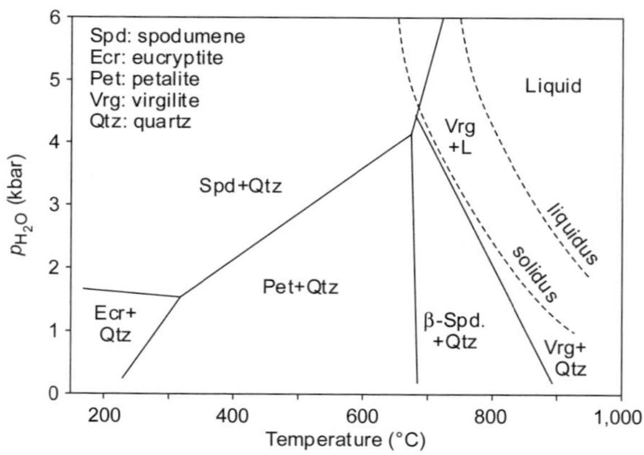

그림 2.11. 실험으로 구한 $LiAlSiO_4$-SiO_2-H_2O계 중 20Ecr-80Qtz (mol %)의 안정 영역을 나타내는 P-T 상태도

과 마찬가지로 석영(quartz) 포화 영역에 존재한다. 이러한 α-, β-, γ-spodumene (virgilite)의 안정 영역으로부터 β-spodumene은 자연 상태에서는 존재하지 않으며, 특히 virgilite는 개재물로만 발견될 뿐 매우 드물다. 또 약 700 ℃ 미만에서 광물의 결정화가 일어난 것을 보여 준다.[9] 한편 산에 잘 용해되지 않는 α-spodumene (monoclinic)은 열처리하여 β-spodumene ($LiAlSi_5O_{12}$, tetragonal)으로 상변화를 시킨 후 처리한다.

(1) 광석 중 Li 추출의 개요

광석 중의 Li은 일반적인 습식제련과 유사하게 광석 종류에 따라 하소나 배소를 한 후, 산 처리법과 알칼리 처리법, 염화법 등으로 추출한다. 그림 2.12에는 이러한 Li 함유 광석에서 Li 화합물을 제조하는 공정도를 종합하여 나타내었다.[1,29]

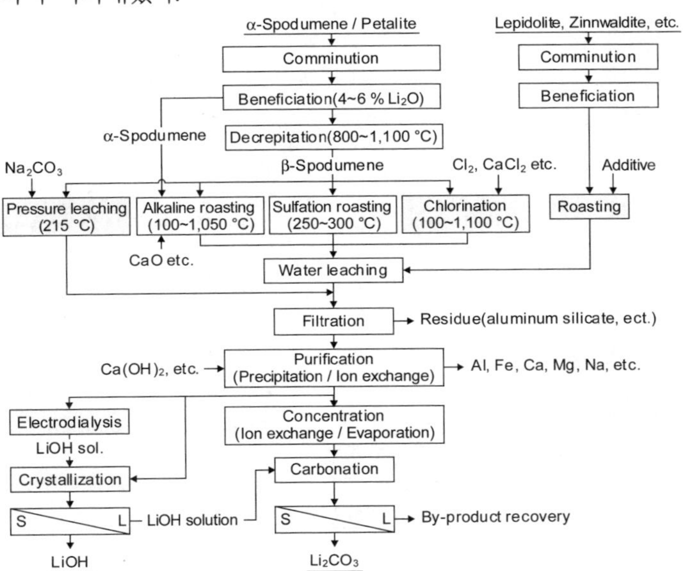

그림 2.12. 리튬 광석에서의 리튬 화합물 제조 공정도 종합

(2) 산 처리법(acid process)

그림 2.13에는 스포듀민을 산으로 처리하여 Li_2CO_3를 제조하는 산 처리법의 공정도를 나타내었다.[30] 고품위 스포듀민 광은 1.35~3.56 %Li(2.9~7.7 %Li_2O)을 함유하고 있으나, 선광처리하면 4~6 %Li_2O의 정광이 얻어진다. α-spodumene의 Li 정광은 1,000~1,100 ℃에서 하소(calcination)하여 산(acid)에 잘 용해되는 β-spodumene으로 상변화를 시키며, 이때 정광의 표면적이 약 30 % 증가한다. 그리고 냉각시킨 하소광(calcine)과 황산(93 %)을 잘 혼합하고 200~250 ℃에서 다음 식과 같이 황산화 배소를 한다. 황산이 Na, K 등과도 반응하므로 황산은 화학 양론적인 양보다 최소한 30 % 이상 과잉으로 첨가하여야 한다.[9]

$$Li_2O \cdot Al_2O_3 \cdot 4SiO_2(s) + H_2SO_4 = Li_2SO_4(s) + Al_2O_3 \cdot 4SiO_2(s) + H_2O(g) \tag{2.22}$$

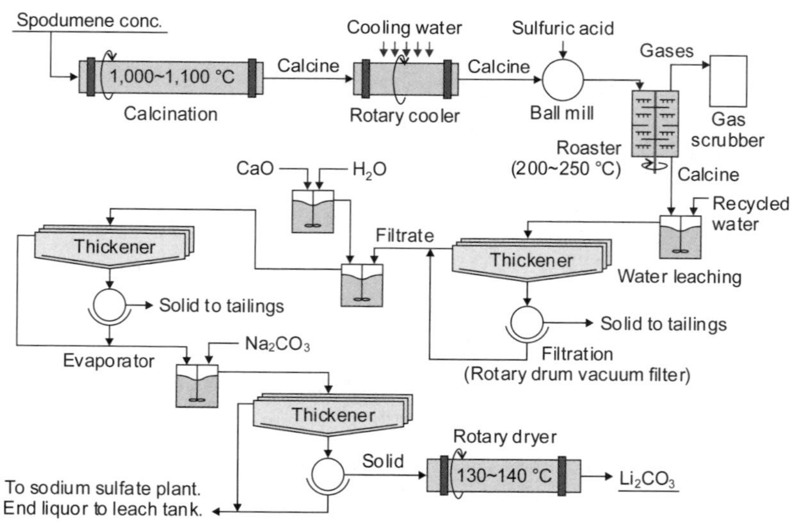

그림 2.13. FMC의 스포듀민 황산화 배소 및 수침출에 의한 Li_2CO_3 제조 공정도

$Li_2SO_4(s)$는 수침출한 후 다시 고체 상태의 Li_2SO_4로 석출시키거나 Li_2CO_3, LiCl, LiOH 등으로 만든다. Li_2CO_3와 LiOH는 다음 식과 같이 치환반응으로 만들어진다.

$$Li_2SO_4(aq.) + Na_2CO_3(aq.) = Li_2CO_3(s) + Na_2SO_4(aq.) \tag{2.23}$$

$$Li_2SO_4(aq.) + 2NaOH(aq.) = 2LiOH(s) + Na_2SO_4(aq.) \tag{2.24}$$

(3) 알칼리 처리법(alkali process)

스포듀민의 알칼리 처리법은 정광을 석회석이나 소다회와 혼합하여 배소(825~1,050 ℃)한 후 수침출에 의해 Li을 추출하는 방법이다. 우선 리튬실리케이트를 수용성으로 만들기 위해 다음 식과 같이 배소한다.[31]

$$Li_2O\cdot Al_2O_3\cdot 4SiO_2(s) + CaCO_3(s) \tag{2.25}$$
$$= CaO\cdot Al_2O_3\cdot 4SiO_2(s) + Li_2O(s) + CO_2(g)$$

$$Li_2O\cdot Al_2O_3\cdot 4SiO_2(s) + 8CaO(s) = Li_2O\cdot Al_2O_3 + 4(2CaO\cdot SiO_2) \tag{2.26}$$

배소광에 생석회(CaO)를 첨가하여 다음 식과 같이 수침출하면 LiOH만 용액 중으로 용해시킬 수 있다.[1]

$$Li_2O\cdot Al_2O_3(s) + Ca(OH)_2(aq.) = 2LiOH(aq.) + CaO\cdot Al_2O_3(s) \tag{2.27}$$

그리고 LiOH 수용액 중에 $CO_2(g)$를 불어 넣으면 $LiHCO_3$(lithium bicarbonate)가 만들어지므로 고액 분리한 후, 여액에 소다회(Na_2CO_3)를 투입하고 약 90 ℃로 가열하여 수분을 증발시키면 Li_2CO_3를 얻을 수 있으며, 석회석으로 중화하여 $LiOH\cdot H_2O$로 회수하기도 한다. 또 β-spodumene을 약 225 ℃에서 Na_2CO_3와 함께 가압 침출하여 Li_2CO_3로 추출한다.[32]

$$\beta - Li_2O\cdot Al_2O_3\cdot 4SiO_2(s) + Na_2CO_3(l) + nH_2O \tag{2.28}$$

$= Li_2CO_3(s) + Na_2O \cdot Al_2O_3 \cdot 4SiO_2 \cdot nH_2O$

그림 2.14에는 스포듀민을 알칼리 배소한 후 침출 등을 거쳐서 LiOH를 제조하는 공정도를 모식적으로 나타내었다.[33]

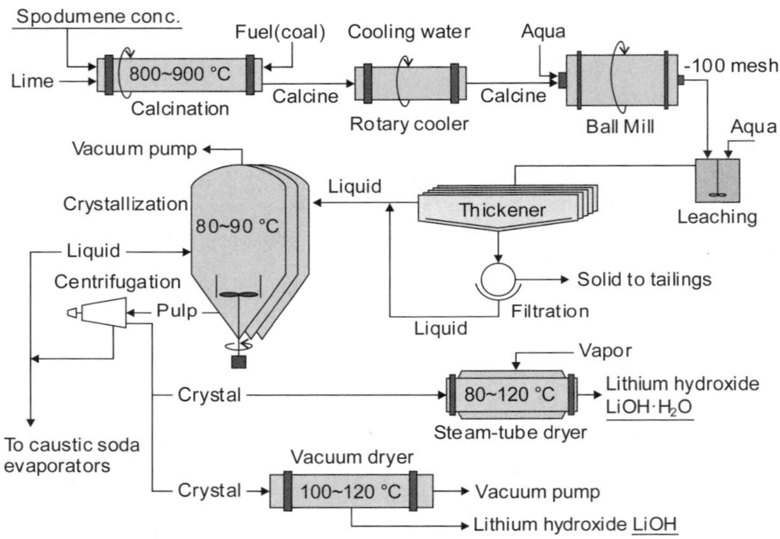

그림 2.14. 알칼리법에 의한 LiOH 제조 공정도

그림 2.7에 나타낸 바와 같이 Li_2CO_3의 용해도가 낮으므로 용액 중에 CO_2를 취입하면서 생성된 슬러지를 용해시켜 $LiHCO_3$ 용액을 만든다. 용액을 증발·결정화시킨 후 90 ℃로 가열하면 식(2.19)와 같이 Li_2CO_3(99.5 % 이상)가 만들어진다.

중국의 Galaxy Resources에서는 β상의 스포듀민을 Na_2CO_3 용액과 함께 고압 침출한 후 이러한 반응으로 Li_2CO_3를 제조하고 있으며, 하소 반응에서 생성되는 CO_2는 식(2.18)과 같이 $LiHCO_3$로 만들 때 재사용하

고 있다.[21]

한편 약 860 ℃의 수증기 분위기에서 레피도라이트($LiF·KF·Al_2O_3·3SiO_2$)를 배소하여 F 성분을 제거하고, 약 150 ℃의 오토클레이브에서 고압 침출한다. 수증기 중에서의 배소반응은 다음과 같으나 F의 제거율은 그다지 높지 않다.[34]

$$2LiF·KF·Al_2O_3·3SiO_2 + 4H_2O(g) = Li_2O·Al_2O_3·2SiO_2 + 2KAlSi_2O_6 + 2F_2 + 4H_2(g) \quad (2.29)$$

또 α-spodumene광을 Na_2CO_3와 혼합하여 850 ℃에서 다음 식과 같이 용융시킨 다음, 황산으로 침출하면 약 99.98 %의 Li을 회수할 수 있다.[35]

$$2LiAl(SiO_3)_2 + Na_2CO_3 = Li_2CO_3 + Na_2O·Al_2O_3·4SiO_2 \quad (2.30)$$

(4) 염화법(chlorination process)

금속 Li은 LiCl을 용융염 전해하여 제조한다. 따라서 염화법은 광석으로부터 용융염 전해의 출발원료인 LiCl을 만드는 것이다. Li 광석의 종류에 따라 $CaCl_2$, NaCl, $Cl_2(g)$, HCl 등과 800~1,100 ℃에서 반응시키면 Li 성분을 수용성인 LiCl로 만들 수 있다.[21] 레피도라이트와 NaCl, $CaCl_2$의 반응은 다음 식과 같으며, 광석 중의 K, Cs, Rb 등도 같이 염화되며, LiCl 함유 수용액은 산 처리법과 유사하게 처리한다.

$$Li_2O + 2NaCl + Al_2O_3 + 6SiO_2 = 2LiCl + 2NaAlSi_3O_8 \quad (2.31)$$

$$Li_2O + CaCl_2 + Al_2O_3 + 2SiO_2 = 2LiCl + CaAl_2Si_2O_8 \quad (2.32)$$

5) 금속 리튬의 제조

현재 고순도 금속 Li은 LiCl+KCl의 공정 조성(42 mol%KCl, 350 ℃)을 갖는 혼합 용융염에서 LiCl을 용융염 전해하여 만든다.[36] LiCl+KCl 2원계의 액상 범위는 400 ℃에서 35~45 mol% KCl로 확대되므로 400~450 ℃ 정도에서 조업한다. 그리고 음극으로는 연강(mild steel)을 사용하며 액상의 Li이 석출되고, 양극으로는 흑연(graphite)을 사용하며 염소가스가 발생한다. 이때 전류밀도는 2 A/cm^2, 전력 소비량은 35 kWh/kg-Li 정도이며, 각 전극에서는 다음과 같은 반응이 일어난다.[37]

$$\text{Anode (graphite): } Cl^- = 1/2Cl_2(g) \tag{2.33}$$

$$\text{Cathode (mild steel): } Li^+ + e = Li(l) \tag{2.34}$$

$$\text{Overall reaction: } LiCl(l) = Li(l) + 0.5Cl_2(g),\ E^0_{427\ ℃} = 3.6\ V \tag{2.35}$$

이러한 용융염 전해법은 많은 에너지를 소비할 뿐만 아니라 유독성인 염소가스가 발생하는 문제점이 있어서 새로운 금속 Li의 제조법에 관해 많은 연구가 이루어지고 있다.[38] 표 2.7에 금속 Li의 제조법을 종합하여 나타내었다.[1] Kruesi 등은 LiCl-KCl 공정조성의 용융염 중에서 염소가스 발생 없이 Li_2CO_3를 전해하여 금속 Li을 만들었으며,[39] 또 LiCl-KCl계나 LiCl-CsCl-KCl계의 공정조성에서 LiOH를 전해하여 금속 Li을 얻기도 하였다.[40] 다른 용융염 전해법으로는 공정조성인 LiCl-$AlCl_3$,[41] LiI-CsI,[42] LiOH-LiCl[43] 등의 용융염을 사용하였다. 한편 표 2.7과 같이 다양한 Li 화합물에서 Si, Al, Mg, C 등을 환원제로 사용한 금속 열화학(thermic)반응, 간수의 직접 전해,[44] 열분해 등으로도 금속 Li을 만들 수 있다.

표 2.7. 금속 리튬의 제조법

Methods	Reaction	Remark
Carbothermic reduction	$3LiOH+FeC_2=3Li(g)+Fe+CO_2+CO+3/2H_2$ $6LiOH+2C=2Li(g)+2Li_2CO_3+3H_2$	LiOH feed
	$Li_2O(s)+C(s)=2Li(g)+CO(g)$	Li_2O feed
Metallothermic reduction	$2LiOH+2Al(l)=Li(g)+LiAlO_2$ $2LiOH+2Mg(l)=2Li(g)+2MgO(s)+H_2$	LiOH feed
	$3Li_2O+2Al(l)=6Li(g)+Al_2O_3$ $2Li_2O+Si(s)+2CaO(s)=4Li(g)+Ca_2SiO_4$	Pidgeon process
Electrolytic-calciothermic	Cathode: $Li_2O+Ca=2Li+CaO$ $Ca^{2+}+2e=Ca$ Anode: $O^{2-}=1/2O_2+2e$ $O^{2-}+1/2C=0.5CO_2+2e$	Li_2O feed
Electrolysis	$Li^+(\in \text{brine})+e=Li$, $E^0=-3.04$ V	Room temp.
Pyrolysis by plasma	$LiCl(g)=Li(l)+Cl_2(g)$	LiCl feed

4. 2차 자원에서의 리튬 회수

Li의 2차 자원으로는 내열유리나 세라믹 등도 있지만, 그림 2.5에 나타낸 바와 같이 최근에는 Li 용도의 70 % 이상이 배터리용이므로 폐배터리 양극재 중의 Li 회수에 대해 알아본다.

1) 리튬이온 배터리 양극재의 습식처리

폐LiB(lithium-ion battery)의 양극재를 무기산, 알칼리, 유기산 등으로 침출하고 용매추출 등을 이용하여 분리한다. 표 2.8에는 LiB의 침출에 사용되는 침출액과 침출 조건 등을 종합하여 나타내었다.[45] LiB의 종류에 따라 차이가 있으나 양극재 중의 전이금속들은 Co^{3+}, Ni^{2+}, Mn^{4+} 등으로 존재한다. 그러나 Ni, Co, Mn 등은 수용액 중에서 +2가 상태에서 안정하게 존재하므로 양극재를 침출하기 위해서 Na_2SO_3나 H_2O_2 등의 환원제나 아스코르브산(ascorbic acid, $C_6H_8O_6$)과 같은 유기 환원제를 사용하여 환원하여야 한다. 다만 유기 환원제는 비교적 고가이며, Na_2SO_3는 SO_x가 발생하는 문제점이 있다. H_2O_2는 친환경적인 환원제이지만 침출 공정에서 아래 식과 같이 분해되는 문제점이 있어서 충분한 환원력을 확보하기 위해 이론적인 양보다 많은 양을 첨가해야 한다.[46]

$$2H_2O_2 = 2H_2O + O_2(\uparrow) \tag{2.36}$$

H_2O_2를 환원제로 이용한 침출반응은 다음과 같다.(M: Co, Ni, Mn)

$$2LiMO_2 + H_2O_2 + 6H^+ = 2Li^+ + 2M^{2+} + 4H_2O + O_2(\uparrow) \tag{2.37}$$

염산과 황산을 이용한 LCO계 양극재의 침출반응은 다음과 같다.[47]

$$2LiCoO_2 + 8HCl = 2CoCl_2 + Cl_2 + 2LiCl + 4H_2O \tag{2.38}$$

$$2LiCoO_2 + 3H_2SO_4 + H_2O_2 = 2CoSO_4 + Li_2SO_4 + O_2 + 4H_2O \tag{2.39}$$

한편 $Na_2S_2O_5$(sodium metabisulphite)를 이용한 환원침출의 일반적인 반응식은 다음과 같다.(M: Co, Ni, Mn)[48]

$$4LiMO_2 + Na_2S_2O_5 + 6H_2SO_4 \tag{2.40}$$

$$= 2Li_2SO_4 + 4MSO_4 + 2NaHSO_4 + 5H_2O$$

침출액 중의 Li은 천연광물의 제련에서 사용한 방법을 적용하여 회수한다.

표 2.8. 리튬이온 배터리의 습식처리 기술 비교

Type	Reagents	Materials	Conditions	Efficiency
Mineral acid	HCl	$LiCoO_2$	3 M HCl, S/L=20 g/L, 80 ℃, 90 min	99.4 %Li
	H_2SO_4 & H_2O_2	$LiNi_{1/3}Co_{1/3}Mn_{1/3}O_2$	2 M H_2SO_4, 2 vol%H_2O_2, S/L=50 g/L, 80 ℃, 60 min.	81 %Li, 98.2 %Co, 98.7 %Ni, 97.1 %Mn
	H_3PO_4 & H_2O_2	$LiCoO_2$	2 vol% H_3PO_4, 2 vol% H_2O_2, S/L=8 g/L, 90 ℃, 60 min.	88 %Li, 99 %Co
Alkali	Ammonia	$LiNi_{1/3}Co_{1/3}Mn_{1/3}O_2$	4 M NH_3, 1.5 M $(NH_4)_2SO_4$, 0.5M Na_2SO_3, S/L=10 g/L, 80 ℃, 300 min.	95.3 %Li, 80.7 %Co, 89.8 %Ni, 4.3 %Mn
Organic acid	Ascorbic acid ($C_6H_8O_6$)	$LiCoO_2$	1.25 mol/L, S/L=25 g/L, 70 ℃, 20 min.	98.5 %Li, 94.8 %Co
	Citric acid ($C_6H_8O_7$) & H_2O_2	$LiCoO_2$	2.0 mol/L, 3 vol% H_2O_2, S/L=20 g/L, 80 ℃, 90 min.	>90 %Li, >90 %Co
	Formic acid (CH_2O_2) & H_2O_2	$LiCoO_2$	LCO/FA=1/10, 6 vol% H_2O_2, S/L=20 g/L, 60 ℃, 20 min.	99.9 %Li, 99.96 %Co
	Succinic acid ($C_4H_6O_4$) & H_2O_2	$LiCoO_2$	1.5 mol/L, 4 vol% H_2O_2, S/L=15 g/L, 70 ℃, 40 min.	96 %Li, 100 %Co

2) 리튬이온 배터리 양극재의 탄산화 배소

폐LiB의 양극재를 탄산화 배소하여 Li을 탄산염(Li_2CO_3)으로 만들고 수침출하면 Li을 회수할 수 있다.[49] 우선 NCM계 양극재를 고온으로 가열하면 다음 식과 같이 Li_2O와 O_2, MO로 분해되며, Li_2O와 CO_2의 반응으로 Li_2CO_3가 만들어진다.

$$2LiMO_2(s) = Li_2O(s) + 2MO(s) + \frac{1}{2}O_2 \tag{2.41}$$

$$Li_2O(s) + CO_2(g) = Li_2CO_3(s) \tag{2.42}$$

따라서 CO_2 가스에 의한 LMO 중 Li 탄산화 배소의 총괄반응은 다음과 같다.

$$2LiMO_2(s) + CO_2(g) = Li_2CO_3(s) + 2MO(s) + \frac{1}{2}O_2 \qquad (2.43)$$

탄산화 배소 후 Li_2CO_3를 수침출하여 회수하면 잔사는 MO(s)만 남게 된다. 물에 대한 Li_2CO_3의 용해도(그림 2.7 참조)가 낮은 문제점이 있으나 식(2.18)과 같이 CO_2(g)를 취입하면서 침출하면 쉽게 용해시킬 수 있다. 생성물인 $LiHCO_3$는 결정화시킨 후 하소하여 고체의 Li_2CO_3로 회수한다.[50]

Xiao 등은 폐LiB의 양극재와 음극재 분말(흑연)이 혼합된 상태의 시료를 700 ℃에서 열분해 후 수침출하여 99.7 % 순도의 Li_2CO_3를 회수하였으나 회수율은 약 81.9 %인 것으로 보고하였다.[51] Yue 등은 600 ℃에서 흑연으로 $LiCoO_2$를 환원하였으나, 600 ℃에서 120분간 처리하였을 때 Co는 금속상과 산화물로 존재하였으며, Li은 Li_2CO_3가 되었으나, 800 ℃에서도 여전히 CoO가 남아 있었다. 따라서 환원한 시료를 80 ℃의 2.25 M H_2SO_4로 침출하고, Li과 Co는 PC88A에 의한 용매 추출로 각각을 100 % 회수한 것으로 보고하였다.[46]

3) 리튬이온 배터리 양극재의 수소 환원

Li이온 배터리의 NCM계 양극재를 고온으로 가열하면 식(2.41)과 같이 열분해되므로 수소에 의한 선택적 환원으로 Li을 회수할 수 있다. Li 및 Li 화합물과 수소 및 산소와의 반응은 다음과 같다.[52]

$$2Li(l) + H_2 = 2LiH(s),\ \Delta G^0 = -190.36 + 0.1702T\ (kJ/mol) \qquad (2.44)$$

$$4Li(l) + O_2(g) = 2Li_2O(s), \qquad (2.45)$$

$$\Delta G^0 = -1,212.92 + 0.2808T\ (kJ/mol)$$

$$2Li(l) + H_2 + O_2 = 2LiOH(s), \qquad (2.46)$$

$$\Delta G^0 = -974.26 + 0.3188T \text{ (kJ/mol)}$$

$$2Li(l) + H_2O + \frac{1}{2}O_2 = 2LiOH(s), \quad (2.47)$$

$$\Delta G^0 = -730.14 + 0.2686T \text{ (kJ/mol)}$$

$$LiH(s) + H_2O = H_2 + LiOH(s), \quad (2.48)$$

$$\Delta G^0 = -147.83 + 0.0241T \text{ (kJ/mol)}$$

$$2Li(l) + H_2O = H_2 + 2LiOH(s), \quad (2.49)$$

$$\Delta G^0 = -486.02 + 0.2184T \text{ (kJ/mol)}$$

$$2Li(l) + 2LiOH(s) = 2Li_2O(s) + H_2, \quad (2.50)$$

$$\Delta G^0 = -238.66 - 0.038T \text{ (kJ/mol)}$$

$$Li_2O(s) + H_2O = 2LiOH(s), \quad (2.51)$$

$$\Delta G^0 = -123.68 + 0.1282T \text{ (kJ/mol)}$$

$$H_2 + \frac{1}{2}O_2 = H_2O, \ \Delta G^0 = -244.12 + 0.0502T \text{ (kJ/mol)} \quad (2.52)$$

Li이온 배터리 양극재 산화물의 수소에 의한 환원반응은 다음과 같다.

$$H_2(g) + Li_2O(s) = H_2O(g) + 2Li(l) \quad (2.53)$$

$$\Delta G^0 = 357.15 - 0.0818T \text{ (kJ/mol) (454~1,605 K)}$$

$$H_2(g) + NiO(s) = H_2O(g) + Ni(s) \quad (2.54)$$

$$\Delta G^0 = -12.245 - 0.0298T \text{ (kJ/mol) (298~1,605 K)}$$

$$H_2(g) + CoO(s) = H_2O(g) + Co(s) \quad (2.55)$$

$$\Delta G^0 = -12.435 - 0.0156T \text{ (kJ/mol) (298~1,605 K)}$$

$$H_2(g) + MnO(s) = H_2O(g) + Mn(s) \quad (2.56)$$

$$\Delta G^0 = 135.995 - 0.0196T \text{ (kJ/mol) (298~1,605 K)}$$

그림 2.15에는 양극재 산화물의 수소에 의한 환원반응의 자유에너지 변화를 비교하여 나타내었다. 그림으로부터 열역학적으로 Ni과 Co는 수소에 의해 환원되지만, Li과 Mn 산화물은 환원되지 않는 것을 알 수 있다. 따라서 양극재를 수소로 환원한 후 수침출하면 환원 생성물 중 Li_2O

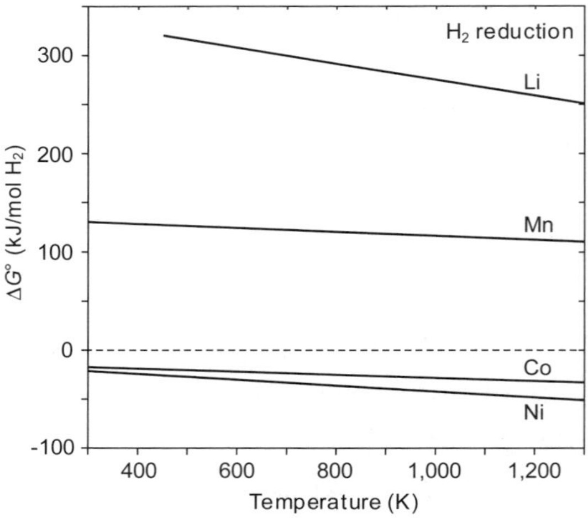

그림 2.15. 배터리 양극재 산화물의 수소환원반응의 자유에너지 변화

는 그림 2.7과 같이 쉽게 용해되므로 고액 분리하여 Li을 수용액으로 회수할 수 있다. 그리고 잔사 중의 금속상인 Ni과 Co는 자력 선별에 의해 회수할 수 있다. 다만 수소환원에서 일부의 Li은 $LiMnO_2$로 존재하기도 한다.[53] 수용액 중에 CO_2를 불어 넣어 Li을 Li_2CO_3로 회수하거나, 수분을 증발시켜 LiOH(또는 $LiOH{\cdot}H_2O$)로 회수할 수도 있다.

Liu 등은 폐LiB($LiNi_{0.5}Co_{0.2}Mn_{0.3}O_2$, NCM)를 수소로 환원한 후 수침출하여 Li을 LiOH로 회수하였다.[54] 수소환원반응에서 NCM은 다음과 같은 경로로 변화된다고 보고하였다.

$$LiNi_{0.5}Co_{0.5}Mn_{0.3}O_2 \rightarrow LiOH{\cdot}H_2O \cdot [MnO, NiO, CoO] \qquad (2.57)$$
$$\rightarrow LiOH{\cdot}H_2O \cdot [MnO, Ni, Co]$$

그림 2.16에는 SK이노베이션의 수소환원-수침출에 의한 리튬 회수장치의 예를 나타내었다.[55] 폐LiB의 양극재를 400~600 ℃, 10~40 $\%H_2$

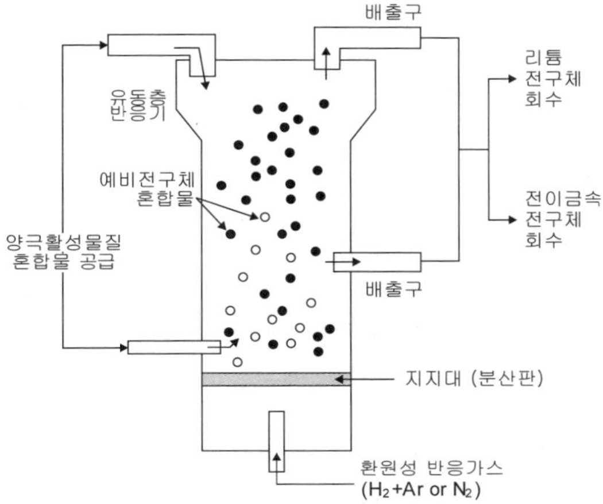

그림 2.16. SK이노베이션의 양극재 환원장치

분위기의 유동층 반응로에서 환원하여 양극재로부터 리튬을 분해시키고, 수침출한다. 수침출한 용액을 여과하여 여액을 곧바로 결정화하거나 CO_2를 불어 넣어 탄산리튬으로 회수한다.

한편 에코프로이노베이션에서는 폐양극재를 불활성 분위기 중에서 수증기와 반응시켜 수산화리튬으로 회수하기도 하였는데, 그림 2.17에 공정도를 나타내었다. 폐양극재와 수증기의 반응식은 다음과 같으며, 생성

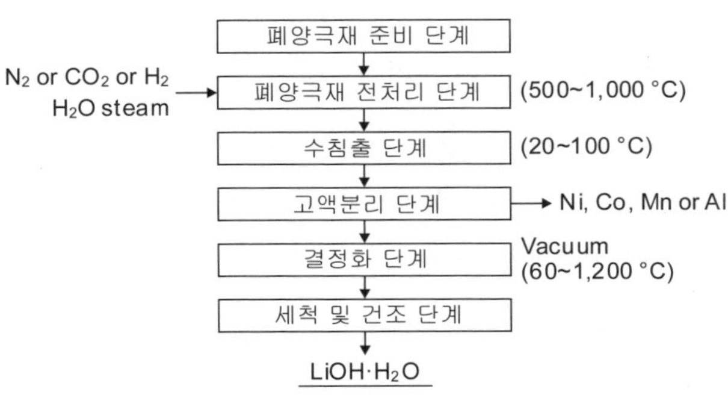

그림 2.17. 에코프로이노베이션의 리튬 회수 공정도

물을 수세하고 여과한 여액을 결정화시켜 LiOH·H_2O로 회수하였다.[56]

$$2LiMO_2 + H_2O = 2LiOH + MO \cdot MO_2 \tag{2.58}$$

5. 폐리튬이온 배터리의 리사이클링

제트 항공기용의 고내식성의 Al-Li 합금은 100 % 리사이클링되고 있는 것으로 알려져 있으나, 2011년 유엔(UNEP)의 'Metals Recycling Rates'에 의하면 EoL(End of Life)이나 노폐 스크랩에서의 Li 리사이클링률은 1 % 미만이었다.[57] 배터리에 사용된 Li이나 Mn은 폐기하고 1차 자원에서 추출하는 것이 경제적이었으므로 리사이클링 대상이 되지 못하였고, Co와 Ni만 리사이클링 대상으로 생각해 왔다.[58] 그러나 전기자동차 보급이 늘어나면서 Li의 수요가 급증하여 Li의 리사이클링도 중요해졌다.

그림 2.18에는 Li이온 배터리의 라이프 사이클을 나타내었다.[59] 천연광물에서 추출한 Li, Ni, Co, Mn 등의 금속이나 화합물로부터 양극재를 만들어 배터리를 제조하지만, 이러한 공정에서도 상당한 양의 스크랩이 발생하고 있다. 그리고 수명이 다한 배터리를 수집하여 여러 가지 방법으로 양극재 중의 금속을 추출하고 정제한 다음 다시 양극재에 사용한다. 공정 스크랩은 상기한 천연광물의 처리 방법 등을 이용하여 비교적 간단한 방법으로 리사이클링할 수 있다. 그러나 사용 후 배터리는 방전, 해체, 파쇄 등의 전처리를 하고 금속을 추출하는 공정을 거쳐야 다시 양극재로 사용할 수 있다.

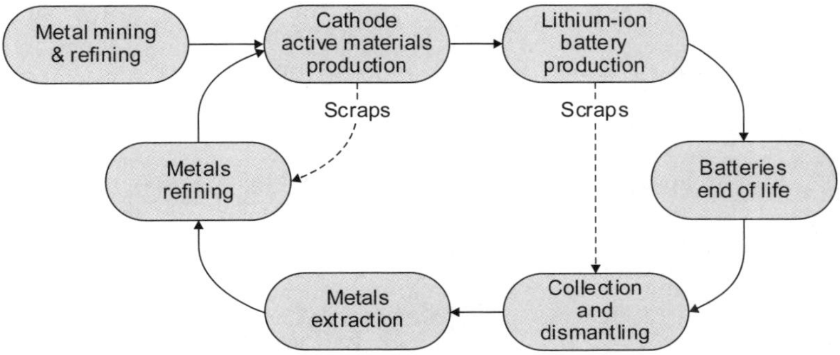

그림 2.18. 리튬이온 배터리의 라이프 사이클

1) 리튬이온 배터리

전기·전자 제품에서 Li이온 배터리(LiB)가 차지하는 비중이 커지고, 전기자동차 보급이 확대되면서 주요 원료인 Li과 Ni, Co에 대한 원자재 수요가 급증하고 있다. 표 2.4에는 양극 활성물질에 따른 LiB의 종류를 수명, 용도와 함께 나타내었다. Ni, Co를 사용하는 양극 활성물질로는 $LiCoO_2$, $LiNiCoMnO_2$, $LiNiCoAlO_2$ 등이 있으며, 이러한 LiB로부터 Li, Ni, Co 등을 회수하고 있다.

그림 2.19에는 LiB와 배터리 셀 한 층의 단면을 나타내었으며,[60,61] 그림 2.20에는 LiB 셀의 구성 부품별 평균적인 무게와 가격 비율을 나타내었다.[62] LiB는 네 가지 기본소재인 양극재, 음극재, 전해질, 분리막으로 구성되어 있다. 일반적으로 양극에는 알루미늄(Al) 박판에 전이금속 산화물이 도포되어 있으며, 음극에는 구리(Cu) 박판에 층간 삽입이 가능한 탄소계 재료가 도포되어 있고, 전해액은 Li염과 유기 용매로 구성되어 있다. 폐LiB 중에서 회수 가치가 있는 것은 양극재, 음극재 그리고 전해액이다. 특히 양극재(cathode)의 무게 비율은 31 %이지만, 비교적 고가인

Li, Co, Ni 등이 함유되어 있으므로 가격은 약 39 %를 차지하며, 원자재 가격에 따라 더 높아질 가능성이 있다. 음극재는 현재 대부분 graphite를 사용하고 있는데, LiB의 수요 증가로 인해 가격이 급등하였지만, graphite의 리사이클링에 대해서는 보고된 예가 많지 않으며, 최근에는 Si이 음극재의 대체 재료로 검토되고 있다.

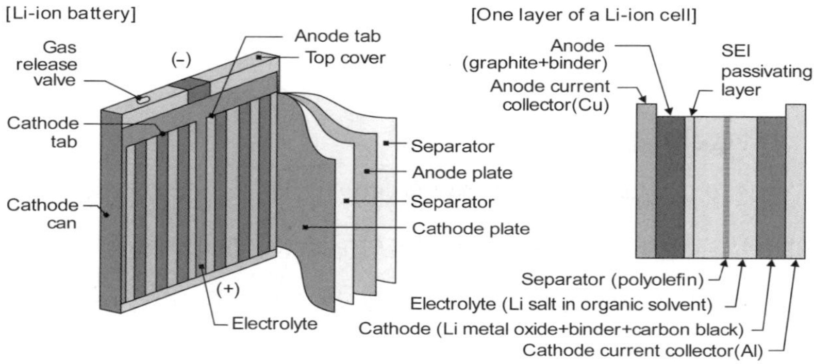

그림 2.19. 리튬이온 배터리의 구조와 유가물

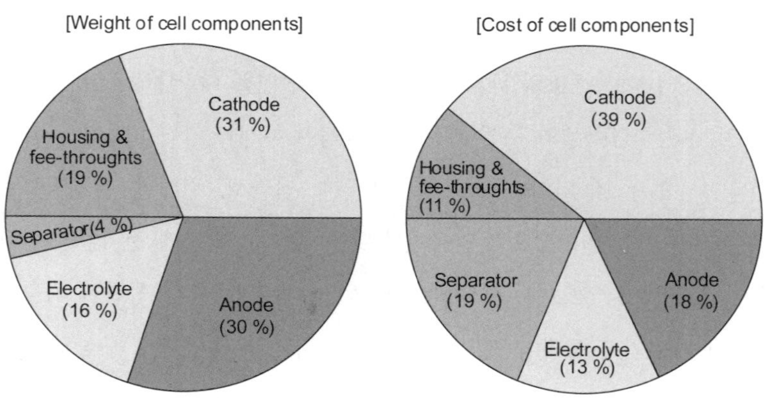

그림 2.20. 리튬이온 배터리 구성물질의 무게와 가치 비교

그림 2.21에는 전기자동차용 Li이온 배터리의 구성물질을 세분하여 나타내었다.[63] 배터리 시스템의 주변 물질은 주로 케이스인 Al이 많으며, 배터리 관리 장치(battery magnement unit, BMU)와 케이블들로 구성되어 있다. 배터리 모듈의 주변 물질도 구성이 비슷하다. 나머지 약 55 %는 전해질, 셀 하우징, 전극물질로 구성되어 있다.

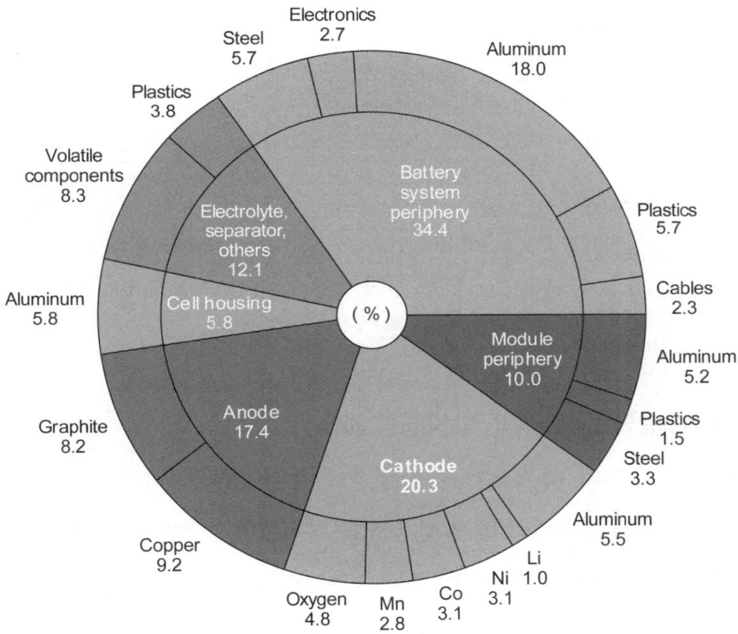

그림 2.21. 전기자동차용 리튬이온 배터리의 구성물질 비율

한편 Li이온 배터리를 리사이클링하여 유가금속을 회수하기 위해서는 제조 공정을 파악할 필요가 있으므로 그림 2.22에 제조 공정도를 나타내었다.[61]

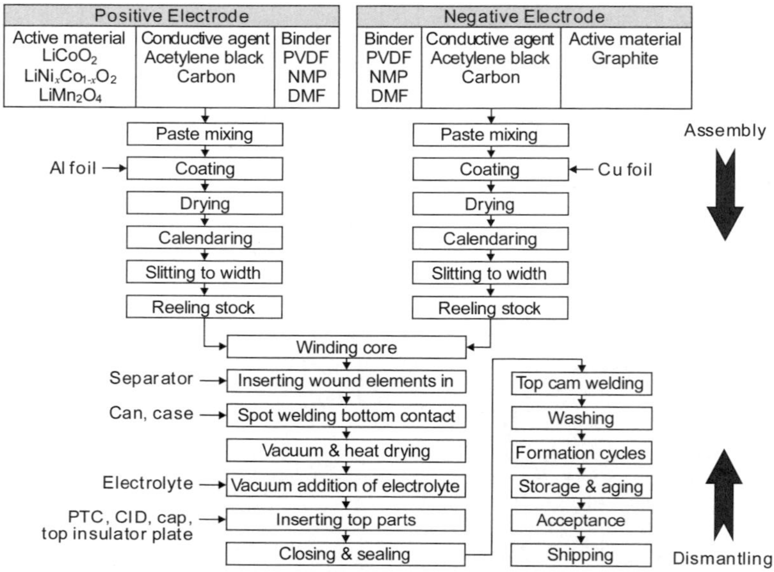

그림 2.22. 리튬이온 배터리의 제조 공정도

2) 폐리튬이온 배터리의 리사이클링 개요

사용 후 LiB의 리사이클링은 물리적 처리와 화학적 처리로 구분한다. 물리적인 처리는 배터리 해체 및 구성물 분리이며, 화학적인 처리는 습식 처리의 침출, 정제, 석출 등과 건식처리의 용융환원 등이다. 현재 상업적으로 가동되고 있는 주요한 폐LiB의 처리회사를 표 2.9에 종합하여 나타내었다.[64,65]

그림 2.23에는 문헌에 보고된 LiB의 리사이클링 공정을 종합하여 나타내었다. 주요한 리사이클링 대상으로는 anode, cathode, electrolyte 등과 플라스틱 및 금속 케이스류 등이다. LiB를 재활용하기 위해서는 전처리 공정에서 배터리를 방전시켜 불활성화시켜야 하며, 리사이클링률을

표 2.9. 폐리튬이온 배터리 리사이클링 회사와 처리 기술 개요

Scale	Company/vol.(t/a)		Process
Industrial scale (>1,000 t/a)	Umicore Valeas (BE)	7,000	Pyro+Hydro
	Accurec (DE	4,000	Thermal+Mech+Pyro+Hydro
	Nickelhütte Aue (DE)	-	Thermal+Pyro+Hydro
	SungEel (KR)	8,000	Mech+(thermal+) Hydro
	Posco Hy Clean Metal (KR)	12,000	Unknown
	Kyoei Seiko (JP)	-	Pyro
	Dowa Eco-System (JP)	6,500	Thermal+Pyro+Hydro
	Brunp (CN)	100,000	Thermal+Mech+Hydro
	GEM (CN)	30,000	Mech+Hydro
	Ganzhou Highpower (CN)	40,000	Mech+Pyro+Hydro
	Guanghua (CN)	12,000	Mech+Hydro
	Huayou Cobalt (CN)	-	Mech+Hydro
	JX Nippon (JP)	5,000	Thermal+Mech+Hydro
	Envirostream (AU)	3,000	Preprocessing
Pilot scale (<1,000 t/a)	EDI (FR)		Mech (aqueous shred. +unknown)
	SNAM (FR)		Thermal+Pyro+Hydro
	TES-AMM (Recupyl) (FR)		Mech (inert gas)
	AkkuSer (FI)		Mech+unknown
	Duesenfeld (DE)		Mech+Hydro
	Promesa (DE)		Mech (aqueous shred.)+unknown
	Redux (DE)		Mech (aqueous)+Hydro
	Kobar (KR)		Mech+Hydro
	Telerecycle (CN)		Mech+Hydro

Pyro: Pyro-metallurgy, Hydro: Hydro-metallurgy, Thermal: Thermal pretreatment, Mech: Mechanical treatment

높이기 위해 해체 및 물리적 분류 공정을 거친다. 따라서 전처리 공정의 효율을 높여서 비용을 절감할 필요가 있으며, 이를 위해 350~500 ℃ 정도에서 열처리하는 방법도 제시되어 있다. 열처리하면 전해질이 증발되며, 유기물은 열분해된다.[66] 그 외에도 액체질소로 냉각시켜 안정화시키는 방법 등이 실용화되어 있다.

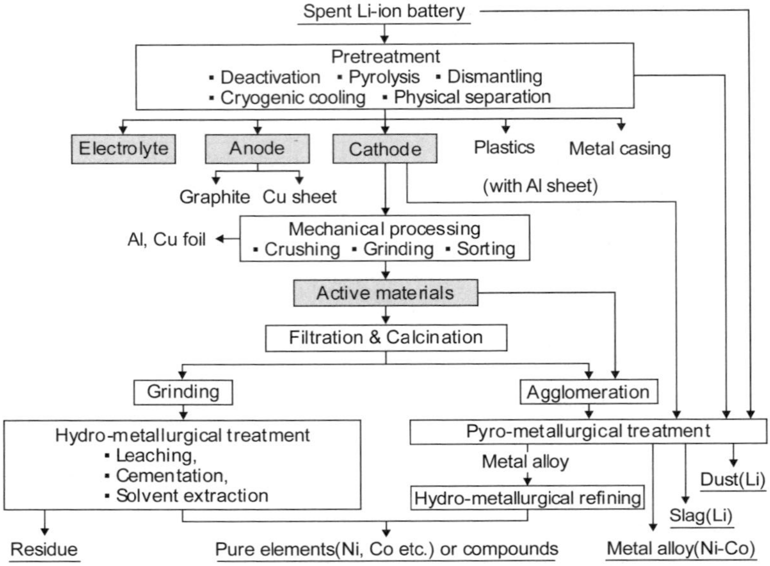

그림 2.23. 폐리튬이온 배터리의 리사이클링 공정도

물리적 처리로 분류하여 회수한 양극재를 파쇄·분쇄하고 분류한 다음 Al 박판과 양극 활성물질을 분리한다. 양극 활성물질은 습식이나 건식+습식, 건식 등의 처리를 하여 유가금속을 회수한다. 한편 폐배터리를 일정 수준까지만 해체하여 용융환원하기도 한다. 이러한 처리법은 LiB 중의 Li, Co, Ni, Mn 등을 어떠한 방법으로 분리할 것인지, 또 최종 회수물을 어떠한 상태로 만들 것인지에 따라 적절한 방법을 선택하여야 한다.

3) 리튬이온 배터리의 리사이클링을 위한 전처리

전기차의 LiB 팩(pack)은 제조회사나 차종에 따라 다양한 구조로 되어 있으므로[67] 그림 2.24에서와 같이[68] 차체에서 팩을 분리한 후의 전처리 기술에 대해 알아본다. 기본적으로는 팩 상태에서 직접 처리하는 방법과 셀까지 분리한 후에 처리하는 방법으로 구분할 수 있다. 팩 상태에서 저온으로 냉각하여 파쇄하고 선별하는 방법이 있으며, 셀까지 분해하였을 때는 방전(deactivation), 분리(liberation), 선별(separation)하는 방법과 셀을 방전시킨 후에 열처리하거나 직접 열처리하는 방법이 있다. 그림 2.25에는 방전, 분리, 선별의 각 단위 기술의 종류를 나타내었다.

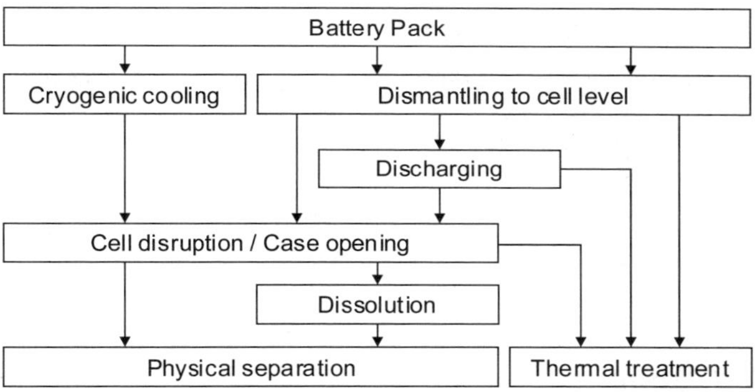

그림 2.24. 폐배터리 팩의 전처리 공정

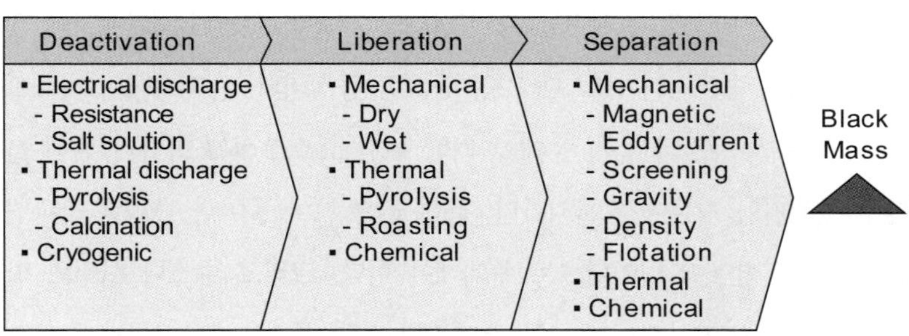

그림 2.25. 전기차용 폐리튬이온 배터리의 전처리

(1) 방전(deactivation)

폭발 위험을 방지하기 위해 LiB를 팩이나 셀 상태에서 방전시킨다. 방전 방법에는 그림 2.25에 나타낸 바와 같이 전기적 방전, 열처리에 의한 방전, 저온 방전 등이 있다. 셀 상태까지 분해하였으면 전도성 액체 ($NaCl$, $CaCO_3$, H_2SO_4, HCl, HNO_3) 중이나 외부 저항으로 방전시킨다. 대형 팩은 액체질소 등으로 −195 ℃까지 냉각하면 Li의 반응성이 1/250,000로 감소하여 배터리를 안전하게 파쇄할 수 있다.

한편 약 500 ℃에서 진공 열처리(VTR, vacuum thermal recycling)를 하면 방전과 동시에 전해질의 증발과 유기물의 열분해 등이 일어난다.[69] 특히 VTR은 한 단계의 처리로 할로겐 물질들을 안전하게 제거하면서 다른 유기물의 열분해가 일어나고 별도의 공해 물질이 배출되지 않도록 할 수 있는 장점이 있다.

(2) 분리(liberation)

방전을 거친 셀이나 팩의 내부를 노출시키기 위해 기계적인 파쇄를 하는데, 이때는 일반적인 폐기물 처리 방법을 적용하고 있다. 특히 파쇄 및 분리 공정은 습식처리를 할 때 가장 중요한 공정이다. 슈레딩이나 파쇄할 때 Li의 폭발 방지와 유기 용매에 의한 위험 요소를 최소화하기 위해 불활성 분위기나 저온에서 처리한다. 특히 금속 Li이 물이나 습기를 만나면 급격한 발열반응이 일어나므로 주의해야 한다. 그리고 수소나 산소와 만나면 폭발의 위험성이 있으므로 배터리의 파쇄 공정은 CO_2, N_2, Ar, He 등의 불활성 분위기에서 진행하고 있다.

파쇄기에는 jaw crusher, gyratory crusher, roll crusher 등이 있

으며, 슈레더를 사용하기도 한다. 더 미분쇄할 경우에는 볼밀이나 아트리트를 사용하지만, 배터리의 경우 양극재와 나머지 부분을 분리하기 위한 것이며, 양극재 자체가 미분말이므로 별도의 미분쇄는 필요하지 않다.

슈레더 등을 이용하여 파쇄하면 마찰 때문에 분진이 많이 발생한다. 이러한 문제점을 해결하기 위해 유체 중에서 방전(electro-hydraulic)에 의해 발생하는 충격파(shock wave)를 이용하여 LiB를 파쇄한 예도 보고되어 있다.[70,71] 그림 2.26에는 이러한 장치의 모식도를 나타내었다. 그림에서와 같이 반응조의 매체(예: 물) 중에서 전기 방전으로 발생하는 충격파를 이용하여 파쇄한다. 충격파는 배터리의 취약한 부분으로 침투하여 활성물질, 금속 호일, 플라스틱 부품 등을 분리한다. 이 방법은 슈레딩을 생략할 수 있으나, 각 물질을 분리하는 공정은 필요하다. 이러한 기술은 광석을 파쇄할 때 적용해 온 기술로서,[72] 이 기술을 응용한다면 방전과 파쇄를 동시에 할 수도 있을 것이다.

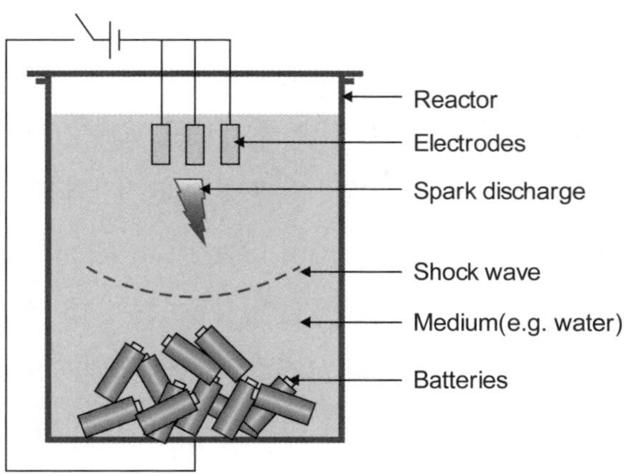

그림 2.26. 유체 중 전기방전(Electro-hydraulic)에 의한 배터리의 파쇄

(3) 선별(separation)*

파쇄 공정에서 셀, 활성물질, 플라스틱 등으로 분리된 배터리는 중력 선별이나 자력 선별 등을 거쳐서 활성물질(black mass)을 회수한다. 또 플라스틱 부분은 부유 선별을 통해서도 분리하며, 배터리를 감싸고 있는 스틸 부분은 자력 선별을 통해 분리한다. 여러 개의 셀로 구성된 대형 배터리는 플라스틱이나 전장품을 제거하기 위해 수작업을 하는 것이 유리할 수도 있다. 한편 양극재 등의 습식처리에서는 후속 공정에서의 불순물 유입을 방지하기 위해서도 선별은 필수 공정이다.

우선 중력 선별(gravity separation)은 유체 중에서 밀도가 다른 입자에 중력과 같은 외력을 작용시키면 밀도 차이가 있는 입자들이 서로 다른 운동을 하는 원리를 이용하여 물질별로 선별하는 것이다. 특히 선별하고자 하는 물질(입자) 사이에 충분한 밀도 차이가 있으면 이에 따른 대상물의 낙하 속도 차이를 이용하여 선별할 수 있다. 다만 효과적인 선별을 위해서는 입도 분포를 제어할 필요가 있다.

자력 선별은 자성 물질과 비자성 물질의 자성 차이를 이용하는 것이며, 단순하면서도 효과적인 분리 기술 중 하나로, 오늘날 가장 보편적인 선별 기술의 하나가 되었다. 자력의 세기에 따라 저자력과 고자력 선별기, 사용하는 매질에 따라 건식과 습식 선별기로 구분하고 있다.

부유 선별은 천연광석의 선광에서 많이 사용하는 방법이지만, 자원 리사이클링에서도 공정 부산물 중의 유가물 분리에 활용하기도 한다. 선별 대상물 중에 함유된 유가물들 간에 습윤성(wettability) 차이가 크거나,

---

* 표 1.7 참조

적당한 처리로 차이를 줄 수 있으면 특정한 성분이나 물질만 기포에 부착시켜 부상·분리할 수 있다. Yu 등은 양극 및 음극의 바인더를 제거하기 위해 열분해와 초음파 분리를 한 후, LCO계 양극 활성물질과 흑연 분말을 부유 선별에 의해 분리하였다.[73]

한편 체질(screening)은 파·분쇄한 원료를 체(sieve)면 위에 장입한 다음, 원료와 체면에 상대적 운동을 가해 체면 위에 남는 oversize의 것과 체 구멍(screen opening, screen aperture)을 통과하여 나오는 undersize의 것으로 나누는 분립 방법이다. 체는 일반적으로 균일한 지름을 가진 강선을 정방형 구멍*을 가지도록 만든 그물형의 것을 가장 많이 사용한다. 체질은 파쇄한 LiB를 물질별로 분리할 수 있는 비교적 간단한 방법이다. 특히 전연성 등이 있어서 쉽게 파쇄되지 않는 전극과 활성물질을 쉽게 분리할 수 있다.

(4) 용해(dissolution)와 열처리

양극 활성물질이나 음극 물질은 접착제에 의해 각각 Al 포일(foil)과 Cu 포일에 접착되어 있다. 전극을 제조할 때, 양극 활성물질은 가용성의 PVDF(Polyvinylidene fluoride or polyvinylidene difluoride)와 혼합하여 포일에 도포하고, 용매는 증발시켜 제거한다.(그림 2.22 참조) 따라서 양극 활성물질을 분리하기 위해서는 반대의 조작이 필요하다. 즉, NMP(N-methyl pyrrolidone)에 침지시켜 전극판과 활성물질을 분리할 수 있다. 특히 파쇄 공정을 거치지 않고 전극 포일을 제거하면 Al이

---

* 체 구멍의 크기: 메시(mesh)를 사용. 메시는 1인치 길이에 있는 사각형의 개수

나 Cu 포일과 양극 및 음극재를 분리할 수 있다. 다만 이러한 공정에는 시간이 많이 소요되며, 용매 비용이 들고, NMP의 독성에 주의하여야 한다.

한편 약 380 ℃ 이하에서 열처리하면 점결제인 PDF의 분해와 C의 산화가 일어날 수 있으며 유해한 용매들의 분해가 일어난다. 그리고 보다 고온에서 처리하면 분위기 조절에 따라 플라스틱 부분과 용매의 소각이나 열분해가 일어난다.

(5) 전처리 공정의 예

그림 2.27에는 Batrec사에서 실시하고 있는 Li이온 배터리의 일반적인 전처리 공정을 모식적으로 나타내었다.[74] 그림에서와 같이 배터리 셀을 염수 중에서 방전시키고, 파쇄 공정을 거친 후 자력 선별과 체질을 거쳐서 양극재를 포함한 black mass를 회수하고 있다.

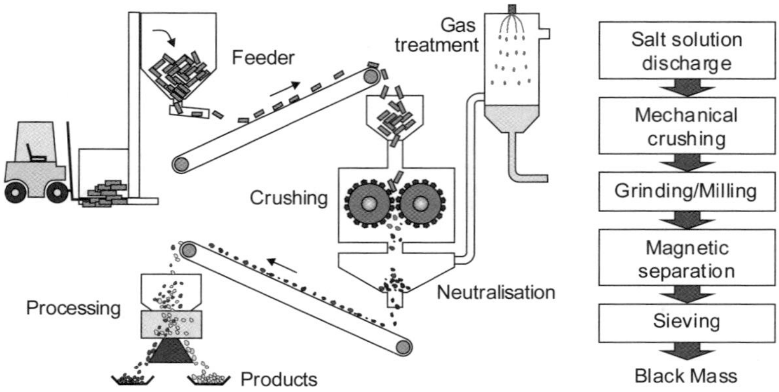

그림 2.27. Batrec사의 전처리 공정도

4) 리튬이온 배터리 구성물질의 리사이클링

(1) 전해질의 리사이클링

LiB의 전해질은 주로 Li염과 유기용매로 구성되어 있으므로, 이러한 물질들을 리사이클링한다. 특히 Li은 LiB를 구성하는 주요 원소로서 리사이클링이 필요하다. 그림 2.28에는 LiB의 전해질을 리사이클링하는 공정도의 예를 나타내었다.[75] 전해액 중의 Li은 인산나트륨(Na_3PO_4, trisodium phosphate)을 첨가하여 인산리튬(Li_3PO_4, lithium phosphate)으로 회수한다. 그리고 유기용매는 증류시켜 종류별로 분별하여 회수한다.

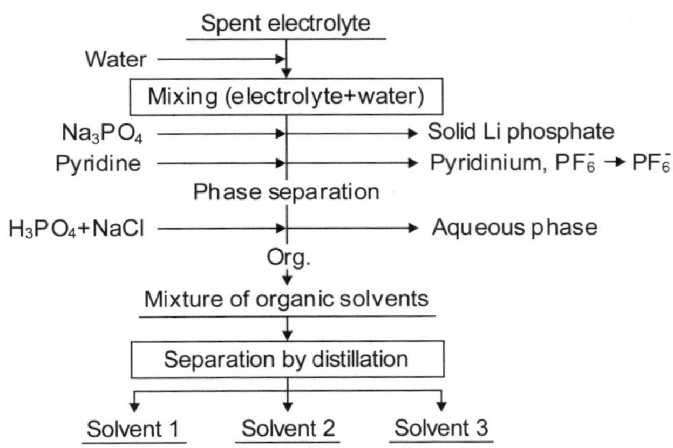

그림 2.28. 전해질의 리사이클링 공정도

(2) Anode의 리사이클링

LiB에서 anode가 차지하는 가격은 약 18 % 수준이지만, 무게 비율은 약 30 % 정도이다. 현재 LiB의 리사이클링은 양극재에 집중되어 있으며, 음극재인 그래파이트의 리사이클링에 대해서는 보고된 예가 많지 않다. 다만 500 ℃ 정도에서 열분해로 유기물인 바인더를 제거하여 음극재를 분리한 것으로 보고되어 있다.[76,77] 향후에는 음극재가 Si-Sn 합금이나 CNT(carbon nano tube), Si 등의 graphite가 아닌 물질로 대체될 것으로 알려져 있으므로, 이러한 새로운 음극재의 리사이클링에 대해서도 검토할 필요가 있을 것이다.

(3) Cathode의 리사이클링

그림 2.23에 나타낸 바와 같이 LiB의 리사이클링은 대부분 양극재 구성물질의 회수에 집중되어 있다. 양극재의 리사이클링은 습식, 건식, 건식+습식의 방법을 사용하고 있다. 습식법에서는 전처리를 거친 양극재 분말을 황산 등으로 침출한 후에 용매추출 등으로 정제하여 금속 화합물로 회수한다. 건식처리에서는 LiB를 전처리를 거치지 않거나 부분적으로 전처리한 후에 샤프트로나 전기로 등에 투입하여 용융환원하므로 금속 성분이 합금상으로 회수된다. 건식 공정에서 회수된 용융 상태의 합금을 수분쇄 등으로 분말로 만든 후 습식 공정에서 침출+용매추출을 거쳐서 금속별로 회수하고 있다.[78]

(4) 전기자동차용 리튬이온 배터리의 리사이클링 공정 비교

그림 2.29에는 전기자동차용 LiB의 가능한 리사이클링 방법을 비교하여 나타내었다.[79] 소형 LiB는 소비자에게 확산되어 있으므로 수집이 쉽지 않다는 것이 가장 큰 문제지만, 자동차용 LiB는 대형이며 내연기관 자동차의 납축전지와 같이 수집이 쉽다는 장점이 있다.

전기차용 LiB도 소형 LiB와 마찬가지로 해체가 필요하다. 이러한 대형 LiB의 처리 방법은 건식 및 습식을 포함하여 몇 가지가 제시되어 있다.

그러나 기본적으로는 전처리 공정에서 Li-Co-Ni-Mn-C의 혼합물을 분리할 필요가 있다. 그 이후에는 그림에서와 같이 침출하여 습식처리하거나 괴상으로 만들어 건식처리하는 방법이 있다. 다만 건식처리에서는 유가금속이 Ni-Co-Mn 등의 합금상으로 추출된다. Umicore 등에서는 별도의 전처리 없이 건식으로 처리하여 유가금속을 합금상으로 추출한 후에 침출을 포함하는 습식으로 고순도의 금속이나 화합물로 회수하는 것으로 알려져 있다.

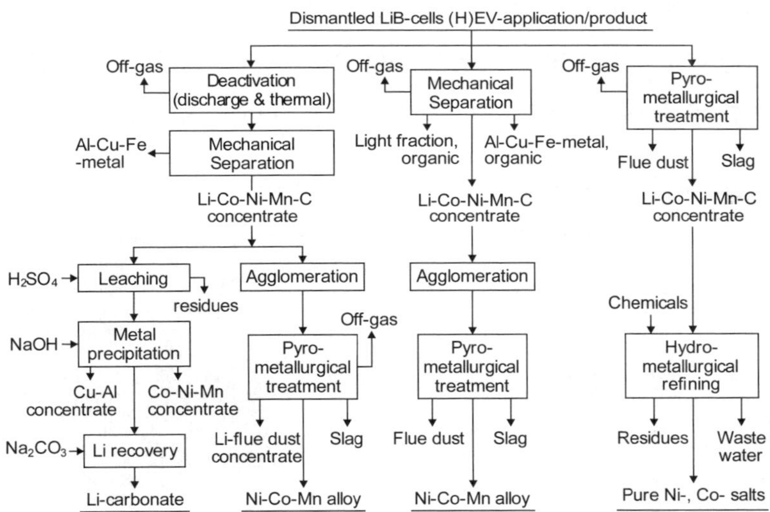

그림 2.29. 전기차용 폐LiB 스크랩의 리사이클링 공정 비교

5) 폐리튬이온 배터리의 리사이클링 공정 예

(1) Umicore의 리사이클링 공정

Umicore의 LiB 리사이클링은 배터리를 일정 수준까지만 해체한 후, 방전 등의 전처리 공정을 거치지 않고 플럭스와 함께 샤프트로(TSL, top submerged lance furnace)에 투입하여 용융환원하는 것으로, 그림 2.30에 공정도를 나타내었다.[80] 용융환원반응으로 생성되는 슬래그는 건설용 자재로 활용하며, 금속상은 수분쇄에 의해 분말상으로 만들어 습식 침출, 용매추출 등의 공정을 거쳐서 금속별로 분리한다. 최근에는 Li이온 배터리와 Ni-MH 배터리를 동시에 같은 방법으로 처리하여 슬래그 중의 희토류와 Li을 회수하는 공정을 추가한 것으로 알려져 있다.[81] 한편, Li이 슬래그와 배기가스로 분배되는 비율이 높고, 배터리에 포함된 유기물의 연소에 따른 배기가스 처리가 단점으로 지적되고 있다. 그러나 해체나 방전할 때의 인건비 및 안전 문제 등을 고려하면 이상적인 건식과 습식의 복합 공정이지만, 최근의 탄소중립 문제를 고려하면 재고가 필요하다.

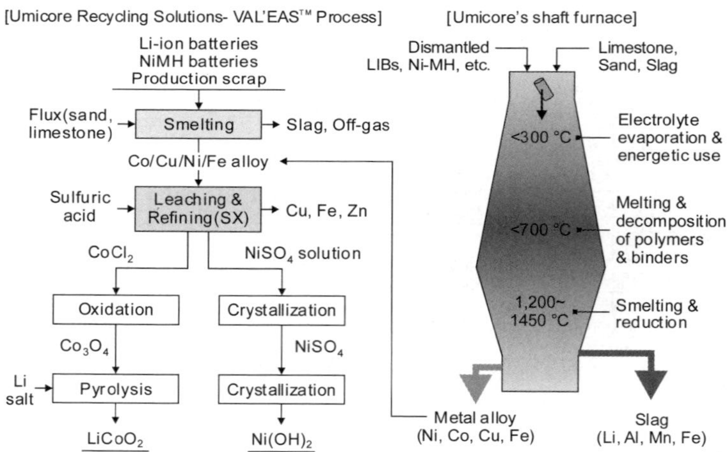

그림 2.30. Umicore의 리튬이온 배터리 리사이클링 공정도

(2) TOXCO의 리사이클링 공정

그림 2.31에는 TOXCO사(현 Retriev Technologies Inc. Canada)

의 LiB 리사이클링 공정도를 나타내었다.[82] TOXCO법은 LiB를 습식으로 리사이클링하여 Li을 Li_2CO_3로 회수하는 방법으로, 1993년 캐나다에서 실용화되었다. 기본적인 공정은 LiB의 전처리, 구성 물질의 분리, 침출, 용액의 정제와 Li 회수로 구성되어 있다. TOXCO법의 가장 큰 특징은 LiB를 액체질소로 약 −175~−195 ℃로 냉각하여 안정화시키는 것이다. 또 이러한 온도에서 플라스틱류는 쉽게 파쇄되므로, 냉각된 LiB를 슈레더에서 파쇄하고 자력 선별로 철분을 제거한다. 파쇄, 선별을 거친 것들을 물이나 Li 함유 용액(brine)과 섞어 해머밀에서 Li을 LiCl, Li_2CO_3, $LiSO_3$ 등으로 용해시킨다. 용해 후 잔사는 shaking table에서 비중이 낮은 플라스틱류와 금속류로 분류한다. Li 함유 용액은 LiOH를 첨가하여 pH를 약 10으로 맞추어 필터링하여 금속 산화물을 케이크로 회수한

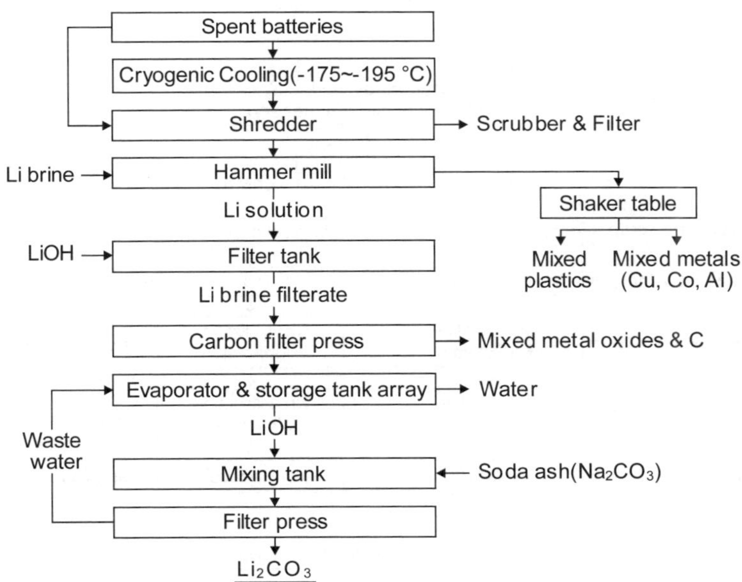

그림 2.31. TOXCO의 폐배터리 리사이클링 공정도

다. 정제한 용액은 탈수 공정으로 보내어 Li염의 농도를 높인 후 필터링 하여 LiOH 상태로 석출시키고, CO_2(또는 Na_2CO_3)와 반응시켜 탄산리튬(Li_2CO_3)으로 회수하는데, 실수율에 대해서는 알려지지 않았다. 나머지 금속 성분들은 습식법으로 처리하는 것으로 알려져 있다.

(3) BATMIX Process

BATMIX Process는 휴대용 배터리를 한꺼번에 처리하는 습식 공정으로, 그림 2.32에 공정도를 나타내었다.[83] 여러 종류의 배터리로부터 분리한 NiCo계 배터리(NiCd, Ni-MH, Li-ion)를 별도로 분리하지 않고, 물리적 처리를 거친 후 황산으로 침출하여 중화처리로 정제한 다음, 3단계의 용매추출을 거쳐서 REE, Cd-Mn, Ni-Li, 그리고 Co로 분리한다. Cd-Mn과 Ni-Li은 별도의 공정에서 분리하고 있다.

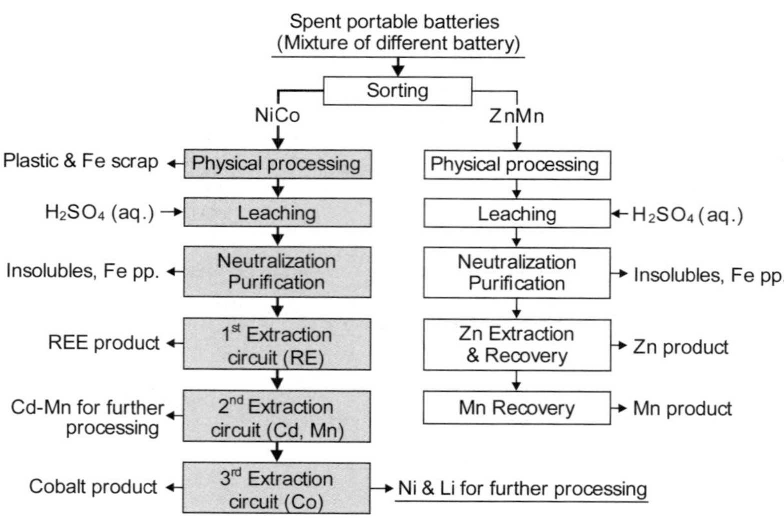

그림 2.32. BATMIX의 폐배터리 리사이클링 공정도

(4) JX Nikko의 리사이클링 공정

JX Nikko의 재활용 공정은 순수한 습식 공정으로 구성되어 있으며, 그림 2.33에 공정도를 나타내었다. 폐LiB를 물리적으로 처리하여 분리한 양극재를 산으로 침출한 후에 다단계의 용매추출을 거쳐서 각 금속을 분리한다. Mn, Co, Ni은 전해채취하여 순금속으로 회수한다. 그리고 Li은 탄산화시켜 탄산리튬(Li_2CO_3)으로 회수하고 있다.

한국지질자원연구원에서 폐LiB를 파쇄, 자력 선별, 분급 등의 처리로 전극 활성물질만을 선택적으로 농축시킨 뒤, 과산화수소를 환원제로 사용하는 황산 침출법으로 코발트를 침출하는 공정을 제안하였다.[84]

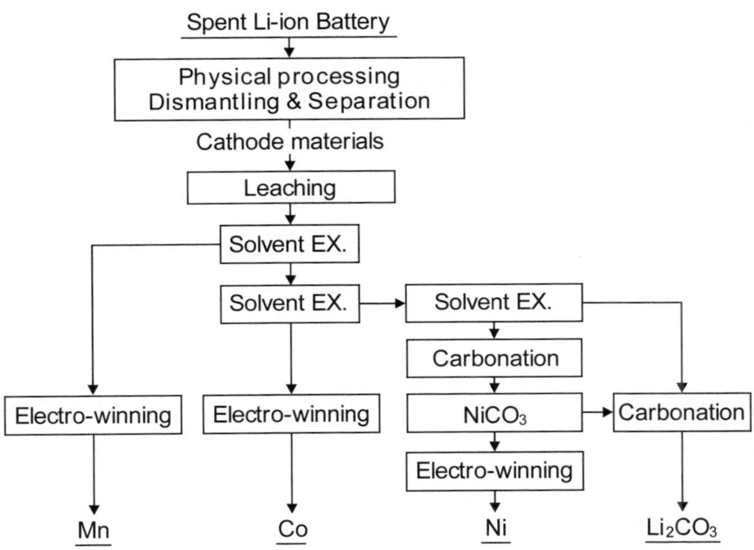

그림 2.33. JX Nikko의 폐배터리 리사이클링 공정도

6. 종합

Li은 주기율표상의 첫 번째 금속으로, 전 세계의 연간 생산량이 10만 톤 정도이고, 전체 생산량의 약 74 %는 Li이온 배터리의 양극재로 사용되고 있다. 특히 Li은 호주, 남미, 중국 등 특정 지역에 편재되어 있는 핵심 희소금속이다. Li의 약 60 %는 염수호에서, 나머지는 광물로부터 여러 가지 방법으로 얻어진다. 염수호의 간수 중 Li은 천일 증발에서 출발하여 침전 분리 등을 이용해 추출하고 있지만 용매추출, 이온교환 등을 적용하는 방법에 관해서도 많은 연구가 이루어지고 있다. 광석 중의 Li은 알칼리 용해법, 산 용해법 등을 이용하여 추출하고 있다. 순수한 금속 Li은 LiCl-KCl 2원계의 공정조성 용융염 중의 LiCl을 전해하여 만들고 있으나, 다양한 원료에서 전해법이나 열환원법 등으로 금속 Li을 만들기 위한 연구들도 이루어지고 있다. 향후 금속 Li의 수요가 늘어나면서 보다 친환경적인 Li 추출법이 출현하기를 기대한다.

폐LiB는 Li뿐만 아니라 Ni, Co 등의 주요한 2차 자원으로 많은 관심을 받고 있다. 폐LiB는 분해, 방전, 파쇄 및 선별 등의 전처리를 거쳐서 습식, 건식 및 복합처리를 통해 새로운 원료로 재생되고 있다. 최근 전기자동차 보급이 늘어나면서 향후 대량 발생이 예상되는 폐Li이온 배터리의 대량 처리 기술에 대해 많은 관심과 연구가 이루어지고 있다. 특히 폐LiB에서의 Li, Ni, Co 등 2차 자원의 리사이클링은 천연자원의 제련법을 응용한 것이므로 각 금속의 제련법을 이해할 필요가 있다.

[참고문헌]

1 Ho-Sang Sohn, 2022: Extractive Metallurgy of Lithium, Resources Recycling 31(3), pp.3-15.

2 T. Jackson, 2017: The Periodic Table Book - A visual Encyclopedia of the Elements, pp.24-25, Dorling Kindersley Ltd., London, UK.

3 손호상, 2020: 범용금속의 리사이클링, p.17, 경북대학교출판부.

4 U. Wietelmann and J. Klett, 2018: 200 Years of Lithium and 100 Years of Organolithium Chemistry, Z. Anorg. Allg. Chem. 644, pp.194–204.

5 D. C. Bradley, L. L. Stillings, B. W. Jaskula, et al., 2017: Lithium, Chap. K of Critical mineral resources of the United States—Economic and environmental geology and prospects for future supply, p.K1, Ed. by Klaus J. Schulz, et al., U.S. Geological Survey Professional Paper 1802, USGS.

6 D. E. Garrett, 2004: Handbook of Lithium and Natural Calcium Chloride (1st ed.), p.189, Boston, Mass., Elsevier.

7 T. D. Kelly, J. A. Ober, and B. W. Jaskula, 2014: U.S. Geological Survey, 2014, Lithium statistics, Historical statistics for mineral and material commodities in the United States.

8 B. W. Jaskula, 2021: Lithium, U.S. Geological Survey, Mineral Commodity Summaries.

9 C. Dessemond, F. Lajoie-Leroux, G. Soucy, et al., 2019: Spodumene: The Lithium Market, Resources and Processes, Minerals 9, 334, pp.1-17.

10 T. G. Goonan, 2012: Lithium use in batteries. U.S. Geological Survey Circular 1371, 14, p.3.

11 https://www.statista.com/statistics/268787/lithium-usage-in-the-world-market/16-06-2022.

12 P. Meshram, B. D. Pandey, and T. R. Mankhand, 2014: Extraction of lithium from primary and secondary sources by pre-treatment, leaching and separation: A comprehensive review, Hydrometallurgy 150, pp.192–208.

13 S. H. Mohr, G. M. Mudd, and D. Giurco, 2012: Lithium Resources and Production: Critical Assessment and Global Projections: Minerals 2, pp.65-84.

14 D. Hwang et al., 2016: Study on recycling management of waste Lithium ion battery, NIER- RP2016-340, p.14, National Institute of Environmental Research.

15 D. D. Wagman, W. H. Evans, V. B. Parker, et al., 1982: The NBS tables of chemical thermodynamic properties- Selected values for inorganic and C_1 and C_2 organic susstances in SI units, J. Phys. Chem. Ref. Data 11, Suppl. 2.

16 W. M. Haynes, David R. Lide, and Thomas J. Bruno, 2014: Section 5 Thermochemistry, Electrochemistry, and Solution Chemistry, pp.5.201-202, CRC Handbook of Chemistry and Physics 95th Ed., CRC Press.

17 L. H. Lalasari, M. K. Widowati, N. C. Natasha, et al., 2017: The Synthesis of Calcium Salt from Brine Water by Partial Evaporation and Chemical Precipitation, IOP Conf. Ser.: Mater. Sci. Eng. 176, 012040, pp.1-10.

18 A. Kumar, H. Fukuda, T. A. Hatton, and J. H. Lienhard, V., 2019: Lithium Recovery from Oil and Gas Produced Water: A Need for a Growing Energy Industry ACS Energy Lett. 4, pp.1471-1474.

19 T. Tran and V. T. Luong, 2015: Ch. 3 Lithium Production Process, p.99, Lithium Process Chemistry- Resources, Extraction, Batteries, and Recycling, Ed. by A. Chagnes and J. Swiaatowska, Elsevier Inc., USA.

20 U. Chon, G. Han, K. Kim and K. H. Kim, 2010: Current Status of Lithium Resources, J. of Korean Inst. of Resources Recycling 19(3), pp.3-8.

21 F. Meng, J. McNeice, S.S. Zadeh, and A. Ghahreman, 2021: Review of Lithium Production and Recovery from Minerals, Brines, and Lithium-Ion Batteries, Mineral Processing and Extractive Metallurgy Review 42(2), pp.123-141.

22 U. Chon, I. C. Lee, Y. Kim, et al., 2017: Methode for Manufacturing Lithium Hydroxide and Method Using Same for Manufacturing Lithium Carbonate, US Patent 9,598.291 B2.

23 J. Hu, J. Zhang, H. Li, et al., 2017: A promising approach for the recovery of high value-added metals from spent lithium-ion batteries, Journal of Power Sources 351, pp.192-199.

24 T. Tran and V. T. Luong, 2015: Ch. 3 Lithium Production Process, p.104, Lithium Process Chemistry- Resources, Extraction, Batteries, and Recycling, Ed. by A. Chagnes and J. Swiaatowska, Elsevier Inc., USA.

25 X. Liu, X. Chen, L. He, and Z. Zhao, 2015: Study on extraction of lithium from salt lake brine by membrane electrolysis, Desalination 376, pp.35-40.

26 D. E. Garrett, 2004: Handbook of Lithium and Natural Calcium Chloride, p.117, Elsevier Science & Technology.

27 Y. Abe, 2010: Lithium Supply & Market, JOGMEC Metals Resources Report 40(2), pp.173-186.

28 D. London, 1984: Experimental phase equilibria in the system

$LiAlSiO_4$-SiO_2-H_2O: a petrogenetic grid for lithium-rich pegmatites, American Mineralogist 69, pp.995-1004.

29 T. Tran and V. T. Luong, 2015: Ch. 3 Lithium Production Process, p.83, Lithium Process Chemistry- Resources, Extraction, Batteries, and Recycling, Ed. by A. Chagnes and J. Swiaatowska, Elsevier Inc., USA.

30 D. E. Garrett, 2004: Handbook of Lithium and Natural Calcium Chloride, p.164, Elsevier Science & Technology.

31 P. Braga, S. França, R. Neumann, et al., 2019: Alkaline Process for Extracting Lithium from Spodumene, Hydroprocess 2019 (11th International Seminar on Process Hydrometallurgy) 6/19/2019 – 6/21/2019, Sheraton Santiago, Santiago, Chile.

32 Y. Chen, Q. Tian, B. Chen, et al., 2011: Preparation of lithium carbonate from spodumene by a sodium carbonate autoclave process, Hydrometallurgy 109, pp.43–46.

33 D. E. Garrett, 2004: Handbook of Lithium and Natural Calcium Chloride, p.160, Elsevier Science & Technology.

34 Q. Yan, X. Li, Z. Yin, et al., 2012: A novel process for extracting lithium from lepidolite, Hydrometallurgy 121–124, pp.54–59.

35 Sugyeong Lee, 2018: Extraction of Lithium from Spodumene by Alkali Fusion, Master's Thesis, Seoul National University.

36 T. Tran and V. T. Luong, 2015: Ch. 3 Lithium Production Process, p.108, Lithium Process Chemistry- Resources, Extraction, Batteries, and Recycling, Ed. by A. Chagnes and J. Swiaatowska, Elsevier Inc., USA.

37 G. J. Kipouros and D. R. Sadoway, 1998: Toward New Technologies for the Production of Lithium, JOM 50(5), pp.24-26.

38 X. Zhang, A. Han and Y. Yang, 2020: Review on the production of high-purity lithium metal, J. Mater. Chem. A 8, pp.22455–22466.

39 W. H. Kruesi and D. J. Fray, 1993: The Electrowinning of Lithium from Chloride-Carbonate Melts, Metall. Mater. Trans. B 24, pp.605–615.

40 O. Takeda, M. Li, T. Toma, et al., 2014: Electrowinning of Lithium from LiOH in Molten Chloride, J. Electrochem. Soc., 161, pp.D820–D823.

41 J. Lang, Y. Jin, K. Liu, et al., 2020: High-purity electrolytic lithium obtained from low-purity sources using solid electrolyte, Nat. Sustainability 3, pp.386–390.

42 J. F. Cooper, B. B. Ebbinghaus, C. Peterman, et al., 1995: Development of a Bipolar Cell for Lithium Production, in Fundamentals of Electrochemical

Process Design: A Tutorial and Anodic Processes, The Electrochemical Society, Pennington, NJ, USA.

43 T. Laude, T. Kobayashi and Y. Sato, 2010: Electrolysis of LiOH for hydrogen supply, Int. J. Hydrogen Energy 35, pp.585-588.

44 R. Schmuch, R. Wagner, G. Horpel, et al., 2018: Performance and cost of materials for lithium-based rechargeable automotive batteries, Nat. Energy 3, pp.267-278.

45 Y. Zheng, W. Song, W. Mo, et al., 2018: Lithium fluoride recovery from cathode material of spent lithium-ion battery, RSC Adv. 8, pp.8990-8998.

46 Y. Yue, S. Wei, B. Yongjie, et al., 2018: Recovering Valuable Metals from Spent Lithium Ion Battery via a Combination of Reduction Thermal Treatment and Facile Acid Leaching, ACS Sustainable Chem. Eng. 6, pp.10445-10453.

47 L. F. Zhou, D. Yang, T. Du, et al., 2020: The Current Process for the Recycling of Spent Lithium Ion Batteries, Frontiers in Chemistry 8, pp.1-7.

48 N. Vieceli, C. A. Nogueira, C. Guimarães, et al., 2018: Hydrometallurgical recycling of lithium-ion batteries by reductive leaching with sodium metabisulphite, Waste Management 71, pp.350-361.

49 J. J. Pyo and J. P. Wang, 2019: Recoverty of Lithium Carbonate and Nickel from Cathode Active Material LNO(Li_2NiO_2) of Precursor Process Byproducts, J. of Korean Inst. of Resources Recycling 28(4), pp.30-36.

50 J. Hu, J.g Zhang, H. Li, et al., 2017: A promising approach for the recovery of high value-added metals from spent lithium-ion batteries, Journal of Power Sources 351, pp.192-199.

51 J. Xiao, J. Li, and Z. Xu, 2017: Novel Approach for in Situ Recovery of Lithium Carbonate from Spent Lithium Ion Batteries Using Vacuum Metallurgy, Environ. Sci. Technol. 51, pp.11960-11966.

52 Y. Sato and O. Takeda, 2013: 22 Hydrogen Storage and Transportation System through Lithium Hydride Using Molten Salt Technology, p.462, Molten Salts Chemistry, Ed. by Frédéric Lantelme and Henri Groult, Elsevier.

53 D. W. Kim, S. T. Jang and K. M. Baek, 2013: Recovery of Lithium and Leaching Behavior of NCM Powder by Hydrogen Reductive Treatment from NCM System Li-ion Battery Scraps, J. of Korean Inst. of Resources Recycling 22(3), pp.43-49.

54 F. Liu, C. Peng, Q. Ma, et al., 2021: Selective lithium recovery and integrated preparation of high-purity lithium hydroxide products from spent lithium-ion batteries, Separation and Purification Technology 259, 118181, pp.1-9.

55 홍석준, 김현중, 손성열 등, 2021: 리튬 이차전지의 활성금속 회수 방법, 공개특허

10-2021-0101647.

56 박석준, 박종선, 이명규 등, 2019: 리튬이온 2차전지의 폐 양극재를 이용한 수산화리튬 일수화물의 제조방법, 공개특허 10-2019-0119329.

57 T. E. Graedel, J. Allwood, J. P. Birat, et al., 2011: Recycling Rates of Metals – A Status Report, p.36, Ed. by International Resources Panel, Working Group on the Global Metal Flows, United Nations Environment Program.

58 P. Meshram, B.D. Pandey, and Abhilash, 2019: Perspective of availability and sustainable recycling prospects of metals in rechargeable batteries – A resource overview, Resources Policy 60. pp.9–22.

59 L. Brückner, J. Frank, and T. Elwert, 2020: Industrial Recycling of Lithium-Ion Batteries—A Critical Review of Metallurgical Process Routes, Metals 2020, 10, 1107, pp.1-29.

60 L. Gaines, J. Sullivan, A. Burnham, et al., 2011: Life-Cycle Analysis for Lithium-Ion Battery Production and Recycling, Paper 11-3891, Proceeding of 90th Annual Meeting of the Transportation Research Board Washington, D.C. January 2011.

61 L. Gaines, Q. Dai, J. T. Vaughey, and S. Gillard, 2021: Direct Recycling R&D at the ReCell Center, Recycling 6, 31, pp.1-18.

62 B. Friedrich, L. Peters, and F. Diaz, 2017: State of research on Li-Ion battery recycling, Batterietagung 2017, 30. March 2017, Eurogress Aachen.

63 J. Diekmann, C. Hanisch, L. Frobose, et al., 2017: Ecological Recycling of Lithium-Ion Batteries from Electric Vehicles with Focus on Mechanical Processes, J. of The Electrochemical Society, 164(1), pp.A6184-A6191.

64 R. Sojka, Q. Pan, and L. Billmann, 2020: Comparative study of Li-ion battery recycling processes, pp.18-19, Accurec Recycling GmbH, Germany.

65 Zachary J. Baum Robert E. Bird, Xiang Yu, and Jia Ma, 2022: Lithium-Ion Battery Recycling- Overview of Techniques and Trends, ACS Energy Lett. 7, pp.712-719.

66 S. H. Joo, S. M. Shin, D. J. Shin and J. P. Wang, 2015: Development of recycling technology to recover valuable metals from lithium primary and ion batteries, J. of Engineering Manufacture 229, pp.212-220.

67 G. Harper, R. Sommerville, Emma Kendrick, 2019: Recycling lithium-ion batteries from electric vehicles, Nature 575, pp.75-86.

68 R. Laucournet, G. Garin, E. Senechal, and B. Yazicioglu, 2014: Li-ion batterires recycling, pp.1-25, Electrodes and Cell Manufacturing White Paper, ELIBAMA.

69 T. Georgi-Maschler, B. Friedrich, R. Weyhe, H. Heegn, and M. Rutz, 2012:

Development of a recycling process for Li-ion batteries, Journal of Power Sources 207, pp.173–182.

70 J. Piątek, S. Afyon, T. M. Budnyak, et al., 2021: Sustainable Li-Ion Batteries: Chemistry and Recycling, Adv. Energy Mater. 2021, 11, 2003456, pp.1-31.

71 J. Öhl, D. Horn, J. Zimmermann, et al., 2019: Efficient Process for Li-Ion Battery Recycling via Electrohydraulic Fragmentation, Mater. Sci. Forum 959, pp.74-78.

72 S. H. Cho, S. S. Cheong, M. Yokota, and K. Kaneko, 2016: The Dynamic Fracture Process in Rocks Under High-Voltage Pulse Fragmentation, Rock Mech Rock Eng. 49, pp.841–853.

73 J. Yua, Y. Heb, Z. Gea, et al., 2018: A promising physical method for recovery of $LiCoO_2$ and graphite from spent lithium-ion batteries: Grinding flotation, Separation and Purification Technology 190, pp.45–52.

74 L. Li and F. Wu, 2014: Challenges and Opportunities of Recycling Spent Lithium-ion Batteries, US-CHINA Electric Vehicles and Battery Technology Workshop, Aug 18-20, 2014, Seattle.

75 A. Chagnes, 2016: Lithium-ion batteries recycling, Presentation material of Li battery recycling, April, 6th 2016, Gotteborg, Sweden.

76 S. Rothermel et al., 2016: Graphite Recycling from Spent Lithium-Ion Batteries, CHEMSUSCHEM 9(24), pp.3473-3484.

77 G. Zhang et al., 2019: A Sustainable Process for the Recovery of Anode and Cathode Materials Derived from Spent Lithium-Ion Batteries, Sustainability 2019, 11, 2363.

78 H. S. Moon, S. J. Song, T. T. Tran, and M. S. Lee, 2022: Separation of Co(II), Ni(II), and Cu(II) from Sulfuric Acid Solution by Solvent Extraction, Resources Recycling 31(1), pp.21-28.

79 B. Friedrich, M. Vest, H. Wang, and R. Weyhe, 2011: Processing of Li-based electric vehicle batteries for maximized recycling efficiency, 16th ICBR Sept. 21st-23th, Venice, Italy.

80 R. Sojka, Q. Pan, and L. Billmann, 2020: Comparative study of Li-ion battery recycling processes, pp.20-21, Accurec Recycling GmbH, Germany.

81 T. Elwert et. al, 2016: Current Developments and Challenges in the Recycling of Key Components of (Hybrid) Electric Vehicles, Recycling 1(1), pp.25-60.

82 A. Sonoc, J. Jeswiet, and V. K. Soo, 2015: Opportunities to Improve Recycling of Automotive Lithium Ion Batteries, Procedia CIRP 29, pp.752–757.

83 C. A. Nogueira and F. Margarido, 2012: Battery Recycling by Hydrometallurgy:

Evaluation of Simultaneous Treatment of Several Cell Systems, Procd. of Energy Technology 2012: Carbon Dioxide Management and Other Technologies, pp.227-234. Ed. by: M. D. Salazar-Villalpando, et al,, TMS 2012, Orlando, Florida, USA March 11-15, 2012.

84 손정수, 2010: 리튬이차전지 재활용 기술동향, 세라미스트 13(5), pp.45-53.

3

니켈과 코발트

Nickel and Cobalt

제3장 | # 니켈과 코발트

Nickel and Cobalt

1. 서론

니켈(nickel, Ni)은 원자번호 28번의 은백색 금속으로, 전성과 연성이 높고 가공성이 우수하여 장신구, 양식기, 주화 등으로 널리 사용되며, 특히 스테인리스강 등 합금으로 가장 많이 사용되고 있다. 이러한 Ni은 금속원소로 분리되기 수천 년 전에 이미 합금으로 사용되었다. 고대 시리아의 Antioch*에서 출토된 B.C. 3500~B.C. 3100년경의 청동기 유물(reamer†)에서 인류가 만든 최초의 Ni 합금(약 2.73 %Ni)이 발견되었으며, B.C. 3100년경의 유물에서는 철운석(Ni-Fe 합금)으로 만들어진 단검(10.9 %Ni 함유)이 발견되었다.[1] 중국에서는 B.C. 3세기경부터 Cu와 Ni의 합금(40 %Cu, 32 %Ni, 25 %Zn, 3 %Fe)인 백동(白銅, cupronickel, white copper)을 제조하여 사용하였다. 특히 청나라 초기에 송응성이 지은 『천공개물』에 백동은 구리 광석에 비상(arsenic poison)‡ 등의 약재를 넣고 제련하여 만드는 것으로 기록되어 있다.[2]

---

* Antioch: 현재 튀르키예 남부에 있는 고대 도시이며, 당시의 정식 명칭은 오론테스 강변의 안티오키아 또는 시리아의 안티오키아이다.

† reamer: 리머. 구멍을 넓히거나 마무리하는 공구. 레몬을 짜는 기구

‡ 홍비니켈광(Niccolite 혹은 Nickeline)을 첨가했을 가능성이 있음.

한편 중세 시대 독일의 에르츠산맥(Erzgebirge) 지역에서 황색 빛이 나는 구리와 비슷한 광석이 발견되었으나, 구리는 추출할 수 없었고 유독가스만 발생하였다. 광부들은 이를 두고 독일 신화에 나오는 장난꾸러기 요정인 니켈(Nick Alt)이 구리를 둘러싸고 있는 것으로 생각하여 이 광석을 쿠페르니켈(kupfernickel*, 악마의 구리)이라 불렀다.[3,4] 이 광석은 니켈 비화광(nickeline, nickel arsenide)으로 알려져 있다. 순수한 금속 Ni은 1751년에 스웨덴의 화학자 크론스테트(Axel Fredrik Cronstedt)가 처음으로 분리하였으며, 크론스테트는 1754년에 이 새로운 금속을 'kupfernickel'에서 kupfer(구리)를 뺀 'nickel(니켈)'이라 명명하였다. 그 후 1804년에 리히터(Jeremias Benjamin Richter)가 더욱 순수한 Ni을 얻고, 물리적 성질을 측정하여 오늘에 이르고 있다.[5]

코발트(cobalt, Co)는 Ni과 이웃한 원자번호 27번의 백색 금속으로 Fe보다 내산화성이 우수하고 산이나 알칼리에 강하다. 특히 Co는 유리 등에 청색을 내는 독특한 성질을 가지고 있어 Ni과 달리 화합물로서 B.C. 3000년경부터 유리의 발색제로 이용되어 왔으며, 지금도 도자기 등의 청색 물감으로 사용하고 있다.[6] 스웨덴의 화학자 브란트(Georg Brandt)가 1735년에 독일 광산에서 채굴한 광석에서 Co 성분을 추출하여 물감에 넣고, 이 물감을 정제하여 밝은 회색을 띠는 성분을 분리하면서 Co가 세상에 알려지게 되었다. 1780년에 Bergman이 금속원소임을 확인하였다.[7,8] 코발트(cobalt)라는 원소명은 독일어로 도깨비를 뜻하는 'kobold'에서 유래하였다. 당시에 As를 함유한 Co 광석을 은(Ag) 광석으로 오인하여 Ag를 추출

* 쿠페르니켈(kupfernickel): 독일어인 kupfer는 copper이며, 현대 독일어에서 kupfernickel은 백동(Cu-Ni합금)을 의미한다.

하기 위해 이 광석을 제련하는 일이 빈번했는데, 이때 독성이 있는 As 화합물이 생성되면서 Ag 대신 산화코발트 분말이 만들어졌기 때문이다.[9]

표 3.1에는 Ni과 Co의 물리화학적 성질을 주기율표에서 이웃한 Cu(29번)와 함께 비교하여 나타내었다.[6] Ni은 지각 중 원소 존재도가 84 ppm(23위)이며, Co는 25 ppm(30위)으로 구리(60 ppm, 26위)[10]와 비슷하다. 서로 이웃한 원소이지만, Ni과 Co는 융점이 각각 1,455 ℃와 1,495 ℃로 구리의 1,085 ℃보다 높은 고융점 금속이다. 또 Ni과 Co는 촉매 특성이 있으며, Cu와 달리 상온에서 자성을 가지고 있고, 특히 Co는 강자성 금속으로 영구자석, 자기 테이프 등의 자성 재료로도 사용되고 있다. Ni은 부식과 산화에 대한 내성이 있고, 연성이 매우 높으며 합금화가 쉽고, 전기도금으로 피복이 가능하며, 촉매 특성도 가지고 있다. Co는 가스터빈이나 제트엔진용의 내열강, 슈퍼알로이, 고속도강 등의 특수강 등에 사용되고 있으며, 특히 금형이나 공구 등에 사용되는 초경합금에서 WC(탄화텅스텐)의 바인더(binder) 금속으로도 사용되고 있다.[11] 특히 Co는 전 세계 생산량의 52 %가 Li이온 배터리(lithium ion batteries, LiB)*용으로 사용되는 등, Ni과 함께 Li이온 배터리의 대표적인 양극 재료로 사용되고 있다.[6]

이처럼 Ni과 Co는 현대산업의 핵심금속이지만, 특정 지역에서만 산출되어 지역적 편재가 심한 금속이다. 특히 Ni과 Co는 Li이온 배터리의 필수 양극 재료로, 앞으로도 수요량의 증가가 예상되므로 원료의 안정적인 수급을 위해 리사이클링이 필수적인 재료이다. Ni과 Co는 광물학적 특

* 리튬이온 배터리의 리사이클링은 제2장 리튬에서 자세히 설명

성상 같은 광물에서 산출되는 경우가 많고, 광석의 종류(산화광, 황화광)에 따라 여러 가지 제련법으로 금속 Ni과 Co를 추출한다. 그리고 Li이온 배터리 등의 2차 자원에서 Ni이나 Co를 추출하는 리사이클링에서도 유사한 공정을 이용하고 있다.[6]

표 3.1. Co, Ni, Cu의 물리화학적 성질 비교

Symbol/Atomic number		Co/27	Ni/28	Cu/29
Atomic weight (g/mol)		58.933	58.6934	63.546
Density (g/cm^3)	room temp.	8.90	8.902	8.96
	liquid (at m.p.)	7.75	7.81	8.02
Melting point (℃)		1,495	1,455	1,084.62
Boiling point (℃)		2,927	2,913	2,562
Specific heat C_P (J/(mol·K))		24.81	26.07	24.440
Heat of fusion (kJ/mol)		16.06	17.48	13.26
Heat of vaporization (kJ/mol)		377	379	300.4
Thermal conductivity (W/(m·K))		100	90.9	401
Electrical resistivity at 20 ℃ (nΩ·m)		62.4	69.3	16.78
Mohs hardness		5.0	4.0	3.0
Magnetic ordering		ferromagnetic		dia-magnetic
Crystal structure		hcp	fcc	fcc

2. 니켈과 코발트의 생산량과 용도

그림 3.1에는 Ni과 Co의 전 세계 연간 생산량 변화를 비교하여 나타내었다.[12,13] Ni의 생산량은 1900년의 1만 톤 미만에서 1937년에는 10

만 톤을 초과하는 등 꾸준히 증가하였으며, 1960년대의 경제 부흥기에 철강 생산량 증가와 유사한 경향으로 증가하였다. 특히 2000년대는 중국의 철강 생산량 급증과 함께 현저히 증가하였으며, 2020년 기준 연간 약 250만 톤이 생산되고 있다. Co의 전 세계 생산량의 변화 추세도 Ni과 유사한 경향을 보이지만, 생산량은 Ni에 훨씬 못 미치는 14만 톤 수준에 불과하다. 다만 2000년대부터 리튬이온 배터리 양극재의 주원료로 사용되면서 생산량이 현저하게 증가하고 있다.

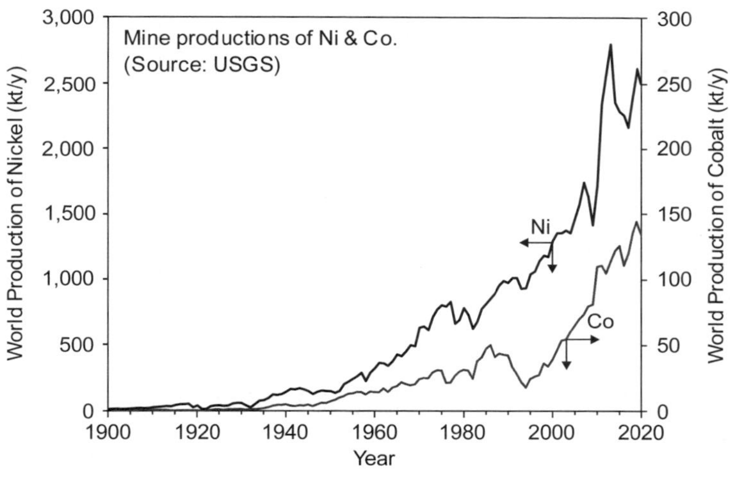

그림 3.1. 니켈과 코발트의 전 세계 광산 생산량 변화

1) 니켈의 생산량과 용도

표 3.2에 국가별 Ni 매장량과 광산 생산량(Ni 함유량 기준)을 나타내었다.[14] Ni 자원은 산화광(laterite광)이 약 17,800만 톤, 황화광이 11,800만 톤으로 전체 매장량은 약 3억 톤 정도로 알려져 있으나,[15] USGS의 자

료에 따른 매장량은 1억 톤 미만이다. 산화광은 인도네시아, 호주, 필리핀, 쿠바, 뉴칼레도니아, 브라질 등의 순으로 많으며, 황화광은 남아공, 캐나다, 러시아, 호주 등의 순으로[16] 일부 한정된 국가에 편재되어 있다.

표 3.2. 국가별 Ni 매장량과 광산 생산량(Source: USGS)

Country	Reserves (ton)	Production (ton)	
		2019	2020
Australia	20,000,000	159,000	170,000
Brazil	16,000,000	60,600	73,000
Canada	2,800,000	181,000	150,000
China	2,800,000	120,000	120,000
Cuba	5,500,000	49,200	49,000
Dominican Rep.	-	56,900	47,000
Indonesia	21,000,000	853,000	760,000
New Caledonia	-	208,000	200,000
Philippines	4,800,000	323,000	320,000
Russia	6,900,000	279,000	280,000
United States	100,000	13,500	16,000
Others	14,000,000	310,000	290,000
World	93,900,000	2,613,200	2,475,000

그림 3.2에는 Ni 1차 지금 생산 상위 10개국의 생산량을 나타내었다.[17] 2017년 기준으로 전 세계 Ni 생산량의 약 80 %(177만 톤)는 이들 상위 10개국이 차지하고 있으며, 그중에서도 중국이 전 세계 Ni 생산량의 약 28 %인 연간 62.4만 톤을 생산하고 있다.

그림 3.3에는 우리나라의 Ni 수요와 공급량의 연간 변화를 나타내었다.[18,19] 그림 중의 페로니켈(FeNi)은 20 % Ni을 기준으로 환산한 것으로, 최근의 국내 수요는 11만 톤 정도이다. 2019년도 기준으로 페로니켈을 포함한 국내 Ni 생산량은 약 48,000톤이며, 나머지는 수입하고 있다.[2]

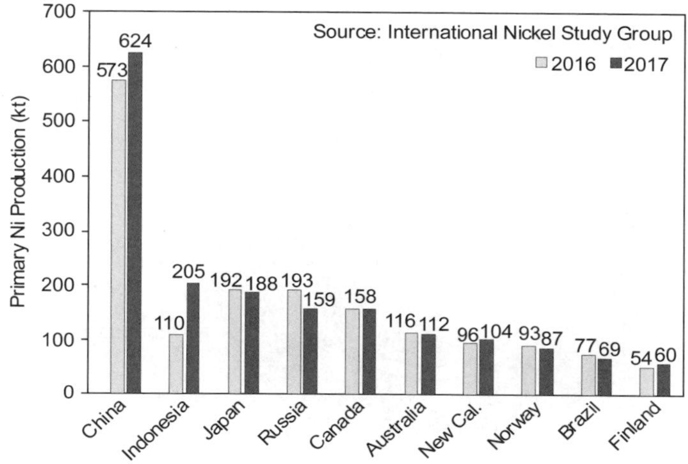

그림 3.2. 니켈 1차 지금 생산량 상위 10개국

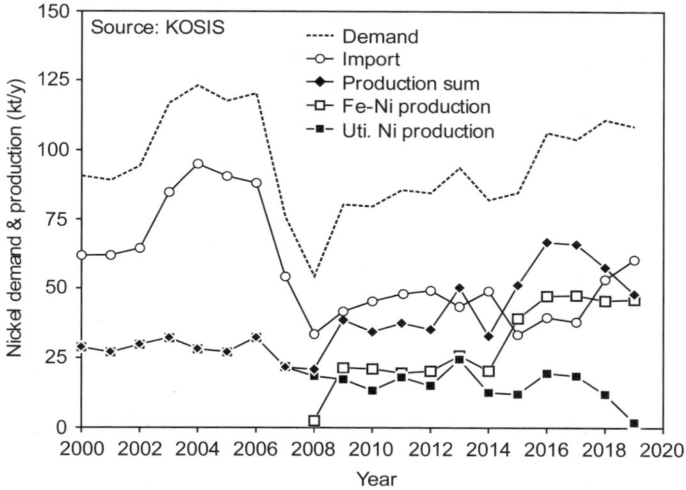

그림 3.3 국내의 Ni 수요와 공급량 추세

그림 3.4에는 2020년의 Ni 용도와 2030년의 예측 용도를 비교하여 나타내었다.[20,21] 2020년의 경우 Ni 생산량의 약 73 %는 스테인리스강을

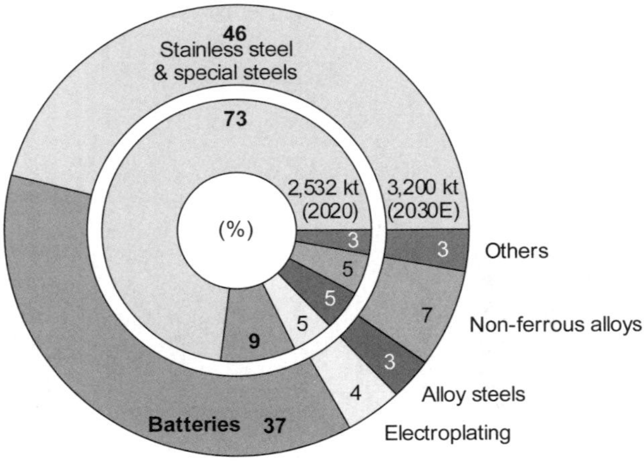

그림 3.4. 2020년도 금속 Ni의 용도와 2030년 예상

비롯한 철강의 합금용으로 사용되고 있지만,[22] 그 외에도 비철금속이나 특수강의 합금용, 도금용, 배터리용 등으로 사용되어, 건축, 산업, 수송, 해양, 항공우주 분야에서 30만 개를 넘는 제품에 널리 사용되고 있다. 특히 배터리용 Ni은 현재 10 % 미만이지만 2030년에는 37 %로 증가하는 반면, 합금용 Ni의 비율은 50 % 이하로 감소할 것으로 예측하고 있다. 한편 2040년에 철강 합금용으로 사용하는 비율은 50 % 미만이 되고 전기차용 등의 배터리에 사용되는 비율이 30 % 이상이 될 것으로 예측하기도 한다.[23] 향후 전기 자동차의 보급이 지속하여 늘어나면서 리튬이온 배터리용의 Ni 사용량이 더욱더 증가하여 가격 변동도 심할 것이 예상된다.

표 3.3에는 Ni의 다양한 화합물과 그 용도를 나타내었다.[24] 표면처리용 화합물이 많으며, 그 외에도 배터리, 촉매, 물감 등으로 사용되고 있다. 한편 도금용으로 사용된 Ni을 직접 회수하는 것은 곤란하지만, 도금

표 3.3. 니켈 화합물과 주요 용도

Name	Chemical formula	Uses	Automotive	Aircraft	Electronics	Batteries	Plastics	Paints	Ceramics	Fuels
Nickel chloride	$NiCl_2$	Metal surface treatment, catalysts	●	●	●					●
Nickel diacetate	$Ni(OCOCH_3)_2$	Metal surface treatment	●	●	●					
Nickel hydroxycarbonate	CH_2O_3Ni	Metal surface treatment, catalysts, pigments & frits	●	●	●		●	●	●	
Nickel hydroxide	H_2NiO_2	Metal surface treatment, battery cathode, pigments	●	●	●	●	●	●	●	
Nickel nitrate	$Ni(NO_3)_2$	Metal surface treatment, catalysts, battery cathodes	●	●	●	●				●
Nickel oxide	NiO	Catalysts, pigments, frits, glass						●	●	●
Nickel subsulfide	Ni_3S_2	Catalysts								●
Nickel sulfamate	$Ni(H_3NO_3S)_2$	Metal surface treatment	●	●	●					
Nickel sulfate	$NiSO_4$	Metal surface treatment, battery cathodes	●	●	●	●	●			
Nickel sulfide	NiS	Catalysts								●

폐액이나 침전물 등으로부터 Ni을 회수할 필요가 있다. 현재는 배터리에 사용되는 Ni의 비율은 낮으나 앞으로는 합금용을 제외하면 가장 많이 사용될 것으로 예상되며, 특히 배터리는 비교적 수명이 짧아 회전율이 높은 특징이 있으므로 Ni은 반드시 회수되어야 한다. 다만 전기 자동차용으로 사용된 2차전지의 경우 기존의 납축전지와 마찬가지로 쉽게 회수할 수 있으나, 대량으로 처리할 수 있는 리사이클링 기술이 필요할 것이다.

스크랩으로부터 Ni을 생산하는 데 필요한 에너지는 광석으로부터 Ni을 생산하는 데 필요한 에너지(2,064 TJ/10^5 ton)의 약 9 %에 불과하며, CO_2 발생량은 90 %를 감축할 수 있다.[25] 특히 Ni은 범용금속보다 고가이므로 스테인리스강이나 합금강 등에 사용된 Ni 대부분은 리사이클링되는 것으로 생각할 수 있으나, 좀 더 세밀한 분류로 리사이클링률을 높일 필요가 있다.

2) 코발트의 생산량과 용도

표 3.4에는 주요 국가별 Co 매장량 및 광산 생산량을 나타내었다.[26] Co 자원의 전 세계 매장량은 약 700만 톤 이상으로 추정하고 있다. 그 중 약 46 %가 콩고민주공화국(Democratic Republic of the Congo, DRC)에, 약 18 %가 호주에 매장되어 있고, 나머지는 브라질, 러시아, 뉴칼레도니아 등 일부 특정 국가에 매장되어 있다. 또한 전 세계 광산 생

표 3.4. 국가별 Co 매장량과 광산 생산량

Country	Reserves (ton)	Production (ton)	
		2019	2020
Australia	1,400,000	5,740	5,700
Canada	220,000	3,340	3,200
China	80,000	2,500	2,300
Congo	3,600,000	100,000	95,000
Cuba	500,000	3,800	3,600
Madagascar	100,000	3,400	700
Morocco	14,000	2,300	1,900
Papua New Guinea	51,000	2,910	2,800
Philippines	260,000	5,100	4,700
Russia	250,000	6,300	6,300
South Africa	40,000	2,100	1,800
United States	53,000	500	600
Others	560,000	6,320	6,400
World	7,128,000	144,310	135,000

산량의 약 69 %는 DRC가 차지할 정도로 편재가 심하다. 이러한 Co는 대부분 Ni이나 Cu 광산의 부산물로 생산되므로, Co 생산량은 Ni과 Cu 생산량에 좌우된다.

그림 3.5에는 Co의 주요 용도(2021년 기준)를 나타내었다.[6,27] Co의 전 세계 생산량 중 약 52 %는 Li이온 배터리의 양극재로 사용되고 있다. 그 밖에도 내열강이나 고속도강 등의 특수강, 초경공구강 등의 합금원소로 사용되고 있으며, 자기 테이프, 영구자석 등의 자성 재료, 전자 재료는 물론 석유화학용 촉매 등 다양한 분야의 핵심 재료로 사용되고 있다. 특히 1990년대 중반까지 Li이온 배터리용 수요는 전체 Co 수요량의 1 % 정도에 불과했지만, 2021년에는 휴대용 전자기기나 전기 자동차의 보급이 활성화되면서 Li이온 배터리용 Co만 70,000톤 이상이 필요하게 되었으며, 이러한 추세는 지속될 것으로 예상된다.[6]

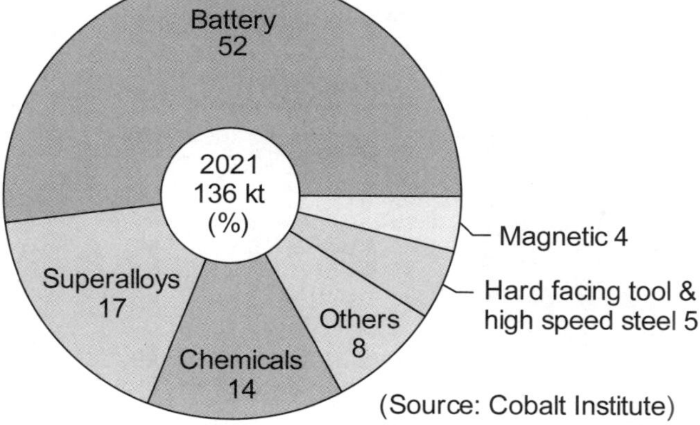

그림 3.5. 2021년 기준 Co의 주요 용도

3. 니켈 제련

1) 니켈 자원과 제련 개요

Ni 제련의 천연원료에는 황화광과 산화광이 있다. Ni 황화광에는 pentlandite((Ni,Fe)$_9$S$_8$)가 가장 많으며, millerite(NiS), volerite(Ni$_2$FeS$_4$) 등도 있다. 그리고 chalcopyrite(CuFeS$_2$), pyrrhotite(Fe$_{1-x}$S), pyrite(FeS$_2$), arenopyrite(FeAsS) 등에도 Ni이 소량 함유되어 있다. 일반적으로 Ni이나 Cu 광석 중에는 0.2~4 % 정도의 Ni이 함유되어 있지만, 선광하여 각각 Ni과 Cu 정광(concentrate)으로 분리한다.[28]

대표적인 산화광에는 MgO와 SiO$_2$가 많은 garnierite((NiMg)$_6$Si$_4$O$_{10}$(OH)$_8$)계와 laterite((Ni, Co)SiO$_3$·(Fe, Al, Cr)$_2$O$_3$·xH$_2$O)계의 두 종류가 있다. 그림 3.6에는 기후에 따른 라테라이트 광상의 전형적인 광석 종류와 주요 원소의 품위를 나타내었다.[29] 광상의 종류와 무관하게 지표층으로부터 ferricrete, limonite, nontronite, saprolite로 광석의 종류가 변화한다.[2]

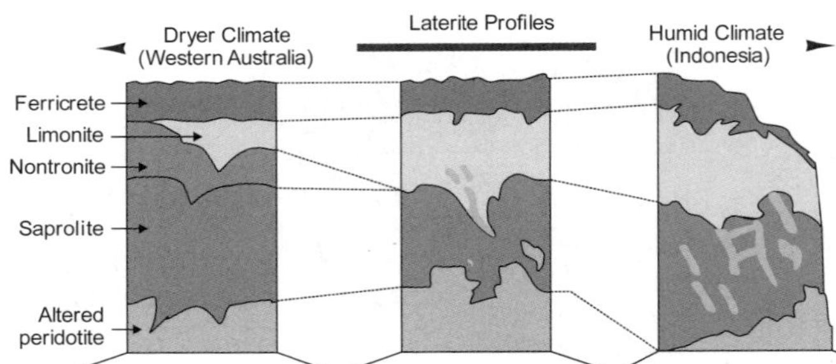

wt.%	Ni	Co	Fe	Mg	Ni	Co	Fe	Mg	Ni	Co	Fe	Mg
Ferricrete	0.2~0.5	0.02	>35	0.6	0.2~0.5	0.02	<35	0.6	0.2~0.5	0.02	>35	0.6
Limonite	0.6~1.4	0.1~0.2	45	1~2	1.2~1.7	0.1~0.2	45	1~2	1.2~1.7	0.1~0.2	45	1~4
Nontronite	1.2	0.08	18	3.5	-	-	-	-	-	-	-	-
Saprolite	0.4	0.02	9	12	1.5~3	0.05~0.1	10~25	10~20	1.5~3	0.05~0.1	10~20	10~30

그림 3.6. 기후에 따른 라테라이트 광상의 광석 종류와 주요 원소의 품위

그림 3.7에는 원료 광석별 Ni 제련 공정의 대표적인 예를 처리 공정 및 최종 제품과 대응시켜 나타내었다.[2,30,31] Ni은 원료인 황화광과 산화광에 따라 건식제련과 습식제련을 거쳐서 매트(matte),* 수산화물, 황화물 등을 만들고 있다. Ni 제련의 최종 제품에는 금속 Ni과 합금철인 페로니켈(ferro-nickel, FeNi)이 있지만, 금속 Ni에는 전해, 수소환원 등의 최종 공정에 따라 분말, 브리켓, 판재 등 여러 가지 형상이 있다. Ni 제련 방법은 크게 황화광의 건·습식제련, 산화광의 건·습식제련의 네 가지가 있으나, 건식과 습식을 구분하는 것은 의미가 없으며, 대부분 건식과 습식의 복합 공정으로 여러 가지 Ni 제품을 만든다. 따라서 황화광과 산화광으로 구분하여 각각의 제련 방법에 대해 알아본다.

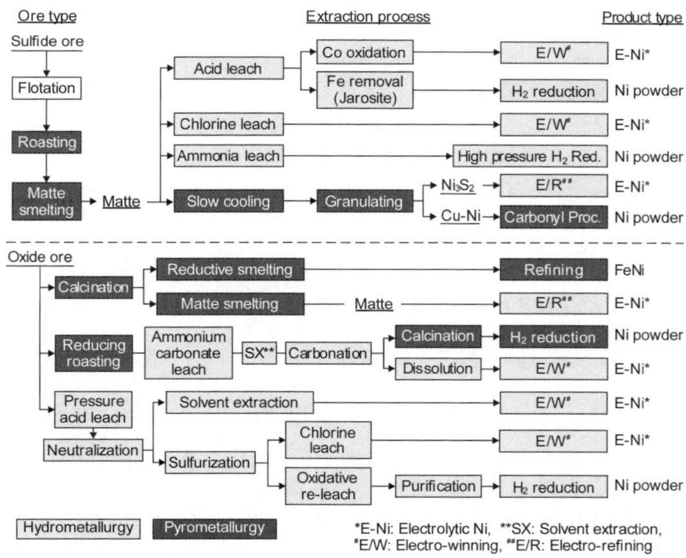

그림 3.7. 광석에 따른 니켈 제련법과 생산품 비교

---

* 매트(matte): 인공적으로 만든 황화물

2) 니켈 황화광의 제련

(1) 니켈 황화광의 건식제련

① 매트 용련

Ni 황화광의 제련은 매트 중으로 Ni을 농축하는 매트 용련(matte smelting)에서 출발한다. 그림 3.8에는 Ni 황화광을 매트 용련하여 Fe가 적은 고품위 매트를 만드는 자용로(flash smelting furnace)법과 전기로(electric furnace)법의 예를 나타내었다.[2,32] 우선 직경 50 μm 이하로 파쇄한 황화광을 부유 선광하여 Ni이 농축된 정광을 얻고, 건조한 정광 분말을 자용로나 전기로에서 용련하여 Ni보다 산소 친화력이 높은 철(Fe) 일부를 산화시켜 슬래그로 분리한다.[33]

Ni 황화광은 자용로 샤프트(shaft)부를 낙하하면서 다음 식과 같은 산화반응이 일어난다.[2]

$$Ni_{4.5}Fe_{4.5}S_8(s) + 5.7O_2(g) = 4.5NiS(l) + 4.5FeO(l) + 3.5SO_2(g) \quad (3.1)$$

$$Fe_8S_9(s) + 13O_2(g) = 8FeO(l) + 9SO_2(g) \quad (3.2)$$

완전히 산화된 NiO의 작은 입자들은 슬래그층을 통과하면서 다음 식과 같은 황화반응이 일어나기도 하며, 자용로 슬래그는 매트 회수용 전기로에 보내어 처리한다.

$$NiO(l) + FeS(l) = NiS(l) + FeO(l) \quad (3.3)$$

자용로에서 약 40 %Ni까지 농축된 매트를 전로(converter)에 보내어 공기(산소)로 Fe과 S를 산화 제거하여 Ni이 약 70 %인 고품위 매트를 얻는다. 전로에서 매트 중 Fe는 다음 식과 같이 SiO_2와 결합하여 저융점 슬래그를 생성한다.

$$2FeO(l) + SiO_2(s) = 2FeO \cdot SiO_2(l) \quad (3.4)$$

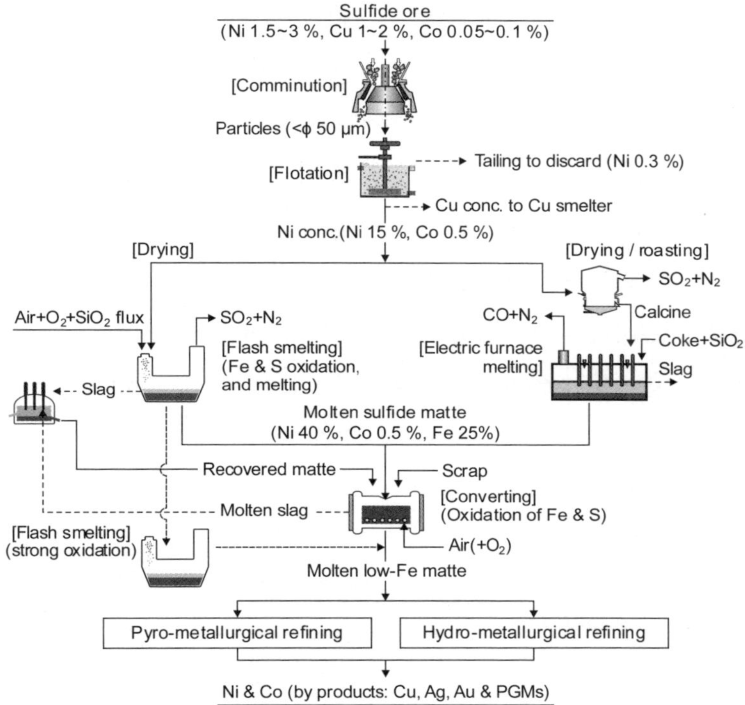

그림 3.8. 니켈 황화광에서 고품위 매트를 제조하는 공정의 예

동 제련의 Cu 매트는 전로에서 조금속(blister copper)이 얻어지지만, Ni은 열역학적으로 산화되어 NiO가 되므로 고품위 매트까지만 정련한다. 이러한 전로에서의 고품위 Ni 매트는 냉각 후 분쇄하여 정제 공정으로 보내어 습식이나 건식 공정에서 금속 Ni이나 화합물 등으로 만든다.

한편 Ni 황화광을 전기로에서 용련하는 경우, 미리 약 700 ℃의 공기로 식(3.1) 및 식(3.2)와 같이 부분 산화 배소를 한다. 이어서 전기로에서는 배소광(calcine)을 플럭스인 SiO_2와 함께 산화 용융시켜 Fe 일부를 슬래그로 제거하여 Ni이 많은 매트를 만든다. 이후의 공정은 자용로 루트와 같다.

한편 Harjavalta나 Norilsk의 DON(Direct Outokumpu Nickel)법에서는 한 번의 자용로 용련으로 Fe가 적은 고품위 Ni 매트를 만들어 Ni과 Co를 추출하고 있다.[34] 그림 3.9에는 Harjavalta(Finland)의 DON법에 의한 Ni과 Co 추출 공정도를 재구성하여 나타내었다.[29,35] 자용로 공정에서 고품위 매트와 슬래그를 만들고, 슬래그는 다시 전기로에서 매트와 슬래그로 분리한다. 이때 매트의 전체 회수율은 약 69 %로 알려져 있다. 매트는 침출하여 용매 추출로 Ni과 Co를 분리한다. Ni 용액에서 전해채취하여 Ni cathode를 만들거나 다음 식과 같이 용액을 수소환원하여 Ni 브리켓을 만들며, Co 용액은 수소로 환원하여 Co 분말로 만든다.

$$Ni^{2+} + H_2(g) = Ni(s) + 2H^+ \tag{3.5}$$

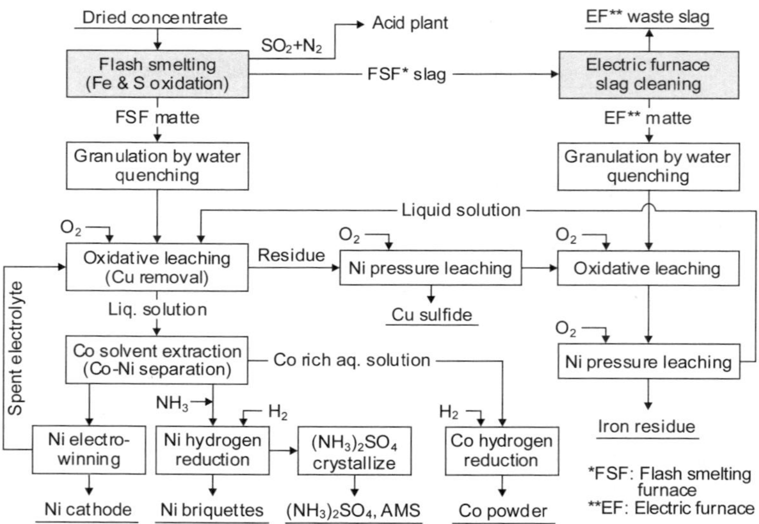

그림 3.9. Outokumpu의 DON 프로세스에 의한 Ni과 Co 추출 공정도

② 매트에서 구리의 제거

Cu가 많은 Ni 황화광이나 Ni+Cu의 혼합 정광을 자용로와 전로를 거쳐서 50~60 %Ni, 25~30 %Cu의 고품위 매트로 만든다. Ni과 Cu가 농축된 고품위 매트 중의 Cu는 매트 서냉법(slow cooling)과 침출 탈동법으로 분리한다.

Cu-Ni 매트는 Cu_2S와 Ni_3S_2의 혼합물이며, 그림 3.10에 평형 상태도를 나타내었다.[36] Cu_2S와 Ni_3S_2는, 용융 상태에서는 완전히 혼합되지만, 상온에서는 상호 용해도가 거의 없으므로 서냉하면 Cu_2S와 Ni_3S_2를 분리할 수 있다. 고품위의 Cu-Ni 매트를 응고 개시 온도 부근에서 서냉하면 Cu_2S와 Ni_3S_2 외에 Ni 합금(65 %Ni, 20 %Cu)인 3상 입자가 서로 크게 성장하여 물리적인 상호 분리를 할 수 있다. 조업 예로는 980 ℃에서 주조하여 4일간에 걸쳐 200 ℃까지 냉각한다. 이것을 200 mesh 이하인 약 6 mm 크기로 분쇄하고, Ni의 자성을 이용하여 자력선별하면 금속(Ni-Cu 합금) 부분이 분리된다. 금속상 중에는 매트상 중으로 분배

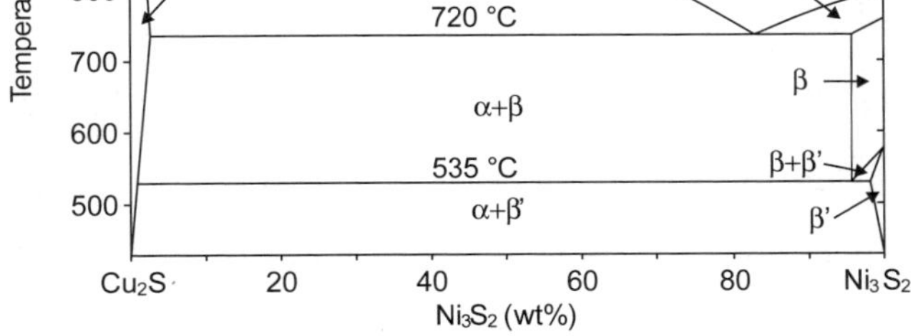

그림 3.10. Cu_2S-Ni_3S_2계의 평형 상태도

된 백금족 금속이 농축되므로 별도로 처리한다. 비자성 부분은 부유 선광하여 Cu 정광(73 %Cu, 5 %Ni)과 Ni 정광(70 %Ni, 2 %Cu)으로 분리하여 각각 Cu 제련과 Ni 제련의 원료로 사용한다.[37]

한편 침출 탈동법은, Cu-Ni 매트를 산화 배소하면 Cu는 산 침출이 쉬운 산화물이 되므로 Cu 전해 후액으로 Cu만 침출하여 분리하는 것이다. 침출 잔사는 완전히 탈황한 후 환원하여 조Ni로 만든다. 또 전로에서 만들어진 Cu-Ni 매트를 Cu 전해 후액으로 직접 침출하는 방법도 있다. 그러나 이때 매트 중의 Ni에 의한 치환반응으로 침출액 중의 탈 Cu가 일어나기도 한다. 그리고 여액 중에 $Ni(OH)_3$를 첨가하여 Co를 $Co(OH)_3$로 침전시켜 제거한 후, pH 4 정도에서 Ni을 전해채취하여 전기 Ni을 만들기도 한다.[36]

(2) 니켈 황화광의 습식제련

황화광의 습식제련법에는 침출제로 암모니아를 이용하는 Sherritt법이 있으나, 황화광이 부족하여 원료로 Ni-Cu 매트 등 여러 가지 황화물을 사용한다. 따라서 황화광의 습식제련에서는 정광이나 매트 용련으로 Ni을 농축시킨 매트를 암모니아 등으로 침출하여 Ni을 추출한다.

① 암모니아 침출

Ni 황화광 중에서 귀금속 함유량이 적으면서 Co를 함유하는 정광을 70~88 ℃의 오토클레이브(autoclave)에 넣고 7~10기압의 산소를 불어넣으면서 강 암모니아수로 침출한다. 이때 Ni, Co, Cu는 각각 다음 식과 같이 가용성 아민착체인 $Ni(NH_3)_6^{2+}$와 $Co(NH_3)_6^{3+}$, $Cu(NH_3)_4^{2+}$가

되어 용해된다.

$$NiS(s) + 6NH_3(l) + 2O_2(g) = Ni(NH_3)_6^{2+} + SO_4^{2+} \quad (3.6)$$

$$2CoS(s) + 4.5O_2(g) + 10NH_3(l) + (NH_4)_2SO_4(aq.) \quad (3.7)$$

$$= 2Co(NH_3)_6^{3+} + 3SO_4^{2+} + H_2O(l)$$

$$CuS(s) + 2O_2(g) + 4NH_3(l) = Cu(NH_3)_4^{2+} + SO_4^{2+} \quad (3.8)$$

침출액을 고액 분리하고, 여액 중 Cu의 대부분은 약 227 ℃의 오토클레이브에 가압공기를 불어넣어 CuS로 침전시켜 제거한다. 그리고 여액 중에 잔류하는 Cu는 $H_2S(g)$를 이용하여 다음 식과 같이 CuS로 침전시켜 제거한다.

$$Cu^{2+} + H_2S(g) = CuS + 2H^+ \quad (3.9)$$

이어서 촉매로 $FeSO_4$를 첨가하고 180~200 ℃의 오토클레이브에서 수소를 35 atm으로 가압하여 다음 식과 같이 환원하면 99.87 %Ni의 분말을 얻을 수 있다.

$$Ni(NH_3)_6SO_4 + H_2(g) = Ni(s) + (NH_4)_2SO_4 + 4NH_3 \quad (3.10)$$

고액 분리로 Ni을 회수한 후, 여액 중에 $H_2S(g)$를 불어넣으면 용액 중의 Co와 잔류하는 Ni의 혼합 황화물이 침전되므로 Co 회수 공정으로 보내어 처리한다.[38]

② 염소 침출

그림 3.11에 염소 침출을 하는 Voisey Bay(캐나다)의 공정도를 나타내었다.[39] 미량의 귀금속과 Ni, Cu, Co 등을 함유한 Ni 황화광을 20~30 μm 정도로 분쇄하고 대기압에서 다음 식과 같이 염소로 침출한다.

$$Ni_{4.5}Fe_{4.5}S_8(s) + 9Cl_2(g) = 4.5FeCl_2(aq) + 4.5NiCl_2(aq) + 8S^o \quad (3.11)$$

$$Fe_7S_8(s) + 7Cl_2(g) = 7FeCl_2(aq) + 8S^o \quad (3.12)$$

염소 침출로 제거된 S^o는 다음 식과 같이 산소 침출에서 황산이 되므로 침출반응에 사용한다.

$$S^o + 1.5O_2 + H_2O = H_2SO_4 \quad (3.13)$$

이어서 다음 식과 같이 황산으로 산소 가압 침출을 하며, 황화철(pyrrhotite)도 같은 반응으로 침출된다.

$$Ni_{4.5}Fe_{4.5}S_8(s) + 9H_2SO_4 + 4.5O_2(g) = 4.5NiSO_4 + 4.5FeSO_4 + 8S + 9H_2O \quad (3.14)$$

$$Ni_{4.5}Fe_{4.5}S_8(s) + 9H_2SO_4 + 9HCl + 4.5O_2(g) = 4.5NiCl_2 + 4.5FeSO_4 + 8S + 9H_2O \quad (3.15)$$

$$FeCl_2 + H_2SO_4 = FeSO_4 + 2HCl \quad (3.16)$$

고액 분리한 여액 중의 Cu는 용매 추출이나 $H_2S(g)$로 제거한다. 이어서 용매 추출 등으로 Co를 회수하고, 전해채취로 Ni을 회수한다.

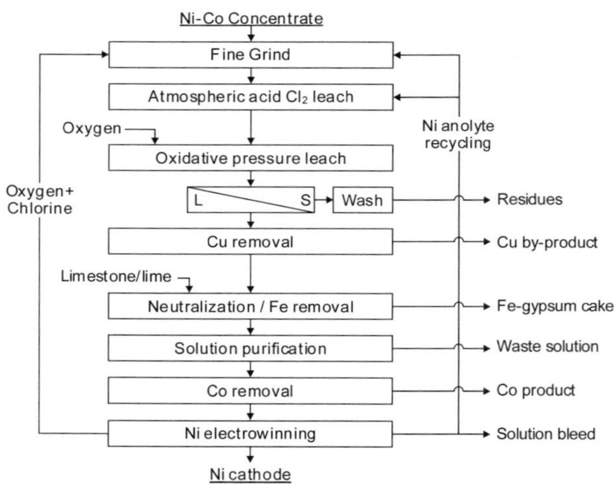

그림 3.11. Voisey Bay의 황화광 처리 공정도

③ 황산 침출

고품위 매트 등의 황화물을 황산과 산소로 다음 식과 같이 침출하며, Co도 같은 반응으로 침출된다.

$$Ni_3S_2(s) + H_2SO_4(aq.) + 0.5O_2(g) = 2NiS(s) + NiSO_4(aq.) + H_2O \quad (3.17)$$

$$NiS(s) + 2O_2(g) = NiSO_4(aq.) \quad (3.18)$$

$$CoS(s) + 2O_2(g) = CoSO_4(aq.) \quad (3.19)$$

Fe를 비롯한 불순물들은 중화시켜 제거하고, Ni과 Co 용액은 용매추출로 분리한다. 정제한 용액을 수소 가스로 환원하여 고순도 Ni이나 Co를 얻는다. 광석 등의 황화물 원료 중 Cu 농도가 높으면 Ni과 Cu의 상호반응에 대한 검토가 필요하다.

한편, 황산+산소를 이용한 황화물 원료의 침출은 저가의 용매를 사용하면서 부식성 가스가 발생하지 않는 장점이 있다. 특히 산화광 등의 고압 침출(HPAL)법 등에서 후속의 Ni 회수 공정도 잘 정립되어 있으므로 이를 활용할 수 있다.

3) 니켈 산화광의 제련

Ni 산화광은 황화광과 달리 약 2 %Ni의 저품위광이며, 상당량의 산화철을 함유하고 있다. 그러나 산화광 중의 Ni이 산화철의 결정 격자점에 위치하여 유효한 선광법이 없으므로 저품위 광석에서 직접 Ni을 회수한다. 산화광의 90 %는 용융환원에 의한 페로니켈(FeNi) 제조에 소비되며, 나머지는 황화물 매트(Ni-Fe-S)로 만들어 상기한 방법으로 Ni을 회수하거나, 고압 침출 등의 방법으로 Ni을 추출한다. 그림 3.12에는 Ni 산화

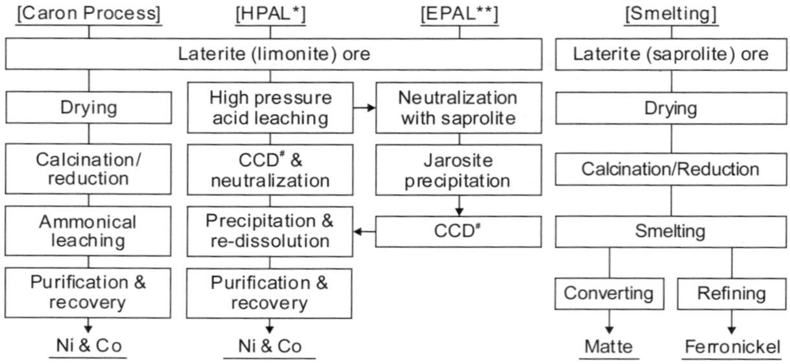

*HPAL: High pressure acid leach, **EPAL: Enhanced pressure acid leaching
#CCD: Counter current decantation

그림 3.12. 니켈 산화광의 처리 공정도 비교

광을 처리하는 대표적인 공정을 비교하여 나타내었다.[2]

(1) 페로니켈의 제조

Ni 산화광 중의 Ni(약 2 %Ni)과 산화철을 환원시켜 페로니켈(FeNi)로 만들며, 환원 반응은 다음 식으로 검토할 수 있다.

$$NiO(s) + Fe(l) = Ni(l) + FeO(l), \quad \Delta G^0 = 10,620 - 44.31T \text{ (J)} \quad (3.20)$$

Fe-Ni계는 이상 용액에 가깝고, 슬래그 중의 FeO, NiO의 활동도도 라울의 법칙에서 크게 어긋나지 않으므로, 1,600 ℃에서 평형상수 K $(= x_{Ni} \cdot x_{FeO}/x_{Fe} \cdot x_{NiO})$는 약 100으로 볼 수 있다. 만약 FeO를 슬래그에 남기고, Ni을 우선 환원하여 x_{Ni}/x_{Fe}=100과 같이 Ni이 많은 금속을 얻으려면 x_{FeO}/x_{NiO}=1이 되어 다량의 NiO가 슬래그에 남게 된다. 그러나 x_{Ni}/x_{Fe}=1/4 정도의 페로니켈을 만들면 x_{FeO}/x_{NiO}=400 정도가 되어 슬래그 중 NiO 형태의 손실은 소량이며, 대부분의 Ni은 금속상에 모이게 되므로 약 20 wt% Ni의 페로니켈을 만든다.

그림 3.13에는 Ni 산화광으로부터 스테인리스강의 원료인 페로니켈을 제조하는 공정과 매트 제조 공정의 예를 나타내었다.[2] 우리나라의 SNNC(광양)에서도 유사한 공정으로 페로니켈을 생산하고 있다.[40] 우선 로터리 킬른(L 30 m, ϕ 4 m 정도)에서 가열하여 광석 표면의 부착 수분을 제거하고, 이어서 하소(calcination)용 킬른(L 100 m, ϕ 5 m 정도)에서 다음 식과 같이 화학적으로 결합한 결정수 등을 제거하면서 부분환원까지만 한다.

$$\begin{aligned} &Ni_3Mg_3Si_4O_{10}(OH)_8 \\ &= 3NiO(s) + 4SiO_2(s) + 3MgO(s) + 4H_2O(g) \quad \text{at } 700\ ℃ \end{aligned} \tag{3.21}$$

$$2FeOOH(s) = Fe_2O_3(s) + H_2O(g) \quad \text{at } 700\ ℃ \tag{3.22}$$

하소반응의 생성물인 산화물들은 약 800 ℃에서 환원제인 석탄에 의해 다음 식과 같이 환원된다.

$$NiO(s) + C = Ni(s) + CO(g) \tag{3.23}$$

$$NiO(s) + CO(g) = Ni(s) + CO_2(g) \tag{3.24}$$

$$CO_2(g) + C = 2CO(g) \tag{3.25}$$

$$Fe_2O_3(s) + CO(g) = 2FeO(s) + CO_2(g) \tag{3.26}$$

전기로(electric furnace, EF)에서는 다음과 같은 반응으로 페로니켈이 만들어진다.

$$NiO(s) + C = Ni(l) + CO(g) \tag{3.27}$$

$$FeO(s) + C = Fe(s) + CO(g) \tag{3.28}$$

$$Fe(s) + Ni(l) = (FeNi)(l) \quad \text{at } 1,450\ ℃ \tag{3.29}$$

EF에서 만들어진 조페로니켈을 레이들로 출탕시켜 다음 식과 같이 P,

S 등을 제거한다.

$$2[P]+5[O]+4CaO=4(CaO)\cdot P_2O_5(l) \tag{3.30}$$

$$[S]+CaC_2(s)=2[C]+CaS(l) \tag{3.31}$$

한편 EF에서 발생하는 슬래그(54 %SiO_2, 36 %MgO 등)는 공냉하거나 수쇄하여 아스팔트용 골재, 노반재 등으로 사용한다.[41]

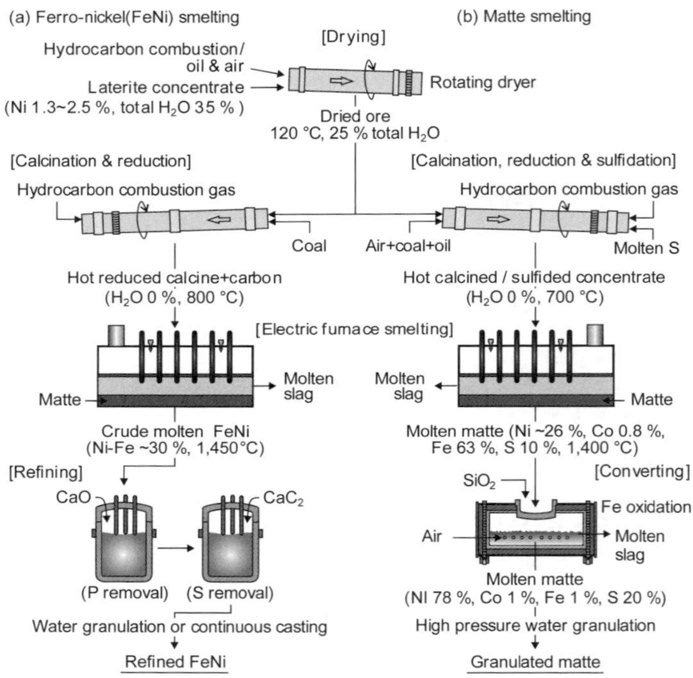

그림 3.13. 니켈 산화광에서 페로니켈(a)과 매트(b)를 제조하는 공정도

(2) Ni 매트(matte) 제조

대부분 Ni 산화광은 FeNi 제조에 사용되지만, 일부는 Ni-Fe-S 매트로 만들어 습식제련 등의 원료로 사용하고 있다. 그림 3.13에 나타낸 바

와 같이 Ni 매트는 페로니켈 제조와 유사한 공정으로 만든다. 다만 하소 및 환원용 킬른에 첨가한 유황(S)이 기화되어 산화광 중의 Ni, Fe와 반응하여 다음 식과 같이 Ni_3S_2-FeS계 매트가 만들어진다.

$$3Ni(s)+2S(g)=Ni_3S_2(s) \tag{3.32}$$

$$Fe(s)+S(g)=FeS(s) \tag{3.33}$$

킬른에서 황화된 배소광(calcine)은 전기로에서 용융시킨다. 불순물은 슬래그로 제거되며, Ni과 Fe는 매트가 되어 Ni이 약 26 %까지 농축된다. 농축된 매트는 다시 전로에서 산화정련을 통해 Fe를 식(3.4)와 같이 저융점의 fayalite 슬래그로 제거하면 Ni이 약 78 %인 고품위 매트가 만들어진다. 고품위 매트를 수쇄한 후 산화 배소하여 NiO로 만들어 수소 등으로 환원하거나, 습식제련을 통해 전해 Ni을 만든다.

(3) Caron(or Nicaro) Process

1924년에 Caron이 개발한(U.S.Patent 1,487,145) 것으로, Mg이 많아 경제성이 낮은 Ni 산화광을 환원 배소 및 탄산암모늄 침출함으로써 Ni을 추출하는 방법이다. 쿠바의 Nicaro Ni사에서 Caron법 조업을 시작하였으므로 Nicaro법으로도 부른다. Ni 산화광을 로터리 건조기에서 건조하고 75 μm 이하로 분쇄하여 다단 배소로에서 CO+H_2 혼합 가스로 다음 식과 같이 환원하면, Ni과 Co는 금속상이 되며 Fe는 불용성의 산화물이나 규산염이 된다.

$$2NiOOH(s)+3H_2(g)=2Ni(s)+4H_2O(g) \tag{3.34}$$

$$2CoOOH(s)+H_2(g)+2CO(g) \tag{3.35}$$

$$=2Co(s)+2H_2O(g)+2CO_2(g)$$

$$6FeOOH(s) + H_2(g) = 2Fe_3O_4(s) + 4H_2O(g) \quad (3.36)$$

$$6FeOOH(s) + CO(g) = 2Fe_3O_4(s) + CO_2(g) + 3H_2O(g) \quad (3.37)$$

환원 배소한 소광을 암모니아성 탄산암모늄 용액으로 냉각하고, 공기를 불어넣으면서 침출한다. 반응식은 다음과 같다.

$$Ni(s) + 6NH_3(g) + 0.5O_2(g) + CO_2(g) = Ni(NH_3)_6^{2+} + CO_3^{2-} \quad (3.38)$$

고액 분리한 침출 여액에 황화암모늄($(NH_4)_2S$)을 첨가하여 10 % 정도 들어 있는 Ni과 Co 전부를 황화물로 침전시키고 고액 분리한다. Co를 제거한 여액은 수증기로 가열하여 암모니아를 제거하고 염기성의 탄산니켈($3Ni(OH)_2 \cdot 2NiCO_3$)로 침전시킨다. 이 탄산니켈을 약 900 ℃에서 다음 식과 같이 하소하여 약 77 %Ni인 NiO로 만든다.

$$3Ni(OH)_2 \cdot 2NiCO_3(s) = 5NiO(s) + 2CO_2(g) + 3H_2O(g) \quad (3.39)$$

NiO는 $H_2(g)$로 환원시켜 85~90 %의 NiO로 만들어 판매한다. 그리고 탄산니켈은 수용액으로 용해한 후, 가압 수소환원이나 전해채취로 전기 Ni을 만든다. 고액 분리로 회수한 황화물은 Co 제조용 원료로 사용하고 있다.

(4) 니켈 산화광의 고압 침출

산화광을 직접 산으로 처리하는 대표적인 습식제련법에는 1959년 Cuba의 Moa Bay에서 개발된 고온고압 침출법(high pressure acid leach, HPAL)이 있다. 그림 3.14에는 고압 산 침출에서 $Fe\text{-}SO_4^{2-}\text{-}H_2O$계의 전위($E$)-pH도를 나타내었다.[42] Fe^{2+}나 Fe^{3+}의 활동도는 0.01, 기타 용존 이온의 활동도와 고체의 활동도는 1로 두고 그린 것이다. 그림에서 온도가 높아지면 Fe 산화물(Fe_2O_3)의 안정 영역이 낮은 pH 측으로 넓어

지므로 다음 식에 나타낸 Ni과 Co의 침출반응은 고온일수록 촉진된다.[2]

$$NiO + H_2SO_4 = H_2O + Ni^{2+} + SO_4^{2-} \tag{3.40}$$

$$CoO + H_2SO_4 = H_2O + Co^{2+} + SO_4^{2-} \tag{3.41}$$

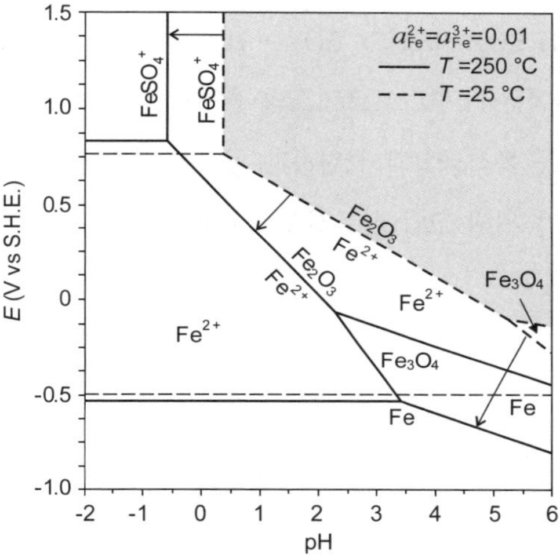

그림 3.14. Fe-SO_4^{2-}-H_2O계의 전위(E)-pH도

동시에 산화광의 주성분이면서 불순물인 괴타이트(FeOOH)의 침출반응도 빨라진다.

$$2FeOOH + 3H_2SO_4 = 4H_2O + 2Fe^{3+} + 3SO_4^{2-} \tag{3.42}$$

따라서 오토클레이브를 사용하여 가압 상태의 고온(약 250 ℃)에서 침출시키면 Fe_2O_3의 용해도가 현저하게 낮아져 Fe를 제거할 수 있다. 그리고 이때 다음 식과 같이 Fe의 침출에 소비된 황산이 재생되며, 마찬가지로 Al도 Al_2O_3를 생성하면서 황산이 재생된다.

$$Fe_2(SO_4)_3 + 3H_2O = 3H_2SO_4 + Fe_2O_3\downarrow \tag{3.43}$$

이처럼 HPAL법은 Fe을 헤마타이트로 분리할 수 있으면서도 황산을 소비하지 않는 경제성 높은 제련법으로 알려져 있다. 그러나 광석 중 불순물로 Fe 외에도 Mg, Al, Mn 등이 존재하며, Mg은 다음과 같은 반응으로 침출되어 황산 소비량이 많아진다.

$$MgO + H_2SO_4 = Mg^{2+} + SO_4^{2-} + H_2O \tag{3.44}$$

그림 3.15에는 HPAL 프로세스의 공정도를 모식적으로 나타내었다.[43] Ni이나 Co 등 목적금속의 산침출과 동시에 불순물인 Fe과 Al의 산화물을 침전시키기 위해 고압에서 산으로 침출한다.

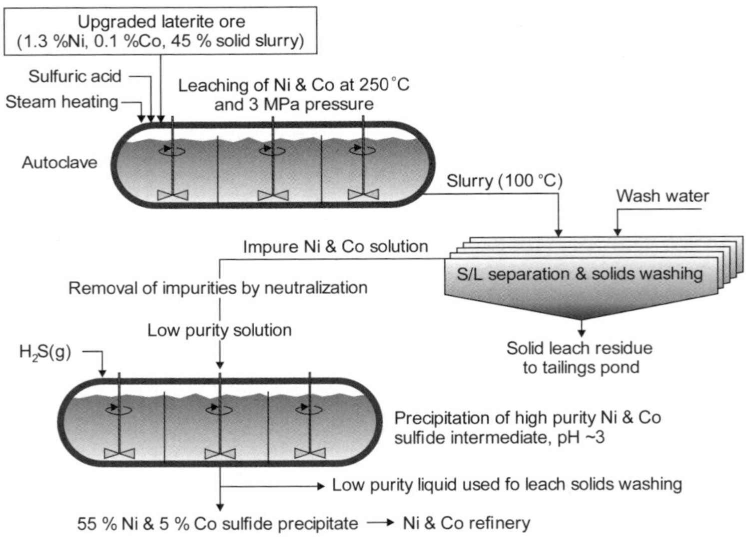

그림 3.15. HPAL 프로세스의 공정도

HPAL법에는 Moa Bay, Coral Bay, Ambatovy, Murrin Murrin, Ravenshorpe, CBNC-SMM* 등의 프로세스가 있으며, 각각의 환원

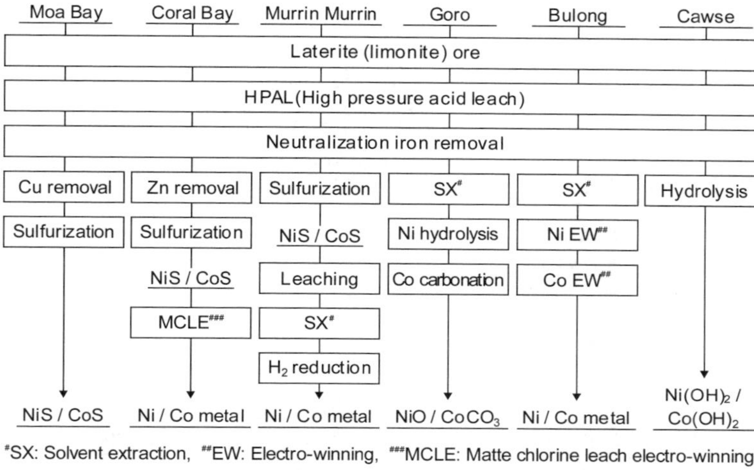

그림 3.16. HPAL 프로세스의 공정도 비교

공정에 따라 다양한 제품이 생산되고 있다. 그림 3.16에는 여러 가지 HPAL 공정을 비교하여 나타내었다.[2]

그림 3.17에는 Amboatovy의 HPAL과 CBNC-SMM의 HPAL법을 비교하여 나타내었다.[44,45] 그림에서와 같이 정제한 침출액에 H_2S를 첨가하여 Ni-Co의 복합 황화물인 매트로 침전시킨다. Ambatovy나 Murrin Murrin에서는 약 160 ℃의 황산 용액에 산소를 불어넣으면서 복합 황화물을 침출시키고 용매 추출로 분리한다. 그리고 용액 중에 수소를 불어넣는 수소환원법으로 Ni과 Co 각각의 분말을 얻는다. SMM은 이 매트를 MCLE법에서 염소로 침출하고, 용매 추출법으로 Ni, Co를 각각 분리하여 전해채취한다.

* CBNC-SMM: Coral Bay Nickel Corporation - Sumitomo Metal & Mining

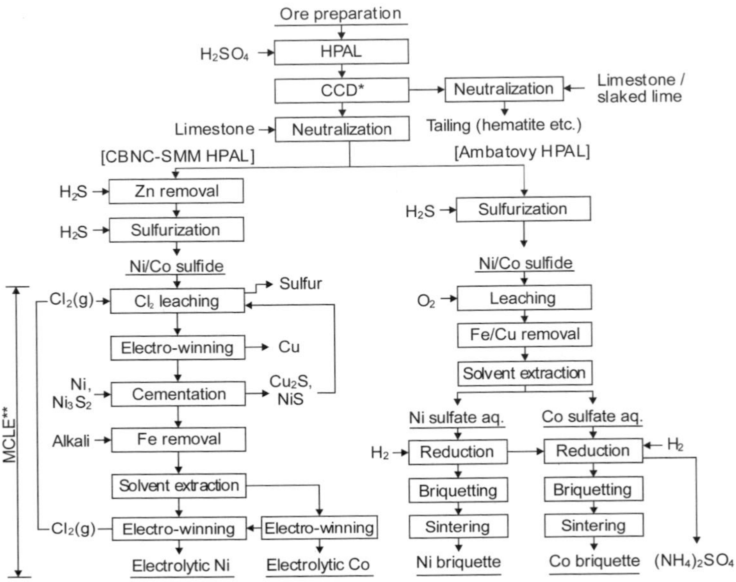

*CCD: Counter current decantation, **MCLE: Matte chlorine leach electro-winning

그림 3.17. Ambatovy와 CBNC-SMM의 HPAL 공정도 비교

그림 3.12에 나타낸 EPAL법은 BHP Billiton에서 Ni 산화광을 상압에서 침출할 때, HPAL보다 Ni과 Co의 실수율이 낮은 문제점을 해결하기 위한 것이다.[46] 즉, HPAL에서의 고농도 산이 함유된 슬러리 중에 사프로라이트(saprolite)광을 투입하여 상압에서 중화와 함께 침출한다. 그리고 침출액 중의 Fe은 자로사이트($KFe_3(SO_4)_2(OH)_6$)로 만들어 제거한 후 HPAL 공정에서 고압으로 침출하는 방법이다.

4) 금속 니켈의 제조와 정제

전로에서 만들어진 고품위 매트에서 최종 제품을 얻는 정련에는 습식법과 건식법이 있다. 습식법에서는 매트 중의 Ni을 침출시키고, Ni 함유

침출액을 수소로 환원하거나 전해채취하여 판상의 금속 Ni로 만든다. 건식법에서는 매트를 산화 배소하여 산화물로 만든 후에 다시 환원 배소나 환원 용련으로 조Ni(crude Ni)을 만든다. 조Ni의 정제에는 전해정제로 전기 Ni을 얻는 Hybinette법, CO 가스로 Ni 카보닐을 만들어 정제하는 Mond법이 있다.

(1) 습식법

암모니아, 황산, 염소 등으로 고품위 매트 중의 Ni을 침출시킨다.* 이어서 Ni과 함께 침출된 Co를 용매 추출로 분리하고, 정제하여 Ni 용액으로 회수한다. Ni 용액을 전해채취나 수소로 환원하여 각각 전기 Ni이나 Ni 분말로 회수한다.

수용액 중 Ni^{2+} 이온의 수소에 의한 환원반응은 다음 식과 같다.

$$Ni^{2+} + H_2(g) = Ni(s) + 2H^+ \tag{3.45}$$

(2) Ni의 전해채취

Ni 전해채취에서 전극에서의 반응은 다음과 같다.

Cathode (Ni stater sheet or Ti blank)

$$NiCl_2 + 2e = Ni + 2Cl^-, \quad NiSO_4 + 2e = Ni + SO_4^{2-} \tag{3.46}$$

Anode (DSA, dimensionally stable anode)

$$2Cl^- = Cl_2(g) + 2e, \quad H_2O = 1/2O_2(g) + 2H^+ + 2e \tag{3.47}$$

총괄반응식은 다음과 같다.

---

* 제3장 제3절 2)항 (2) 니켈 황화광의 습식제련 참조

$$NiCl_2 = Ni + Cl_2(g),\ \ NiSO_4 + H_2O = Ni + H_2SO_4 + 1/2O_2(g) \quad (3.48)$$

전해채취 시에 양극에서 발생하는 산소나 염소 가스는 회수하여 침출 공정에 사용한다. 그림 3.18에는 전해조 구성을 모식적으로 나타내었다.[47] 양극은 Ti 판에 산화 루테늄과 같은 백금족 금속 산화물(Ru, Ir, Ta etc. oxide)을 피복한 DSA anode(불용성 산화 전극, dimensionally stable anode)를 사용한다. DSA anode는 염소 과전압이 낮고 더욱이 염소에 대해서 강한 성질을 갖고 있다. 기판이 되는 Ti은 염소에 약하지만, 불용성 피막으로 보호되고, 흑연보다도 전기저항이 적은 특징을 가지고 있다.[48]

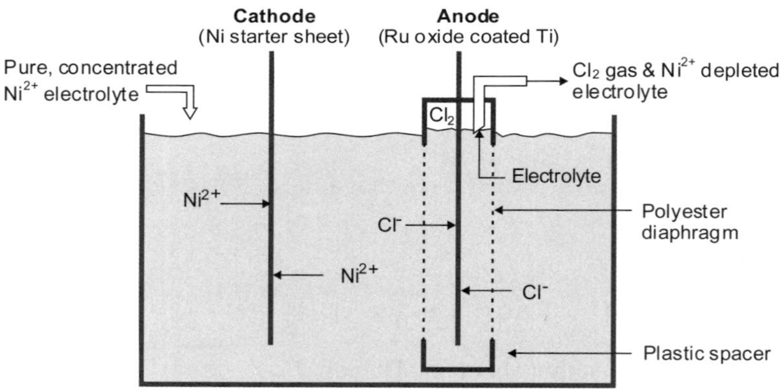

그림 3.18. Ni 전해채취의 전해조 구성

(3) Hybinette법

Hybinette법은 Ni의 고품위 매트(48 %Ni, 27 %Cu, 22 %S)를 산화 배소한 후, Cu가 제거된 전해 미액으로 매트 중의 Cu를 침출하여 제거하고, 잔사를 전기로에서 용융환원으로 조Ni(76 %Ni, 17 %Cu)을 만들어 전해정제 하는 방법이다. 전해정제 시 각 전극에서의 반응은 다음과 같다.

$$\text{Anode:}\quad Ni(s,\ impure) = Ni^{2+}(aq.) + 2e \tag{3.49}$$

$$\text{Cathode:}\quad Ni^{2+}(aq.) + 2e = Ni(s,\ pure) \tag{3.50}$$

(4) Mond법

Mond법은 1890년에 Ludwig Mond가 발명한 Ni 정제법으로, 조금속 Ni을 CO 가스와 반응시켜서 $Ni(CO)_4$(Ni carbonyl)로 만들고 불순물은 고체에 남겨 정제하는 방법이다. 이 반응은 열역학적으로 약 122 ℃ 이하에서 일어나고, 그 이상의 온도에서는 역반응이 일어나며, 반응식은 다음과 같다.[49]

$$Ni(s) + 4CO(g) \underset{> 180\ ℃}{\overset{50 \sim 60\ ℃}{\rightleftharpoons}} Ni(CO)_4(g) \tag{3.51}$$

$$\Delta G^0 = -158{,}220 + 400.64\,T\ (\mathrm{J})$$

그림 3.19에 연간 40,000톤의 고순도 Ni을 제조하는 Vale Clydach refinery의 고순도 Ni 분말 제조 공정과 Mond법의 정제 공정도를 나타

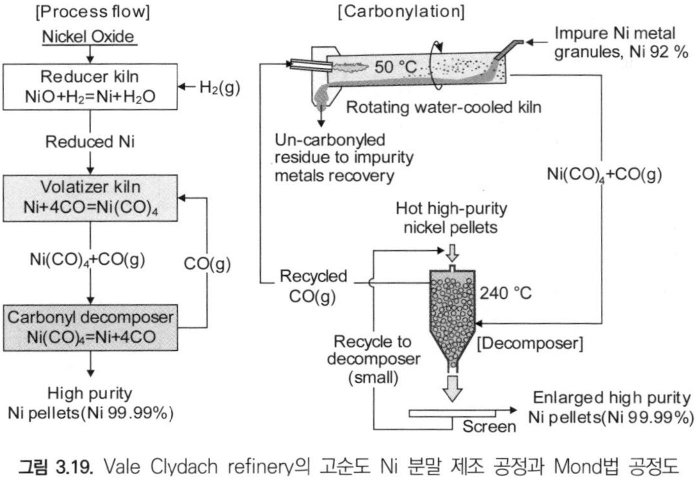

그림 3.19. Vale Clydach refinery의 고순도 Ni 분말 제조 공정과 Mond법 공정도

내었다.[2,50] Ni 카보닐의 융점은 -25 ℃이며, 끓는점이 43 ℃이므로 쉽게 휘발된다. 특히 180 ℃ 이상에서는 분해되어 다시 Ni과 CO(g)가 되므로, 조금속 Ni 중의 불순물은 고체에 남아 제거되고, 고순도 Ni이 만들어진다. CO 가스는 다시 리사이클링하지만, 맹독성의 Ni 카보닐과 CO 가스가 대기 중으로 유출되지 않도록 주의가 필요하다.

4. 코발트 제련

1) 코발트 자원과 제련 개요

Co를 함유하는 광물은 현재까지 약 92종이 알려져 있으나, 이 중 카롤라이트 등 표 3.5에 나타낸 12종만이 상업적 가치가 있어 주로 이들 광물이 포함된 광체를 채광하고 있다.[51]

표 3.5. 상업적 가치가 있는 Co 광석

Name	Fomular	Name	Fomular
Asbolane 아스보레인	$(Co,Ni)_{1-y}(MnO_2)_{2-x}(OH)_{2-2y+2x}\cdot n(H_2O)$	Linnaeite 린네아이트	Co_3S_4
Carrollite 카롤라이트	$Cu(Co,Ni)_2S_4$	Safflorite 사플로라이트	$(Co,Fe)As_2$
Cattierite 카티어라이트	CoS_2	Siegnite 시에그나이트	$(Co,Ni)_3S_4$
Cobaltite 휘코발트석	CoAsS	Skutterudite 스쿠테루다이트	$(Co,Ni)As_{3-x}$
Erythrite 코발트화	$Co_3(AsO_4)_2\cdot 8H_2O$	Smalitite 스말타이트	$(Co,Ni)As_2$
Heterogenite 헤테로제나이트	$HCoO_2$	Sphaerocobaltite 스페로코발타이트	$CoCO_3$

표 3.6에는 Co 함유 주요 광석과 Co 농도 등을 나타내었다.[6,52] 아프리카의 코퍼벨트(Copper Belt)* 지역의 Cu 산화광이나 황화광 중의 Co 함유량이 많다. 이 지역의 Co 매장량은 약 약 7억 400만 톤으로 추정되며, 전 세계 Co 생산량의 약 60 %를 차지할 정도로 Co의 주요 공급원이다. 나머지 Co는 Ni 제련의 부산물로 회수한다. Ni 황화광의 Co 품위는 매우 낮지만, 부유 선광 등으로 Co를 10 %까지 농축할 수 있으므로 Ni 제련에서도 경제성 있는 Co 회수가 가능하게 되었다. 다만 Co 비화광은 모로코에서만 소량 생산되고 있다.[6]

표 3.6. Co 광석에 따른 Co 농도 등

Ore type	Ore	Chemical formula	Co (%)	Prod. ratio (%)	Locations
Oxide	Laterite	CoO	0.05~0.15	25~30	Australia, Indonesia, Madagascar, New Caledonia, Cuba
	Heterogenite	CoO(OH)	0.1~0.4	40~45	DR Congo
Sulfide	Pentlandite Siegenite Cattierite	$(Fe,Ni,Co)_9S_8$ $(Co,Ni)_3S_4$ CoS_2	0.1	10~15	Australia, Canada, Scandinavia, Russia
	Carrollite Linnaeite	$CuCo_2S_4$ $(Co,Cu,Ni,Fe)_3S_4$	0.1~0.4	15~20	DR Congo, Zambia
Arsenides	Skutterudite Cobaltite	$(Co,Fe,Ni)As_3$ $(Co,Ni)AsS$	0.1	1~3	E Ontario, Germany, Morocco, Norway

* Copper Belt(코퍼벨트): 아프리카 잠비아에서 콩고민주공화국(DRC)에 걸친 구리 광산 지역

그림 3.20에 Co 광석 종류별 생산 공정, 중간 생성물, 최종 제품의 사용 분야를 대응시켜 나타내었다.[6,53] Co만 단독으로 제련하는 경우는 거의 없으며, 대부분 Ni-Co광과 Cu-Co광 제련의 부산물로 만들어지므로 Co 제련은 Ni이나 Cu 제련 공정에 기초한 것이다. Ni 제련 공정에서는 매트나 복합 황화물을 습식처리하거나 산화광을 습식처리하여 Co를 회수하지만 매우 다양한 공정들이 있다.* 그리고 Cu 제련 공정에서, Cu 산화광은 습식으로 처리하며, Cu 황화광은 건식 용련 후 슬래그를 습식으로 처리하여 Co를 회수하고 있다.[6]

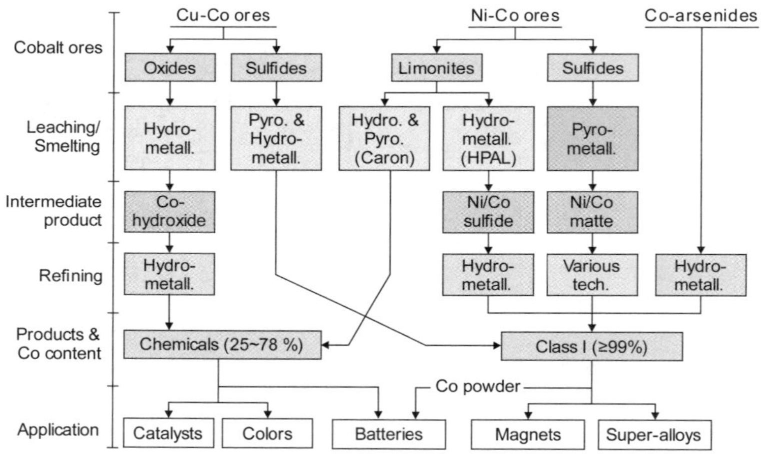

그림 3.20. 광석 종류에 따른 Co 생산 공정과 중간 생성물, Co 농도 및 응용 분야

2) 니켈 광석 중 코발트 회수

그림 3.21에 Ni 광석에서의 Co 회수 공정도를 비교하여 나타내었다.[6,54]

* 제3장 제3절 3)항에서 Ni 제련 시 Co를 추출하는 방법에 대해 일부 설명

Ni 광석에는 황화광과 산화광인 라테라이트광이 있지만, Ni 제련에서 설명한 바와 같이 매우 다양한 처리 방법이 있다. Co 비화광도 배소 등의 전처리를 한 후, 산 침출, 용매 추출, 전해채취 등의 공정으로 Co를 회수한다.

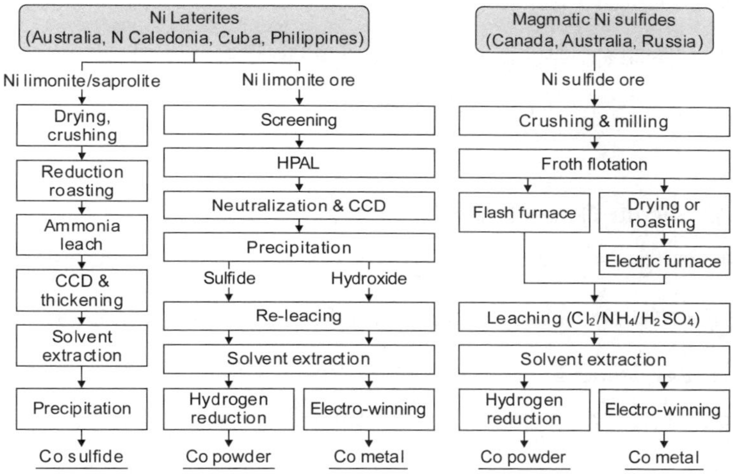

그림 3.21. 니켈 광석 종류별 코발트 회수 공정도 비교

(1) Ni 광석의 처리

일반적으로 Ni 황화광의 건식제련에서는 Ni 매트를, 습식제련에서는 복합 황화물을 만들어 Co를 회수한다. 우선 Ni 황화광 중의 Co는 Fe와 Ni의 산소 및 유황과의 친화력 차이를 이용하여 황화물 매트 중으로 농축시켜 처리한다. 매트는 PS(Pierce Smith)형 전로에서 산화정련으로 Co와 함께 Ni, Cu, 귀금속 등을 농축시킨 고품위 매트로 만들어 Ni 회수 공정에 보내어 Co를 회수한다.

Ni 산화광의 건식제련은 환원제를 첨가한 전기로에서 환원 용련하여 페로니켈이나 Ni 선철을 제조하므로 원료 중의 Co를 회수할 수 없다.

따라서 Ni 산화광 중의 Co는 습식으로 처리하여 회수한다. 특히 HPAL법에서는 Co와 Ni을 200 ℃ 이상, 3 MPa 이상에서 식(3.40), (3.41)과 같이 침출시키며, 이때 불순물인 Fe, Al의 산화물은 침전되어 제거된다. 침출 후 여액의 Co와 Ni은 용매 추출하여 각각을 분리하고, $H_2(g)$로 환원하여 Ni과 Co 분말을 얻으며, Co의 환원반응은 다음과 같다.

$$Co^{2+} + H_2(g) = Co(s) + 2H^+ \qquad (3.52)$$

(2) Sherritt Gordon법에 의한 Co 회수

Co와 Ni이 같이 들어 있는 용액 중의 Ni을 가압 수소로 환원한 후 여과(고액 분리)한 여액을 $H_2S(g)$로 처리하여 Co와 Ni이 각각 약 20 % 함유된 황화물의 혼합 케이크를 만든다. 이어서 Co와 Ni의 혼합 케이크를 암모니아와 공기로 침출하여 고액 분리한다. 여액에 암모니아를 첨가하여 Ni-Co 복합 헥사민염(hexamine-salt)을 침전시키고, Ni은 염을 다시 수 침출하여 제거한다. 그리고 여액 중의 Co는 다음 식과 같이 가압 수소로 환원하여 99.8 % 순도의 분말로 회수하며, Co seed에 금속상의 Co가 석출된다. 이러한 방법을 Sherritt Gordon법이라 한다.

$$Co(NH_3)_2^{2+}(aq.) + H_2(g) \xrightarrow{175\ ℃} Co(s) + 2NH_4^+(aq.) \qquad (3.53)$$

(3) 니켈 전해 부산물 중 Co 회수

Ni 산화광과 황화광에서 만든 고품위 Ni 매트를 산화 배소하고, Cu가 제거된 전해 미액으로 소광 중의 Cu를 침출하여 제거하면 잔사가 남는다. 이것을 전기로에서 용융환원하면 Co와 Cu가 함유된 약 76 %Ni의 조금속이 만들어진다. 조금속 Ni을 전해정제하여 전기 Ni을 석출시킨 후의 전해

미액을 정제할 때 탈철 케이크가 부산물로 발생한다. 이 탈철 케이크를 환원제인 SO_2 가스를 불어넣으면서 묽은 황산으로 침출하면 Co는 2가로 환원되면서 Co, Ni, Cu가 우선하여 용해된다. 용액 중에 Ni 분말을 투입하여 침출액 중 Cu를 치환침전으로 제거하고, Cl_2 가스와 Na_2CO_3로 pH를 2.2 정도로 맞추면 Co는 $Co(OH)_3$로 침전되어 수산화물 케이크(1 %Ni-50 %Co)가 얻어진다. 이것을 하소 및 환원하여 얻어진 Co를 양극(anode)으로 만들어 스테인리스판 음극(cathode)으로 전해정제하여 99.6 %의 전기 Co를 만든다.[6]

3) 구리 광석 중 코발트 회수

그림 3.22에 코퍼벨트(C/B)에서 산출되는 Cu 광석에서 Co를 회수하는 공정도를 나타내었다.[54] 같은 C/B 지역이라도 콩고(DRC)에서는 주로 산화광이, 잠비아에서는 황화광이 산출된다. 산화광은 전처리한 후, 곧바로 황산으로 침출하여 Cu, Co를 용출시킨다. 그러나 3가의 Co는 용액 중에서 불안정하므로 Co를 2가로 환원시켜야 헤테로제나이트($HCoO_2$)를 황산으로 침출할 수 있다. 따라서 다음 식과 같이 SO_2(g, 10 %)를 불어넣으면서 침출한다.[6]

$$2CoOOH(s) + H_2SO_4(l) + SO_2(g) = 2CoSO_4(aq) + 2H_2O(l) \quad (3.54)$$

Cu 산화광(malachite) 중의 Cu는 황산에 의해 다음 식과 같이 침출된다.

$$CuCO_3Cu(OH)_2(s) + 2H_2SO_4(l) = 2CuSO_4(aq) + 3H_2O + CO_2(g) \quad (3.55)$$

침출액을 여과한 여액 중의 Co^{2+}와 Cu^{2+}는 용매 추출에 의해 분리한다. 그리고 Cu는 전기동으로 회수하고, 전해액으로부터 Co 수산화물을 회수한다. Co 함유 수용액에 MgO를 중화제로 첨가하여 pH를 약 7.8~8.5로 맞추어 Co를 수산화물로 침전시켜 회수한다. Co 수산화물은 황산으로 재용해하고 전해채취하여 전기 Co를 얻는다.[6]

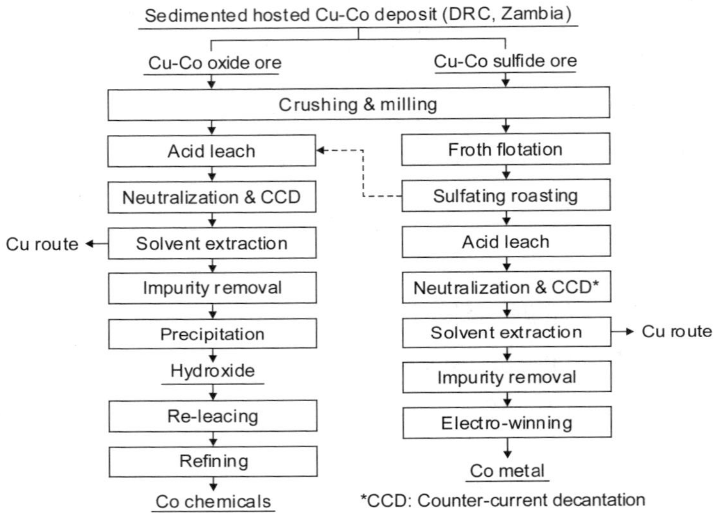

그림 3.22. 구리 광석 중 Co 회수 공정도

그림 3.23에는 Co-Cu 황화광에서 고순도의 전기 Co를 회수하는 공정도를 나타내었다.[55] 부유 선광으로 품위를 높인 황화광(45 %Cu, 1~3 %Co)을 유동 배소로에서 황산화 배소(sulfation roasting)하여 산화광과 함께 탈동 전해 미액으로 침출한다. 침출액을 고액 분리하고, 여액 중의 Cu를 용매 추출로 제거한 후액(raffinate) 중 Cu, Al, Fe, Mn, Zn 등의 불순물은 중화와 용매 추출 등으로 제거한다. 불순물을 제거한 Co 용액에 생석회(CaO)를 중화제로 첨가하고, pH를 8.8까지 올려서 Co를 수산화물($Co(OH)_2$)로 침전시킨다. 침전물을 Co 전해 미액으로 리펄프하고, 불용성

양극으로 전해채취하면 음극에 Co가 석출된다. 전해채취한 Co의 품위는 약 99.7 %이다. 용매 추출에서 분리한 Cu 용액 중의 Cu는 전해채취하여 전기동으로 생산하며, Cu 전해 미액은 침출 공정에서 재사용한다. 그리고 황화광을 황산화나 산화 배소한 후 황산으로 침출하여 산화광 처리와 동일하게 Co 수산화물을 얻을 수도 있다. 그리고 Cu 황화광을 자용로(flash smelting furnace)와 전로에서 용련하여 조동(blister Cu)을 만들고 전해 정제로 전기동을 회수하는 공정에서, 광석 중의 Co는 자용로 슬래그로 분배된다. 이 슬래그를 전기로에서 환원하여 Cu-Co-Fe 합금으로 만들어 Co를 회수하는 방법도 있다.[6]

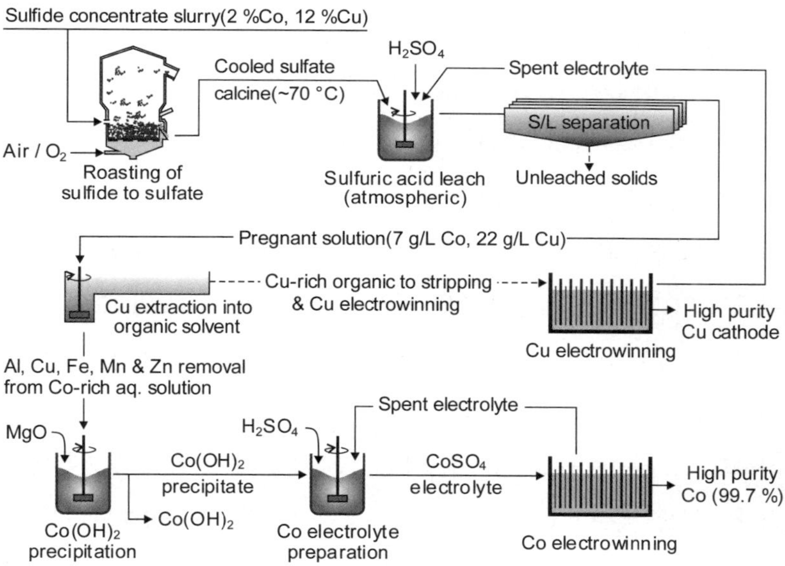

그림 3.23. Cu-Co 황화광에서 전기 Co를 회수하는 공정도

4) 광석 전체 침출법

KCC(Kamoto Copper Company, DRC)의 Luile 제련소에서는 코퍼벨트의 구리 광석을 습식으로 처리하였으나, 침출 잔사 중에 잔류하는 Co를 재회수하는 번거로움을 덜고 Cu와 Co 회수율을 높이기 위해 WOL(Whole ore leaching, 광석 전체 침출)법에 의한 침출법을 채용하였다. WOL법은 Cu 산화광 중의 Cu를 공기와 함께 황산으로 산화 침출시킨 후, Co를 2가로 환원시켜 침전 잔사를 다시 용해하는 환원 황산 침출법이다. WOL법에서 정광 중의 Co 추출률은 85 %까지 향상되었으나, 황산, 전력 등의 소비량이 증대하는 문제점이 있다.[52]

WOL법에서는 Co와 Cu가 침출될 때 Fe도 환원되어 2가가 되므로 침출액 중에서 다음 식과 같이 황산이 재생된다.

$$2CoOOH + 2FeSO_4 + 3H_2SO_4 = 4H_2O + 2CoSO_4 + Fe_2(SO_4)_3 \quad (3.56)$$

$$Fe_2(SO_4)_3 + 2H_2O + SO_2 = 2FeSO_4 + 2H_2SO_4 \quad (3.57)$$

그림 3.24에는 유가금속인 Cu, Co, Ni과 불순물인 Fe의 E-pH도를 비교하여 나타내었다.[52] 산화광 중의 Cu 추출률을 높이기 위한 공기 산화에서 1.8 V 이상의 산화-환원 전위에서 용출되었던 Co가 Co^{3+}로 되어 수산화물로 침전한다. Co^{3+}는 황산에 잘 용해되지 않으며, Co^{3+}로 용해되어도 산화-환원 전위가 높으면 Co^{3+}는 수산화물인 $Co(OH)_3$가 되어 침전되므로 침출액 중의 Co 이온이 Co^{2+}로 존재하도록 전위를 낮추어야 한다. 전위를 낮추어 Co^{3+}를 Co^{2+}로 환원하기 위해 SO_2, SMBS(sodium metabisulfite), Fe 분말, Cu 분말 등의 환원제를 첨가하면 Co^{3+}, Fe^{3+}가 환원되면서 황산도 재생된다. 그러나 이때 용액 중의 Cu가 Cu^{2+}로 남도록 평형전위인 0.34 V보다 높은 0.5 V 정도를 유지하여야 한다.

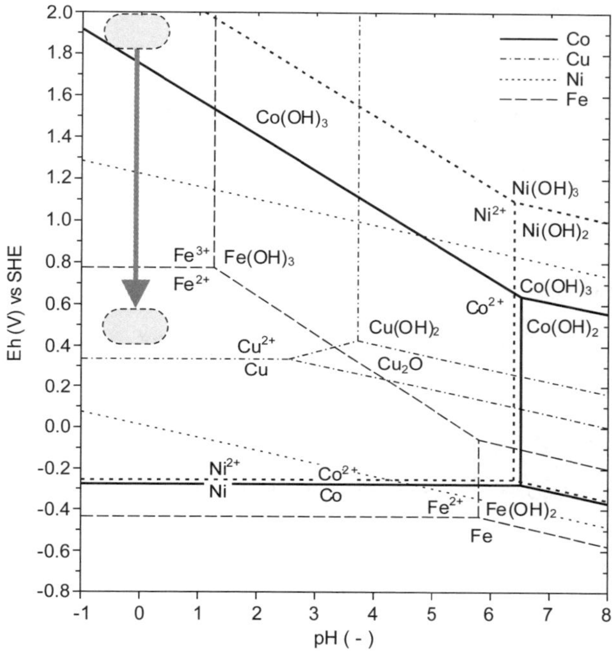

그림 3.24. 298 K에서 Cu, Co, Ni, Fe의 Eh-pH도

5) 코발트 침출액의 정제

Co 침출액에는 유가금속인 Cu, Ni은 물론 Fe, Al, Mg, Mn, Ca, Zn, U 등도 함유되어 있으므로 침전 분리, 용매 추출 등으로 분리하여 제거하거나 회수한다. 그림 3.25에는 침전 분리에 의한 용액의 정제 공정도를 나타내었다.[52] 그림과 같이 다단계로 불순물을 제거한 용액에서 Co를 중화시켜 석출할 때, 우선 MgO를 첨가하여 석고가 생성되는 것을 방지한다. 이 과정에서 약 ~40 %Co의 수산화물이 석출된다. 그리고 2단계에서 석회석을 첨가하면 약 ~18 %Co의 수산화물이 석출된다.

용매 추출에서는 한 번만에 높은 효율로 Co를 분리할 수 없으므로 침전분리나 이온 교환법 등을 조합하여 침출액을 정제한다. 그리고 Ni 제련에서 부산물로 얻은 Ni-Co 혼합 케이크를 침출과 용매 추출법을 사용하여 분리하는 방법도 있다.[52]

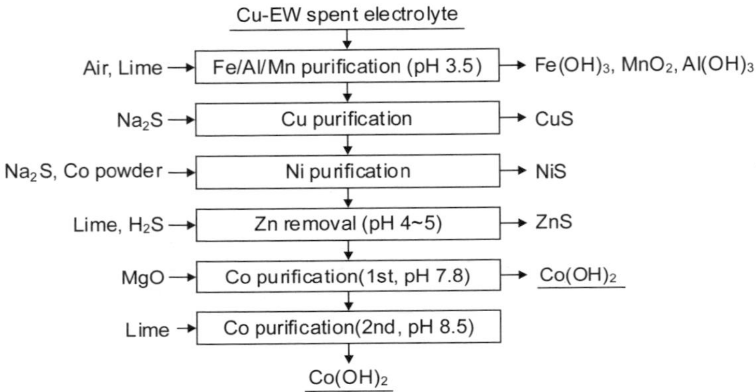

그림 3.25. Co 용액의 침전분리에 의한 정제법

5. 니켈과 코발트의 리사이클링

1) 니켈 합금강의 리사이클링

전 세계 니켈 생산량(2020년 250만 톤) 중 약 73 %는 스테인리스강을 비롯한 기타 특수강에 사용되며, 약 5 %는 비철금속 합금 등 다른 금속과의 합금으로 사용되고 있다. 표 3.7에는 스테인리스강의 종류와 조성을 나타내었으며, 표 3.8에는 기타 Ni 합금의 종류를 나타내었다.[56]

표 3.7. 스테인리스강의 종류와 조성

AISI		Composition (wt%)				
		C	Mn	Cr	Ni	Others
Austenitic grades	201	0.15 max	7.5	16~18	3.5~5.5	0.25 %N max
	202	0.15 max	10.0	17~19	4.0~6.0	0.25 %N max
	301	0.15 max	2.0	16~18	6.0~8.0	
	302	0.15 max	2.0	17~19	8.0~10	
	304	0.08 max	2.0	18~20	8.0~12	
	304 L	0.03 max	2.0	18~20	8.0~12	
	309	0.20 max	2.0	22-24	12~15	
	310	0.25 max	2.0	24~26	19~22	
	316	0.08 max	2.0	16~18	10~14	2~3 %Mo
	316 L	0.03 max	2.0	16~18	10~14	2~3 %Mo
	321	0.08 max	2.0	17~19	9~12	(5× %C) Ti min
	347	0.08 max	2.0	17~19	9~13	(10× %C) Cb-Ta min
Martensitic grades	403	0.15 max	1.0	11.5~15		
	410	0.15 max	1.0	11.5~13		
	416	0.15 max	1.2	12~14		0.15 %S min
	420	0.15 min	1.0	12~14		
	431	0.20 max	1.0	15~17	1.2~2.5	
	440 A	0.60	1.0	16~18		0.75 %Mo max
	440 B	0.75	1.0	16~18		0.75 %Mo max
	440 C	0.95	1.0	16~18		0.75 %Mo max
Ferritic grades	430	0.15 max	1.0	14~18		
	446	0.20 max	1.5	23~27		
	STS W	0.07	0.5	16.75	6.75	0.8 %Ti, 0.2 %Al
	17-4 PH	0.04	0.4	16.50	4.25	0.25 %Cb, 3.6 %Cu
	17-7 PH	0.07	0.7	17.0	7.0	1.15 %Al

표 3.8. Ni 합금강의 종류와 조성

Alloy name	Composition (wt%)						
	Ni	Fe	Cr	Mo	Cu	Co	Other
200	99 min						
Invar	36	64					
400	65		32				
B-2	68	2		28			
70-30	70		30				
C-Grade	60	bal	16				
600	76	8	16				
601	60	bal	23				Al-1.3
X-750	70	7	15				Ti-2.5 Al-0.7 Nb-1.0
825	42	25	21	3	2		
G-3	bal	20	22	7	2		
800	32	45	21				W-3.5
C-276	bal	5	15	16			
C-22	bal	4	21	13			
59	bal	1.5 max	23	16			
C-2000	bal	3 max	23	16	1.6		
686	bal	2 max	21	16			W-3.7
617	44.5 min	3 max	22	9		12	
HR-160	bal	3.5 max	28			30	Si-2.75
Nitinol	55						Ti-45

Ni 합금 스크랩에는 가공 스크랩과 제품의 수명이 다한 후에 폐기되는 노폐 스크랩이 있으나, 비철금속 합금을 제외하면 대부분 스테인리스강의 원료로 사용되고 있다. Ni은 철보다 산소 친화력이 낮아 산화정련에 의해서는 용강으로부터 제거할 수 없다. 따라서 특수강(스테인리스강 등) 스크랩의 회수율을 향상시켜 재용해하는 형태로 Ni을 재이용하는 것이 최선의 Ni 리사이클링법일 것이다.[57]

그림 3.26에는 스테인리스강의 제조 공정도를 나타내었다. 자가 스크랩이나 가공 스크랩은 곧바로 전기로에서 용해할 수 있으나, 슬래그 등의 불순물이 함유된 스크랩은 전기로에서 용해하기 전에 별도의 전기로에서 용해와 정련을 거치기도 한다. 노폐 스크랩은 분석을 통해 분류한 후 정련에 적합한 것만 전기로에 장입하여 용해한다. 스테인리스 용강의 정련은 AOD나 VOD를 이용하며, 이 공정에서 고순도 페로크롬이나 페로니켈, 철 스크랩 등을 투입하기도 한다.[58]

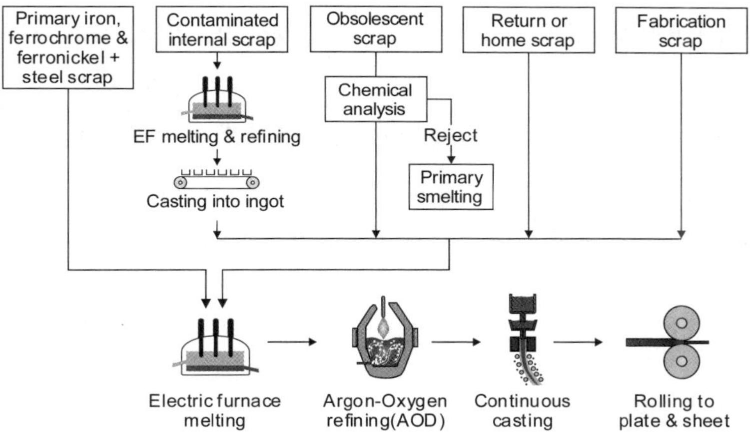

그림 3.26. 스테인리스강의 제조 공정도

2) 기타 니켈 자원의 리사이클링

니켈 함유 폐자원으로는 특수강만큼 양은 많지 않지만, 석유 탈황 폐촉매와 Ni-Cd 전지, Ni-MH(nickel metal hydride) 배터리, 리튬이온 배터리* 및 스테인리스강 산세 폐액, 도금폐수 처리 오니 등이 있다. 폐 Ni-Cd 배터리에는 Ni이 55 %, Co가 1.82 % 그리고 Cd이 486 ppm

정도 함유되어 있으며, 이들을 건식법과 습식법을 혼합하여 황산니켈로 회수하고, 다시 금속 Ni로 분리·회수하거나, 건식처리에 의해 Fe-Ni을 제조하기도 한다.[*] 전기자동차의 보급이 확대됨에 따라 폐리튬이온전지의 발생량도 증가할 것으로 예상된다. 따라서 이러한 폐자원으로부터 Ni 등의 회수에 많은 관심이 주어져 있다.

3) 코발트의 리사이클링

Co는 LiB나 Ni-MH 배터리, 석유화학 촉매 등에도 사용되고 있으며, 특히 LiB의 양극재에 사용되는 Co는 전체 생산량의 약 52 %를 차지하므로 반드시 회수하여야 한다. 그리고 Co-Ni-Re, Co-Ni 등의 초합금(super alloy)이 있으나, Co 함유량이 높은 합금은 리사이클링이 잘되고 있지만, 낮은 것은 일반 탄소강 스크랩과의 구분이 어려워 리사이클링 현황을 파악하기 힘든 실정이다. 그 외에도 촉매 재료에 사용된 Co는 Ni, V, Mo 등과 같이 회수하고 있다.[6]

(1) Li이온 배터리의 리사이클링

그림 2.23에 Li이온 배터리의 리사이클링 공정을 나타내었다.[†] LiB에는 LCO($LiCoO_2$), NCM($LiNiCoMnO_2$), NCA($LiNiCoAlO_2$) 등 대부분의 양극재 중에 Co가 함유되어 있다. 따라서 순환경제를 위해서는 Co, Ni 등의 유가금속을 반드시 회수하여야 한다. 폐LiB의 리사이클링에는

∗ 제2장 리튬에서 설명

* 제3장 제6절 NiMH와 NiCd 배터리의 리사이클링 참조

† 제2장 리튬에서 설명

물리적인 방법과 화학적인 방법이 있다. 물리적인 방법에는 배터리의 해체와 구성물의 분리 등이 있으며, 화학적인 방법에는 침출, 석출, 정제, 용융환원 등이 있다.[6]

방전 등의 예비처리와 물리적 분류를 거쳐 회수한 양극재는 파쇄 및 분쇄를 거쳐서 Al 박판과 양극 활성물질로 분리한다. 양극 활성물질은 습식, 건식+습식, 건식 등의 화학적인 방법으로 유가금속을 회수한다. 습식처리에서는 양극재를 산(acid) 등으로 침출하고 용매 추출 등으로 정제하여 양극재 중의 유가금속인 Co, Ni, Li, Mn 등을 분리한다. 건식처리는 양극재를 CO_2 등으로 Li을 탄산화시키거나 최소한의 전처리만 한 후에 고온의 노에서 용융환원으로 Co 등의 유가금속을 합금상으로 회수한다. 그리고 다시 산 침출-용매 추출 등의 방법으로 합금 중의 유가금속들을 종류별로 분리, 회수한다.[59]

(2) 폐촉매의 리사이클링

Co와 Ni이 많은 Co-Ni계 폐촉매 등은 Kokkola(OMG), Sudbury(Xstrata) 등의 Ni 제련 공정에서 처리하지만, 귀금속이 많은 폐촉매 등은 2차 자원 전문 업체에서 처리하는 경우가 많다. 그림 3.27에는 폐촉매의 습식처리 공정을 분류하여 나타내었다.[6,60] HDS(hydrodesulfurization, 수소화 탈황) 촉매를 비롯한 여러 종류의 폐촉매를 습식으로 처리하는 방법은 촉매 전체를 용해하는 방법과 유가금속만 선택 용해하는 방법으로 구분할 수 있다. 그리고 각각의 용해 방법도 직접 침출하는 방법과 배소 후 침출하는 방법으로 구분한다. 폐촉매의 침출 용매에는 묽은 황산+과산화수소, 진한 염산, 진한 황산 등이 있다. 직접 침출에는 고온 침출, 고압 침출 등이 알려져 있다.

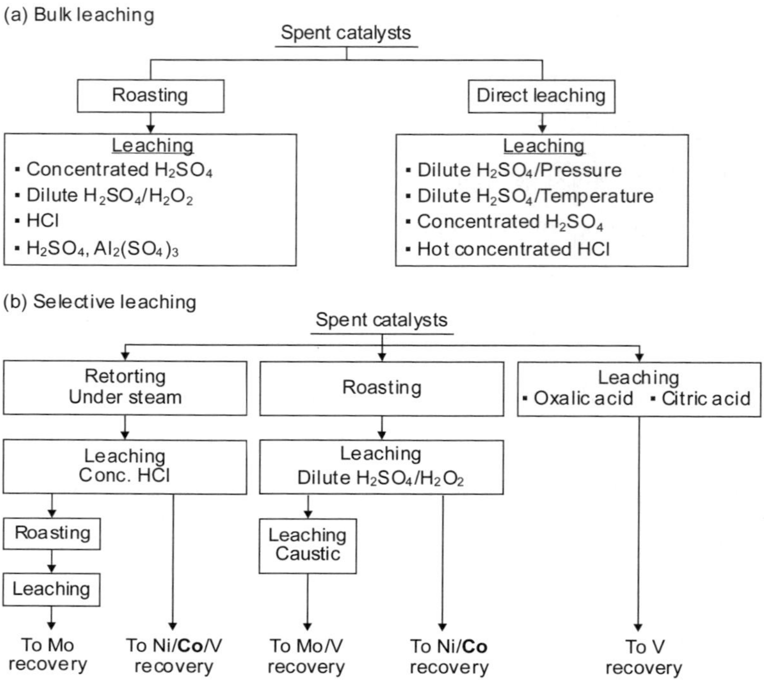

그림 3.27. 폐촉매에서의 Co 및 기타 유가금속 회수 공정도

폐촉매의 건식처리법으로는 직접법과 열처리 후 정련법이 잘 알려져 있다.* 직접법은 전기로에서 코크스를 환원제로 사용하여 폐촉매를 용융 환원하는 것이다. 그리고 플럭스로 석회석이나 생석회를 첨가하며, 철스크랩 등을 유가금속의 포집 금속(collector metal)으로 첨가한다. 환원된 폐촉매 중의 Co, Ni 등은 포집 금속의 합금상으로 회수되므로, 합금을 습식으로 처리하여 금속별로 분리한다.

---

* 제11장 바나듐 참조

(3) 합금강 스크랩의 리사이클링

Co 함유 합금강 스크랩에도 기계 가공 공정이나 주조 공정 등에서 발생한 자가 스크랩(신 스크랩)과 제품의 수명이 다한 노폐 스크랩이 있다. 이러한 합금강 스크랩은 1차 제련소나 2차 자원 전문 업체에서 처리한다. 자가 발생 스크랩 중에서도 조성이 잘 관리되어 유해 물질이 없는 것은 별도의 처리 없이 곧바로 재용해하여 사용한다. 그러나 터닝(turning) 스크랩 등 기계 가공 중에 발생한 것은 비 표면적(표면적/중량)이 크므로 진공, 아크로, 유도 용해 등의 과정에서 약 20 %까지 산화되어 손실이 발생한다. 특히 터닝 스크랩 등은 압축이 곤란하여 소모형 전극으로 만들기가 쉽지 않아 ESR(electro slag remelting) 등에서 재용해하기도 한다.[61]

그림 3.28에는 Xstrata 제련소에서 황화광을 제련할 때, Co-Ni계 합금, 폐촉매, Li이온 배터리 등 여러 종류의 Co 2차 자원을 함께 처리하여 유가금속을 회수하는 공정도를 나타내었다.[62]

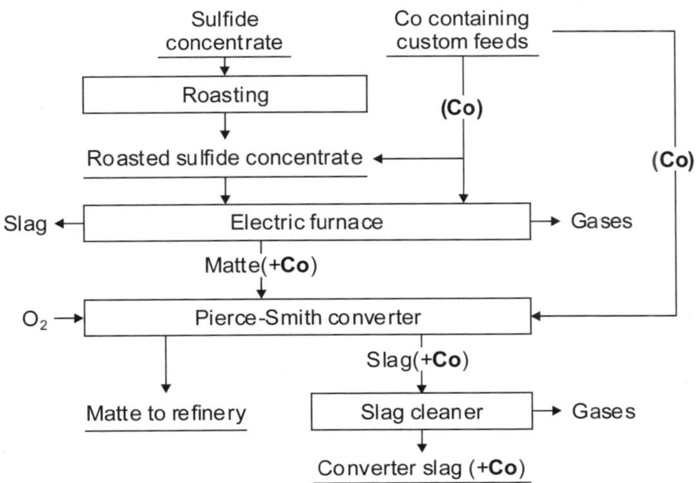

그림 3.28. Co 리사이클링 공정도(Xstrata Nickel's Sudbury Smelter)

WC 등과 같은 탄화물 스크랩 등은 재용해할 수 없으므로 그림 3.29와 같이 복잡한 과정으로 리사이클링한다. 용융 Zn 중에 Co가 함유된 WC 스크랩을 투입하면 Co가 용융 Zn 중에 용해되므로, Zn를 진공 증류로 제거하면 Co만 스펀지상으로 남으므로 쉽게 파·분쇄할 수 있다.[11] 스펀지를 파·분쇄하고 체질하면 Co 분말을 W, Ta 등의 탄화물과 분리하여 회수할 수 있다.[63]

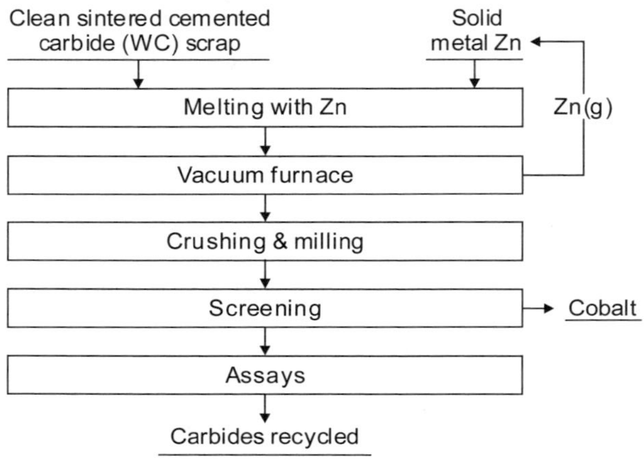

그림 3.29. 탄화물 스크랩 중 Co 회수

한편 습식으로 Co 합금 스크랩을 처리하기도 하며,[64] 그림 3.30에 Ni-Co계 합금의 습식처리 공정도를 나타내었다.[63] 그러나 습식처리는 Co와 Ni을 분리하여 회수하거나, 제련소에서 부수적으로 Ta, W, Re 등의 유가금속을 회수하기 위한 소규모 작업으로만 시행하고 있다. 그리고 합금 성분의 개수가 많으면 처리 공정이 복잡해지기도 한다. 일부에서는 합금 스크랩을 전기화학적인 방법으로 용해하고 추출하여 유가금속을 회수하기도 하였다.[65]

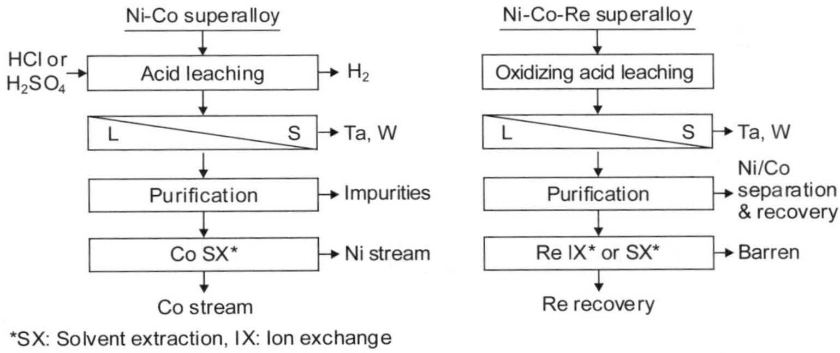

그림 3.30. 습식법에 따른 Co 합금 중 Co 회수 공정도

(4) 습식 아연 제련 부산물에서의 회수

아연의 습식제련에서 전해채취를 하기 위해서는 침출액을 정제하며, 이때 Co는 특수한 약품을 첨가하여 회수하기도 하지만 Zn 분말을 첨가하여 세멘테이션으로 침전시켜 제거하기도 한다. 이러한 침전물 중에는 5~7 %의 Co가 함유되어 있으므로 침전물 중의 Co와 Ni 등의 유가금속을 회수하고 있다. 그림 3.31에 이러한 Co 회수 공정도를 나타내었다.[63] 최종적으로 회수한 Co 부산물 중에는 Co가 65 % 이상 함유되어 있으

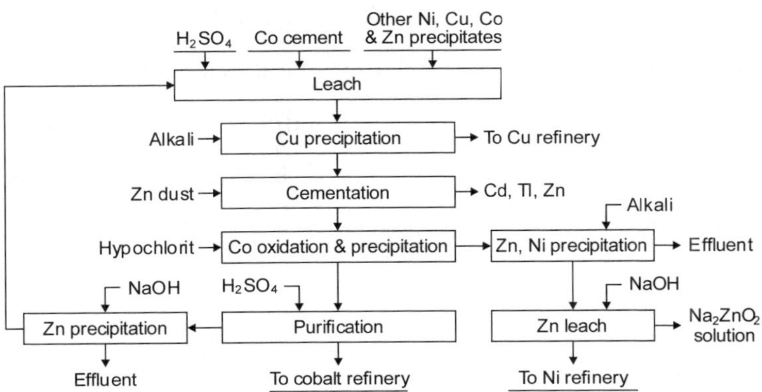

그림 3.31. 아연 제련 부산물에서의 Co 회수 공정도

며, 3 %Zn, 3 %Fe, 3.8 %Mn 등이 함유되어 있다.[66]

6. Ni-MH와 NiCd 배터리의 리사이클링

1) Ni-MH 배터리의 리사이클링*

Ni-MH(nickel metal hydride, 니켈-수소) 배터리는 NiCd 배터리보다 친환경적인 것으로, 토요타 프리우스(Prius)의 하이브리드 전기차(hybrid electric vehicles, HEVs)에 다량으로 사용되었다. Ni-MH 배터리는 양극(cathode), 음극(anode), 전해액(electrolyte), 분리막(separator) 그리고 스틸 케이스로 구성되어 있다. 양극은 수산화니켈(nickel hydroxide, $Ni(OH)_2$)이 코팅된 Ni이며, 음극은 주로 미시메탈†(Mm, 주로 Ce, La, Pr, Nd로 구성)과 Ni로 만들어진 수소저장 합금인 $MmNi_{3.5}Co_{0.8}Mn_{0.4}Al_{0.3}$을 사용하고 있다. 전해질로는 potassium 용액을 사용하며, 분리막으로는 polyamide나 polypropylene을 사용한다. 이러한 것들이 스틸제 케이스에 들어가 있다.

Ni-MH 배터리에는 형태에 따라 prisamatic cell, button cell, cylindrical cell이 있으며, 그림 3.32에 cylindrical cell과 button cell의 구조를 나타내었다.[67] 그리고 각 배터리의 주요 구성 원소 농도를 표 3.9에 나타내었다.[68] 리사이클링 관점에서는 Ni, Co, RE(rare earth ele-

* Ni과 Co가 함유된 대표적인 배터리는 리튬이온 배터리이다. 리튬이온 배터리에 대해서는 제2장 리튬에서 설명하였다.

† 미시메탈(misch metal): 희토류 원소의 합금

ments) 등이 중요한 원소이다.[69] 특히 HEVs용을 제외한 소형 Ni-MH 배터리 등은 수명이 2년 정도이며, 용도에 따라 차이가 있으나 2~4년 정도 일반 가정에서 보관되어 있다가 배출되는 것으로 알려져 있다.

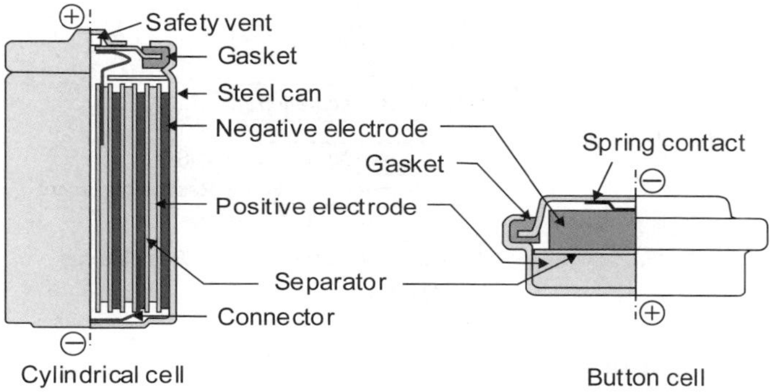

그림 3.32. Ni-MH 배터리의 cylindrical cell과 button cell의 구조

표 3.9. Ni-MH 배터리의 화학 조성

Element	Weight percentage (wt.%)		
	Button cell	Cylindrical cell	Prismatic cell
Nickel(Ni)	29~39	36~42	38~40
Cobalt(Co)	2~3	3~4	2~3
Iron(Fe)	31~47	22~25	6~9
La, Ce, Nd, Pr	6~8	8~10	7~8
Graphite	2~3	<1	<1
Potassium	1~2	1~2	3~4
Plastics	1~2	3~4	16~19
Hydrogen, Oxygen	8~10	15~17	16~18
Others	2~3	2~3	3~4

Ni-MH 배터리는 주로 습식법으로 리사이클링되고 있으며, 그림 3.33에 Ni-MH 배터리를 습식으로 처리하는 예를 나타내었다.[70] 습식처리의 기본은 배터리의 해체와 기계적인 선별, 그리고 침출 및 용매 추출과 전

해채취 등으로 구성되어 있다. 침출 용매로는 황산이나 염산을 사용하는 경우가 많다. Fernandes 등은 염산을 이용하여 폐배터리를 침출한 후 다단계의 용매 추출을 통해 희토류와 Ni, Co 등을 회수하였다.[71]

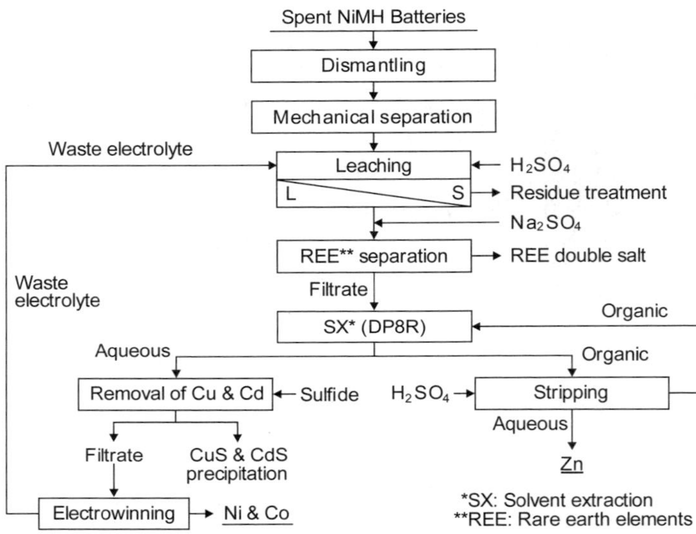

그림 3.33. 습식법에 따른 Ni-MH 배터리 중 유가금속 회수 공정도

Muller 등은 그림 3.34에 나타낸 Ni-MH 배터리의 건식처리 공정을 제안하였다.[68] Ni-MH 배터리만 분류하여 기계적인 처리를 한 후 전기로(EAF)에서 용융한다. 생성물은 판매가 가능한 Ni-Co 합금이지만, 필요에 따라서는 정련 공정을 거친다. 그리고 Ni과 Co를 분리하기 위해 전해정련을 할 수도 있다. 용융 공정에서 발생하는 슬래그에는 희토류 원소(REE) 산화물이 농축되어 있으므로 화학산업의 원료로 공급할 수 있다. 아직 실용화되지는 않았으나 충분히 검토해 볼 만하다. 다만 Ni-MH 배터리만을 처리하려면 그만한 물량이 뒷받침되어야 할 것이다. 오히려

Umicore처럼 LiB와 함께 용융 처리하는 것이 경제적일 수도 있다.

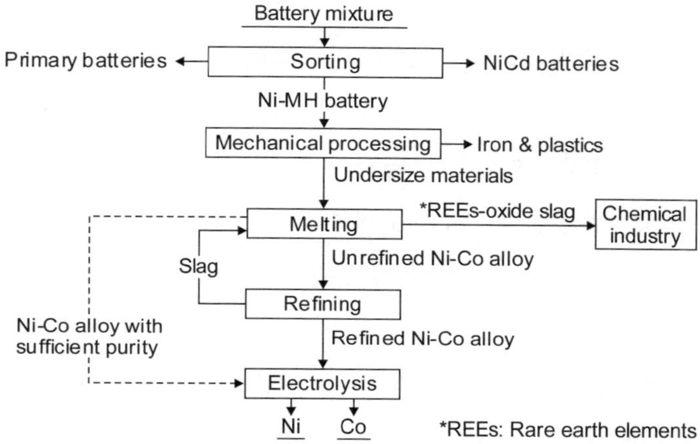

그림 3.34. 건식법에 따른 Ni-MH 배터리 중 유가금속 회수 공정도

2) NiCd 배터리의 리사이클링

NiCd 배터리는 리튬이온전지의 출현으로 수요가 감소하는 추세에 있으나 아직 많은 양이 생산되어 사용되고 있으며, 폐기물로도 발생하고 있다. 2015년에 우리나라에 수입된 NiCd 배터리양은 약 900톤에 이르고 있다. 이 중에 함유된 Ni은 약 355톤이며, Cd은 약 200톤 정도이다.[72] 2018년 기준으로 274톤의 NiCd 배터리를 재활용하였다.[73] NiCd 배터리는 형태에 따라 소형의 원통형과 대용량의 포켓형으로 구분되며, 대용량의 NiCd 배터리는 대부분 납축전지 대용으로 대형차량이나 항공기 엔진의 시동용 등으로 사용되고 있으며, 소형의 밀폐형은 주로 방재기기, 전기 제품, 사무기기, 공구, 메모리 백업용 등에 사용되고 있다.[74]

NiCd 배터리의 양극은 NiOOH, 음극은 Cd, 그리고 전해액은 25~35 % KOH 용액이며, 전기화학적 반응식은 다음과 같다.

$$Cd(OH)_2 + 2Ni(OH)_2 \underset{\text{discharge}}{\overset{\text{charge}}{\rightleftarrows}} Cd + 2NiOOH + 2H_2O \tag{3.58}$$

NiCd 배터리의 리사이클링 기술에는 건식법과 습식법이 있다. 건식법은 주로 증류법으로 카드뮴(Cd)을 우선 분리, 회수하는 데 목적을 두고 있으며, 습식법은 카드뮴과 니켈을 동시에 회수하는 공정이다. 그러나 현재는 대부분 건식법으로 처리하고 있다.

그림 3.35에는 ㈜KOBAR*의 NiCd/Ni-MH 배터리 리사이클링 공정도를 나타내었다. NiCd 배터리의 리사이클링은 약 900 ℃에서 증류하여 Cd만 증발, 응축시켜 Cd괴로 회수하고, 남은 Ni-Fe는 페로니켈의 원료로 사용하고 있다.[75] 증류 과정에서 $Cd(OH)_2$와 $Ni(OH)_2$는 분해되어 CdO와 NiO가 되며, CdO는 산소분압이 낮은 감압 상태나 불활성 기체 분위기에서 다음 식과 같이 분해가 일어나 Cd이 증류된다.[76]

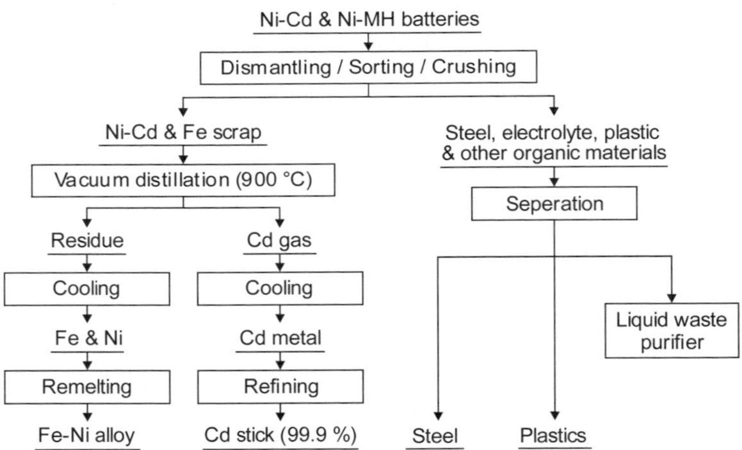

그림 3.35. KOBAR의 폐배터리 처리 공정도

* ㈜KOBAR: 경상남도 함안군 칠서 소재, http://www.kobar.co.kr

$$2CdO(s) = 2Cd(g) + O_2(g) \quad \Delta G^0 = -712,290 + 391.10T \ (J) \quad (3.59)$$

한편 습식법은 여러 가지 방법들이 제안됐지만 경제적인 이유, 특히 Cd을 회수하는 경비가 상대적으로 높은 문제점이 있다. 대표적인 습식방법으로는 네덜란드의 TNO*법[77]과 독일의 BATENUS†법[78]이 있다. TNO법의 단위 공정은 ① 물리·기계적 해체 및 파쇄, ② 침출, ③ 용액 정제, ④ 용매 추출, ⑤ 산 회수, ⑥ 금속염 제조 등으로 구성되어 있다. 우선 폐전지의 해체 작업을 통해 플라스틱 등을 제거한 후 염산으로 침출하여 대부분 금속을 용해시킨다. 그리고 용매 추출(추출제: TBP) 공정에서 Cd만 선택하여 추출, 분리한 후 탄산카드뮴을 제조하며 Ni은 염화니켈로 회수한다.

최근에는 전극분말을 황산으로 침출시킨 후 다음 식과 같이 Na_2S를 첨가하여 Cd을 CdS로 침전시켜 회수한 예도 보고되어 있다.[72]

$$CdSO_4(aq.) + Na_2S(aq.) = CdS(s) + Na_2SO_4(aq.) \quad (3.60)$$

7. 종합

Ni의 연간 생산량은 약 270만 톤이지만, 전 세계 생산량의 약 73 %는 스테인리스강 등 합금강용으로 사용되고 있다. Co는 연간 생산량이 14만

---

* TNO: Institute of Environmental and Energy Technology of the Netherlands Organization of Applied Scientific Research

† BATENUS: 독일 Stiihlingen의 Pira GmbH 연구소에서 개발, Keramchemie GmbH에서 실시 중

톤이 못 되는 대표적인 희소금속이지만, 슈퍼알로이, 석유화학용 촉매 등은 물론 Ni과 함께 Li이온 배터리의 양극재로 사용되는 등 현대산업의 핵심 금속이다. Ni과 Co는 산화광, 황화광 등 광석 종류에 따른 다양한 제련 방법이 있으며, 특히 Co는 Ni이나 Cu 제련의 부산물로 생산되고 있다.

Ni 황화광은 매트 용련으로 고품위 Ni 매트를 만든 후, 습식법으로 전기 Ni이나 Ni 분말을 만들고 있으며, 매트를 산화시켜 수소로 환원하기도 한다. Ni 산화광의 대부분은 페로니켈로 만들지만, Ni 매트를 만들어 산 침출이나 용매 추출, 전해채취 등의 방법으로 Ni을 회수하기도 한다. Ni 대부분이 스테인리스강 등의 합금용으로 사용되므로 스크랩을 재용해하여 리사이클링하고 있다. 최근에는 리튬이온 배터리에서의 Ni 회수가 중요한 이슈가 되었으며, 그 외에도 폐촉매나 도금폐액, 오니 등에서 Ni을 회수하고 있다.

한편 Co는 Ni-Co, Cu-Co의 황화광과 산화광 등에서 산출되므로, 금속 Co나 Co 화합물은 Ni 및 Cu 제련의 부산물로 얻어진다. Cu 제련 공정에서 산화광은 습식으로 처리하고, 황화광은 건식 용련 후 슬래그로 분배된 Co를 습식으로 처리하여 회수한다. Ni 황화광은 건식제련으로 Ni 매트를 만든 후 침출, 용매 추출, 수소환원 등으로 Co를 회수한다. Co의 2차 자원에는 폐촉매, Co계 합금, 폐Li이온 배터리 등이 있으며, 이러한 2차 자원은 그 종류에 따라 습식처리, 건식처리 및 건식+습식처리 등 다양한 방법을 적용하여 Co를 회수한다. 향후 다양한 지상 자원에서 더욱 효율적인 Co 회수 기술의 개발이 필요하다.

[참고문헌]

1 S. J. Rosenberg, 1968: Nickel and Its Alloys, p.1, U.S. Department of Commerce, National Bureau of Standards Monograph 106, Washington, D.C.

2 Ho-Sang Sohn, 2021: Current Status of Nickel Smelting Technology, Resources Recycling 30(2), pp.3-13.

3 W. H. Baldwin, 1931: The story of Nickel. I. How "Old Nick's" gnomes were outwitted, Journal of Chemical Education 8 (9), pp.1749-1761.

4 W. H. Baldwin, 1931: The story of Nickel. II. Nickel comes of age, Journal of Chemical Education. 8 (10), pp.1954-1968.

5 Fathi Habashi, 2001: Historical Metallurgy, CIM Bulletin 94, pp.91-95.

6 Ho-Sang Sohn, 2022: Extractive Metallurgy and Recycling of Cobalt, J. Kor. Powd. Met. Inst. 29, pp.252-261.

7 D. Lindsay and W. Kerr, 2011: Cobalt close-up, Nature Chemistry 3, p.494.

8 M. E. Weeks, 1932: The Discovery of the Elements III. Some Eighteenth Centurey Metals, J. Chem. Educ. 9, pp.22-30.

9 O. Pourret and M.-P. Faucon, 2016: Cobalt, pp.1-3, Encyclopedia of Geochemistry, Springer International Publishing Switzerland.

10 손호상, 2020: 범용금속의 리사이클링, p.17, 경북대학교출판부.

11 Ho-Sang Sohn, 2021: Current Status of Smelting and Recycling Technologies of Tungsten, J. Kor. Powd. Met. Inst. 28, pp.342-351.

12 T. D. Kelly and G. R. Matos, 2014: U.S. Geological Survey, 2014, Nickel statistics, Historical statistics for mineral and material commodities in the United States: U.S. Geological Survey Data Series 140.

13 T. D. Kelly and G. R. Matos, 2015: U.S. Geological Survey, 2015, Cobalt statistics, Historical statistics for mineral and material commodities in the United States: U.S. Geological Survey Data Series 140.

14 M. E. McRae, 2021: Nickel, U.S. Geological Survey, Mineral Commodity Summaries 2021, pp.112-113, January 2021, USGS, Reston, Virginia.

15 G. M. Mudd and S. M. Jowitt, 2014: A Detailed Assessment of Global Nickel Resource Trends and Endowments, Economic Geology 109, pp.1813-1814.

16 Nickel Institute, 2016: The life of Ni, p.6, Nickel Institute.

17 International Nickel Study Group, 2019: The World Nickel Factbook 2018,

p.15, INSG.

18 Hyungkyu Park and Ho-Sang Sohn, 2015: Current Status on the Recycling of Domestic Major Non-Ferrous Metal Scraps, Journal of the Korean Institute of Resources Recycling, 24(5), pp.72-79.

19 H. Park, J. Kang, T. Lee et al., 2019: A Review on the Demand and Supply of Major Non-Ferrous Metals and their Recycling of Scraps during 2014-2018 in Korea, J. of Korean Inst. of Resources Recycling 28(3), pp.68-76.

20 https://www.reuters.com/article/us-metals-nickel-idUSKBN2EW157. (2021. 12. 30.)

21 R. Morris, 2018: Electric Vehicle Revolution and Implications for New Energy Metals, Bank of America Merrill Lynch Metals, Mining and Steel Conference 2018.

22 Nickel Institute, www.nickelinstitute.org

23 https://aheadoftheherd.com/nickel/(2021. 12. 30.)

24 Nickel Institute, 2015: Nickel Compounds the inside story, p.6, Nickel Institute, Belgium.

25 S. Grimes, J. Donaldson, and G.l Cebrian Gomez, 2008: Report on the Environmental Benefits of Recycling, p.23, Bureau of International Recycling (BIR), Brussels Belgium.

26 Kim B. Shedd, 2021: Cobalt, U.S. Geological Survey, Mineral Commodity Summaries 2021, pp.50-51, January 2021, USGS, Reston, Virginia.

27 https://www.cruxinvestor.com/articles/the-ultimate-guide-to-the-cobalt-market-2021-2030f.(2021.12.30.)

28 K. Tozawa, 1992: Recent Trend of Nickel Extractive Metallurgy, Tetsu-to-Hagane 79(5), pp.537-547.

29 A. D. Dalvi, W. G. Bacon, and R. C. Osborne, 2004: The Past and the Future of Nickel Laterites, Proc. PDAC 2004 International Convention, Trade Show & Investors Exchange, pp.1-27, Toronto, Canada, March 7-10, 2004.

30 S. Shirayama, 2015: New Separation Process of Nickel and Cobalt in Hydrometallurgy, Doctoral Thesis, p.7, Kyoto University.

31 Y. Ozaki, T. H. Okabe, and Y. Kagawa, 2014: Current Status of Resources and Supply-Demand of Nickel, at Outlook of Hydrometallurgical Processes for Nickel Laterite Ore, MMIJ 130(4), pp.93-103.

32 F. K. Crundwell, M. S. Moats, V. Ramachandran, et. al., 2011: Extractive Metallurgy of Nickel, Cobalt and Platinum-Group Metals, p.9, Elsevier Ltd. UK.

33 손호상, 2020: 범용금속의 리사이클링, p.83, 경북대학교출판부.

34 T. Mäkinen and P. Taskinen, 2008: State of the art in nickel smelting: direct Outokumpu nickel technology, Mineral Processing and Extractive Metallurgy (Trans. Inst. Min. Metall. C) 117(2), pp.86-94.

35 Y. Yang, 2019: Ch. 15 Primary Production and Recycling of Critical Metals, p.337, Critical Materials, Ed. by Erik Offerman, World Scientific Publishing Co. Pte. Ltd.

36 F. Habashi, 1986: Principles of Extractive Metallurgy, p.213, Taylor & Francis.

37 A. Yazawa, 1980: Extractive Metallurgy of Non-Ferrous Metals, p.276, JIM, Sendai, Japan.

38 A. Yazawa, 1980: Extractive Metallurgy of Non-Ferrous Metals, p.279, JIM, Sendai, Japan.

39 D. G. Eagland Kerfoot, E. Krause, B. J. Love et. al., 2002: Hydrometallurgical Process for the Recovery of Nickel and Cobalt Values from a Sulfidic Flotation Concentrate, US Patent 6,428,604.

40 Kawasaki, 2015: Ferronickel Smelting Plant-Electric Furnace Off-Gas Utilization to Save EnergyKawasaki Technical Review 176, pp.42-43.

41 SNNC hompage, http://www.snnc.co.kr/pages/02product/product_list02.php

42 白山 栄(Shirayama S.), 2015: 湿式製錬におけるニッケルとコバルトの新しい相互分離法, p.11, Docotrial thesis, Kyoto University, Japan.

43 F. K. Crundwell et al., 2011: Extractive Metallurgy of Nickel, Cobalt and Platinum-Group Metals, p.118, Elsevier Ltd. UK.

44 M. Collins, D. Yuan, M. Sitter, and S. St. Jeans, 2015: Sustainable hydrometallurgical processing at the ambatovy nickel operation in madagascar, in Proceedings of the 2015 Conference of Metallurgists, pp.1–13, CIM METSOC Montreal, 2015.

45 Y. Ozaki, M. Imamura, and N. Tsuchida, 2015: Sulfurization of Nickel and Cobalt from Leach Solution of Nickel Laterite Ore, J. MMIJ 131, pp.74-81.

46 Willem P. C. Duyvesteyn, M. R. Lastra, and H. Liu, 1996: Method for recovering nickel from high magnesium-containing Ni-Fe-Mg lateritic ore, US Patent 5,571,308,

47 F. K. Crundwell et al., 2011: Extractive Metallurgy of Nickel, Cobalt and Platinum-Group Metals, p.334, Elsevier Ltd. UK.

48 中村威一, 2013: 最新選鉱技術事情-鉱種別代表的プロセス編(2): ニッケル, JOGMEC 金属資源レポート43, pp.131-149.

49 손호상, 2019: 자원리사이클링공학, p.189, 경북대학교출판부.

50 L. Koehler, 2015: Powder Metallurgy Nickel and Nickel Alloys, ASM Handbook, Volume 7, Powder Metallurgy, p.674, Ed. by P. Samal and J. Newkirk, ASM International.

51 H. G. Cho, H. M. Seo, S.-O. Kim, et al., 2010: Mineralogy of Cu-Co Ores from Democratic Republic of Congo, J. Miner. Soc. Korea, 23(4), pp.305-313.

52 赤堀道弘, 2019: コバルト生産技術動向, 金属資源レポート(JOGMEC) 49, pp.1-27.

53 T. Schmidt, M. Buchert, and L. Schebek, 2016: Investigation of the primary production routes of nickel and cobalt products used for Li-ion batteries, Resources, Conservation and Recycling 112, pp.107-122.

54 Q. Dehaine, L.s T. Tijsseling, H. J. Glass, et al., 2021: Geometallurgy of cobalt ores: A review, Minerals Engineering 160, 106656, pp.1-28.

55 F. K. Crundwell et al., 2011: Extractive Metallurgy of Nickel, Cobalt and Platinum-Group Metals, p.386, Elsevier Ltd. UK.

56 https://www.nickelinstitute.org/about-nickel/nickel-alloys/

57 T. Nagasaka and M. Hino, 1996: Recycling of Nickel, Chromium, Cobalt and Molybdenum, Materia Japan 35(12), pp.1307-1310.

58 손호상, 2020: 범용금속의 리사이클링, p.103, 경북대학교출판부.

59 H. S. Moon, S. J. Song, T. T. Tran, and M. S. Lee, 2022: Separation of Co(II), Ni(II), and Cu(II) from Sulfuric Acid Solution by Solvent Extraction, Resources Recycling 31(1), pp.21-28.

60 L. Zeng, and C. Y. Cheng, 2009: literature review of the recovery of molybdenum and vanadium from spent hydrodesulphurisation catalysts Part I: Metallurgical processes, Hydrometallurgy 98, pp.1-9.

61 V. V. S. Prasad, A. S. Rao, U. Prakash, et al., 1996: Recycling of Superalloy Scrap through Electro Slag Remelting, ISIJ Inter. 36, pp.1459-1464.

62 C. M. Díaz, C. Levac, P. J. Mackey, et al., 2011: Innovation in Nonferrous Metals Pyrometallurgy - 1961-2011, The Canadian Metallurgical & Materials Landscape 1960 to 2011, Ed. by Phillip Mackey et al. (Ed.), MET SOC, Canada p.342.

63 C. J. Ferron, 2013: The Recycling of Cobalt from Alloy Scrap, Spent Batteries or Catalysts and Metallurgical Residues - An Review, T. Battle, M. Moats, V. Cocalia, et al. (Ed.). Proc. Ni-Co 2013, pp.53-71, San Antonio, Texas, TMS.

64 R. R. Srivastava, M. S Kim, J. C Lee, et al., 2014: Resource recycling of superalloys and hydrometallurgical challenges, J Mater. Sci. 49, pp.4671-4686.

65 H. A. Petersen, T. H. T. Myren, S. J. O'Sullivan and O. R. Luca, 2021: Electrochemical methods for materials recycling, Mater. Adv. 2, pp.1113-1138.

66 Pr. L. S.t Oeqvist, X.g Hu, J. Eriksson, et al., 2018: Production technologies of CRM from secondary resources, p.20, SCRREEN - D4.2 - Issued on 2018-01-31, Swerea.

67 S. M. Shin et al., 2015: Recovery of Electrodic Powder from Spent Nickel-Metal Hydride batteries (NiMH), Archives of Metallurgy and Materials 60(2), pp.1139-1143.

68 Tobias Muller and Bernd Friedrich, 2006: Development of a recycling process for nickel-metal hydride batteries, Journal of Power Sources 158, pp.1498–1509.

69 Man-Seung Lee and Seong Ho Son, 2017: Separation of Light Rare Earth Elements by Solvent Extraction with a Mixture of Cationic and Tertiary Amine, J. of Korean Inst. of Resources Recycling 26(2), pp.3-10.

70 신선명, 2014: 제2절 폐전지의 재활용, p. 254, 2014리싸이클링백서, 한국자원리싸이클링학회, S&M 미디어(주).

71 A. Fernandes, J. C. Afonso, and A. J. Bourdot Dutra, 2013: Separation of nickel(II), cobalt(II) and lanthanides from spent Ni-MH batteries by hydrochloric acid leaching, solvent extraction and precipitation, Hydrometallurgy 133, pp.37–43.

72 D.-W. Kim et al., 2018: A Study on the Separation of Cadmium from Waste Ni-Cd Secondary Batteries by Ion Substitution Reaction, J. of Korean Inst. of Resources Recycling 27(4), pp.36-43.

73 신선명, 2020: 제2절 폐전지의 재활용, p.277, 2020 리싸이클링백서, 한국자원리싸이클링학회.

74 신선명, 2014: 제2절 폐전지의 재활용, p.249, 2014 리싸이클링백서, 한국자원리싸이클링학회, S&M 미디어(주).

75 http://www.kobar.co.kr

76 D. C. R. Espinosa and J. A. S. Tenório, 2004: Use of nitrogen in the recycling of nickel cadmium batteries, Journal of Power Sources 136, pp.186–190.

77 J. van Erkel, 1995: Recovery of Cd and Ni from Batteries, U.S. Patent 5,407,463.

78 S. Frohlich and D. Sewing, 1995: The BATENUS process for recycling mixed battery waste, Journal of Power Sources 57, pp.27-30.

4

주석

Tin

제4장 | 주석

Tin

1. 서론

주석(tin, Sn)은 지각 중 원소 존재도가 2.3 ppm(50위)인 희소금속이지만,[1] 금, 은, 구리 등과 함께 고대 7금속*[2]에 속한다. 원소기호 Sn은 은과 납의 합금을 의미하는 라틴어인 스태넘(stannum)에서 유래하였으나, 4 세기경부터 Sn을 의미하게 되었다. Sn의 한자 표기인 석(錫)은 '쇠 금(金)'과 '쉬울 이(易)'의 합성어로 쉽게 펴지는 금속을 의미한다. Sn은 주석광인 석석(cassiterite, SnO_2)으로부터의 추출이 쉬워 인류가 다섯 번째로 사용한 비교적 친숙하고 오래된 금속이다. 특히 Sn의 주된 용도는 구리(Cu)와의 합금이었으며, Sn과 Cu로 만들어진 청동(bronze)은 고대부터 사용하여 온 인류 최초의 합금이다.[3] 기원전 3000년경에 메소포타미아에서 처음으로 청동이 개발되어 Cu의 경도가 대폭으로 개선됨에 따라 인류가 석기 시대에서 동기 시대(copper age)를 거쳐 청동기 시대로 접어들게 되었다. 그러나 Sn은 지역적인 편재가 심한 광물이며, 현재도 극히 일부

* 고대금속(metals of antiquity): 구리, 납, 은, 금, 주석, 철, 수은의 7개 금속

지역에만 광산이 집중되어 있다. 따라서 Sn이 발견되지 않은 지역에서는 장기간 석기 시대가 이어졌고 청동기 시대는 존재하지 않았다.

한편 Cu와 Sn의 합금은 황색이지만 세월이 흐름에 따라 합금 재료인 Cu가 부식되면서 표면에 청색의 산화물이 생성되어 이 합금을 청동이라 부른다. Cu에 Sn을 합금시키면 융점이 낮아져 주조가 쉽고, 합금의 경도는 Cu보다 높아 베어링, 기계 부품 재료, 전자 재료나 전자 부품 등에 사용되고 있다.

표 4.1에는 Sn의 물리화학적 성질을 나타내었다. Sn은 푸른빛이 있는 백색 금속으로 광택을 갖고 있으며, 연성과 전성이 풍부하다. 특히 Sn은 융점(231.93 ℃)이 낮고 인체에 해가 없어 널리 사용되고 있다. 또 전기

표 4.1. 주석의 물리화학적 성질

Symbol / Atomic number		Sn / 50
Atomic weight (g/mol)		118.71
Density (g/cm^3)	white tin	7.29
	gray tin	5.77
	at m.p.	6.99
Melting point (℃)		231.93
Boiling point (℃)		2,602
Specific heat C_P (at 293 K) (J/(mol·K))		27.112
Heat of fusion (kJ/mol)		7.03
Heat of vaporization (kJ/mol)		296.1
Electron configuration		[Kr] $4d^{10}$ $5s^2$ $5p^2$
Thermal conductivity (W/(m·K))		66.8
Thermal expansion (at 25 ℃) (μm/(m·K))		22.0
Electrical resistivity (at 0 ℃) (nΩ·m)		115
Mohs hardness		1.5
Crystal structure	white tin, β	bcc
	gray tin, α	fcc

적 특성 등으로 용접재(solder)나 ITO(indium tin oxide)로 평판 디스플레이의 투명전극 등에 사용되고 있다. 화학적으로는 강산이나 강알칼리와는 반응하지만, 중성 용액과는 잘 반응하지 않고, 공기 중에서 안정하여 식료품 저장 용기의 도금 재료로도 사용되고 있다. 다만 순수한 Sn은 13.2 ℃ 이하가 되면 백주석(white tin, β)에서 회주석(grey tin, α)으로 변태가 일어나 쉽게 부스러진다.

2. 주석의 생산량과 용도

그림 4.1에는 Sn 함유량 기준의 전 세계 Sn의 연간 생산량 변화를 나타내었다.[4] Sn은 전략 소재로 세계 대전 시기에 생산량이 급증하였고, 제2차 세계 대전이 끝나면서 생산량이 급감하였지만, 이후 납땜용 및 도금 강판, ITO 등의 영향으로 생산량이 꾸준히 증가하여 현재 연간 약 30만 톤의 금속 Sn이 생산되고 있다.

그림 4.2에는 미국을 제외한 Sn의 국가별 매장량과 생산량 비율을 나타내었다.[5] Sn의 매장량은 중국이 가장 많으며, 이어서 인도네시아, 미얀마, 호주, 브라질, 볼리비아 순이다. Sn의 생산량도 중국이 가장 많으며, 이어서 인도네시아, 미얀마 순으로, 중국을 포함한 상위 7개국의 생산량이 전 세계 생산량의 약 90 %를 차지하여 편재가 매우 심한 금속이다. 이들 국가 외에 호주, 나이지리아, 베트남, 말레이시아, 르완다, 러시아, 라오스 등에서 Sn이 생산되고 있으나, 우리나라는 전량 수입에 의존하고 있다.

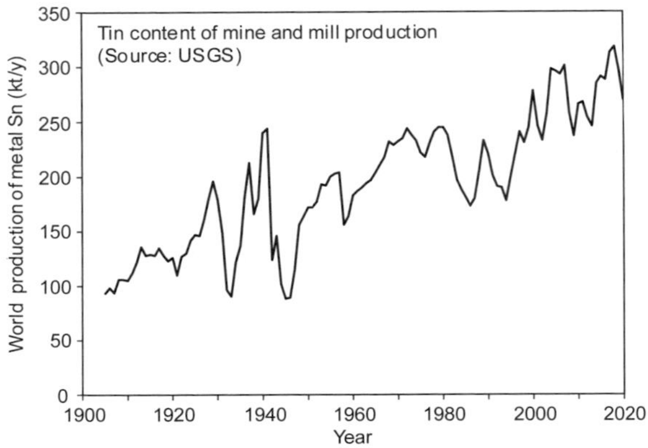

그림 4.1. 전 세계 주석 생산량 변화

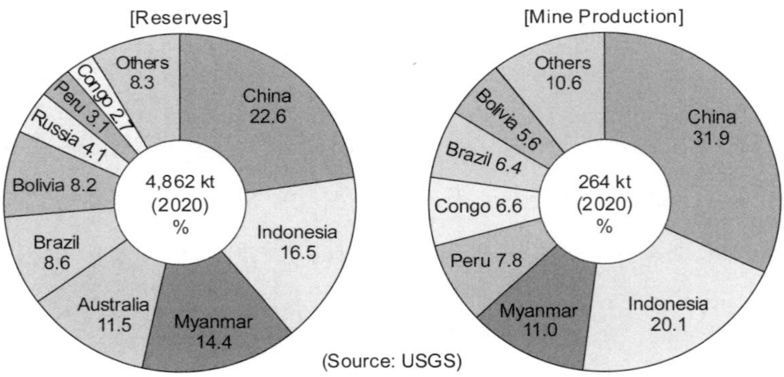

그림 4.2. 국가별 주석 매장량과 광산 생산량 비율(Sn 함량 기준, 미국 제외)

그림 4.3에는 2020년 기준 금속 Sn의 용도를 나타내었다.[6] Sn은 융점이 낮아 Sn-Pb 공정조성(63 %Sn, 융점 184 ℃)의 합금은 전기·전자 부품 산업의 땜납으로 사용되어 왔다. 그러나 2006년부터 EU의 전기·전자기기에서 특정 유해 물질의 사용 제한(Restriction of Hazardous Substances, RoHS) 등 강화된 환경규제에 대응하기 위해 Pb-free 솔더가 주류가 되면서

순Sn 솔더나 Sn-Ag-Cu 솔더가 실용화되어 널리 이용되고 있다. 현재 전 세계 Sn 생산량의 반에 가까운 약 16만 톤이 솔더(solder)용으로 사용되고 있다. 그리고 Sn은 MLCC(Multi Layer Ceramic Condenser) 등의 전자부품용 도금이나 염화비닐(PVC) 안정제 등의 화학 제품, ITO로 디스플레이용 투명전극에도 사용되고 있다.

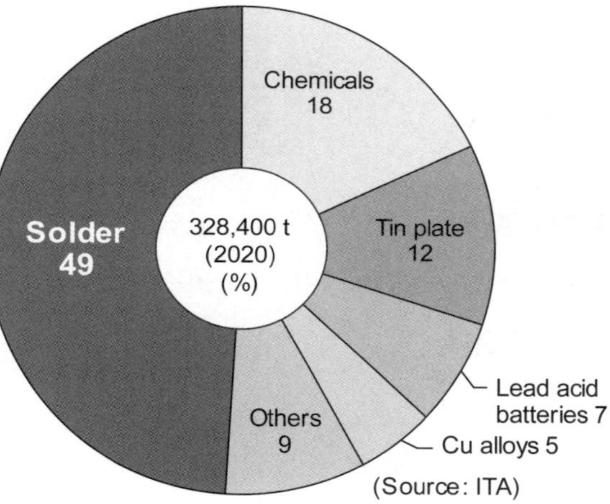

그림 4.3. 2020년 기준의 주석 용도

특히 Sn은 철보다 이온화 경향이 작아 수용액 등으로 잘 용출되지 않으므로 식료품이나 음료수용 캔 등의 Sn 도금강판(tin plate)에 사용되고 있다. 그리고 납축전지의 전극 재료에도 소량의 Sn이 합금원소로 사용되고 있다.[7] 또 Cu에 Sn과 소량의 인(P)을 첨가한 인청동은 기계적 강도, 탄성, 내구성 등이 양호하여 IC용 리드프레임이나 통신기 등의 스프링 등으로 사용되며, 톱니바퀴나 베어링으로도 사용되고 있다. 이러한 Sn의 전 세계 사용량 중 약 30 %(106,000톤)는 2차 자원에서 리사이클링한 것이다. 따라서 Sn의 1차 지금을 생산하지 않는 우리나라로서는 전기·전자 제품의 솔더용으로 사용된 것과 판재를 비롯해 상기한 여러 용도에 사용된 것, 제조 공정에서 발생하는 각종 슬러지나 스크랩으로부터 리사이클링하는 것이 필요하다.

3. 주석의 제련

1) 주석 제련의 열역학

Sn 광석의 대부분은 석석(SnO_2)이므로, Sn은 다음 식과 같이 SnO_2를 탄소 열환원하여 만든다.

$$SnO_2 + 2C = Sn + 2CO \tag{4.1}$$

다만 다음 식들과 같이 SnO_2 → SnO → Sn으로 환원된다.[8]

$$SnO_2(s) + CO(g) = SnO(s) + CO_2(g), \tag{4.2}$$

$$\Delta G^0 = 15{,}776.6 - 28.68\,T \ (J/mol)$$

$$SnO(s) + CO(g) = Sn(l) + CO_2, \tag{4.3}$$

$$\Delta G^0 = 8{,}252.5 - 19.95\,T \ (J/mol)$$

한편 SnO_2의 환원은 광석 중 산화철의 환원 거동에 큰 영향을 받으며, 광석 중의 산화철은 다음 식과 같이 환원된다.[9]

$$Fe_3O_4(s) + CO(g) = 3FeO(s) + CO_2(g), \tag{4.4}$$

$$\Delta G^0 = 29{,}860 - 38.29\,T \ (J/mol)$$

$$Fe_3O_4(s) + 4CO(g) = 3Fe(s) + 4CO_2(g), \tag{4.5}$$

$\Delta G^0 = -38{,}540 + 34.29\,T$ (J/mol)

$$FeO(s) + CO(g) = Fe(s) + CO_2(g), \quad (4.6)$$

$\Delta G^0 = -22{,}800 + 24.26\,T$ (J/mol)

한편 환원제인 C과 CO_2의 부도아 반응은 다음과 같다.

$$C(s) + CO_2(g) = 2CO(g), \quad \Delta G^0 = 171{,}660 - 175.02\,T \text{ (J/mol)} \quad (4.7)$$

그림 4.4에는 이러한 반응식들로부터 CO-CO_2 조성에 따른 Sn 산화물 및 Fe 산화물과 CO/CO_2의 평형 관계를 계산하여 나타내었다. 상기한 바와 같이 SnO_2는 SnO를 거쳐서 Sn으로 환원되며, 동시에 산화철도 Fe_2O_3 → Fe_3O_4 → (FeO)* → Fe의 순으로 환원된다. 그리고 SnO는 1,100 ℃에서 2.07 kPa의 비교적 높은 포화 증기압을 가지고 있으므로 용련 과정에서 더스트로 배출되기도 한다.

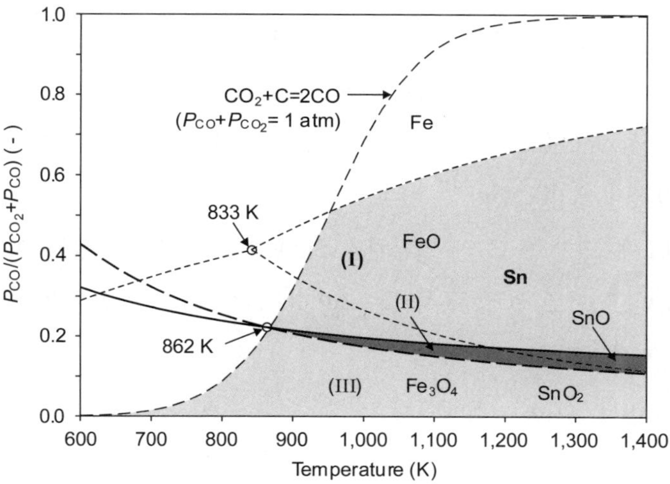

그림 4.4. CO 조성에 따른 Sn 산화물 및 Fe 산화물과 CO/CO_2의 평형 관계

---

* FeO는 833 K 이상에서만 존재

원료 중의 산화철도 환원제를 소비하여 환원되므로 원료 중 Fe 농도는 15 % 이하가 바람직하다. 특히 금속 Sn은 Fe와 반응하여 리사이클링이 곤란한 hard head라 불리는 Fe-Sn 합금을 만들어 10~20 wt% 정도의 Sn 손실이 발생한다. 따라서 환원은, Sn 산화물은 환원되어 Sn이 되고, Fe 산화물은 FeO까지 환원되는 그림 4.4의 영역 (I)로 한정할 수 있다. FeO는 CaO, SiO_2와 결합하여 슬래그를 생성하지만, 슬래그 중에는 SnO가 10~20 wt% 정도 남는다.[10]

Sn 제련에서는 식(4.1)의 온도 의존성이 중요하다. 그리고 반응물질(Sn, O, C)과 광석 중 불순물(Fe, Cu, Sb, Bi, Ag, Si, Ca, Al, Mg, Nb, Ta 등)의 거동이 중요하며, 특히 Fe의 거동이 중요하다. 1,100 ℃ 이상에서는 Sn과 함께 Fe도 환원되므로 정광에서 Sn만 선택 추출하는 것은 불가능하다. 또 이 온도 범위에서 Sn의 약 20 wt%까지가 Fe 중에 용해되며, 온도가 낮아지면 Fe-Sn 화합물(hard head)이 생성된다. 따라서 이러한 조건에서 Fe가 없는 Sn을 추출하는 것은 불가능하다. 이 점이 고온에서 SnO_2(cassiterite)의 탄소 열환원 반응 속도를 높일 수 있게 하는 장점이 되기도 한다.[11]

탄소에 의한 SnO_2의 열환원은 SnO_2와 FeO의 안정성을 이용하여 SnO_2만 Sn으로 선택환원시키는 것이다. Fe와 Sn 산화반응의 자유에너지는 다음과 같다.

$$\mathrm{Sn(l)} + \mathrm{O_2(g)} = \mathrm{SnO_2(s)} \tag{4.8}$$

$$\Delta G^0 = -579{,}810 + 204.09\,T \ \mathrm{(J/mol)} \ (505 \sim 2{,}140\ \mathrm{K})$$

$$\mathrm{2Sn(l)} + \mathrm{O_2(g)} = \mathrm{2SnO(l)} \tag{4.9}$$

$$\Delta G^0 = -516{,}390 + 154.16\,T \ \mathrm{(J/mol)} \ (1{,}250 \sim 1{,}500\ \mathrm{K})$$

$$2Fe(s) + O_2(g) = 2FeO(s) \quad (4.10)$$

$$\Delta G^0 = -528{,}860 + 129.46T \text{ (J/mol) } (298 \sim 1{,}650 \text{ K})$$

$$2Fe(s) + O_2(g) = 2FeO(l) \quad (4.11)$$

$$\Delta G^0 = -477{,}560 + 97.06T \text{ (J/mol) } (1{,}650 \sim 1{,}809 \text{ K})$$

Sn의 실수율을 높이기 위해서는 슬래그로의 Sn 손실을 줄여야 한다. 환원 분위기에서 Sn의 슬래그/금속 사이의 평형관계는 식(4.8)과 (4.10)으로부터 다음과 같다.[12]

$$Fe_{(\text{in Sn})} + SnO_{(\text{slag})} = Sn(l) + FeO_{(\text{slag})}, \quad (4.12)$$

$$\log K = \log\left(\frac{a_{FeO} \cdot a_{Sn}}{a_{SnO} \cdot a_{Fe}}\right) = 2.238 - \frac{1{,}644}{T}$$

실용적인 관점에서는 (slag)/[metal] 사이의 Sn과 Fe의 분배는 분배계수인 k를 사용하여 다음과 같이 나타낸다.[12](x_{Fe}: Sn-Fe 합금상 중 Fe의 몰분율)

$$k = \frac{[\text{wt\%Sn}]}{[\text{wt\%Fe}]} \cdot \frac{(\text{wt\%Fe})}{(\text{wt\%Sn})} \quad (4.13)$$

$$\log k = 3.249 - \frac{1{,}894}{T} - 1.820x_{Fe} + \log\left(\frac{\gamma_{SnO}}{\gamma_{FeO}}\right)$$

여기서 슬래그 중의 SnO와 FeO 활동도 계수의 비율은 다음 식과 같이 슬래그 염기도*의 함수로 나타낼 수 있다.[12]

$$\frac{\gamma_{SnO}}{\gamma_{FeO}} = 2.502 \times \frac{(\text{wt\%CaO})}{(\text{wt\%SiO}_2)} + 1.142, \quad \text{at } \frac{(\text{wt\%CaO})}{(\text{wt\%SiO}_2)} = 0 \sim 1.14 \quad (4.14)$$

한편 Swayn 등은 1,150~1,300 ℃에서 분배계수 k를 다음 식과 같

* 염기도(basicity): (wt%CaO)/(wt%SiO_2)

이 나타내었다.[13]

$$\log k = 2.23 - 5.36x_{\mathrm{Fe}} + 13.69x_{\mathrm{Fe}}^2 - 12.84x_{\mathrm{Fe}}^3 \tag{4.15}$$

그림 4.5에는 분배계수 k 와 합금 중 Fe 농도에 미치는 온도와 활동도 계수의 영향을 식(4.13)으로부터 계산하여 나타내었다. 그리고 비교를 위해 식(4.15)의 Swayn식을 계산하여 함께 나타내었다. 같은 분배계수에

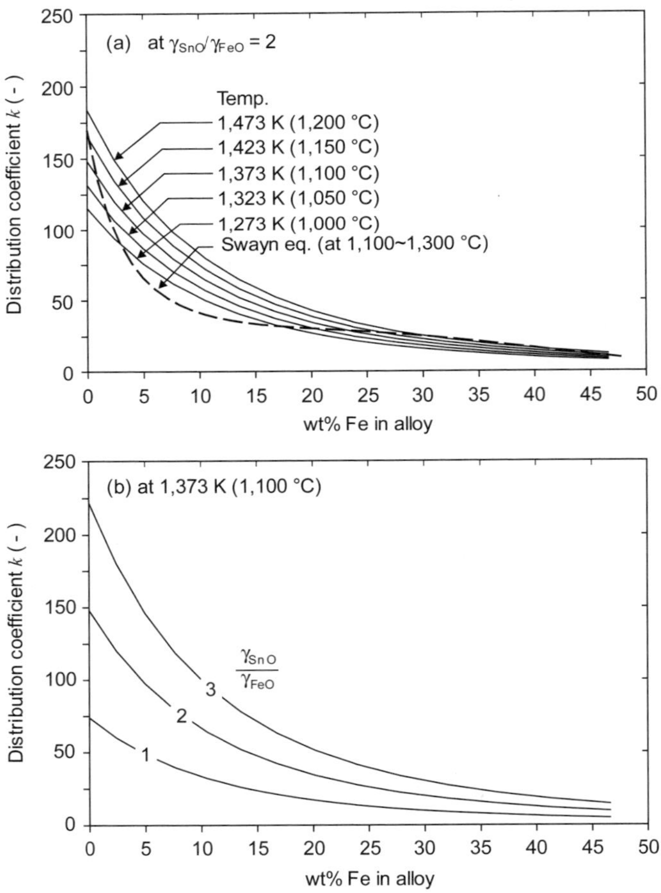

그림 4.5. 분배계수 k 와 합금 중 Fe의 농도에 미치는 온도와 활동도 계수의 영향

서도 온도가 상승하면 합금 중의 Fe 농도도 높아지는 것을 알 수 있다. 따라서 식(4.13)과 그림으로부터 슬래그로의 Sn 손실을 줄이기 위해서는 온도가 높아야 하고, k 값이 가능한 한 커야 하지만, Sn 제련은 일반적으로 1,000~1,100 ℃에서 실시하고 있다. 한편 900 ℃ 이상에서는 식(4.2)의 반응이 매우 빠르게 진행되므로 부도아 반응인 식(4.7)의 CO(g) 생성 반응이 율속 단계로 된다.

2) 주석 광석과 예비처리

(1) 주석광

Sn은 캐나다에서 일부 자연 상태의 순금속이 존재하는 것으로 확인되기도 하였으나, 순금속으로는 거의 존재하지 않는다. Sn 광석은 석석(錫石)이라 불리는 cassiterite(SnO_2)가 가장 잘 알려져 있고 경제성이 있는 광석이다.[14] 광맥으로 산출되는 것은 산석(山錫, vein tin)이라 불리며, 볼리비아, 중국 등에서 산출된다. 일반적으로 Cu, Pb, Bi, As, Fe 등의 불순물을 함유하고 있으며, 광석 품위는 Sn 1 % 정도이다. 산석이 장구한 세월을 거쳐서 풍화 작용을 받아 붕괴되어 평지나 하천에 퇴적된 것을 흐름 주석(stream tin, alluvial tin)이라 한다.[15]

석석 외에도 황석광(stannite, bell metal ore, $Cu_2(FeZn)SnS_4$)이 있으며, Sn 품위는 27.6 %이지만, 경제성은 없다. 그리고 hydrocassiterite(varlamoffite, H_2SnO_3), teallite((Sn,Sb)S), herzenbergite(SnS), franckeite($Pb_5Sn_3Sb_2S_{14}$), cylindrite($Pb_3Sn_4Sb_2S_{14}$), thoreaulite($SnTa_2O_7$), hulsite(iron tin borate), stokesite($CaSn(Si_3O_9)\cdot 2H_2O$) 등도 Sn을 함유한 광석이지만, 경제성은 전혀 없는 것으로 알려져 있다.

(2) 주석광의 건식 예비처리

Sn 제련에서는 광석을 선광하여 60~70 %Sn이나 그 이상의 품위를 갖는 정광을 사용한다. Sn 정광은 SnO_2 외에 WO_3, S, Cu, Pb, Fe 등을 함유하는 것이 있으므로 이러한 불순물을 가능한 한 제련 전에 제거하여 Sn의 제련 및 정련에서의 불순물 제거 부담을 줄인다.

광석을 800~1,150 K에서 산화 배소하면 S, Sb, As가 휘발 제거되며, 광석 중의 As, Pb 농도가 0.1 % 이상이면서 Bi, Sb가 0.03 % 이상이면 배소에 더하여 침출 처리까지 하기도 한다. 광석 중의 Cu, Pb 등은 NaCl을 첨가하여 870 K에서 염화 배소하여 제거하기도 한다.[16] 광석을 미리 염화 배소하면 묽은 염산으로 침출하여 불순물을 제거할 수 있다.

품위가 낮은 광석은 건식법으로 Sn을 농축시키기도 한다. 저품위 광석에 FeS_2를 첨가하여 황화 휘발 배소하면 증기압이 높은 SnS가 휘발되어 농축된다. SnS를 공기 중에서 산화시키면 SnO_2가 얻어지며, 이때 휘발성이 없는 물질들을 선택적으로 제거할 수 있다. 황화 배소반응은 다음과 같으며, FeO는 SiO_2와 결합하여 faylite($2FeO·SiO_2$) 슬래그를 생성한다.[17]

$$SnO_2(s) + FeS_2(s) + \frac{1}{2}SiO_2(s) + C(s) + \frac{3}{2}O_2(g) \quad (4.16)$$

$$= SnS(g) + \frac{1}{2}(2FeO \cdot SiO_2)(s,l) + SO_2(g) + CO_2(g)$$

$$SnO(s) + FeS(s) = SnS(g) + FeO(s) \quad (4.17)$$

(3) 주석 광의 습식 예비처리

텅스텐(W)이 함유된 광석에서는 W을 회수하는 것이 중요하다. 이러한 광석은 Na_2CO_3를 10 % 첨가한 소다 배소로 W을 수용성의 Na_2WO_4로 전환하고 수 침출하여 W을 회수한다. 이 침출액을 정제한 후 $CaCl_2$를 첨가하면

$CaWO_4$가 생성되어 침전되므로 회수하여 금속 W의 원료로 사용한다.*

$$Na_2WO_4 + CaCl_2 = CaWO_4 + 2NaCl \tag{4.18}$$

한편 광석 중 Fe, Pb, Cu, Sb, As 등의 불순물은 100~110 ℃에서 20 % 이상의 진한 염산으로 침출하여 제거하기도 한다.

3) 주석의 건식제련

그림 4.6에 고품위 주석 광석의 제련 공정도를 나타내었다.[17,18] Sn과 Fe은 산소 친화력이 유사하며, Sn은 비교적 비한(base) 금속이므로 용련할 때 슬래그로 들어가기 쉽고, Fe과의 분리가 어려워, 한 번의 용련반응으로 고순도의 Sn을 높은 실수율로 추출할 수 없다. 따라서 일반적으로는 그림과 같이 2~3단계로 나누어 환원 용련을 한다.

고품위 광석의 경우 그림에서와 같이 배소한 후 2단계에 걸쳐 용련을

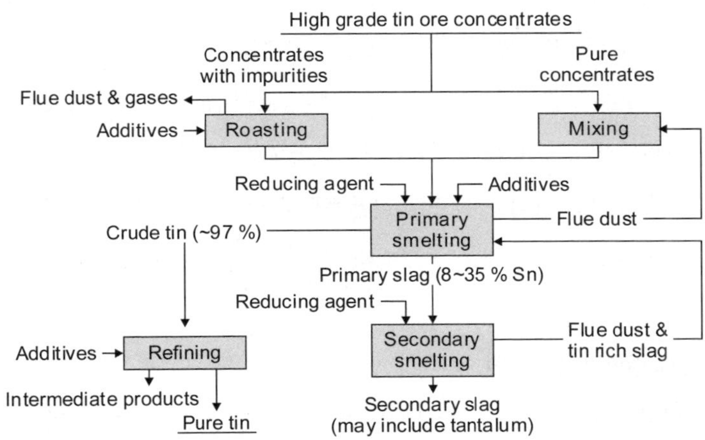

그림 4.6. 고품위 주석광의 제련 공정도

* 제9장 텅스텐 참조

한다. 1단계 용련에서는 조주석(crude Sn)과 Sn 함량이 높은 슬래그가 만들어지며, 이때 Sn을 함유한 다량의 더스트가 발생한다. 1단계 용련의 슬래그는 2단계 용련에서 Sn 함유량이 높은 슬래그와 낮은 슬래그로 분리되며, Sn 함유량이 높은 슬래그는 다시 1단계 용련에 보내어 처리한다. 1단계에서 만들어진 조주석 중의 Cu, Fe, As 등은 건식정련에서 제거하며, 전해정련을 할 때는 양극(anode) 모양으로 주조한다. 1단계 용련에서 발생한 더스트는 광석과 혼합하여 다시 1단계 용련에서 처리한다.

2단계 용련에서는 1단계 용련의 슬래그에 코크스, 석회석을 첨가하여 강 환원 용련을 하여 Sn 1 % 이하의 슬래그와 Sn-Fe 합금(hard head)을 만든다. 이 하드 헤드는 1단계 용련에 보내어 처리하며, 이때 생성된 슬래그는 폐기한다. 한편 하드 헤드를 전기로에서 코크스, 규사와 함께 강 환원 용련(1,800 K)하면 Fe는 Fe-Si 합금이 되어 조주석(Sn 약 90 %)과 분리할 수 있다. 또 광석 종류에 따라 2단계 용련 슬래그 중에 Ta이 함유되어 있으면 Ta 제련의 원료로 사용한다.*

이러한 Sn 용련은 샤프트 킬른, 반사로(reverberatory furnace), 로터리 킬른, 전기로(전기 저항로나 전기 아크로) 등에서 실시한다. 특히 품위가 낮은 괴상 광석은 샤프트 킬른에서 처리하지만, 선광을 거친 미분광이나 소결광 등은 반사로나 로터리 킬른, 전기로 등에서 처리한다.

4) 산화주석의 수소환원

Sn 1톤을 생산하면 CO_2 약 2톤이 발생한다. 최근 전 세계에서 탄소중립

---

* 제12장 나이오븀과 탄탈럼 참조

이 주목을 받으면서 탄소를 환원제로 사용하는 Sn 제련에서도 수소 등 청정환원제의 사용이 필요하게 되었다. SnO_2의 수소환원반응은 다음과 같다.

$$SnO_2(s) + 2H_2(g) = Sn(l) + 2H_2O(g), \quad (4.19)$$

$$\Delta G^0 = 86740 - 94.21\,T \text{ (J)}$$

자유에너지로부터 이론적으로는 921 K(648 ℃) 이상에서 수소에 의한 SnO_2의 환원이 일어날 수 있다. Kim 등[19]은 SnO_2의 수소환원반응 속도에 대해 검토한 결과 환원반응이 매우 빠르게 일어나며, 1,023 K, 1 atm H_2 조건에서 10분 안에 100 % 환원된다고 보고하였다.

한편 Ha 등은 CH_4를 환원제로 사용하여 SnO_2를 환원하였으며, CH_4 중의 C과 H_2가 순차적으로 SnO_2를 환원한다고 보고하였다.[20] 향후 이러한 청정환원제 사용에 관한 많은 연구가 이루어질 것으로 기대되고 있다. 특히 Sn 품위가 높은 2차 자원의 경우 수소환원 등을 검토하는 것이 필요하다.

5) 주석의 습식제련

Sn의 공업적인 추출은 건식제련법에 의존하지만, 에너지 소비량이 많고, 광석 중의 불순물인 Fe이 액상의 Sn과 결합하며, Sn 산화물은 SiO_2와 결합하는 등 실수율이 낮아지는 문제점이 있다.[21] Sn의 주원료는 대부분 SnO_2로 존재하므로 CO/CO_2 분위기를 잘 조절하여 SnO 상태로 부분환원하면 산이나 알칼리 용액 중으로 침출할 수 있다. 그러나 아직 이러한 습식제련법은 공업화되지 못하였다. 다만 광석 중의 Fe, Pb, Cu, Sb, As 등의 불순물을 염산으로 침출하여 제거하는 정도에 머물러 있다.

Lalasari 등은 인도네시아산 석석을 염산 용액에 넣고 공기를 불어넣으면서 침출하였으나, 37 % HCl에서 단지 8.3 %만 용해되었다고 보고하였다.[22] Yuma 등은 콩고 Kalima산 석석(68.58 %Sn)을 350 ℃에서 공정 조성의 NaOH+KOH로 용융시킨 후, 수 침출하였다.[23] Sn의 수 침출 효율은 pH 9.7에서 96.59 %를 나타내었으며, Sn은 $Sn(OH)_6^{2-}$와 $Sn(OH)_5^{2-}$로 존재하였다. 혼합염 중에서 SnO_2와 SiO_2의 용해반응은 다음과 같다.

$$SnO_2(s) + 2MOH(l) = M_2SnO_3(l) + H_2O(g), \ (M : Na \text{ or } K) \tag{4.20}$$

$$SiO_2(s) + 2MOH(l) = M_2SiO_3(l) + H_2O(g), \ (M : Na \text{ or } K) \tag{4.21}$$

한편 450 ℃ 이상에서 Sn은 다음과 같은 반응으로 $Na_2SnSi_6O_{18}(s)$ 등을 생성하여 수 침출되지 못한 것으로 보고하였다.[24]

$$SnO_2(s) + 6SiO_2(s) + 8MOH(l) = M_2SnSi_6O_{18}(s) + 4H_2O(g), \ (M : Na \text{ or } K) \tag{4.22}$$

따라서 Sn의 실수율을 높이기 위한 배소 온도는 450℃ 이하인 것으로 보고하였다.

Sn의 2차 자원에 관해서는 습식으로 처리하기 위해 많은 연구가 이루어지고 있다.

6) 주석의 정제

용련 공정에서 만들어진 조주석(crude Sn)은 대부분 순도가 낮으므로 정제 공정을 거친다. 일반적인 Sn 규격은 99.5, 99.80, 99.90 %의 세 가지이다. 표 4.2에는 우리나라의 주석 규격을 나타내었다.[25] 주요 불순물로는 Pb, Sb, As, Cu, Fe, Ni 등이 있으며 그 외에도 일부 귀금속이 포함되어 있다. 그리고 Zn, Cd, Mg, Si, Ca, Te, Se, S, O 등은 미량이므로 별도의 처리를 하지 않으나, 주요 불순물의 제거 공정에서 함께 제거되기도 한다. 조주석은 건식법이나 전해법으로 정제한다.

표 4.2. 주석 잉곳의 규격(KS D 2035: 2004)

Classifications		Chemical composition (wt%)					
		Sn	Pb	Sb	As	Cu	Fe
Special grade	A	99.99↑	0.0030↓	0.0020↓	0.0020↓	0.0020↓	0.0030↓
	B	99.95↑	0.020↓	0.010↓	0.010↓	0.010↓	0.010↓
1 Grade		99.90↑	0.040↓	0.020↓	0.030↓	0.030↓	0.010↓
2 Grade		99.80↑	0.050↓	0.040↓	0.050↓	0.040↓	0.050↓
3 Grade		99.5↑	-	-	-	-	-
Recycled Tin		99.90↑	0.040↓	0.020↓	0.030↓	0.030↓	0.010↓

(1) 건식정련

주석 광석을 1,000~1,300 ℃에서 환원하면 Fe, Cr을 제외한 불순물 대부분은 Sn 중에 용해되며, Sb, Cd, Bi, Zn, Pb는 상온에서도 Sn 중에 상당량 용해된다. 이러한 불순물은 용리법(liquation)으로 제거하지만, 용리 과정에서 Sn 손실이 크므로 회수 공정이 필요하다.

그림 4.7에 조주석의 건식정련 공정도를 나타내었다.[26] 정련 공정에서는 그림과 같이 불순물을 단계적으로 제거한다. 우선 250 ℃에서 Sn 중 Fe의 용해도는 0.0058 wt%로 알려져 있으므로, Sn 중의 Fe은 온도에 따른 용해도 차이를 이용하여 제거한다.[27] 용융 Sn을 냉각하는 과정에서 Fe은 α-Fe, γ-Fe, FeSn, $FeSn_2$가 되어 연속 석출되지만, 이러한 석출물들의 밀도가 용융 Sn과 유사하므로 용탕 중에 공기를 불어넣어 집합체로 만들어 부상분리한다. 이러한 용리에 의한 Fe 제거는 Sn의 융점(231.93 ℃)~260 ℃에서 실시하며, 처리 후의 Fe 농도는 0.003~0.01 wt%이다. 그리고 이 과정에서

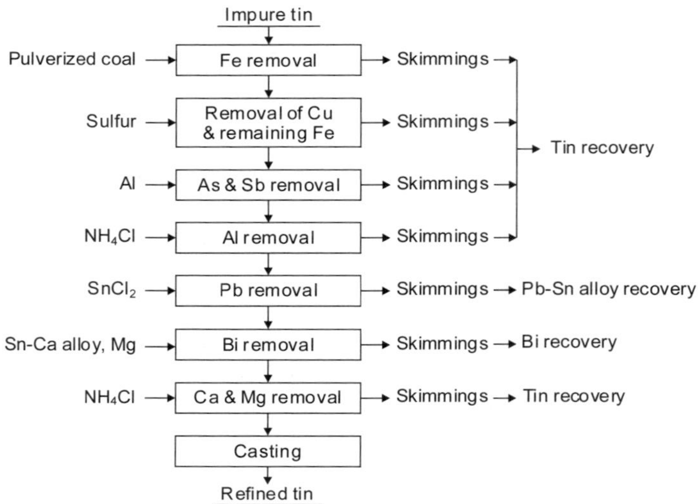

그림 4.7. 조주석의 건식정련 공정도

As, Ni, Co, Cu, As, Sb 등의 일부도 금속간화합물이 되어 제거되기도 한다.

한편 조주석을 250~530 ℃의 소형 반사로에서 용리하면 Fe 대부분과 Cu, As 일부가 Sn과의 합금인 hard head가 되어 남는다. 용융 Sn을 철제 레이들(ladle)에 받아 공기나 수증기를 취입하여 산화시키면 Fe, Zn, Pb, As는 드로스(dross)가 되어 부상하므로 제거할 수 있다. 불순물이 적은 광석을 제련할 때는 이 시점에서 Sn 99.8~99.9%로 되어 시판할 수 있다.

용리에 의해 Fe를 제거한 후, 250~300 ℃에서 납 정련과 마찬가지로 S(2~5 kg/t-Sn)를 첨가하여 교반하면 다음 식에 의해 Sn 중 Cu는 0.01 → 0.001 wt%까지 제거된다.

$$2Cu(s) + SnS(s) = Sn(l) + Cu_2S(s) \tag{4.23}$$

Fe를 제거한 후의 Sn 중에는 As가 약 0.1 wt%가 잔류하므로 반드시 제거하여야 한다. As는 Al을 첨가하여 Cu, Ni, Fe 등과 금속간화합물을 만들어 제거할 수 있다. 다만 Al은 Sn-Al의 모합금으로 첨가하고 Al 융점 근처까지 가열하여 Sn-Al이 이상용액이 되도록 한다. 처리 후 잔류하는 Al은 NH_4Cl을 첨가하여 다음 식과 같이 제거한다.

$$Al + 3NH_4Cl = AlCl_3 + 3NH_3 + \frac{3}{2}H_2 \tag{4.24}$$

Sn 중의 Pb는 240~260 ℃ 범위에서 다음 식과 같이 $SnCl_2$를 첨가하여 제거한다. 이때 $PbCl_2$와 $SnCl_2$의 생성 자유에너지가 유사하지만, $SnCl_2$ 플럭스가 $PbCl_2$를 흡수하여 Pb를 제거할 수 있다.[28]

$$Pb_{(in\ Sn)} + SnCl_2(l) = PbCl_{2,(flux)} + Sn(l) \tag{4.25}$$

Pb를 제거한 $SnCl_2$-$PbCl_2$ 혼합물에 다음 식과 같이 Zn를 첨가하면 Sn-Pb 합금을 회수할 수 있다.

$$SnCl_2 + PbCl_2 + 2Zn = 2ZnCl_2 + [Sn - Pb]_{alloy} \tag{4.26}$$

Sn 중의 Bi는 Pb 중의 Bi를 제거하는 Kroll-Betterton법[29]과 마찬가지로 Ca-Mg을 첨가하여 Bi_2CaMg_2(융점 1,060 ℃)의 금속간화합물을 만들어 제거한다. 일반적으로 (Ca/Mg)=2 정도일 때 제거 효율이 가장 높은 것으로 알려져 있다. 실제 공정에서는 Sn-Ca 모합금과 Mg 스크랩을 첨가하며, 처리 후 Bi는 0.06~0.003 wt%가 된다. 그리고 잔류하는 Ca이나 Mg은 염화암모늄(NH_4Cl)을 첨가하여 다음 식과 같이 $CaCl_2$나 $MgCl_2$로 제거한다.

$$Ca(Mg) + 2NH_4Cl = Ca(Mg)Cl_2 + 2NH_3 + H_2 \tag{4.27}$$

이러한 조주석의 정련 공정은 리사이클링 공정에서 회수한 Sn의 정제에도 적용할 수 있다.

(2) 전해정제

Sn 중의 Ni, Fe, Zn, Al 등은 대부분 건식정련 공정에서 제거하지만, 불순물이 많은 광석을 제련하여 얻은 용융 주석(Sn 97 %)을 양극으로 주조 후 전해정제하여 고순도화하기도 한다. Sn보다 전기화학적 서열이 높은 Au, Ag, Cu, Bi, As, Sb 등은 전해정제 조건에서 용액 중에 용해되지 않고 anode slime이 되어 침전되며, 전해액으로는 산이나 알칼리 용액을 사용한다.

일반적으로 Sn의 전해정제는 $SnSiF_6+H_2SiF_6+H_2SO_4$를 전해액으로 사용하며, 표 4.3에 전해정제 조건과 전극 사양의 예를 나타내었다.[30] 약 14일간 전해하여 음극(cathode)에 석출된 고순도 Sn을 박리시켜 회수하

표 4.3. 일본 Ikuno 제련소의 전해정제 조건과 전극 사양

통전량	1,500 A					
전류밀도	40 A/m^2					
조전압	0.17~0.30 V					
전해액 온도	36 ℃					
전해액 조성 (g/L)	Sn^{2+}	Sn^{4+}	H_2SiF_6	H_2SO_4	In	Fe
	50	11	48	75	6	3
환류량	20 L/min (per 1 bath)					
피치	110 mm					
라이프	Anode 28 day, Cathode 14 day					
극판매수	Anode 20 ea/bath, Cathode 19 ea/bath					
Anode size	0.96 m×0.96 m					
Anode weight	180 kg/ea					
Cathode size	1.0 m×1.0 m					
Cathode	STS 316L					

고, 양극(anode)은 들어올려 슬라임(slim)을 제거한다. 이후 다시 약 14일간 전해하고 슬라임을 제거한 후 용련 및 주조 공정으로 보낸다. 이때 얻어진 전기 Sn의 순도는 99.996~ % 정도이며, 5N의 고순도 Sn은 전기 Sn을 재용해하여 anode로 주조하고 스테인리스판을 cathode로 사용하여 격막전해에 의한 2차 전해정제로 제조한다.

한편 양극에서 긁어낸 슬라임은 필터 프레스로 여과하고, 여액 중의 불순물을 금속 Sn으로 치환침전(cementation)시켜 제거한 후에 전해액으로 사용한다. 그리고 필터 케이크는 황산으로 침출하여 Sn 일부를 회수하며, 나머지는 구리나 납 제련소로 보내어 처리한다. 황산 침출액에 용출된 Sn은 납을 불용성 anode로 사용하여 전해채취로 Sn을 회수한다. Sn을 전해채취한 후의 전해액은 슬라임 용해에 재사용한다.

4. 주석의 리사이클링

1) 주석 리사이클링의 개요

Sn의 용도는 다양하지만, 도금강판 등에 사용된 Sn은 강판으로 회수된다. 그리고 Pb-free 솔더(땜납)의 사용량이 증가하였으나, 폐전자전기기판은 수집업자 등에 의해 제련소로 보내져 리사이클링된다. 전자부품이나 신동품으로 사용되는 리드프레임도 Sn-Cu 합금으로 회수된다. 청동 주물은 다시 주물로 리사이클링되며, 별도로 Sn을 추출하지 않는 실정이다. 베어링 합금이나 전선의 Sn 도금 제품도 베어링 합금이나 전선으로 회수되어 별도로 리사이클링하지는 못한다.

한편 ITO가 사용된 투명 디스플레이 패널이나 비정질 실리콘 태양전지 등은 최근 들어 사용 후 제품으로 회수되고 있다. 디스플레이 패널당 Sn의 사용량이 적어 경제성 관점에서 회수 대상이 되기 어려운 실정이지만, 향후 이에 대한 검토가 필요할 것이다. 다만 ITO 제조 공정에서 발생하는 공정 스크랩 중 Sn이 함유된 것은 제련소로 보내어 처리하기도 한다.

그림 4.8에는 Sn의 라이프 사이클을 재구성하여 나타내었다.[31] Sn은 현대 사회에서도 수많은 응용 분야에 사용되고 있다. 따라서 Sn을 사용한 제품의 수명이 다하여 폐기되는 제품(End of Life, EoL)을 수집하는 루트도 매우 다양하다. 솔더 잔사는 다시 순Sn 잉곳으로 만들거나 Sn 합금용으로 사용된다. Sn 제품의 생산 공정에서 발생하는 스크랩이나 잔사는 대부분 리사이클링되고 있다. 특히 솔더 잔사 등은 발생한 사내에서 재사용하거나 별도의 스크랩 전문 회사에서 처리하고 있다.

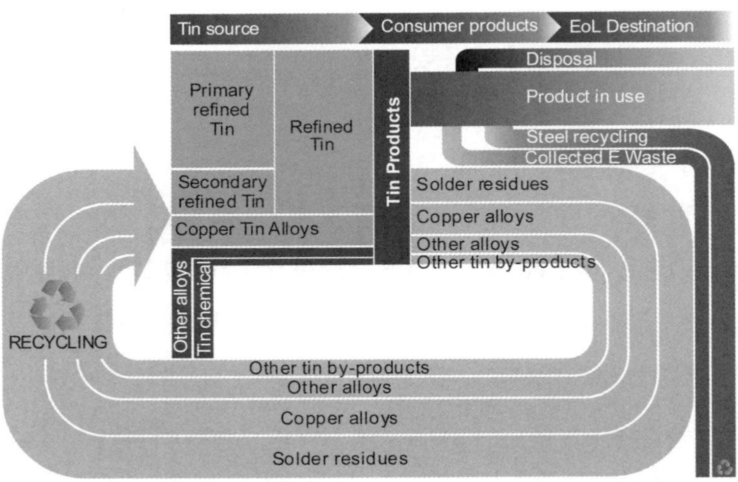

그림 4.8. 주석의 라이프 사이클

표 4.4에는 ITA에서 추정한 Sn 2차 자원의 양을 나타내었다. Sn은 일반적으로 제조 과정에서 발생하는 부산물이나 잔류물에서 회수한다. 여기에는 솔더 드로스, 전기도금 산화물, 기타 2차 자원 원료들이 포함된다. 이러한 2차 자원은 Sn 함유량이 노폐 스크랩보다 높은 경우가 많으므로 효용가치가 높은 자원이다.

표 4.4. 주석 2차 자원의 종류와 추정 발생량

Type	Feedstock	Estimated Tin Content (t/a)
Solder residues	Solder paste	30,000~40,000
	Solder alloys	
	Solder dross(electronic & industrial)	
	Circuit boards	
	Circuit board production detinning	
Tin alloys	Bronze and brass	10,000~20,000
	Other alloy scrap	5,000~10,000
	Lead-acid battery metals	5,000~10,000
Tin by-products	Metallurgical slags	5,000~10,000
	Electroplating tin & tin alloy oxides	<5,000
	Glass coating oxides	<5,000
	Metallurgical tin drosses	<5,000
	Recycled tin chemicals	<5,000
	Tinplate & tinned copper detinning	<5,000
Upcycling	Upcycled tinplate	<1,000
Recovery opportunities	Secondary lead slag	10,000~20,000
	E-waste	>50,000
	Disposal	>70,000

2) 주석 합금 및 솔더의 리사이클링

2006년 7월부터 유럽의 RoHS(restriction of the use of certain

hazardous substance in electrical and electronic equipment) 지침에 따라 납(Pb), 수은(Hg), 카드뮴(Cd), 6가 크로뮴(Cr^{6+}), PBB(polybrominated biphenyls), PBDE(polybrominated diphenyl ethers)의 6가지가 규제 물질이 되었다. 이에 따라 전기·전자기기의 솔더로 사용해 온 Sn-Pb 공정합금의 대체 재료로 무연 솔더(Pb-free solder)인 Sn-Ag-Cu계 합금 등을 사용하게 되었다. 따라서 이러한 솔더 재료에서 Sn을 비롯한 유가금속의 회수가 중요하게 되었다.

PCB 등의 제조 공정에서 발생하는 폐솔더에는 여러 가지 불순물이 포함되어 있다. 따라서 정련하여 이러한 불순물을 제거한 조주석을 만들고, 이어서 전해정련 등으로 고순도의 Sn을 회수한다.[32] 그림 4.9에는 폐솔더 드로스에서 Sn과 Ag를 회수하는 공정도를 나타내었다.[33] 폐솔더 드로스 중의 Sn, Ag, Cu 및 산화물을 Sn 광석의 제련과 마찬가지로 탄소 열환원하여 Sn+Ag 등의 조주석 합금으로 회수한다.

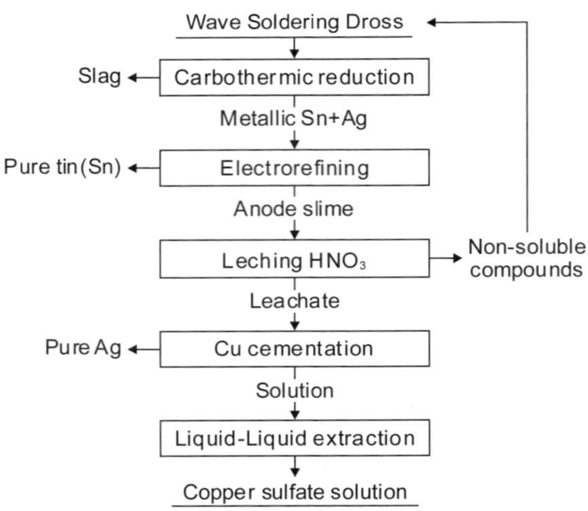

그림 4.9. 무연 솔더 드로스의 리사이클링 공정도

폐솔더 드로스는 코크스, 석회석, 보락스(borax, 붕사)*를 혼합하고 1,200 ℃에서 탄소 열환원하여 Sn을 회수한다. 이때 약 800 ℃ 이상이 되면 석회석은 다음 식과 같이 열분해한다.

$$CaCO_3(s) = CaO(s) + CO_2(g) \tag{4.28}$$

이 반응으로 생성된 CaO는 실리카와 결합하여 $CaSiO_3$ 등의 슬래그를 생성한다. 또 600 ℃ 이상에서 코크스(C)와 CO_2는 식(4.7)의 부도아 반응으로 환원성 가스인 CO를 생성한다.

폐솔더 드로스 중 산화물의 CO 가스에 의한 환원반응은 다음과 같다.

$$Me_xO_y + yCO(g) = xMe + yCO_2(g) \tag{4.29}$$

생성된 금속상을 양극으로 주조하여 전해정련한다. 전해정련 시 생성되는 양극 슬라임(slime)을 회수하기 위해 양극을 천(양극포)으로 감싸고, 음극은 고순도 Sn 판을 사용하기도 한다. 전해정련에서 Sn(-0.1375 V)과 Pb(-0.12 V)의 표준전극전위의 차이가 작아 Pb의 제거가 쉽지 않으므로 건식정련 공정에서 제거하는 것이 필요하다. Ag, Cu, Bi 등은 표준 전극전위가 Sn보다 높으므로 양극 슬라임으로 제거된다. Lee 등은 전해액으로 HCl, H_2SO_4 등을 사용하였으며. 특히 황산은 용액 중의 Pb를 다음 식과 같이 침전시켜 전해 Sn의 순도를 높였다.[32]

$$SO_4^{2-} + Pb^{2+} = PbSO_4(s) \tag{4.30}$$

한편 Harangi 등은 폐솔더를 탄소 열환원한 후 가열한 염산 용액으로 침출하였다. Ismail 등은 폐솔더를 60 ℃의 0.1 M HCl 용액으로 직접 침출하여 약 98.7 %의 Sn을 침출시켰으며,[34] 60 ℃의 1.0 M 구연산(citric

* 보락스: B(붕소) 화합물로, 주로 광산이나 염수호에서 추출되는 무기 광물. 화학 구조식은 $Na_2B_4O_7$. 유리공업, 건축자재, 전자공업 등 여러 산업에서 필수 원료로 사용되는 물질이다.

acid) 용액으로 직접 침출하여 폐솔더 중 Sn의 99 %를 회수하였다.[35]

Kim 등은 과산화수소를 산화제로 사용한 염산 침출로 폐솔더에서 Sn, Au, Cu를 회수하였으며, 그림 4.10에 공정도를 나타내었다.[36] 침출 공정에서 과산화수소에 의한 Sn의 산화반응은 다음 식과 같다.

$$Sn + 2H_2O_2 + 4H^+ = Sn^{4+} + 4H_2O \tag{4.31}$$

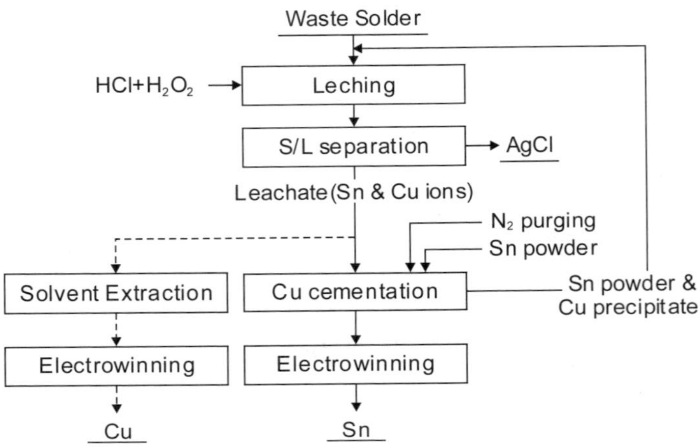

그림 4.10. 습식법에 따른 폐무연 솔더의 리사이클링

염산 침출 시에 Ag는 AgCl이 되며, 25 ℃에서 AgCl의 용해도곱(K_{sp})* 이 $10^{-9.82}$이므로 침전시켜 회수할 수 있다.

$$Ag^+ + Cl^- = AgCl(s) \tag{4.32}$$

Ag를 회수한 후의 여액 중 Cu는 다음 식과 같이 Sn 분말을 첨가하여 치환침전으로 제거할 수 있다.

* 제2장 제3절 2)항 리튬 수용액의 화학 참조

$$Cu^{2+} + Sn = Cu(s) + Sn^{2+}, \quad E_{redox} = 0.48 \text{ V} \tag{4.33}$$

$$2Cu^{2+} + Sn = 2Cu(s) + Sn^{4+}, \quad E_{redox} = 0.33 \text{ V} \tag{4.34}$$

다만 용액 중의 Cu가 재산화되는 것을 방지하기 위해 질소 가스를 취입하면서 침전시킨다. 그리고 치환침전에서 회수한 Cu와 잔류하는 Sn은 침출 공정으로 보내어 다시 침출한다. 공정이 반복되어 Cu 농도가 적당히 높아지면 용매 추출 등으로 Cu를 회수할 수 있다.

한편 Sn 합금 중의 Bi, In, Pb, Zn, As 등의 휘발성 불순물을 진공 증류로 제거하고 Sn을 회수하기도 하였다. 일반적으로 순수 물질의 포화 증기압은 온도와 함께 상승하며, 같은 온도에서는 As>Zn>Sb>Bi>Pb>Al>Sn>Cu>Fe 순으로 높다. 따라서 Sn 합금 중 As, Zn, Sb, Bi, Pb, Al 등은 증류하여 제거할 수 있다. 그러나 각각의 불순물이 혼합물 상태에서 나타내는 증기압을 열역학적으로 계산하여 증발 제거 가능성과 증발 조건을 검토하여야 한다. Yang 등은 Sn-Pb, Sn-Zn 합금을 900~1,100 ℃에서 감압 증류하여 고순도 Sn을 회수하였다.[37]

3) ITO에서의 주석 회수

ITO는 투명 디스플레이 패널의 전극 재료로 사용되고 있으며, 약 90 wt% In_2O_3와 10 wt% SnO_2로 구성되어 있다. Sn의 경우 디스플레이 패널당 사용량이 적어 경제성 관점에서 회수 대상이 되기 어려운 실정이지만, In을 회수하기 위해서 많은 연구가 이루어지고 있다. 기본적으로는 건식처리법과 습식처리법을 적용하고 있으며 그림 4.11에 건식법과 습식법을 비교하여 나타내었다.

Ito 등은 그림 4.11(a)와 같이 ITO 스크랩을 환원-진공 증류의 2단계로 처리하여 Sn을 회수하였다.[38] 즉, 1단계에서는 1,023 K에서 70 %CO 가스로 90분 동안 환원하여 In-Sn 합금을 얻고, 2단계에서는 이 합금을 1,373 K 이상에서 진공 증류하여 In을 제거하고 Sn 합금을 회수하였다. 1단계에서 CO 가스에 대한 각 산화물의 환원반응은 다음과 같다.

$$\frac{1}{3}In_2O_3(s) + CO(g) = \frac{2}{3}In(l) + CO_2(g) \tag{4.35}$$

$$\frac{1}{2}SnO_2(s) + CO(g) = \frac{1}{2}Sn(l) + CO_2(g) \tag{4.36}$$

2단계에서는 초기 In-Sn 합금 중 In과 Sn의 증기압이 약 10^3 정도 차이가 나므로 분별 증류하여 분리할 수 있다. 그러나 증기압 자체가 크지 않으므로 진공 증류가 필요하다.

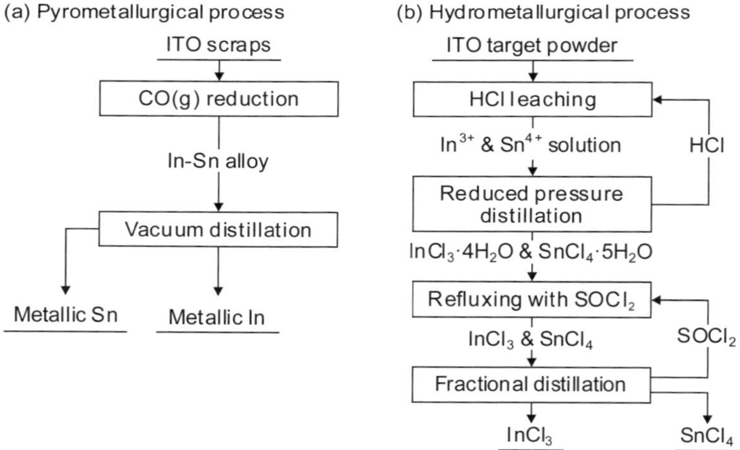

그림 4.11. 건식법과 습식법에 따른 ITO 스크랩의 처리

한편 ITO 타깃에서 In과 Sn을 회수하기 위해 그림 4.11(b)와 같이 습식처리를 하기도 한다. Gu 등은 ITO 타깃 분말을 HCl로 침출하고 감압 증류하여 In과 Sn의 함수 염화물 결정을 얻고, 다음 식과 같이 염화티오

닐(thionyl chloride, $SOCl_2$) 용액으로 염화물의 수분을 제거하였다.[39]

$$InCl_3 \cdot 4H_2O + 4SOCl_2 = InCl_3 + 4SO_2\uparrow + 8HCl\uparrow \quad (4.37)$$

$$SnCl_4 \cdot 5H_2O + 5SOCl_2 = SnCl_4 + 5SO_2\uparrow + 10HCl\uparrow \quad (4.38)$$

탈수한 혼합 무수 염화물은 가열하여 분별 증류로 $SOCl_2$, $SnCl_4$, $InCl_3$로 분리하여 회수한다.

한편 Souada 등은 폐 LCD 패널에 초음파를 인가한 황산 침출로 ITO를 회수하였다. 황산에 의한 ITO 성분의 침출반응은 다음과 같다.[40]

$$In_2O_3 + 3H_2SO_4 = In_2(SO_4)_3 + 3H_2O \quad (4.39)$$

$$SnO_2 + 2H_2SO_4 = Sn(SO_4)_2 + 2H_2O \quad (4.40)$$

$$SnO + H_2SO_4 = Sn(SO_{4)} + H_2O \quad (4.41)$$

4) 주석 도금강판에서의 주석 회수

Sn 도금강판(tin plate)의 도금 두께가 얇아져서 Sn의 회수가 점점 어려워지고 있다. Sn 도금강판을 제강 공정에서 용융하여 리사이클링하면 Sn이 철강 중으로 용해되어 제거할 수 없게 되므로 철강의 품질에 악영향을 미친다.[41] 따라서 철 스크랩의 품질 확보와 Sn 회수를 위해 탈Sn을 한다. Sn 도금강판에서 Sn을 회수하는 방법에는 염화법, 전해 침출-전해법, 알칼리 침출-전해법이 있다.[42,43]

(1) 염화법

염화법은 다음 식과 같이 Sn과 염소(Cl_2) 가스 사이의 화학반응을 이용하는 것이다.[44]

$$Sn(s) + 2Cl_2(g) = SnCl_4(l) \quad (4.42)$$

$$\Delta G^0 = -477,040 + 143.26T \text{ (J/mol)}$$

이 반응은 발열반응이므로 반응기를 수냉하여 반응온도를 40 ℃ 이하로 유지해야 염소에 의한 철강재의 침식을 방지할 수 있다. 반응 생성물은 액상의 $SnCl_4$이지만 Fe 등의 불순물이 이온 상태로 함유되므로 금속 Sn을 첨가하여 치환침전으로 제거한다. 그리고 고순도의 $SnCl_4$를 얻기 위해 저압에서 증류하여 정제한다. 이후 고순도의 $SnCl_4$에 Al이나 Zn 등의 비한(base) 금속을 첨가하여 세멘테이션법으로 금속 Sn을 만들 수 있으며, 전해채취법으로 금속 Sn을 만들 수도 있다. 한편 Sn을 제거한 Fe는 수산화나트륨(NaOH) 용액으로 세척하여 철 스크랩으로 사용한다.

(2) 알칼리 침출 및 전해채취

알칼리 침출법은 알칼리 용액 중에서 Sn과 Fe의 용해도 차이를 이용하는 것이다. 알칼리 용액 중 Sn의 침출 속도는 느리지만, 산화제가 있으면 침출 속도가 향상된다. 따라서 NaOH 용액으로 Sn 도금강판의 Sn을 제거할 때는 다음 식과 같이 주석산나트륨(sodium stannate)으로 회수한다.[42]

$$Sn(s) + 2NaOH(aq) + O_2(g) = Na_2SnO_3(aq) + H_2O \qquad (4.43)$$

알칼리 침출에 이어서 불용성 양극을 사용한 전해채취로 금속 Sn을 회수한다. 그림 4.12에는 알칼리 침출 및 전해채취의 공정도를 나타내었다.[42] 그 밖에 CO_2, $NaHCO_3$ 또는 $Ca(OH)_2$를 이용한 침전법이나 H_2SO_4와 같은 산을 이용한 처리법 등이 있다.

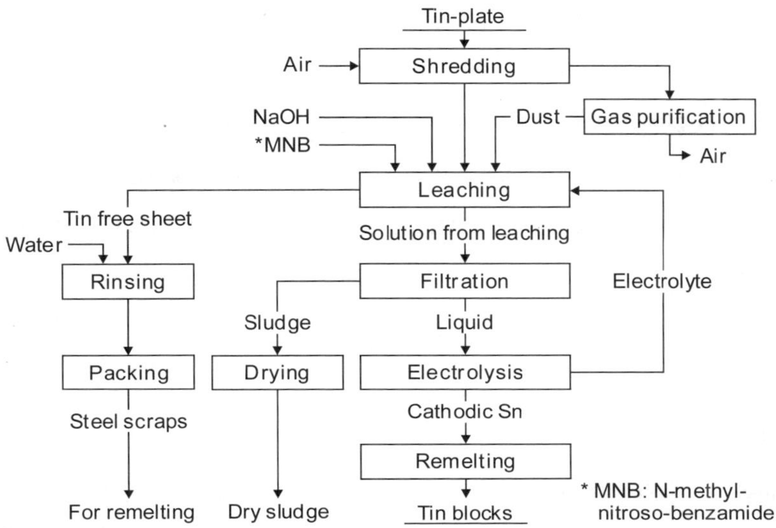

그림 4.12. Sn 도금강판의 알칼리 침출 및 전해채취 공정도

(3) 전해 침출 및 전해채취

전해 침출에서는 가열한 5~10 %의 수산화나트륨 용액을 전해액으로, Sn 도금강판을 양극으로 사용하여 전기화학적으로 침출시킨다. 동시에 용해된 Sn 이온은 음극(cathode)에서 다공성의 스펀지상 금속 Sn으로 석출되며, 회분식(batch) 조업이지만, 침출과 동시에 99.95 %의 고순도 Sn을 회수할 수 있다. Sn 도금강판 중 Sn의 용해반응은 다음과 같다.[45]

$$Sn = Sn^{2+} + 2e \tag{4.44}$$

$$Sn^{2+} + 3OH^- = HSnO_2^- + H_2O \tag{4.45}$$

5) 도금 폐액에서의 주석 회수

Sn 도금 공정에서 Sn을 함유한 대량의 폐액이 발생하고 있으나, 범용

금속보다는 발생량이 적고, Sn의 가격이 높은 편이지만 Au, Pd 등의 귀금속에 비해서는 가치가 없어 대부분 폐기해 왔다. Sn은 일반적으로 산성 도금 용액에서는 대부분 Sn^{2+}, 알칼리 도금 용액에서는 Sn^{4+} 이온으로 존재한다. 그러나 Sn 도금 공정에서는 대부분 산성 용액을 사용하며, Sn^{2+} 이온은 중화에 의한 가수분해로 다음 식과 같이 수산화물로 침전시킬 수 있다.

$$Sn^{2+} + 2H_2O = Sn(OH)_2 + 2H^+, \quad \Delta G^0_{298} = 9{,}960 \text{ J/mol} \tag{4.46}$$

$$pH = 0.5\log K - 0.5\log(a_{Sn^{2+}}) = 0.873 - 0.5\log(a_{Sn^{2+}})$$

위의 식에서 이론적으로 pH=3.873에서 $a_{Sn^{2+}} = 10^{-6}$이 되어 용액 중의 Sn을 '0'에 가깝게 제거하여 회수할 수 있다. 다만 이러한 방법으로 생성된 수산화물은 입자가 매우 미세하여 침전에 많은 시간이 필요한데, $MgCl_2$를 응집제로 첨가하면 전기적인 중화 작용으로 쉽게 응집되어 침전시킬 수 있다.[46]

한편 회수한 $Sn(OH)_2$를 배소하면 SnO_2가 되므로 C이나 수소로 환원하여 금속 Sn을 회수할 수 있다. Lee 등은 주석 도금 공정에서 발생하는 오니 등을 C으로 2단 건식환원 및 전해정련하여 99.87 % 순도의 Sn을 얻었다.[47]

5. 종합

Sn은 지각 중 원소 존재도가 2.3 ppm에 불과한 희소금속으로, 전 세계 연간 사용량은 약 33만 톤 수준이다. Sn 생산량의 반 정도는 솔더용으로 사용되고 있으며, 그 외에 Sn 도금강판이나 기타 합금용으로 사용되고 있다. 이러한 Sn은 대부분 광석 중에 SnO_2로 존재하므로 탄소 열환원반응으로 만들지만, 광석 중 Fe도 환원되므로 환원반응 중 Fe 거동에 대해서도 같이 검토하여야 한다. 조주석은 건식정제와 전해정제에 의해 고순도화시키고 있으며, 이러한 Sn의 정제 공정은 리사이클링 공정에도 적용하고 있다.

Sn의 리사이클링은 주로 솔더용 합금에 관해 많은 연구가 이루어져 있으며, 이러한 합금이나 공정 스크랩은 Sn의 제련 및 정련 공정을 응용하여 순수한 Sn으로 회수하고 있다. 그리고 Sn 도금강판은 염화법, 알칼리 침출법, 알칼리 전해 침출 및 전해채취 등의 방법으로 탈주석하여 Sn과 철 스크랩을 회수하고 있다. 한편 최근의 탄소중립 분위기에 따라 Sn의 친환경 제련법 및 리사이클링 기술에 관한 검토가 필요할 것이다.

[참고문헌]

1 손호상, 2020: 범용금속의 리사이클링, p.17, 경북대학교출판부.

2 손호상, 2020: 범용금속의 리사이클링, p.27, 경북대학교출판부.

3 S. Kong, 2019: Material composition and change of baekdong alloy in the late Joseon period, Munhwajae Korean Journal of Cultural Heritage Studies 52(3), pp.38-55.

4 T. D. Kelly and G. R. Matos, 2014: U.S. Geological Survey, 2014, Tin statistics, Historical statistics for mineral and material commodities in the United States: U.S. Geological Survey Data Series 140, at http://minerals.usgs.gov/minerals/pubs/historical-statistics/.

5 A. Merrill, 2021: Tin, U.S. Geological Survey, Mineral Commodity Summaries, January 2021.

6 ITA, 2021: Tin for the future, Brochure, International Tin Association, UK.

7 손호상, 2020: 범용금속의 리사이클링, p.285, 경북대학교출판부.

8 Y. B. Zhang, G. H. Li, T. Jiang, et al., 2012: Reduction behavior of tin-bearing iron concentrate pellets using diverse coals as reducers, Inter. J. Mineral Processing 110-111, pp.109-116.

9 A. Ghosh and A. Chatterjee, 2008: Ironmaking and Steelmaking: Theory and Practice, p.87, PHI Learning Private Limited, New Delhi, India.

10 Z. Su, Y. Zhang, B. Liu, et al., 2017: Extraction and Separation of Tin from Tin-Bearing Secondary Resources: A Review, JOM 69(11), pp.2364-2372.

11 Gunter G. Graf, 1997: 11. Tin, Vol. 2 Primary metals, secondary metals, light metals, p.690, Handbook of extractive metallurgy, Ed. by Fathi Habashi, WILEY-VCH, Weinheim, Germany.

12 W. J. Rankin, 1986: The Slag-Metal Equilibrium in Tin Smelting, Metall. Trans. B 17B, pp.61-68.

13 A. Vignes, 2011: Extractive Metallurgy 3: Processing Operation and Rutes, p.140, John Wiley & Sons, Inc.

14 Gunter G. Graf, 1997: 11. Tin, Vol. 2 Primary metals, secondary metals, light metals, pp.683-713, Handbook of extractive metallurgy, Ed. by Fathi Habashi, WILEY-VCH, Weinheim, Germany.

15 박평주, 이승이, 김수식, 백영현, 1980: 비철제련공학, p.525, 대한금속학회, 희중당, 서울.

16 安座上竹四, 粟倉秦弘, 1999: 金屬製錬工學, p.158, 日本金屬學會, 仙台, 日本.

17 Gunter G. Graf, 2012: Tin, Tin Alloys, and Tin Compounds, p.15, Ullmann's Encyclopedia of Industrial Chemistry Vol. 37, Wiley-VCH Verlag GmbH & Co. KGaA, Weinheim.

18 J. Vasters and G. Franken, 2020: Tin Sustainability Information, p.6, BGR, Hannover.

19 B.-S. Kim, J.-C. Lee, H.-S. Yoon and S.-K. Kim, 2011: Reduction of SnO_2 with Hydrogen, Materials Trans. 52(9), pp.1814-1817.

20 H. Ha, M. Yoo, H. An, et al., 2017: Design of Reduction Process of SnO_2 by CH_4 for Efficient Sn Recovery, Scientific REPORTS 7, 14427, pp.1-9.

21 J. G. Yang, Y. T. Wu, and X. L. Zhang, 2014: Study on separation of tin from a low-grade tin concentrate through leaching and low-temperature smelting processes, Trans. Institutions Min. Metall. Sect. C Miner. Process. Extr. Metall. 123, pp.228-233.

22 L. H. Lalasari, F. Firdiyono, L. Andriyah, et al., 2020: The dissolution of cassiterite Indonesia using hydrometallurgical process in the aerated reactor, Proceedings of the 3rd International Seminar on Metallurgy and Materials (ISMM2019), AIP Conference Proceedings 2232, 040001.

23 P. Yuma M., B. Kitungwa K., C. Kateule M., et al., 2020: Hydrometallurgical extraction of tin from cassiterite ore in Kalima (DR Congo) by alkaline fusion with eutectic mixture of alkali hydroxides (sodium and potassium), IOSR Journal of Applied Chemistry 13(5), pp.60-67.

24 Y. Zhang, B. Han, Z. Su, et al., 2019: Effect of quartz on the preparation of sodium stannate from cassiterite concentrates by soda roasting process. MDPI. Art. Minerals 9, 605, pp.1-13.

25 Y. H. Kim, S. H. Son, H. J. Shin, et al., 2019: Current State of Domestic Overseas Quality Standards of Tin and Comparison of Qualities between Virgin and Recycled Tin Products, J. of Korean Inst. of Resources Recycling 28(6), pp.9-17.

26 D. K. Mishra, Non-Ferrous Extractive Metallurgy p.71, Veer Surendra Sai University of Technology, Burla, Sambalpur, Odisha.

27 M. Hansen, K. Anderko: Constitution of Binary Allays, McGraw-Hill New York 1958.

28 A. Vignes, 2011: Extractive Metallurgy 2: Metallurgical Reaction Processes, p.318, John Wiley & Sons, Inc.

29 손호상, 2019: 자원리사이클링공학, p.177, 경북대학교출판부.

30 H. Saito and K. Iwami, 1993: Tin Smelting and Refining at Ikuno Plant, Shigen-to-Sozai 109(12), pp.1069-1071.

31 J. Payne, 2021: Tin Recycling Factsheet, International Tin Association, UK.

32 K.-W. Lee, H.-I. Kim, H.-J. Ahn, et al., 2015: Produce of High Purity Tin from Spent Solder by Electro Refining, J. of Korean Inst. of Resources Recycling 24(2), pp.62-68.

33 I. García-Díaz, F. J. Alguacil, and F. A. López, 2018: Tin and silver recovery from wave soldering dross, Waste Management & Research 36(12), pp.1201-1209.

34 S. A. Ismaila, N. H. Jamil, H. Kamarudin, et al., 2015: Extraction of Tin (Sn) from Solder Dross by using Hydrochloric Acid Leaching Treatment, Applied Mechanics and Materials 754-755, pp.567-570.

35 S. A. Ismaila, N. H. Jamil, H. Kamarudin, et al., 2015: Extraction of Tin (Sn) from Solder Dross by using Citric Acid Leaching Treatment, Applied Mechanics and Materials 754-755, pp.571-575.

36 S. Kim, J.-C. Lee, K. Lee, et al., 2014: Separation of Tin, Silver and Copper from Waste Pb-free Solder Using Hydrochloric Acid Leaching with Hydrogen Peroxide, Materials Transactions 55(12), pp.1885-1889.

37 B. Yang, L. Kong, B. Xu, et al., 2015: Recycling of metals from waste Sn-based alloys by vacuum separation, Trans. Nonferrous Met. Soc. China 25, pp.1315-1324.

38 S. Itoh and K. Maruyama, 2011: Recoveries of Metallic Indium and Tin from ITO by Means of Pyrometallurgy, High Temp. Mater. Proc. 30, pp.317–322.

39 S. Gu, B. Fu, G. Dodbiba, et al., 2017: A sustainable approach to separate and recover indium and tin from spent indium–tin oxide targets, RSC Adv. 7, pp.52017–52023.

40 M. Souada, C. Louage, J. Y. Doisy, et al., 2018: Extraction of indium-tin oxide from end-of-life LCD panels using ultrasound assisted acid leaching, Ultrasonics - Sonochemistry 40, pp.929–936.

41 Ho-Sang Sohn, 2020: Recycling of Ferrous Scraps, J. of Korean Inst. of Resources Recycling 29(1), pp.3-16.

42 E. van Westing, V. Savran, and J. Hofman, 2013: Recycling of metals from coatings, p.73, Materials Innovation institute M2i.

43 B. D. Linley, 1977: Tinplate Recycling, Resource Recovery and Conservation 2, pp.225-243.

44 F. V. Diez, H. Sastre, and J. Coca, 1989: Preparation of Stannous Chloride

and Stannous Octoate from Tinplate Scrap, Resources, Conservation and Recycling 2, pp.161-168.

45 W. S. Jun, P. S. Yun, and E. C. Lee, 2004: Leaching behavior of tin from Sn–Fe alloys in sodium hydroxide solutions, Hydrometallurgy 73, pp.71–80.

46 H. Koga, T. Mifune, and K. Yoshitama, 2013: Feasibility Study on Recycling of Tin Plating Waste, 福岡県工業技術センター研究報告 No.23, pp.35-38.

47 S.-R. Lee, M.-S. Lee, and H. Y. Kim, 2015: Recovery of High Purity Sn by Multi-step Reduction of Sn-Containing Industrial Wastes, J. of Korean Inst. of Resources Recycling 24(3), pp.11-15.

5

실리콘

Silicon

제5장 | 실리콘

Silicon

1. 서론

실리콘(silicon, Si, 규소)은 지각 중 원소 존재도가 산소(46.1 %)에 이어 2위(28.2 %)이지만, 금속원소 중에서는 가장 풍부한 자원이다.[1] Si 원료인 규소 산화물이나 규산염은 고대부터 사용해 온 주요 건축 재료로서, 고대 이집트에서 유리를 만드는 원료로 규사가 사용되는 등 Si은 인류의 역사와 함께해 왔다고 할 수 있다. 그러나 1787년에야 비로소 라부아지에(Antoine-Laurent de Lavoisier)에 의해 처음으로 Si 화합물인 수석(flint, 부싯돌) 자체를 화합물이 아닌 원소로 나타내었다.[2] 그 후 1800년에 데이비(H. Davy)는 수석이 원소는 아니며 화합물이라는 것을 알게 되었으며, silicium이라 이름 붙이고 Si을 분리하고자 하였으나 실패하였다. 1817년 톰슨(Thomas Thomson)은 Si의 성질이 금속과는 다르고 탄소(carbon, C)나 붕소(boron, B)와 비슷하여 라틴어로 부싯돌을 뜻하는 silex, silicis의 어미에 'on'을 붙여 'silicon'으로 명명하였다.[3] 1823년에 스웨덴의 화학자인 베르셀리우스(Jöns Jacob Berzelius)가 헥사플루오르화규소포타슘(K_2SiF_6)을 용융 칼륨(K)으로 환원시켜 최초로 순도가 낮은 비정질 Si을 얻었다. 결정질 Si은 1854년에 프랑스 화학자 드빌(Henri Sainte-Claire Deville)*이 만들었다.[4]

금속 Si이나 페로실리콘(ferrosilicon, FeSi)은 취성이 높아 가공성이 전혀 없기 때문에 구조용 재료로는 사용할 수 없으나, 금속 Si은 비철금속의 주요한 합금원소로 널리 사용되고 있으며, FeSi은 주로 제강 공정의 탈산제나 합금원소로 사용되고 있다. 또 고순도 Si 정제법이 개발되어 Si은 반도체나 태양전지 재료로 사용되고 있다.[2]

표 5.1에는 이러한 Si의 물리화학적 성질을 나타내었다. Si은 전이금속으로, 액체의 밀도(2.57 g/cm^3)가 고체(2.33 g/cm^3)보다 크며, Ge과

표 5.1. 실리콘의 물리화학적 성질

Symbol/Atomic number		Si / 14
Atomic weight (g/mol)		28.085
Density (g/cm^3)	at 25 ℃	2.33
	at m.p.	2.57
Specific heat C_P at 25 ℃ (J/(mol·K))		19.99
Melting point (℃)		1,414
Boiling point (℃)		3,265
Heat of fusion (kJ/mol)		50.21
Heat of vaporization (kJ/mol)		383
Electron config.		[Ne]$3s^2 3p^2$
Oxidation states		+2, +3, +4
Thermal conductivity (W/(m·K))		149
Electrical resistivity at 20 ℃ (Ω·m)		2.3×10^3
Band gap at 27 ℃ (eV)		1.12
Mohs hardness		7
Crystal structure		fcc

* Henri Sainte-Claire Deville: 프랑스의 화학자. 1854년에 찰흙에서 추출한 염화알루미늄을 나트륨으로 환원시켜 알루미늄을 만드는 방법을 개발하였고, 이 알루미늄으로 숟가락, 포크 등을 제작하여 1855년 파리에서 열린 세계 박람회에 출품하였다.

비슷한 반도체적인 성질을 가지고 있지만, 순수 Si의 전기 저항은 Ge의 1 Ω·m보다 훨씬 높은 2.3×10^3 Ω·m이다.[2]

2. 실리콘의 생산량과 용도

그림 5.1에는 Si의 전 세계 연간 생산량* 변화를 나타내었다.[5] 1960년대부터 완만한 증가세를 보인 Si 생산량은 2000년대에 들어서면서 현저하게 증가하였다. 이러한 변화는 중국의 철강 생산량 급증에 따른 FeSi 사용량의 증가, 피전법(Pidgeon)† 에 의한 Mg 제련의 환원제인

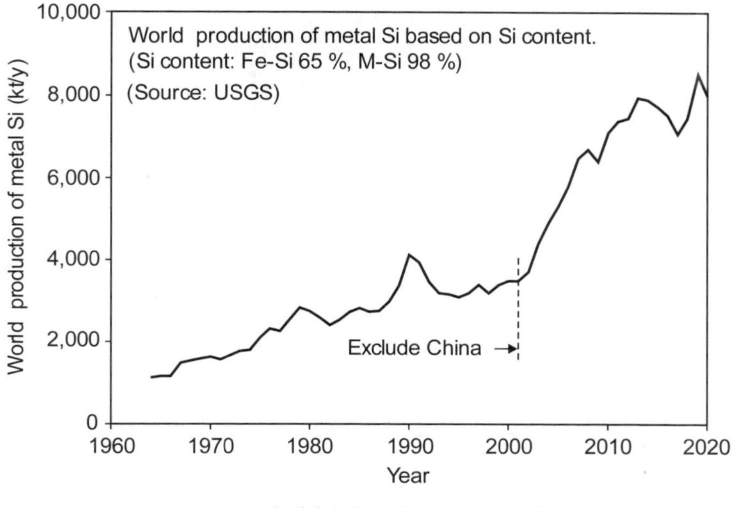

그림 5.1. 전 세계 금속 Si의 연간 생산량 변화

* 금속 Si은 98 %Si, 페로실리콘은 65 %Si 기준으로 환산

† 제6장 마그네슘 참조

FeSi과 Al 생산량 급증에 따른 Al 합금용 Si의 사용량 증가로 인한 것이다.[6] 그 이후 Si 생산량은 완만하게 증가하는 추세에 있으며, 2020년도에는 800만 톤 정도가 생산되었다.

그림 5.2에는 Si 함유량을 기준으로 한 2020년도 국가별 Si 생산비율을 나타내었다. 중국이 압도적으로 많은 약 69 %(560만 톤)를 생산하였으며, 뒤이어 러시아, 브라질, 노르웨이, 미국 순이다. 그 외에도 프랑스, 말레이시아 등이 약 10만 톤 수준의 Si을 생산하고 있다. 우리나라에서는 심펙에서 FeSi을 생산하고 있지만, 순수 금속 Si은 전량 수입에 의존하고 있다.

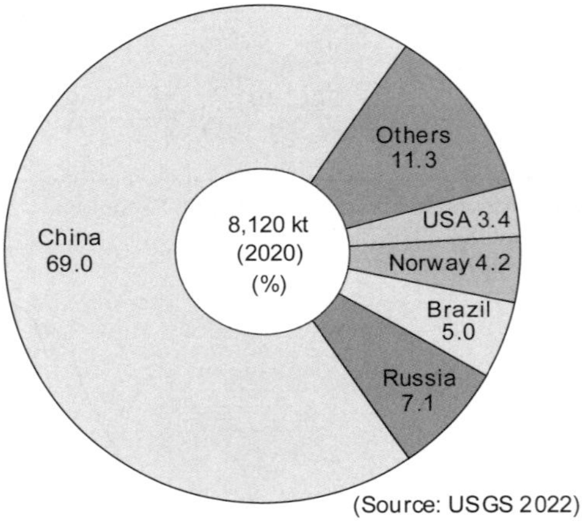

그림 5.2 2020년 기준의 국가별 Si 생산 비율
(FeSi과 금속 Si의 Si 함량 기준)

그림 5.3에는 Si 함유량을 기준으로 한 2018년도 전체 생산량과 Si 합금(Fe-Si, Si-Mn, Ca-Si 등)을 제외한 금속 Si의 1차 용도를 나타내었다.[7] 순수 금속 Si은 약 290만 톤이 소비되었는데, 알루미늄 등의 합금용(41 %)으로 가장 많이 쓰였고 유기 Si(silicone*) 등의 화학제품용(35 %)

과 태양전지용(18 %) 등으로도 사용되었다. 이러한 금속 Si의 소비량은 유기 Si, Al 합금, 태양전지 등의 사용량 증가에 따라 향후에도 연간 5 % 정도 성장할 것으로 예측된다. 특히 Si을 Li이온 배터리의 음극재로 활용하기 위한 연구도 진행되고 있어서 향후 금속 Si의 소비량은 계속 증가할 것으로 예상된다. 다만 리사이클링 관점에서는 태양전지용과 반도체용 Si의 제조 과정에서 발생하는 스크랩이 중요한 2차 자원이 될 것이다.[2]

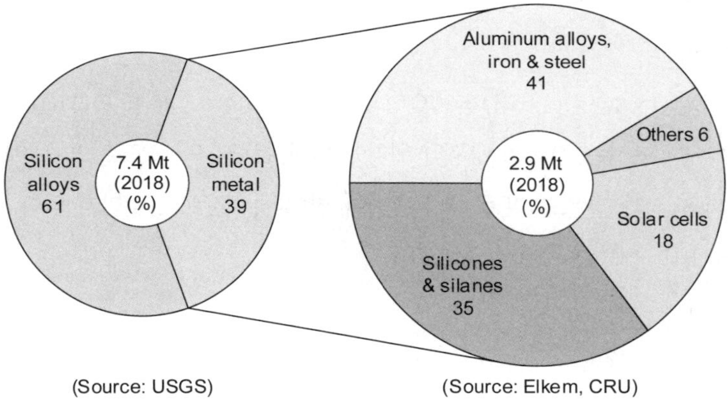

그림 5.3. 2018년 기준의 금속 Si 용도

3. 실리콘의 제련

Si은 지각 중에 산소 다음으로 많으며, 주로 산화물, 규산염 등의 형태

* 규소(Si)를 함유한 유기 화합물 실록산 고분자 동족체의 총칭. 규소의 영어 원소명 silicon과 폴리실록산의 영어명 silicone은 어미에서 e의 유무로 구별된다.

로 존재한다. 일반적으로 금속급 Si(metallurgical grade Si, MG-Si)은 산화물을 탄소로 환원하여 일반 합금용 등으로 사용한다. 또 MG-Si을 화학적 또는 야금학적인 방법으로 정제하고 용융·주조하여 태양전지용, 반도체용 Si 등으로 사용한다.

1) 실리콘 제련의 열역학

금속 Si은 전기로 내에서 규사나 규석을 다음 식과 같이 탄소 열환원하여 만든다.[2]

$$SiO_2(l) + 2C(s) = Si(l) + 2CO(g),\ \ \Delta G^0 = 167{,}400 - 86.40\,T\ (J) \tag{5.1}$$

실제 공정에서는 전기로 내부의 위치에 따라 온도가 다르므로, 노 내에서는 다음 식과 같은 여러 종류의 반응이 일어나는 것으로 알려져 있다.[8]

$$SiO_2(l) + C(s) = SiO(g) + CO(g), \tag{5.2}$$

$$\Delta G^0 = 159{,}600 - 77.94\,T\ (J)$$

$$SiO_2(l) + 3C(s) = SiC(s) + 2CO(g), \tag{5.3}$$

$$\Delta G^0 = 67{,}035 - 43.89\,T\ (J)$$

$$2SiO_2(l) + SiC(s) = 3SiO(g) + CO(g), \tag{5.4}$$

$$\Delta G^0 = 411{,}765 - 189.93\,T\ (J)$$

$$SiO_2(s) + Si(l) = 2SiO(g), \tag{5.5}$$

$$\Delta G^0 = -920 + 1.58\,T\ (J)$$

$$SiO(g) + 2C(s) = SiC(s) + CO(g), \tag{5.6}$$

$$\Delta G^0 = -92{,}565 + 34.05\,T\ (J)$$

$$SiO_2(l) + 2SiC(s) = 3Si(l) + 2CO(g), \tag{5.7}$$

$$\Delta G^0 = 97{,}380 - 47.6\,T\ (J)$$

$$SiO(g) + SiC(s) = 2Si(l) + CO(g), \quad (5.8)$$

$$\Delta G^0 = 49,150 - 24.59\,T \text{ (J)}$$

그림 5.4에는 상기한 반응들로부터 Si-O-C계에서 SiO(g) 분압과 온도에 따른 안정상을 나타내었으나,[9] 실제 안정상을 나타내는 것은 아니다. 그러나 이 그림으로부터 Si이 환원될 수 있는 조건은 1,800 ℃ 이상에서 SiO(g) 분압이 높은 상태(그림 중 우상 영역)라는 것을 알 수 있다. 즉, Si 생성의 구동력은 고온이고 SiO(g) 분압이 높을수록 증가한다. C은 SiO(g) 분압이 낮은 저온(그림 중 좌하 영역)에서만 안정하고, SiO(g) 분압이 증가하면 SiC를 생성한다. 따라서 1,000 ℃가 훨씬 넘는 노 내에서도 SiC가 안정하게 존재한다.[9]

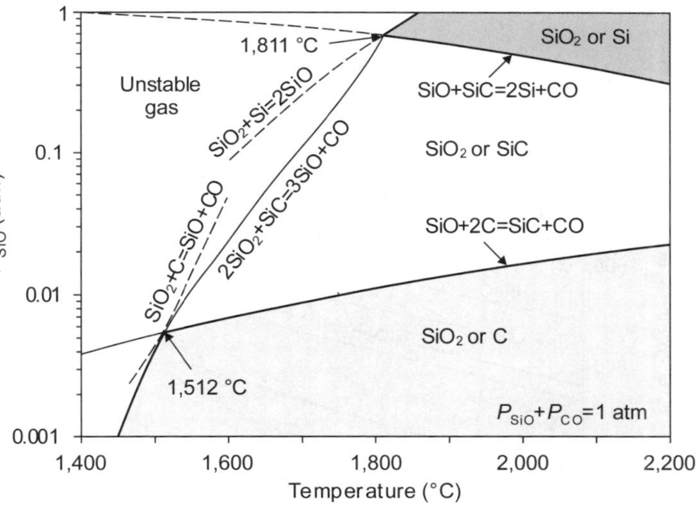

그림 5.4. Si-O-C계 상태도에서 SiO(g) 분압과 온도에 따른 안정상

한편 그림 5.5의 자유에너지-온도도로부터 Si/SiO_2 평형보다 위쪽의

산화물은 노 내에서 환원되어 Si 중으로 용해되며, 아래쪽의 산화물은 부분적으로 환원되어 Si 중으로 용해된다.[10] 그리고 W, Mo, B, V, Fe, Al 등 끓는점이 높은 불순물 대부분은 생성물인 Si 중으로 분배되며, Mg, Cd, Se, As, S 등 끓는점이 낮은 불순물들은 일부를 제외하면 실리카 흄(silica fume)으로 분배되지만, P은 대부분 Si으로 분배된다. 따라서 MG-Si 중에는 Fe, B, P, Ti 등 다양한 원소들이 불순물로 함유되어 있다. MG-Si을 야금학적인 방법으로 SOG-Si(solar grade Si)까지 정제할 때 P이나 B 등은 제거가 힘들므로 원료 중 이러한 불순물들의 엄격한 관리가 필요하다.[2]

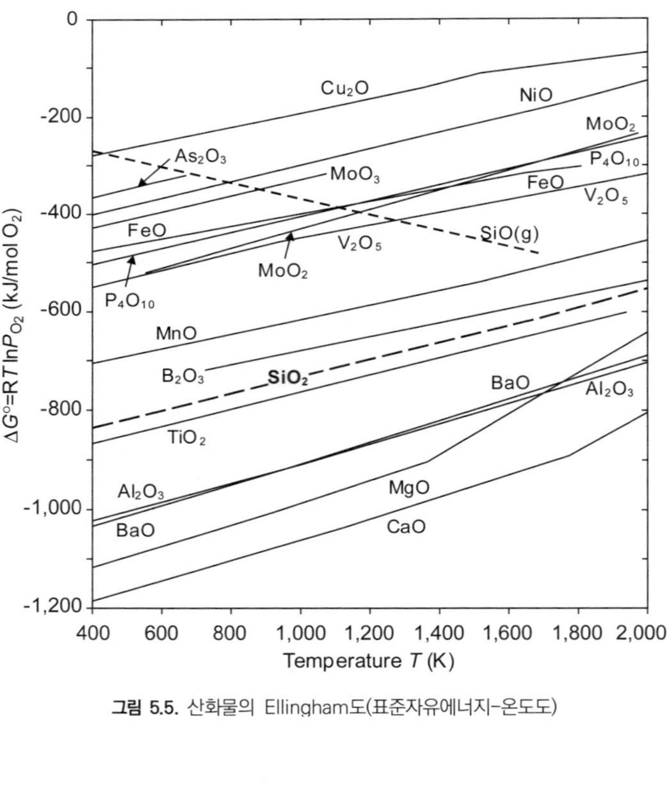

그림 5.5. 산화물의 Ellingham도(표준자유에너지-온도도)

2) 금속 실리콘의 제조

그림 5.6에는 전기로에서의 Si 제련 공정도를 나타내었다.[11] 원료인 규석(SiO_2 99 % 이상)과 고순도의 코크스(환원제)를 혼합하여 전기로에 장입하고 고온으로 가열하여 환원한다. 환원제인 코크스 등은 P, B 등의 불순물이 적은 고순도의 것을 사용한다. 전기로에서 환원된 Si의 순도는 약 98 %이지만, 별도의 정제 없이 Cu, Al, Ni 등의 합금용으로 사용되며, 태양전지용과 반도체용의 고순도 Si은 별도의 정제 공정을 거친다.

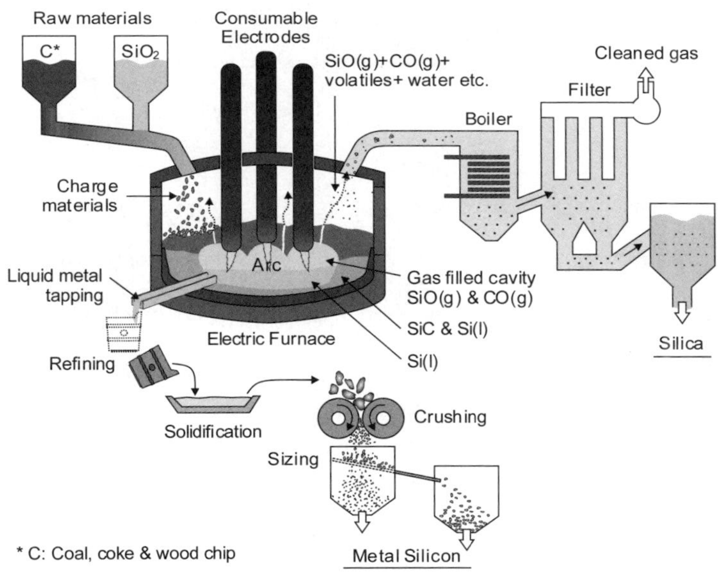

그림 5.6. 전기 아크로를 이용한 금속 Si의 제조 공정도

그림 5.7에는 소모형 탄소 전극 주변의 생성상 등을 모식적으로 나타내었다.[12] Si은 약 2,000 K 이상의 고온에서 C으로 SiO_2를 환원하여 만들어지지만, 온도가 낮은 부분에서는 식(5.3)에 의해 SiC가 생성된다. 소

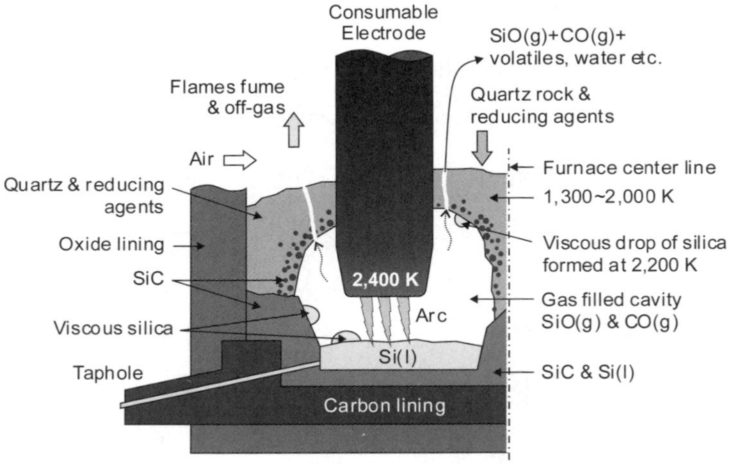

그림 5.7. 전극 주변의 생성상 등의 모식도

모형 전극의 끝부분은 약 2,400 K의 고온이므로 SiO_2는 식(5.2)와 같이 SiO(g)까지만 환원된다. 또 전극 주변에는 가스상 반응 생성물인 CO(g), SiO(g) 등에 의해 그림에서와 같이 캐비티(cavity)가 형성된다. 따라서 고온에서는 식(5.7), (5.8)과 같이 SiC가 SiO_2 및 SiO(g)와 반응하여 Si을 생성한다.

한편 환원반응 중 전극 끝부분의 캐비티 내에서 생성된 SiO(g)가 환원되지 못하고 노 외로 배출되면 대기 중의 산소와 반응하여 다음 식과 같이 SiO_2(s)를 만든다.

$$SiO(g) + \frac{1}{2}O_2(g) = SiO_2(s) \tag{5.9}$$

생성된 실리카 흄(silica fume, SiO_2)은 매우 미세한 구형 분말로 비정질이며, C이 많은 회색의 것과 순도가 높은 백색의 것이 있다. 실리카 흄에는 C, S를 비롯하여 Al, Ca, Fe, Mg, K, Na 등의 불순물이 함유되어 있으며, FeSi 제조 공정에서 발생한 것에는 Fe, Mg 등의 산화물이 많은 편이다.[13] 일반적인 실리카 흄은 SiO_2가 약 85 % 이상이며, 입도는 1 μm 이하이고, 비중은 약 2.2 g/cm^3, 비표면적은 15~30 m^2/g 정도이다.[14]

3) 실리콘 합금 제조

대표적인 Si 합금에는 철강제련에서 탈산제나 첨가원소로 사용되는 합금철인 페로실리콘(FeSi)이 있으며, 그 외에 SiMn, CaSi, SiCr 등이 있다.

(1) FeSi

FeSi의 주된 용도는 제강용 탈산제이며, 그 외에 변압기용 규소강판 등의 Si 첨가제, 주철의 접종제 등으로도 사용되고 있다. 원료 광석은 SiO_2가 97 % 이상인 규석을 사용하며, 금속 Si 제조와 마찬가지로 C으로 환원한다. SiO_2와 C의 반응은 식(5.1)~(5.6)과 같으나, Fe이 존재하면 다음 식과 같이 FeSi이 만들어진다.

$$\mathrm{Si+Fe=FeSi},\ \Delta G^0=-25{,}500-0.64\,T\ (\mathrm{J}) \tag{5.10}$$

또 SiC는 다음 식과 같이 Fe과 반응하여 FeSi을 만든다.

$$\mathrm{SiC+Fe=FeSi+C},\ \Delta G^0=9{,}900-9.14\,T\ (\mathrm{J}) \tag{5.11}$$

금속 Si의 제조와 달리 계 내에 다량의 Fe이 존재하여, 생성된 Si이 Fe 중으로 용해되므로 Si의 생성 반응이 쉽게 진행된다. 그러나 제련 온도나 환원제의 양이 적절하지 못하면 SiC가 노 내에 축적되어 노상(hearth)이 상승하는 등의 장애를 일으킨다. 따라서 환원제로는 반응성이 양호하고 전기 저항값이 높은 코크스를 사용하지만, 석탄이나 우드 칩도 사용한다. FeSi의 제조에서는 제련 온도가 높고, 또 SiO(g)의 응축에

의한 장입물이나 배기가스 배출관의 막힘이 발생하기도 한다.[15]

(2) SiMn

SiMn(silicomanganese) 합금은 FeSi과 마찬가지로 제강 첨가제로 사용되고 있는데, 표준 SiMn과 저탄소 SiMn 제조 공정도의 예를 그림 5.8에 나타내었다.[16] 침지형 아크 전기로(Submerged Acr Furnace, SAF)에서 산화물 원료를 탄소 열환원하여 SiMn을 만든다. 일반적으로 표준 SiMn(18~20 wt%Si)용 원료로는 HC(high carbon) FeMn 제조 공정에서 발생한 MnO가 많은 슬래그, Mn 광석, 규석, 규격외 FeSi 등을 사용한다. SiMn의 생성 반응은 다음 식과 같다.

$$MnO(l, s) + C(s) = Mn(l) + CO(g) \tag{5.12}$$

$$SiO_2(s) + 2C(s) = Si(l) + 2CO(g) \tag{5.13}$$

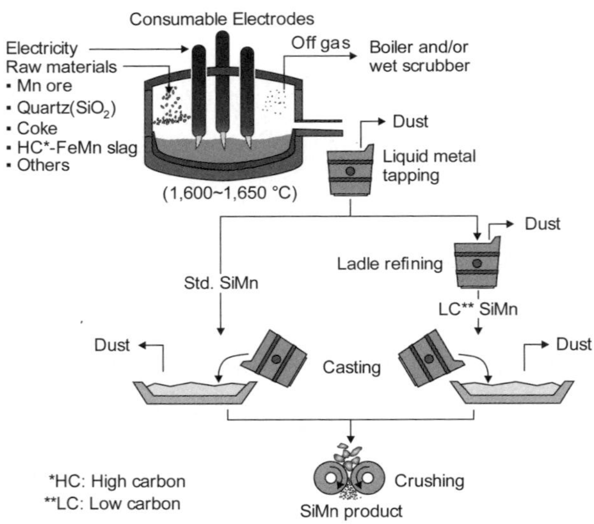

그림 5.8. SiMn 제조 공정도의 예

이러한 SiMn 제조 공정은 FeSi/Si 제조 공정과 유사하지만, Si 농도를 높이고 슬래그 중 MnO 농도를 낮추기 위해 1,600~1,650 ℃에서 정련한다.

(3) CaSi

CaSi(calcium silicon alloy, ≒60 %Si)은 제강 공정에서 탈산제나 탈황제, 비금속 개재물의 개질제는 물론이고 주철의 흑연 구상화제로도 사용되고 있다. 이러한 CaSi은 CaC_2+SiO_2+C이나 $CaO+SiO_2+C$, 그리고 $CaCO_3+SiO_2+CaF_2+CaCl_2$, $SiC+CaC_2+SiO_2$, $CaO+AlSi$ 등 다양한 원료의 조합으로 만들 수 있으나, 공업적으로 CaC_2와 CaO를 이용하는 두 가지 방법이 있다.[17]

우선 CaC_2를 이용하여 CaSi 합금을 만드는 반응은 다음과 같으며, CO 가스 분압이 1 atm이면 이론적인 반응 개시 온도는 1,520 ℃이다.

$$2SiO_2 + 2C + CaC_2 = (CaSi_2)_{alloy} + 4CO, \tag{5.14}$$

$$\Delta G^0 = 1,424,558.7 - 792.7\,T \text{ J/mol}$$

CaO를 이용하는 반응에서는 C에 의해 CaO와 SiO_2를 환원하며, 반응식은 다음과 같고, 이론적인 반응 개시 온도는 1,580 ℃이다.

$$2SiO_2 + 5C + CaO = (CaSi_2)_{alloy} + 5CO, \tag{5.15}$$

$$\Delta G^0 = 1,890,507.6 - 1,020.65\,T \text{ J/mol}$$

이 반응은 원료의 비율을 적절하게 맞추어야 한다. 환원제의 양이 부족하면 CaO와 SiO_2가 슬래그를 생성하거나, Ca과 Si의 과도한 증발이 발생하여 노의 여러 부분에 응축되어 조업에 지장을 초래할 수 있다. 그러나 CaC_2법에 비하여 더욱 효율적이어서 선호하는 CaSi 합금 제조법으로 알려져 있다.

4) 금속 실리콘(MG-Si)의 화학적 정제

MG-Si의 순도는 97~99 % 수준이지만, Fe이나 Al 등의 합금용으로는 곧바로 사용할 수 있다. 그러나 고순도가 필요한 태양전지용(SOG-Si>7N)이나 반도체용 Si(EG-Si>11N)은 정제하여야 한다. MG-Si의 고순도화는 화학적인 방법과 야금학적인 방법으로 구분할 수 있다.[2] 전체 Si 생산량 중 반도체용 Si의 수요는 3 % 정도인 반면, 태양전지용 Si의 수요는 18 % 정도이다. MG-Si을 야금학적인 방법으로 SOG-Si까지 정제하기 위해 많은 연구가 수행되었지만 실용화된 사례는 찾기 힘들다.

MG-Si을 화학적으로 정제할 때는 MG-Si을 화합물로 만들어 정제한 후에 적절한 환원제를 이용해 다시 금속 Si으로 환원한다. 그림 5.9에는 MG-Si의 화학적인 정제에서, Si 화합물과 환원제의 관계를 종합하여 나타내었다.[18] SiO_2를 제외하면 위쪽의 화합물일수록 열역학적으로 안정하여 환원하기 힘들다. 환원제 중에서 C 외에는 위쪽에서부터 환원력이 큰 순서로 나타내었다. Si의 화학적 정제는 불화물(SiF_4)이나 염화물($SiCl_4$) 등의 할로겐화물, 수소화물(SiH_4), 수소화 할로겐화물($SiHCl_3$) 등 쉽게 정제할 수 있는 화합물을 경유하고 있다. 또 Si 화합물은 다른 활성금속보다 환원이 쉬운 화합물이므로 K, Na, Mg, H_2 등 여러 종류의 환원제를 사용할 수 있는 장점이 있다. 특히 환원제를 기체, 액체, 고체 상태 등으로 공급할 수 있으며, Si 할로겐화물 등의 원료는 증기압이 높아서 기체 상태로 공급할 수 있다. 그러나 상용화된 MG-Si에서 고순도 SOG-Si으로의 정제는 주로 그림 5.9에 나타낸 삼염화실란(trichlorosilane, TCS, $SiHCl_3$)을 출발원료로 사용한다.[18]

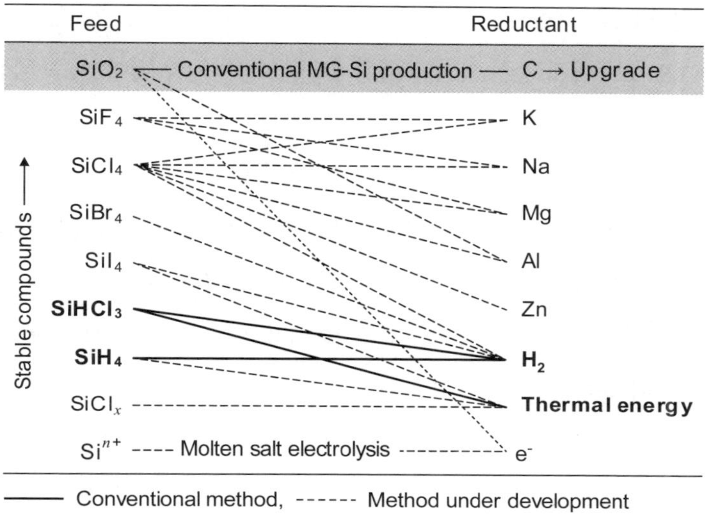

그림 5.9. 태양전지급 Si(SOG-Si)용 화합물과 환원제

그림 5.10에는 TCS를 출발원료로 사용하여 폴리 실리콘(poly-crystalline silicon, 다결정 Si)을 제조하는 Siemens법의 공정도[19]를 나타내었다. TCS는 무수 HCl 가스와 충분히 건조한 MG-Si 분말을 250~300 ℃의 유동층 반응기(fluidized bed reactor)에 주입하여 다음 식과 같은 반응으로 만든다.

$$Si(s) + 3HCl(g) = HSiCl_3(g) + H_2(g) \tag{5.16}$$

이러한 Si의 염화반응은 격렬한 발열반응이므로, 반응 온도를 적절하게 제어하지 못하면 사염화규소($SiCl_4$, STC) 등이 생성되어 노의 수명이 짧아질 뿐만 아니라 TCS의 실수율이 저하된다. 노에서 배출되는 기체상의 반응 생성물은 약 300 ℃이며, TCS 외에도 STC와 미반응한 H_2, HCl 등이 포함되어 있다. 따라서 반응 생성물을 −70 ℃까지 냉각시켜

TCS와 STC를 액화시킨 후 분리, 회수한다. STC보다 TCS가 쉽게 휘발하며, 또 고온에서는 $HSiCl_3$가 열분해되어 다음 식과 같이 Si을 생성하기도 한다.[2]

$$2HSiCl_3(g) = Si(s) + SiCl_4(g) + 2HCl(g) \tag{5.17}$$

TCS는 끓는점이 31.8 ℃이므로 상온에서 액체상의 화합물로 존재한다. 따라서 MG-Si 중의 불순물들은 염화반응에 의해 대부분 고체 상태의 화합물로 잔류하여 TCS 증류 전에 제거된다. 그러나 반도체용 Si은 B, P 등의 불순물을 10^{-11} 이하까지 제거해야 하므로 그림 5.10과 같이 다단계의 증류탑(distillation tower)을 거쳐서 고순도의 TCS를 만든다.

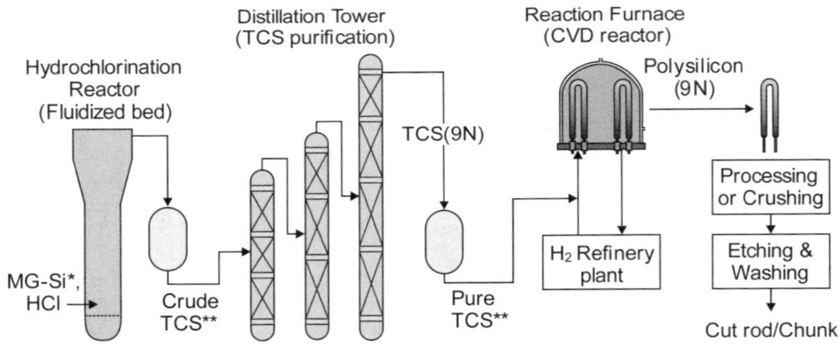

*MG-Si: Metallurgical grade Si, **TCS: Trichlorosilane, $SiHCl_3$

그림 5.10. Siemens법에 의한 다결정 Si의 제조 공정도

그림 5.11에는 고순도의 다결정 Si을 제조하는 Siemens법과 FBR(fluidized bed reactor)법의 반응기를 비교하여 나타내었다. Siemens법에서는, 정제한 수소를 고순도의 TCS와 혼합하여 반응기에 공급하면 표면 온도가 1,000 ℃ 이상으로 가열된 다결정 Si 봉(Si seed)의 표면에서 다음 식과 같이 반응하여 고순도 Si이 석출된다.

$$HSiCl_3(g) + H_2(g) = Si(s) + 3HCl(g) \quad (5.18)$$

그리고 생성된 고순도 Si의 일부는 반응관(quartz) 내벽에 석출되기도 하는데, $H_2/SiHCl_3$의 몰비는 5~15가 적당하며, 이 몰비가 커지면 Si의 실수율도 높아진다.[2]

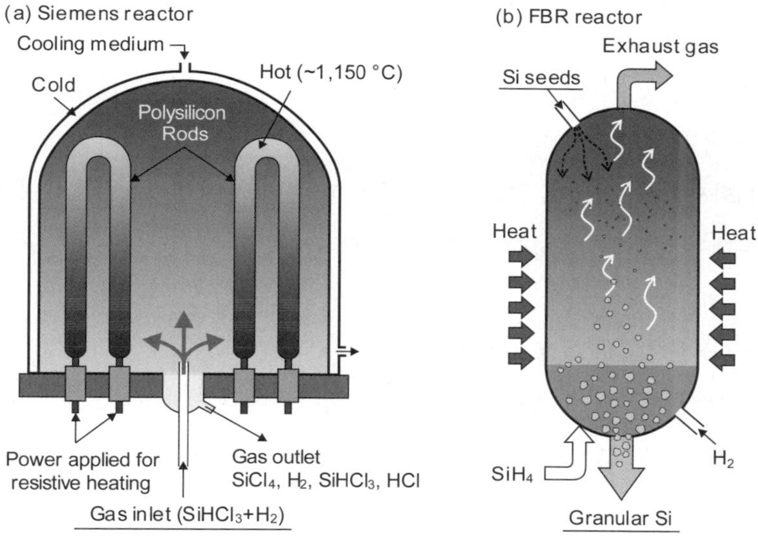

그림 5.11. 고순도의 다결정 Si 제조 반응기 비교

한편 그림 5.11(b)에는 실란(SiH_4) 가스를 출발원료로 사용하는 FBR법 반응기의 모식도를 나타내었다. 반응기 하부에서 가열된 SiH_4와 H_2를 분사하여 상부에서 공급한 Si seed 분말을 유동화시킨다. 이때 다음 식과 같이 H_2에 의해 SiH_4가 분해되므로 Si seed에 증착되어 고순도 Si이 얻어진다.[20]

$$SiH_4(g) + H_2(g) = Si(s) + 3H_2(g) \quad (5.19)$$

생성된 Si이 Si seed 분말에 증착되어 원하는 크기만큼 성장한 입자는 반응기 하부에서 배출되며, 반응기 상부에서는 Si seed 입자를 연속적으로 공급한다.

5) 금속 실리콘의 야금학적 정제

야금학적인 MG-Si의 정제 방법에는 산 침출, 슬래그 처리, 응고 편석 이용, 플라스마 등에 의한 고온 가열이나 진공 증발, 가스나 수증기에 의한 용탕 처리 등의 방법이 있다. 다만 한 가지 방법으로 금속 Si을 고순도화시킬 수 없으며, 불순물의 종류에 따라 몇 가지 방법을 조합하여 사용해야 하는데, 상용화된 사례는 잘 알려져 있지 않다.[2]

(1) 산 침출(acid leaching)

산 침출은 Si 중의 불순물을 산으로 침출하여 제거하는 것으로, 고-액 계면에서 일어나는 불균일 반응이다. 따라서 고체 표면에 노출된 불순물은 산으로 침출하여 제거할 수 있으나, 입자 내부에 있는 불순물은 제거할 수 없다. 그러나 Si과 저융점 화합물을 생성하는 제3의 원소를 첨가하여 불순물을 저융점상에 농축시키고 응고 과정에서 입계에 석출시킨 후 파쇄하여 산 침출로 제거할 수 있다.

MG-Si에 Ca을 첨가하여 용융시키면 Si-Ca 2원계 상태도로부터 Ca_2Si, CaSi, $CaSi_2$ 등의 합금상이 생성되며, 이러한 Si-Ca계 합금의 융점(1,100~1,324 ℃)은 Si의 융점(1,414 ℃)보다 낮다. 따라서 용융된 Si-Ca 합금을 서냉시키면 일방향 응고의 경우와 마찬가지로 고순도 Si이 우선하여 초정(primary crystal)으로 응고되면서 결정 입계(grain boundary)에 액상의 합금상이 모이며, 마지막에는 $CaSi_2$가 석출된다. 이때 $CaSi_2$와 함께 $FeSi_2$, FeAlSiCa, FeSi(Ti,V), AlSiCa 등도 같이 석출된다. 그림 5.12에는 Si 기지의 결정 입계에 생성된 $CaSi_2$ 중에 $FeSi_2$가 포집된 예를 나타내었다. 응고가 완료된 Si은 입계 부분이 취약해 쉽게 파쇄되어 입계에 농축된 불순물이 노출되므로 $FeCl_3$나 HCl 등으로 용해시켜 불순물을 제거할 수 있다.[21]

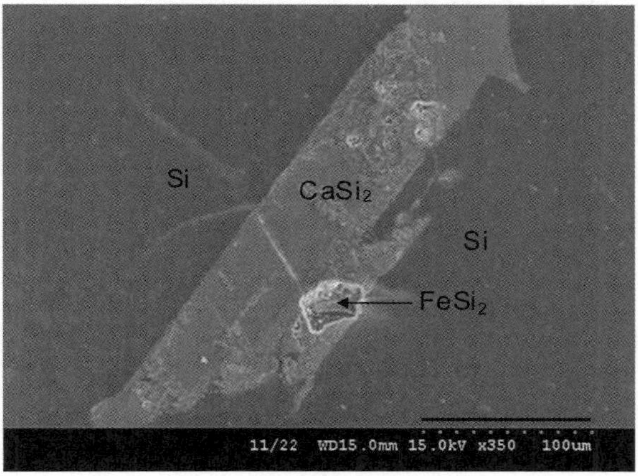

그림 5.12. Si의 결정 입계에 생성된 $CaSi_2$상과 포집된 $FeSi_2$

(2) 산화 및 슬래그 처리에 의한 정제

B이나 C은 증발 제거나 일방향 응고에 의한 제거가 곤란한 불순물이어서 수증기로 산화시켜 슬래그나 가스상으로 제거할 수 있다. 수증기에 의한 Si, C, B의 산화반응은 다음 식으로 나타낼 수 있다.[22]

$$Si(l) + 2H_2O(g) = SiO_2(l) + H_2(g), \quad (5.20)$$

$$\Delta G^0 = -460{,}000 + 94.1T \ (J)$$

$$\underline{C}+H_2O(g)=CO(g)+H_2(g), \tag{5.21}$$

$$\Delta G^0=627{,}000+11.4T\log T-149T\ (J)$$

$$\underline{B}+H_2O(g)=BO(l)+H_2(g),\quad \Delta G^0=301{,}000-134T\ (J) \tag{5.22}$$

이러한 산화반응에서 기체상 중의 p_{H_2O}/p_{H_2}와 온도에 따른 p_{CO}/a_C나 p_{BO}/a_B를 검토하면, B은 고온일수록 낮은 산소 퍼텐셜(p_{H_2O}/p_{H_2})에서도 산화가 진행되지만, C은 잘 제거되지 않는다. 그리고 같은 산소 퍼텐셜에서도 Si의 산화반응은 고온일수록 억제되며, 같은 온도에서 p_{BO}/a_B와 p_{CO}/a_C가 작을수록 B과 C의 제거가 쉬워진다. 따라서 분위기 가스의 조성을 잘 제어하면 고온일수록 Si의 산화 없이 C이나 B을 제거할 수 있다.[22]

한편 MG-Si 중의 불순물을 산화시켜 Si/슬래그 사이의 분배비를 이용하여 슬래그상으로 제거할 수 있다. 특히 일방향 응고, 진공 정련, 산 침출 등으로는 제거가 곤란한 B 등도 분배비가 높은 슬래그를 이용하면 일정 수준까지 제거할 수 있다. 또 CaO-SiO_2계 슬래그에서 B은 SiO_2에 의해 다음 식과 같이 산화되어 슬래그로 분배된다.[23]

$$\frac{3}{4}SiO_2(l)+B(l)=\frac{3}{4}Si(l)+BO_{1.5}(l) \tag{5.23}$$

이때 B의 산화 제거는 분위기 중의 산소 퍼텐셜과 슬래그의 염기도인 (wt%CaO)/(wt%SiO_2)에 의존한다. 그러나 열역학적으로 Si보다 산소 친화력이 낮은 Fe, Cu, Mn 등을 산화시켜 슬래그로 제거할 수는 없다. 한편 CaO 대신에 $CaCO_3$를 첨가하여, $CaCO_3$의 분해로 발생한 CO_2 가스로 B을 산화시켜 제거하기도 한다.[24]

$$2B(s)+3CO_2(g)=B_2O_3(l)+3CO(g), \tag{5.24}$$

$$\Delta G^0=-387{,}015-42.87T\ (J)$$

(3) 일방향 응고 정제

고체 상태의 Si 중 용해도가 낮은 불순물은 용융 Si을 일방향으로 응고시켜 제거할 수 있는데, 시료가 용융/응고될 때 고상/액상 사이에서 용질 성분의 편석이 일어나는 것을 이용하여 금속 Si을 정제하는 방법이다. 이러한 일방향 응고에 의한 불순물 제거는 다음 식에 나타낸 용질 성분의 편석계수(k_0)를 지표로 사용하고 있다.

$$k_0 = C_s^* / C_l^* \quad (5.25)$$

C_s^*, C_l^*는 고-액 계면에서 각각 고체, 액체 중 용질의 농도(ppm)이며, 2원계 상태도에서 고상선(solidus)과 액상선(liquidus)의 농도와 같다. 다만 실제 상태도에서는 고상선과 액상선이 완만한 곡선이지만, 이 식에서는 각각이 직선이며 그 비율도 일정한 것으로 가정한다. 표 5.2에는 SOG-Si의 불순물 한계(ppm)와 고체 Si 중 불순물의 k_0를 나타내었으며,[25,26] 그림 5.12에는 일방향 응고에 따른 불순물의 농도 변화를 편석계수와 함께 나타내었다.[27]

표 5.2. SOG-Si의 불순물 한계(ppm)와 평형 편석계수 k_0

Elements	SOG-Si (ppm)	k_0*	Elements	SOG-Si (ppm)	k_0*
O	<6	0.2~1.25	Fe	<1	6.4×10^{-6}
C	<5	0.034~0.3	Ti	<0.01	2×10^{-6}
B	<0.3	8×10^{-1}	Co	-	2×10^{-5}
P	<0.1	3.5×10^{-1}	Mn	-	1.3×10^{-5}
Ca	<0.3	5×10^{-2}	V	-	4×10^{-6}
Al	<0.1	8×10^{-2}	Ni	-	1.3×10^{-4}
Cu	<3	8×10^{-4}	Mo	-	4.5×10^{-8}
Cr	<0.1	1.1×10^{-5}	Zr	-	1.6×10^{-8}

*k_0: equilibrium segregation coefficient

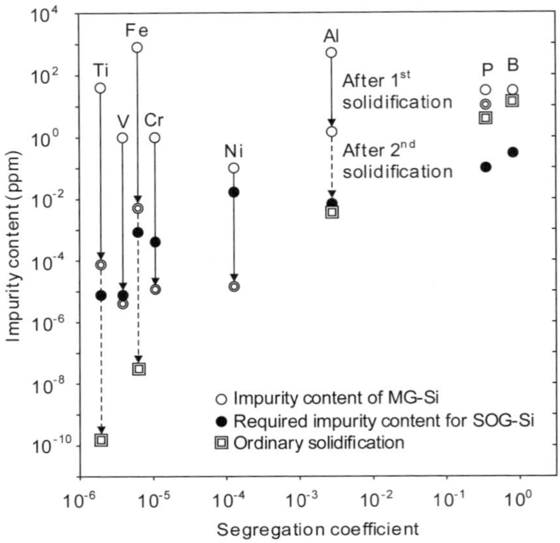

그림 5.13. 일방향 응고 정제 시 Si 중의 불순물 농도 변화와 평형 편석계수(k_0)의 관계

한편, 정제 대상 금속 중의 초기 불순물 농도와 응고 후의 불순물 농도를 각각 C_i^0, C_i, 고체와 액체에서 불순물 i의 평형 농도를 각각 C_s, C_l이라 하면 k_0와의 관계는 다음 식과 같이 나타낼 수 있다.

$$C_i = k_0 \cdot C_i^0, \quad k_0 = C_s / C_l \tag{5.26}$$

고체에서는 확산이 없고 액상의 농도가 균일하면 Scheil 식을 적용하여 고상 비율 f_s와 고상에서의 용질(불순물) 농도 C_s^*를 다음 식과 같이 나타낼 수 있다.[28]

$$C_s^* = k_0 C_0 (1 - f_s)^{(k_0 - 1)} \tag{5.27}$$

그러나 실제 응고가 일어날 때, 고-액 계면 앞쪽의 액상에 농도 경계층이 존재하여 농도 구배가 있으면 다음 식에 나타낸 유효 편석계수인 k_{eff}를 사용하여야 한다.[29]

$$k_{eff} = \frac{k_0}{k_0 + (1-k_0)\exp\left(-\frac{v \cdot \delta}{D}\right)} \tag{5.28}$$

여기서 v는 결정의 성장 속도(m/s), δ는 용질 경계층의 두께(m), D는 액상에서의 불순물 확산계수(m^2/s)를 나타낸다. 이 식으로부터 $(v \cdot \delta)/D \rightarrow \infty$이면 k_{eff}=1이 되고, $(v \cdot \delta)/D \rightarrow 0$이면 $k_{eff} = k_0$가 된다. 따라서 액상이 교반 등으로 혼합되어 δ가 매우 작거나, 고-액 계면의 이동 속도(v)가 매우 느려 액상 내에서의 충분한 확산으로 액상이 균일하게 되면 유효 편석계수 k_{eff}는 평형 편석계수 k_0와 같은 값이 되어 고상의 고순도화가 촉진된다. 그러나 액상의 혼합이 불완전하거나, 고-액 계면의 이동 속도가 매우 빨라 균일한 액상이 형성되지 못하면 k_{eff}는 1에 가깝게 되어 일방향 응고에 의한 고순도화는 기대할 수 없다.[30]

그림 5.14에는 MG-Si을 용융하여 아래쪽으로 일방향 응고시킨 후의

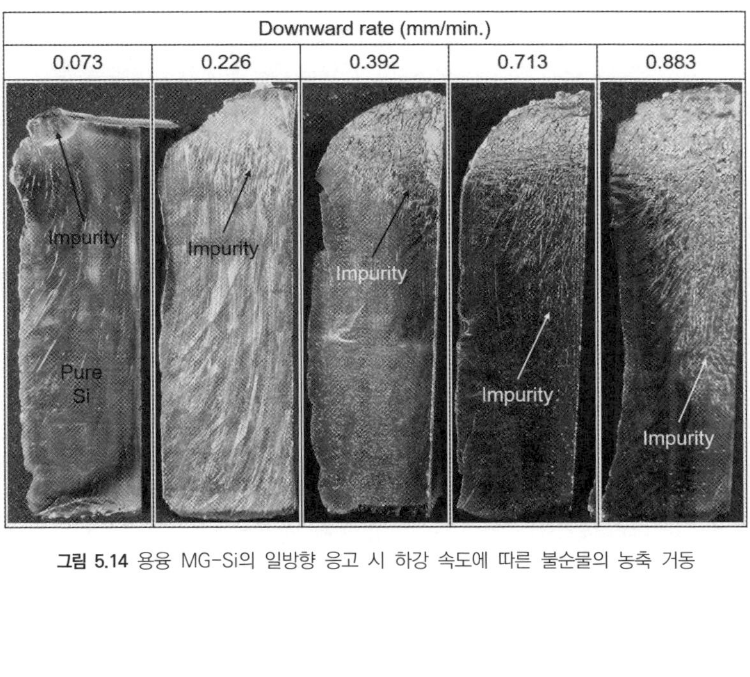

그림 5.14 용융 MG-Si의 일방향 응고 시 하강 속도에 따른 불순물의 농축 거동

1/4 단면을 관찰한 결과를 나타내었다. 하강 속도가 느릴수록 상부에서부터 불순물이 모인 부분의 면적이 작아져 고상의 고순도화가 진행된 것을 알 수 있다.[30]

(4) 고온 가열에 의한 불순물의 증발 제거

그림 5.15에는 SOG-Si 중 불순물들의 최대 정제 목표 농도에서 불순물의 증기압(Pa)과 온도(K)의 관계를 나타내었다.[22] SiO나 Al, P의 증기압이 다른 성분보다 현저하게 높다. 그리고 1,800 K에서 Si 중 0.1 ppm인 P의 증기압과 순수한 Si의 증기압 비 및 각각의 중량 농도(wt%) 비는 다음과 같다.

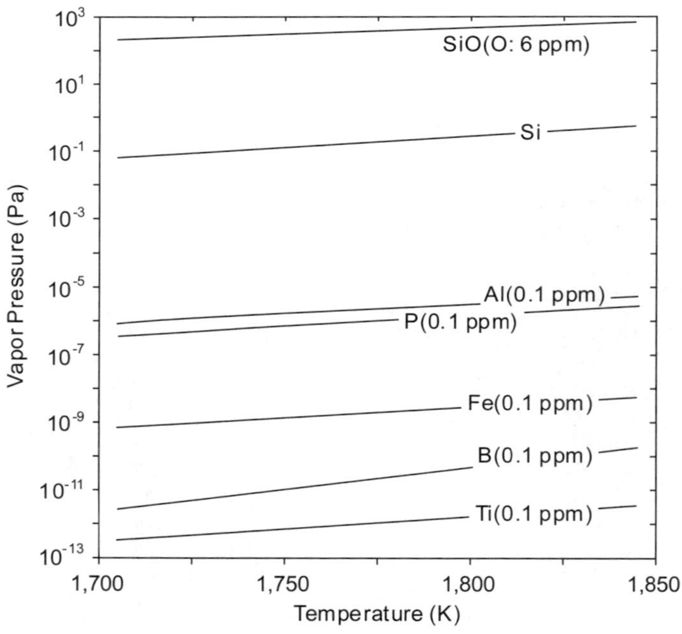

그림 5.15. 온도에 따른 SOG-Si 중 각 불순물의 증기압(Pa)

$$\text{증기압비:}\quad \frac{P_{0.1\,\text{ppm P}}}{P_{\text{pure Si}}} = \frac{1.43\times 10^{-6}}{2.58\times 10^{-1}} = 5\times 10^{-6} \tag{5.29}$$

$$\text{농도비:}\quad \frac{[\text{wt\%P}]}{[\text{wt\%Si}]} = \frac{0.1\times 10^{-6}}{1} = 1.43\times 10^{-7} \tag{5.30}$$

Si 중 P가 0.1 ppm이어도 기체상으로의 탈린이 진행되므로, 일방향 응고에 의한 정제를 기대할 수 없는 P, O 등에 대해서는 증발 제거가 효과적인 것을 알 수 있다. 따라서 MG-Si를 감압 상태에서 플라스마나 전자빔 등으로 용융시키면 불순물을 기체상으로 제거할 수 있다.[22]

4. 실리콘의 용융과 반도체용 실리콘의 제조

Siemens법 등으로 정제한 고순도 Si은 Ar, He 등의 불활성 가스나 10^{-2} Pa의 진공 분위기에서 투명 석영 도가니에 넣어 용융한다. 한편 반도체용 Si은 고순도의 단결정이므로, 다결정 Si(polysilicon) 봉을 FZ법(floating zone method, 부유 대용융법)이나, 용융 Si에 단결정 Si 시드를 붙여 회전시키면서 끌어올리는 CZ법(Czochralski method, 회전 인상법)으로 단결정을 만든다. 그러나 약 95 %의 단결정 Si은 CZ법으로 만들고 있다. 그림 5.16에 각 방법의 원리를 나타내었다.[31]

우선, FZ법은 2원계 합금을 정제할 때 사용하는 대용융(zone melting)법을 이용한 것으로, 그림 5.16(a)와 같이 다결정 Si의 한쪽 끝에 단결정 시드를 붙이고, 용융 영역을 통과시켜 단결정으로 만드는 방법이다. 특히 FZ법에서는 도가니와 용융 Si이 접촉하지 않고 단결정이 성장하므로 CZ법보다 고순도인 단결정이 만들어진다. CZ법으로 만든 단결정 Si의 산소 농도는 약 10^{18} atoms/cm^3 정도이지만, FZ법의 Si은 10^{16} atoms/cm^3 정도이다. 그러나 FZ법 Si의 산소 농도가 너무 낮아 CZ법 Si보다 기계적 강도가 낮으며, 가공 중 열응력의 영향을 더 많이 받게 된다. 따라서 FZ법에서는 Si 단결정을 성장시키는 도중에 산소나 질소를 $1{\sim}1.5\times10^{17}$ atoms/cm^3 또는 1.5×10^{15} atoms/cm^3 정도로 도핑시켜 기계적 강도를 높인다.

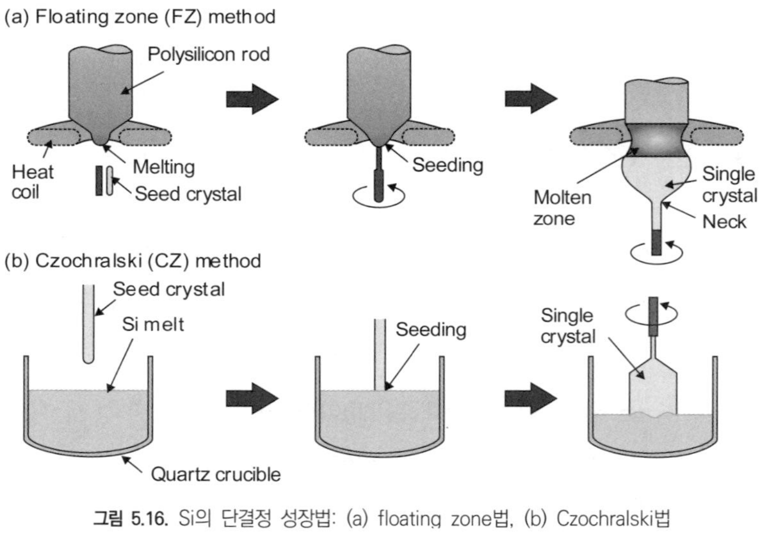

그림 5.16. Si의 단결정 성장법: (a) floating zone법, (b) Czochralski법

CZ법은 그림 5.16(b)에 나타낸 바와 같이 단결정을 3단계에 걸쳐서 제조한다. 우선 불활성 분위기에서 다결정 Si을 융점인 1,420 ℃ 이상에서 용융시키고, 고온에서 일정 시간 동안 유지하여 Si 용탕 중의 미세 기포 등을 방출시킨다. 이어서 단결정 Si 시드를 원하는 방향으로 용융될

때까지 용융 Si에 담가 접종시킨다. 그리고 Si 시드를 상부로 끌어올리면 단결정의 직경이 서서히 감소하면서 neck이 형성되고, 이어서 단결정의 직경이 점점 증가하므로 원뿔(cone) 모양이 만들어진다. 이때 Si 단결정의 상승 속도와 온도를 조절하면 원하는 직경의 원통형 단결정을 만들 수 있다. 그리고 Si 단결정을 성장시킬 때, 상부에서 불활성 가스(Ar 등)를 흘려 CO(g)나 SiO(g) 등의 기체상 반응 생성물을 하부로 배출시켜 제거한다. 이러한 CZ법에서 불순물들은 일방향 응고 정제와 동일하게 거동한다. 한편 CZ법을 개량한 CCZ법(continuous Czochralski method)[32]과 용융 Si에 전자기장을 인가하는 MCZ법(magnetic field applied Czochralski method)[33] 등도 개발되어 있다.

5. 실리콘의 리사이클링

1) 웨이퍼 절삭 분말의 리사이클링

(1) 절삭 분말

금속 Si을 제조하는 모든 공정에서는, 품위와 정도는 다르지만 Si의 손실이 발생한다. 이러한 것들은 수분을 함유하거나 건조한 상태의 분말로 수집되나, 제조 공정에서 발생한 불순물들이 함유되어 있어 폐기물로 취급되어 왔다. 특히 Si 잉곳으로부터 웨이퍼를 만드는 절단 공정에서 직경이 약 0.14 μm인 와이어 소(wire saw)를 사용하고 있는데, 이때 평균 입자 직경이 약 20 μm인 SiC 분말을 연마제로 사용하고 있다. 최근에는 연마제를 사용하지 않는 다이아몬드 와이어 소도 개발되어 일부 적용하고 있지만,[34] 일반적으로 Si 웨이퍼 제조 공정에서는 많은 양의 SiC(31 %)와 Si 입자(21 %), 절삭유(polyethylene glycol, PEG, 40 %), 기타 금속 성분 등(8 %)이 함유된 슬러지가 발생한다. 표 5.3에는 이러한 슬러지 구성물질의 물성을 나타내었다.[35,36]

표 5.3. Si 웨이퍼 제조 공정에서 발생하는 Si, SiC, PEG의 물성

	Si	SiC	PEG*
Molar mass (g/mol)	28.085	40.097	190~210, 18.02+44.05n
Melting point (℃)	1,414	2,830	-50
Boiling point (℃)	3,265	-	>200
Density (g/cm³)	2.33(r.t.), 2.53(m.p.)	3.16(r.t.)	1.124(r.t.)
Kinematic viscosity (m^2/s)	-	-	57.33×10^{-6} (25 ℃) 15.41×10^{-6} (50 ℃)

* PEG: Polyethylene Glycol

그림 5.17에는 PV(photovoltaic) 산업에서 발생하는 폐기물들의 가치사슬[37]과 다결정 Si으로 PV를 제조하는 과정에서 발생하는 폐기물의 양과 종류[38]를 나타내었다. Si 잉곳으로부터 웨이퍼를 제조하는 과정에서 Si 잉곳의 약 68 %가 폐기물로 발생하고 있으며, 그 양은 MWp당 약 9.7 ton의 Si에 상당한다. 절삭 공정에서만 약 40 %의 Si이 분말이 되어 손실되는 것으로 알려져 있다. 따라서 PV 산업에서는 태양전지 모듈 코스트의 약 25 %에 상당하는 이러한 Si 폐기물을 줄이기 위해 많은 연구가 수행되었으며, 일부에서는 SiC 입자와 절삭유를 회수하여 리사이클링하는 것으로 알려져 있다. 그러나 크기가 1 μm 이하인 Si 입자는 분리와

회수가 어려워 재활용되지 못하고 있다고 한다.[39]

특히 절삭유인 PEG가 있으면 Si과 SiC 입자를 분리하기가 쉽지 않고, 절삭 과정에서 Si과 SiC가 강하게 결합되어 있으면 더욱더 분리하기가 힘들다. 일반적인 분리 방법에는 물리적 방법과 화학적 방법, 물리+화학적인 방법이 있다.

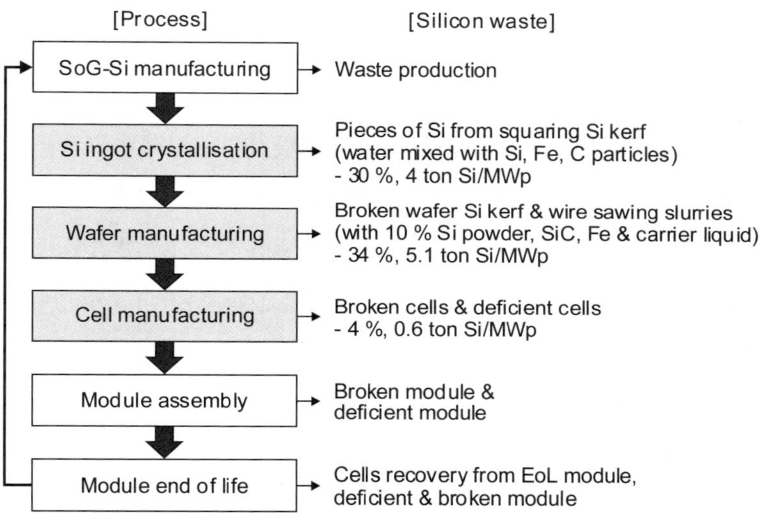

그림 5.17. PV 산업에서 발생하는 금속 Si 폐기물

(2) 고-액 분리

상온에서 Si, SiC, PEG의 밀도가 각각 2.33, 3.16, 1.124 g/cm^{3}이며, 슬러지 중의 Si은 0.5~3 μm이지만, SiC 입자는 5~30 μm이다. 그러므로 슬러지를 방치하면 SiC 입자가 우선하여 침강되며, Si 입자의 침강에는 더욱 많은 시간이 필요하다. 따라서 원리적으로는 고체와 액체 및 Si과 SiC를 분리할 수 있으나, 점도가 높아 수개월이 소요되기도 하므로,

일반적으로 습식 사이클론이나 원심분리를 이용한다. 그리고 PEG는 여과와 진공 증류에 의해 제거하거나 회수하며, 고형 케이크는 습식이나 건식 분별법을 이용하여 Si과 SiC를 분리한다. PEG는 끓는점이 200 ℃ 이상이므로 이보다 높은 온도에서 가열하면 증류할 수 있다. 그러나 가열 시에 슬러지가 대기 중에 노출되면 Si 입자가 산화되므로 불활성 분위기에서 가열하고 응축시켜야 회수할 수 있다.

(3) 물리적인 분리

고-액 분리하고 남은 고형 케이크 중의 Si과 SiC는 각각의 크기와 밀도 차이를 이용하여 습식이나 건식 분별법으로 분리한다. 특히 Si과 SiC 입자는 중액(heavy liquid) 중에 분산시켜 원심분리하는 경우가 많다. 그림 5.18에는 원심분리 과정과 원심 분리력을 모식적으로 나타내었다.[40] 고체 입자에 대한 원심력 F는 입자의 질량(M), 회전 속도(ω), 입자의 위치(r)에 따라 작용하며, 다음 식과 같다.

$$F = M\omega^2 r \tag{5.31}$$

따라서 원리적으로 적절한 가속력을 가하면 용기 바닥 쪽 벽에 침강된 SiC 입자와 상부의 Si 입자를 분리할 수 있다.

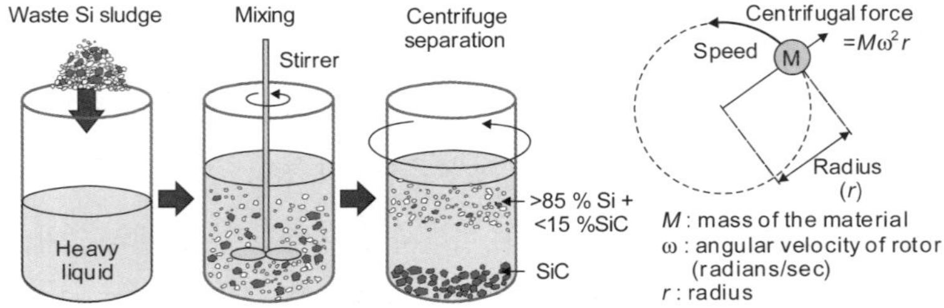

그림 5.18. 원심분리 과정과 원심 분리력의 모식도

(4) 화학적인 분리

SiC와 Si의 화학적인 분리 방법은 각각의 화학적 반응성 차이를 이용하는 것이다. 우선 PEG를 여과, 증발, 원심분리 등의 방법으로 분리하고, 회수한 고체는 수세하여 남아 있는 PEG를 제거한다. 고체 분말 중의 SiC는 산이나 염기 중에서 화학적으로 안정하지만, Si은 쉽게 반응한다. 따라서 SiC를 회수할 때 적당한 용매를 사용하여 Si만 용해시킨다. 산 용액으로는 불산+질산(or 과산화수소)을 사용하며, 염기성 용액으로는 NaOH, KOH, amines이나 강알칼리 물질을 사용하여 Si을 실리케이트로 용해시킨다. 그리고 원리적으로는 염산, 요오드, 메탄올, 에탄올 등의 가스를 사용하여 Si을 휘발성 화합물로 만들어 휘발시킬 수 있으나, 수분이나 표면 산화층 등으로 인해 쉽지는 않다. Park 등은 실리콘 슬러지로부터 실리콘을 전해 회수하기 위해 1,000 ℃에서 염화 배소하여 Si을 $SiCl_4$(g)로 회수하기도 하였다.[41]

(5) 물리화학적인 분리

한편 물리적인 방법으로는 Si과 SiC를 완벽하게 분리할 수 없으며, 화학적인 방법은 많은 양의 용매가 필요하므로 다량의 폐기물이 발생한다. 특히 PEG가 존재하여 수소 가스가 방출되면 상당한 양의 기포가 발생하여 슬러지가 용기 밖으로 넘쳐 흐르게 되며, 또 수소 가스 방출은 화재의 위험도 있다. 따라서 1단계에서는 Si과 SiC를 물리적으로 적당한 수준까지 분리한 후, 농축된 SiC 중의 Si을 소량의 용매를 이용해 화학적으로 처리하는 물리+화학적인 방법을 사용하고 있다.[42]

(6) 고온 재용융 처리

Si(m.p. 1,414 ℃)과 SiC(m.p. 2,830 ℃)의 융점 차이를 이용하는 것으로, 혼합 분말을 Si 융점 이상의 고온에서 처리하여 Si 입자를 응집시키면 SiC와 분리할 수 있다. 그림 5.19에는 PEG를 제거한 혼합 분말을 고온에서 처리하여 Si과 SiC를 분리하는 과정을 모식적으로 나타내었다.[43] 전처리를 거친 Si/SiC 분말을 펠릿으로 만든 후 도가니(SiN coated quartz)에 장입하여 Ar 분위기의 약 1,470 ℃에서 수 시간 동안 가열하면 Si 분말들은 용융되어 큰 덩어리가 되고 SiC와 분리되어 도가니의 위쪽으로 부상한다. 특히 용융 Si은 SiC와 서로 들러붙지 않으므로 냉각 후 물로 세척하면 Si과 SiC를 쉽게 분리할 수 있다.

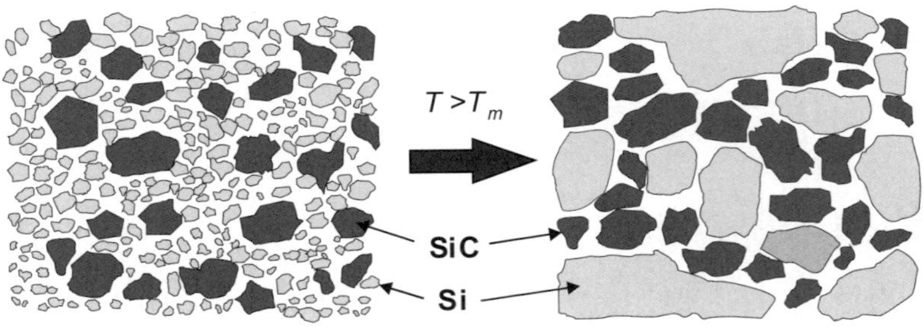

그림 5.19. 고온 처리에 의한 Si과 SiC의 분리 과정

(7) 금속 불순물 제거

슬러지 중의 고체 입자에 부착된 Fe 등의 금속성 불순물은 산세하여 제거할 수 있다. HNO_3나 HCl을 사용하여 Fe 등의 불순물을 용해한 다음 여과하거나 원심분리하여 고형 분말을 회수한다.

2) 웨이퍼 절삭 분말의 리사이클링 예

(1) 초음파와 원심분리에 의한 분리

Jang 등은 초음파 처리와 원심분리 공정을 이용하여 Si 슬러지에서 Si 입자를 분리하였다. 그림 5.20에 회수 공정도를 모식적으로 나타내었다.[44] Si 입자를 분리하여 회수하기 위해서는 절단 과정에서 강하게 결합된 Si과 SiC 그리고 금속 불순물을 분리하여야 한다. Jang 등은 우선 실리콘 슬러지를 180 ℃에서 10시간 동안 가열하여 절삭유인 diehtylene glycol(DEG)을 증류시켜 회수하였다. DEG를 제거한 분말은 증류수로 세척하고 80 ℃에서 3시간 동안 건조하였다. 건조된 분말을 증류수 중에서 초음파를 가하여 Si과 SiC 입자를 분리하고 곧바로 원심분리하여 Si과 SiC 입자를 분별하여 회수하였다. 그리고 Si 입자에 부착된 Fe 등은 HCl 용액으로 침출하여 순도 99.9 % 이상의 Si을 80 % 이상 회수하였다. 회수한 Si 입자를 FE-SEM으로 관찰한 결과 평균 입자 크기는 약 1 μm이며, 미량의 SiC가 존재한다고 보고하였다.

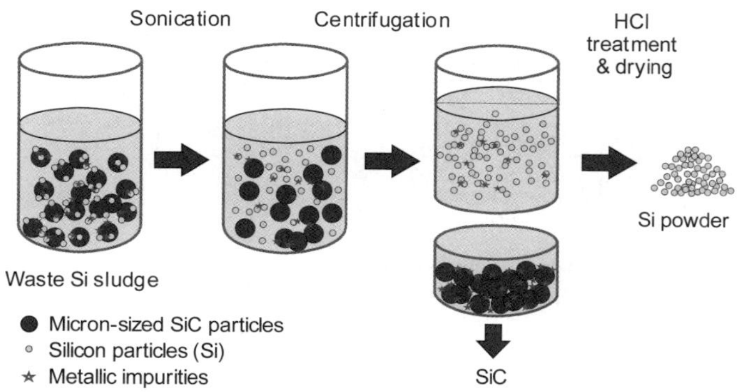

그림 5.20. Si 슬러지에서 Si 입자를 회수하는 공정도

(2) 고온 처리에 의한 Si 회수

Wang 등은 슬러지를 중액 선별하고 원심분리하는 과정을 3회 실시하였으나 미립의 SiC가 완전히 분리되지 않아 고온 처리를 하였다. 절삭유를 제거한 분말을 펠릿으로 만들어 Ar 분위기의 1,470 ℃에서 수 시간 동안 가열하여 그림 5.19처럼 분말 중의 Si을 응집시키고, 냉각 후 수세하여 Si을 회수하였는데, 그림 5.21에 그 공정도를 나타내었다.[45] 특히 Si이 용융된 후 냉각 과정에서 SiC를 제외한 나머지 불순물들은 Si의 표면으로 편석되므로 불산 등으로 산세하여 제거할 수 있다. 그리고 일방향 응고에 의해 Al, Cu, Fe, Cr 등의 불순물을 제거하면 태양전지용으로 사용할 수 있다고 보고하였다.

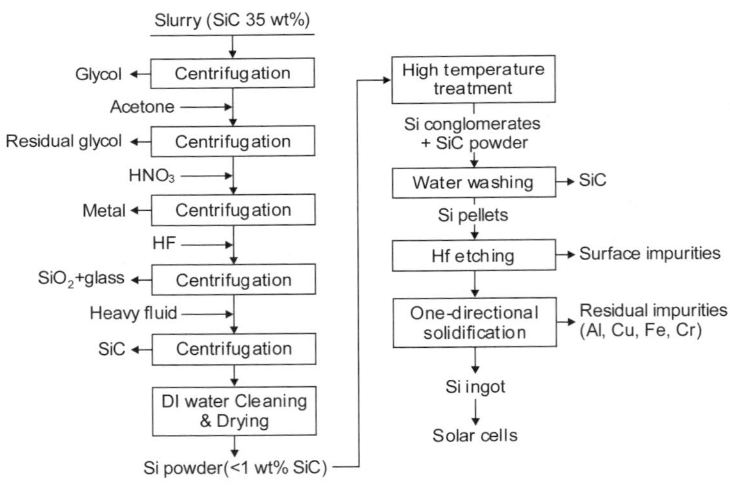

그림 5.21. Si 슬러지 중 Si 회수 공정도

3) 태양전지 실리콘의 리사이클링

대체 에너지로 주목받고 있는 신재생 에너지원으로 태양전지 산업이 급

성장하고 있다. 특히 태양전지 중에서 실리콘을 기판으로 사용하는 c-Si계 태양전지가 낮은 가격 및 높은 효율로 인해 전 세계 태양전지 시장의 90 % 이상을 차지하고 있다. 일반적으로 태양전지의 수명은 20~25년 정도인데, 태양전지 산업이 1980년대부터 시작된 것을 고려하면 태양전지 폐기물이 발생할 시점이 도래하였다.[46] 한편 태양전지 가격의 60 %는 태양전지 모듈이 차지하며, 모듈 가격의 60 %는 다결정이나 단결정 Si으로 만든 셀과 강화유리가 차지한다. 최근 기후변화에 따른 태양전지산업의 성장에 따라 핵심 소재의 Si 소비량이 현저하게 증가하는 추세에 있으므로 태양전지의 리사이클링 기술 개발이 필요하지만,[47] 현실적으로는 태양전지 모듈 중의 Si 양이 매우 적다는 한계가 있다.

태양전지는 다수의 모듈로 구성되며, 모듈 대부분은 그림 5.22와 같이 강화유리, 접착제, 태양전지셀, 접착제, 백 시트의 샌드위치 구조로 되어 있다.[47,48] 특히 모듈의 강도와 광투과도 향상을 위해 전면에는 강화유리를, 후면 보호를 위한 백 시트에는 열적 안정성을 위해 불소 함유 플라스틱 필름을 사용한다. 또 각 층 사이의 접착제로는 주로 광 투과율 저하가 낮은 polyvinylbutyral(PVB)이나 내습성이 우수한 ethylene vinyl acetate(EVA)를 사용하고 있다.[46]

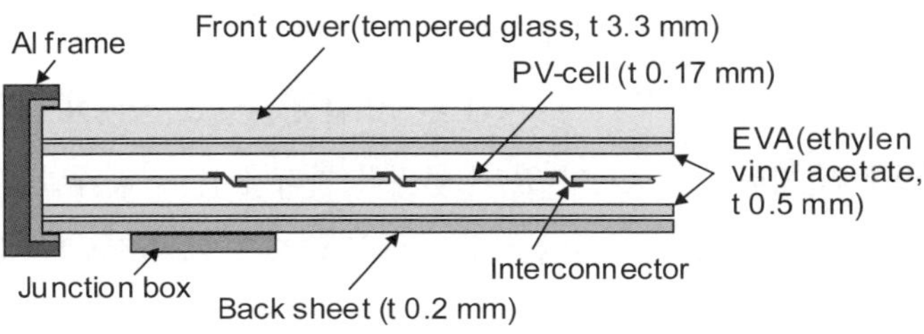

그림 5.22. Si 태양전지 모듈의 모식도

태양전지 모듈은 한화큐셀, LG 네온클럽, Yingli, JA Solar 등에서 만들고 있는데, 제조사 및 각각의 모델에 따라 크기와 구성 성분이 약간씩 다르지만, 대부분은 유사한 규격으로 만들고 있다. 이 중에서 Yingli의 태양전지 모듈이 가장 널리 보급되어 있다. 표 5.4에는 Yingli의 태양전지 단위 셀의 구성을 나타내었다.[49] 실제 폐모듈은 강화유리가 약 80 %로 대부분을 차지하며, 고순도 Si은 전체의 약 4 wt%에 불과하다. 다만 유가금속으로 Ag가 약 0.01 wt% 함유되어 있으므로 경제성만 확보된다면 이를 회수할 필요가 있다.[49]

표 5.4. Yingli제 태양광 모듈의 구성 물질 조성

Parts \ Variables		Thickness (mm)	Weight (g)	Contents (wt%)
Back sheet		0.20	10.3	4.5
Back EVA film		0.50	11.2	4.8
Metal ribbon		t 0.23, w 1.93	2.5	1.1
Photovoltaic cell	Si layer	0.17	9.5	4.1
	Al layer	0.04	2.6	1.1
	Ag metal	-	0.5	0.01
	Metal wire	t 0.03, w 0.11	0.4	0.2
Front EVA films		0.50	11.2	4.8
Tempered glass		3.30	184.6	79.4
Total		4.71	233.1	100

그림 5.23에는 여러 가지 종류의 PV 패널을 리사이클링하는 공정도를 간략히 나타내었다.[50,51] 기본적인 리사이클링 공정은 물리적 처리, 열처리, 화학적 처리로 구성되어 있다. 물리적 처리에서는 PV 패널을 해체하여 알루미늄 프레임, junction box, 케이블 등을 제거하는데, 알루미늄 프레임 등은 별도로 처리한다.

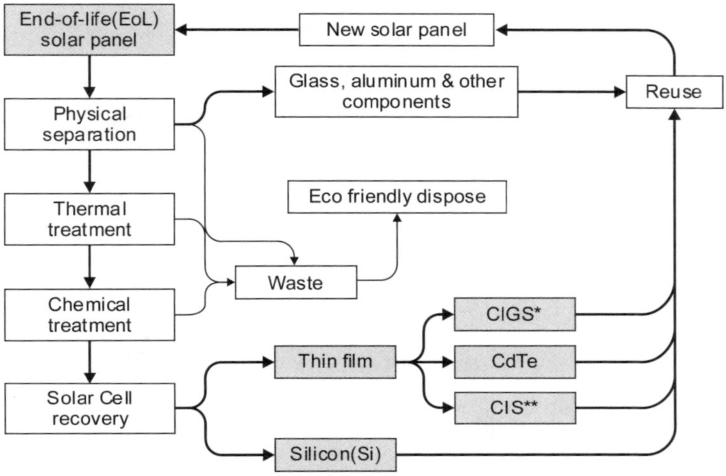

*CIGS: Copper indium gallium selenide, **CIS: Copper indium selenide

그림 5.23. 다양한 태양전지 셀의 리사이클링 공정도

열처리 및 화학적 처리는 모듈 재활용을 위해 접착 성분을 분해하여 모듈을 구성하는 소재층을 분리하는 것으로, 질산법, 유기용매법, 열분해법, 유동층 연소법 등이 있다. 그러나 질산법과 유기용매법은 최소한 25시간 이상 처리해야 하고, 처리 중 발생하는 폐액에 의한 2차 환경오염이 발생할 수 있으며, 회수한 셀이 파손되는 문제점이 있다. 열분해법이나 유동층 연소법은 비교적 고온인 450 ℃ 이상에서 처리해야 하고, 처리 중 유해가스인 NOx 등이 발생하며, 셀이 파손되는 문제점이 있다. 따라서 짧은 시간 안에 유해가스나 폐액의 발생이 적고 열에너지 소비가 적은 효율적인 재활용 공정을 개발할 필요가 있다.[47]

지금까지 알려진 몇 가지 기술에 대해 알아보자.[52]

(1) 질산법

Bruton(BP Solar, UK) 등이 제안한 질산법은 태양전지 모듈을 60 ℃의 질산 용액 중에서 25시간 처리하여 EVA를 분해·제거하는 방법이다. 질산으로 태양전지 셀의 표면 전극과 표면 반사 방지막을 용해하고, 태양전지를 웨이퍼 상태로 회수한다. 다만 질산 폐액의 처리, 셀 재생 공정의 필요성, NO_X 발생 등의 문제가 있고, 더욱이 재생 셀의 효율이 저하되는 것으로 알려져 있다.[53]

(2) 열분해법(질소 분위기)

Bohland(Solar Cells Inc., USA)가 제안한 열분해법은 520 ℃의 불활성 가스(질소 가스) 분위기 중에서 90분간 가열하여 EVA를 열분해시켜 제거하는 방법이다. 따라서 태양전지는 셀의 상태로 회수되며, 산에 의한 에칭으로 웨이퍼를 회수한 후 셀을 재생하는데, 재생 후의 셀은 변환 효율이 저하된다.[54]

(3) 열분해법(유동층법)[55]

Frisson(SOLTECH, Belgium)이 제안한 유동상 열분해법은 450~470 ℃의 유동상에서 30분간 처리하여 유동층에 의해 EVA와 이면재를 연소시켜 제거하는 방법으로, 태양전지는 웨이퍼 상태로 회수된다. 웨이퍼 회수율은 80 %를 달성하였으며, 셀 재생 공정이 필요하지만 재생 셀의 변환 효율은 신품과 동등한 수준이다.

(4) 열분해법(공기 분위기)

Wambach(Deutsche Solar AG, Germany)가 제안한 열분해법은 공기 분위기에서 실시하므로 EVA 등의 연소가 일어나고, 질소 분위기에서의 열분해보다 약간 낮은 온도에서 처리할 수 있으나, 생성되는 탄화물을 날려 보내는 데 3시간 정도가 필요하다. 그리고 산에 의한 에칭으로 웨이퍼를 회수한 후 셀 재생 공정을 거치는데, 재생 셀의 효율은 신품과 동등한 수준이다.[56]

(5) 유기용매법

Doi 등은 단셀 모듈을 80 ℃의 trichloroethylene 중에 10일간 침지처리하여 EVA를 용해하였다. EVA 팽윤에 의한 셀의 파손을 억제하기 위해 기계적인 압력을 가할 필요가 있으며, 셀을 파손 없이 회수할 수 있는 것으로 보고하였다. 그러나 trichloroethylene이 사용 금지 화학물질은 아니지만, 화학물질관리법 등의 지정 물질이므로 주의가 필요하다.[57]

한편 Kang 등은 태양전지로부터 실리콘과 강화유리를 회수하기 위해, 100 ℃의 유기용매(톨루엔)에 48시간 침지하여 강화유리를 회수하고, EVA 수지는 열처리(Ar 가스 분위기 600 ℃, 1시간)하여 완전히 제거하였다. 실리콘 셀은 계면활성제(혼산 용액의 20 %)를 첨가한 혼산 용액(증류수+질산 30 %+불산 5 %+황산 2.5 %+초산 2.5 %)으로 표면 물질을 제거하여 90 % 이상의 높은 실수율로 회수한 것으로 보고하였다.[46]

4) 태양전지 폐모듈의 처리 기술 예

일부에서 태양전지 폐모듈의 리사이클링을 시도하고 있지만, 경제성 있는 상업화 기술이 없는 관계로 폐모듈이 방치되어 새로운 환경오염을 일으키고 있으므로, 순환경제를 위해서는 이에 대한 검토가 필요하다. 그림 5.24에는 이러한 태양광 모듈의 구조와 특성 및 구성을 고려하여 국내의 원광전력*에서 시도한 폐모듈의 대단위 처리 공정의 예를 나타내었다.[49]

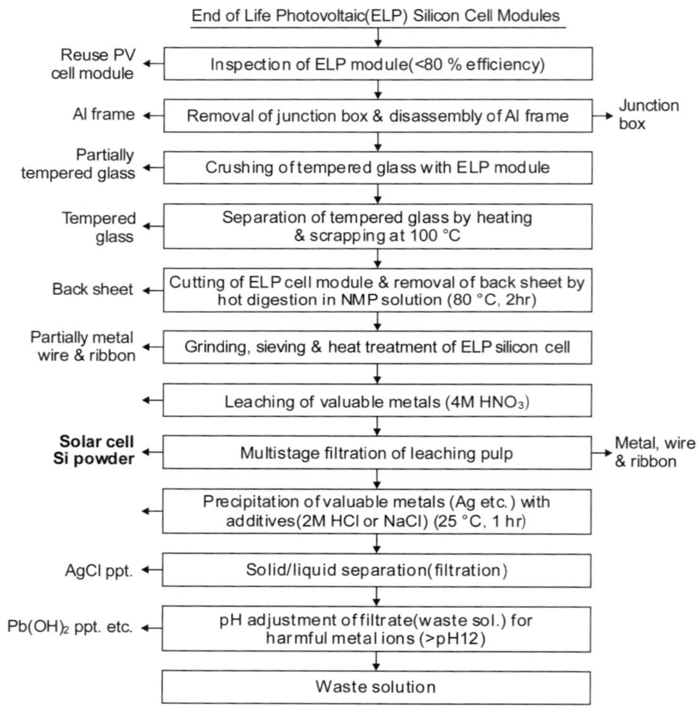

그림 5.24. 폐PV Si 셀 모듈의 처리 공정도 예

① 분리 수거된 태양광 폐패널의 성능을 검사하여 재사용(reuse), 재제조(remanufacturing), 재활용(recycling)이 가능한지를 결정한다. 신규

* 원광전력주식회사: 전라남도 해남군 해남읍 소재

패널과 대비하여 변환 효율이 80 % 이상이면 재사용 대상으로 분류한다.

② 폐패널의 알루미늄 프레임 분리는 생산성을 고려하여 자동 유압 기계 시스템에 의한 Al 프레임 제거, 회수 장치를 사용한다. 다만 해체 장치의 규격이나 속도는 대량 처리를 고려하여 전체적인 물질수지가 균형을 이룰 수 있도록 한다.

③ Al 프레임을 제거한 폐패널은 강화유리를 제거하기 위해 파·분쇄하는데, 폐모듈의 크기, 두께 및 구성으로부터 폐모듈이 통과할 수 있는 크기의 roller형 파·분쇄기를 사용한다.

④ 파·분쇄에 의해 상부의 강화유리는 모듈에서 분리되지만, 태양전지의 EVA 필름 부분에 부착된 강화유리는 폐모듈에 남는다. 따라서 파·분쇄한 폐모듈 중의 강화유리를 완전히 박리하기 위해 가열 기능이 있는 회전형(roller type) 구동장치에 투입하며, scraper(heating knife)로 전면의 EVA 필름을 분리한다.

⑤ 강화유리를 제거한 Si 셀 뒷면에 부착된 백 시트와 EVA는 80 ℃의 NMP(N-methyl-2-pyrroliclone) 용액에 담가 백 시트를 팽창시켜 분리, 제거한다.

⑥ 셀 모듈의 분쇄 및 열처리를 통하여 EVA 성분을 제거한 Si 셀 모듈은 유가금속을 회수하기 위해 산 침출과 침전, 여과를 한다. 이때 유가금속 종류에 따라 침출제와 침전제를 선정하여 다단계로 선별 여과한다. 이 과정에서 은(Ag) 등 고가의 유가금속을 회수한다.

⑦ 유가금속 성분을 침전 회수한 후의 여액 중에는 납(Pb)을 비롯한 유해 성분의 금속 이온이 함유되어 있으므로 산 및 알칼리를 첨가해 pH를 조절하여 유해 금속 이온을 침전시키고, 상등액은 방류 폐기한다.

이러한 공정에서 Al 프레임의 해체와 강화유리의 박리 및 회수는 경제성이 있으나, 유가금속 회수 등의 전체 공정에서는 생산자 책임(EPR) 제도 등에 의한 재활용 분담금 지원이 없으면 경제성이 낮은 것으로 평가되고 있다. 그러나 향후 태양전지 폐모듈의 수거나 재사용 인증 기준 마련 및 철거비 부담 문제 해결, 효율적인 처리 기술 확보, 관련 법규 제정과 EPR 제도 마련 문제 등이 해결되면, 경제성을 확보할 수 있을 것으로 기대된다.[49]

6. 종합

Si은 금속 중 가장 풍부한 자원으로, 연간 약 800만 톤을 생산하고 있지만, 금속 Si의 생산량은 290만 톤 수준이며, 나머지는 페로실리콘(FeSi) 등의 합금으로 생산되어 제강 공정에서 탈산제 등으로 사용된다. 금속 Si의 약 41 %는 Al 등의 합금용으로 사용되며, 약 18 %는 태양전지용으로 사용되고 있다. 이러한 Si은 규석을 전기 아크로 중에서 탄소열환원해 만든다. 태양전지나 반도체용의 고순도 Si은 $SiHCl_3$나 SiH_4를 경유한 화학적 정제법으로 만든다. 금속급 Si의 야금학적인 정제법에 관해 많은 연구가 수행되었으나 실용화된 예는 극히 드물다. 반도체용의 단결정 Si은 대부분 회전 인상법(Czochralski법)으로 만들고 있다.

Si의 리사이클링은 잉곳 제조 과정에서 발생하는 스크랩이나 웨이퍼 절삭 과정에서 발생하는 슬러지를 대상으로 하는 것이 대부분이다. 최근에는 태양전지 폐패널을 리사이클링하기 위해 많은 연구가 이루어지고 있으나, 실질적으로는 알루미늄 프레임이나 강화유리 정도가 대상이며, 일부 패널의 접점 등에 사용된 Ag 등을 회수하기 위한 연구들이다. 다만 향후 대량 발생이 예상되는 태양전지 패널에 대해서도 환경적인 측면에서 더 효율적인 리사이클링 공정의 개발이 필요할 것이다.

[참고문헌]

1 손호상, 2020: 범용금속의 리사이클링, p.17, 경북대학교출판부.

2 Ho-Sang Sohn, 202: Smelting and Refining of Silicon, Resources Recycling 31(1), pp.3-11.

3 T. Thomson, 1817: A System of Chemistry in Four Volumes, 5th ed. vol. 1. pp.251-257, Baldwin, Cradock, and Joy, London.

4 M. E. Weeks, 1932: The discovery of the elements. XII. Other elements isolated with the aid of potassium and sodium: Beryllium, boron, silicon, and aluminum, J. Chem. Educ. 9(8), pp.1386-1412.

5 E. K. Schnebele, 2021: Silicon, U.S. Geological Survey, Mineral Commodity Summaries, USGS.

6 Ho-Sang Sohn, 2019: Recycling Technologies of Aluminum, J. of Korean Inst. of Resources Recycling 28(2), pp.3-13.

7 A. Boubault, 2019: Criticality assessment – Silicon metal, BRGM, https://www.mineralinfo.fr/page/fiches-criticite

8 Y. Sakaguchi, M. Ishizaki, T. Kawahara, et al., 1992: Production of High Purity Silicon by Carbothermic Reduction of Silica Using AC-arc Furnace with Heated Shaft, ISIJ Inter. 32(5), pp.643-649.

9 M. Tangstad, 2013: Ferrosilicon and Silicon Technology, p.185, Handbook of Ferroalloys, Ed. by Michael Gasik, Elsevier Ltd.

10 M. Heuer, 2013: Metallurgical Grade and Metallurgically Refined Silicon for Photovoltaics, pp.77-134, Semiconductors and Semimetals, Volume 89, Ed. by Gerhard P. Willeke, Eicke R. Weber, Elsevier Inc.

11 A. Schei, J. Kr. Tuset, and H. Tveit, 1998: Production of High Silicon Alloys, Ch. 1 Introduction, p.2, Tapir Academic Press, Trondkeim, Norway.

12 D. Lynch, 2009: Winning the Global Race for Solar Silicon, JOM 61(11), pp.41-48.

13 S. E. Sadique, 2010: Production and Purification of Silicon by Magnesiothermic Reduction of Silica Fume, Thesis of Master, p.16, University of Toronto.

14 T. C. Holland, 2005: Silica Fume User's Manual (HAWA-IF-05-016), p.9, Silica Fume Association (SFA), Lovettsville, VA, USA.

15 成瀨 亘, 1979: 鐵鋼製錬, p.192, 日本金屬學會, 仙台, 일본.

16 Y. Ma, E. Moosavi-Khoonsari, I. T. Kero, and G. M. Tranell, 2018: Element

Distribution in the Silicomanganese Production Process, Metall. Meter. Trans. B 49B, pp.2444-2457.

17 A. K. Vaish, 1994: Production of Ferro-Silicon and Calcium Silicon Alloys, Part - II : Calcium Silicon Alloys, pp.6.11-6.17. In: 4th Refresher Course on Ferro Alloys, January 12-14, 1994, Jamedepur.

18 K. Yasuda, K. Morita, and T. H. Okabe, 2010: Production Processes of Solar Grade Silicon by Hydrogen Reduction and/or Thermal Decomposition, J. MMIJ 126(4,5), pp.115-123.

19 M. Takeshita, H. Ito, and Y. Hanaue, 2007: Polysilicon Production in Mitsubishi Materials Corporation, J. MMIJ 23(12), pp.704-706.

20 G. Fisher, M. R. Seactrist, and R. W. Standley, 2012: Silicon Crystal Growth and Wafer Technologies, Proceedings of the IEEE 100, pp.1454-1474, May 13th, 2012.

21 Seong-Dae Sakong and Ho-Sang Sohn. 2011: Removal of Iron and Phosphorus from Metallurgical Grade Silicon by Melting with Ca and Aqua Regia Leaching, J. of Korean Inst. of Resources Recycling 10(5), pp.34-39.

22 Y. Kato, K. Hanazawa, H. Baba, et al, 2000: Purification of Metallurgical Grade Silicon to Solar Grade for Use in Solar Cell Wafers, Tetsu-to-Hagane 86(11), pp.717-724.

23 L. A. V. Teixeira, Y. Tokuda, T. Yoko, and K. Morita, 2009: Behavior and State of Boron in $CaO-SiO_2$ Slags during Refining of Solar Grade Silicon, ISIJ International 49(6), pp.777-782.

24 Seong-Dae Sakong, Ho-Sang Sohn, and Byung-Jin Choi, 2011: Removal of Boron from Metallurgical Grade Silicon by Slag Treatmen, J. of Korean Inst. of Resources Recycling 20(3), pp.55-61.

25 R. H. Hopkins and A. Rohatgi, 1986: Impurity Effects in Silicon for High Efficiency Solar Cells, J. Crystal Growth, 75, pp.67-79.

26 M. A. Martorano, J. B. Ferreira Neto, T. S. Oliveira, and T. O. Tsubaki, 2011: Refining of metallurgical silicon by directional solidification, Materials Science and Engineering B 176, pp.217-226.

27 K. Morita and T. Miki, 2003: Thermodynamics of solar-grade-silicon refining, Intermetallics 11, pp.1111-1117.

28 D. H. Kirkwood, 1984: Microsegregation, Materials Science and Engineering 65, pp.101-109.

29 M. A. Martorano, J. B. Neto Ferreira, T. S. Oliveira, et al., 2011: Macrosegregation of Impurities in Directionally Solidified Silicon, Metall.

& Mater. Trans. A 42A, pp.1870-1886.

30 S. D. Sakong, I. Son, and H. S. Sohn, 2021: Removal of Fe from Metallurgical Grade Si by Directional Solidification, Resources Recycling 30(4), pp.20-26.

31 F. Shimura, 2017: Single-Crystal Silicon: Growth and Properties. p.297, In: Kasap S., Capper P. (eds) Springer Handbook of Electronic and Photonic Materials. Springer Handbooks. Springer, Cham.

32 V. Prakash, A. Agarwal, and E. K. Mussada, 2019: Processing Methods of Silicon to its Ingot: a Review, Silicon 11, pp.1617-1634.

33 P. Rudolph and K. Kakimoto, 2009: Crystal Growth from the Melt under External Force Fields, MRS BULLETIN 34, pp.251-258.

34 오세천, 2011: 태양광 실리콘 슬러지의 재활용 기술동향, 세라미스트 14(2), pp.20-28.

35 H. S. Gopala Krishna Murthy, 2015: Evolution and present status of silicon carbide slurry recovery in silicon wire sawing, Resources, Conservation and Recycling 104, pp.194-205.

36 W. M. Haynes, David R. Lide, and Thomas J. Bruno, 2014: CRC Handbook of Chemistry and Physics 95th Ed., CRC Press.

37 M. Moen, T. Halvorsen, K. Mørk, and S. Velken, 2017: Recycling of silicon metal powder from industrial powder waste streams, Metal Powder Report 72(3), pp.182-187.

38 D. Sarti and R. Einhaus, 2002: Silicon feedstock for the multi-crystalline photovoltaic industry, Solar Energy Materials & Solar Cells 72, pp.27-40.

39 S. K. Kim, H. Chang, and H. D. Jang, 2018: Separation of silicon particles from silicon sludge and application technology of lithium-ion secondary battery cathode material, NICE 36(4), pp.414-421.

40 L. Zhang, A. Dong, and L. Nana Wiredu Damoah, 2013: Development of Solar Grade Silicon (SoG-Si) Feedstock by Recycling SoG-Si Wastes, report, January 24, 2013; United States.

41 J. Park, H. D. Jang, and C. K. Lee, 2012: Recovery of Silicon from Silicon Sludge by Electrolysis, J. of Korean Inst. of Resources Recycling 21(5), pp.31-37.

42 H. S. Gopala Krishna Murthy, 2015: Evolution and present status of silicon carbide slurry recovery in silicon wire sawing, Resources, Conservation and Recycling 104, pp.194-205.

43 T. Y. Wang, Y. C. Lin, C. Y. Tai, et al., 2008: A novel approach for recycling of kerf loss silicon from cutting slurry waste for solar cell applications, Journal of Crystal Growth 310, pp.3403-3406.

44 H. D. Jang, H. Kim, D. S. Kil, and H. Chang, 2013: A Novel Recovery of Silicon Nanoparticles from a Waste Silicon Sludge, J. Nanosci. Nanotechnol. 13, pp.2334-2338.

45 T. Y. Wang, Y. C. Lin, C. Y. Tai, et al., 2009: Recovery of Silicon from Kerf Loss Slurry Waste for Photovoltaic Applications, Prog. Photovolt: Res. Appl. 17, pp.155-163.

46 S. Kang, S. Yoo, J. Lee, et al., 2011: Study for Recovery Silicon and Tempered Glass from Waste PV Modules, J. of Korean Inst. of Resource Recycling 20(2), pp.45-53.

47 Y. Kim and J. Lee, 2011: Decomposition of EVA(Ethylene vinyl acetate) used as an adhesion of photovoltaic(PV) module by ultrasonic irradiation in bath-type cleaner, J. of Korean Inst. of Resources Recycling 20(6), pp.50-55.

48 http://sunnano.co.kr/

49 J. Y. Cho, A. Park, H. M. Yun, et al, 2020: Current Status and Utilization Technology of End-of-Life Photovoltaic Modules, J. of Korean Inst. of Resources Recycling 29(4), pp.15-30.

50 Md. S. Chowdhury, K. S. Rahman, T. Chowdhury, et al., 2020: An overview of solar photovoltaic panels' end-of-life material recycling, Energy Strategy Reviews 27, 100431, pp.1-11.

51 Y. Xu, J. Li, Q. Tan, et al., 2018: Global status of recycling waste solar panels: A review, Waste Management 75, pp.450-458.

52 土井卓也, 猪狩真一, 津田泉, 2005: 結晶系太陽電池リサイクル技術の動向, マテリアルライフ学会誌 17(2), pp.55-59

53 T. M. Bruton, R. D. W. Scott, and J. P. Nagle, 1994: Recycling of High Value, High Energy Content Components of Silicon PV Modules, Proc. of 12th EC-PVSEC, (1994), pp.303-304.

54 J. R. Bohland and I. I. Anisimov, 1997: Possibility of Recycling of Silicon PV Modules, 26th IEEE PV Specialist Conf., (1997), pp.1173-1175.

55 L. Frisson, K. Lieten, T. Bruton, et al., 2000: Recent Improvements in Industrial PV Module Recycling, 16th EU-PVSEC, Glasgow, UK, (2000. 5)

56 K. Wambach, 2004: Recycling of Solar Cells and Photovoltaic Modules, 19th EU-PVSEC, (2004).

57 T. Doi, et al., 2001: Experimental study on PV module recycling with organic solvent method, Solar Energy Materials & Solar Cells 67, pp.397-403.

6

마그네슘

Magnesium

제6장 | # 마그네슘

Magnesium

1. 서론

마그네슘(magnesium, Mg)은 지각 중 원소 존재도가 2.33 %(7위)로 매우 풍부한 원소이며,[1] 특히 구조용 금속 중에서는 알루미늄(8.1 %), 철(5.1 %)에 이어서 세 번째로 풍부하고 밀도가 가장 낮은 금속이다. Mg은 1618년 영국 서리(Surrey)주 엡솜(Epsom)의 한 우물에서 나온 쓴맛의 물에서 처음으로 그 존재가 인지되었으며, 그 후에 쓴맛은 황산 마그네슘($MgSO_4$)에 의한 것으로 밝혀졌다. Mg이 금속 원소인 것은 1755년 스코틀랜드의 블랙(Joseph Black)에 의해 밝혀졌지만, 금속 Mg은 영국의 데이비(Humphry Davy)가 1808년에 산화Mg과 산화수은(Hg)의 혼합물을 전기분해하여 얻은 아말감*에서 수은을 증발 제거하여 얻은 것이 최초이다.[2] 데이비가 처음 제안한 명칭은 마그늄(magnium)이었으나, 현재는 마그네슘(magnesium)으로 부르고 있다. 마그네슘이라는 이름은 그리스

* 아말감(amalgam): 수은과 다른 금속의 합금. 아말감은 수은의 함량에 따라 액체, 크림 또는 고체 상태로 존재할 수 있다. 철, 백금, 텅스텐과 탄탈럼 등을 제외하고 거의 모든 금속이 아말감을 생성할 수 있다. 대표적으로 은-수은 아말감은 치의학에서 많이 사용되며, 금-수은 아말감은 금광에서 순수한 금을 분리할 때 쓰인다.(출처: 대한화학회 화학사전)

테살리아 지방의 마그네시아(Magnesia)에서 나는 마그네시아석의 이름에서 유래하였다.

한편 프랑스의 뷔시(Antoine Alexandre Brutus Bussy)는 1828년에 칼륨(K)으로 염화마그네슘($MgCl_2$)을 환원하여 Mg을 분리하였으며, 영국의 패러데이(Michael Faraday)는 1833년에 무수 염화마그네슘을 용융염 전해하여 액체 Mg을 만드는 방법을 개발하였다. 이를 바탕으로 1852년에는 독일의 분젠(Robert Bunsen)이 전기분해 방식을 더 발전시켰으며, 1886년 독일에서 최초로 상업적인 생산을 시작하였다. 제1, 2차 세계대전 때는 소이탄,* 군용기 등에 Mg 합금을 사용하였다.[3]

우리나라에서는 일제 강점기인 1938년 흥남에서 연간 2,000톤의 Mg을 생산할 수 있는 규모의 탄소 열환원법(Hansgirg법) 공장이 건설되었으나, 실제 생산량에 대해서는 알려져 있지 않다. 특히 탄소 열환원법으로 제조된 Mg 증기는 급랭해야 하는데, 당시 수소를 냉각제로 사용하였으나 장치 등의 문제로 조업이 원활히 이루어지지 않은 것으로 알려져 있다.[4] 그리고 2012년에 강원도 강릉시 옥계에서 수직형 금속 열환원법으로 연간 1만 톤 규모의 Mg을 생산하기 시작하였으나 2014년 5월에 조업을 중단하였다.

표 6.1에는 Mg의 물리화학적 성질을 나타내었다.[3] Mg은 밀도가 1.738 g/cm^3로, Al(2.7 g/cm^3)의 약 64 %, Ti(4.5 g/cm^3)의 약 38.6 %, Fe(7.87 g/cm^3)의 약 22 % 수준으로 구조용 금속 중 가장 가벼우면서 비강도와 비강성(중량당 강도와 강성), 열전도율이 높은 금속이다. 그리고 충격이나 진동을 잘 흡수하며, 전자파 차폐능도 높은 특성이 있다. 따라서

* 소이탄(燒夷彈, incendiary bomb): 사람이나 시가지, 밀림, 군사시설 등을 불태우기 위한 탄환류

Mg은 이러한 경량 소재로서의 특성을 살려 자동차 부품은 물론 스마트 기기의 케이스 등으로도 사용되고 있다.

표 6.1. 마그네슘 및 구조용 금속의 물리화학적 성질 비교

Symbol/Atomic number		Mg/12
Atomic weight (g/mol)		24.305
Density (g/cm^3)	at room temp.	1.738
	at m.p.	1.584
Melting point (℃)		650
Boiling point (℃)		1,090
Specific heat C_P at 20 ℃ (J/(mol·K))		24.87
Heat of fusion (kJ/mol)		8.48
Heat of evaporation (kJ/mol)		128
Thermal conductivity (W/(m·K))		156
Electrical resistivity at 20 ℃ (nΩ·m)		43.9
Mohs hardness		1~2.5
Brinell hardness (MPa)		44~260
Crystal structure		hcp

2. 마그네슘의 생산량과 용도

그림 6.1에는 Mg의 전 세계 연간 생산량 변화를 나타내었다.[5] 금속 Mg은 제2차 세계대전 중 연간 약 22만 톤까지 생산되었으며, 이후 생산량이 급속히 감소하였으나 한국전쟁 때 다시 17만 톤까지 늘어났다. 이어서 1960년대부터 Mg 생산량이 완만하게 증가하였는데, 2000년대부

터 중국의 피전법에 의한 Mg 제조로 생산량이 급증하여, 2020년 현재 미국을 제외한 전 세계의 연간 생산량이 약 100만 톤에 달한다.[6]

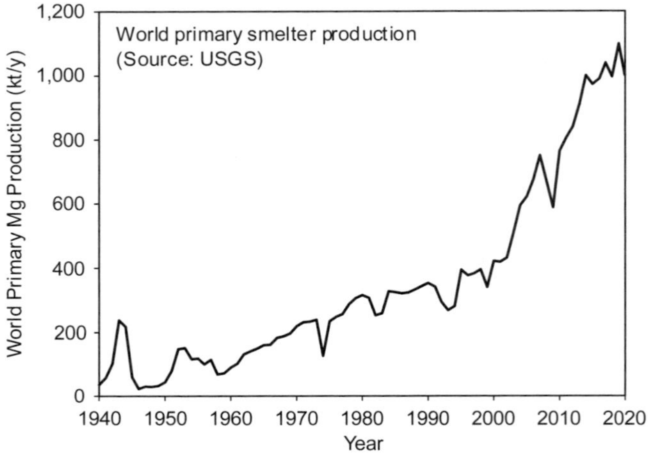

그림 6.1. Mg 1차 지금의 전 세계 연간 생산량 변화

그림 6.2에는 2020년도를 기준으로 국가별 Mg 생산량과 용도를 나타내었다.[7] 중국이 미국을 제외한 전 세계 Mg 생산량의 약 88.2 %를 차지하고 있으며, 그 외 러시아, 이스라엘, 브라질 등에서 Mg 1차 지금을 생산하고 있다. 현재 우리나라는 Mg 제련을 하고 있지 않으나, 2018년도의 Mg 1차 지금 수요는 24,400톤이다. 국내 Mg 수요의 반 이상은 수입(약 12,800톤)에 의존하고 있으며, 나머지는 리사이클링한 2차 지금(약 11,800톤)이나 스크랩으로 충당하고 있다.[8]

한편 Mg은 다이캐스팅용과 Al 합금용으로 가장 많이 사용되지만, 철강의 탈황제, 주철 구상화제, 그리고 Ti 제련의 $TiCl_4$ 환원제 등으로도 사용되고 있다. 특히 경량 구조용 금속인 Mg은 자동차의 연비 향상을 위

한 경량화를 위해 많은 부품에 채택되고 있다. 전기자동차의 보급이 활성화되면서 Li이온 전지의 무게를 보상하기 위한 경량화를 위해 향후 자동차에서의 Mg 사용량은 더욱더 증가할 것으로 예상된다. 그러나 Ti 제련에 사용된 Mg은 자체에서 리사이클링하여 재사용하며, 철강 탈황제 등으로 사용된 Mg은 리사이클링할 수 없으므로 리사이클링 대상이 되는 것은 다이캐스팅용이나 알루미늄 합금 등에 사용된 것과 제품 제조 공정에서 발생한 자가 스크랩(home scrap) 등으로 제한된다.

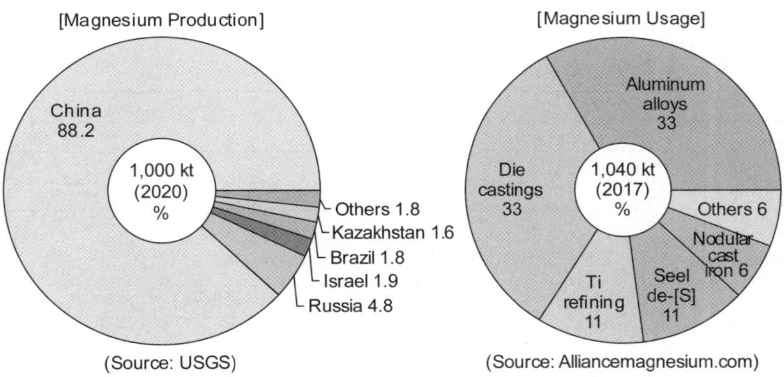

그림 6.2. 국가별 Mg 생산량(2020)과 용도별 사용 비율(2017)

순Mg은 표 6.1에 나타낸 바와 같이 매우 물러서 구조용 재료로 사용할 수 없지만, 합금 원소를 첨가하면 Mg의 특성을 살리면서도 구조용 재료로 사용할 수 있다. 표 6.2에는 Mg 합금의 첨가 원소별 기호와 첨가 목적을 나타내었으며,[3,9] 표 6.3에는 Mg 합금과 그 조성을 나타내었다.[3] Mg 합금에는 이와 같이 다양한 종류가 있어서 재용해하여 리사이클링할 때 여러 종류의 합금들이 혼합되어 있으면 합금 원소가 불순물로 작용하기도 하므로 합금 종류와 성분을 미리 파악해 두어야 한다.

표 6.2. Mg 합금의 ASTM code와 주요 첨가 원소 및 첨가 목적

Letter	Element	Purpose
A	Al	경도와 강도 증가, 연성 감소
C	Cu	고온강도 증가, 연성 감소
E	REEs	내식성, 고온강도 내크리프(creep)성 증가
H	Th	350 ℃까지 내크리프성 부여, 주조성 개선
K	Zr	결정립 미세화제(Grain refining agent)
L	Li	합금의 밀도 감소, 강도 감소, 연성 증가
M	Mn	염수에 대한 내식성 증가
Q	Ag	시효경화 반응 및 고온 특성 증가
S	Si	용융합금의 유동성과 내크리프성 증가
Y	Y	고온강도와 내크리프성 증가
Z	Zn	내식성과 강도 증가
AM	Al-Mn	
AS	Al-Si-Mn	
AZ	Al-Zn-Mn	
EZ	REEs-Zr	
ZC	Zn-Cu-Mn	
ZE	Zn-Zr-REEs	
ZK	Zn-Zr	

표 6.3. Mg 합금의 대표적인 조성 예(RE: Rare earth elements)

Name	Alloying elements content (wt%)								
	Al	Mn	Zn	Si	Cu	Ag	Zr	Y	Others
AM20	2.0	0.3		<0.1					
AM60	6.0	0.2		<0.1					
AM100	10	0.3							
AS41	4.0	0.35		0.7					
AZ63	6.0	0.25	3.0						
AZ91	9.0	0.25	0.7						
AZ92	9.0	0.23	2.0						
EZ33			2.3				0.7		RE 2.7
EQ21					0.07	1.5	0.7		RE 2.2
QE22						2.5	0.7		RE 2.2
ZC63		0.5	6.0		2.7				
ZE41			4.2				0.7		RE 1.2
ZE63			5.8				0.7		RE 2.6
ZK51			4.6				0.7		
ZK61			6.0				0.7		
WE43							0.5	4.0	RE 2.2

3. 마그네슘의 제련

금속 Mg의 제조법에는 크게 용융염 전해법과 열환원법 두 가지가 있다. 용융염 전해법은 무수 $MgCl_2$를 원료로 사용하는 IG Farben법 및 Alcan법과 함수염인 $MgCl_2 \cdot 1.25H_2O$를 사용하는 Dow법으로 구분할 수 있으며, 최근에는 타이타늄의 신제련과 마찬가지로 MgO의 용융염 전해 환원법도 개발되었다. 열환원법은 원료인 MgO를 C, CaC_2, Al, Si 등을 환원제로 사용하여 열화학반응으로 환원하는 방법이지만,[10] 현재는 중국을 중심으로 돌로마이트를 페로실리콘(FeSi)으로 환원하는 규소 열환원법인 피전(Pidgeon)법이 주류를 이루고 있다. 그러나 중국에서도 환경문제로 인해 전해법에 대해 많은 관심을 가지고 있다. 표 6.4에는 금속 Mg의 여러 가지 제조법을 비교하여 나타내었다.[3,11]

표 6.4. Mg 제련법 비교

	Process	Feed stock	Feed preparation/Reaction	Temp./ Pressure
Thermal reduction process	Carbo-thermic	Magnesite, carbon	Calcination, pelletizing · $MgO+C=Mg(g)+CO(g)$	1,700 ℃/ 1 atm
	Alumino-thermic	Dolomite Al scrap	Calcination · $4MgO(s)+2Al(s) =3Mg(g)+MgAl_2O_4(s)$	1,700 ℃/ 0.85~1 atm
	Silico-thermic	Dolomite, FeSi	Calcination, FeSi making, pelletizing · $MgO+CaO+FeSi =Mg(g)+Ca_2SiO_4(s)+Fe(s)$	1,160 ℃/ 1.2×10^{-4} atm
	Mintek	Dolomite, bauxite, Al scrap, FeSi	Calcination · $2CaO\cdot MgO+(xFe)Si+nAl_2O_3 =2CaO\cdot SiO_2\cdot nAl_2O_3+2Mg+xFe$, · $4MgO(s)+2Al(s) =3Mg(g)+MgAl_2O_4(s)$	1,700 ℃/ 0.85 atm
	Magnetherm	Dolomite, bauxite, FeSi	Calcination, FeSi making · $2CaO\cdot MgO+(xFe)Si+nAl_2O_3 =2CaO\cdot SiO_2\cdot nAl_2O_3+2Mg+xFe$	1,550 ℃/ 0.05 atm

<table>
<tr><th colspan="2">Process</th><th>Feed stock</th><th>Feed preparation/Reaction</th><th>Temp./
Pressure</th></tr>
<tr><td rowspan="5">Electrolytic</td><td>Dow process</td><td>Seawater, brine</td><td>Neutralization, purification, dehydration
- Hydrous process</td><td rowspan="5">700~800 ℃/
1 atm</td></tr>
<tr><td>IG Farben process</td><td>Seawater, brine</td><td>Neutralisation, prilling, dehydration chlorination
- Anhydrous process</td></tr>
<tr><td>AM process</td><td>Magnesite</td><td>Mining, leaching with HCl, dehydration</td></tr>
<tr><td>Ti smelting</td><td>$MgCl_2$</td><td>Mono-polar
Bi-polar</td></tr>
<tr><td>Reaction</td><td colspan="2">Overall: $MgCl_2(l)=Mg(l)+Cl_2(g)$
Cathode: $Mg^{2+}+2e^-=Mg(l)$
Anode: $2Cl^-=Cl_2(g)+2e^-$</td></tr>
</table>

1) 마그네슘의 원료

Mg의 원료에는 해수 및 염수와 천연광석이 있다. 천연광석으로는 마그네사이트(magnesite, $MgCO_3$), 돌로마이트(dolomite, $MgCO_3·CaCO_3$), 카날라이트(carnallite, $MgCl_2·KCl·6H_2O$) 등이 있으나, 마그네사이트가 대표적인 원료이며, 피전법에서는 주로 돌로마이트를 원료로 사용하고 있다. 또 Mg은 가용성 염류로서 바닷물, 염수 및 광천수 등에 함유되어 있으며, 식물의 엽록소 속에도 클로로필(마그네슘의 킬레이트 화합물)로 함유되어 있다. 표 6.5에 중요한 Mg 원료를 나타내었다.

표 6.5. 마그네슘 원료와 분자식 및 Mg 농도

Material	Chemical formula	Mg content (wt%)
Bischofite	$MgCl_2·6H_2O$	11.96
Carnallite	$MgCl_2·KCl·6H_2O$	8.75
Dolomite	$MgCO_3·CaCO_3$	28.8
Magnesite	$MgCO_3$	28.8
Serpentine	$3MgO·2SiO_2·2H_2O$	26.33
Sea water	Mg^{2+}(aq.)	0.129(dead sea water 4.2)

2) 열환원법

(1) 열환원법의 원리

열환원법은 환원제 R을 사용하여 마그네시아(MgO)를 Mg으로 환원하는 것이며, 기본적인 반응식은 다음과 같다.

$$MgO + R = Mg(g) + RO \tag{6.1}$$

산화물인 RO는 환원제 R에 따라 기체나 고체로 되며, 탄소를 환원제로 사용하면 탄소 열환원법(carbothermic reduction), Si, Al 등의 금속을 환원제로 사용하면 금속 열환원법(metallothermic reduction)이 된다.[4]

(2) 탄소 열환원법(carbothermic reduction)

원료인 MgO를 탄소(C)로 환원하는 것이며, 다음 식과 같이 생성 산화물로 CO 가스가 발생한다.

$$MgO(s) + C(s) = Mg(g) + CO(g) \tag{6.2}$$

이 반응계는 증기압과 온도의 평형관계로부터 약 1,854 ℃에서 1기압이 된다. 또 400 ℃ 이상에서는 가역반응이 되므로 정반응이 일어나게 하려면 생성된 Mg과 CO의 혼합가스를 H_2, CH_4 등 Mg과 반응하지 않는 기체를 사용하여 액체 Mg이 안정한 온도까지 급랭하여야 한다. 1938년 우리나라의 흥남을 비롯하여 영국, 미국 등에서 탄소 열환원법을 사용하였으나, 반응 온도가 높고(1,800~2,000 ℃), 생성된 가스의 급랭이 필요한 문제점 등으로 제2차 세계대전 후 이 방법은 사라지게 되었다.[4]

한편 1940년대에 영국에서 다음 식과 같이 칼슘 카바이드(CaC_2)를 환원제로 사용하여 Mg을 얻었으나, CaC_2의 환원 능력이 낮고 취급이 불편하여 성공하지 못하였다.

$$MgO(s) + CaC_2(s) = Mg(g) + CaO(s) + 2C(s) \tag{6.3}$$

(3) 금속 Al 열환원법(aluminothermic reduction)

MgO를 다음 식과 같이 금속 Al으로 환원하는 것이다.

$$3MgO(s) + 2Al(s) = 3Mg(g) + Al_2O_3(s) \tag{6.4}$$

실험실에서는 MgO를 Al으로 쉽게 환원할 수 있으나, 경제적인 생산을 위해서는 Al을 함유하는 값싼 환원제가 필요하다.[4] 1940년에 영국에서 MgO를 Al-Fe-Si계 합금으로 환원하였으나 원만한 조업이 이루어지지 못하였다. 특히 Al을 환원제로 사용하는 경우 아래 식과 같이 마그네슘 스피넬이 생성되는 문제점도 있다.

$$4MgO(s) + 2Al(s) = 3Mg(g) + MgAl_2O_4(s) \tag{6.5}$$

(4) 금속 Si 열환원법(silicothermic reduction)

MgO를 금속 Si으로 환원하는 것이며, 반응식은 다음과 같다.

$$2MgO(s) + Si(s) = 2Mg(g) + SiO_2(s), \ K_{1373} = 1.8 \times 10^{-9} \tag{6.6}$$

열역학적으로는 이 반응의 평형상수 K가 작으므로 환원반응이 일어나기 힘들지만, 진공 분위기에서는 생성된 Mg 증기가 계외로 연속적으로 배출되어 이 반응이 일어날 수 있다.[12] 그림 6.3에는 온도에 따른 상압 및 진공(1 mbar) 분위기에서 Si과 Mg 산화반응의 표준자유에너지를 비교하여 나타내었다.[13] 대기압(점선)에서는 2,000 ℃ 이상이 되어야 MgO를 Si으로 환원할 수 있으나, 진공(1 mbar, 실선)에서는 1,300 ℃ 이상이 되면 환원이 가능하다. 특히 75 %Si인 페로실리콘(FeSi)을 환원제로 사용하면 약 1,098 ℃부터 환원반응이 시작된다. 1937년에 피전(L. M. Pidgeon)이 이러한 원리로 Mg을 제조하는 방법을 개발하여 Pidgeon법이라 부른다.

그림 6.4에는 Pidgeon법의 공정도와 수평 레토르트의 단면을 나타내었다. MgO를 출발원료로 사용하면 MgO · SiO_2가 생성되어 MgO의 절반 정도밖에 환원할 수 없으나, 돌로마이트(dolomite, $MgCO_3$ · $CaCO_3$)를 출발원료로 사용하면 CaO · SiO_2가 생성되면서 환원이 양호하게 진행된다. 따라서 돌로마이트를 하소한 후 특수강제의 반응기에서 페로실

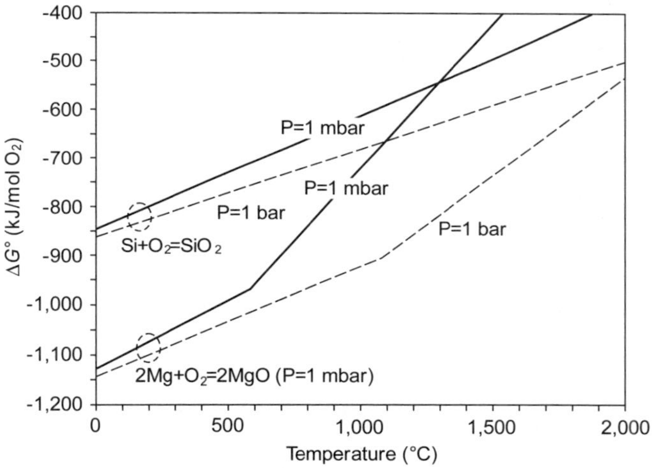

그림 6.3. 온도와 압력에 따른 Si과 Mg 산화반응의 표준자유에너지 비교

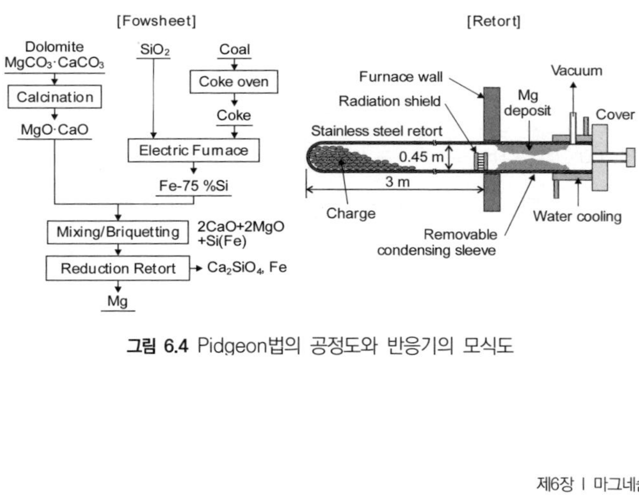

그림 6.4 Pidgeon법의 공정도와 반응기의 모식도

리콘으로 환원하며, 각각의 반응식은 다음과 같다.

$$MgCO_3 \cdot CaCO_3(s) = MgO \cdot CaO(s) + 2CO_2(g) \tag{6.7}$$

$$2(MgO \cdot CaO) + (Si \cdot xFe) = 2Mg(g) + 2CaO \cdot SiO_2 + xFe \tag{6.8}$$

한편 돌로마이트 중의 불순물인 SiO_2, Fe_2O_3, Al_2O_3 등은 돌로마이트의 하소에 의해 생성된 MgO·CaO의 반응성을 낮추므로 주의하여야 한다. 그리고 Na_2O, K_2O 등의 알칼리 성분은 Mg과 함께 환원되어 응축되고, 응축된 Mg을 취급할 때 Na, K 등이 착화되어 산화 손실의 원인이 되므로 광석 품위의 확인이 필요하다. 또 환원제인 페로실리콘의 가격이 Mg 제조 코스트에 큰 영향을 미치며, Si 함유율이 75 % 이하이면 환원 반응의 실수율이 낮아진다.

피전법은 전해법에 비해 기술적으로 단순하여 사업화가 쉽고, 생산 규모도 한 공장당 수백 톤에서 1만 톤 수준이다. 설비비 또한 전해법의 약 1/10 수준이지만, 회분법(batch식)이므로 인건비 부담이 크다.

환원로에는 가열 방식이나 반응조, 진공계 등에 따라 Bagley의 입형 내열로, I.G.사의 수평 내열로, 이탈리아의 Ravelli로, Pidgeon의 수평 레토르트(retort) 등이 있으나, 중국 등에서는 대부분 피전법을 사용하고 있다. 그리고 반응 온도를 올려서 반응 시간을 단축하면서 연속 조업을 하는 Magnetherm법과 Mintek법 등이 있다.

(5) Mintek process

Mintek법(MTMP, Mintek Thermal Magnesium Process)은 Magnetherm법을 개량한 것으로 대기압에서 Al-Si 열환원으로 Mg을 제조하는 방법이며, 그림 6.5에 장치의 모식도를 나타내었다.[14] MTMP

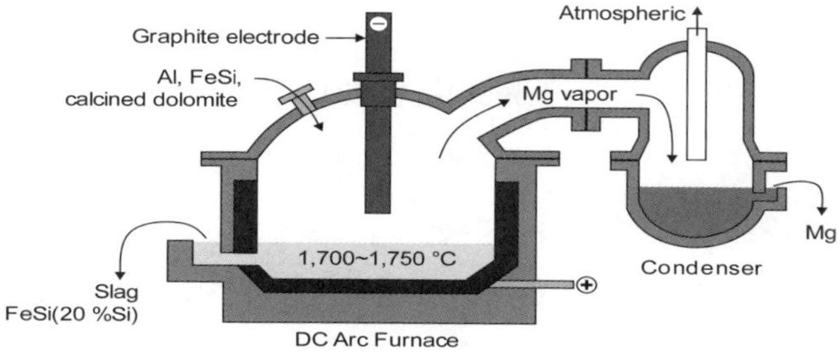

그림 6.5. Mintek의 MTMP법의 모식도

는 하소한 돌로마이트를 대기 분위기의 1,700~1,750 ℃에서 Al과 FeSi을 환원제로 사용하여 Mg을 제조한다. 고온에서 환원이 일어나므로 Mg의 증기압은 약 0.85 atm이며, 피전법보다 생산성이 높다. 다만 환원반응이 고온에서 일어나므로 불순물 농도가 높은 단점이 있으며, 피전법의 Mg 순도가 99.68 wt%인 데 비하여 MTMP의 Mg 순도는 97.86 wt%이다. 따라서 MTMP에서는 별도의 정련 공정이 필요하다. 표 6.6에는 Si 열환원법의 조업 조건과 Mg 중의 불순물을 나타내었다.[11] Mg의 정제에 대해서는 제4절 '마그네슘의 리사이클링'에서 설명한다.

표 6.6. Si 열환원법에 따른 Mg 제조 조업 조건과 불순물

		Pidgeon	Magnetherm	Mintek
Operating condition	Pressure (atm)	1.2×10^{-4}	0.05	0.85
	Temperature (℃)	1,100~1,200	1,550~1,600	1,700~1,750
	Productivity per furnace per day	50 kg	20 ton	100 ton
Impurity (wt%)	Al	0.04	0.01	0.066
	Si	0.010	0.05	0.281
	Ca	0.005	0.005	0.385
	Fe	0.007	0.005	0.250

3) 용융염 전해법

Mg은 표준전극전위가 -2.36 V로 수소(0 V)보다 현저하게 낮고, 수소 과전압도 작아 수용액 전해 채취법을 적용할 수 없으므로, Al과 마찬가지로 물을 사용하지 않는 용융염 전해법으로 금속 Mg을 얻고 있다. Mg의 용융염 전해법은 $MgCl_2$를 함유한 용융염 중의 $MgCl_2$를 전해하여 금속 Mg을 채취하는 방법이다. 전해 원료로 무수 $MgCl_2$를 사용하는 IG Farben법(이하 IG법) 등과 함수염인 $MgCl_2 \cdot 1.25H_2O$를 사용하는 Dow Chemical법이 있다. 그림 6.6에는 무수 및 함수 $MgCl_2$를 사용하는 전해법의 공정도를 비교하여 나타내었다.[11]

(1) IG Farben법

IG법은 무수 $MgCl_2$를 전해 원료로 사용하는 용융염 전해법으로, 그림 6.6(a)에 그 공정도를 나타내었다. 전해 원료인 $MgCl_2$는 MgO의 추출과 염화의 2단계를 거쳐서 만든다. 우선 1단계에서는 $MgCO_3$를 하소하여 MgO로 만든다. 또 돌로마이트($MgCO_3 \cdot CaCO_3$)는 하소하여 MgO와 CaO로 만들고, CaO는 물을 첨가하여 석회유(lime milk)인 $Ca(OH)_2$로 만들며, MgO는 $MgCl_2$가 함유된 바닷물과 반응시켜 $Mg(OH)_2$로 침전시킨 후 하소하여 MgO를 얻는다. 2단계에서는 상기한 MgO 분말과 환원제인 석탄, 이탄(泥炭, peat)*을 혼합한 후, 점결제로 $MgCl_2$를 첨가하여 펠릿이나 단광(briquette)으로 만들고, 가열·건조하여 코크스화한 후 염화로에서 염화시켜 $MgCl_2$를 제조한다. 해수에서 직접 $MgCl_2$를 추출하기도 한다.

---

* 이탄(泥炭, peat): 땅속에 묻힌 시간이 오래되지 아니하여 완전히 탄화하지 못한 석탄. 토탄(土炭)이라고도 한다. 이끼나 벼 따위의 식물이 습한 땅에 쌓여 분해된 것으로, 광택이 없고 검은 갈색을 띠며 해면 모양이나 실 모양 또는 흙덩이 모양을 하고 있다.

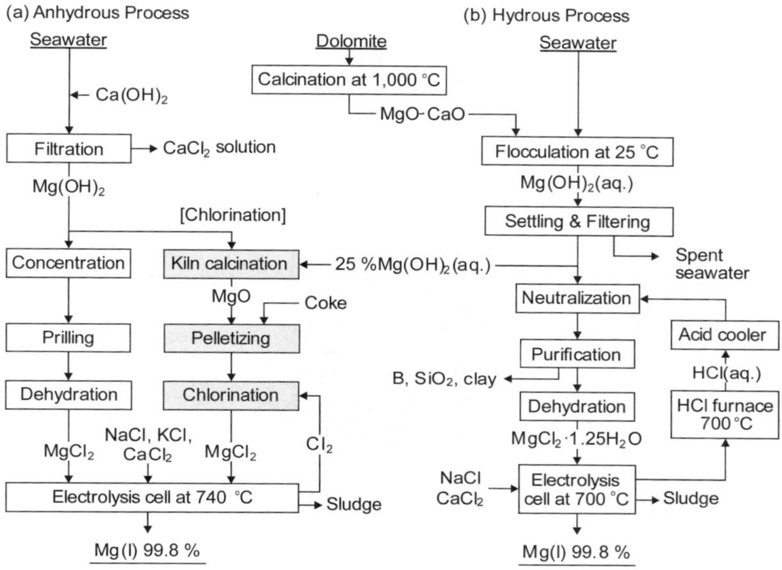

그림 6.6. 용융염 전해법: (a) Anhydrous process, (b) hydrous process

그림 6.7에는 IG법에서 사용하는 염화로의 모식도를 나타내었다.[2,4] 염화로는 약 1,000 ℃로 가열하고, 노의 하부에서 Cl_2 가스를 불어 넣어 다음 식과 같이 염화시킨다.

$$MgO(s) + Cl_2(g) + C(s) = MgCl_2(l) + CO(g) \tag{6.9}$$

$$2MgO(s) + 2Cl_2(g) + C(s) = 2MgCl_2(l) + CO_2(g) \tag{6.10}$$

단광 중의 C이 환원제로 작용하며, MgO가 염화되어 생성된 용융 상태의 무수 $MgCl_2$는 노 바닥에 모인다. 이 $MgCl_2$를 레이들(ladle)로 운반하여 용융염 전해로에 공급한다. 염화로에서 배출되는 배기가스는 염산으로 회수하고 MgO와 반응시켜 $MgCl_2$ 용액으로 만든 다음 단광을 만들 때 점결제로 사용한다.[4]

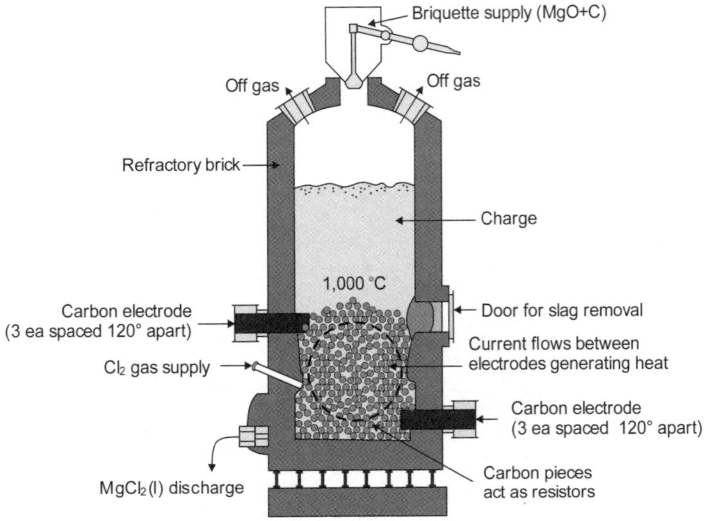

그림 6.7. IG Farben법의 $MgCl_2$ 제조 염화로

한편 용융염 전해에서 산소가 있으면 전해조의 전류 효율에 악영향을 미치므로 무수 $MgCl_2$를 원료로 사용한다. 함수 $MgCl_2$에는 $MgCl_2 \cdot nH_2O$(n=1, 2, 4, 6, 12)가 있으나, 일반적으로 상온에서는 $MgCl_2 \cdot 6H_2O$로 존재한다. 함수 $MgCl_2$는 고온의 산소 분위기에서 단계적으로 탈수가 일어나 MgOHCl로 가수분해가 일어나며, $MgCl_2$와 MgOHCl은 MgO로 바뀐다. 따라서 공기 중에서 탈수시켜 무수 $MgCl_2$를 제조하는 것은 쉽지 않다. 그러나 다음 식의 평형값보다 높은 HCl(g) 분압의 조건에서는 역반응에 의해 무수 $MgCl_2$를 얻을 수 있다.[15]

$$MgCl_2 + H_2O = MgOHCl + HCl \qquad (6.11)$$

그림 6.8(a)에는 IG법 전해조의 단면을 나타내었으며,[16,17] 전해조는 장방형이며 내화벽돌로 만들어져 있다. 양극(anode)으로는 판상의 그라

파이트, 음극(cathode)으로는 철강재를 사용하고, 각 전극에서는 다음식과 같은 반응이 일어나며, 각 전극의 상부는 그림에서와 같이 격벽(diaphragm)으로 분리되어 있다.

$$\text{Cathode (steel): } Mg^{2+}(l) + 2e = Mg(l) \text{ (in molten salt)} \quad (6.12)$$

$$\text{Anode (graphite): } 2Cl^{-}(l) = Cl_2(g) + 2e \text{ (in molten salt)} \quad (6.13)$$

$$\text{Overall reaction: } MgCl_2(l) = Mg(l) + Cl_2(g) \quad (6.14)$$

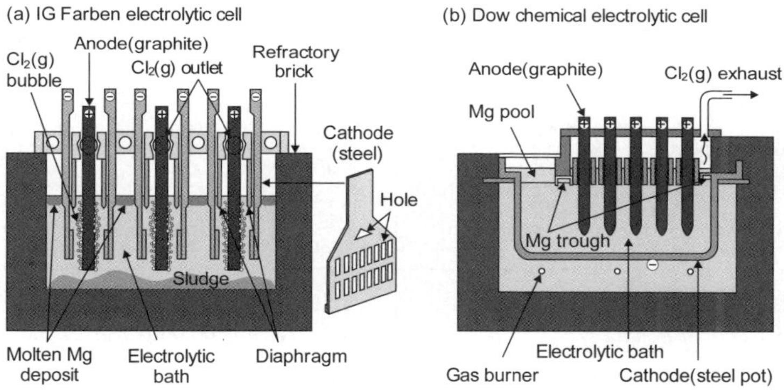

그림 6.8. 용융염 전해조: (a) IG Farben, (b) Dow process

전극에서 생성된 액체 Mg의 밀도는 1.584 g/cm³(at m.p.)로, Li 등을 함유한 저밀도 용융염을 제외하면 전해욕의 용융염보다 낮다. 따라서 음극에서 석출된 Mg이 음극의 구멍을 통과하여 음극실의 전해욕 상부로 떠오르며, 이것을 출탕하여 잉곳으로 주조한다. 전해욕 중에 불화물 이온을 소량 첨가하면 생성된 Mg의 응집이 촉진되는 것으로 알려져 있다. 그리고 양극에서 발생하는 Cl_2 가스는 염화로에 보내어 MgO의 염화반응에 재사용한다.

표 6.7에는 IG법을 포함한 각 전해법의 조업 예를 나타내었다.[16] 전해

욕은 원료를 조제할 때 돌로마이트뿐만 아니라 카날라이트도 사용하므로, $MgCl_2$-KCl이나 $MgCl_2$-KCl-$CaCl_2$계의 적당한 조성을 사용한다. 주로 $MgCl_2$를 6~20 % 정도 용해한 것을 사용하지만 $BaCl_2$, CaF_2, MgF_2 등을 첨가하기도 한다. 대표적인 조성은 40 %$CaCl_2$, 20 %KCl, 30 %NaCl, 10 %$MgCl_2$이다.

표 6.7. 각 용융염 전해법의 조업 예

Parameter		Electrolysis Type		
		IG Farben	Dow	Bi-polar
Electrolyte(%)	$MgCl_2$	13	25	18~23
	NaCl	35	60	55~58
	$CaCl_2$	40	15	20~25
	KCl	12	0	~2
Temperature (C)		740	700	652
Cell voltage (V)		7	6.3	10.5
Current (A)		18,000	60,000	11,000×3
Current density ($A{\cdot}cm^2$)		0.35~0.5	-	0.55
Current efficiency (%)		90	75~80	75~80
Energy efficiency (%)		34	33	55~59
Power consumption ($kWh{\cdot}(kg\text{-}Mg)^{-1}$)		17.6~19.8	17.6	9.8
Consumption of graphite anode ($kg{\cdot}(kg\text{-}Mg)^{-1}$)		0.02	0.1	-
Distance of electrodes (mm)		140	38	-
Mg production rate ($kg{\cdot}day^{-1}$)		180	500	2,700

(2) Dow법

Dow법은 전해 원료로 함수염($MgCl_2{\cdot}1.25H_2O$)을 사용하는 방법이며, 그림 6.6(b)에 Dow법의 공정도를 나타내었다. 돌로마이트나 해수에서 추출한 $Mg(OH)_2$를 염산으로 중화하여 $MgCl_2$ 수용액을 만들고, 이것을 건조하여 2수화염의 플레이크(flake)로 만들어 원료로 사용한다.

해수에서 함수염 전해 원료를 만들 때는 해수에 석회유(lime milk)를 첨가하여 Mg을 $Mg(OH)_2$로 침전시키고, 여과하여 분리한다. $Mg(OH)_2$ 침전물에 HCl(전해 후의 회수물을 사용하기도 함)을 첨가하여 $MgCl_2$ 용액을 만들고 가열하여 $MgCl_2 \cdot 4H_2O$로 농축한 후, 유동층 탈수로에서 $MgCl_2 \cdot 1.25H_2O$로 만든다. 가열 및 탈수 과정에서 $MgCl_2$가 가수분해되어 MgO가 생성되지 않도록 주의하여야 한다.

$MgCl_2$는 쉽게 가수분해되고, 도전성이 낮은 결점이 있으므로 $CaCl_2$와 NaCl을 첨가한 전해욕(표 6.7 참조)을 사용한다. 전해조는 그림 6.8(b)와 같이 그라파이트 전극으로 구성된 양극(anode)이 2열로 배치되어 있고, 그 사이를 분할하는 구조이다. 양극에서는 염화물 이온이 방전되어 염소 가스가 발생하며, 원료가 함수염이므로 전해욕 중의 H_2O가 증발하거나, 생성된 염소가 수분과 반응하여 HCl 가스로 변해 염소 가스 중에 혼입된다. 그리고 H_2O도 방전되어 산소를 발생하며, 발생한 산소가 그라파이트 전극과 반응하여 CO_2를 생성하므로 양극의 소모량이 크다.[18]

(3) Alcan법

IG법은 그림 6.8(a)처럼 전해조에 격벽이 있고, Alcan법에는 격벽이 없으나 기본적으로 큰 차이는 없다. Alcan법의 anode는 상부의 뚜껑에 장착되어 있으며, cathode는 뒤쪽 측벽에서 관통되어 있다. Mg은 유도로를 통해 용융 풀에 모이게 되어 있으며, 염소실과는 벽으로 분리되어 있다. 전해조는 후술하는 복극형(bi-polar type) 전극을 사용한다.

(4) 신 IG Farben법

신 IG Farben법은 Alcan법과 같이 전해조에 격벽이 없는 구조로 되어 있으나, 기본적으로 IG법과 큰 차이는 없다. Cathode는 뒤쪽 측벽에서 관통하여 격자상으로 배치되어 있으며, anode는 상부의 뚜껑에서 격자상 cathode의 빈 공간에 장착되어 있다. 생성된 Mg은 염소 가스 리프트를 이용한 전해욕의 순환류를 따라 금속실에 모인다. 따라서 신 IG Farben법은 전해조의 전압이 IG법보다 약 1 V 낮아 전력 원단위를 감소시킬 수 있으며, 대형 전해조에 적합한 것으로 알려져 있다.[19]

(5) Ti 제련 부산물인 $MgCl_2$의 전해법

Ti을 제조하는 Kroll법은 다음 식과 같이 $TiCl_4$를 Mg으로 환원하는데, 1톤의 Ti을 얻으려면 Mg도 약 1톤이 필요하다.*

$$TiCl_4(g) + 2Mg(l) = Ti(s) + 2MgCl_2(l) \tag{6.15}$$

반응 부산물인 $MgCl_2$를 용융염 전해하여 Mg과 염소(Cl_2)로 재생시키며, 각각 $TiCl_4$의 환원 및 TiO_2의 염화 공정에 재사용한다. $MgCl_2$의 용융염 전해에는 전극의 배치와 연결 방법에 따라 일반적인 단극형(mono-polar type) 전해조와 복극형(bi-polar type) 전해조가 있다. 그림 6.9에 각각의 원리를 나타내었다.[20] 각각의 전극에 전기를 공급하는 단극형 전해조는 일반적인 Mg의 용융염 전해와 동일하게 양극과 음극으로 구성된 한 쌍의 전극이 직렬이나 병렬로 배치되어 있다. 그림 6.9(a)에 나타낸 단극형 전해조에서는 Mg의 생산성 향상을 위해 전해 전류를 증대시키거나 여러 개의 전해조를 직렬로 연결하여야 하나 전해에 따른

---

* 제7장 타이타늄 참조

발열이 커지는 문제점이 있다.

그림 6.9(b)의 복극형 전해조는 Alcan법과 Ti 제련에서만 적용하는 방법으로, 단극형 전해조와 달리 양쪽 끝에 위치한 양극과 음극에만 전기를 공급한다. 양 끝의 양극과 음극 사이에 음극과 양극 역할을 동시에 수행하는 복극(bi-polar) 전극이 3~5개 정도 배치되어 있다.[21] 각 전극에서의 전해반응은 일반 Mg 전해와 같지만, 복극형 전해조에서는 동일한 전류 조건에서도 전해 속도가 빨라져 단극형 전해조보다 생산성이 3배 정도 증가하는 것으로 알려져 있다.

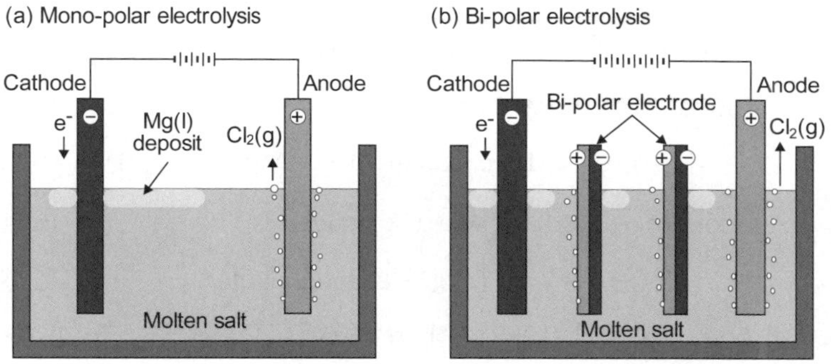

그림 6.9. 타이타늄 제련 부산물인 $MgCl_2$의 재생 전해조의 모식도
(a) Mono-polar형 전해조, (b) Bi-polar형 전해조

4) MgO의 용융염 전해

기존의 용융염 전해법은 무수 $MgCl_2$를 출발원료로 사용하므로 음극에서 액상 Mg이 생성되지만 양극에서 유독성의 염소(Cl_2) 가스가 발생한다. 또 무수 $MgCl_2$ 제조에 많은 에너지가 필요하며, 철(Fe)을 전극으로 사용하므로 Mg 중 Fe 함량이 높은 단점이 있다.

최근 Kang 등은 그림 6.10 및 6.11과 같이 액상 금속을 음극(cathode)으로 사용하여 MgO를 용융염 전해해 금속 Mg을 제조하는 친환경 공정인 MSE-LMC(Molten Salt Electrolysis using Liquid Metal Cathode)법을 개발하였다.[22,23] 신공정에서는 Cl_2 가스와 같은 독성가스가 발생하지 않으며, 백금(Pt)과 같은 불활성 전극을 사용하면 양극(anode)에서 O_2가 발생한다. Mg과 합금화된 액상 금속을 진공 증류하면 조건에 따라 99.975 % 이상의 순도를 갖는 Mg을 얻을 수 있다.

MSE-LMC법에서는 불화마그네슘(MgF_2)-불화리튬(LiF) 용융염을 전해질로 사용하며, 전해 셀은 원리적으로 상용 Al 전해 셀과 동일한 구조를 갖고 있다. 각 전극에서의 반응은 다음과 같다.

$$\text{Cathode:}\ Mg^{2+} + 2e = Mg(l) \tag{6.16}$$

$$Mg(l) + M(Sn,\ Ag,\ or\ Cu) = (Mg - M)_{alloy}(l) \tag{6.17}$$

$$\text{Anode:}\ O^{2-} = 1/2O_2(g) + 2e\ \ (\text{Pt anode}) \tag{6.18}$$

$$C(s) + xO^{2-} = CO_x(g) + 2xe\ \ (\text{C anode}) \tag{6.19}$$

한편 MSE-LMC법의 음극은 전해 셀 바닥에서 환원된 Mg 금속과 합금을 생성할 수 있는 Cu, Sn, Ag 등을 사용하였다. 음극 금속은 Mg보다 밀도가 크고, Mg의 고용도가 크면서, 전해온도에서 Mg 합금 중 Mg의 증기압이 낮아 전해 중 Mg의 증발이 없어야 한다. 또 Mg과의 증기압 차이가 커서 진공 증류를 통해 Mg과 쉽게 분리할 수 있는 금속이어야 한다. 양극으로는 흑연(C)이나 백금(Pt)을 사용하였다.[24] 특히 MSE-LMC법은 Al 전해 셀과 유사하여 쉽게 상용화할 수 있을 것으로 기대를 모으고 있다.

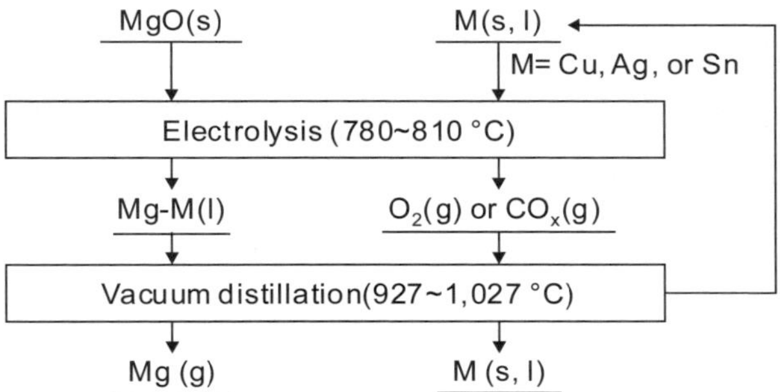

그림 6.10. MgO의 용융염 전해 공정도

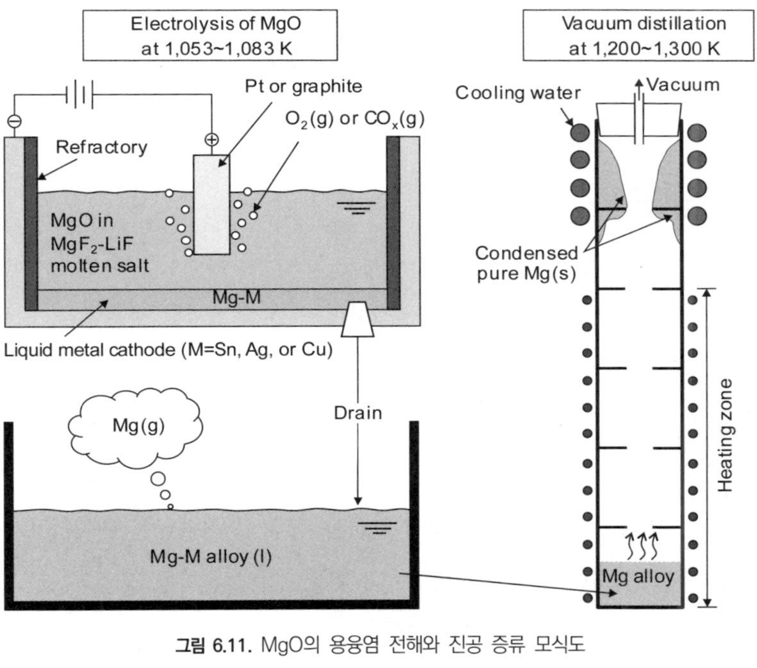

그림 6.11. MgO의 용융염 전해와 진공 증류 모식도

5) 마그네슘 및 합금의 용해

Mg 용해 설비에는 대부분 철강 재료를 사용하고 있다. 다만 Mg의 내식성에 영향을 미치는 성분인 Fe, Cu, Ni 등*이 Mg 용탕에 혼입되지 않도록 주의하여야 한다.

(1) 용해로

Mg의 용해는 높은 용해 속도로 생산성이 우수한 가스 가열로를 사용하는 경우가 많다. 노의 온도를 쉽게 제어하기 위해 2단 가스버너를 사용하기도 하며, 노에는 배기가스 배출을 위한 연돌이 설치되어 있다. 유럽 등에서는 노 온도의 균일화와 온도 제어가 쉬운 전기저항 가열로를 많이 사용하고 있다.[25]

(2) 도가니

Mg이나 Mg 합금 용해용 도가니에는 Ni이 함유되어 있지 않은 크롬강 압연재나 저탄소강 압연재를 용접하여 만든 구조체를 사용한다. 일부에서는 알루미늄을 용융 도금해 도가니의 내산화성을 개선한 것을 사용하기도 한다. 도가니의 두께는 용해 중량 10~50 kg, 300~500 kg, 1,500~2,000 kg에 대해 각각 5~10 mm, 20~30 mm, 25~40 mm의 것을 사용한다. 가스버너 등으로 가열하는 경우 불꽃이 닿는 위치가 도가니의 한쪽으로 치우치지 않도록 노 내에서 도가니 위치를 정기적으로 바꾸기도 한다. 그리고 대기와의 접촉을 막기 위해 도가니 뚜껑을 설치하는 것이 일반적이다.[25]

---

* 제6장 제4절 3)항 참조(그림 6.15)

4. 마그네슘의 리사이클링

그림 6.12에는 Mg의 라이프 사이클을 나타내었다. Mg도 다른 금속들과 마찬가지로 제조 공정에서 발생하는 자가 스크랩과 노폐 스크랩이 있으며, 이러한 것들을 합금 종류나 상태에 따라 적절한 전처리와 정련을 거쳐서 리사이클링하고 있다.

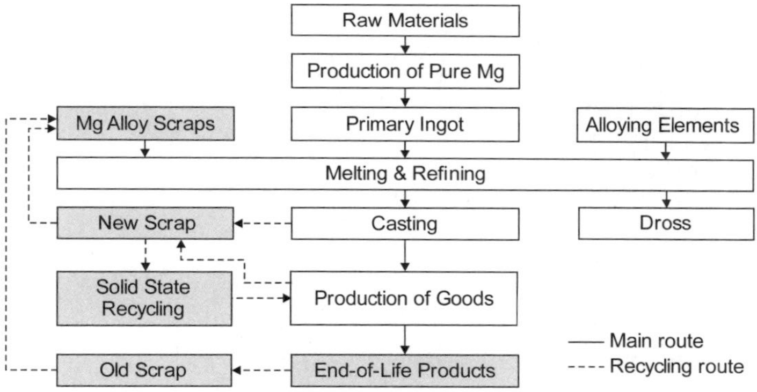

그림 6.12. Mg의 라이프 사이클

1) 마그네슘의 리사이클링 개요

그림 6.13에는 여러 가지 품위의 Mg 합금 스크랩을 원료로 사용하여 2차 지금을 제조하는 공정도를 나타내었다.[26] Mg 합금 스크랩을 분류한 후에 혼입되어 있는 불순물을 제거하는 전처리 공정을 거쳐서 재용해와 정련을 한다.

그림 6.14에는 이러한 Mg 합금 스크랩의 리사이클링 공정을 모식적으로 나타내었다.[3] 스크랩은 크기에 따라 직접 또는 슈레더 등으로 파쇄

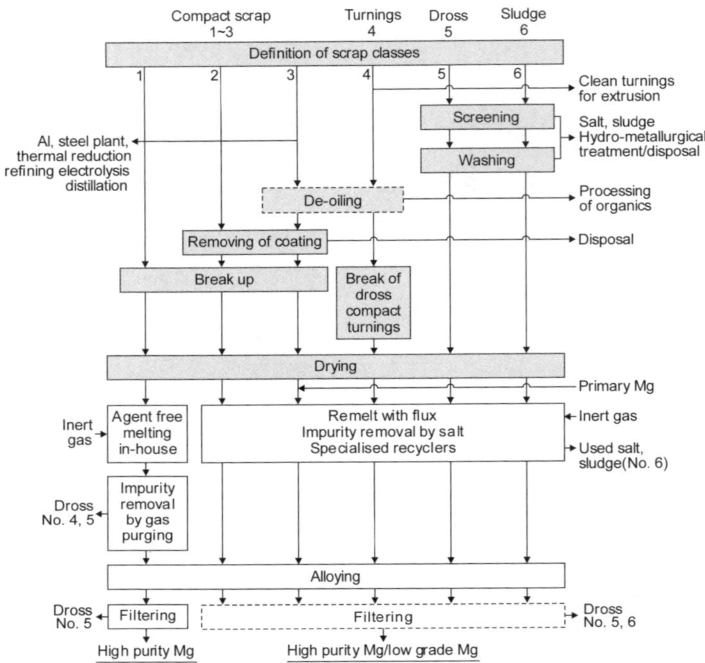

그림 6.13. Mg 합금 스크랩으로부터 2차 지금 잉곳을 제조하는 공정도

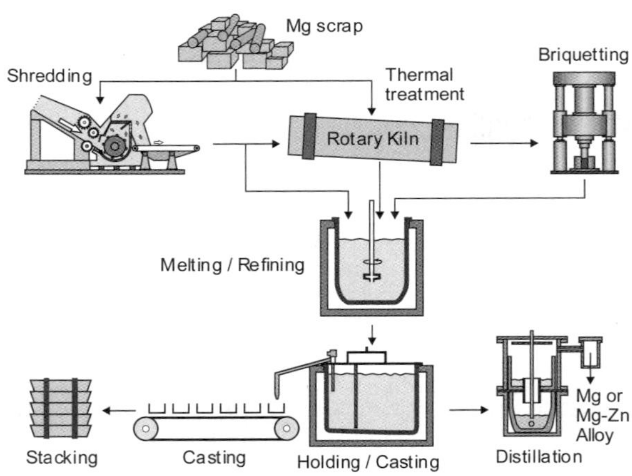

그림 6.14. Mg 합금 스크랩의 일반적인 리사이클링 공정도

한 후, 로터리 킬른 등에서 배소하여 도장층이나 유기물 등을 제거한다. 이러한 전처리를 거친 스크랩은 크기에 따라 압축 성형하거나 직접 용해로에 장입하여 용해한다. 일반적으로 용해로에서는 스크랩의 용해는 물론 플럭스나 불활성 가스에 의한 정련을 한다. 스크랩을 용해, 정련한 후 주조하기 전에 유지로(holding furnace)를 거쳐 주조하거나, 필요에 따라 증류 정련을 하기도 한다.

2) 마그네슘 스크랩

Mg 스크랩에는 제조 공정 내에서 발생하는 자가 스크랩(home scrap)과, Mg 제품의 수명이 다한 EoL(End of Life) 상태로 발생하는 노폐 스크랩(old scrap)이 있다. Mg 합금의 가공 공정에서는 약 50 %의 자가 스크랩이 발생하는데, 이러한 스크랩은 적극적으로 리사이클링하고 있다. 그러나 시중에서 제품의 EoL 상태에서 발생하는 스크랩의 효율적인 리사이클링 방법은 아직 확립되어 있지 않다. 표 6.8에는 ISRI*에서 구분한 Mg 스크랩의 이름과 특징을 나타내었으며,[27,28] 표 6.9에는 Mg의 2차 자원과 리사이클링 기술을 정리하여 나타내었다.[29]

표 6.8. 마그네슘 스크랩의 종류(after ISRI)

Name	Description
Wafer	MAGNESIUM CLIPS Shall consist of clean magnesium clips in crucible size, free of copper, aluminum, and zinc flashings and excessive oil and grease. To be free of all foreign attachments.
Walnut	MAGNESIUM SCRAP Shall consist of magnesium castings, magnesium engine blocks and transmission casings, bomber and car wheels, extrusions, and sheet. Material to be free from brass and copper inserts and all foreign

* Institute of Scrap Recycling Industries, Inc.

Name	Description
	attachments. To be free of anodes, hollow castings and explosives. Percentages of and penalties for dirt, oil, grease, and iron to be subject to agreement between buyer and seller. Excessively large pieces to be negotiated between buyer and seller.
Wine	MAGNESIUM ENGRAVER PLATES To be free of copper, aluminum, zinc, and electrotype plates. To be clean and free of all foreign attachments. Magnesium plates shipped loose by agreement between buyer and seller.
Wood	MAGNESIUM DOCKBOARDS Shall consist of clean magnesium dockboard cut or broken to size agreed upon by buyer and seller. To be free of all foreign attachments.
World	MAGNESIUM TURNINGS It is recommended that these materials be sold by special arrangement between buyer and seller.

표 6.9. 마그네슘 스크랩의 등급과 리사이클링 기술

Class	Characterization	Problems	Recycling methods
1A	High grade clean scrap without impurities (e.g. scrap castings, biscuits etc.)		Fluxfree, recycling with flux
1B	Clean scrap with a high specipic surface area		Recycling with flux
2	Clean scrap with Al- or steel inserts. No Cu- or brass-impurities	Si & Fe content	Magnetic separation, if necessary ICF* and/or diluting
3	Clean, dry & uncontaminated turnings and swarfs	High surface melt losses, oxide-content	Compacting, increased flux quantity, event. cover gas
4	Flux free residues (e.g. dross, sludge)	Oxide & Fe content	Increased flux quantity, if necessary ICF* and/or diluting
5A	Painted or coated scrap with / without Al or steel inlays. No copper or brass impurities	Coating/painting melt losses, Si, Fe & Ni content	Shot blasting, thermal decoating, if necessary ICF* and/or diluting
5B	Oily and/or wet turnings and swarfs	Oil and moisture melt losses, oxide content	Thermal treatment, chemical treatment, compacting, increased flux quantity, eventually cover gas

Class	Characterization	Problems	Recycling methods
6A	Unclean & contaminated metal scrap (e.g. post consumer scrap) may contain: · Si (Al-alloys, shot blasting) · Cu contaminated alloys · Fe inserts, Ni coating · Non-magnesium sweepings	Oil/moisture & coating/painting melt losses, oxide-content, Si, Fe, Cu & Ni content	Magnetic separation, shot blasting, thermal treatment, chemical treatment, ICF*, diluting, distillation
6B	Flux containing residues from Mg recycling	High content on oxides, chlorides and fluorides (Mg content < 30 %), Fe content	Expensive hydro-metallurgical processing; at time not realized

∗ ICF: Intermetallic compound formation

3) 마그네슘 스크랩의 전처리

노폐 스크랩은 Mg 합금만 있는 것도 있으나 다른 금속과 혼합된 것도 많다. 따라서 Mg 합금을 슈레더 등으로 파쇄한 후, 1차적으로 자력 선별하여 철강재를 분리한다. 이어서 습식 비중 선별 등 여러 가지 방법으로 선별하여 Mg 합금을 회수한다.

선별한 Mg 합금 스크랩의 표면에는 도장층을 비롯해 다양한 종류의 유기물이 부착되어 있으므로 이를 제거해야 한다. 특히 Mg은 산소 친화력이 높아 쉽게 연소되므로 유기물이 고착된 상태로 용해하면 Mg 용탕이 폭발할 수도 있다. 그리고 유기물이 Mg 용탕에 용해되면 Mg과의 비중 차이가 작아 비중 분리할 수 없어 주조재의 품질과 내식성은 물론 실수율이 낮아지는 문제점도 있다.[30]

Mg 합금 제품의 도장층은 물리적인 방법이나 화학적인 방법으로 박리한다. 도장층의 물리적인 박리법으로는 샌드 블라스팅(sand blasting)이 있지만, 박리 과정에서 발생한 Mg 분진이 폭발할 수도 있다. 도장층에 물과 연마제를 같이 분사하여 안전하게 박리할 수 있으나, 형상이 다양한 피박리품을 고정시켜야 하는 등의 문제점이 있다.

도장층의 화학적인 박리법으로는 알칼리나 산 용액으로 처리하는 방법이 있다. 동일한 스크랩이라면 적절한 용액으로 충분히 박리 가능지만, 스크랩 종류에 따라 도장의 종류가 다양하여 단일 용액으로는 완전한 박리가 곤란한 경우도 있다. 수산화칼륨(KOH)과 수산화나트륨(NaOH)의 혼합 알칼리 용액으로 노트북 케이스 등의 도장층을 부풀려서 박리한 예도 있다.[31] 또 시중 스크랩의 도장 부착물을 400~410 ℃의 과열 수증기로 40~50분간 처리하여 제거하기도 하였다.[32] 동일한 방법으로 Mg 절삭분말에 부착된 절삭유를 제거하였다.[33] 또 스크랩 표면에 단파장 레이저를 조사하여 장시간 사용으로 발생한 부식층이나 고착된 유기물 등을 제거하여 깨끗한 표면을 얻기도 하였다.[30]

그림 6.15에는 인쇄 도장층의 주성분인 유기물을 연소시켜 제거하는 배소법(열처리)에서 도장층을 제거하는 과정을 모식적으로 나타내었다.[34] 그림의 (a)는 배소 처리 전 상태이며, (b)는 배소 처리의 첫 단계로 도장층이 가스화되는 과정, (c)는 두 번째 단계로 도장층이 연소되어 탄화되는 과정이다. 그리고 (d)는 불활성 분위기(Ar)에서 표면 잔류물이 남아 있는 상태, (e)는 세 번째 단계로 산화성 분위기(공기)에서 도장층이 제거되는 과정을 나타낸 것이다. Al의 경우에는 이러한 배소법이 실용화되어 있으나, Mg의 경우 아직 검토 단계에 있는 것으로 알려져 있다.

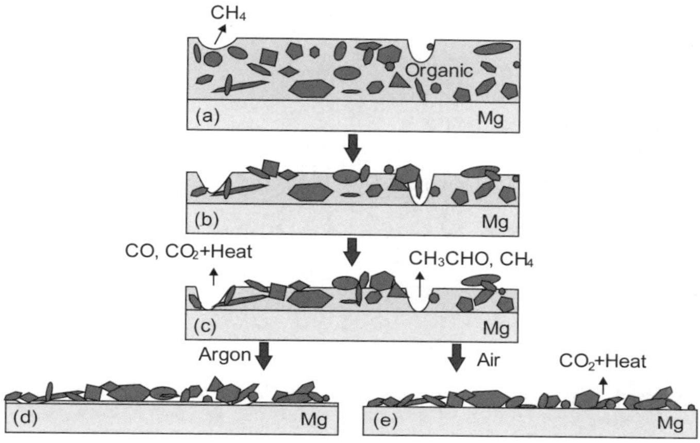

그림 6.15. 배소법에 의한 Mg 합금 도장층의 제거 과정

4) 마그네슘의 용해와 불순물

Mg이나 Mg합금으로 제품을 만들기 위해서는 1차 지금이나 스크랩을 용해하여야 한다. 이러한 Mg의 용해작업에서는 산화 손실을 줄이기 위한 산화 방지가 중요하며, 불순물도 혼입되지 않도록 해야 한다. 특히 스크랩을 사용할 때는 Mg과 동일한 환경에서 사용되어 스크랩 중에 혼입된 불순물에 주의하여야 한다.

(1) 마그네슘 합금 중 불순물의 영향

Mg이나 Mg 합금 중의 불순물은 종류에 따라 내식성에 큰 영향을 미친다. 그림 6.15에는 Mg의 2원계 합금에서 첨가 원소 농도가 내식성에 미치는 영향을 나타내었다.[35] Mg과 같이 사용되고 있는 Cu, Fe와 스테인리스강 등의 Ni은 미량만 있어도 부식량이 급격하게 증가한다. Al은 내식성에는 큰 영향이 없으나, 혼입량이 많으면 문제가 될 수 있다. 따라서 Mg 합금의 리사이클링에서는 이러한 Cu, Ni, Si, Fe 등을 제거해야 한다.

(2) Mg 용탕의 산화 방지

용융 Mg은 대기 중의 산소와 반응하면 착화, 연소하여 백색 산화물인 MgO를 생성하며, 특히 공기 중의 수분(습기)이 다음 식과 같이 산화반응을 가속시킨다.[25]

$$Mg(l) + 1/2O_2(g) = MgO(s) \tag{6.20}$$

$$Mg(l) + H_2O(l,g) = MgO(Mg(OH)_2)(s) + H_2 \tag{6.21}$$

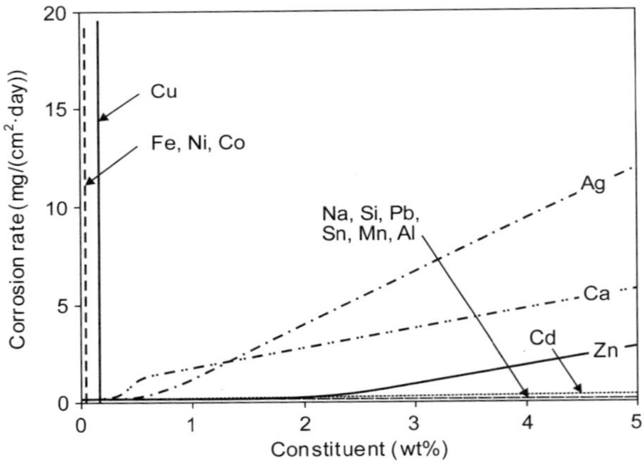

그림 6.16. Mg 2원계 합금의 3 %NaCl 용액 중 부식 속도

정지 상태의 용탕면에는 산화피막이 있으므로 산화반응이 국부적으로 일어나지만, 교반 등으로 용탕면이 노출되면 착화 면적이 급속하게 확대된다. 그리고 도가니 내로 공기가 침입하여 산소 공급이 계속되고, 용탕의 열대류에 의해 용탕 표면의 산화피막이 깨어지면 산화와 연소가 지속된다.

산화 방지를 위해서는 용해 속도를 높여 용해 시간을 줄이고, 도가니 뚜껑을 씌워 밀폐성을 유지시켜 용탕 표면과 공기의 접촉 기회를 줄여야 한다. 또 도가니 직경을 용탕 깊이의 1/2 이하로 줄여 노출되는 용탕 면적을 작게 하기도 한다. 그리고 용탕 유지로(settling chamber)에서는 도가니 하부의 온도를 낮추어 열대류를 억제시켜 용탕면의 산화피막이 유지되도록 하기도 한다. 또 플럭스를 사용하거나 보호가스 분위기를 만들어 용탕면을 보호하거나, 감압한 후에 불활성 분위기로 치환하여 용해한다.

한편 Mg의 용해 주조 과정에서는 플럭스를 사용하더라도 보호가스를 함께 사용하고 있다. 예전에는 유황 등의 플럭스로 Mg 용탕 표면을 보호하기도 하였는데, 1970년대부터는 조업 현장이나 작업자에 무해한 육불화유황(SF_6) 가스를 공기와 혼합하여 희석한 것이나, SF_6+Air+CO_2를 혼합한 가스를 사용하고 있다. SF_6 가스는 Mg 용탕 표면에서 $MgSO_4$ 필름을 형성하여 과도한 산화를 방지한다. SF_6 가스는 무색무취로 인체에 무해하지만, CO_2에 비해 약 22,000배의 지구 온난화 효과가 있어서 SO_2, BF_3 등의 대체 가스나 난연성 Mg 합금 등을 개발하고 있다.

(3) 불순물 혼입

SiO_2 성분을 함유하는 단열재가 Mg 용탕과 접촉하면 다음 식과 같이 반응하여 발열되면서 금속 Si이 생성되므로 Mg 용탕의 Si 농도가 증가한다.

$$SiO_2 + 2Mg = 2MgO + Si \tag{6.22}$$

또 철제의 용해용 도가니 내벽에 생성된 산화철이 용탕 중에 낙하하여 누적되면 다음 식과 같이 불순물인 Fe이 생성되어 Mg 용탕의 Fe 농도가 증가하므로 도나니 내벽의 이물질 제거와 세척이 중요하다.

$$Mg + 1/3Fe_2O_3 = MgO + 2/3Fe \tag{6.23}$$

그리고 도가니 내벽을 용융 Al으로 도금하면 도가니의 산화 방지에는 효과가 있으나, Zr을 함유한 Mg 합금에서는 Al-Zr 화합물이 생성되므로 주의하여야 한다.

(4) 금속 불순물 제거

Mg 중의 불순물은 스크랩이나 1차 지금을 용융한 후 용탕 처리로 제거하지만, Mg의 산소 친화력이 높아 불순물만 선택적으로 산화시켜 제거하는 것은 곤란하다. 그러나 Mg에는 용해되지 않으면서 불순물과 결합하여 금속간화합물 등을 만드는 제3의 원소를 첨가하면 특정 불순물을 선택적으로 제거할 수 있다.

① Mg 중 Fe 제거

Fe은 Cu, Co, Ni과 함께 Mg 합금의 내식성에 큰 영향을 미치므로 50 ppm 이하로 제거해야 한다. Mg 중의 Fe은 Mg과 반응하지 않으면서 Fe과 금속간화합물을 만드는 제3의 원소를 첨가하여 제거한다. C을 첨가하면 Fe과 반응하여 Fe_3C를 만들며, Mg보다 밀도가 크므로 침강시켜 제거할 수 있다. Ca을 C과 동시에 첨가하면 탄화물인 Fe_3C의 집합체가 만들어져 쉽게 침강한다. 다만 Al이 들어 있는 용탕에서는 Al이 C과 쉽게 반응하여 Al_4C_3 등의 탄화물을 만들므로 제거 효율이 낮아진다. 또 Mn를 첨가하면 Al-Fe-Mn 화합물이 만들어지므로 Fe을 침전시켜 제거할 수 있다.[36]

② Mg 중 Cu 제거

Cu와 Mg은 Cu_2Mg, $CuMg_2$ 등의 금속간화합물을 잘 만들므로 Fe과 같이 화합물로 제거하기는 힘들다. 그러나 Mg과는 반응하지 않으나 Cu와 반응하여 Ti_2Cu 등을 만드는 Ti을 Cu가 혼입된 용융 Mg 중에 침지시켜 고체 상태의 Ti 중으로 Cu를 확산시켜 제거한 예도 있다.[37]

5) 마그네슘 합금 용탕의 가스 취입 정련

(1) Mg 용탕의 수소

Mg 용탕 중의 가스는 대부분이 수소이며, Mg 합금 주조품에 수소가 잔류하면 결함이 되므로 제거하여야 한다. Mg 중의 수소는 합금 잉곳 표면의 부식 생성물인 수산화마그네슘이나 대기 중의 수분에서 혼입된다. 특히 알칼리토류 금속이 첨가된 합금은 수소 가스 흡수량이 증대한다. Mg의 수소 용해도 S(cm^3 H_2/(100 g Mg))는 Mg의 증기압이 매우 커서 측정값에 오차가 많으나, 수소 분압에 따라 다음 식과 같이 나타낸다.[38] 그림 6.17(a)에는 분위기 수소 압력과 온도에 따른 수소 용해도를 나타내었다.

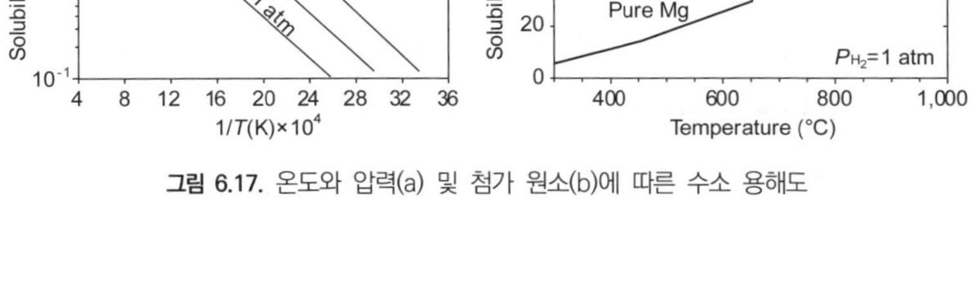

그림 6.17. 온도와 압력(a) 및 첨가 원소(b)에 따른 수소 용해도

$$\text{Solid}: \log S = -\frac{1.10 \times 10^3}{T} + 2.69 + 0.5\log p_{H_2} \quad (6.24)$$

$$\text{Liquid}: \log S = -\frac{1.36 \times 10^3}{T} + 3.21 + 0.5\log p_{H_2} \quad (6.25)$$

Mg 용탕의 수소 용해도는 그림에서와 같이 용탕 온도의 영향이 크므로 용탕 온도를 낮게 유지할 필요가 있다.

한편 Fruehan 등은 수소 1기압의 분위기에서 Mg의 수소 용해도를 다음과 같이 나타내었다.[39]

$$\text{Solid}: \log S = -\frac{1{,}062.47}{T} + 2.6254 \quad (6.26)$$

$$\text{Liquid}: \log S = -\frac{1{,}290.5}{T} + 3.042 \quad (6.27)$$

그리고 그림 6.17(b)에는 합금원소의 영향을 나타내었다. Sr이 함유되면 수소 용해도가 증가하지만, 나머지 합금원소는 수소 용해도를 감소시키는 것을 알 수 있다. 동일한 온도에서 Sn, Cu, Zn, Ag 등의 함유량이 증가하면 수소 용해도는 감소하지만, Sr은 큰 차이가 없다.

(2) 불활성 가스에 의한 Mg 용탕의 정련

Mg도 Al의 용탕 처리[40]와 마찬가지로 용탕 중에 불활성 가스를 불어넣어 수소 등을 방출시키는 탈가스를 하여 건전한 잉곳을 만든다. Mg 스크랩과 1차 지금을 용해하여 Fe 등의 불순물을 침강시켜 제거하고, 용탕 처리실에서 Ar 등의 불활성 가스를 불어 넣어 탈수소를 하면서 개재물도 부상시켜 제거한다. 그림 6.18에는 로터리 탈가스 및 필터법 정련 장치의 모식도(a)와 기포에 의한 수소 제거 원리(b)를 나타내었다. 정제 효과는 기포의 안정도와 크기에 의존하며, 작은 기포가 균일하게 분산될수록 정제 효과가 우수하다. 따라서 Al 용탕의 정련[40]에서 사용하는, 그림과 같이

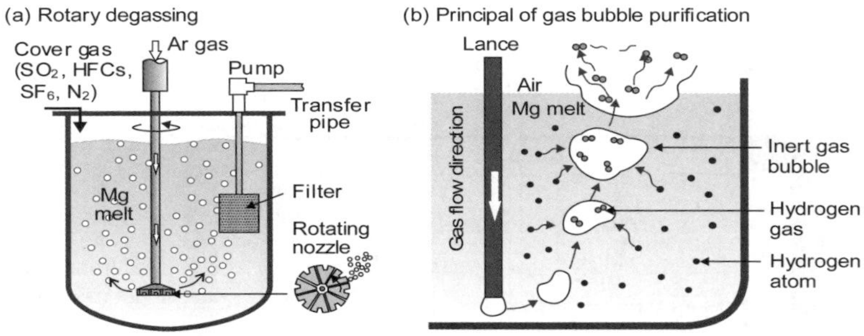

그림 6.18. Mg 용탕의 불활성 가스 정련(a) 및 수소 제거 기구(b)

미세기포를 만들 수 있는 로터리 탈가스 장치를 이용하기도 한다.

한편 불활성 가스 취입에 의한 용탕 중의 수소는 다음의 세 단계를 거쳐 제거된다.[40]

① 원자 상태의 수소가 확산과 대류를 통해 불활성 기체의 기포 표면으로 이동한다.

② 수소가 불활성 기체의 기포와 용탕 중 수소 기체의 분압 차이에 의해 기포 내로 흡수되고 분자 상태로 결합되어 불활성 기체 안에 포집된다.

③ 버블이 용탕 표면으로 부상하여 수소가 제거된다.

그림 6.19에는 스크랩을 용융하여 플럭스를 첨가하지 않고 용탕 처리를 하는 장치를 모식적으로 나타내었다.[13,41] 다이캐스팅 공장에서 일부 실용화되어 있는 방법으로, 프로세스 비용 저감을 위해 플럭스를 사용하지 않는 용탕 처리법이다. 용해실(melting chamber)에서는 자가 스크랩과 신지금을 용해하여 Fe 등의 불순물을 침강 제거하며, 용탕 처리실에서는 Ar 가스를 취입하여 수소나 개재물을 부상시켜 제거한다. 유지로(settling chamber)에서는 청정한 용탕을 사이펀이나 펌핑으로 다이캐스트 공정 등에 공급한다. 한편 유지로에서 용탕을 펌핑하여 주조기로 이

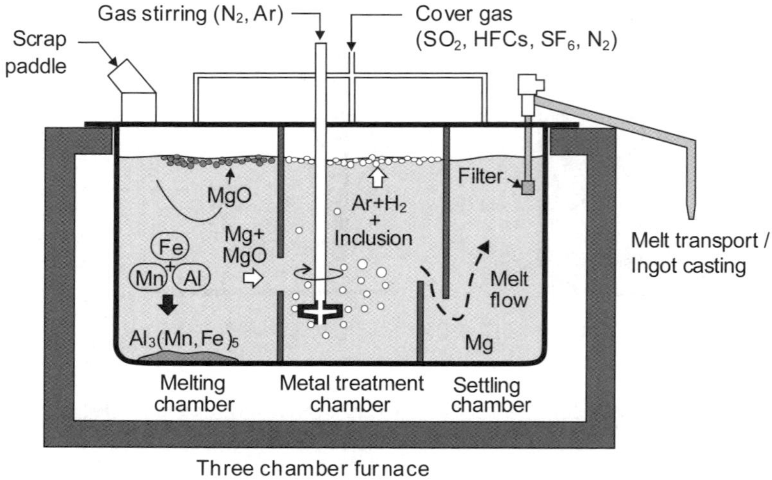

그림 6.19. 격벽 gas bubbling 정련 정제로

송시킬 때, 세라믹 필터를 설치하여 개재물 등을 제거하기도 한다.[42]

6) 마그네슘 합금 용탕의 플럭스 정련

(1) 용해 및 정련용 플럭스

Mg이나 Mg 합금을 용해하고 정련할 때 플럭스를 사용하는 경우가 많다. 플럭스는 용해 실수율 향상과 개재물이 적은 청정 용탕을 얻기 위해 첨가하는 물질로, 용탕 표면과 공기의 접촉을 차단하여 용탕의 산화와 연소를 방지하는 기능과 원료와 용탕 중의 산화물, 질화물 등 불순물을 흡수하고 침강시켜 용탕과 분리하는 기능이 있다.

표 6.10에 Mg 및 Mg 합금의 용해, 정련용 플럭스의 조성을 나타내었다.[43] 그리고 표 6.11에는 플럭스 성분들의 물성값을 나타내었다.[25] 용해용 플럭스는 유동성이 높아 용탕 표면을 피복하므로 산화 방지에 효과적

표 6.10. 플럭스 조성의 예

Protective base, wt%				Inspissating agents, wt%				
$MgCl_2$	KCl	$CaCl_2$	NaCl	$BaCl_2$	BaF_2	MgF_2	CaF_2	MgO
-	9	41	26	-	-	24	-	-
-	7.5	19	11	37.5	-	25	-	-
-	26	-	17	40	-	17	-	-
65	-	-	-	-	-	35	-	-
38	31	-	-	-	-	31	-	-
29	6	20	12	-	-	-	33	-
29	8	-	-	39	24	-	-	-
31	25	7	6	-	-	-	21	5
34	7	15	10	-	-	-	21	13
50	20	-	-	-	-	-	15	13

표 6.11. 플럭스 성분의 물성

Type	Fomular	Molecular weight (g)	Density (g/cm^3)	Melting point (℃)	Boiling point (℃)
Chloride	$MgCl_2$	95.22	2.31	714	1,418
	KCl	74.56	1.98	772	1,437
	NaCl	58.45	2.16	801	1,465
	$CaCl_2$	110.9	2.15	772	>1,600
	$BaCl_2$	208.27	3.1	960	1,560
	$MnCl_2$	124.84	2.98	650	1,190
Fluoride	MgF_2	62.28	3.15	1,263	2,332
	CaF_2	78.08	3.18	1,402	2,500
	NH_4BF_4	104.84	1.87	238	Disso.
Oxide, etc.	MgO	40.3	3.65	2,825	3,600
	S	32.06	1.96	113	445

이다. 또 정련 작용도 있지만 유동성이 과하면 용탕과의 분리가 어렵고, 주조할 때 주괴나 주물에 혼입될 수 있으므로 주의가 필요하다.

정련용 플럭스는 용해용 플럭스에 MgF_2, CaF_2, MgO 등의 점도 조절제를 다량으로 첨가하여 플럭스 자체가 고화성을 갖도록 한 것이므로 용탕과의 분리성이 우수하다. 용탕에 산포하여 교반하면 초기에는 어느 정도 유동성을 갖고 있으나, 용탕 중의 산화물, 산화피막, 질화물, 잔류 용해용 플럭스 등을 흡수하여 침강한다. 따라서 용탕의 산화를 방지하면서도, 주조할 때 쉽게 분리·제거되어 혼입될 위험이 적다.

그 외의 염화물은 주로 혼합염의 용융 온도를 낮추어 유동성을 증대시키거나, 용탕보다 표면장력을 작게 하여 피복 작용을 한다. 염화바륨($BaCl_2$)이나 염화칼슘($CaCl_2$)은 비중이 커서 드로스의 분리와 침강을 돕는 역할을 한다. 그리고 불화마그네슘(MgF_2), 불화칼슘(CaF_2), 산화마그네슘(MgO)은 융점이 높고, 플럭스의 점도를 조절하며 고화 응집성을 부여하여 용탕으로부터 잔류 플럭스를 쉽게 분리할 수 있도록 한다.[25]

(2) 플럭스에 의한 정련

플럭스는 일반적으로 염화마그네슘($MgCl_2$)이 주성분이며, 알칼리 금속과 알칼리토류 금속의 염화물, 불화물, 산화물 등의 혼합염이다. $MgCl_2$는 산화물(MgO)이나 질화물의 흡수 작용과 착화 방지 효과가 크다. 특히 금속 열환원 반응으로 제조한 Mg을 용해로에서 용해할 때, 용해용 플럭스인 $MgCl_2$는 다음과 같은 반응으로 알칼리 금속 등의 불순물을 제거하며, Mg 산화물이나 질화물은 Mg보다 비중이 높아 침강되어 노의 바닥에 모이게 된다.[44]

$$MgCl_2(l) + Ca(l) = Mg(l) + CaCl_2(l) \tag{6.28}$$

$$MgCl_2(l) + 2K(l) = Mg(l) + 2KCl(l) \tag{6.29}$$

$$MgCl_2(l) + 2Na(l) = Mg(l) + 2NaCl(l) \tag{6.30}$$

Mg 스크랩을 재용해할 때는 $MgCl_2$, KCl, $BaCl_2$, $CaCl_2$, CaF_2 등으로 구성된 플럭스를 사용한다.[45,46] 공정 조성의 $MgCl_2$+KCl은 플럭스의

융점을 낮추며, CaF_2 등의 불화물은 MgO와 잘 반응하며 용탕 표면에의 젖음성도 우수하다. $BaCl_2$(밀도 3.85 g/cm^3)는 비교적 고밀도 플럭스이므로 Mg 용탕과 혼합시켜 정치하면 쉽게 도가니 바닥으로 침강한다. 그러나 Mg 합금 종류에 따라 플럭스의 조성을 다르게 해야 한다.

합금 성분 중 금속 Ca, Sr, Ce, La, Nd, Pr, Gd, Y 등을 함유한 합금에는 특수 용도의 플럭스를 사용하기도 한다. 특히 $MgCl_2$는 염화반응에 의해 상기한 원소들의 실수율을 낮춘다. 예를 들어 Sr이나 Ca이 함유된 합금은 다음 식과 같이 $MgCl_2$와 반응하므로 정련 말기에 용탕 표면의 플럭스층을 제거(skimming)한 후 첨가하여야 한다.[47]

$$Sr + MgCl_2 = Mg + SrCl_2 + Q \tag{6.31}$$

$$Ca + MgCl_2 = Mg + CaCl_2 + Q \tag{6.32}$$

따라서 $MgCl_2$ 대신에 중질계 성분인 $CaCl_2$, $BaCl_2$를 함유하지만 착화 방지 효과는 감소한다.

그림 6.20에는 Mg 용탕을 플럭스로 정련하는 공정의 예를 나타내었다.[36] 스크랩을 장입하여 용융시키고, 산화 방지를 위해 플럭스를 첨가한다. CaF_2계 플럭스를 산화 방지용 및 정련용으로 많이 사용한다. 플럭스

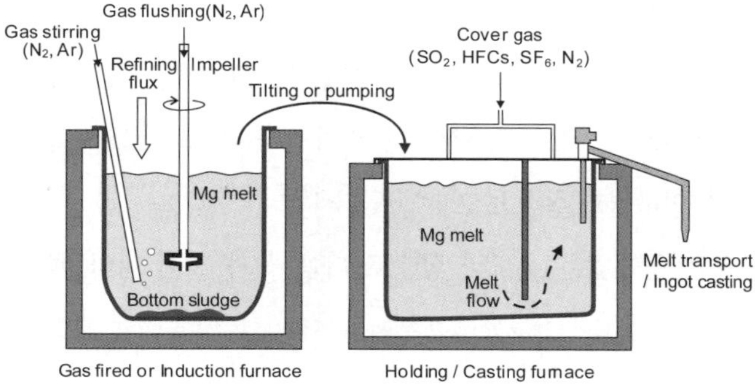

그림 6.20. 플럭스에 의한 Mg 및 합금의 리사이클링과 정련

정련에서도 그림에서와 같이 플럭스를 단독으로 사용하기보다는 불활성 가스와 함께 취입하여 정련하고 있다. 정련을 마친 용탕은 유지로에 보내어 다이캐스팅 공정 등에 공급한다.

그림 6.21에는 Norsk Hydro법의 모식도를 나타내었다. Norsk Hydro 정련로는 주로 1차 지금을 정련하는 대형 설비이며, 연속 자동 제어 운전이 가능한 대량 생산 방식으로 전해정련을 하는 용해 및 정련 설비이다. 다만 플럭스를 대량 사용하므로 염화물 재생 설비가 필요하다.[48]

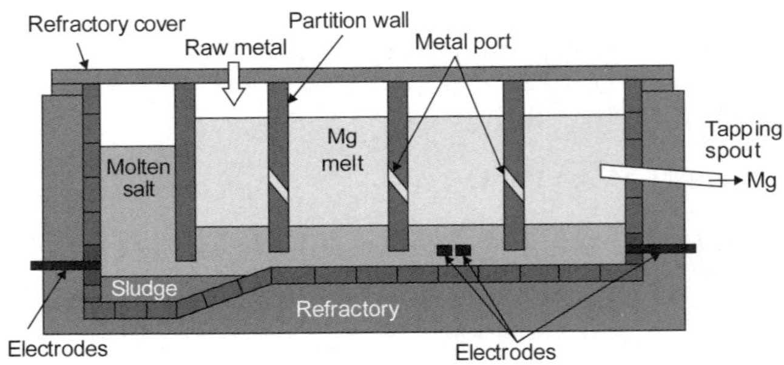

그림 6.21. Norsk Hydro의 정련로

7) 진공 증류에 의한 정제

(1) 진공 증류의 열역학

Mg은 다른 금속보다 증기압이 매우 높으므로, Mg 합금 스크랩을 용융하여 감압 분위기에서 증류시켜 응축하면 고순도의 Mg을 얻을 수 있으며, 많은 연구결과들이 보고되어 있다.[49~51]

각 물질의 증기압은 온도의 함수로 다음 식과 같이 나타낸다.

$$\log p^{\circ} = aT^{-1} + b\log T + cT + d \tag{6.33}$$

여기서 p°는 순수한 물질의 포화 증기압(Pa), $a \sim d$는 물질에 따른 증발

상수들로, 표 6.12에 Mg 및 관련 불순물들의 증기압 상수를 나타내었다.[52] 그림 6.22에는 표 6.12로부터 계산한 Mg과 합금 원소 등의 증기압을 나타내었다.

표 6.12. Mg 및 관련 불순물들의 증기압 상수

Element	*a*	*b*	*c*	*d*	Temp. (K)
Ca	-9,350	-1.39	0	14.94	298~1,112
Cu	-17,770	-0.86	0	14.42	298~1,356
Fe	-21,080	-2.14	0	19.02	298~1,809
Mg	-7,780	-0.855	0	13.54	298~923
	-7,550	-1.41	0	14.915	923~1,363
Mn	-14,920	-1.96	0	18.32	298~1,517
Pb	-10,130	-0.985	0	13.28	600~2,013
Zn	-6,620	-1.255	0	14.465	692~1,773

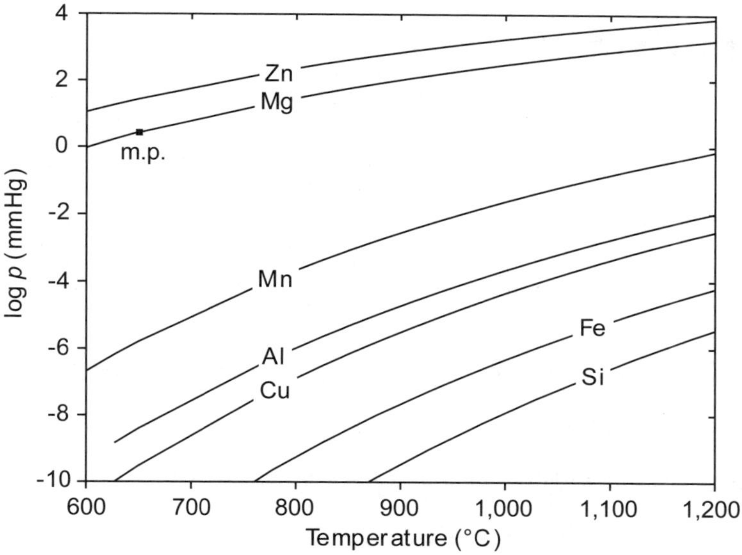

그림 6.22. 순수 물질들의 온도에 따른 증기압

한편 실제 증류 정제에서 불순물의 제거 한계는 열역학적으로 검토하여야 한다. Mg-X 2원계에서 불순물인 X의 증기압은 다음과 같다.

$$p_X = a_X \cdot p_X^o = \gamma_X \cdot x_X \cdot p_X^o \tag{6.34}$$

여기서 p_X는 Mg-X 중 X의 증기압, a_X는 활동도, γ_X는 활동도 계수, x_X는 몰분율을 나타낸다. 이 식으로부터 X의 분리계수 β_X는 다음 식과 같이 구할 수 있다.

$$\beta_X = \frac{\gamma_X}{\gamma_{Mg}} \cdot \frac{p_X^o}{p_{Mg}^o} = \gamma_X \cdot \frac{p_X^o}{p_{Mg}^o} \quad (\because \ \gamma_{Mg} \approx 1) \tag{6.35}$$

따라서 불순물인 X의 분리계수 β_X를 구하기 위해서는 순수 상태의 증기압인 p_X^o와 활동도 계수 γ_X가 필요하다. 다만 γ_X는 초기 농도와 온도에 따라 값이 달라지므로 간단한 문제는 아니다. 표 6.13에는 온도에 따른 몇 가지 불순물의 분리계수인 β_X를 나타내었다.[53]

표 6.13. 온도에 따른 몇 가지 불순물의 분리계수 β_X

Temp. (K)	Separation coefficient β_X			
	Ca	Cu	Pb	Zn
873	1.08×10^{-5}	3.98×10^{-12}	4.74×10^{-7}	1.03
923	1.31×10^{-5}	1.66×10^{-11}	6.58×10^{-7}	0.85
973	1.72×10^{-5}	6.58×10^{-11}	9.74×10^{-7}	0.79
1,023	2.12×10^{-5}	2.20×10^{-10}	1.34×10^{-6}	0.72

그림 6.22와 표 6.13으로부터 Zn는 동일한 온도에서 Mg보다 증기압이 높고, 분리계수도 높아 Mg과 동시에 증류되므로 AZ계 합금(Al-Zn-Mn)의 원료로 사용한다. 나머지 원소들은 동일한 온도에서 Mg보다 증기압이 낮고 분리계수도 낮아 용탕에 남겨 제거한다.

(2) Mg 용탕의 증류 정제

Revel 등은 수직 진공 증류장치를 고안하여 Mg을 정제하였는데, 그림 6.23(a)에 실험장치를 나타내었다.[54] 장치는 흑연 도가니와 내부에 배플(baffle)이 있는 스테인리스제 응축기로 구성되어 있으며, 도가니에서 diaphragm까지는 균일한 온도를 유지할 수 있게 되어 있다. Revel 등은 이 장치를 이용하여 700 ℃에서 Mg보다 증발하기 쉬운 Na, Zn 등은 물론 증발하기 힘든 Cu, Fe, Mn 등의 정제에 미치는 각종 인자에 대해 조사하였다. Inoue 등은 그림 6.23(b)에 나타낸 장치를 이용하여 여러 가지 Mg 합금을 진공 증류하여 고순도 Mg을 얻었으며, 정제된 Mg을 곧바로 압출하여 성능을 평가하였다.[55] 향후 Mg의 증류 정제 시 이러한 장치를 참고할 수 있을 것이다.

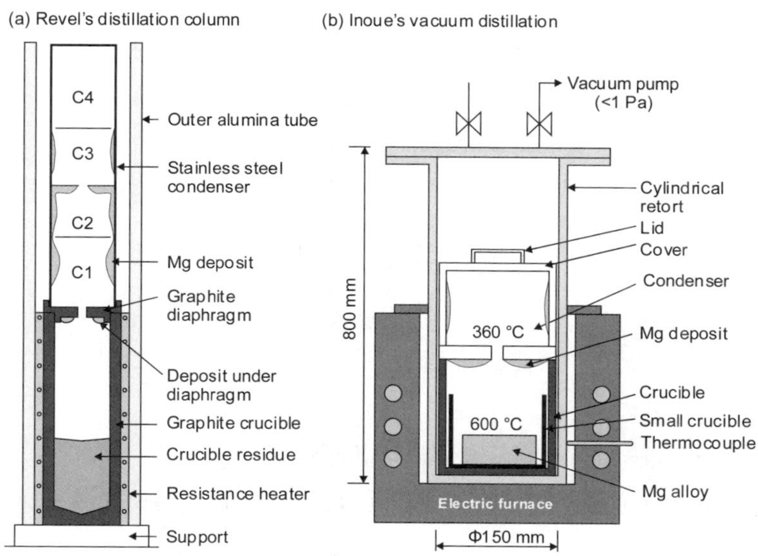

그림 6.23. Mg 증류 정제 실험장치의 예

한편 상기한 장치들에서 응축된 Mg의 대부분은 비표면적이 큰 미세한 분말상으로 포집된다. Mg은 반응성이 매우 큰 활성금속이어서 이러한 응축물들이 쉽게 산화되는 문제점이 있다.[52] Uggowitzer 등은 이러한 문제점을 극복하기 위해 Mg을 액상으로 응축할 수 있는 장치를 고안하였으며, 그림 6.24에 장치의 모식도를 나타내었다.[56] 이 장치는 증발한 Mg이 액상으로 응축되어 포집 도가니에 모일 수 있게 되어 있다.

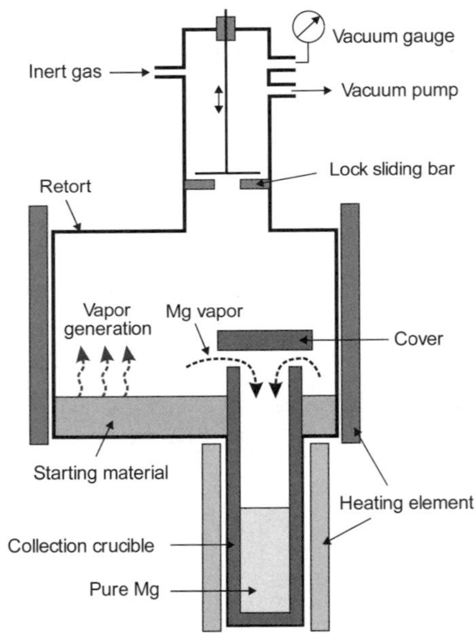

그림 6.24. 증류 Mg의 응축 장치 모식도

8) 마그네슘 절삭 칩의 고체상태 리사이클링

Mg 합금의 제품 제조 공정에서 발생한 절삭 칩(chip) 등의 스크랩은 세척한 후 압축·재용해하여 리사이클링한다. 그러나 절삭 칩에 부착된 절삭유 등을 미리 제거하고, 냉간 압축한 후에 열간 압출하거나 곧바로 열간 압출하는 방법으로 빌릿(billet) 등의 잉곳을 만든다.[57] 특히 Mg 합금은 일정한 온도로 가열하여 압력을 가하면 결정립이 급격히 미세화되는 동적 재결정(dynamic recrystallization, DRX)*이 일어난다. 고상 리사이클링법은 이 DRX 원리를 이용한 리사이클링법이며, Al,[58] Ti[59] 등에서도 비슷한 리사이클링법이 알려져 있다. 그림 6.25에는 이러한 고상 리사이클링법의 개략을 나타내었다. 동일한 성분을 가지는 자가 스크랩에 대해 이러한 고상 리사이클링법의 적용을 검토할 필요가 있다.

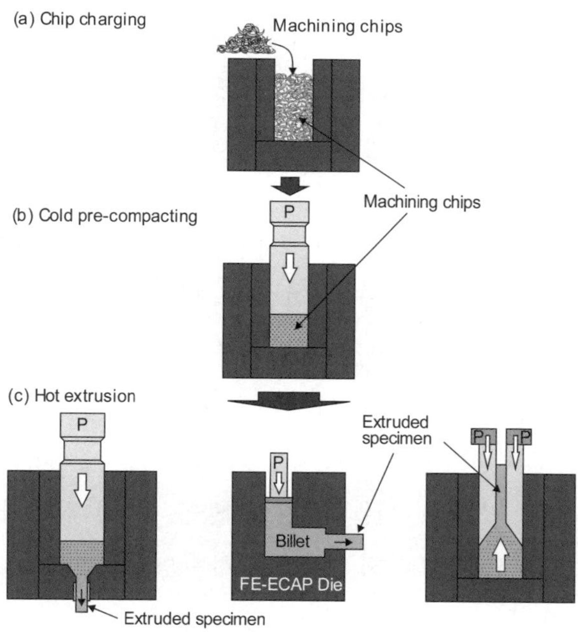

그림 6.25. Mg 칩의 고상 리사이클링 개요

* 이 장 말미의 '동적 재결정' 참조

5. 종합

Mg은 지각 중 원소 존재도가 2.33 %로 매우 풍부한 원소이지만 희소 금속으로 분류되고 있으며, 연간 생산량은 100만 톤 정도이다. 2018년도를 기준으로 우리나라의 Mg 수요는 약 24,400톤이고, 리사이클링한 2차 지금을 11,800톤 정도 생산하였으며, 나머지는 수입에 의존하고 있다. Mg은 Si 열환원법이나 용융염 전해법으로 만들고 있으나, 전 세계 Mg 1차 지금의 80 % 이상을 중국에서 Pidgeon법인 Si 열환원법으로 만들어 공급하고 있다.

Mg 제품 제조 공정에서 발생된 자가 스크랩은 대부분 리사이클링되고 있지만 부품 가공 중에 발생하는 절삭 칩과, 제품의 수명이 다하여 발생하는 노폐 스크랩의 효율적인 리사이클링 공정은 아직 확립되지 못한 실정이므로 향후 지속적인 검토가 필요하다. 자가 발생 스크랩은 재용해 및 용탕 처리 등의 정련 공정을 거쳐 리사이클링한다. 수명이 다한 제품의 노폐 스크랩에는 여러 가지 합금이 혼합되어 있으며, 이러한 합금 원소는 재용해 과정에서 불순물로 작용하므로 제거하여야 한다. 증류 정련을 하면 고순도 Mg을 회수할 수 있으나, 불순물 원소를 제거하는 새로운 정련 기술 등이 개발된다면 Mg의 리사이클링률도 상승할 것이다. 기계 가공 중 발생한 절삭 칩 등은 유분과 같은 부착물을 제거한 후 냉간 압축-열간 압출 등으로 고체 상태에서 리사이클링하는 방법도 알려져 있다. 한편 Mg을 용해할 때 사용하는 보호가스인 SF_6는 지구 온난화 효과가 CO_2의 약 22,000배에 달하여 많은 대안들이 개발되고 있다.

동적 재결정(Dynamic recrystallization, DRX)[60]

재결정은 소재 내부에 축적된 에너지를 감소시키기 위해 열처리 중 발생하는 조직 변화 과정이다. 변형된 소재에 열을 부과하면 발생하는 정적 재결정과는 다르게 동적 재결정은 소재에 변형과 열이 함께 부과될 때 발생하는 거동이다. 따라서 재료를 열간 소성 가공 시 동적 재결정이 발생하여 조직 및 물성 변화가 나타난다. 동적 재결정은 핵 생성과 성장을 포함하며, 변형 온도와 소재에 따라 핵 생성과 성장 과정이 구분되는 불연속 동적 재결정(Discontinuous DRX, DDRX)과, 핵 생성과 성장 과정이 명확하게 구분되지 않는 연속 동적 재결정(Continuous DRX, CDRX)으로 나뉜다. Mg 합금에서는 고온에서 변형 시 DDRX, 저온에서 변형 시 CDRX가 발생하는 것으로 알려져 있다. 재결정 거동 중 핵 생성의 구동력은 잔류 변형량이며 결정립 성장의 구동력은 입계 에너지로, 두 과정 모두 소재 내부의 에너지를 감소시키기 위해 발생한다. 동적 재결정 거동은 변형량과 온도가 높을수록 촉진되며, 재결정된 조직은 잔류 변형량이 낮고 결정립 크기가 미세하다.

압출 공정은 그림 6.25에 나타낸 것과 같이 container 내부에 billet을 장입하고 램 이동을 통해 billet에 소성변형을 가하여 압출재를 생산하는 과정이다. 이때 압출 중 가해지는 소성변형을 통해 소재 내부의 기공과 같은 결함이 소멸되고 소재에 동적 재결정이 유발되어 압출 중 미세조직 변화가 발생한다. 압출 중 재결정이 발생함에 따라 조대한 결정립에서 재결정된 미세한 결정립이 형성되며 조대한 결정립이 점차 사라진다. 또한 압출이 진행됨에 따라 재결정된 결정립이 성장하면서 크기가 점차 증가한다. 이 과정을 통해 압출재는 압출 전과 비교하여 결정립이 미세해지고 결함이 적어진다. 압출 온도와 변형량에 따라 동적 재결정 발생 정도에 차이가 있으므로 압출 조건에 맞게 다양한 미세조직 및 물성을 가지는 압출재를 제조할 수 있다. 이러한 원리를 고체 상태의 리사이클링에 적용하고 있다.

[참고문헌]

1 손호상, 2019: 자원리사이클링공학, p.14, 경북대학교출판부.

2 C. J. P. Ball, 1957: The History of Magnesium, J. INST. OF METALS 69(1), pp.81-94.

3 Ho-Sang Sohn, 2020: Current Status of Magnesium Smelting and Recycling Technology, J. of Korean Inst. of Resources Recycling 29(5), pp.3-14.

4 R. Komatsu, 1968: Smelting of Magnesium, Keikinzoku 18(2), pp.114-123.

5 USGS, https://www.usgs.gov/centers/nmic/historical-statistics-mineral-and-material-commodities-united-states#mgmetal

6 E. Lee Bray, 2020: Mineral Commodity Summaries, Magnesium, p.102, U.S. Geological Survey.

7 Alliance Magnesium, http://alliancemagnesium.com/magnesium/about-magnesium/

8 H. Park, J. Kang, T. Lee, et al., 2019: A Review on the Demand and Supply of Major Non-Ferrous Metals and their Recycling of Scraps during 2014-2018 in Korea, J. of Korean Inst. of Resources Recycling 28(3), pp.68-76.

9 D. S. Kumar, C. T. Sasanka, K. Ravindra, and K. N. S. Suman, 2015: Magnesium and Its Alloys in Automotive Applications - A Review, American Journal of Materials Science and Technology 4(1), pp.12-30.

10 Hyungkyu Park, 2007: Current Status of Magnesium Smelting and the Related Recycling Topics, J. of Korean Inst. of Resources Recycling 16(2), pp.3-11.

11 W. Ulandari, G. Brooks, M. Rhamdhani, and B. Monaghan, 2010; Magnesium: current and alternative production routes, Proc. of Chemeca 2010, Engineering at the Edge, pp.347-357, 26-29 September 2010, Hilton Adelaide, South Australia. Barton, A.C.T.: Engineers Australia.

12 손호상, 2019: 자원리사이클링공학, p.167, 경북대학교출판부.

13 M. Bugdayci, A. Turan, M. Alkan, and O. Yücel, 2019: Ch. 3 Magnesium Production from Calcined Dolomite via the Pidgeon Process, Magnesium and Its Alloys: Technology and Applications (1st ed.), Ed. by Leszek A. Dobrzański, George E. Totten, and Menachem Bamberger, CRC Press.

14 A. F. S. Schoukens, M. Abdellatif, and M. J. Freeman, 2006: Technological breakthrough of the Mintek thermal magnesium process, The Journal of The South African Institute of Mining and Metallurgy 106(1), pp.25-29.

15 H. C. Eom, H. S. Yoon, H. Park, and C. J. Kim, 2004: Dehadration characteristics of Magnesium Chloride Hydrate, J. of Korean Inst. of Resources Recycling 16(5), pp.8-12.

16 O. Takeda, T. Uda, and T. H. Okabe, 2014: Ch. 2.9 Rare Earth, Titanium Group Metals, and Reactive Metals Production, pp.1056-1058, Treatise on Process Metallurgy 3: Industrial Processes, Elsevier Ltd.

17 矢沢彬, 1980: 非鉄金属製錬, pp.303-304, 日本金属学会, 仙台, 日本.

18 伊藤靖彦, 2003: 溶融塩の応用—エネルギー・環境技術への展開, p. 24, アイピーシー.

19 伊藤靖彦, 2003: 溶融塩の応用—エネルギー・環境技術への展開, p. 27, アイピーシー.

20 O. Takeda, T. Uda, and T. H. Okabe, 2014: Ch. 2.9 Rare Earth, Titanium Group Metals, and Reactive Metals Production, pp.1059-1060, Treatise on Process Metallurgy 3: Industrial Processes, Elsevier Ltd.

21 Hyung-kyu Park, Chul-Joo Kim, Ho-Sung Yoon, et al., 2009: Preparation of Magnesium by Fused Salt Electrolysis Using Mono-Polar Cell, J. of Korean Inst. of Resources Recycling 18(3), pp.62-68.

22 T.-H. Lee, T. H. Okabe, J.-Y. Lee, Y. M. Kim, and J. Kang, 2020: Molten Salt Electrolysis of Magnesium Oxide Using a Liquid–Metal Cathode for the Production of Magnesium Metal, Metall. & Meter. Trans. B 51B, pp.2993-3006.

23 T.-H. Lee, T. H. Okabe, J.-Y. Lee, Y. M. Kim, and J. Kang, 2021: Development of a novel electrolytic process for producing high-purity magnesium metal from magnesium oxide using a liquid tin cathode, Journal of Magnesium and Alloys 9, pp.1644–1655.

24 T.-H. Lee, T. H. Okabe, J.-Y. Lee, Y. M. Kim, and J. Kang, 2021: Investigation of Electrowinning of Mg from MgO Using a Liquid Metal Cathode in MgF_2-CaF_2-NaF or MgF_2-LiF Molten Salt, Korean J. Met. Mater. 59(6), pp.392-403.

25 T. Ito, 2009: Smelting/alloying/casting of magnesium, J. JILM 59, pp.371-381.

26 D. C. Scharf, 2003: 16 Recycling of Magnesium Alloys, p.261, Magnesium – Alloys and Technology. Edited by K.U. Kainer, WILEY-VCH Verlag GmbH & Co. KG aA, Weinheim.

27 ISRI, 2020: Scrap Specifications Circular 2020, p.14, ISRI.

28 S. Bell, B. Davis, A. Javaid, and E. Essadiqi, 2006: Final Report on Refining Technologies of Magnesium, Report No. 2003-19(CF), p.13, Goverment of Canada.

29 H. Antrekowitsch and G. Hanko, 2002: Recycling of Different Types of Magnesium Scrap, Proc. of the Symp. jointly sponsored by the Magnesium

Committee of the Light Metals Division of TMS with the Inter. Magnesium Association, pp.43–48, Seattle, 2002.

30 M. Hino, Y. Mitooka, M. Murakami, et al., 2012: Effect of laser cleaning on recyclability of magnesium scraps, Keikinzoku 62(4), pp.165-169.

31 K. Kimura, Y. Horiguchi, and N. Baba, 2003: Recycling Technology for Magnesium Alloy Housings, FUJITSU 54(6), pp.458–464.

32 S. Koyanaka, T. Yamamoto, M. Kimura, et al., 2013: Removal of Paint Impurities from Magnesium Alloy Scraps by Super-heated Steam Treatment, Resource Processing 60(1), pp.41-45.

33 Y. Miyazawa, H. Ohya, Y. Komori, et al., 2011: Development of Recycling Technology by Using Superheated Steam, Resources Processing 58(4), pp.131–135.

34 L. Zhang and T. Dupont, 2007: State of the Art in the Refining and Recycling of Magnesium, Materials Science Forum 546-549, pp.25-36.

35 J. D. Hanawalt, C. E. Nelson, and J. A. Peloubet, 1942: Corrosion Studies of Magnesium and Its Alloys, Trans. AIME 147, pp.273–299.

36 G. Hanko, H. Antrekowitsch, and P. Ebner, 2002: Recycling Automotive Magnesium Scrap, JOM 54(2), pp.51-54.

37 H. E. Friedrich and B. L. Mordike, 2006: Magnesium Technology- Metallurgy, Design Data, Applications, Ch. 9 Recycling, p.652, Springer-Verlag Berlin Heidelberg, Germany.

38 T. Watanabe, Y. C. Huang, and R. Komatsu, 1975: Solubility of hydrogen in magnesium, Keikinzoku 26(2), pp.76-81.

39 R. J. Fruehan and P. N. Anyalebechi, 2008: Gases in Metals, ASM Handbook, Volume 15: Casting, pp.64-73, ASM International.

40 Ho-Sang Sohn, 2019: Recycling Technologies of Aluminum, J. of Korean Inst. of Resources Recycling 28(2), pp.3-13.

41 H. Miyashita, T. Kawabe, M. Shimoda, et al., 2009: In-line Recycling Technology for AZ91D Magnesium Alloy, Honda R&D Technical Review 21(2), pp.108-113.

42 H. Cao, M. Huang, C. Wang, et al., 2019: Research status and prospects of melt refining and purification technology of magnesium alloys, Journal of Magnesium and Alloys 7, pp.370–380.

43 M. Pekguleryuz, 2006: 4 Melting, Alloying and Refining, p.114, Magnesium Technology - Metallurgy, Design Data, Applications, Ed. by H. E. Friedrich and B. L. Mordike, Springer-Verlag Berlin Heidelberg.

44 E. Aghion and G. Golub, 2006: 2 Production Technologies of Magnesium p.58, Magnesium Technology - Metallurgy, Design Data, Applications, Ed. by H. E. Friedrich and B. L. Mordike, Springer-Verlag Berlin Heidelberg.

45 S. Bell, B. Davis, A. Javaid, and E. Essadiqi, 2006: Final Report on Refining Technologies of Magnesium, p.2, Enhanced Recycling, Action Plan 2000 on Climate Change, Minerals and Metals Program Report No. 2003-19(CF), Canada.

46 U. H. Baek, B. D. Lee, K. W. Lee, et al., 2016: Removal of Ca from Magnesium Melt by Flux Rening, Materials Transactions 57(7), pp.1156-1164.

47 M. Pekguleryuz, 2006: 4 Melting, Alloying and Refining, p.123 Magnesium Technology - Metallurgy, Design Data, Applications, Ed. by Horst E. Friedrich and Barry L. Mordike, Springer-Verlag Berlin Heidelberg.

48 T. Ito, 2003: Topics of magnesium recycling, J. JILM 53(6), pp.272-278.

49 C.-H. Wi, S.-H. Hong, and B.-D. You, 2010: A Study on the Evaporation Behavior of Magnesium Alloy (AM50) Scrap Melt under Reduced Pressure, Kor. J. Met. Mater. 48(3), pp.241-247.

50 M. Inoue, M. Shima, T. Aida, et al., 2009: Recycling from Mg–Al–Zn system alloy to the high-purity Mg–Zn alloy by the vacuum distillation method, Journal of Japan Institute of Light Metals 59(11), pp.637–641.

51 V. Manojlovi, Z. Kamberovi, M. Sokie, et al., 2014: Optimization of the Recycling Processes for Magnesium from a Highly Contaminated Waste, Materials and technology 48(4), pp.571–575.

52 S. R. Mohamed, S. Friedrich, and B. Friedrich, 2019: Refining Principles and Technical Methodologies to Produce Ultra-Pure Magnesium for High-Tech Applications, Metals 2019, 9(1), 85, pp.1-12.

53 Y. Wang, Y. Tian, T. Qu, et al., 2014: Purification of Magnesium by Vacuum Distillation and Its Analysis, MSF 2014, 788, pp.52–57.

54 G. Revel, J. L. Pastol, J. C. Rouchaud, and R. Fromageau, 1978: Purification of Magnesium by Vacuum Distillation, Metall. Trans. B 9B, pp.665-672.

55 M. Inoue, K. Matsuzawa, T. Aida, and M. Takahiro, 2016: Production of high purity magnesium from Mg–Al–Ca system alloy by vacuum distillation and corrosion resistance and tensile properties of its extrusions, Keokinzoku 66(3), pp.119-123.

56 J. Löffler, P. Uggowitzer, C. Wegmann, et al., 2013: Process and Apparatus for Vacuum Distillation of High-Purity Magnesium, WO 2013107644 A1, 2013.

57 Y. Chino, M. Mabuchi, H. Iwasaki, et al., 2004: Solid—State Recycling of

Magnesium Alloy In—House Scraps, Materia Japan 43(4), pp.270-274.

58 S. N. Ab Rahim, M. A. Lajis, and S. Ariffin, 2015: A Review on Recycling Aluminum Chips by Hot Extrusion Process, Procedia CIRP 26, pp.761–766.

59 P. Luo, D. T. McDonald, S. Palanisamy, et al., 2011: Solid-state Recycling of Titanium Machining Chips by Severe Plastic Deformation, Procd. of the 12th World Conference on Titanium, vol. 1, Ed. by Zhou, et al., pp.234-238, June 19-24, 2011, China National Convention Center(CNCC), Beijing.

60 경북대학교 공과대학 신소재공학부 박성혁 사진

7

타이타늄

Titanium

제7장 | 타이타늄

Titanium

1. 서론

타이타늄(titanium, Ti)은 지각 중 원소 존재도가 0.57 %(9위)로, Al(8.23 %, 3위), Fe(5.63 %, 4위), Mg(2.33 %, 7위) 다음으로 풍부한 구조용 금속이다.[1] 그러나 Ti은 금속으로의 환원이 어렵고 연간 전 세계 생산량이 약 23만 톤에 불과하여 희소금속으로 분류되고 있다. Ti 광석에는 루타일(rutile, TiO_2 95~100 %)과 일메나이트(ilmenite, $FeTiO_3$, TiO_2 52.7 %), 류코신(Leucoxene, TiO_2 67.3 %) 등이 있지만,[2] Ti 제련에서는 루타일과 일메나이트를 원료로 사용한다. 특히 일메나이트는 매장량이 가장 풍부한 원료로, 1791년 그리거(William Gregor, 영국)가 하천에서 자성을 띤 검정색 모래(black sand)를 발견하고 manaccanite라 이름 붙이면서 알려졌다. 검은 모래를 분석한 결과 두 가지 산화물이 혼합되어 있다는 것이 밝혀졌으며, 산화철의 존재는 인지하였으나 42.5 %의 나머지 산화물에 대해서는 확인할 수 없었다.* 1795년에는 헝가리에서 클라프로트

* 독일의 과학지 『Crell's Annalen』에 자성이 있는 검은 모래에 대해 발표.

(Martin Heinrich Klaproth, 독일)가 루타일을 발견하였고, 이 광물 중의 금속에 그리스 신화에서 따온 이름을 붙여 타이타늄이라 불렀다.[3] 그리거가 발견한 일메나이트도 분석 결과 동일한 Ti이라는 것이 확인되었다.

금속 Ti은 1887년 스웨덴의 닐슨(Lars Fredrik Nilson)과 피터슨(Otto Petterson)이 스틸제 밀폐 실린더 중에서 $TiCl_4$를 Na으로 환원하여 95 % 순도의 금속 Ti을 얻은 것이 최초이다. 이때는 표면에 황색의 산화막이 붙어 있었다. 1895년에는 모이산(Henri Moissan)이 전기로에서 TiO_2를 C과 반응시켜 약 98 %의 금속 Ti을 만들었으나 여기에는 C이 약 2 % 함유되어 있었다.[4] 그리고 1909년 헌터(Matthew Albert Hunter)가 수명이 짧은 백열등의 카본 필라멘트(carbon filament)를 대신할 금속 필라멘트를 만들기 위해 $TiCl_4$ 50 g과 Na 25 g을 반응시켜 99.9 % 순도를 가진 약 12 g의 회색 Ti 분말을 제조하여 사용하게 되었다.[5] 그 후 1937년에 크롤(William J. Kroll)이 $TiCl_4$의 여러 가지 환원제에 대해 연구하던 중 Mg으로 $TiCl_4$를 환원하여 금속 Ti을 제조하였다. 그리고 DuPont사에서 1948년부터 상업 생산을 시작하면서 본격적인 Ti의 시대가 시작되었다.[6,7] 금속 Ti은 Hunter법과 Kroll법으로 만들어 왔으나, 1992년에 Reactive Metals Inc.(RMI, 영국)의 Hunter법 공장이 폐쇄되어 현재는 Kroll법으로만 Ti을 만들고 있다.[8]

표 7.1에는 Ti의 물리화학적 성질을 나타내었다. Ti은 융점(1,668 ℃)이 높으며, 비중이 4.51 g/cm^{3}으로 Fe의 60 % 정도(7.874 g/cm^3)로 가볍다. 비강도가 높아 내열성과 고강도, 경량성이 요구되는 항공·우주산업 등 첨단산업의 핵심금속이 되었다. 특히 해수 중에서는 백금에 버금가는 내식성을 갖고 있어서 화학장치, 해수 담수화 설비 등에 사용되고 있

다. 또 생체 적합성이 뛰어나 임플란트를 비롯한 인공관절 등의 의료 재료로도 사용되고 있다.

표 7.1. 타이타늄의 물리화학적 성질

Symbol/Atomic number		Ti/22
Atomic weight (g/mol)		47.867
Density (g/cm^3)	at 25 ℃	4.51
	at m.p.	4.11
Melting point (℃)		1,668
Boiling point (℃)		3,287
Specific heat C_P at 20 ℃ (J/(mol·K))		25.060
Heat of fusion (kJ/mol)		14.15
Heat of evaporation (kJ/mol)		425
Thermal conductivity (W/(m·K))		21.9
Electrical resistivity at 20 ℃ (nΩ·m)		420
Oxidation states		+2, +3, +4
Crystal structure	α-Ti	hcp (<882 ℃)
	β-Ti	bcc (>882 ℃)

금속 Ti을 제조하는 Kroll법은 $TiCl_4$를 Mg으로 환원하므로, Ti으로의 환원 및 생성된 Ti 스펀지와 $MgCl_2$의 분리에 많은 비용과 시간이 필요한 회분식(batch) 조업이다. Kroll법으로 10톤의 Ti 스펀지를 제조할 때, 환원과 증류 정제 및 냉각에 각각 4일 정도가 소요된다. 그리고 환원 용기로 철강재를 사용하므로 Fe 등의 불순물 함유량이 높은 스크랩이 발생되는 등 코스트 경쟁력이 낮아 일반 민수용으로 널리 보급되지 못하고 있다. 이러한 문제점을 해결하기 위한 Ti의 신제련법에 관해 많은 연구들이 수행되고 있으나[2,9] 아직 Kroll법을 대체할 기술은 없는 실정이다.

2. 타이타늄의 생산량과 용도

그림 7.1에는 최근 20년간 국가별 연간 Ti 생산량 변화를 나타내었다. Ti의 상업적 생산은 1948년에 미국 듀퐁(DuPont)사에서 약 10톤 규모의 Ti을 생산하면서 시작되었으며,[7] 1952년부터는 일본에서도 9톤의 Ti을 생산하기 시작하였다. 최근에는 인도(2014년)와 사우디아라비아(2019년)에서도 Ti을 생산하고 있다. 2005년까지는 전 세계 Ti 연간 생산량이 10만 톤에도 미치지 못하였으나, 이후 중국이 본격적으로 Ti 생산을 시작하면서 Ti 스펀지 생산량이 현저하게 늘어났다. 2020년도 기준으로 전 세계 Ti 스펀지 생산능력은 약 35만 톤이지만 실제 생산량은 약 23만 톤에 불과하다.

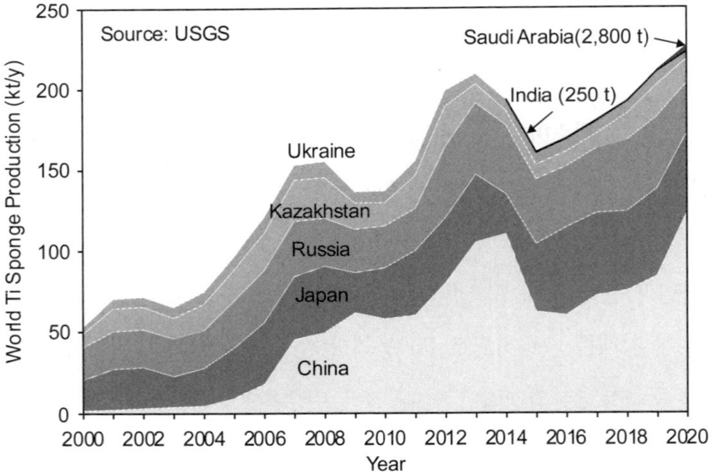

그림 7.1. 전 세계 타이타늄 스펀지 생산량 변화

그림 7.2에는 Ti이나 TiO_2의 원료가 되는 루타일과 일메나이트의 TiO_2 함량을 기준으로 2020년도 국가별 매장량과 생산량을 비교하여 나타내었다.[10] Ti 관련 제품 원료의 약 92 %는 일메나이트로부터 공급되며, 천연 루타일은 세계적으로 고갈되어 가고 있으므로 일메나이트에서 Fe만 선택적으로 제거하여 고품위 합성 루타일을 제조하여 사용하고 있다.

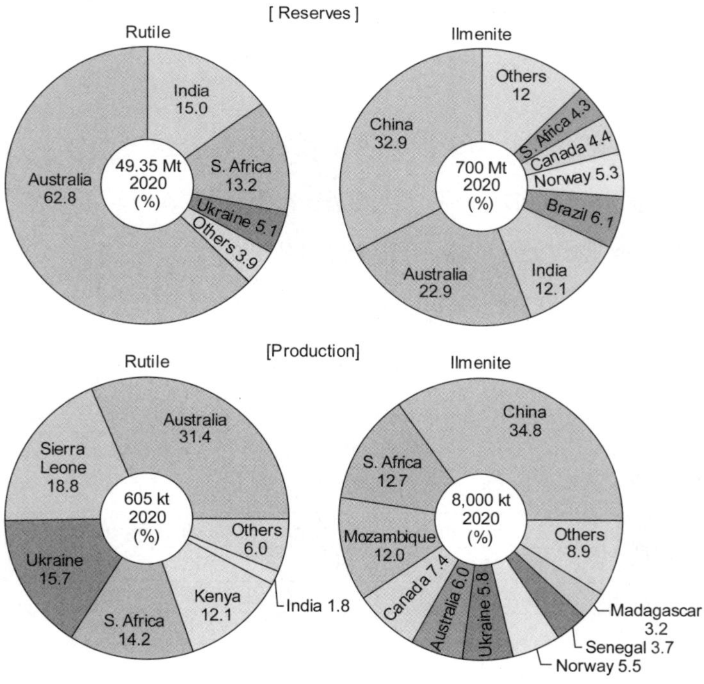

그림 7.2. 국가별 일메나이트와 루타일의 매장량 및 광석 생산량 비율(2020년)

그림 7.3에는 2018년의 Ti 용도를 나타내었다.[11] 전체 Ti 생산량의 45 %는 항공·우주산업에 사용되며, 일반 산업용으로도 약 43 %가 사용된다. 따라서 리사이클링 대상이 되는 것은 항공·우주산업(엔진, 동체 등), 산업용

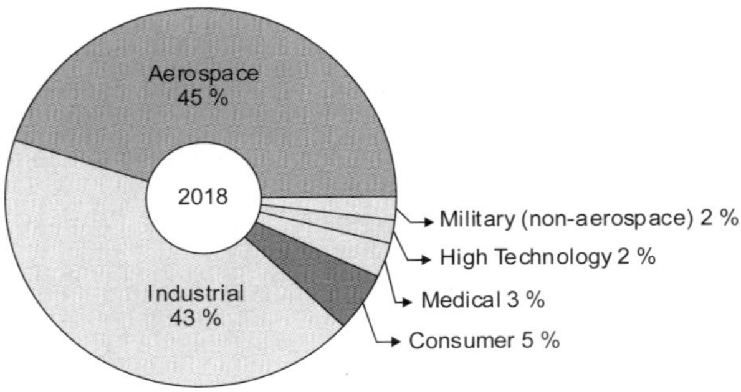

그림 7.3. 타이타늄의 추정 수요(2018년)

(열교환기, 터빈, 전극, 전해조 등)에서 발생하는 것으로 한정할 수 있다. 그 외에도 상당량이 FeTi(페로타이타늄) 형태로 철강산업의 탈산제나 첨가제로 사용되고 있지만 리사이클링 대상은 아니다.

표 7.2에는 CP(Commercially Pure) Ti과 Ti 합금의 ASTM 규격과 불순물 허용 기준을 나타내었다.[12] Ti의 제조 특성상 O와 Fe이 중요한 규제 대상 불순물이며, 그 외에도 N, H, C 등을 규제한다. Ti 합금 중

표 7.2. 순Ti와 합금의 규격

Designation		Impurity limits (max.) (wt%)					Alloy compositions (wt%)		
		O	N	C	H	Fe	Al	V	Others
Unalloyed grades	Gr. 1	0.18	0.03	0.08	0.015	0.2	-	-	
	Gr. 2	0.25	0.03	0.08	0.015	0.3	-	-	
	Gr. 3	0.35	0.05	0.08	0.015	0.3	-	-	
	Gr. 4	0.40	0.05	0.08	0.015	0.5	-	-	
	Gr. 7	0.25	0.03	0.1	0.015	0.3	-	-	Pd 0.12~0.25
	Gr. 11	0.18	0.03	0.08	0.015	0.20	-	-	Pd 0.12~0.25
Ti-Al-V alloy	Gr. 5	0.20	0.05	0.08	0.015	0.4	5.5~6.75	3.5~4.5	
	Gr. 9	0.12	0.02	0.05	0.013	0.25	2.5~3.5	2.0~3.0	
	Gr. 23	0.13	0.03	0.08	0.015	0.25	5.5~6.5	3.5~4.5	

약 45 %는 Al과 V의 합금인 Ti-6Al-4V 합금이며, Mo, Ni, Pd, Si, Sn, Zr 등도 합금원소로 첨가되고 있다. 따라서 Ti의 리사이클링에서는 이러한 합금원소에 대한 고려가 필요하다.

그림 7.4에는 Ti 판재(두께 1 inch)의 제조비용을 세분하여 나타내었다.[8,9] 그림에서와 같이 Ti 잉곳으로부터 판재를 만드는 가공비가 가장 높으며, 이어서 $TiCl_4$를 Mg으로 환원하는 비용, 1차 용해, $TiCl_4$ 제조 비용의 순이며, 상대적으로 원료비는 큰 비중을 차지하지 못한다.

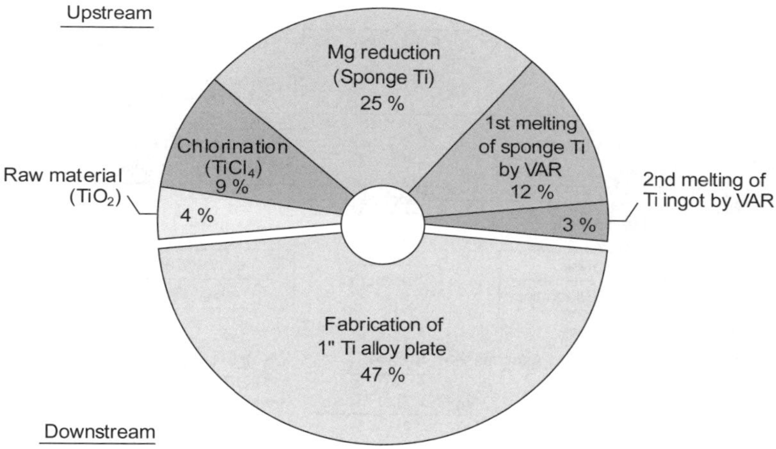

그림 7.4. 타이타늄 제품의 공정별 제조 비용 비율

3. 타이타늄의 제련

그림 7.5에는 Ti 제련 기술의 개요를 종합하여 나타내었다. Ti은 산소

친화력이 매우 높으며, 산소 용해도도 매우 커서 TiO_2를 원료로 사용한 직접 제련으로는 고순도 Ti을 제조하는 것이 힘들다. 따라서 TiO_2를 염화시킨 $TiCl_4$를 경유하는 Hunter법이나 Kroll법으로 금속 Ti을 제조한다.[8]

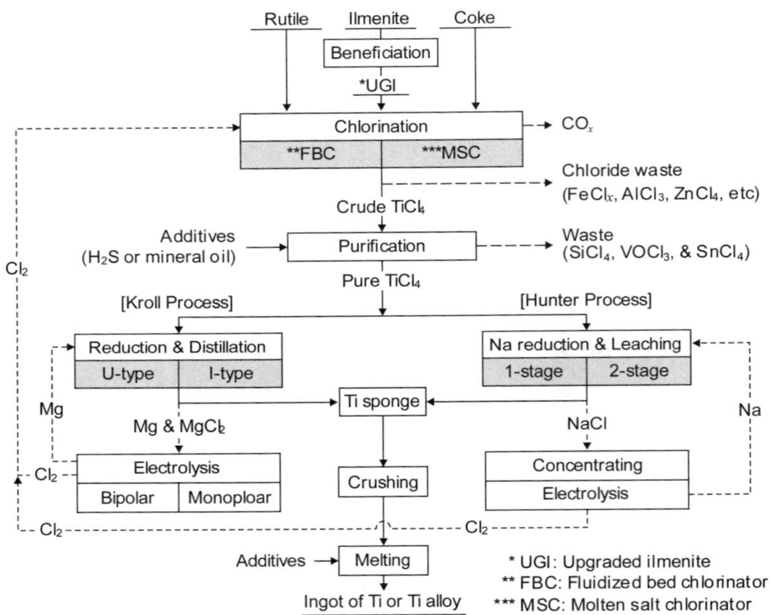

그림 7.5. 타이타늄 제련 기술의 개요

1) 타이타늄 제련의 열역학

(1) 산화물의 환원

그림 7.6에는 Ti-O 2원계 상태도를 나타내었다. Ti의 산소 용해도는 1,027 ℃에서 β-Ti은 약 1 wt%, α-Ti은 약 14 wt%일 정도로 매우 크다.[13] Ti 중의 산소는 Ti의 hcp 구조의 팔면체 격자 사이에 위치하는 침입형 원소가 되므로 Ti의 경도가 높아지고 취성을 가지게 되며, 격자구

조에 민감한 가공성 등이 떨어지게 된다. 특히 Ti 격자 간에 침입한 산소는 열역학적으로 매우 안정되어 있어, 제련이나 정련의 입장에서는 제거가 어려워 매우 성가신 불순물 중 하나이다. 그러나 산화물은 취급이 용이하여 환원을 위한 원료로서는 매우 적합한 상태이다.[14]

열역학적인 관점에서 Ti 제련을 고찰하면, 식(7.1)과 같이 원료인 TiO_2를 환원 가능한 환원제 R에는 Al, Mg, C과 Ca, La 등의 활성금속이 있다.

$$TiO_2 + R = Ti + RO_2 \quad (R: \text{Reductant}) \tag{7.1}$$

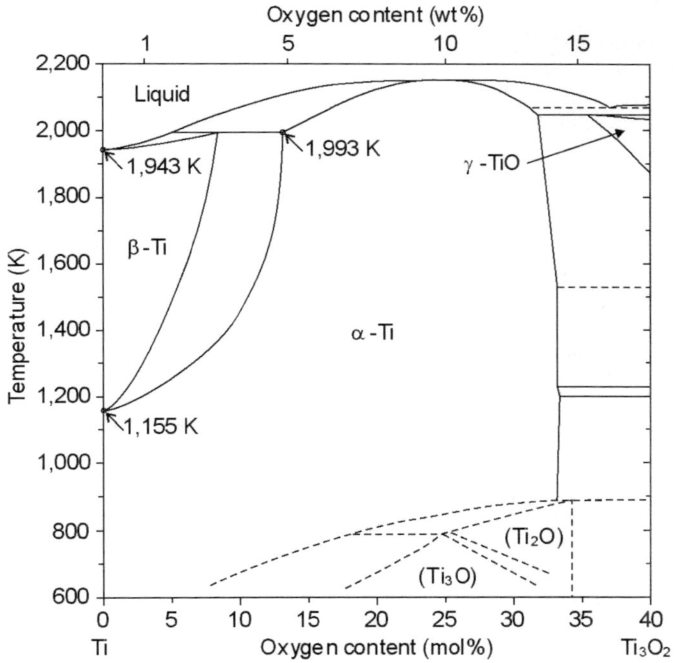

그림 7.6. Ti-O 2원계 상태도

그림 7.7에 주요 활성금속의 산화물과 평형하는 산소 퍼텐셜을 나타내었다.[15] Al이나 C으로 TiO_2를 환원할 수 있으나, Ti과 반응하여 화합물을 만들므로 순수한 Ti은 얻을 수 없다. Ti 산화물의 직접 환원에 이용할 수 있는 환원제로는 Ca이나 희토류 원소 등이 가능하다. 특히 1 wt%O 이하의 금속 Ti은 그림의 Ti-TiO 선보다 아래쪽의 Ca, La, Y 등 화학적으로 매우 활성인 금속으로만 가능하다. 따라서 Ca을 이용한 TiO_2의 직접 제련에 대해 많은 검토가 있었으나,[16] CaO 등의 반응 생성물에 의한 오염 등을 해결해야 한다. 최근에는 희토류 원소의 생산량이 증가하면서 아직 용도가 적은 La, Y 등의 생산량도 증가하여 Ti의 제련이나 정련에 활용하려는 연구도 활발하게 이루어지고 있다.

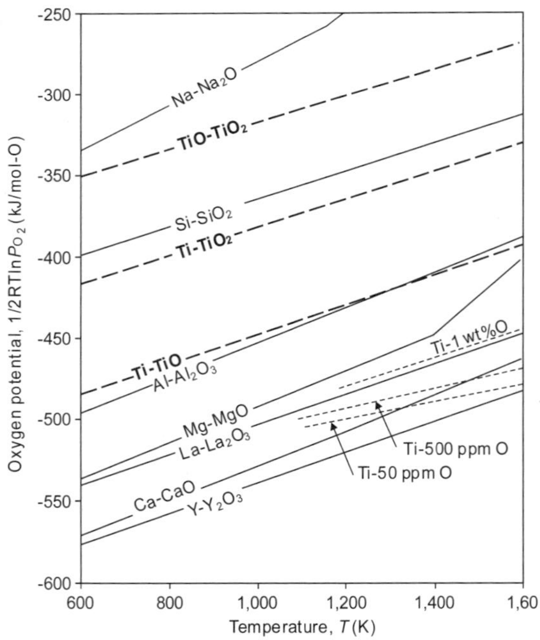

그림 7.7. 활성금속-산화물의 평형 산소 퍼텐셜

한편 1,000 ℃에서 각종 Ti 산화물이나 염화물 및 불화물 등의 분해 전압으로부터 용융염 전해로 Ti을 얻을 수 있지만, Cr, Fe, Mn, Zr 등 Ti보다 환원전위가 낮은 불순물들도 Ti과 같이 석출되므로 미리 제거해야 한다. 이처럼 Ti 광석을 직접 전해해서는 금속 Ti으로 환원할 수 없으므로 염화물로 만들어 Ti 원료로 사용하고 있다.[17]

(2) 염화물의 정제

Ti 산화물을 염화물로 만들어 활성금속으로 환원하면 쉽게 금속 Ti을 얻을 수 있다. 우선 TiO_2의 염화반응은 다음 식으로 나타낼 수 있다.

$$TiO_2(s) + 2Cl_2(g) = TiCl_4(g) + O_2(g) \tag{7.2}$$

$$\Delta G^0 = 174,450 - 53.73T \ (\mathrm{J/mol})$$

식(7.2)의 표준 자유에너지 변화 ΔG^0는 2,973 ℃ 이상에서 음(-)의 값이 되므로 실질적으로는 일어나지 않는다. 그러나 TiO_2 중의 산소 제거를 위해 다음 식과 같이 탄소질 환원제(C, CO 등)와 함께 반응시키면 항상 $\Delta G^0 < 0$이 되어 $TiCl_4$를 만들 수 있다.[18]

$$\frac{1}{2}TiO_2(s) + Cl_2(g) + C(s) = \frac{1}{2}TiCl_4(g) + CO(g) \tag{7.3}$$

$$\Delta G^0 = -23,695 - 115.87T \ (\mathrm{J/mol})$$

따라서 염화 공정에서는 환원제(탈산제)로 코크스를 사용한다.

한편 $TiCl_4$는 상온에서 액체이며 끓는점도 다른 염화물보다 낮아서 쉽게 정제할 수 있다. 표 7.3에는 염화 공정에서 생성되는 각종 염화물을 끓는점(승화점)이 낮은 순서로 나열하였다.[8] 표에서 $FeCl_2$ 이하의 염화물은 끓는점이 1,000 ℃ 이상으로 $TiCl_4$보다 월등하게 높아 염화로 온도가 약 1,000 ℃ 이하로 되면 Fe 염화물 등의 불순물은 액상에 남아 용융염 슬래그가 된다. 그러나 $SiCl_4$에서 $FeCl_3$까지의 염화물은 끓는점이 낮아 $TiCl_4$의 주요 불순물이 되므로 다단 증류나 약품 처리에 의해 제거한다.

표 7.3. $TiCl_4$ 정제 관련 염화물의 물성치 비교

Compound	Melting point (℃)	Boiling point (℃)	Sublimation point (℃)
$TiCl_4$	-24.1	136.4	
$SiCl_4$	-68.7	57.65	
$VOCl_3$	-76.5	126.7	
VCl_4	-24.5	148	
$AlCl_3$	192.6	-	180
$FeCl_3$	307.6	316	
$FeCl_2$	677.0	1,023	
VCl_2	1,027	1,506	1,061
$MnCl_2$	654.0	1,225	
$CrCl_3$	1,152	1,300	953
$CrCl_2$	824	1,302	
$MgCl_2$	714.0	1,412	
$CaCl_2$	772	1,935	

고순도로 정제한 $TiCl_4$는 Na(Hunter법)이나 Mg(Kroll법)으로 쉽게 환원할 수 있으며, 각각의 환원반응은 다음 식과 같다.

$$TiCl_4(g) + 4Na(l) = Ti(s) + 4NaCl(l) \tag{7.4}$$

$$TiCl_4(g) + 2Mg(l) = Ti(s) + 2MgCl_2(l) \tag{7.5}$$

특히 Kroll법인 식(7.5)는 부산물인 $MgCl_2$와 미반응한 Mg을 증류시켜 제거할 수 있다.

2) 타이타늄 탈산의 열역학

Ti의 탈산제는 산소 친화력이 Ti보다 크고, Ti 중에 고용되지 않는 것이어야 한다. 또 반응 생성물인 산화물은 쉽게 제거할 수 있어야 한다.

그림 7.7의 산화물의 표준 생성 자유에너지(ΔG^0)-온도도로부터 Ti의 탈산제로 사용할 수 있는 금속은 Mg, Ca, Y 등으로 한정할 수 있다.

우선 Ca에 의한 Ti의 탈산에 대해 알아본다. Ti 중 [O]의 용해반응은 다음 식과 같다.[16]

$$\frac{1}{2}O_2(g) = [wt\%O]_{in\ Ti} \qquad (7.6)$$

$$\Delta G^0 = -583{,}000 + 88.5T \text{ (J/mol)} \quad (1{,}115\sim1{,}373 \text{ K})$$

Ca의 산화반응은 다음 식과 같다.

$$\frac{1}{2}O_2(g) + Ca(l) = CaO(s), \qquad (7.7)$$

$$\Delta G^0 = -642{,}680 + 111.1T \text{ (J/mol)} \quad (1{,}115\sim1{,}774 \text{ K})$$

따라서 Ti의 Ca에 의한 탈산반응은 다음 식과 같이 나타낼 수 있다.

$$[wt\%O]_{in\ Ti} + Ca(l) = CaO(s) \qquad (7.8)$$

$$\Delta G^0 = -59{,}680 + 22.6T \text{ (J/mol)} \quad (1{,}115\sim1{,}373 \text{ K})$$

$$= -RT\ln\left(\frac{a_{CaO}}{a_{Ca}\cdot f_O\cdot [wt\%O]_{in\ Ti}}\right)$$

여기서 a_i는 성분 $[i]$의 활동도이며, f_O는 Ti 중으로 용해된 [O]의 Henry형 활동도 계수이다. Ti 중 산소의 용해 상태가 Henry 법칙을 만족하는 것으로 가정하면 f_O=1이 되므로, 식(7.8)에서 $a_{Ca} = a_{CaO} = 1$로 두면 Ca 및 CaO와 평형하는 Ti 중 [wt%O]는 다음 식과 같다.

$$\ln[wt\%O]_{in\ Ti} = -\frac{7{,}178}{T} + 2.72 \quad (1{,}115\sim1{,}373 \text{ K}) \qquad (7.9)$$

이 식으로부터 온도가 올라가면 Ti 중의 [wt%O]도 증가하며, Ca에 의한 탈산으로 Ti 중의 산소를 500 ppm 이하까지 제거하기도 하였으나,[19] 반응 부산물인 CaO가 잔류하면 식(7.9)의 평형 산소값보다 높아진다.[16]

한편 Mg으로도 탈산할 수 있으며, Mg의 산화반응은 다음 식과 같다.

$$Mg(l) + \frac{1}{2}O_2(g) = MgO(s) \qquad (7.10)$$

$$\Delta G^0 = -608,640 + 115.04T \text{ (J/mol) } (923\text{~}1,366 \text{ K})$$

식(7.6)과 (7.10)으로부터 Mg에 의한 Ti의 탈산반응은 다음 식과 같다.

$$\mathrm{Mg(l)} + [\mathrm{O}]_{\text{in Ti}} = \mathrm{MgO(s)} \tag{7.11}$$

$$\Delta G^0 = -28,300 + 31.8T \text{ (J/mol) } (923\text{~}1,366 \text{ K})$$

$$= -RT\ln\left(\frac{a_{\mathrm{MgO}}}{a_{\mathrm{Mg}} \cdot f_{\mathrm{O}} \cdot [\mathrm{wt\,\%\,O}]_{\text{in Ti}}}\right)$$

식(7.11)에서 a_{Mg}가 1이며, Ti 중 산소의 용해 상태가 Henry 법칙을 만족하는 것으로 가정하면 f_O=1이 되므로, Mg 및 MgO와 평형하는 Ti 중 [wt%O]는 다음 식과 같이 a_{MgO}와 T의 함수가 된다.

$$\ln[\mathrm{wt\,\%\,O}]_{\text{in Ti}} = \ln a_{\mathrm{MgO}} - \frac{3,403}{T} + 3.82 \tag{7.12}$$

따라서 MgO의 활동도(a_{MgO})와 온도가 낮을수록 [wt%O]가 낮아지므로, 이론적으로는 가능한 한 낮은 온도에서 a_{MgO}를 낮추면 Ti의 탈산이 가능하다.

그림 7.8에는 X/X_mO_n 평형에서 실선으로 나타낸 각각의 활동도가 1일 때의 산소 퍼텐셜(자유에너지)과 식(7.6)의 온도에 따른 Ti-O 고용체에서의 산소 퍼텐셜인 P_{O_2}를 비교하여 나타내었다.[15] Mg을 탈산제로 사용하면, Mg의 융점(650 ℃) 이상에서 a_{MgO}=1일 때는 Ti 중 산소 농도는 1 wt% 이하가 될 수 없다.[20] 그러나 $a_{MgO}<0.05$이면 [wt%O]는 0.1 이하, $a_{MgO}<0.02$가 되면 [wt%O]는 0.05 이하까지 낮아진다.[21] 1,173 K의 $MgCl_2$ 중에서 전기화학적인 방법으로 MgO의 활동도를 낮추어 Ti 중 산소 농도를 0.1 wt%에서 0.02 wt%까지 제거한 예도 있다.[22]

최근에는 희토류를 이용한 Ti 스크랩의 탈산에 대해서도 검토되고 있다. 특히 $Y/YOCl/YCl_3$ 평형반응을 이용하여 Y으로 1,300 K에서 탈산하면 3.4 ppm까지 산소 농도를 낮출 수 있으며, 탈산 반응식은 다음과 같다.[23]

$$\frac{2}{3}\mathrm{Y(s)} + \frac{1}{3}\mathrm{YCl_3(l)} + [\mathrm{wt\%O}]_{\mathrm{in\ Ti}} = \mathrm{YOCl(s)} \tag{7.13}$$

$$\Delta G^0 = -180{,}000 + 72\,T\ \ (\mathrm{J/mol})\ \ (1{,}173 \sim 1{,}373\ \mathrm{K})$$

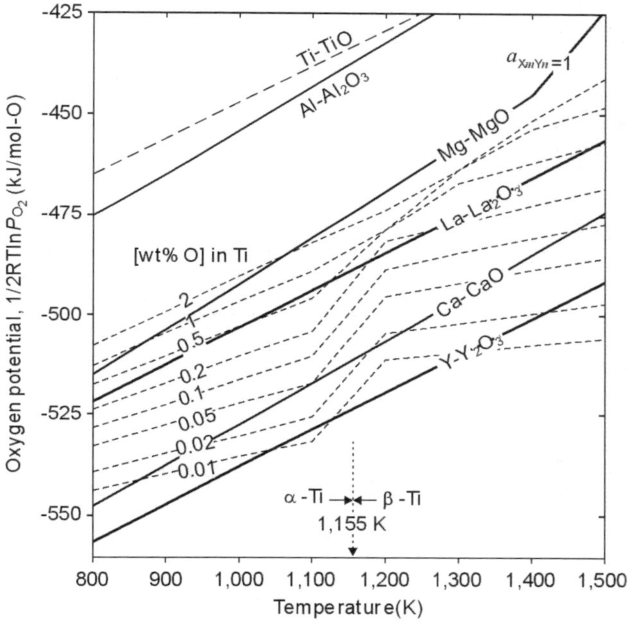

그림 7.8. X/X_mO_n 평형에서 각각의 활동도가 1일 때의 산소 퍼텐셜(실선)과 온도에 따른 Ti-O 고용체의 산소 퍼텐셜

3) 타이타늄 광석과 전처리

표 7.4에 대표적인 Ti 함유 광석의 종류와 특징을 나타내었다.[2] Ti 제련에는 루타일(95~100 % TiO_2)과 일메나이트($FeTiO_3$, 52.7 % TiO_2)를 원료로 사용하며, 특히 Ti 제품 원료의 약 92 %는 일메나이트가 차지한다. 표 7.5에는 Ti 광석의 대표적인 화학조성을 나타내었다.[24] Ti 광석은 산화물로서만 존재하며, 철을 포함하여 많은 불순물을 함유하고 있다.

표 7.4. 타이타늄 함유 광석의 종류와 특징

Name	Rutile, anatase, brookite (TiO_2)	Ilmenite ($FeTiO_3$)	Perovskite ($CaTiO_3$)	Titanite ($CaTiSiO_5$)
$\%TiO_2$	95	52.6	58	35~40
Color	reddish-brown, red, yellowish or black	black	black, brown, yellow or reddish-brown	brown, green, gray, yellow or black
Density (g/cm^3)	Ru: 4.23~5.5 An: 3.82~3.97 Br: 4.08~4.18	4.5~5.0	4.48~4.26	-
Hardness	Ru: 6.0~6.5 An&Br: 5.5~6.0	5~6	5.5	5.0~5.5
Crystal structure	Ru & An: tetragonal Br: orthorhombic	hexagonal	monoclinic (pseudocubic)	monoclinic

표 7.5. 타이타늄 함유 광석의 화학 조성 예

Ore	Chemical composition (wt%)								
	TiO_2	FeO	Fe_2O_3	Al_2O_3	SiO_2	CaO	MgO	MnO	Cr_2O_3
Rutile	95.5	-	0.8	0.28	0.75	0.02	0.02	-	0.18
Ilmenite	60	11	23	0.95	0.35	0.02	0.5	0.4	0.05
Leucoxene	79.7	0.5	7.5	3.31	4.18	-	1.0	-	0.06

그림 7.9에는 일메나이트로부터 합성 루타일을 만드는 방법과, 안료급 TiO_2를 만드는 공정을 종합하여 나타내었다.[24] 합성 루타일은 일메나이트를 환원-침출, 산화-침출 등의 공정을 거쳐서 만들거나, 전기로 정련에 의한 고TiO_2 슬래그로부터 만들고 있다. 그리고 일메나이트 중 Fe만 선택염화로 제거하는 방법과 환원-자력 선별 후 염산 침출로 합성 루타일을 제조하는 방법 등이 있다.[25]

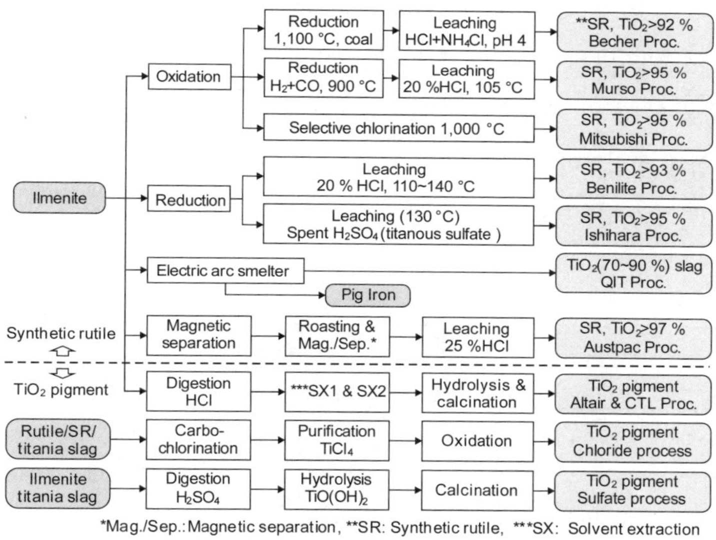

그림 7.9. 일메나이트의 고품위화 기술과 고순도 TiO_2 제조법

안료급 TiO_2는 황산법(sulfate process)과 염화법(chloride process)으로 만들지만, 각각의 방법에 따라 TiO_2 순도가 다른 원료를 사용한다. 황산법에서는 TiO_2 순도와 관계없이 다양한 원료를 사용하지만, 염화법에서는 비교적 TiO_2 순도가 높고 Fe 농도가 낮은 천연 루타일이나 합성 루타일을 사용한다. 그리고 일메나이트를 염산으로 침출하고 용매 추출

하여 안료급 TiO_2로 만드는 프로세스도 알려져 있으나 아직 공업화되지는 않았다.[24]

4) $TiCl_4$의 제조와 고순도화

TiO_2를 $TiCl_4$로 염화시키는 공정에는 유동층법과 용융염법이 있다. 천연 루타일, 합성 루타일, 고Ti 슬래그 등의 Ti 원료와 코크스(C), 염소 가스(Cl_2)를 식(7.3)과 같이 반응시켜 제조한다. 표 7.6에는 각국에서 사용하는 염화법을 비교하여 나타내었으며,[26] 그림 7.10에는 $TiCl_4$ 제조 공정을 OTC*의 유동층 염화법(FBC)[27]을 중심으로 용융염 염화법(MSC)과 함께 종합하여 나타내었다.[8] 유동층 염화법과 용융염 염화법은 염소 가스를 불어넣는 방법만 다를 뿐, 기본 반응은 식(7.3)과 같이 동일하다.

표 7.6. $TiCl_4$ 제조 공정 비교

	Japan	China	Russia
Feedstock	Rutile, S. rutile	Titania slag, Rutile	High MgO+CaO, Titania slag
Technology	FBC*	FBC* MSC**	MSC**
Reactor size (m)	∅3 ∅1.9	F: ∅1~2.56 M: ∅5	Circular: ∅5×8.5 Square: 7×4×13 4.5×3.5×8.5
Temp. (℃)	950~1,050	800~1,000	700~750
Production ($t\text{-}TiCl_4/d$)	140	25~120	150~160
FS*** consumption ($t/t\text{-}TiCl_4$)	-	0.5~0.55	0.49
$Cl_2(g)$ consumption ($t/t\text{-}TiCl_4$)	0.9	0.9~1.2	0.87~0.9

* FBC: Fludized bed chlorinator, ** MSC: Molten salt chlorinator
*** FS: Feed stock

---

* OTC: Osaka Titanium Technologies Co.

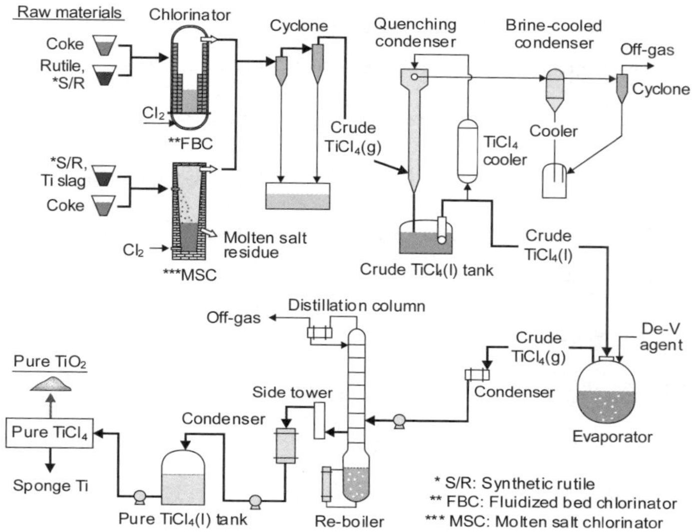

그림 7.10. $TiCl_4$ 제조 및 정제 공정도

FBC법은 주로 일본에서 사용하고 있는 방법이다. 원료를 환원제(코크스 등)와 함께 분체 상태로 약 900 ℃의 유동로에 장입하고, 하부에서 Cl_2를 취입하여 입자를 유동화시키면 기-고 반응에 의해 기체상의 $TiCl_4$가 생성되므로 이를 냉각, 응축시킨다. 이때 $TiCl_4$ 중에는 원료 중의 불순물이 포함되어 있으므로 증류탑으로 보내어 고순도 $TiCl_4$로 정제하여 환원 공정에 공급한다. FBC법은 $TiCl_4$를 만드는 최신의 효율적인 기술이지만, 원료의 크기 분포가 일정해야 하며,[26] 또 CaO+MgO가 높으면 염화반응에 사용할 수 없는 한계가 있다. 일반적인 FBC법의 원료는 TiO_2>95 %, CaO+MgO<0.5 %인 것을 사용한다.

MSC법(용융염 염화법)은 구소련에서 1960년대에 개발된 것으로 주로 러시아나 중국 등에서 사용하고 있는 염화법이다. 원료 중의 CaO+MgO

가 6~9 % 정도여도 MSC법을 적용할 수 있어서,[28] 불순물이 많은 Ti 원료의 염화에 적합한 것으로 알려져 있다. MSC법은 분말상인 Ti 슬래그 등의 원료와 코크스를 반응로의 상부에서 공급하고, 염소 가스는 하부에서 용융염 중으로 불어넣어 원료를 염화시킨다. MSC법의 용융염 조성은 KCl 72~76 %, NaCl 16 %, $MgCl_2$ 4~6%, $CaCl_2$ 등으로 구성되어 있다. 하루에 120~150 t의 $TiCl_4$를 생산할 수 있지만, $TiCl_4$ 1톤당 약 250 kg의 폐용융염이 발생하며, Ti의 실수율은 96 % 정도이다.[26]

한편 순수한 $TiCl_4$는 무색으로 투명하지만, 염화 공정에서 만들어진 $TiCl_4$는 흑갈색으로 순도는 약 98 %이다. Mg으로 환원할 때 $TiCl_4$ 중의 불순물은 대부분 금속 Ti으로 분배되므로, 고순도 Ti의 제조를 위해서는 $TiCl_4$를 99.98 % 이상으로 정제하여야 한다. $TiCl_4$의 비중은 1.726 g/cm^{3}이며, 끓는점은 136 ℃(표 7.3)이며 상온에서는 액체이다. 염화로의 내부가 약 1,000 ℃이므로 $TiCl_4$는 기체상이 된다. 따라서 염화로에서 만들어진 $TiCl_4$는 건식제진한 후 순환액에 의한 냉각으로 액화시키고, 광물유를 사용하여 V을 제거한다. 그리고 다단 증류탑을 거쳐 99.98 % 이상의 고순도 $TiCl_4$로 정제하며, 최대 5N까지 만들 수 있다.[29]

5) $TiCl_4$의 환원과 스펀지 Ti의 분리

Ti의 대부분은 Kroll법으로만 만들고 있으며, Hunter법은 미국의 HEM(Honeywell Electronic Materials)에서 전자 재료용 Ti만 자가 소비용으로 생산하는 것으로 알려져 있다.[30] 2000년대에 ITP(International Titanium Powder, 미국)에서 Hunter법을 개선하여 Ti 분말을 얻는 Armstrong법을 개발하였으나[31] 아직 공업화되지는 않았다.

(1) Hunter법

Hunter법은 Kroll법보다 낮은 온도에서 반응이 일어나므로 반응기에 의한 오염이 적어 Fe 등의 불순물이 적은 고순도 Ti을 만들 수 있고, 부산물인 NaCl도 쉽게 제거할 수 있다. 특히 Kroll법과 달리 Hunter의 1단법에서는 식(7.4)와 같이 당량비의 Na을 $TiCl_4$와 반응시켜 Ti을 제조한다. 2단법에서는 당량비보다 적은 Na과 $TiCl_4$를 반응시켜 $TiCl_2$로 만든 후 Na으로 환원시켜 Ti을 만든다.

그림 7.11에는 두 가지 Hunter법의 비교와 2단법의 공정 모식도를 나타내었다.[32] Hunter법 개발 당시에는 1단법으로 환원하였지만, 반응열이 과다하여 반응기의 압력이 올라가고, NaCl의 융점(800 ℃)과 Na의 끓는점(877 ℃) 사이의 중간 온도에서 조업해야 하는 문제점 등이 있어서 2단법으로 개선하였다. 또 Ti 1 mol당 NaCl 4 mol이 생성되기 때문에 반응조가 커야 한다는 문제점도 있었다.

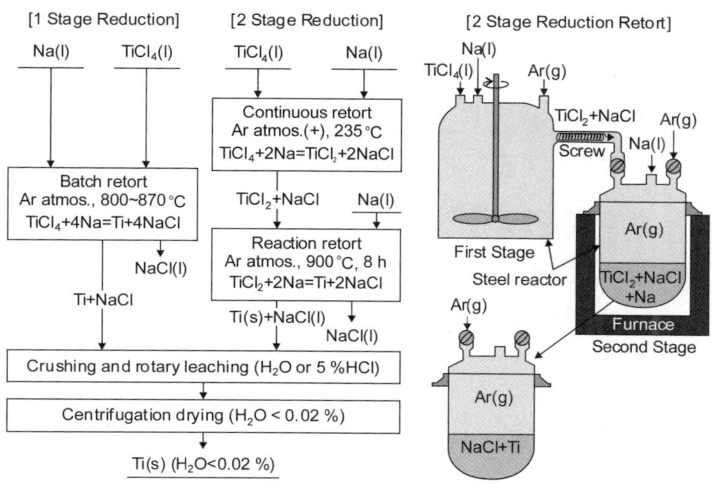

그림 7.11. Hunter법에 의한 Ti 스펀지 제조

2단법의 1단계에서는 $TiCl_4$와 120~130 ℃ 정도의 액체 Na을 Ar으로 가압한 약 235 ℃의 반응조에 공급하여 교반하면서 다음 식과 같이 Na으로 $TiCl_2$까지만 1차 환원을 한다.

$$TiCl_4(g) + 2Na(l) = TiCl_2(l) + 2NaCl(s) \tag{7.14}$$

1단계 반응에서 생성된 $TiCl_2$와 NaCl은 2단계 반응조로 연속 이송하여 다음 식과 같이 $TiCl_2$를 Na과 반응시켜 Ti을 만든다.

$$TiCl_2(g) + 2Na(l) = Ti(s) + 2NaCl(l) \tag{7.15}$$

이때 부산물인 NaCl(l)은 주기적으로 배출하지만, 소량의 NaCl이 잔류하므로 Ti과 함께 배출시켜 분쇄하고, 순수나 0.5 %HCl로 산세한 후, 원심분리, 진공 건조 등을 거쳐서 0.02 % 이하의 수분을 갖는 Ti 분말을 얻는다.

(2) Kroll법

Hunter법에서는 $TiCl_4$의 환원제인 Na을 화학양론적인 양으로 환원하지만, Kroll법에서는 환원제인 Mg을 과잉으로 공급하여 Ti을 생성시키고, 부산물인 $MgCl_2$와 미반응 Mg을 증류 제거하여 스펀지상의 Ti을 얻는다. Kroll법에는 환원조와 응축조의 결합 방법에 따라 일본 등의 역U자형 및 러시아 등의 I자형이 있다.

그림 7.12에는 역U자형의 환원-분리 공정을 모식적으로 나타내었다. $TiCl_4$의 환원은 환원조 중의 용융 Mg과 액상 $TiCl_4$가 식(7.5)의 반응에 의해 일어난다. 우선 용융시킨 Mg을 환원조에 주입하고 Ar 분위기로 치환한 후, 액상 $TiCl_4$를 환원조에 연속적으로 공급한다. Mg에 의한 $TiCl_4$의 환원반응이 발열반응이므로 $TiCl_4$의 공급 속도를 조절하여 반응 중

과열되는 것을 방지하며, 900 ℃ 정도로 제어한다. 반응 부산물인 $MgCl_2$의 밀도가 Mg보다 커서 환원조 바닥으로 침강되므로 Ar 가스로 가압하여 주기적으로 배출시킨다. Ti의 생성 속도는 60~80 $kg/(m^2 \cdot h)$ 정도이며, 10톤의 Ti 스펀지를 만들 때 반응 개시부터 종료까지 90시간 정도 소요된다.[27]

한편 환원조 내의 Ti, Mg, $MgCl_2$ 등의 거동에 대해 많은 연구들이 이루어져 있다.[33,34] $MgCl_2$와 Mg의 상온에서의 밀도가 각각 2.32 g/cm^3 및 1.74 g/cm^3로 차이가 있지만, 780 ℃에서는 각각 1.667 g/cm^3 및 1.545 g/cm^3로[34] 밀도 차이가 적어 반응조 내부에서 복잡한 거동이 일어나는 것으로 알려져 있다.

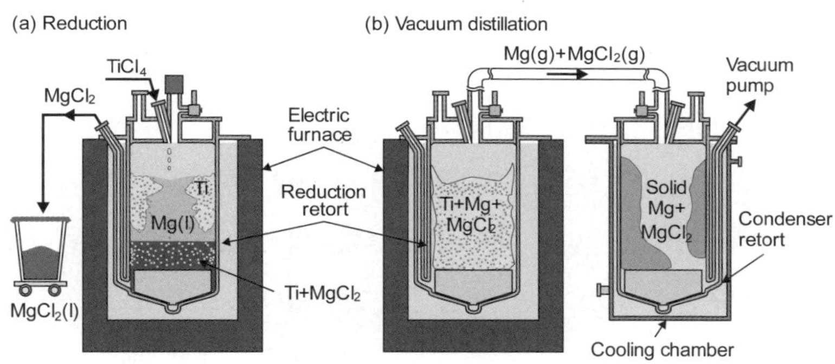

그림 7.12. Kroll법의 역U자형 환원 및 증류장치

환원 공정 중 반응 부산물인 $MgCl_2$를 액체 상태로 배출시켜 전해조로 보내지만, $MgCl_2$와 미반응한 Mg이 스펀지 Ti 중에 남아 있으므로 증류시켜 제거한다. 환원반응이 끝나면 환원조를 곧바로 약 1,000 ℃까지 가열하고, 응축조를 냉각하면서 진공 배기한다. 이 과정에서 고체 Ti 사이에 남아 있던 Mg과 $MgCl_2$가 증발되면서 응축조 내벽에 응축되어 제거

된다. 10톤 스펀지의 분리에도 90시간 정도 소요된다.[27]

생산성을 높이기 위해 가열온도를 올리면 분리시간을 단축할 수 있으나, Ti과 반응조가 반응하며, Ti 스펀지가 소결되면서 겉보기 밀도가 올라가 압축성이 낮아진다. Ti 스펀지의 압축성은 Ti 용해를 위한 VAR(vacuum arc remelting)용 소모전극의 강도와 직결되어 있으므로 중요한 관리 인자이다. 그리고 증류 시간을 단축하면 Ti 스펀지 중의 $MgCl_2$가 완전히 제거되지 못하여 Cl 함유량이 올라간다. 특히 $MgCl_2$의 증발 제거는 온도 및 진공도에 의존하므로 Ti 스펀지 내에서의 일정한 열전달 속도를 얻기 위한 시간이 필요하다. 따라서 온도 상승이나 시간 단축으로는 생산성을 향상시킬 수 없으므로 환원 및 분리로의 개수를 늘려 생산성을 높이고 있다. 환원 및 분리로의 일체화, 그리고 반응기의 대형화 등으로 생산성이 향상되었으나, 여전히 10톤의 Ti 스펀지 생산에 약 10일 이상이 소요되고 있다.[27]

한편 러시아, 우크라이나, 중국 등에서는 I자형 환원-분리로를 사용하고 있으며, 그림 7.13에 I자형 환원-분리로의 조업 방법을 나타내었다.[26,27] 환원반응이 종료되면, 환원 반응조를 냉각하고 뚜껑을 제거하여 노 내부의 반응조 상부와 응축조 하부를 결합한 후 거꾸로 세운다. 이어서 위쪽의 환원 반응조를 재가열하고, 아래쪽의 응축조를 진공 배기하여 환원조 중의 $MgCl_2$와 Mg을 응축조로 제거한다. 이러한 I자형 조업에서는 고온의 환원 반응조를 냉각시킨 후 재가열하므로 추가적인 에너지 비용이 발생하며, 생산성 향상에 한계가 있다. 또 대형 크레인으로 결합된 환원 반응조와 응축조를 옮겨야 하는 등의 문제점이 있다. 현재 I자형 조업의 스펀지 크기는 3.5~7.5톤 정도이다.

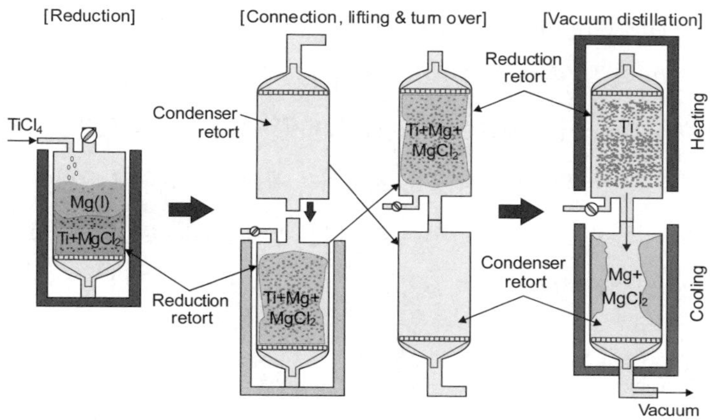

그림 7.13. Kroll법의 I-type 반응기에 의한 환원 및 증류 공정도

(3) $MgCl_2$의 전해환원

Kroll법에서 1톤의 Ti을 만들려면 환원제로 사용되는 Mg도 약 1톤이 필요하며, Mg은 $TiCl_4$와 반응하여 $MgCl_2$로 된다. $MgCl_2$는 전해환원시키고 생성된 Mg과 염소는 각각 환원과 염화 공정으로 순환시킨다. Kroll법에서는 전체 전력 소비량의 70 % 이상을 Mg 전해 공정에서 소비한다. $MgCl_2$의 용융염 전해는 전극의 연결과 배치 방법에 따라 일반 Mg 제련에서 사용하는 단극형(mono-polar형) 전해조와 일본을 중심으로 한 Ti 제련에서 사용하는 복극형(bi-polar형) 전해조가 있다.[35] 이에 대해서는 마그네슘 제련에서 자세히 설명하였다.

6) 타이타늄 잉곳의 제조

그림 7.14에는 $TiCl_4$의 환원과 증류에 의해 분리한 Ti 스펀지의 후처리 공정을 나타내었다.[8] 환원조 중의 Ti 스펀지를 압출 프레스로 밀어낸

다음, 기요틴(guillotine)으로 Fe 등의 불순물이 많은 Ti 스펀지 괴의 외측 부분(바닥 및 측면 등)을 미리 제거하고 적당한 크기로 파쇄한다. 특히 Fe가 10 ppm 이하인 고순도 Ti 스펀지는 중심부에 있으므로 특별히 관리한다.[36] 이어서 전단 파쇄기, 조크러셔 등으로 파쇄하고 혼합하여 포장한다. 일반적으로 Ti 스펀지는 20~1/2' mesh(0.84 ~12.7 mm) 정도의 크기로 파쇄한다.

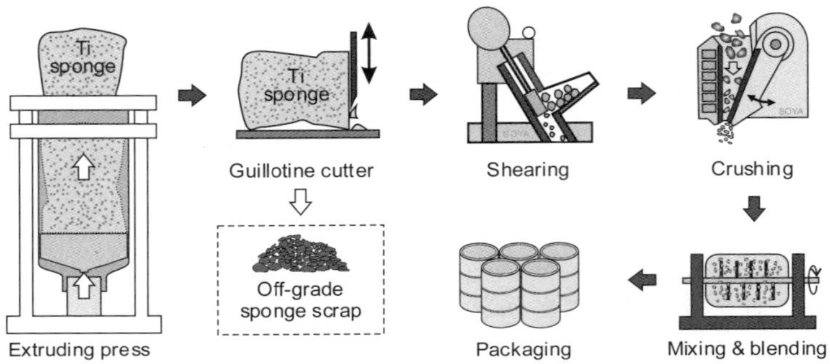

그림 7.14. 타이타늄 스펀지의 파쇄와 포장 공정도

그림 7.15에는 소모 전극식 VAR(vacuum arc remelting)에 의한 Ti 잉곳 제조 공정을 나타내었다.[17] 분말 상태의 Ti 스펀지를 프레스로 압축시켜 성형하고, Ar 분위기에서 여러 개의 성형품을 용접하여 직경이 약 788 mm인 1차 전극을 만든다. 1차 전극을 수냉 구리 도가니의 VAR에서 용해하여 2차 전극을 만든다. 1차 용해에서는 가스 방출이나 불연속 용융 등으로 잉곳 표면에 요철이 생기기 쉽고, 응고할 때 발생하는 blowhole 등의 내부결함도 있다. 따라서 1차 용해하여 만든 여러 개의 잉곳을 다시 용접시켜 2차 전극을 만들어 재용해하여 건전한 잉곳으로 만든다. 특히 Ti 합금은 합금 성분의 균일화나 국부적 편석 방지를 위해

2차 용융 및 응고가 중요하며, 보다 균일한 잉곳이 필요할 때는 3차까지 용융, 응고하기도 한다.

VAR법은 1~0.1 Pa 정도의 진공도에서 용융하므로 스펀지 Ti 중에 잔류하는 $MgCl_2$, Mg이나 H_2O 등이 완전히 제거되어 고순도의 Ti 잉곳을 만들 수 있다. 특히 소모형 전극을 사용하므로 전극이나 도가니로부터의 오염이 없고, 대량 용해가 가능하다. 그러나 1차 용융용 소모 전극의 제조비가 높고, 소모 전극을 만들 때 스크랩 등의 형상에 제한이 있다. Ti 스크랩의 배합비를 높이기 위해 파쇄한 스크랩을 구리 도가니 벽과 소모 전극 사이의 아크가 발생하는 부분에 투입하는 기술도 알려져 있다.

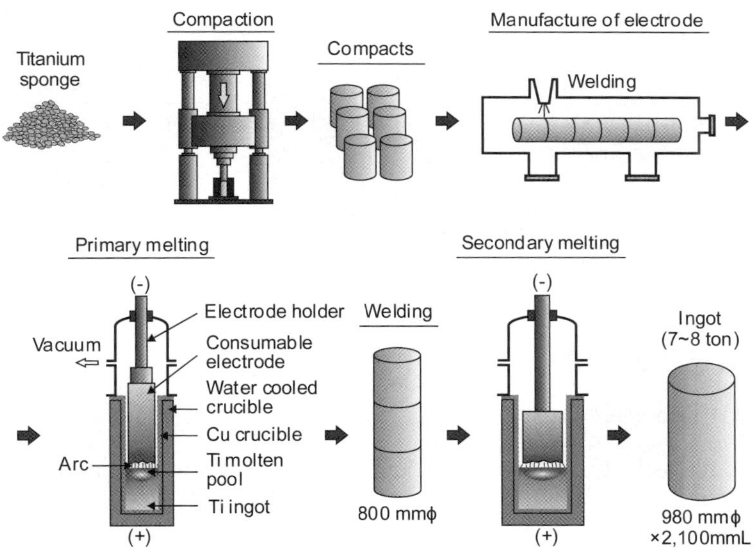

그림 7.15. 소모 전극식 VAR(vacuum arc remelting)에 의한 타이타늄 잉곳 제조 공정

4. 타이타늄의 신제련법

Kroll법은 10톤 batch의 Ti 스펀지 생산에 10일 이상이 소요되는 등의 문제점을 가지고 있다. 따라서 생산성 향상 등을 위해 Ti 신제련법에 대해 많은 연구들이 수행되었으며, 표 7.7에 이러한 Ti의 주요한 신제련법을 나타내었다. Ti의 신제련법은 금속 열환원법, 수소 열환원법, 전해채취법으로 구분할 수 있으나, 아직 상업화된 방법은 없다.

표 7.7. 타이타늄의 신제련 기술의 특징

	Process name	Feed	Reductant	Product
Chemical	IME (Germany)	TiO_2	Mg(l) and Ca(l)	Ti
	OS Process (Kyoto Univ.)	TiO_2	Ca and electron	Ti
	Armstrong/ITP (USA)	$TiCl_4$	Na(l)	Ti & alloy
	TiRO™ (CSIRO, AUS)	$TiCl_4$	Mg(g)	Ti & alloy
	ADMA (USA)	$TiCl_4$	Mg(l) and H_2(g)	TiH_2
	HAMR (Utah Univ.)	TiO_2	Mg(l) and H_2(g)	Ti, TiH_2
Electro-chemical	FFC (Metalysis)	TiO_2	Electron	Ti
	EMR/MSE (Tokyo Univ.)	TiO_2	Ca and electron	Ti
	MER (USA)	$Ti_xO_yC_z$	Electron	Ti

1) 금속 열환원법

(1) IME 프로세스

IME(Institute of Process Metallurgy and Metal Recycling, 독일)에서 Mg과 Ca을 이용한 TiO_2의 2단계 환원법을 제안하였으며, 그림 7.16에 공정도를 나타내었다.[37] TiO_2의 Mg 환원과 Ca 탈산을 결합하여 0.2 wt% 이하의 산소 농도를 갖는 Ti 분말을 제조하는 방법이다. 그림 7.8에 나타낸 바와 같이 TiO_2의 Mg 환원은 산소를 2 wt% 이하까지 낮출 수 없으므로, Mg 환원 후에 Ca으로 탈산하는 방법을 제안하였다. TiO_2를 원료로 사용할 수 있는 환원법으로 향후 많은 발전이 기대되고 있다.

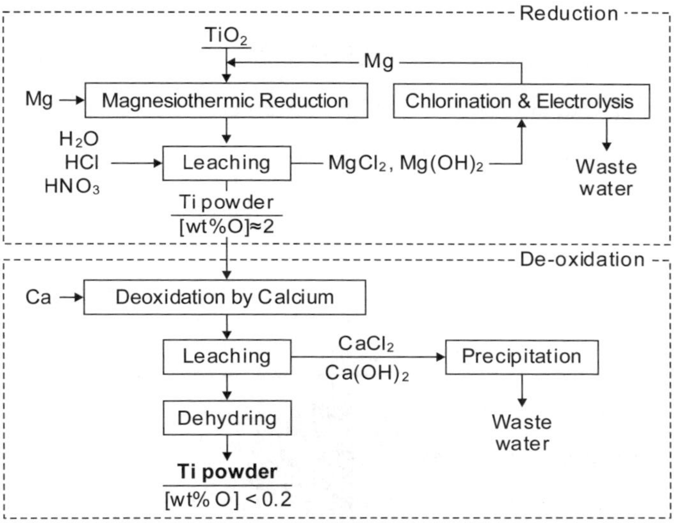

그림 7.16. Mg 열환원과 Ca 탈산에 의한 Ti 분말 제조

(2) OS 프로세스

그림 7.17에 OS 프로세스의 원리를 나타내었으며, 용융 $CaCl_2$ 중 CaO가 약 20 mol%까지 용해되는 성질을 이용한 것이다. 환원제인 CaO를 용융염 전해하여 Ca을 제조하고, Ca을 함유한 용융염 중에 TiO_2를 분말을 투입하여 Ca 열환원법으로 Ti 분말을 연속적으로 제조하는 방법이다.[38] 환원조에서 TiO_2는 Ca에 의해 다음 식과 같이 Ti으로 환원된다.

$$TiO_2 + 2Ca_{(in\ salt)} = Ti + 2CaO_{(in\ salt)} \qquad (7.16)$$

이때 각 전극에서의 반응은 다음 식과 같다.

$$\text{Anode:} \quad C + 2O^{2-} = CO_2 + 4e^- \tag{7.17}$$

$$C + O^{2-} = CO + 2e^-$$

$$\text{Cathode:} \quad Ca^{2+} + 2e^- = Ca \tag{7.18}$$

OS 프로세스는 환원제를 함유한 다량의 용융염과 생성물인 Ti 분말의 분리, 에너지 효율, 오염 등 해결하여야 할 기술적 과제가 많이 남아 있다.[39] 최근 Suzuki 등은 $FeTiO_3$나 TiO_2를 Ti 질화물(TiN)로 만든 후 다시 Ti 황화물로 바꾸고, OS 프로세스에서 CaO 대신 소량의 CaS를 첨가한 용융 $CaCl_2$ 중에서 환원시켜 [O], [N], [S]가 각각 0.15, 0.003, 0.002 wt% 이하인 α-Ti을 만들었다.[40]

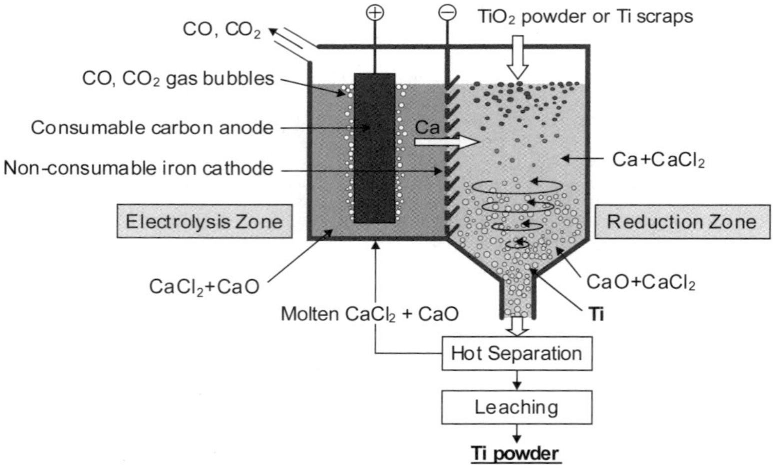

그림 7.17. OS process (single model)의 원리도

(3) Armstrong법

ITP(International Titanium Powder, 미국)에서 Hunter법을 개량하여 개발한 것으로, 기본 반응은 Hunter법과 마찬가지로 식 (7.4)와 같

다. 그림 7.18에 프로세스의 개념도를 나타내었다.[41] 반응기의 중앙에 설치한 노즐에서 가스상의 $TiCl_4$를 분사시켜 액상 Na과 반응시키며, 생성된 Ti 분말과 반응 부산물인 NaCl 및 미반응한 Na을 여과 및 증류, 수세 등으로 Ti 분말을 분리하여 얻는 방법이다. 생성된 Ti 분말은 염소가 50 ppm 이하인 CP Ti Grade 1 정도인 것으로 알려져 있다. 또 $TiCl_4$를 VCl_4, $AlCl_3$와 함께 공급하여 직접 Ti-6Al-4V 합금 분말을 만드는 방법도 제안되어 있지만, 아직 상용화에 이르지 못하고 있다.

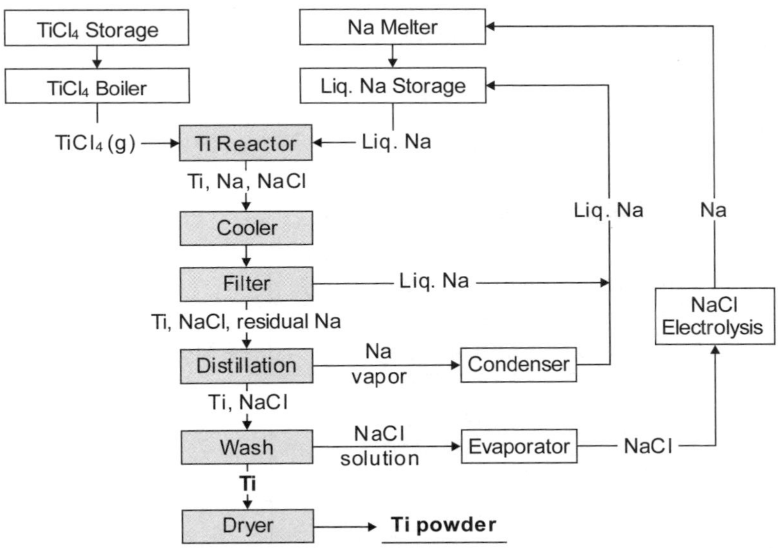

그림 7.18. $TiCl_4$를 Na으로 환원하는 Armstrong/ITP process

2) 수소 열환원법

(1) ADMA법

ADMA법은 Kroll법의 환원제인 Mg의 일부를 H_2로 대체하여 직접 TiH_2

를 생성시키는 방법이다. $TiCl_4$와 H_2를 용융 Mg 중으로 동시에 불어넣고, 환원 및 증류를 거쳐 TiH_2를 만든다. ADMA법에서는 H_2에 의해 환원 시간이 단축되면서 Mg 이용 효율도 높일 수 있다. 특히 $MgCl_2$의 진공 증류 시간을 80 % 정도 단축시킬 수 있어서 생산성이 향상되며, TiH_2가 생성되므로 곧바로 파쇄하여 Ti 분말을 만들 수 있는 장점이 있다.[42,43]

(2) HAMR(Hydrogen-Assisted Magnesiothermic Reduction)법

HAMR법은 1단계의 TiO_2 환원과 2단계의 탈산으로 구성되어 있으며, 그림 7.19에 공정도[44,45]를 나타내었다. 1단계에서는 H_2 분위기 중에서 $MgCl_2$ 중에 용해시킨 Mg으로 TiO_2를 환원하여 1~2 wt%O를 함유한 분말 Ti을 만든다. 이어서 환원된 Ti-O-H 분말 중의 미반응 Mg과 부산

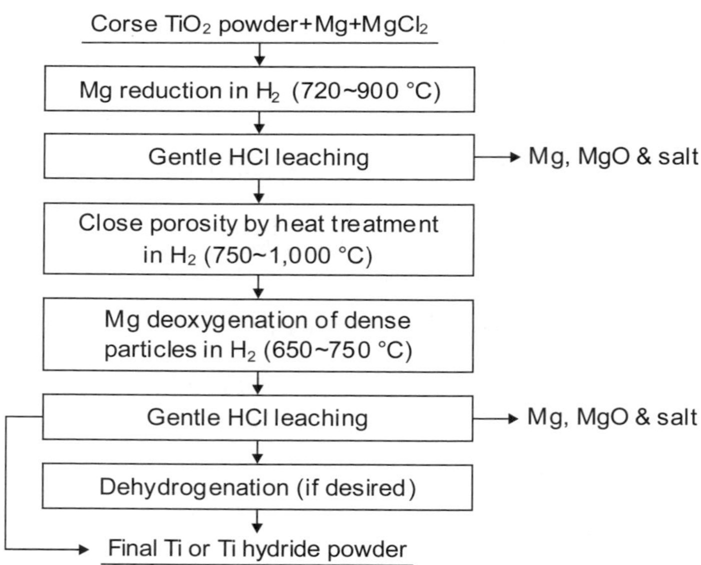

그림 7.19. HAMR법의 공정도

물인 MgO 및 수용성인 염을 묽은 염산으로 산세하여 제거한다. 그리고 Ti 분말의 비표면적을 줄이기 위해 H_2 분위기 중에서 열처리한다. 2단계에서는 Ti 중의 잔류 산소를 H_2 분위기 중에서 Mg으로 탈산하고 묽은 염산으로 반응 생성물을 제거하여 0.15 wt%O 이하의 TiH_2나 Ti 분말을 만든다. HAMR법은 반 회분식(batch type)으로 한 배치당 2~3일 소요되지만, 상업화되면 연간 1만 톤의 Ti이나 TiH_2 분말을 생산할 수 있는 것으로 알려져 있다.

3) 전해채취법

(1) FFC-Cambridge법

FFC(Fray-Farthing-Chen)-Cambridge법은 용융염 전해로 TiO_2를 환원하는 것으로, 그림 7.20(a)에 프로세스의 원리를 나타내었다.[46] 용융 $CaCl_2$ 중에서 음극(cathode)으로는 TiO_2 분말을 소결하여 성형한 것을, 양극(anode)으로는 탄소를 사용하여 다음 식과 같이 용융염 전해로 Ti을 만드는 방법이다.

$$TiO_2 + 4e^- = Ti + 2O^{2-} \quad (\text{in } CaCl_2) \tag{7.19}$$

Anode에서는 다음 식과 같이 산화반응이 일어난다.

$$2O^{2-} = O_2 + 4e^- \quad (\text{in } CaCl_2) \tag{7.20}$$

$$C + 2O^{2-} = CO_2 + 4e^- \quad (\text{in } CaCl_2) \tag{7.21}$$

FFC-Cambridge법은 TiO_2를 원료로 사용하므로 Kroll법이나 Hunter법 등과 달리 염화 공정이 필요 없으며, 연속화도 가능하다. 영국의 Metalysis사에서 상업화를 시도하고 있지만 생산성 등의 문제가 남아 있다.

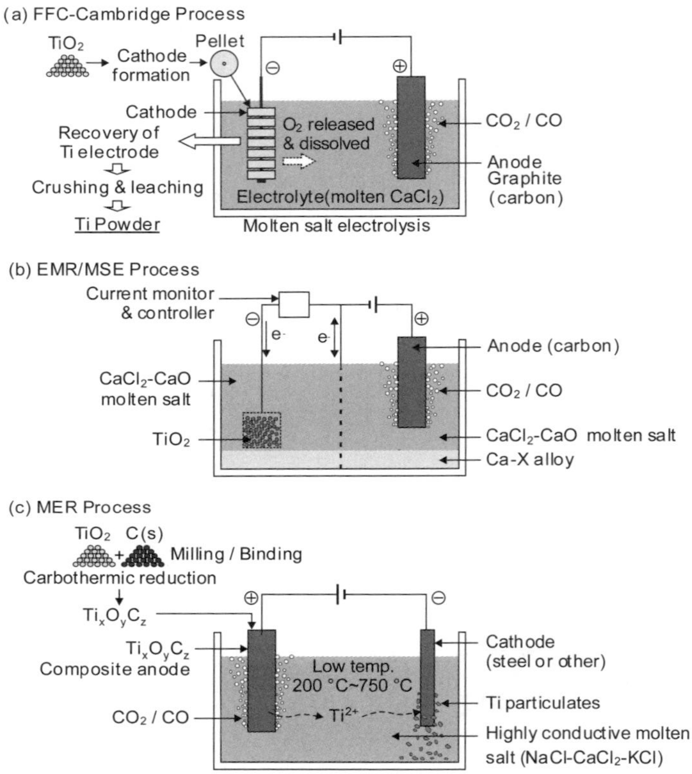

그림 7.20. 전해환원법의 원리 비교

(2) EMR/MSE법

EMR(Electronically mediated reaction)/MSE(Molten salt electrolysis)법은 전기화학적 산화환원반응을 이용한 금속 열환원반응인 EMR로 TiO_2를 환원하고, 환원제를 용융염 전해하여 재생하는 MSE법을 결합한 것으로, 그림 7.20(b)에 전해조와 프로세스의 원리를 나타내었다.[39] 불순물에 의해 환원제가 오염되어도 고순도의 금속을 제조할 수 있는 원리를 이용한 것으로, Okabe 등은 EMR/MSE법에서 TiO_2를 희토류 원소로 환원하여 직접 Ti 분말을 제조하는 방법과 저급 Ti 등의 탈산법에 대해 연구하고 있다.[13,47,48]

(3) MER법

MER(Materials and Electrochemical Research Corporation)법은 출발원료로 oxycarbide($Ti_xO_yC_z$)를 사용하여 용융염 전해하는 것으로, 그림 7.20(c)에 프로세스의 원리를 나타내었다.[49] 우선 anode는 다음 식과 같이 TiO_2를 진공이나 불활성 분위기에서 탄소 열환원(1,200~2,100 ℃)으로 만든 oxycarbide($Ti_xO_yC_z$)를 사용한다.

$$TiO_2 + C = Ti_xO_yC_z + (1-z)CO \tag{7.22}$$

Anode 및 cathode에서의 전해반응은 각각 다음 식과 같다.

$$\text{Anode: } Ti_xO_yC_z \rightarrow xTi^{2+} + zCO/CO_2(g) + 2e^- \tag{7.23}$$

$$\text{Cathode: } xTi^{2+} + 2e^- \rightarrow xTi(s) \tag{7.24}$$

Cathode가 환원되어 Ti이 만들어지는 FFC법과 달리 MER법에서는 조금속의 전해정제와 유사하게 anode에서 용해된 Ti이온이 cathode에 석출되어 전해조 바닥에 모인다.

5. 타이타늄의 리사이클링

1) 타이타늄 및 타이타늄 합금 스크랩

리사이클링의 대상이 되는 Ti 관련 제품에는 금속 Ti과 Ti 합금이 있다. Ti은 Al과 마찬가지로 에너지 다소비형 금속으로 리사이클링이 중요한 과제이지만, Ti의 특성상 라이프 사이클이 매우 길고, 시장규모가 작아 스크랩 시장도 아직 성숙되지 못하였다. 그림 7.21에 Ti의 라이프 사이클을 나타내었다.[50]

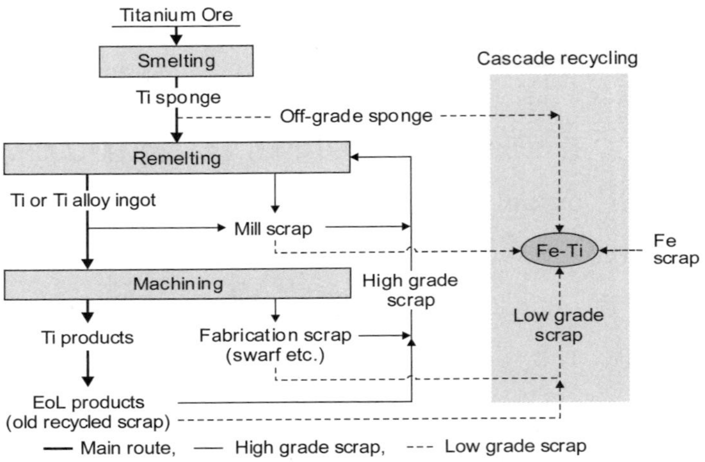

그림 7.21. 타이타늄의 라이프 사이클(life cycle)

Ti 스크랩에는 제련 공정에서 발생하는 off-grade sponge(규격외 스펀지)와 잉곳이나 소재 제조 공정에서 발생하는 mill scrap, 제품을 만드는 공정에서 발생하는 fabrication scrap 등의 자가발생 스크랩과 제품의 수명이 다하여 발생하는 노폐 스크랩(old scrap)이 있다. 스크랩 용도별로는 고품질의 잉곳용(high grade scrap, vacuum quality)과 Fe 등의 불순물이 많은 합금철용(low grade scrap, ferro quality) 스크랩이 있다. 또 스크랩 형태에 따라 코블(cobbles)과 절삭 스크랩(swarf scrap), 고체 스크랩(solids or bulk weldable scrap) 등으로 구분한다.

(1) 제련 공정 스크랩

Mg으로 $TiCl_4$를 환원하는 반응조로 저탄소강을 사용하므로 외각부는 비교적 Fe 농도가 높다. 따라서 그림 7.14에서처럼 기요틴 등으로 사전에 제거한다. Ti 스펀지 중에서 80~90 % 정도만 가공용 소재로 사용할 수 있다. 나머지는 규격외 Ti 스펀지가 되며,[51] 15 %의 규격외 스펀지가 발생한다면 연간 약 30,000톤이 된다.[52] 그림 7.22에는 10톤 Ti 스펀지 내에서 위치에 따른 Fe와 O의 농도 분포 및 경도(BHN) 분포를 나타내었다.[36,53] 그리고 이러한 불순물에 따른 Ti 스펀지괴의 위치별 grade를 분류하여 나타내었다.[54]

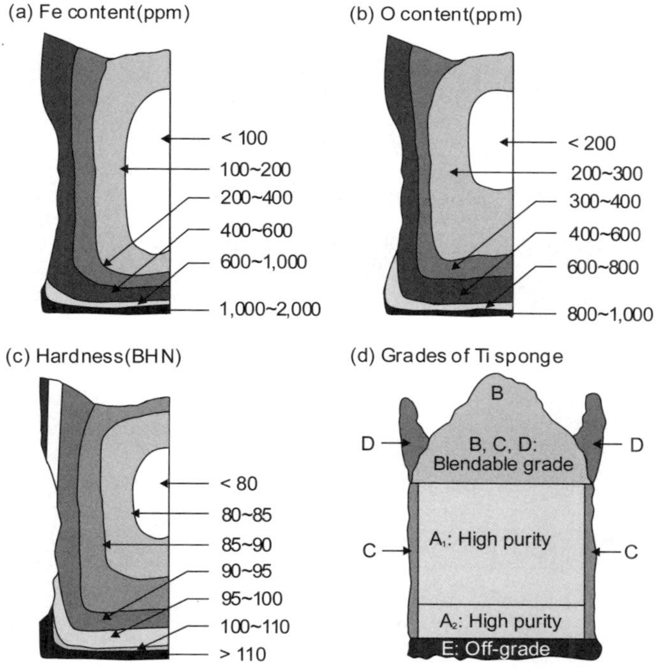

그림 7.22. 10톤 스펀지 타이타늄 잉곳의 Fe, O 농도 및 경도 분포와 잉곳 위치별 품질

(2) 잉곳 및 소재 제조 공정 스크랩

Ti 스펀지를 VAR 등으로 용해하여 잉곳을 제조할 때 표면에 산화층이 생성되므로 가공용 소재를 제조하기 전에 이러한 산화층을 제거하며, 이때 스크랩이 발생한다. 또 잉곳의 단조나 압연 공정에서도 스크랩이 발생한다.

(3) 제품 제조 공정 발생 스크랩

잉곳이나 전신재로부터 제품을 제조하는 공정에서도 다량의 스크랩이 발생한다. 일반적으로 원재료의 약 6/7이 스크랩이 되지만, 항공기 부품은 원재료의 10 % 정도만 제품이 된다.[55] 이러한 스크랩은 대부분 절삭유에 오염되어 있으며, 표면이 산화된 경우도 있다.

(4) 노폐 스크랩(old scrap)

시중에서 수명이 다한 제품(EoL)이 폐기될 때 발생하는 스크랩으로, 폐항공기가 많으며, 그 외에도 화학장치, 전해조, 전극, 열교환기, 건축물 외장재 등 다양한 종류의 스크랩이 있다. 이러한 노폐 스크랩은 제품 용도에 따라 라이프 사이클이 3~50년으로 차이가 있으며, 재용해하거나 FeTi 제조용으로 사용되고 있다. 표 7.8에는 Ti(합금) 스크랩의 발생 현황을 나타내었다.[56]

표 7.8. 금속 Ti(합금) 스크랩의 발생 현황

주요 제품	이용 형태	폐Ti 형태	라이프 사이클	비고
항공기, 로켓 (엔진, 기체 등)	각종 Ti 합금 (Ti-6Al-4V 등)	폐엔진	10년	·스크랩의 일부는 재이용(철강 첨가) ·수출(미국)되어 용해
		폐항공기	20년	
화력, 원자력발전 (컨덴셔튜브, 터빈)	순Ti관, 판재, 단조품	폐파이프 폐장치	30년	·라이프 사이클이 길어서 재활용 예가 드묾

주요 제품	이용 형태	폐Ti 형태	라이프 사이클	비고
석유화학공업용 (배관, 열교환기)	순Ti관, 판재	폐파이프 폐장치	20년 이상	·사용자/공급자의 직접 거래. 리사이클링률은 높은 것으로 추정
전극, 전해조	순Ti(Pd, Ru, Ta 함유), 판재, 관	폐파이프 폐장치	3~10년	·일부 전해액에 용출되어 소모 ·사용자-공급자 재이용 시스템 확립
플레이트식 열교환기	순Ti판	판재	5~10년	·일부 철강 첨가용으로 재이용
건축, 토목 (지붕, 외장, 관)	순Ti판	판재	50년 이상	·라이프 사이클이 길어서 재활용 예가 드묾
기타(민생품)	순Ti, 각종 합금	각종 형상	반영구	·리사이클링 실태 미지
철강 첨가재 (고장력강, STS)	페로Ti, 순Ti	폐강관 폐강판	철강에 따름	·철강 재용해 과정에서 Ti는 대부분 슬래그로

2) 스크랩의 전처리

Ti 스크랩은 재용해하여 리사이클링하므로 재용해로의 종류, 스크랩의 용도나 종류에 따라 파쇄, 세척, 압축 등의 전처리가 필요하다. Goldman Titanium은 스크랩 종류에 따라 전처리를 달리하며, 그림 7.23에 각 전처리 공정을 비교하여 나타내었다.[57] Ti 스크랩은 합금 종류와 크기별로 분류하여 재용해에 적합한 크기로 만들며 세척하기도 한다. 특히 관(pipe)이나 얇은 판재 등은 파쇄 및 압축하여 cobbles 형상으로 만든다. 터닝 스크랩은 파쇄와 세척, 건조, 불순물 제거 등을 거쳐서 압축한다.

터닝 스크랩은 우선 수분을 제거하기 위해 120 ℃에서 약 2시간 동안 건조시키며, 이어서 에탄올로 3번 정도 세척한다. 그리고 부착된 에탄올 제거를 위해 90 ℃에서 6시간 동안 건조시킨다. 전처리한 터닝 스크랩은 재용해하기 쉽도록 압축하여 하키볼 형상 등으로 만든다. 이러한 전처리

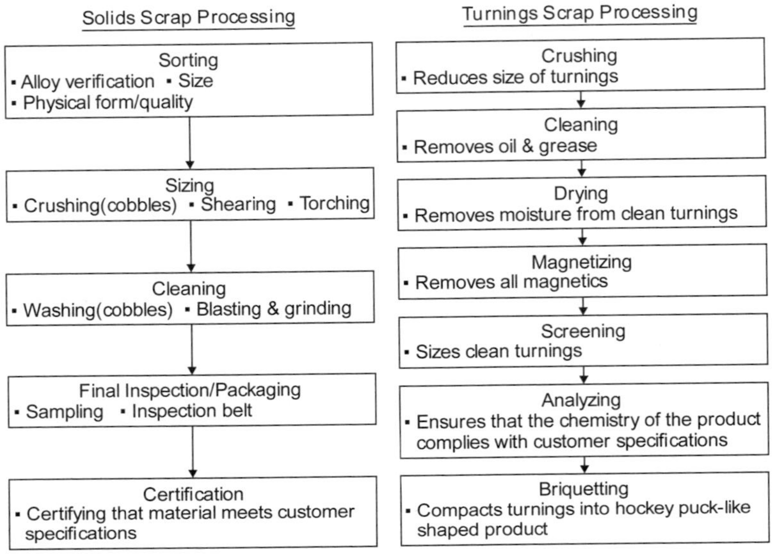

그림 7.23. 스크랩 종류에 따른 처리 공정 비교

에 의해 C 농도를 0.2~0.02 wt%까지 낮출 수 있다.

한편 그림 7.24에는 Ti 제품의 제조 공정에서의 산소 농도 변화를 나타내었다.[58] Ti 스크랩의 리사이클링에서 자력 선별하면 Fe 농도는 낮출 수 있으나, 스크랩을 재용해할 때 표면의 산화층이 잉곳으로 용해되어 산소 농도가 상승할 수 있다. Ti의 경도에 미치는 불순물 원소 농도의 영향을 다음 식에 나타내었으며,[59] 질소와 산소가 Ti의 경도에 미치는 영향이 큰 것을 알 수 있다.

$$H_B = 196\sqrt{\mathrm{wt\%N}} + 158\sqrt{\mathrm{wt\%O}} + 45\sqrt{\mathrm{wt\%C}} + 20\sqrt{\mathrm{wt\%Fe}} + 57 \quad (7.25)$$

전처리로 Ti 스크랩 중 산소 농도를 500 ppm까지 낮추면 고도의 Ti 리사이클링이 가능하지만, Ti 중 산소를 직접 제거하는 실용적인 프로세스는 없으며, 몇 가지 실험실적인 제거 기술만 제안되어 있다. 특히

off-grade 스펀지 Ti 스크랩의 산소 농도를 낮출 수 있으면 Ti의 보급 활성화에 기여할 수 있을 것이다.

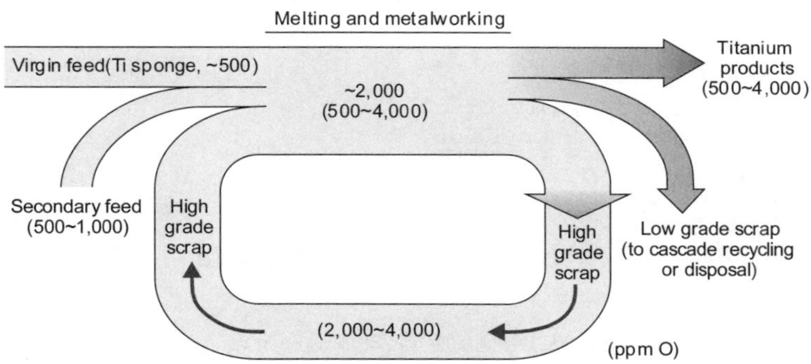

그림 7.24. 타이타늄 스크랩의 물질 흐름에 따른 산소 농도 변화

3) 페로타이타늄의 제조

페로Ti(FeTi 합금)은 대부분 철강 제품의 내식성, 가공성, 강도 등의 향상을 위해 철강 제조 공정에서 첨가되며, 40 %Ti과 70 %Ti이 있다. 원료인 Ti원에는 규격외 Ti 스펀지 및 저급 스크랩이 있으며, 철원으로는 철 스크랩을 사용한다. 이러한 원료에 부착된 기름이나 물 등 이물질 유무를 검사한 후 목표 조성으로 계량하여 고주파 유도로에서 용융시켜 제조한다.

그림 7.25에는 고주파 유도로를 사용한 FeTi의 제조 공정을 나타내었다.[50] 우선 FeTi 조성에 맞추어 전체 철원과 일부 Ti원을 도가니에 장입한다. 장입물 중의 철이 유도전류에 의해 우선적으로 용융되며, 이때 Ti은 용철과 합금화되면서 용융된다. 용융 중 용탕의 산화나 질화 방지를 위해 용탕면에 Ar 등의 불활성 가스를 불어 공기를 차단한다. 1차 장입한 철원과 Ti이 전부 용융되면 목표 조성에 맞게 나머지 Ti원을 장입하

여 용융한다. 용융이 완료되면 전력을 차단하고, 출탕하여 주조한다. FeTi 잉곳은 냉각 중에 열변형이 발생하므로 쉽게 파쇄되지만, 조크러셔 등으로 파쇄하여 일정한 크기로 만든다.[60]

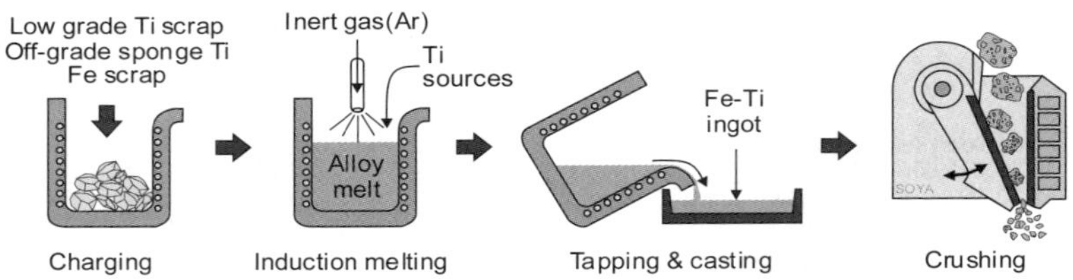

그림 7.25. 유도 용해에 의한 페로타이타늄(FeTi) 제조 공정도

4) 타이타늄 스크랩의 탈산

그림 7.26에는 고체 Ti에서 직접 산소를 제거하는 원리를 나타내었다.[61] 이론적으로는 고체 Ti을 탈산하여 산소 농도를 500 ppm 이하까지도 제거할 수 있으나, 현실적으로는 여러 가지 한계가 있어서 상용화되지 못하고 있다. 예를 들어 그림 7.26(a)의 고체 상태의 전자 수송법(solid-state electrotransport, SSE)은 시료 형상에 제한이 있으며, 초기 시료도 고순도여야 한다. 또 그림 7.26(b)에 나타낸 금속/금속산화물의 평형반응을 이용하는 방법도 산소 농도가 높으면 적용하기 곤란하며, 적용 가능한 금속도 많지 않다. 실제로 Ca/CaO 평형을 이용하여 탈산하기도 하였으나 상용화되지는 못하였다.[13]

그림 7.26(c)는 탈산 생성물인 CaO를 플럭스 중으로 용해시켜 탈산하는 방법으로 Ti 중 산소를 50 ppm까지 낮출 수 있지만, 많은 양의 산소는 제거가 곤란하다. 그림 7.26(d)는 전기화학적인 탈산법으로 Ti 중의

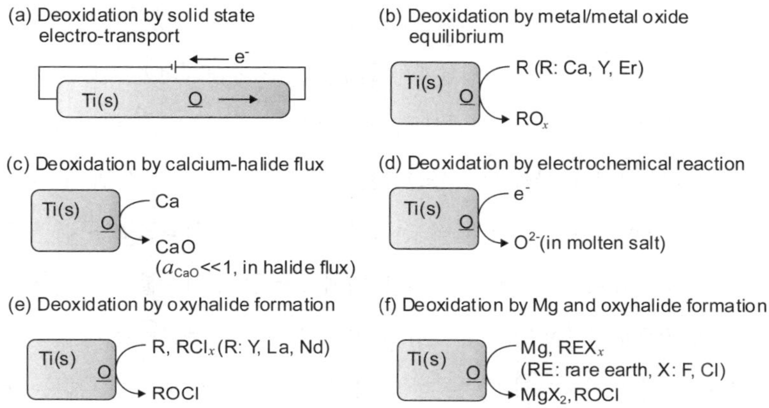

그림 7.26. 고체 타이타늄의 탈산 원리 비교

산소를 탄소제 양극에 의해 COx로 제거하는 방법이지만, 전력 소모가 많고 탈산에 많은 시간이 소요된다.

한편 희토류 원소는 산소 친화력이 매우 높아 강력한 탈산제로 작용할 수 있다. 예를 들어 Y/Y_2O_3 평형을 이용한 탈산에서는 927 ℃에서 약 100 ppm의 산소 농도를 달성하기도 하였다. 최근에는 이러한 희토류 원소를 이용한 Ti의 탈산에 대해 많은 연구들이 진행되고 있다.[13,61]

5) 타이타늄 스크랩의 용융

Ti 스크랩을 리사이클링하기 위해서는 대부분 재용융하여 잉곳으로 만들어야 한다. 다만 FeTi과 달리 Ti 스크랩은 진공 분위기에서 용융한다. Ti 용탕이 대기 중의 산소와 반응하면 TiO_2가 되며, Ti 재료 중의 산소 농도는 경도는 물론 기계적 성질에 큰 영향을 미치므로 용융할 때 산소 농도의 제어가 중요하다. 따라서 Ti은 대부분 진공 분위기 중에서 용해한다.

TiO와 용융을 위한 내화 도가니 재료의 표준 생성 자유에너지를 비교하면 Ti의 융점(1,668 ℃) 이상에서 안정한 산화물은 CaO, Y_2O_3, ZrO_2 뿐이며, 순수한 CaO 도가니에서도 산소 농도는 증가한다.[62] 따라서 수냉 구리(Cu) 도가니를 사용하여 용융하는 경우가 많다. 다만 수냉 구리 도가니를 사용하면 대부분의 입력 전력이 냉각수로 손실되므로 구리 도가니의 burn-out에 의한 용손 방지를 위해 충분한 냉각수를 확보해야 한다. 일반적으로 1 kW당 0.1 Nm^3/h 이상의 냉각수를 사용한다.[63]

수냉 구리 도가니에서는 충분한 냉각에 의해 도가니 벽과 접촉하는 용탕이 곧바로 응고되어 얇은 응고층이 형성되며, 용탕은 응고층 안쪽에 유지되므로 구리의 용손이 방지된다. 또 용융물이 응고될 때 수축이 발생하므로 응고층과 도가니의 내벽 사이에 갭(gap)이 형성되어 수냉 구리 도가니 용해법에서 중요한 열전달 저항이 된다.

그림 7.27에는 각 용해장치의 모식도를 나타내었다.[50,63] 수냉 구리 도가니를 사용하는 용해는 가열 방식의 차이에 따라 다음과 같은 방법이 있다.

① VAR(vacuum arc re-melting)

② PAMCHR(Plasma Arc Melting Cold Hearth Refining)

③ EBMCHR(Electron Beam Melting Cold Hearth Refining)

④ CCIM(cold crucible induction melting)

ECOTITANIUM에서는 Ti 스크랩을 PAM(plasma arc melting)에서 용해한 후에 다시 VAR(vacuum arc remelting)로 용해하여 항공기용급의 Ti으로 리사이클링하고 있다.

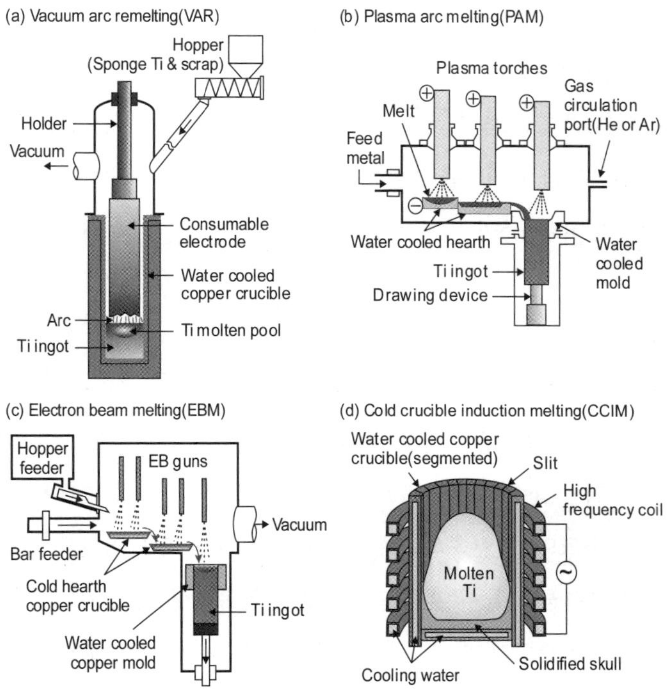

그림 7.27. 타이타늄 및 타이타늄 합금 용해법

(1) VAR(소모 전극식 진공 아크 재용해)

그림 7.27(a)에 나타낸 VAR법은 그림 7.16과 같이 주로 스펀지 Ti으로부터 잉곳을 제조할 때 사용하는 방법으로, Ti 스펀지를 2~3회 반복하여 용융, 주조한다. 1차 용융용 소모 전극을 만들 때 잘게 파쇄한 스크랩을 배합하기도 하지만, 그림에서와 같이 노의 상부에서 소모 전극과 구리 도가니 벽 사이(약 100 mm)의 아크가 발생하는 부분에 스크랩을 연속 장입하는 기술이 실용화되어 있다. 이러한 기술을 통해 용해 시간은 50 %, 전력 소비량은 60 % 정도까지 절감하였다.[63]

(2) PAMCHR(플라스마 아크 용해법)

그림 7.27(b)[64]에 나타낸 PAM법은 불활성 가스 분위기 중에서 용융하는 방법으로, 합금 성분의 증발 손실이 작아 성분 변동이 적다. PAM법에서도 수냉 구리 도가니를 사용하지만, 그림과 같이 여러 개의 도가니를 사용하여 Ti 용탕 중의 비금속 개재물들을 제거하기도 한다.

(3) EBMCHR(전자빔 용해법)

그림 7.27(c)에 나타낸 EBM법은 Ta 등의 고융점 금속을 용융하고 정련할 때 많이 사용하며, 고진공 분위기에서 발생한 고전압의 전자빔이 진공실 중의 고체 금속 표면에 충돌하여 가열, 용융되는 것이다. 용융된 금속은 수냉 몰드에서 연속적으로 응고되어 잉곳이 만들어진다. Ti 가공 중 파손된 초경공구 등이 혼입된 스크랩을 용융하면 비중 차이로 초경공구의 파편이 침강되어 수냉 도가니 벽면의 응고층에 포집되므로 순수한 Ti 용탕만 출탕할 수 있다. 또 EBM법은 고진공하에서 용융하므로 증기압이 높은 불순물(Al, Sn, Cr 등) 성분이 증발, 제거되어 정련도 가능하다. 미국의 Timet에서는 수냉 구리 도가니를 사용하는 대형의 EBMCHR(6 EB gun, EB output 5 MW)로 Ti 스크랩을 용융하여 20톤 크기의 잉곳을 만들고 있다.[63]

(4) CCIM(수냉 도가니 고주파 유도 용해법)

그림 7.27(d)에 나타낸 CCIM법은 철강을 용융하는 VIM(진공 유도 용해, vacuum induction melting)에서 내화물 도가니를 대체하여 수냉하는 여러 개의 구리 세그먼트(segment)로 이루어진 비접촉식 도가니

에서 용융하는 방법이다. CCIM법은 용융할 원료를 일괄 장입하여 용융시키는 것으로 용탕 성분의 조정이 쉽고, 용탕을 하부로 출탕(bottom pouring)하는 방법도 적용하고 있다.[65]

6. 종합

Ti은 지각 중 원소 존재도가 0.57 %로 비교적 풍부한 원소이지만, 금속으로의 환원이 어렵고 연간 전 세계 생산량이 약 23만 톤에 불과하여 희소금속으로 분류되고 있다. 상업용 Ti은 Kroll법으로만 만들고 있지만, 반응 부산물인 Mg의 용융염 전해 재생까지 포함하여 에너지 다소비형 금속이다. Ti은 루타일이나 일메나이트를 고품위화시킨 UGI(up graded ilmenite)를 염화시켜 $TiCl_4$로 만든 다음, Mg으로 고순도의 $TiCl_4$를 환원시켜 만든다. 환원 부산물인 $MgCl_2$와 미반응의 Mg은 증류하여 제거하고, 부산물인 $MgCl_2$는 용융염 전해하여 재생한 Mg과 Cl_2(g)를 각각 환원과 염화 공정에 사용한다. 이러한 Kroll법에 의한 Ti 제련에서는 생성된 Ti이 저탄소강 환원조와 접촉하여 규격외 스크랩이 발생하며, 환원과 분리에 장시간이 소요된다. Ti 스펀지에서 Fe 등의 불순물이 많은 바닥과 측벽에 접한 부위는 기요틴 공정에서 제거하여 규격외 스크랩이 되며, 페로타이타늄 등의 제조에 사용한다. 내부의 스펀지 Ti은 파쇄하여 압축·성형한 후 용접한 소모형 전극으로 만들어 2~3단계의 진공 용해(VAR)를 거쳐 잉곳으로 만든다.

한편, Ti은 환원 공정부터 제품 생산 공정에 이르기까지 다량의 스크랩이 발생한다. 스크랩 중에서 Fe가 많은 저급 스크랩 등은 철강 제련용의 FeTi 제조에 사용되며, 불순물이 적은 가공재용 스크랩은 잉곳으로 재용융하여 리사이클링하고 있다. 산소가 많은 저급 스크랩을 탈산하면 가공재용 잉곳으로 리사이클링할 수 있으나, 아직 실용화된 기술은 없는 실정이다. 따라서 Ti 스펀지 제조 공정이 없는 우리나라의 경우, 규격외 스크랩 등의 탈산 기술이나 정제 기술을 개발하여 실용화시킨다면 Ti의 보급 확대에 크게 기여할 수 있을 것이다.

[참고문헌]

1 손호상, 2020: 범용금속의 리사이클링, p.17, 경북대학교출판부.

2 Ho-Sang Sohn and Jae-Young Jung, 2016: Current Status of Titanium Smelting Technology, J. of Korean Inst. of Resources Recycling 25(4), pp.68-79.

3 K. L. Housley, 2007: Ch. 1 A New Element, Black Sand The History of Titanium, 1st Ed., p.1, Metal Management Aerospace, Inc., Hartford, USA.

4 J. A. Miller, 1957: Titanium- A Materials Survey, p.65, Berau of Mines, United States Department of the Interior.

5 M. A. Hunter, 1910: Metallic Titanium, J. Am. Chem. Soc. 32(3), pp.330–336.

6 W. Kroll, 1940: The Production of Ductile Titanium, Trans. Electrochem. Soc. 78, pp.35-47.

7 W. Kroll, 1955: How Commercial Titanium and Zirconium were Born, J. of The Franklin Institue 260(3), pp.169-192.

8 Ho-Sang Sohn, 2020: Production Technology of Titanium by Kroll Process, J. of Korean Inst. of Resources Recycling 29(4), pp.3-14.

9 S. E. Burlington, 2004: Summary of Emerging Titanium Cost Reduction Technologies, a study performed for US Department of Energy and Oak Ridge National Laboratory (Subcontract 4000023694).

10 J. Gambogi, 2020: Titanium mineral concentrates, U.S. Geological Survey, Mineral Commodity Summaries 2020, pp.176-177.

11 A. Coggins, 2019: Titanium Metal-global supply and demand trends overview, Procd. of TITANIUM USA 2019, Mobile, AL, 25 Sept. 2019.

12 M. J. Donachie, 2000: Titanium: A Technical Guide, 2nd Ed., Ch. 2 Introduction to Selection of Titanium Alloys p.8, ASM International.

13 T. H. Okabe, C. Zheng, C. and Y. Taninouchi, 2018: Thermodynamic Considerations of Direct Oxygen Removal from Titanium by Utilizing the Deoxidation Capability of Rare Earth Metals, Metall. Mater. Trans. B, 49B, pp.1056-1066.

14 K. Ono, Y. Ueda, and R. Suzuki, 1989: High Temperature Chemical Reactions on Refining and Melting of Titanium, Bulletin of the Japan Institute of Metals 28(8), pp.672-679.

15 K. Nikami, T. H. Okabe, and K. Ono, 2002: Review on Titanium Refining Research, and Future Scope for Development of New Production Process,

Shigen-to-Sozai 118(8), pp.529-535.

16 Moo-Won Yoon and Ho-Sang Sohn, 2013: Deoxidation of Titanium Scrap by Calciothermic Reduction, J. of Korean Inst. of Resources Recycling 22(6), pp.41-47.

17 M. Nanjo, K. Mimura, and N. Sato, 1986: Intelligent Metallurgy of Rare Metals(I). Titanium Production(II), Bulletin of the Research Institute of Mineral Dressing and Metallurgy, Tohoku University 42(1), pp.183-203.

18 손호상, 2019: 자원리사이클링공학, p.118, 경북대학교출판부.

19 T. Oishi, T. H. Okabe, and K. Ono, 1993: Technology of deoxidation of titanium, Kekinzoku 43(7), pp.392-400.

20 Y. Zhang, Z. Z. Fang, P. Sun, P., et al., 2020: Ch. 10 Deoxygenation of Ti metal, p.182, Extractive Metallurgy of Titanium ed. by Zhigang, Z. F., Froes, F. H., and Zhang, Y., Elsevier, Cambridge, US.

21 Jae-Heon Jung, So-Yeong Lee, Sung-Hun Park and Ho-Sang Sohn, 2021: Deoxidation of Off-grade Ti scrap by Molten Mg in YCl_3-$MgCl_2$ Molten Salt, Resources Recycling 30(2), pp.46-52.

22 T. H. Okabe, Y. Hamanaka, and Y. K. Taninouchi, 2019: Direct oxygen removal technique for recycling titanium and its alloys by utilizing $MgCl_2$ molten salt, Faraday Discussions, 190, pp.109-126.

23 A. Iizuka, T. Ouchi, T. and T. H. Okabe, 2020: Ultimate Deoxidation Method of Titanium-New Technology Using Rare Earth Oxyhalides, Titanium Japan 68(3), pp.220-225.

24 Ho-Sang Sohn and Jae-Young Jung, 2016: Current Status of Ilmenite Beneficiation Technology for Production of TiO_2, J. of Korean Inst. of Resources Recycling 25(5), pp.64-74.

25 So-Yeong Lee, Sung-Hun Park, and Ho-Sang Sohn, 2019: Removal of Iron from Ilmenite Through Selective Chlorination Using Coke and Cl_2 Gas, Korean J. Met. Mater. 57(3), pp.146-153.

26 Q. Liu, P. Baker, and H. Zhao, 2016: Titanium Sponge Production Technology in China, Procd. of the 13th World Conference on Titanium, pp.177-182, Ed. by V. Venkatesh, et al., TMS.

27 A. Moriya and A. Kanai, 1993: Titanium Sponge Production at Sumitomo Sitix Corporation, Shigen-to-Sozai 109(12), pp.1164-1169.

28 L. Li,, K. Li, D. Liu, et al., 2018: Carbochlorination of Low-Grade Titanium Slag to Titanium Tetrachloride in Molten Salt, Ed. by B. Davis et al. Procd. of Extraction 2018, The Minerals, Metals & Materials Series, pp.753-762.

29 K. Nakamura, T. Iida, N. Nakamura, et al., 2017: Titanium Sponge Production Method by Kroll Process at OTC, Materials Transactions 58(3), pp.319-321.

30 G. M. Bedinger, 2016: Titanium, USGS 2016 Minerals Yearbook, p.79.2, USGS.

31 G. Crowley, 2003: How to Extract Titanium Low-Cost, Advanced Materials & Processes, Nov., pp.25-27.

32 M. Nanjo and K. Mimura, 1985: Super Refining of Rare Metals(I)- Titanium, from Ore to Sponge Ti, Bulletin of the Research Institute of Mineral Dressing and Metallurgy 41(2), pp.193-219.

33 CH. R.V. S. Nagesh, S. Rao, N. B. Ballal, et al. 2004: Mechanism of Titanium Sponge Formation in the Kroll Reduction Reactor, Metall. Mater. Trans. B, 35B, pp.65-74.

34 Jae Chan Lee, Ho Sang Sohn, and Jae Young Jung, 2012: Effect of $TiCl_4$ Feeding Rate on the Formation of Titanium Sponge in the Kroll Process, Korean J. Met. Mater. 50(10), pp.745-751.

35 O. Takeda, T. Uda, and T. H. Okabe, 2014: Ch. 2.9 Rare Earth, Titanium Group Metals, and Reactive Metals Production, pp.995-1069, Treatise on Process Metallurgy 3: Industrial Processes, Elsevier Ltd.

36 T. Hyodo and N. Mochizuki, 2007: Titanium Sponge Production at OSAKA Titanium technologies Co., Ltd., J. MMIJ 123(12), pp.698-703.

37 R. Bolívar and B. A. Ramon, 2019: Products of Magenesiothermic Reduction of Titanium Dioxide, IJMET 10(10), pp.272-289.

38 R. O. Suzuki, K. Teranuma, and K. Ono, 2003: Calciothermic Reduction of Titanium Oxide and in-situ Electrolysis in Molten $CaCl_2$, Metall. Mater. Trans. B 34B, pp.287-295.

39 T. H. Okabe, 2005: New smelting process of titanium, Keikinzoku 55(11), pp.537-543.

40 E. Ahmadi and R. O. Suzuki, 2020: An Innovative Process for Production of Ti Metal Powder via TiS_x from TiN, Metall. & Mater. Trans. B 51B, pp.140-148.

41 G. Crowley, 2003: Anew process for titanium extraction and production promises to cut costs and expand applications, Advanced materials & processes 161(11), pp.25-27.

42 V. Duz, V. S. Moxon, A. G. Klevtosv, and V. Sukhoplyuyev, 2013: ADMA Process for Hydrogenated Titanium Powder Production, Procd. of Titanium 2013, Las Vegas NV, Oct. 6-9 (2013).

43 V. S. Moxson, V. A. Duz, A. G. Klevtsov, et al., 2015: Methode of Manufacturing Pure Titanium Hydride Powder and Powders by Combined Hydrogen-Mgagnesium

Reduction of Metal Halides, US Patent 9,067.264 B2 (2015).

44 Y. Zhang, Z. Z. Fang, Y. Xia, et al., 2017: Hydrogen assisted magnesiothermic reduction of TiO_2, Chemical Engineering Journal 308, pp.299-310.

45 H. Lefler, Z. Z. Fang, Y. Zhang, P. Sun, and Y. Xia, 2018: Mechanisms of Hydrogen-Assisted Magnesiothermic Reduction of TiO_2, Metall. Mater. Trans. B 49B, pp.2998-3006.

46 G. Z. Chen, D. J. Fray, and T. W. Farthing, 2000: Direct electrochemical reduction of titanium dioxide to titanium in molten calcium chloride, Nature 407, pp.361-364.

47 C. Zheng, T. Ouchi, L. Kong, Y. Taninouchi, and T. H. Okabe, 2019: Electrochemical Deoxidation of Titanium in Molten $MgCl_2$–YCl_3, Metall. Mater. Trans. B 50B, pp.1652-1661.

48 L. Kong, T. Ouchi, C. Zheng, and T. H. Okabe, 2019: Electrochemical Deoxidation of Titanium Scrap in $MgCl_2$-$HoCl_3$ System, J. of The Electrochemical Society 166(13), pp.E429-E437.

49 W. V. Tonder, 2010: South Africal Titanium: Techno-Economic Evaluation of Alternatives to the Kroll Process, p.108. Master Thesis, Stellenbosch Univ. South Africa.

50 Ho-Sang Sohn, 2021: Current Status of Titanium Recycling Technology, Resources Recycling 30(1), pp.26-34.

51 Y. Marui, T. Kinoshita, and K. Takahashi, 2002: Development of a titanium material by utilizing off-grade titanium sponge, Honda R&D Technical Review 14, pp.149-156.

52 M. Schmink, 2019: Ferrotitanium, Procd. of TITANIUM USA 2019, 22-25 Sept. 2019, Mobile, AL, ITA.

53 T. Noda, 1991: Review on Development of Titanium Sponge Production Technology, Bulletin of the Japan Institute of Metals 30(2), pp.150-160.

54 R. B. Subramanyam, 1993: Some recent innovations in the Kroll process of titanium sponge production, Bull. Mater. Sci. 16(6), pp.433-451.

55 R. Duflos, 2016: Titanium aerospace demand & integrated supply chain, Procd. of Titanium USA 2016, ITA, Sep. 25-28, 2016, Scottsdale, AZ, USA.

56 JOGMEC, 2008: 24 チタン (Ti), p.143, 鉱物資源マテリアルフロー2007, JOGMEC.

57 J. Faitelson, 2015: Recycling Titanium, Procd. of Titanium USA 2015, ITA, Oct. 4-7, 2015, Orlando, FL, USA.

58 O. Takeda, T. Ouchi, and T. H. Okabe, 2020: Recent Progress in Titanium

Extraction and Recycling, Metall. Mater. Trans. B 51B, pp.1315-1328.

59 손호상, 2019: 자원리사이클링공학, p.344, 경북대학교출판부.

60 T. Fukuyama, M. Koizumi, M. Hanki, and S. Kosemura, 1993: Production of Titanium Sponge and Ingot at Toho Titanium Co., Ltd., Shigen-to-Sozai 109(12), pp.1157-1163.

61 L. Kong, T. Ouchi, and T. H. Okabe, 2019: Direct Deoxidation of Ti by Mg in $MgCl_2$-$HoCl_3$ Flux, Materials Transactions 60(9), pp.2059-2068.

62 B. Rotmann, C. Lochbichler, and B. Friedrich, 2011: Challenges in Titanium Recycling - Do We Need a New Specification for Secondary Alloys?, Proceedings of EMC 2011 Vol. 4, pp.1465-1480, June 26-28, Düsseldorf, Germany.

63 T. Kusamichi and N. Mitsui, 1999: Progress in Titanium Melting Technology, KOBE Steel Engineering Reports 49(3), pp.13-14.

64 O. Takeda and T. H. Okabe, 2019: Current Status of Titanium Recycling and Related Technologies, JOM 71(6), pp.1981-1990.

65 S. Ninagawa, M. Nagao, T. Kusamichi, et al., 1999: Bottom Pouring Technology in Cold Crucible Induction Melting, Research and Development KOBE Steel Engineering Reports 49(3), pp.15-16.

8

지르코늄과 하프늄

Zirconium and Hafnium

제8장 | # 지르코늄과 하프늄

Zirconium and Hafnium

1. 서론

지르코늄(zirconium, Zr)의 지각 중 원소 존재도는 0.02 %(18위)로 아연(24위)이나 구리(26위)보다 풍부하지만[1] 금속 소재로의 제련이 어려워 희소금속으로 분류되고 있다. Zr의 주원료인 지르콘(zircon, zirconium silicate, $ZrSiO_4$)은 독성이 없는 친환경적인 물질로, 고대부터 보석으로 알려져 왔다. 1789년 클라프로트(Martin Heinrich Klaproth)가 스리랑카의 Jargoon에서 발견된 지르콘을 분석하여 새로운 원소가 함유되어 있는 것을 알아냈으며, 1824년 베르셀리우스(Jöns Jacob Berzelius)가 K_2ZrF_6를 금속 칼륨(K)으로 환원하여 금속 Zr을 분리하였다. 그 후 약 100년이 지난 1925년에 아르켈과 보어(Anton Eduard van Arkel & Jan Hendrik de Boer)가 아이오딘법(iodide process)으로 순수한 금속 Zr을 생산하게 되었다. 그리고 1945년에 $ZrCl_4$를 Mg으로 환원하는 Kroll법* 이 개발되어 지금에 이르고 있다.[2,3]

---

* 크롤(William Justin Kroll)의 Ti 제련법과 유사하다. 제7장 타이타늄 참조

한편 하프늄(Hf, hafnium)은 주기율표상에서 Zr과 같은 족에 속하는 금속으로, Zr과 유사한 성질을 가지고 있어서 서로 분리하기 어려워 천연 원소로서는 마지막에서 세 번째인 1923년에 발견되었다.* 그러나 그 이전인 1869년에 멘델레예프(Dmitri Mendeleev)는 화학 원소 주기 법칙에 대한 보고서에서 Ti과 Zr보다 더 무거운 유사 물질이 존재한다고 암시적으로 예측했다. 1871년 멘델레예프는 원소가 원자 질량에 따라 정렬되고, Zr 아래의 위치에 란타넘(La, 57)이 있다고 믿었다.[4] 그 후 1922년 덴마크의 보어(Niels Bohr)는 당시 미발견이었던 72번 원소는 란타노이드가 아니라 Zr과 유사한 것이라고 예언하면서 닐스 보어 연구소의 코스터(D. Coster)와 헤베시(G. von Hevesey)에게 지르콘의 분석을 제창했다. X-선 분석과 분별 결정을 반복한 끝에 1923년에 Hf을 발견하였다. 이 발견으로 인해 이 원소는 보어의 고향인 코펜하겐의 라틴어 이름인 '하프니아(Hafnia)'를 따서 하프늄으로 명명되었다.[5] 이러한 Hf은 Zr 광석 중에 존재하며, 원자력용 고순도 Zr의 정련 과정에서 부산물로 생산되고 있다.

표 8.1에는 Zr과 Hf의 물리화학적 성질을 주기율표의 같은 족에 속하는 Ti과 비교하여 나타내었다. Zr은 은백색 또는 회백색의 광택이 나는 전이금속으로 융점은 1,855 ℃이며, 863 ℃ 이하에서는 hcp 구조를 갖는 α상으로 존재하고, 863 ℃ 이상에서는 bcc 구조를 갖는 β상으로 존재한다.[6] 분말 상태의 Zr은 흑색을 띠며, 발화점이 낮아 폭발하기 쉽지만, 내산성이 뛰어나 왕수(王水, aqua regia)와 불산에만 녹는다.[7] 특히 Zr은 중성자의 투과성이 높고 내식성 등 자체의 고유한 여러 성질 때문

* 마지막에서 두 번째로 발견된 원소는 레늄, 마지막으로 발견된 원소는 프랑슘이며, 이후 발견된 원소는 모두 합성된 것이다.

에 원자로의 연료봉을 피복하거나 우라늄과의 합금에 이용되며, 원자로 내부 구조물 등의 용도로 매우 중요하게 사용된다.[8,9]

표 8.1. Ti, Zr, Hf의 물리화학적 성질 비교

Symbol/Atomic number		Ti/22	Zr/40	Hf/72
Atomic weight (g/mol)		47.867	91.224	178.49
Density (g/cm^3)	at 20 ℃,	4.506	6.52	13.31
	at m.p.	4.11	5.8	12
Melting point (℃)		1,668	1,855	2,233
Boiling point (℃)		3,287	4,409	4,603
Specific heat C_P (at 293 K), (J/(mol·K))		25.060	25.36	25.73
Heat of fusion (kJ/mol)		14.15	21	27.20
Heat of evaporation (kJ/mol)		425	591	648
Thermal conductivity, (W/(m·K))		21.9	22.6	23.0
Electrical resistivity (at 20 ℃), (nΩ·m)		420	421	331
Crystal structure		α, hcp (<882 ℃)	α, hcp (<863 ℃)	hcp (<1,760 ℃)
		β, bcc (>882 ℃)	β, bcc (>863 ℃)	bcc (>1,760 ℃)

Hf은 회백색으로 융점이 2,233 ℃인 고융점 전이금속이며, 1,760 ℃ 이하에서는 hcp 구조를 가지고 있으며, 그 이상에서는 bcc 구조를 갖는다. 그리고 Hf은 전성과 연성이 풍부하며, 산화력이 있는 산에는 용해되지만, 알칼리에는 용해되지 않는다. 또 Hf은 고온에서 산소, 수소, 질소, 할로겐 원소 등과 반응하여 화합물을 만들며, 기본적으로는 Zr과 물리화학적 성질이 유사하다.

2. 지르코늄과 하프늄의 생산량과 용도

그림 8.1에는 Zr 정광의 전 세계 생산량 변화[10]를 나타내었다. 1950년대 원자력의 평화적인 이용과 함께 생산량이 현저하게 증가하기 시작하였으며, 2020년 전 세계 Zr 정광 생산량은 140만 톤 수준이다. 한편 Hf은 지르콘 중 Zr:Hf이 약 50:1이며, 바델라이트(baddeleyite)에는 약 73:1로 함유되어 있는 수준으로,[11] Hf 광석에 대한 별도의 통계 자료는 발표되어 있지 않다.

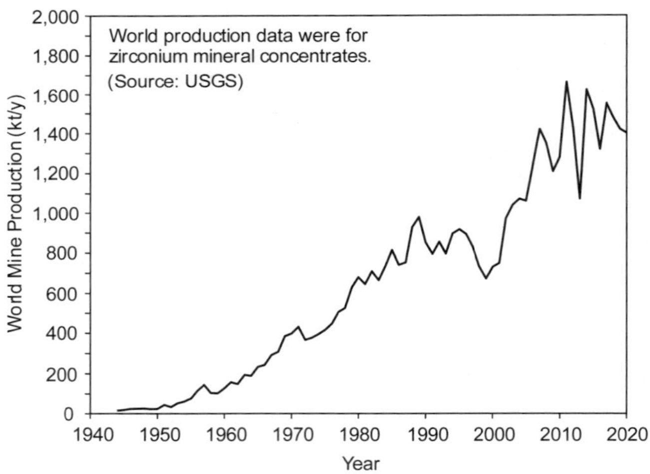

그림 8.1. Zr 정광의 전 세계 연간 생산량 변화

그림 8.2에는 나라별 Zr 광석의 매장량과 생산량을 나타내었다.[12] Zr 광석은 약 68 %가 호주에 매장되어 있으며, 그 외 남아프리카공화국(남아공), 모잠비크 등에 있어 지역적인 편재가 매우 심한 광물이다. Zr 정광의 생산량도 호주가 가장 많고, 남아공, 중국, 모잠비크, 미국 등의 일

부 국가에서만 생산되고 있다. 특히 금속 Zr은 프랑스, 미국, 러시아, 중국, 인도에서만 생산되고 있으며, 원자력용 금속 Zr은 연간 생산 능력이 약 8,600톤이고 연간 수요는 5,000~6,500톤으로 추정하고 있다.[13] LIPMANN WALTON & CO LTD에 의하면 연간 약 7,000톤의 수요가 있으며 이 중에서 5,000톤은 원자력용이며 나머지는 합금용으로 추정하고 있다.[14]

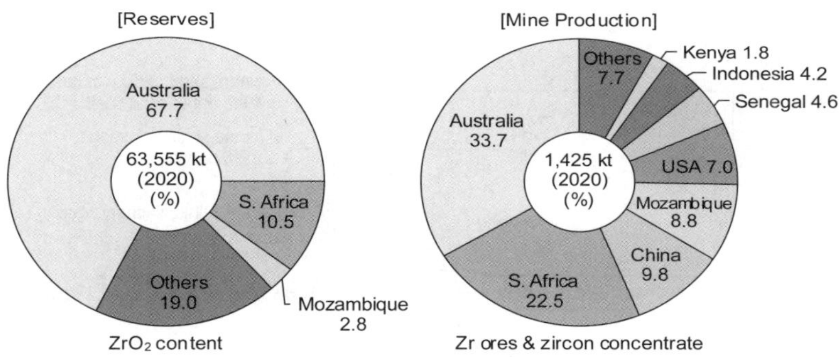

그림 8.2. 나라별 Zr 광석 매장량과 정광 생산량 비교

그림 8.3에는 2019년 기준 지르콘의 용도를 세분하여 나타내었다.[15] 지르콘의 약 52 %는 세라믹 제품에 사용되고 있으며, 그 외 내화물 등에 사용되고 있다. 특히 Zr 관련 화학 제품들은 여러 가지 용도로 쓰이고 있다. 금속 Zr 생산량은 산업용과 원자력용을 합하여 5,000~6,000톤에 불과한 것으로 알려져 있으며, 그중 원자력용은 약 3,500톤 수준이다.[16]

그림 8.4에는 지르콘 sand의 처리 공정에 따른 여러 가지 생산품의 경로를 간략하게 나타내었다.[17] 지르코니아(ZrO_2)는 고온에서의 내식성이나 내마모성 등이 우수하여 내화물 외에도 세라믹, 주조용 주물사, 연

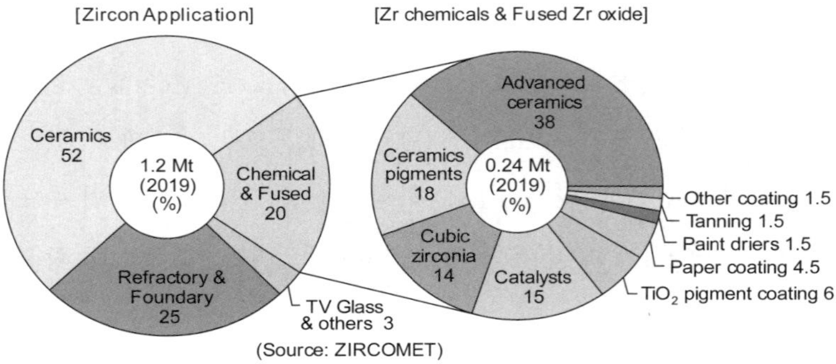

그림 8.3. 지르콘의 용도

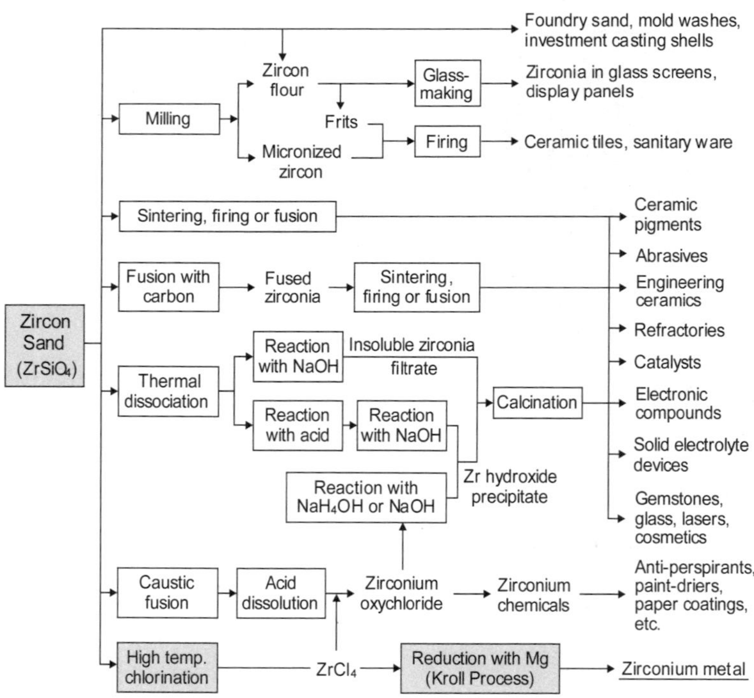

그림 8.4. Zircon sand의 처리 공정과 주요 용도

마재 등으로 이용되고 있다. 또 지르코니아는 다른 원소와의 반응성이나 압전특성 등을 살려서 촉매나 콘덴서, 센서 등에도 사용된다.[18]

한편 금속 Zr이나 합금은 시장이 작으나, 내식성이 우수하고 금속 중에서 열중성자 흡수 단면적이 가장 작은 성질이 있어서 원자력 연료 피복관(zircaloy), 원자력 연료의 재처리 시설 등 원자력 관련 기기를 중심으로 화학, 의료용 기기, 초전도 재료 등에 사용되고 있다. 또 우수한 내식성으로 화학공업 분야에서도 널리 사용되고 있다.

그림 8.5에는 금속 Hf의 공급처와 용도를 나타내었다.[16] 전 세계 금속 Hf의 생산량은 약 70톤(2016년 기준) 수준으로 알려져 있으며, 이 중에서 약 80 %는 프랑스와 미국에서 생산되고 있다. 반면에 금속 Hf의 수요는 고온용 초합금 수요가 증가하여 2026년에는 112~151톤에 달할 것으로 예상하고 있다.[19]

Hf은 제트엔진 및 발전용 가스터빈에 사용되는 Ni계 초내열 합금에 미량이 첨가되지만, 현재로서는 가장 용도가 많은 곳이다. 특히 Hf은 Zr

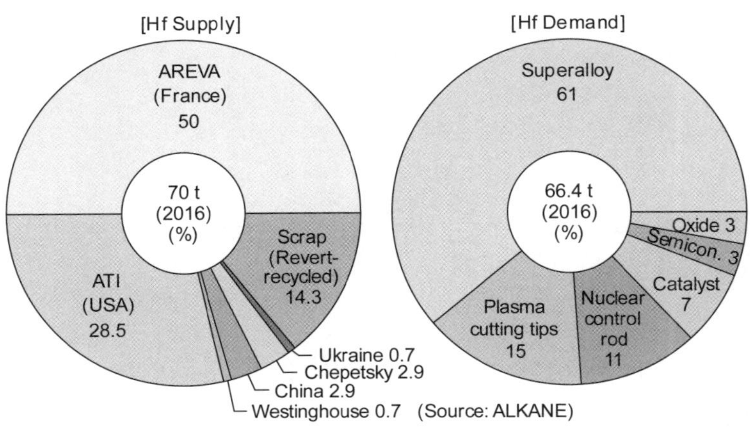

그림 8.5. 2016년 기준의 Hf 공급원과 주 용도

과 반대로 열중성자 흡수 단면적이 커서 원자력 발전소나 원자력 잠수함의 비등수형 원자로(boiling water reactor, BWR)의 제어봉에 사용되고 있으며, Hf 제어봉의 소모 사이클은 3~4년 정도이다.

또 Hf은 공작기계에서 금속 재료 등의 절단을 위한 스로어웨이(throw away) 팁으로 사용된다. 팁에는 여러 가지 형상이 있으나 일반적으로 한 변의 길이가 10~15 mm, 두께는 3~5 mm 정도이다. 주요 조성은 WC, TiC, TaC 등이며, Hf은 첨가물로 사용되지만 함유율은 1 % 이하이며, 드물게 2~3 %인 것도 있다. 또 Hf은 금속 절단용 플라스마 아크의 노즐, 플라스마 전극(탄산하프늄, 질화하프늄), 고온용 세라믹에 사용되고 있다. 그 외에도 불화하프늄은 광파이버에, Hf-Nb 카바이드는 초경공구용 재료로 사용되고 있으며, 내식 재료로 화학플랜트 등에 사용되기도 한다. 또 전자기재(백열등 필라멘트, 고압 방전관, 진공관용 게터), 사진용 스트로보 라이트(strobo light)의 전구 등으로도 쓰이고 있다. 또 Hf 산화막은 유전율이 높아 반도체 집적회로 gate의 전극 재료로도 일부 사용되고 있다. PVD법으로 반도체 집적회로를 양산하면 톤 단위의 Hf 수요가 기대된다.[20]

3. 지르코늄의 제련

Zr의 원료에는 지르콘 샌드와 바델라이트가 있으나, 대부분 지르콘 샌드를 원료로 사용한다. 표 8.2에는 각 원료의 조성을 나타내었다.[21] 다만 Hf

은 단독 광물로는 존재하지 않으며, 지르콘 광상 중에 Hf/(Zr+Hf)≒1/50의 비율로 함유되어 있다.[22] 따라서 Zr 제조 과정에서 Hf을 회수한다.

그림 8.6에 Hf의 분리 방법에 따른 금속 Zr의 제조 공정도를 나타내었다.[23] Zr 제련법은 Hf 분리법에 따라 염산 침출 및 MIBK(methyl

표 8.2. 지르콘과 지르코니아의 화학 조성

Components	ZrO_2	SiO_2	TiO_2	Fe_2O_3	Al_2O_3	Others
Australian zircon	66.90	32.60	0.12	0.04	0.43	0.037
S. African baddeleyite	96.00	1.5	1.0	1.0	-	0.2

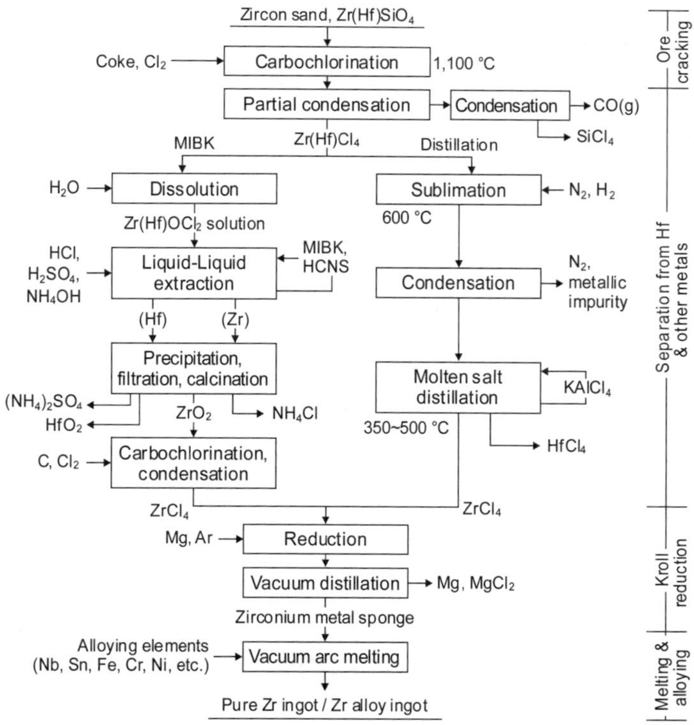

그림 8.6. Hf 분리법에 따른 금속 Zr 제조 공정 비교

isobutyl ketone)계 용매 추출에 의한 분리법과 염화물($HfCl_4$)의 증류에 의한 분리법(Kroll법)이 있다. Zr을 원자로용 재료로 사용하는 경우 규산광이나 산화광은 Hf을 함유하고 있으므로 Zr과 Hf의 분리가 중요하다. 공업적인 Zr 제련법은 Kroll법이며, 다음의 4단계로 구성되어 있다.

① 지르콘의 분해에 의한 SiO_2 제거

② Zr 정광으로부터 $Zr(Hf)Cl_4$ 제조와 Zr과 Hf의 분리

③ $Zr(Hf)Cl_4$의 정제

④ Mg에 의한 $Zr(Hf)Cl_4$의 환원

1) 지르콘의 분해

지르콘은 내열성이 있는 안정한 화합물이어서 고온으로 화학처리하여 분해한다. 지르콘을 분해하는 방법에는 카바이드법, 소다 용해법, 석회 용해법, 불화물 용해법, 염화법 등이 있다.

(1) 카바이드법(Carbiding)

Kroll은 금속 Zr을 만들기 위해 지르콘에서 ZrC를 만들어 염화반응에 사용하였다.[24] 지르콘을 고온의 아크로에서 코크스와 반응시키면 다음 식과 같이 Zr 카바이드나 나이트라이드(zirconium carbonitride, ZCN)가 만들어지며,[25] Si은 SiO(g)가 되어 증발 제거된다.

$$ZrSiO_4(s) + 3C \xrightarrow{2,500\ ℃} Zr(C,N,O)(s) + SiO(g) + CO(g) \qquad (8.1)$$

생성된 ZCN을 공기 중에서 배소하여 내화물용의 저순도 ZrO_2로 사용하기도 한다. 다만 이 공정에서 실리카 흄이 발생하는 문제점이 있다.

(2) 소다 용해법(Caustic fusion)

소다 용해법은 ZrO_2를 얻는 가장 일반적인 방법으로, 그림 8.7에 Hf 분리법과 함께 공정도를 나타내었다.[26] 지르콘과 약간 과잉(1.1배)의 NaOH을 혼합하고 약 650 ℃에서 용해시켜 지르코늄산나트륨(sodium zirconate, Na_2ZrO_3)으로 만들어 처리하는 방법이며, 반응식은 다음과 같다.[27,28]

$$ZrO_2 \cdot SiO_2 + 4NaOH = Na_2ZrO_3 + Na_2SiO_3 + 2H_2O \tag{8.2}$$

NaOH 대신에 Na_2CO_3를 첨가하면 NaOH보다 높은 약 1,000 ℃에서 다음 식과 같이 지르콘이 분해된다.

$$ZrO_2 \cdot SiO_2 + Na_2CO_3 = Na_2ZrSiO_5 + CO_2 \tag{8.3}$$

$$ZrO_2 \cdot SiO_2 + 2Na_2CO_3 = Na_2ZrO_3 + Na_2SiO_3 + 2CO_2 \tag{8.4}$$

반응 생성물인 규산나트륨(sodium silicate)은 물로 침출하여 제거하며, Na_2ZrSiO_5는 다음 식과 같이 염산 등의 강산으로 Zr 염과 실리카로 분리한다.

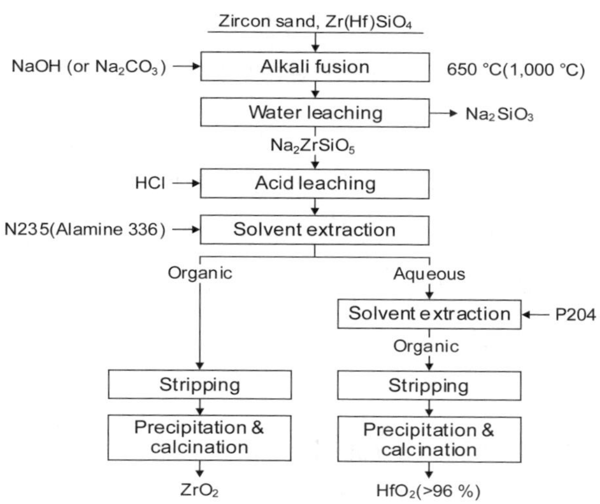

그림 8.7. 소다 용해법과 N235에 의한 용매 추출 공정도

$$Na_2ZrSiO_5 + 4HCl = ZrOCl_2 + 2NaCl + SiO_2 + 2H_2O \quad (8.5)$$

한편 지르코늄산나트륨을 염산으로 용해한 다음 농축시켜 $ZrOCl_2 \cdot 8H_2O$를 얻고 이를 이용하여 산화물, 수산화물, 불화물 질산염 등 지르코늄 화합물을 제조한다.[7]

(3) 석회 용해법(Lime fusion)

지르콘과 생석회(CaO)를 혼합하여 고온에서 처리하면 온도에 따라 다음과 같은 반응이 일어난다.[27]

$$1{,}100\ ℃:\ ZrO_2 \cdot SiO_2 + CaO = CaZrSiO_5 \quad (8.6)$$

$$1{,}600\ ℃:\ ZrO_2 \cdot SiO_2 + 2CaO = ZrO_2 + Ca_2SiO_4 \quad (8.7)$$

$CaCO_3$와는 다음과 같이 반응한다.

$$2(ZrO_2 \cdot SiO_2) + 5CaCO_3 = 2CaZrO_3 + (CaO)_3(SiO_2)_2 + CO_2 \quad (8.8)$$

특히 1,600 ℃에서 CaO와 반응시키고, 생성물인 Ca_2SiO_4를 염산으로 침출시켜 제거하면 ZrO_2를 얻을 수 있다. 한편 석회와 지르콘에 알칼리금속이나 알칼리토금속 염화물을 첨가하면 반응 온도가 1,000~1,100 ℃로 낮아진다. 염화물이 존재하는 경우 염화물의 중간 액상($CaCl_2$, 융점 782℃)이 생성되어 반응 속도가 촉진되며, 부가하여 염화물에 의한 염소화반응으로 전체 반응이 촉진된다. 이 공정은 가성소다에 의한 반응보다 시약비가 절감되고 대규모 처리가 가능하지만, 반응 온도가 높고 반응 시간이 긴 단점이 있다.[7]

(4) 불화물 용해법(Fluorosilicate fusion)

지르콘에 K_2SiF_6(potassium hexafluorosilicate)와 KCl을 혼합하여

650~700 ℃에서 반응시키면 다음 식과 같이 K_2ZrF_6(potassium hexafluorozirconate)가 생성된다.[7]

$$ZrSiO_4 + K_2SiF_6 = K_2ZrF_6 + 2SiO_2 \quad (8.9)$$

생성물을 잘게 파쇄하여 85 ℃의 1 % 염산 등의 산 용액으로 침출한다. 가열된 상태의 용액을 여과하여 불용성의 실리카(SiO_2)를 제거하고, 냉각하면 K_2ZrF_6가 정출(crystallization)된다. 정출 후 남은 모액은 암모니아를 첨가하여 지르코늄 수산화물로 침전시켜 회수한 후 하소 공정으로 되돌린다. 또 아크로 분해법이나 알칼리 용융법으로 얻은 수산화물 또는 산화물을 불산으로 용해하고 여기에 KOH를 가하여 K_2ZrF_6를 정출시키는 방법도 있다. 이 방법으로 얻어진 결정을 물에 용해시키고 암모니아로 중화하여 수산화물로 침전시킨 후 하소하여 ZrO_2를 얻는다.

(5) 염화법

미분쇄한 지르콘과 코크스를 충분히 혼합하여 1,200 ℃ 이상의 유동층 염화로 등에서 염화 배소하여 $Zr(Hf)Cl_4(g)$와 $SiCl_4(g)$를 생성시키고, 응축조(150~180 ℃)에서 백색의 $Zr(Hf)Cl_4$를 분말 상태로 포집하며, 일부 Fe, Ti, Al, Si 염화물이 불순물로 남는다. TiO_2의 염화와 마찬가지로 환원제인 C이 필요하며, 반응식은 다음과 같다.[29]

$$ZrO_2 \cdot SiO_2(s) + C(s) + 4Cl_2(g) \quad (8.10)$$
$$= ZrCl_4(g) + SiCl_4(g) + 4CO(g)$$

$Zr(Hf)Cl_4$를 포집한 후의 가스는 −20 ℃에서 응축하여 $SiCl_4$(−10 ℃에서 응축)를 액상으로 회수하며, $SiCl_4$를 정제한 후 여러 가지 실리카 제품용으로 사용한다.

(6) 플라스마 열분해법

지르콘을 플라스마 아크에 의한 급속 열처리로 지르코니아를 얻을 수 있다.[27] 플라스마 아크는 매우 높은 온도에서 지르콘을 해리하여 생성물을 용융시키며, 냉각 후에는 부분적으로 재결정이 일어난 ZrO_2와 용융된 SiO_2를 얻을 수 있다. 생성물을 다음 식과 같이 50 % 가성소다로 침출하면 SiO_2는 Na_2SiO_3로 제거되며 순수한 ZrO_2를 얻을 수 있다.

$$ZrO_2 + SiO_2 + 2NaOH = ZrO_2 + Na_2SiO_3 + H_2O \qquad (8.11)$$

2) 하프늄의 분리

Ti, Zr, Hf은 주기율표에서 같은 족에 속하는 금속으로, 화학적·야금학적으로 매우 유사한 성질을 가지고 있다. 일반적인 용도의 Zr은 Hf이 소량 있어도 무방하지만, 원자로 재료로 사용할 경우 Hf의 중성자 흡수 단면적이 커서 Hf을 제거해야만 한다. 공업적으로는 분별 결정법(fluoride salt crystallization), 용매 추출법, 분별 증류법(extractive distillation) 등이 있다. 용매 추출법에는 용매의 종류에 따라 MIBK(methyl isobutyl ketone) 추출법, TBP(tributyl phosphate) 추출법 등이 있으며, 그 외에도 이온 교환법, 흡착법 등이 알려져 있다.

(1) 분별 결정법(fluoride salt crystallization)

분별 결정법은 헤베시(G. von Hevesy)가 고안한 것으로,[30] Zr과 Hf 화합물의 용해도 차이를 이용한 것이다. 지르콘을 불화물 용해법으로 분리한 K_2HfF_6의 용해도가 K_2ZrF_6보다 1.5배 큰 것을 이용한다. 다단계(10회)의 재결정으로 Hf 농도를 100 ppm 이하로 정제할 수 있다.

$ZrOCl_2$, $HfOCl_2$는 염산 농도에 따라 용해도가 증가하지만 $HfOCl_2$의 용해도가 더 작다. 즉 25 ℃에서 $ZrOCl_2$의 용해도는 6.35 N에서 0.1037 M/L, 11.61 N에서 0.334 M/L이지만 $HfOCl_2$의 용해도는 6.48 N에서 0.1030 M/L, 11.28 N에서 0.1509 M/L이다. 따라서 반복적으로 정출시키면 Hf을 제거할 수 있다.

(2) 용매 추출법

용매 추출법에는 사용하는 용매에 따라 MIBK법과 TBP(Tributyl Phosphate)법, N235법 등이 있다. MIBK를 이용한 용매 추출은 공업적으로 많이 사용하는 공정으로, 티오시안산(thiocyanic acid, HSCN)을 함유한 MIBK로 염산 용액 중의 Hf을 우선적으로 추출하여 Zr과 분리하는 방법인데, Oak Ridge National Lab.에서 개발하였다.[31] 그림 8.6과 같이 지르콘을 염화시켜 만든 Zr과 Hf의 염화물을 물에 용해시키고 염산 용액에서 가수분해하여 지르코늄-하프늄 옥시크로라이드(zirconium-hafnium dihydroxide chloride, $Zr[Hf]OCl_2$)를 만든다. 이 용액을 MIBK와 접촉시키면 Hf은 유기상으로, Zr은 수상으로 분배되므로 각각 HfO_2와 ZrO_2로 회수한다.

TBP법은 소다 용해법으로 얻은 $Zr(Hf)OCl_2$를 질산으로 용해하고, 질산 수용액을 케로신(희석제) 중의 TBP 용매와 향류(counter-current)로 접촉시켜 Hf과 금속 불순물을 수상으로 보낸다. 유기용매 중의 Zr은 묽은 황산으로 역추출하고 침전시킨 후 하소하여 순수한 ZrO_2를 얻는다.

Alamine 336 아민계 유기용매를 사용하여 Hf을 분리하는 N235 공정도 알려져 있으며, 그림 8.7에 공정도를 나타내었다. 정광을 소다 용해법으로 분해하고 수침출하여 Na_2SiO_2를 제거한 후 염산으로 침출한다. 침출액을 N235로 용매 추출하여 Zr은 유기상으로, Hf은 수상으로 분리한다. 유기상 중의 Zr을 역추출하여 침전 및 하소 공정을 거쳐 ZrO_2로 회수한다. 수상으로 분리된 Hf은 P204로 용매 추출하여 회수한다.[26]

(3) 분별 증류법

표 8.3[32]에 나타낸 바와 같이 $ZrCl_4$와 $HfCl_4$는 물리화학적 성질이 유사하여 분리가 곤란하지만, 증기압 차이가 커서 분리할 수 있다. 각각의 증기압(mmHg)은 다음과 같다.[33]

$$\log P_{ZrCl_4} = 11.766 - \frac{5,400}{T},\ (480 \sim 689\ \text{K}) \tag{8.12}$$

$$\log P_{HfCl_4} = 11.712 - \frac{5,197}{T},\ (476 \sim 681\ \text{K}) \tag{8.13}$$

523 K에서 $ZrCl_4$와 $HfCl_4$의 증기압은 각각 27.60, 59.58 mmHg이므로 $HfCl_4$를 선택적으로 증류할 수 있다. 따라서 이러한 원리를 이용하여 박막 승화법(thin film sublimation process)으로 분리하기도 하는데, 수십 번 반복해야 원하는 순도를 얻을 수 있다.

표 8.3. $ZrCl_4$와 $HfCl_4$의 물리화학적 성질

Properties	$HfCl_4$	$ZrCl_4$
Sublimation temp. (℃)	317	331
Triple point		
Temp. (℃)	432	437
Pressure (kPa)	4,501.3	2,235.92
Critical point		
Temp. (℃)	499	506
Pressure (kPa)	5,776.12	5,766.31
Volume (m^3/mol)	0.000303	0.000319

한편 Hf을 함유한 지르코니아($Zr(HF)O_2$)를 다음 식과 같이 약간 과잉의 PCl_5와 함께 증류하면 생성되는 $ZrCl_4 \cdot PCl_5$, $2HfCl_4 \cdot PCl_3$, $2ZrCl_4 \cdot POCl_3$, $HfCl_4 \cdot POCl_3$의 비등점 차이를 이용하여 분별 증류가 가능하다.[34]

$$3Zr(Hf)O_2 + 6PCl_5 = 3Zr(Hf)Cl_4 \cdot 2POCl_3 + 4POCl_3 \tag{8.14}$$

생성된 $3Zr(Hf)Cl_4 \cdot 2PCl_3$에서 휘발성이 높은 Hf 화합물을 분별 증류로 제거하고, 남은 $2ZrCl_4 \cdot POCl_3$는 약 800 ℃에서 증류하여 다공성의 카본층을 통과시키면 다음 식과 같이 순수한 $ZrCl_4$를 얻을 수 있다.

$$3ZrCl_4 \cdot 2POCl_3 + 2C = 3ZrCl_4 + 2CO + 2PCl_3 \tag{8.15}$$

그리고 생성된 $ZrCl_4$에서 CO와 PCl_3는 각각 상온과 348 K에서 제거되며, PCl_3는 광석 처리에 재사용한다.

(4) 이온 교환법

Zr과 Hf은 양, 음 두 가지 이온으로 존재할 수 있으므로 양이온 교환수지를 이용할 때는 과염소산이나 질산 용액 중에서 Dowex-50으로 흡착하고 염산이나 황산으로 탈착한다. 음이온 교환수지를 이용할 때는 불화물의 착이온으로 하여 amberite IRA-400 등으로 흡착하고 불산이나 염산으로 탈착하면 Zr이 먼저 용출된다. 또한 염화물의 착이온으로 흡착시킨 것은 Hf이 먼저 용출되므로 분리가 가능하다.[7]

(5) 흡착법

흡착 칼럼에 활성화시킨 실리카겔을 장입하고, $ZrCl_4$와 $HfCl_4$ 용액에 메탄올을 첨가한 15~25 % 메탄올 용액을 실리카겔 칼럼에 통과시키면 Hf이 우선적으로 흡착된다. 실리카겔에 흡착된 Hf은 메탄올로 1차 용해를 하고 2.5 M 염산메탄올로 2차 용해를 한다. 흡착된 Hf의 90 % 정도가 HfO_2:ZrO_2=20:80 비율로 회수된다.[7]

(6) 건식분리 공정

용매 추출 등의 습식 공정은 상용 규모에서의 생산 경험이 많아 주로 원자로급 Zr 생산에 적용하고 있지만, 유기용매가 고가이며, 발화 위험은 물론 CN 등의 유독성 물질을 사용하는 문제점이 있다. 또 습식 공정에서는 최종 생성물로 ZrO_2가 만들어지므로 Kroll법으로 Zr 스펀지를 만들려면 $ZrCl_4$로 염화시켜야 한다. 따라서 유해 물질을 첨가하지 않고 Hf을 분리할 수 있으며 최종 생성물로 $ZrCl_4$가 얻어지는 건식분리에 대해 많은 관심이 주어져 있다.[26]

건식분리의 예로 프랑스 CEZUS사의 추출 증류 공정(extractive distillation process)이 있다. KCl-$AlCl_3$ 용매를 $HfCl_4$가 함유된 $ZrCl_4$와 향류시키면 KCl-$AlCl_3$ 용융염 중 $HfCl_4$의 증기압이 $ZrCl_4$보다 충분히 높아 단 1회의 분리에서도 $HfCl_4$가 30~50 %까지 농축된다. 이러한 건식분리는 독성 물질을 사용하지 않는 등 습식 공정에 비해 경쟁력이 있지만, 추출·증류 공정 외에는 공정의 연속화가 어려워 상용화에 걸림돌이 되고 있다. 그 외에도 직접 $ZrCl_4$를 얻을 수 있는 건식정제 공정에 대해 많은 연구를 하고 있다.[26]

3) Kroll법에 의한 금속 지르코늄의 제조

공업적인 금속 Zr의 제조는 Ti 제련과 거의 동일한 Kroll법을 채택하고 있다. 최근에 Ca 열환원법이나 용융염 전해법으로 순수한 Zr을 제조하기 위한 많은 연구가 이루어지고 있으나 상업화되지는 못하고 있다.

(1) Kroll법의 개요

그림 8.8에는 Kroll법에 의한 Zr 제조 공정도를 나타내었다.[35] 지르콘이나 지르코니아를 탄소 열환원 염화에 의해 $ZrCl_4$를 만들어 다음 식과 같이 용융 Mg으로 환원한다.

$$ZrCl_4(g) + 2Mg(l) = Zr(s) + 2MgCl_2(l) \tag{8.16}$$

염화물을 Mg으로 환원하는 것은 Ti의 Kroll법과 동일하지만, $ZrCl_4$는 $TiCl_4$와 달리 상온에서 고체 상태이며, 약 334 ℃에서 액체 상태를 거치지 않고 승화하므로 환원로에 $ZrCl_4$를 공급하는 방식에 차이가 있다.[36]

Kroll법에 의한 금속 Zr의 제조는 다음과 같은 단계를 거친다.

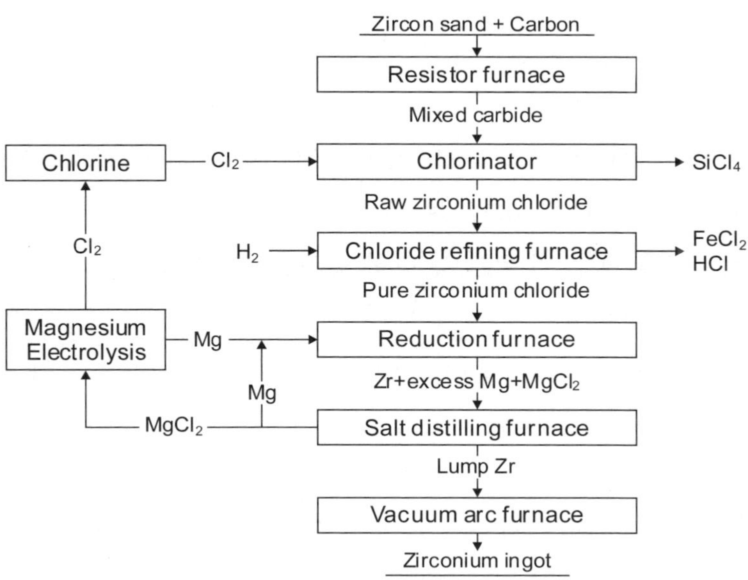

그림 8.8. Kroll법에 의한 금속 Zr의 제조 공정도

① 지르콘사(zirconium silicate, $ZrSiO_4$)로부터 탄화물을 제조하고 이를 다시 염화물로 제조한다.

② 수소 분위기 등에서 승화에 의해 $ZrCl_4$를 정제한다.

③ 불활성 가스 분위기 중에서 용융 Mg에 의해 $ZrCl_4$를 환원한다.

④ 과잉의 Mg과 반응 생성물인 $MgCl_2$를 진공 증류에 의해 제거한다.

⑤ 진공 아크로 등에서 재용융에 의해 금속 Zr의 잉곳을 제조한다.

(2) $ZrCl_4$의 제조

Hf을 분리한 후 $ZrSiO_4$, ZrO_2나 ZrC를 염화시켜 $ZrCl_4$를 만든다. 염화반응은 약 350~450 ℃에서 일어나며, 발열반응이므로 소형의 염화로에서도 충분한 열량이 보충된다. Zirconium carbonitride의 염화반응은 다음과 같다.

$$ZrC + 2Cl_2 = ZrCl_4 + C \tag{8.17}$$

$$ZrN + 2Cl_2 = ZrCl_4 + \frac{1}{2}N_2 \tag{8.18}$$

한편 순수한 금속 Zr은 Hf을 분리한 ZrO_2를 염화시켜 Mg으로 환원하여 만든다. ZrO_2의 염화반응은 지르콘이나 TiO_2의 염화반응과 마찬가지로 산소를 제거하기 위한 C(CO)이 필요하며, 반응식은 다음과 같다.

$$ZrO_2 + 2C + 2Cl_2 = ZrCl_4 + 2CO \tag{8.19}$$

$$ZrO_2 + 2CO + 2Cl_2 = ZrCl_4 + 2CO_2 \tag{8.20}$$

$$ZrO_2 + C + 2Cl_2 = ZrCl_4 + CO_2 \tag{8.21}$$

약 700 ℃ 이상에서는 식(8.19)의 반응이 우선적으로 일어난다. 반응로 내부의 직경은 650~700 mm, 높이는 2,000 mm 정도이며, 노 내에 전류(15 V, 250 A)를 흘려서 가열한다.[37]

(3) $ZrCl_4$의 환원과 Zr 스펀지의 분리

Ti의 Kroll법과 달리 고상(분말)의 $ZrCl_4$를 승화시켜 환원로에 장입하기 위해 많은 연구들이 이루어져 있다. 초기에는 조$ZrCl_4$를 승화시켜 반응조 상부의 냉각 코일에 응축시킨 후, $ZrCl_4$가 응축된 코일을 환원조 상부에 장착하고 다시 승화시켜 하부의 용융 Mg과 반응하도록 하였다. 그러나 환원로의 약 2/3를 $ZrCl_4$가 차지할뿐더러 $ZrCl_4$의 공급속도 조절이 곤란하여, $ZrCl_4$를 별도의 승화로에서 기체 상태로 만들어 환원조에 유입되도록 하기도 하였다.

그림 8.9에는 $ZrCl_4$를 승화시켜 정제한 후 Mg으로 환원하고, 잔류하는 Mg과 $MgCl_2$를 증류하여 제거하는 공정을 모식적으로 나타내었다.[38,39] 승화정제에서는 각종 염화물의 가스화 온도 차이를 이용한다. 그림에서와 같이 조$ZrCl_4$를 외부 반응조의 하부에 장입하고, 정제 $ZrCl_4$ 포집용의 내부 반응조를 상부에 장착시킨 후 전체를 밀폐시켜 내부의 가스를 진공펌프로 배기한다. 배기가 종료되면 수소 가스를 도입하고 300 ℃로 가열하여 Fe^{3+}를 Fe^{2+}로 변화시킨다. 이어서 외부 반응조의 하부를 400~600 ℃로 가열

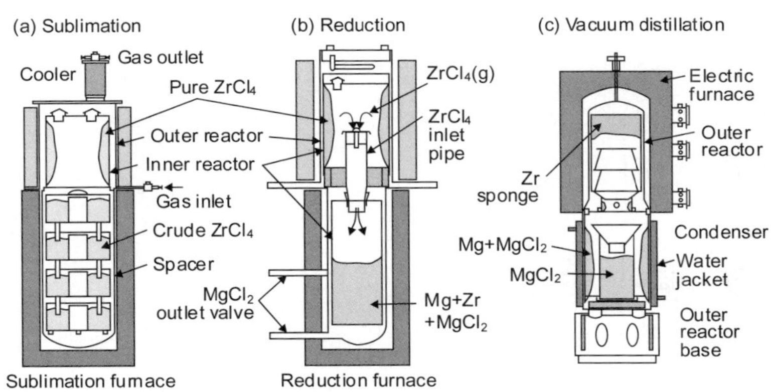

그림 8.9. 일반적인 Zr 제조 반응기와 공정도

하고 상부를 200~300 ℃로 유지하여 승화된 $ZrCl_4$를 상부 반응조에 응고시킨다. 상부 반응조는 $TiCl_4$, $AlCl_3$ 등이 응고되지 않도록 가열한다. 이러한 승화정제로 Fe, Al, Ti을 각각 92 %, 85 %, 83 %까지 제거할 수 있다.

$ZrCl_4$의 환원은 용융 Mg 표면에 $ZrCl_4(g)$를 공급하여 Zr과 $MgCl_2$를 생성시키는 것이다. 아래쪽 반응조에 Mg을 넣어 두고, 승화정제한 $ZrCl_4$의 내부 반응조를 위쪽에 둔다. 진공펌프로 내부 가스를 제거하고 Ar 가스를 송입한 후 아래쪽 반응조 부분을 750~780 ℃로 가열하여 Mg을 용융시킨다. 그런 다음 상부 반응조를 400 ℃ 이상으로 가열하여 기체화된 $ZrCl_4$를 아래쪽 반응조로 유도하여 Mg과 반응시키면 아래쪽 내부 반응조에서 Zr이 스펀지상으로 생성된다. 반응이 끝나면 부산물인 $MgCl_2$를 배출시키고, 환원반응로를 냉각한 후 내부 반응조를 끄집어내어 분리 공정으로 보낸다.

환원반응을 마친 내부 반응조에는 Zr 스펀지, $MgCl_2$, 미반응한 Mg이 남게 되므로 내부 반응조를 가열하고 진공 증류시켜 $MgCl_2$와 Mg을 제거한다. Zr은 무수한 기공을 가지고 있는 스펀지상이 되어 남는다.

이러한 공정은 회분식 조업이어서 에너지 비용이 높을 뿐 아니라 Ti 제련의 경우와 마찬가지로 장시간이 소요되는 문제점이 있다. 이러한 문제점을 개선하기 위해 환원 공정과 진공분리 공정을 일체화한 방법들이 보고되어 있다.[39~41]

4) 지르코늄의 신제련법

Kroll법에 의한 Zr 제련법은 $ZrCl_4$를 만들어야 하고, 또 환원과 분리에 많은 시간이 필요하여 이를 개선하기 위한 다양한 노력들이 있었으나 별도의 방법으로 금속 Zr을 얻기 위한 연구들도 이루어졌다. 출발원료로 구분하면 산화물 환원법, 염화물 환원법이 있으며, 환원 방법에 따라 구분하면 금속 열환원법과 용융염 전해법 등이 있다.

우선 Ti과 마찬가지로 ZrO_2를 다음 식과 같이 금속 환원제로 환원하기 위한 연구들이 수행되었다.

$$ZrO_2 + 2R = Zr + 2RO \quad (R: \text{reductant}) \tag{8.22}$$

ZrO_2를 환원하기 위한 환원제의 요구 조건은 다음과 같다.[42]

① Zr의 용해도가 낮고, 금속간화합물을 만들지 않아야 한다. C은 탄화물이나 carbonitrides를 생성하고, Al은 Zr 중 10~25 mol%의 용해도가 있으므로 환원제로는 부적절하다. 특히 Al은 다음 식과 같이 $ZrAl_3$를 생성하므로 순수한 Zr을 얻기 위한 환원제로는 부적합하다.

$$ZrO_2 + 13/3Al = ZrAl_3 + 2/3Al_2O_3 \tag{8.23}$$

② 환원제의 탈산능이 커야 한다. Ca, Mg, Ba으로 환원하면 Zr 중 산소 농도가 각각 0.05 mol%, 1.55 mol%, 2 mol%이므로 Ca이 ZrO_2의 환원제로 적합하다.

③ 반응 생성물과 금속 Zr의 분리가 잘되어야 한다. Mg으로 환원하면 반응 생성물인 MgO를 산 침출 등으로 제거하기 곤란하다.

④ 환원제는 저렴한 상용의 물질이어야 하며, 환경적 요구 조건을 만족하여야 한다. 방사성 물질 등은 환경적인 측면에서 적용하기가 곤란하며, 희토류는 비교적 고가이지만 최근 용도가 없는 희토류의 활용을 검토하고 있다.

따라서 ZrO_2의 환원제로 Ca이 적절하며, 환원반응은 다음과 같다.[43]

$$ZrO_2(s) + 2Ca(l) = Zr(s) + 2CaO, \quad \Delta G^0 = -194{,}400 + 42.06T \tag{8.24}$$

Ca의 융점인 900 ℃ 이상에서 금속 Zr이 생성되었지만, 생성물인 CaO를 완전히 제거하지 못하여 1,100 ℃에서 환원하고 산세한 Zr 분말의 산소 농도는 0.68 wt%를 나타내었다. 그림 8.10에는 원시료와 Ca으로 환원한 Zr 분말의 전자현미경 관찰 결과를 나타내었다.

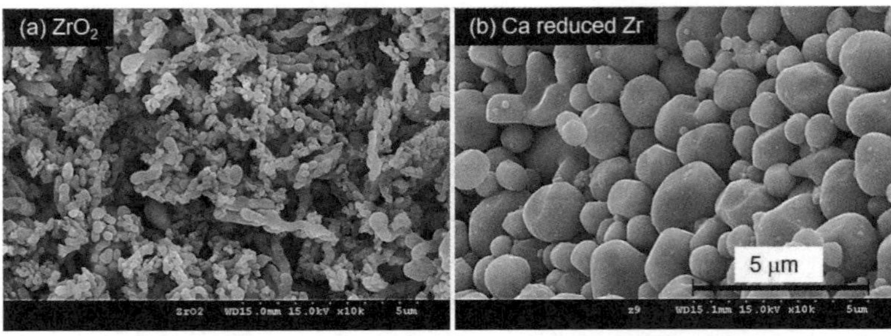

그림 8.10. ZrO_2 분말(a)과 1,100 ℃에서 Ca으로 환원한 Zr 분말(b)

Abdelkader[42] 등은 CaO를 제거하기 위해 용융 $CaCl_2$ 중에서 ZrO_2를 Ca으로 약 5시간 동안 열환원하여 금속 Zr이 생성되는 것을 확인하였으나, Ca은 화학 양론적인 양의 200 % 이상이 필요하였다. 그리고 반응 종료 후 금속 Zr의 산소 함유량은 약 0.15 wt% 정도를 나타내었다.

용융염 전해는 연속화가 가능하고 고순도 Zr의 제조에 적합하다는 관점에서 많은 연구가 이루어지고 있다. 전해질로는 대부분 NaCl, KCl, LiF, $CaCl_2$, $MgCl_2$ 등의 2원계나 3원계 용융염을 사용하고 있으며, 이러한 용융염 중에 $ZrCl_4$를 용해하여 600 ℃ 이하에서 전해하고 있다.

Raynes 등은 NaCl 중에서 K_2ZrF_6를 용융염 전해하여 0.06~0.09 wt%의 산소가 함유된 금속 Zr을 얻었으며, 반응식은 다음과 같다.[44,45]

$$K_2ZrF_6 + 4NaCl = Zr + 2Cl_2 + 2KF + 4NaF \tag{8.25}$$

Takeda 등은 ZrO_2를 탄소 열환원반응으로 만든 oxycarbide를 NaCl-KCl과 LiCl-KCl 혼합 용융염 중에서 전해정련 원리를 이용하여 금속 Zr의 제조 가능성을 확인하였다.[46] 옥시카바이드가 만들어지는 반응식은 다음과 같다.

$$ZrO_2 + 2C = ZrC_{0.5}O_{0.5} + 1.5CO \tag{8.26}$$

그리고 양극과 음극에서의 반응식은 각각 다음과 같다.

$$\text{Anode: } ZrC_{0.5}O_{0.5} = Zr^{n+} + 0.5CO + ne \tag{8.27}$$

$$\text{Cathode: } Zr^{n+} + ne = Zr \tag{8.28}$$

5) 금속 지르코늄의 정제

조금속 Zr은 아이오딘(I_2, 요오드)법으로 정제할 수 있다. 그림 8.11에는 아이오딘에 의한 조Zr 정제 장치의 모식도를 나타내었다. 아이오딘법은 1925년 van Arkel 등[47]이 개발한 정제법으로, 아이오딘을 매개한 화학수송 반응의 일종이며, Ti, Hf 등도 동일한 방법으로 정제할 수 있다.[48,49]

아이오딘에 의한 조금속 Zr 정제의 기본 원리는 다음 식과 같다.

$$2I_2 + Zr \xrightarrow{300\ ℃} ZrI_4 \xrightarrow{1,400\ ℃} Zr + 2I_2 \tag{8.29}$$

즉, 조금속 Zr과 아이오딘을 밀폐 용기에 넣고 진공 상태(약 40 Pa)에서 300~500 ℃로 가열하면 아이오딘이 Zr과 반응하여 ZrI_4를 생성하며, ZrI_4의 증기압은 다음과 같다.[50]

$$\log p(\text{atm}) = -\frac{9,308}{T} + 8.84 \tag{8.30}$$

ZrI_4는 431 ℃에서 승화[51]하므로 쉽게 증발하여 열분해 부분으로 확산하며, ZrI_4 증기는 1,400 ℃로 통전 가열된 Zr 필라멘트에 접촉되어 열분해된다. ZrI_4의 열분해는 필라멘트 표면에서 일어나 정제된 Zr 결정이 석

출되므로 필라멘트의 직경이 증대하는 형태로 성장하고, 순도는 99.96 % 정도이다. 열분해 반응 생성물인 아이오딘은 다시 밀폐 용기 내의 반응 부분으로 되돌려져 새로운 ZrI_4를 생성하고 이 순환반응이 반복되어 효율적으로 고순도 Zr이 생성된다. 아이오딘 정제법으로 제조한 Zr은 다른 방법에 의한 것보다 고순도이지만 반응 속도가 느리고 제조 단가가 높아 상업화에 어려움이 있다.

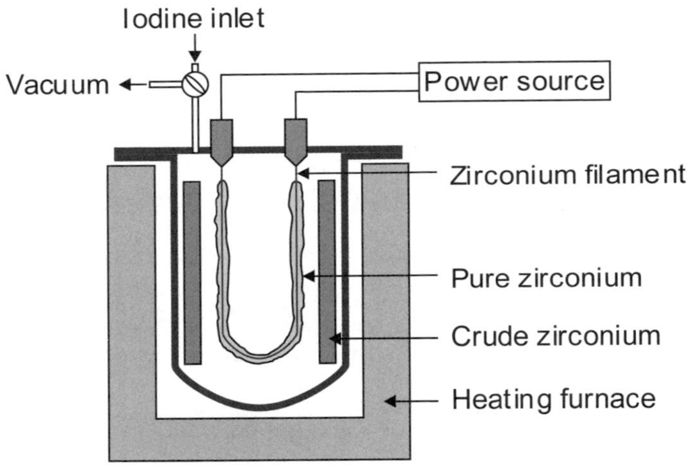

그림 8.11. 아이오딘법에 의한 조Zr의 정제 장치

6) 지르코늄 합금 제조

표 8.4에 일반적인 Zr 합금의 조성을 나타내었으며, 그림 8.12에는 Zr 스펀지로부터 zircaloy 잉곳을 제조하는 공정을 모식적으로 나타내었다.[52] Zr은 융점이 1,852 ℃로 매우 높으며, 이 온도에서 쉽게 산화되므로 진공 아크로에서 용해한다.

표 8.4. 일반적인 Zr 합금의 조성(wt%)

Element	Zr	Sn	Fe	Cr	Ni	O	Hf
Zircaloy 2	97.7~ 98.5	1.2~ 1.7	0.07~ 0.2	0.05~ 0.15	0.03~ 0.08	0.1~ 0.14	0.01
Zircaloy 4	97.9~ 98.4	1.2~ 1.7	0.18~ 0.24	0.07~ 0.13	-	0.1~ 0.14	0.01

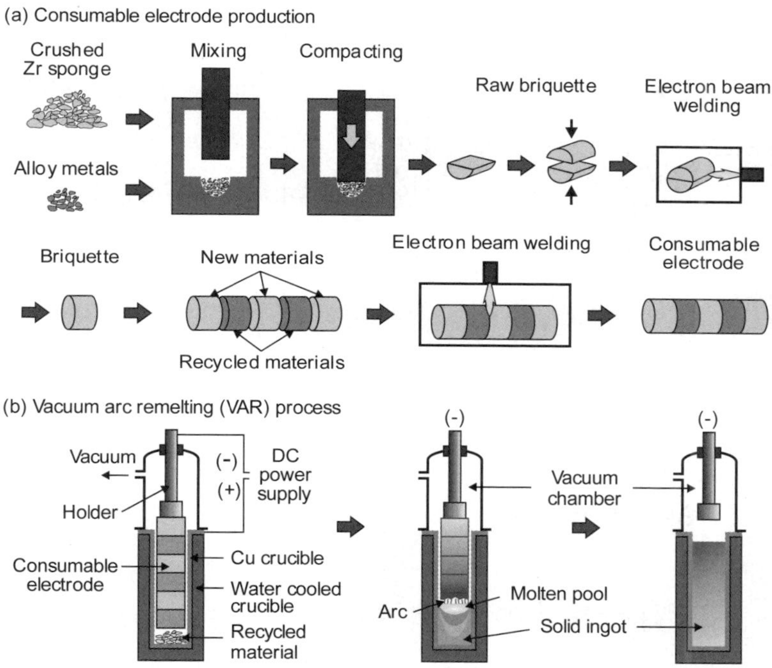

그림 8.12. Zr 스펀지에서의 zircaloy 제조 공정도

우선 Zr 합금은 Zr 스펀지와 합금 원소를 원하는 조성으로 혼합하여 반원통형(semi cylindrical)으로 압축한다. 압축 브리켓을 진공조에서 전자빔으로 용접(electron beam welding, EBW)하여 원통형으로 만들고 다시 원통형 브리켓 여러 개를 전자빔으로 용접하여 소모형 전극으로 만

든다. 이때 회수한 스크랩도 브리켓으로 만들어 그림에서와 같이 용접하여 소모형 전극(consumable electrode)을 만들어 1 Pa 이하 분위기에서 진공 아크 재용해(vacuum arc remelting, VAR)를 한다. VAR 시 수냉 Cu 주형의 바닥에 Zr 스크랩을 깔아서 전극과 Cu 주형 사이에 스파크가 발생하지 않도록 하며, 용해 중 발생하는 흄(fume)은 water scrubber를 통과시켜 방출한다. 성분의 균일화를 위해 1차 용해 및 주조가 완료된 잉곳을 냉각시킨 후에 다시 여러 개의 원통형으로 절단하여 EBW로 소모형 전극을 만들어 1차 용해 주조와 동일한 방법으로 용해 및 주조를 3번 이상 반복한다. 균일한 잉곳이 얻어지면, 잉곳을 원하는 크기로 절단하고 몰드로부터 오염된 표면을 제거하여 단조 공정으로 보낸다.

4. 하프늄의 제련

그림 8.13에 지르콘 샌드로부터 금속 Hf을 제조하는 공정도를 나타내었다.[53,54] Hf은 Zr 광석 중에 함유되어 있어 금속 Zr을 생산하는 공정의 부산물로 얻고 있지만, Zr에서 설명한 바와 같이 Zr과 Hf의 화학적 성질이 유사하여 상호 분리가 매우 어렵다. 일반적으로 Hf과 Zr은 염화물을 증류하여 고순도의 $HfCl_4$를 얻거나, Hf을 용매 추출하여 HfO_2로 분리한 후 염화시켜 환원한다. 환원 방법으로는 Kroll법과 용융염 전해법이 있다.

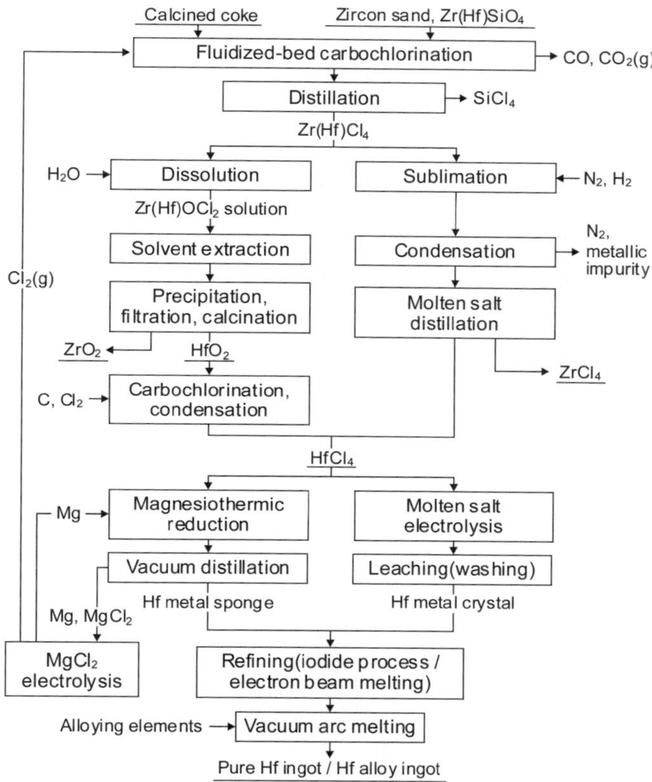

그림 8.13. 지르콘 샌드에서 금속 Hf을 제조하는 공정도

1) Kroll법에 의한 금속 하프늄의 제조

금속 Hf은 Ti이나 Zr 제련과 마찬가지로 다음 식과 같이 $HfCl_4$를 Mg으로 환원하는 Kroll법으로 제조한다.[55]

$$HfCl_4(g) + 2Mg(l) = 2MgCl_2(l) + Hf(s) \tag{8.31}$$

그림 8.14에는 Kroll법에 의한 Hf 제조 공정도를 나타내었다.[55] 생성물의 반응성이 높아 공기와 수분이 없는 불활성 분위기에서 환원반응을

실시한다. 반응조는 내열강으로 만들며, 환원반응 전에 반응물질을 전부 장입한다. 반응조를 노 내에 장착하고, 노의 하부에서 Mg을 용해하는데, 상부에서는 $HfCl_4$가 승화하여 용융 Mg의 표면에서 상기한 환원반응이 일어난다. 생성된 Hf은 침강하여 반응조의 바닥 부분에 모이게 되며, 바닥 부분에 모인 Hf-Mg은 의합금(pseudoalloy)이라 부른다.

환원이 완료된 후 900~1,000 ℃에서 고진공으로 과잉의 Mg과 $MgCl_2$ 등을 증류하여 제거하면 스펀지상의 Hf이 남으며, 기본적으로는 Ti이나 Zr의 Kroll법과 동일하다. 다만 Hf은 Ti이나 Zr과 달리 순도가 높지 않으며, 특히 산소나 질소 함유량이 높다. 냉간 가공 등을 하려면 400 ppm 이하의 산소 농도가 요구되지만, 일반적으로 500~1,000 ppm 정도의 산소가 함유되어 있으므로 정제 공정을 거쳐야 한다.

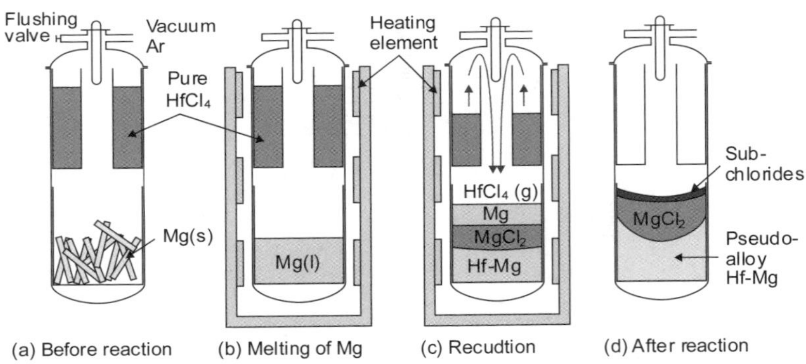

그림 8.14. Kroll법에 의한 $HfCl_4$의 Mg 환원 공정도

2) 용융염 전해에 의한 금속 하프늄의 제조

CEZUS사에서 Kroll법보다 효율적인 Hf 제조법으로 $HfCl_4$를 직접 용융염 전해하는 방법을 개발하였다. 용융염으로는 NaCl, KCl에 소량의

NaF 등이 함유되어 있으며, 전해 온도는 750~850 ℃이다. 전해 Hf은 결정상이나 플레이크 형상을 하고 있으며 순도가 매우 높다.[55,56] 한편 Mukhachov 등은 KCl-KF계에서 HfF_4를 용융염 전해하고 아이오딘법으로 정제하여 고순도의 Hf 결정을 얻었다.[57]

3) 금속 하프늄의 정제와 용융

상기한 바와 같이 Kroll법 등으로 제조한 Hf은 Zr이나 Ti보다 순도가 낮아 정제 공정을 거쳐야 한다. 금속 Hf의 정제는 그림 8.15와 같이 세 가지 방법이 있으나 전해정련은 선호하지 않는 편이다.[55]

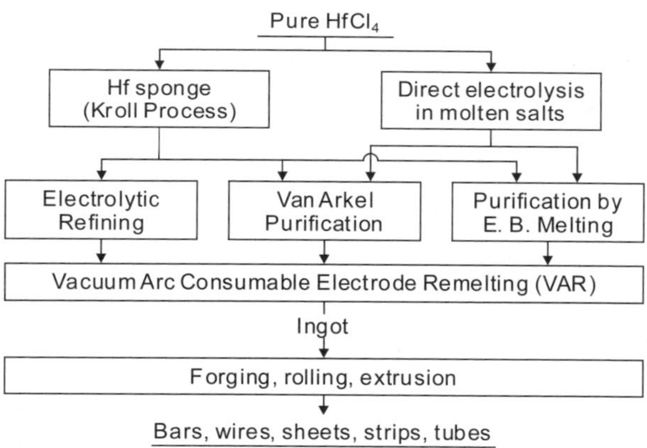

그림 8.15. 금속 Hf의 정제 공정

우선 Hf의 전해정련은 고순도 Ar 분위기의 알칼리 염화물 욕(600~800 ℃)에서 실시한다. 전해정련은 N 등의 불순물을 제거하는 데 매우 효과적이지만 Ti이나 Zr의 정련 조작보다 어려워서 잘 적용하지 않는다.[55]

아이오딘(I)법(Van Arkel법)은 Ti이나 Zr의 아이오딘 정제법과 동일한 원리를 이용한다. 200~300 ℃의 비교적 낮은 온도에서 조Hf을 I_2(g)와 반응시켜 HfI_4를 만들고 1,300~1,600 ℃로 가열된 필라멘트에서 열분해시켜 순수한 Hf 결정을 얻는 방법이다. 장치는 그림 8.11과 동일하며, 반응식은 다음과 같다.

$$Hf(s) + 2I_2(g) \xrightarrow{300\ ℃} HfI_4(g) \xrightarrow{1,400\ ℃} Hf(s) + 2I_2(g) \quad (8.32)$$

아이오딘법에서 산소와 질소가 50 ppm 이하인 고순도의 Hf을 얻을 수 있으나, Ti, Zr 등과 일정 수준 이하의 Fe은 제거할 수 없으므로 미리 제거해 두어야 한다. 다만 Zr의 경우와 마찬가지로 생산성이 낮아 정제 비용이 매우 높은 문제점이 있다.

한편 Hf은 융점(2,233 ℃)에서의 증기압이 매우 낮아 진공 분위기에서 전자빔(electron beam)으로 용융시키면 Hf보다 증기압이 높은 불순물 원소들을 휘발 제거할 수 있다. 고융점 금속인 Nb, Ta을 제외한 Al, Cr, Cu, Sn, Mn, V 등의 금속 불순물을 제거할 수 있지만 질소는 제거되지 않으며, 산소는 용융 속도를 낮추면 400 ppm 이하까지 제거할 수 있다.[55]

정제한 Hf은 그림 8.12에 나타낸 Zr의 잉곳 제조 공정과 동일한 방법인 VAR법으로 용융하여 잉곳을 제조하며, 가공하여 판재 등으로 만든다.

5. 지르코늄과 하프늄의 리사이클링

1) 지르코늄의 리사이클링

금속 Zr의 전 세계 연간 생산량은 5,000~6,000톤 수준에 불과한 것으로 알려져 있으며, 이 중에서 원자력용은 약 3,500톤 수준이다. 원자력용 Zr의 대부분은 zircaloy로 사용되지만, 가공 공정에서 발생하는 금속 스크랩은 Cu, Al 등의 모합금용 첨가제로 이용되고 있다.

표 8.5에 국내에서 발생되는 Zr 스크랩의 종류와 발생량을 나타내었다.[26] 2, 3차 가공과 핵연료의 집합체를 만드는 과정에서 발생하는 전체 스크랩 양은 연간 약 43톤이다. 스크랩 형태로는 절단 공정 중에 발생하는 관(tube)이나 기계가공 공정 중 발생하는 터닝(turning), 칩(chip) 등이 있는데, 대부분 오염되지 않은 on-grade 스크랩이다. 이러한 스크랩은 단일 합금이므로 조성 제어가 불필요하여 간단한 세정 후 용해하면 쉽게 리사이클링할 수 있다. 다만 이종 합금인 경우에는 별도의 처리를 거쳐 리사이클링하여야 한다. Pereira 등은 Zr 합금 스크랩을 전자빔 용해 및 진공 유도 용해를 통하여 잉곳으로 회수하였다.[58]

표 8.5. 국내의 Zr 스크랩의 종류와 발생 현황

발생원	스크랩 형태		발생량(kg)	발생률(%)	비고
2차 가공	Tube	Long tube	14,000	32.9	단일 합금
		Short tube	7,500	17.6	단일 합금
		Chip & turning	9,000	21.2	단일 합금
	Strap	Plate & chip	3,500	8.2	이종 합금
3차 가공	Sleeve	Short tube	1,500	3.5	이종 합금
		Chip	500	1.2	이종 합금
	End plug	Chip	1,000	2.4	단일 합금
핵연료 집합체 조립	Long & short tube		5,000	11.8	단일 합금
	Low level radioactive tube		500	1.2	이종 합금
합 계			42,500	100	

표 8.6에는 zircaloy 중의 혼입물을 제거하는 방법을 비교하여 나타내었다.[59] 용융법은 합금 구성 원소의 융점 차이를 이용하여 분리하는 방법

이지만, Zr의 융점(1,855 ℃)이 높고 Co(1,492 ℃)와 Nb(1,950 ℃) 융점의 중간에 위치하여 분리가 쉽지는 않다. 그리고 염화 증류법은 염화물의 증기압 차이를 이용하여 분리하는 방법으로, 휘발한 각종 염화물이 계 내에 넓게 분포되는 문제점이 있으므로 금속 Zr을 얻기 위해서는 Kroll 법 등으로 환원하거나 용융염 전해가 필요하다. 그러나 용융염 전해정련을 하면 곧바로 순수한 금속 Zr을 얻을 수 있을 것이다.

Bohe 등은 zircaloy의 가공 과정에서 발생한 스크랩을 약 300 ℃의 $Ar+Cl_2$ 분위기에서 염화시켜 합금 중의 Zr을 $ZrCl_4$로 회수하였다.[60] Park 등은 off grade Zr 스크랩을 LiF-KF 공정 조성에 ZrF_4(6 wt%)를 첨가한 불화물 용융염 중에서 전해정련하여 순수한 금속 Zr을 얻었으

표 8.6. Zr 리사이클링 프로세스의 특성 비교

Process	Volatile chlorination	Metal melt	Electrorefining in molten salts
Principle	Vapor pressure Ex. $ZrCl_4$ vs. $CoCl_2$	Melting points	Redox potential
Merit	$ZrCl_4$ is recovered.	Aluminum recycle was completed.	Zirconium metal is recovered.
Demerit	Complicated process for separate chlorides	Close m.p of Zr to m.p of Co	Removal of adhered salts on the deposit
Decontamination factor of Co	$\fallingdotseq 10^6$	$\fallingdotseq 10^2$	$>10^6$
Volume reduction	-	-	<1/100
Secondary wastes	Chlorides of fission products	Slug materials	Spent molten salts
Economics	-	Poor	Good

며,[61] Fuzita 등은 LiCl-KCl의 공정 조성에 $ZrCl_4$와 LiF를 첨가한 용융염 중에서 전해정련하여 방사성핵종의 Sn과 Co가 제거된 Zr을 음극(cathode)에 석출시켜 회수하였다.[59] 그림 8.16에 염화법과 전해정련법을 비교하여 나타내었다.[61]

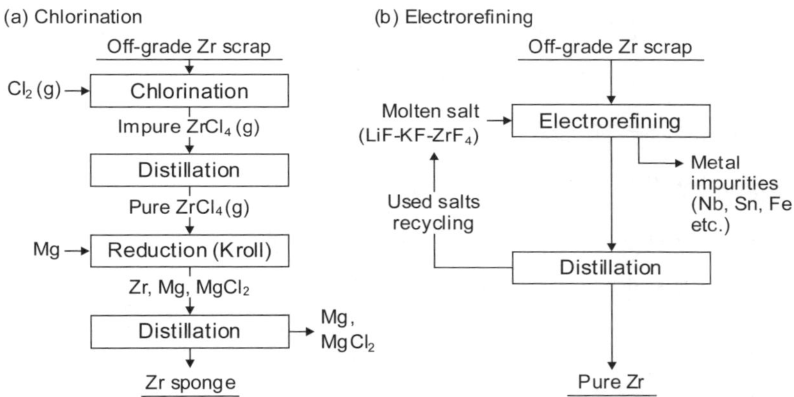

그림 8.16. Zr 스크랩의 염화법(a)과 전해정련법(b)의 공정도 비교

한편 원자로에 사용된 금속 제품은 방사성 폐기물로 저장되어 있으므로 리사이클링 대상이 되지 못하는 실정이다. 특히 원자력 발전소에서 사용 후 연료를 재처리할 때 발생하는 zircaloy제 피복관 등은 수세한 후 곧바로 저장하거나 압축 등의 처리를 거쳐서 방사성 폐기물로 저장하고 있다. 그러나 이러한 방사성 폐기물인 zircaloy로부터 고가의 Zr을 회수하면 원자력 분야의 연료 사이클 코스트 저감과 환경부하 저감에 매우 유익할 것이다. 따라서 이러한 방사성 폐기물에서 Zr을 회수하기 위한 연구들이 필요할 것이다.

2) 하프늄의 리사이클링

원자로 제어봉으로 이용된 Hf은 방사성 폐기물로 수집·보관된다. 따라서 방사능이 소멸할 때까지 장기간 보관해야 하므로 사실상 리사이클링이 불가능하다. 반도체 집적회로용으로 PVD법이 양산화되면 사용 후 타깃(target)의 리사이클링이 중요한 과제가 될 것이다. 플라스마 전극으로 사용된 것은 탄화하프늄, 질화하프늄 등 Hf 함유량이 높지만 리사이클링 실태에 대해서는 잘 알려져 있지 않다.[20]

Vutova 등은 Hf 절삭 칩(chips)을 전자빔 용해(electron beam melting, EBM)하여 정련 시간과 출력에 따라 Sn, Al, Mo, Fe, Ni 등을 제거하였다. Zr은 Hf보다 융점이 낮지만 제거하지 못하였다.[62]

한편 제트엔진이나 발전용 가스터빈에 사용되는 고온 재료인 Ni계 합금은 Hf의 함유율이 낮아 리사이클링되지 않지만 스크랩 자체가 고가이므로 Ni계 합금으로 리사이클링되는 것으로 추정된다. 제3세대 고온 재료인 Ir-Hf 합금은 Hf의 함유율도 높고 Ir이 고가의 귀금속이어서 향후 실용화된다면 당연히 리사이클링하여야 할 것이다. 공작기계용으로 이용된 EoL 제품도 Hf의 함유율이 낮아 리사이클링되지 못하고 있다. 이와 같이 현재로서는 대부분의 Hf이 리사이클링 대상이 못 되고 있으나, 가격에 따라 리사이클링 대상이 되는 제품이나 합금이 나올 것으로 생각된다.[20] 다만 전 세계 생산량 자체가 매우 적어 리사이클링의 경제성을 확보할 수 있을지 여부가 관건이 될 것이다.

6. 종합

금속 지르코늄은 연간 생산량이 약 6,000톤 수준이며, 금속 하프늄은 약 70톤 수준에 불과하지만, 원자력을 비롯한 첨단산업에 필수적인 희소금속이다. Hf은 단독 광물로 존재하지 않으며 Zr 광석인 지르콘 중에 소량 함유되어 있다. 따라서 Hf은 원자력 산업용의 고순도 금속 Zr을 생산하는 과정에서 부산물로 회수하고 있다. Zr 제련법은 지르콘을 분해하여 Zr과 Hf을 분리하는 방법에 따라 염산-MIBK(methyl isobutyl ketone)계 용매 추출에 의한 분리법과 염화물($HfCl_4$)의 증류에 의한 분리법(Kroll법)이 있다. 특히 Zr과 Hf은 주기율표에서 Ti과 같은 족에 속하여 Ti과 유사한 Kroll법으로 금속을 제조하지만, 용융염 전해법 등 새로운 제련 방법도 개발되어 있다.

한편 금속 Zr 생산량 중 약 3,500톤은 원자력용인 zircaloy로 사용되며, 가공 공정에서 발생하는 금속 스크랩은 Cu, Al 등의 모합금용 첨가제로 이용되고 있다. 큰 오염이 없는 on-grade Zr 스크랩은 단일 합금으로 조성 제어할 필요가 없어 간단한 세정 후 용해하면 쉽게 리사이클링할 수 있으나, 이종 합금은 별도의 처리를 통하여 리사이클링하여야 한다. 그러나 원자력용으로 사용된 Zr 합금이나 Hf은 방사성 폐기물로 저장되어 있으므로 리사이클링 대상이 되지 못하고 있다. 다만 반도체용의 타깃 금속의 리사이클링은 필요하다. 그러나 Zr과 Hf의 전 세계 생산량 자체가 매우 적어 경제성을 확보할 수 있을지 여부가 리사이클링의 관건이 될 것이다.

[참고문헌]

1 손호상, 2020: 범용금속의 리사이클링, p.17, 경북대학교출판부.

2 C. R. Hammond, 2014-2015: The Element, p.4-42 CRC Handbook of Chemistry and Physics Sec. 4 Properties of the Elements and Inorganic Compounds, Ed. by W. M. Haynes, New York: CRC Press.

3 W. J. Kroll, A. W. Schlechten, and L. A. Yerkes, 1946: Ductile Zirconium from Zircon Sand, Trans. Electrochem. Soc. 89(1), pp.263-276.

4 M. Kaji, 2002: D. I. Mendeleev's Concept of Chemical Elements and the Principles of Chemisitry, Bull. Hist. Chem. 27(1), pp.4-16.

5 E. R. Scerri, 1994: Prediction of the nature of hafnium from chemistry, Bohr's theory and quantum theory, Annals of Science 51(2), pp.137–150.

6 I. Schnell and R. C. Albers, 2006: Zirconium under pressure: phase transitions and thermodynamics, J. Phys.: Condensed Matter 18, pp.1483-1494.

7 남철우, 박경호, 2008: 지르코늄 제련기술 현황, 재료마당 21(5), pp.4-14.

8 윤용구, 임상호, 1984: 지르코늄과 그 합금의 특성, 응용 및 제조기술, 대한금속학회지, 22(3), pp.211-219.

9 정용환, 2008: 지르코늄 합금의 원자력 분야 응용, 재료마당 21(5), pp.15-20.

10 USGS

11 C. Ecclestone, 2020: Hafnium Review Awaiting the Nuclear Renaissance, p.5, Hallgarten & Company, Sector Review

12 E. Sangine, 2021: Zirconium and Hafnium, U.S. Geological Survey, Mineral Commodity Summaries, January 2021.

13 https://www.reuters.com/article/zirconium-nuclear-idUKLN78747920090423

14 https://www.lipmann.co.uk/post/mmta-zirconium-supply-and-demand-brief-stats

15 http://www.zircomet.com/sec/11189/Zirconium-Market-Update/

16 A. MacDonald, 2017: High k Sourcing & the Supply Chain for Hafnium and Zirconium, CMC Conference, Critical Materials for Semiconductor Device Manufacturing, May 11-12, 2017, Richardson, TX, USA.

17 D. Collier, C. Fountain, G. C. Mason, et al., 2007: Radiation Protection and NORM Residue Management in the Zircon and Zirconia Industries. Safety Reports Series No. 51, p.6, IAEA.

18 JOMEC, 2018: Zirconium Zr, p.263, Mineral Resource Materials Flow 2018, JOMEC.

19 Alkan, 2018: Hafnium product breakthrough consolidates Dubbo Project business case.
http://www.blog.baldengineering.com/2018/01/hafnium-product-breakthrough.html

20 JOMEC, 2012: 39. Hafnium Hf, pp.363-366, Mineral Resource Materials Flow 2011, JOMEC.

21 P. Blanchart, 2018: 4 Extraction, Properties and Applications of Zirconia, p.166, Industrial Chemistry of Oxides for Emerging Applications, First Edition. Ed. by Lech Pawłowski and Philippe Blanchart, JohnWiley & Sons Ltd.

22 J. Shibata, 1997: Production and Application of Zirconium and Hafnium - Present and Future, Energy and Resource 18(5), pp.60-65.

23 R. H. Nielsen, T. W. Chang, G. Wilfing, et al., 2012: Zirconium and Zirconium Compounds p.758, Ullamnn's Encyclopedia of Inudstrial Chemistry Vol. 39, Wiley-VCH Verlag GmbH & Co. KGaA, Weinheim.

24 W. J. Kroll, A. W. Schlechten, W. R. Carmody et al., 1947: Recent Progress in the Metallurgy of Malleable Zirconium, Trans. Electrochem. Soc. 92, pp.99-113.

25 R. H. Nielsen, T. W. Chang, G. Wilfing, et al., 2012: Zirconium and Zirconium Compounds p.759, Ullamnn's Encyclopedia of Industrial Chemistry Vol. 39, Wiley-VCH Verlag GmbH & Co. KGaA, Weinheim.

26 K.-T. Park, S.-H. Kim, S.-I. Hong, et al., 2012: Overview of Zirconium Production and Recycling Technology, J. of Korean Inst. of Resources Recycling 21(5), pp.18-30.

27 P. Blanchart, 2018: 4 Extraction, Properties and Applications of Zirconia, p.168, Industrial Chemistry of Oxides for Emerging Applications, First Edition. Ed. by L. Pawłowski and P. Blanchart. JohnWiley & Sons Ltd.

28 C. Yamagata, J. B. Andrade, V. Ussui, et al., 2007: High Purity Zirconia and Silica Powders via Wet Process: Alkali Fusion of Zircon Sand, Procd. of Sixth International Latin-American Conference on Powder Technology, pp.1279-1284, Nov. 07-10, Búzios, Rio de Janeiro, Brazil.

29 R. S. Pavlik Jr. and D. R. Sempolinski, 2004: Purification of Porous Zircon by Carbochlorination, J. Am. Ceram. Soc. 87(9), pp.1653-1658.

30 G. von Hevesy, 1925: The Discovery and Properties of Hafnium, G. von Hevesy, Chem. Rev. 2(1), pp.1-41.

31 J. M. Googin in F. R. Bruce, J. M. Fletcher, H. H. Hyman (eds.): Progress in Nuclear Energy Series 3, Process Chemistry, vol. 2, Pergamon Press, Oxford 1958, pp.194–209.

32 Sevil AKÇAĞLAR, 2019: Separation of Zirconium and Hafnium Tetrachloride from the Nuclear Power Reactors using a Distillation Column with NaCl-KCl Salt Mixtures, Chemistry Research Journal 4(1), pp.106-111.

33 A. A. Palko, A. D. Ryon, and D. W. Kuhn, 1958: The Vapor Pressure of Zirconium Tetrachloride and Hafnium Tetrachloride, J. Phys. Chem. 62, pp.319-322.

34 R. Mallikarjunan and J. C. Sehra, 1989: Pyrometallurgical processes for the separation of hafnium from zirconium, Bull. Mater. Sci. 12(3 & 4), pp.407-434.

35 W. J. Kroll, A. W. Schlechten, and L. A. Yerkes, 1946: Ductile Zirconium from Zircon Sand, J. Electrochem. 89, pp.263-276.

36 Yong-Ik Jang, Ho-Sang Sohn, and Jae-Young Jung, 2014: Behavior of Zirconium Sponge Formation in the Kroll Process, Korean J. Met. Mater. 52(4), pp.255-262.

37 A. N. Zelikman, O. E. Krein and G. V. Samsonov, 2018: Metallurgy of Rare Metals, pp.246-248, Nova Science Publishers, Inc.

38 T. Otsuka, 1970: Reduction of Zirconium Tetrachloride with Magnesium, J. of the Mining and Metallurgical Institute of Japan 86(1), pp.41-45.

39 K. Sato, K. Ogi, and E. Kimura, 1989: A Combined Reduction-distillation Process for Zirconium Production, Sigen-to-Sozai 105(9), pp.679-683.

40 H. A. Abodishish, Aiken, S. C., and R. James Adams 1992: Sublimer-Reactor System with Weighing Means, US Patent 5,131,634.

41 E. Kimura, K. Ogi, and K. Sato, 1985: Apparatus for Preparing High Melting Point High Toughness Metals, US Patent 4,508,322.

42 A. M. Abdelkader and E. El-Kashif, 2007: Calciothermic Reduction of Zirconium Oxide in Molten $CaCl_2$, ISIJ Int. 47(1), pp.25-31.

43 J. W. Ha, Y. I. Jang, and H. S. Sohn, 2012: Zirconium Powder Preparation from ZrO_2 by Calciothermic Reduction, J. of Korean Inst. of Resource Recycling 21(6), pp.32-38.

44 B. C. Raynes, E. L. Thellmann, M. A. Steinberg, and E. Wainer, 1955: The Extractive Metallurgy of Zirconium By the Electrolysis of Fused Salts - III. Expanded Scale Process Development of the Electrolytic Production of Zirconium from K_2ZrF_6, J. of Electrochemical Society 102(3), pp.137-144.

45 M. A. Steinberg, M. E. Sibert, and E. Wainer, 1954: Extractive Metallurgy

of Zirconium by the Electrolysis of Fused Salts - II. Process Development of the Electrolytic Production of Zirconium from K_2ZrF_6, J. of Electrochemical Society 101(2), pp.63-78.

46 O. Takeda, K. Suda, X. Lu, and H. Zhu, 2018: Zirconium Metal Production by Electrorefining of Zr Oxycarbide, Journal of Sustainable Metallurgy 4, pp.506–515.

47 A. E. van Arkel and J. H. de Boer, 1925: Darstellung von reinem Titanium-, Zirkonium-, Hafniumund Thoriummetall, Z. anorg. u. allgem. Chem. 148, pp.345-350.

48 O. Takeda, T. Uda and T. H. Okabe, 2014: Ch. 2.9 Rare Earth, Titanium Group Metals, and Reactive Metals Production, p.1030, Treatise on Process Metallurgy, Volume 3, Elsevier.

49 L. S. Tian, Y. X. Yin, Z. F. Hu, et al., 2014: Deposition rate of hafnium crystal bar by iodide process, Rare Metals 33(2), pp.161–165.

50 D. Cubicciotti and K. H. Lau, 1979: Thermodynamics of Vaporization of ZrI_4 from Substoichiometric Solid Zirconium Iodides, J. Electrochem. Soc. 126 pp.771-774.

51 W. M. Haynes, David R. Lide, and Thomas J. Bruno, 2014: Section 6 Fluid Properties, p.6-85, CRC Handbook of Chemistry and Physics 95th Ed., CRC Press.

52 M. Lundberg, 2011: Environmental analysis of zirconium alloy production, pp.38-40, Ågströmlaboratoriet, Uppsala Universitet,

53 O. Takeda, T. Uda, and T. H. Okabe, 2014: Ch. 2.9 Rare Earth, Titanium Group Metals, and Reactive Metals Production, p.1039, Treatise on Process Metallurgy, Volume 3, Elsevier Ltd.

54 R. H. Nielsen, 2000: Hafnium and Hafnium Compounds, p.3, Ullmann's Encyclopedia of Industrial Chemistry, Wiley-VCH Verlag GmbH & Co.

55 R. Tricot, 1992: The metallurgy and functional properties of hafnium, Journal of Nuclear Materials 189, pp.277-288.

56 J. C. Sehra, P. L. Vijay, and C. K. Gupta, 1995: Preparation of Zirconium and Hafnium Metal Powders Using Fused Salt Electrolysis, High Temperature Materials and Processes 14(2), pp.115-120.

57 A. P. Mukhachov, E.A. Kharytonova, 2018: Method for Hafnium Powder Production by Electrolisis, PAST 113(1), pp.203-207.

58 L. A. Tavares Pereira, L. G. Martinez, C. S. Mucsi, et al., 2020: On the melting of zirconium alloys from scraps using electron beam and induction furnaces

- recycling process viability, J. Matter. Res Technol. 9(3), pp.4867–4875.

59 R. Fuzita, H. Nakamura, Y. Haruguchi, et al., 2007: Development of a Zirconium Recycle Process from Zircaloy Waste of a Boiling Water Reactor (BWR), Atomic Energy Society of Japan 6(3), pp.343-357.

60 A. E. Bohe, J. J. Andrade Gamboa, E. M. Lopasso, and D. M. Pasquevich, 1996: Zirconium recovery from zircaloy shavings, J. Materials Science 31, pp.3469-3474.

61 K. T. Park, T. H. Lee, N. C. Jo, et al., 2013: Purification of nuclear grade Zr scrap as the high purity dense Zr deposits from Zirlo scrap by electrorefining in LiF–KF–ZrF_4 molten fluorides, J. Nuclear Materials 436, pp.130–138.

62 K. Vutova, V. Vassileva, G. Mladenov, et al., 2011: Electron Beam Melting and Recycling of Hafnium, pp.725-732, Supplemental Proceedings: Vol. 3: General Paper Selections, TMS 2011.

9

텅스텐

Tungsten

제9장 | 텅스텐

Tungsten

1. 서론

텅스텐(tungsten, W, 중석)은 지각 중 원소 존재도가 1.25 ppm(56위)[1]이며, 융점(3,422 ℃)이 가장 높은 대표적인 고융점 희소금속이다. W 광석은 독일의 마테시우스(Johann Mathesius)가 1564년에 처음 언급하였으나,[2] 당시에는 주석(Sn) 광석으로 오인하였다. Sn 제련에서 철망간중석이 주석광에 혼입되면 다량의 주석이 환원되지 못하고 슬래그가 되어 사라지는데, 늑대처럼 이 광석이 주석을 먹어 없앤다는 뜻으로 'wolframite'라 부르고, 그 원소는 'wolfram'으로 부르게 되었다.[3] 크론스테드(A. F. Cronstedt)는 1757년에 지금의 회중석(scheelite, $CaWO_4$)을 '무거운'과 '돌'을 뜻하는 스웨덴어 'tung'과 'sten'을 합성하여 중석인 'tungsten'으로 명명하였으나, 당시 회중석은 Ca을 함유한 철광석으로 여겼다.

스웨덴의 셸레(Carl Wilhelm Scheele)는 1781년에 회중석에서 산화텅스텐을 분리하여 텅스텐산(tungsten acid)이라 명명하였다. 금속 W은 스페인의 엘야르 형제(Don Juan Jose & Fausto de Elhuyar)가 1783년에 목탄으로 텅스텐산을 환원하여 만들었으며 wolfram이라 불렀다.

그리고 텅스텐의 원소 기호는 'tungsten'과 무관하게 wolfram의 두문자인 W를 사용하였다. 1820년에는 브라이트하우프트(J. F. August Breithaupt)가 (Fe, Mn)WO_4를 'wolframite(철망간중석)', 1821년에는 레온하드(K. C. von Leonhard)가 $CaWO_4$를 'scheelite(회중석)'라 명명하여 오늘에 이르고 있다.[4]

표 9.1에는 W의 물리화학적 성질을 나타내었다. W의 융점은 3,422 ℃로 금속 중에서 가장 높으며, 원소 중에서는 탄소 다음으로 높다. W은 비중이 19.3 g/cm^{3}로 금과 동일한 가장 무거운 원소 중 한 가지이며, 광택이 있는 회색의 금속이다. W은 내열성, 내식성, 열전도성, 전기전도성 등이 우수하며, 열팽창률이 낮고 고온(1,650 ℃ 이상)에서는 금속 중 인장

표 9.1. 텅스텐의 물리화학적 성질

Property		Value
Symbol/Atomic number		W / 74
Atomic weight (g/mol)		47.867
Density (g/cm^3)	at 25 ℃	19.3
	at m.p.	17.6
Melting point (℃)		3,422
Boiling point (℃)		5,930
Specific heat CP at 20 ℃ (J/(mol·K))		24.27
Heat of fusion (kJ/mol)		52.31
Heat of vaporization (kJ/mol)		774
Electron config.		[Xe] $4f^{14}$ $5d^4$ $6s^2$
Thermal expansion at 20 ℃ (μm/(m·K))		4.5
Thermal conductivity (W/(m·K))		173
Electrical resistivity at 20 ℃ (nΩ·m)		52.8
Molar magnetic susceptibility at 20 ℃ (cm^3/mol)		$+59.0\times10^{-6}$
Vickers hardness (MPa)		3,430~4,600
Crystal structure		bcc
Color		gray

강도가 가장 높다. 그리고 W 탄화물 등의 합금은 내마모성과 절삭성이 우수하다. 이러한 특성을 살려 고속도강 등의 특수강, 초경합금 등은 물론 조명용 필라멘트 등에 W을 사용한다. 특히 고속도 공구강에는 고경도, 내마모성, 내열성을 위해 W을 첨가하는데 이를 대체할 수 있는 재료가 없는 실정이다.

한편 2020년을 기준으로 전 세계 W 생산량은 약 84,000톤이며, 기계 공업을 비롯한 다양한 첨단산업 분야의 핵심적인 소재로 사용되고 있다. 특히 전 세계 W 제품의 대부분은 분말야금으로 제조되므로, 분말의 특성이 W이나 W 합금에 큰 영향을 미친다.[5] 우리나라는 W 원재료 수요량의 70 % 이상을 중국에서 수입하고 있기 때문에 수급 안정을 위해서도 리사이클링이 필수적이어서 오래전부터 이에 관한 많은 연구를 수행해 오고 있다.[6,7]

2. 텅스텐의 생산량과 용도

그림 9.1에는 W 함량 기준 W 정광의 전 세계 연간 생산량 변화를 나타내었다.[8] 1990년대 후반까지 생산량의 변동이 심했으나 연간 최대 50,000톤까지 생산량이 증가하였다. 2000년대에는 중국의 철강 증산에 따른 고속도 공구강이나 초경 공구용 수요가 증가하면서 생산량이 현저하게 증가하여 최근에는 80,000톤 이상이 생산되고 있다.

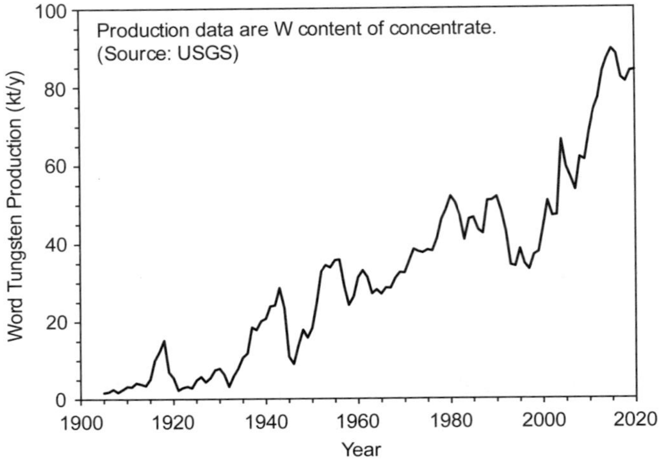

그림 9.1. 정광 중 W 함량 기준 W의 전 세계 생산량 변화

그림 9.2에는 2020년도 기준 나라별 W 함량 기준의 W 광석 매장량과 광석 생산량 비율을 나타내었다.[4] 전 세계 W 광석 매장량의 51.4 %가 중국에 있으며, 전 세계 생산량의 84.2 %가 중국에서 생산될 정도로 현저하게 편재되어 있다. 특히 광석 생산량 상위 4개국을 합치면 전 세계 생산량의 약 95 %를 차지한다. 우리나라에서는 1916년부터 강원도의 상동광산을 비롯하여 경북 옥방광산, 대구 달성광산, 충북 월악광산, 충남 청양광산에서 텅스텐 광석을 채굴하였다. 특히 영월의 상동광산은 우수한 품질의 철망간중석인 wolframite를 채굴해 왔지만, 중국이 W 원료를 대량 공급함에 따라 채산성이 맞지 않아 1994년에 폐광되었다가 최근(2022년) 캐나다의 광산개발사에 의해 채굴을 재개하려고 준비하고 있는 것으로 알려져 있다. 현재 우리나라는 대한중석의 후신인 대구텍*에서 중국 등으로부터 수입한 원료를 사용하여 여러 가지 초경합금 등을 생산하고 있다.

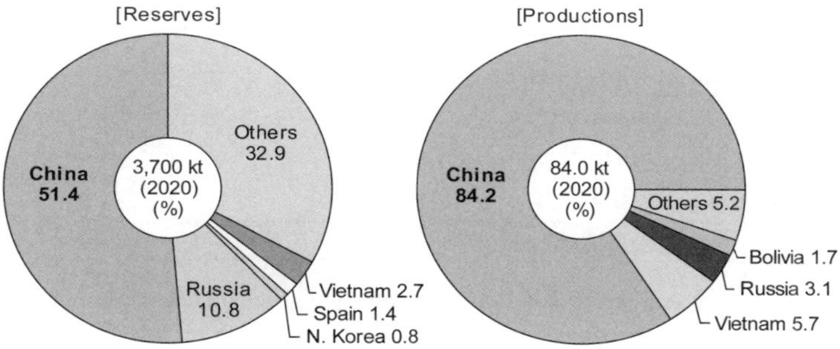

그림 9.2. 국가별 W 매장량과 생산량 비율 비교(Source: USGS)

W은 초경합금(W과 Co, Ta)의 주원료가 되는 대표적인 고융점 금속으로, 그림 9.3에 W의 용도별 사용 비율(2019년 기준)을,[9] 표 9.2에는 W의 특성에 따른 용도를 나타내었다.[10] 생산량의 약 67 %는 WC(텅스텐 카바이드)로 만들어져 사용된다. 그리고 약 14 %는 고속도강이나 공구강, 내열강 등 특수강의 합금원소로 사용되고 있다. 또 고융점 금속인 W

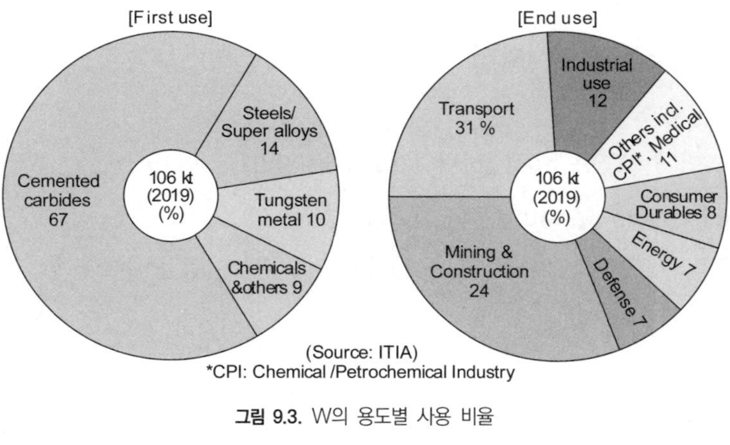

그림 9.3. W의 용도별 사용 비율

---

* 1952년 대한중석광업으로 설립되었으며, 1998년 이스라엘의 IMC 그룹이 대한중석㈜을 인수하여 TaeguTec Ltd.로 상호를 변경하였다. 대구광역시 달성군 가창면 용계리에 소재한다.

의 특성을 이용하여 각종 전구용 필라멘트를 비롯해 용접용 전극, 반도체 배선재 등 다양한 산업 분야의 핵심 소재로 사용되고 있다.

표 9.2. W의 특성에 따른 용도

Application		W properties
Cemented carbides	Metal forming & cutting tools, and construction & mining equipments	High hardness & high compressive strength
Superalloys	Turbine engine components	Corrosion resistance & high temperature strength
Specialty steels	Tool steels & dies	Resistance to thermal & mechanical shock
Mill products	Light filaments, electrodes, & welding applications	High melting point
Others	Includes counterweights & pigments	High density & low vapor pressure

3. 텅스텐의 제련

W이나 WC는 정광을 다단계로 습식처리해 파라텅스텐산 암모늄(ammonium paratungstate, APT, $5(NH_4)_2O \cdot 12WO_3 \cdot 5H_2O$)으로 추출한 후, APT를 하소(calcination)시켜 얻은 WO_3 등을 수소환원하거나 탄화시켜 만든다.[4]

1) 텅스텐의 원료

W의 원료에는 주로 철망간중석계의 철망간중석(wolframite, (Fe,

Mn)WO_4), 철중석(ferberite, $FeWO_4$), 망간중석(hubnerite, $MnWO_4$)과 회중석(scheelite, $CaWO_4$)이 있으며, 표 9.3에 이러한 W 광석의 물성 등을 나타내었다.[11] 이 외에도 stolzite($PbWO_4$), cupritungstite($CuWO_4$) 등 W을 함유한 여러 가지 광석들이 알려져 있으나 주로 철망간중석과 회중석을 제련 원료로 사용한다. 이러한 광석을 선광 처리하여 WO_3가 65 % 이상인 정광(concentrate)을 얻고 습식으로 처리하여 순수한 WO_3로 만든다.

표 9.3. 텅스텐 광석의 특성

Name		Formula	WO_3 wt%	Crystal struct.	Appearance
Wolframite group	Feberite	$FeWO_4$	76.3	mono	Black, submetallic to metallic
	Hubnerite	$MnWO_4$	76.6	mono	Reddish brown to black, submetallic adamantine
	Wolframite	(Fe,Mn)WO_4	76.5	mono	Dark gray to black, submetallic to metallic
Scheelite		$CaWO_4$	80.6	tetr	Pale yellow, brown, commonly white, Vitreous to resinous

2) 텅스텐 정광의 습식처리

국제시장에서는 대부분 APT와 WO_3 분말이 W 원료로 거래되고 있다. 따라서 W 제련의 첫 단계는 선광한 텅스텐광(정광)을 여러 단계로 습식처리해 APT를 추출하는 것이다. 그림 9.4에는 정광으로부터 APT까지 추출하는 공정을 종합하여 나타내었다.[11] W 정광의 습식처리는 크게 정광의 용해, 용액의 정제, APT의 정출 등으로 분류하지만, 다음과 같은 다단계 공정으로 이루어진다.[12]

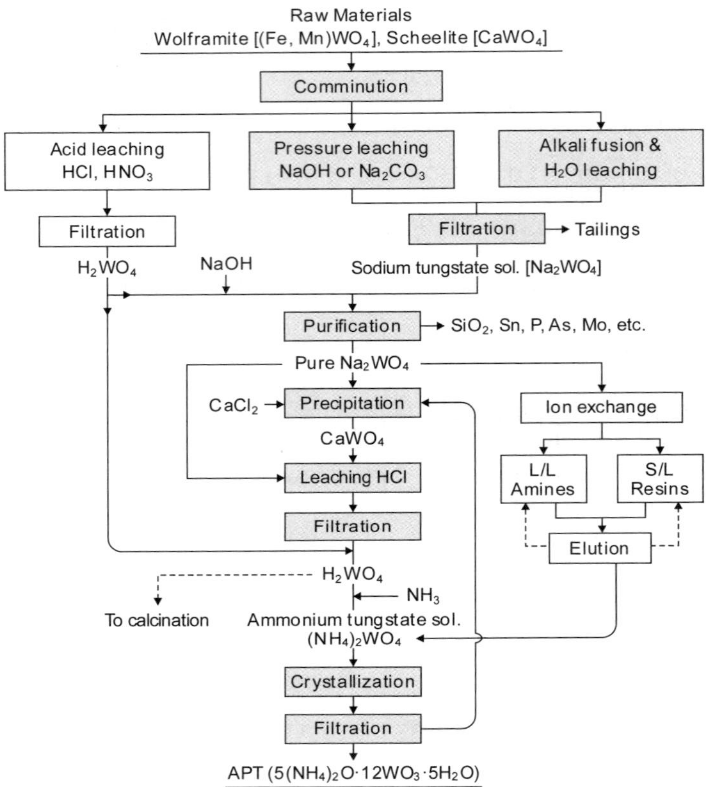

그림 9.4. 파라텅스텐산 암모늄(APT)을 만드는 일반적인 공정도

(1) W 정광의 용해

분쇄한 W 정광을 NaOH(가성소다)나 Na_2CO_3(탄산소다)에 의한 알칼리 가압 추출법 및 알칼리 용융법으로 분해하고 수 침출하여 텅스텐산나트륨(Na_2WO_4) 용액으로 만들지만, 염산 등의 산 침출로 텅스텐산(H_2WO_4)을 만들기도 한다. 철망간중석과 회중석은 다음 식과 같이 분해 및 침출시킨다.[4]

$$(Fe,Mn)WO_4 + 2NaOH = (Fe,Mn)(OH)_2 \downarrow + Na_2WO_4 \quad (9.1)$$

$$CaWO_4 + Na_2CO_3 = CaCO_3 + Na_2WO_4 \quad (9.2)$$

$$CaWO_4 + 2HCl = H_2WO_4 + CaCl_2 \quad (9.3)$$

(2) 텅스텐산나트륨(Na_2WO_4) 용액의 정제

알칼리 분해 및 침출법으로 얻은 Na_2WO_4에는 원료 중 P, Si, Mo, As, Al, Sn 등의 불순물도 용출되어 Na_2HPO_4, Na_3PO_4, Na_2SiO_3, Na_2MoO_4, Na_3AsO_3, Na_3AsO_4, $NaAlO_3$, Na_2SnO_3 등의 Na염이 존재한다. 따라서 Na_2WO_4 용액을 올리버 필터[13] 등으로 감압·여과하여 불순물 염들을 제거하고, 여액을 염산으로 중화시켜 pH를 8.5~9.0으로 맞추면 Si, Al, Sn 등의 불순물이 다음 식과 같이 H_2SiO_3, $Al(OH)_3$, H_2SnO_3의 겔상으로 침전되므로 여과하여 분리한다.[4]

$$Na_2SiO_3 + 2HCl = H_2SiO_3 \downarrow + 2NaCl \quad (9.4)$$

P이나 As 등은 HCl로 중화하고 저온에서 마그네시아(MgO) 혼합액을 첨가하여 NH_4MgAsO_4, NH_4MgPO_4의 화합물로 침전시켜 여과 분리한다. 일반적으로 W 정광의 Mo 함량은 매우 낮으나, Mo은 Na_2WO_4 용액에서 Mo 당량 이상의 NaHS나 Na_2S를 첨가한 후 염산으로 용액의 pH를 2.8~3.0으로 맞추어 가열하면 다음 식과 같이 화합물이 생성되므로 MoS_3를 여과·분리하여 제거한다.[12,14]

$$Na_2MoO_4 + 4Na_2S + 4H_2O = Na_2MoS_4 + 8NaOH \quad (9.5)$$

$$Na_2MoS_4 + 2HCl = MoS_3 + 2NaCl + H_2S \quad (9.6)$$

이 방법으로 Mo의 약 98 % 이상을 제거할 수 있으나, 탈Mo 처리 공정에서 발생하는 $H_2S(g)$나 폐수로 인한 환경문제 때문에 선호하지는 않는다.

Liansheng 등은 텅스텐산염 용액 중의 Mo을 이온 교환 수지를 이용하여 다음 식과 같이 제거하였다.[15]

$$\overline{R_2WO_4} + MoS_4^{2-} = \overline{R_2MoS_4} + WO_4^{2-} \quad (9.7)$$

이온 교환 수지에 흡착된 Mo은 다음 식과 같이 탈착한다.

$$\overline{R_2MoS_4} + 16NaClO + 8NaOH = 2\overline{RCl} + Na_2MoO_4 + 4Na_2SO_4 + 14NaCl + 4H_2O \quad (9.8)$$

(3) 텅스텐산칼슘($CaWO_4$)의 제조

정제한 Na_2WO_4 용액에 $CaCl_2$액을 첨가하고 가열하여 다음 식과 같이 $CaWO_4$의 백색 침전을 만들어 후속 공정의 장애 요인인 Na을 제거하는데, 완전한 제거를 위해 $CaWO_4$를 반복하여 수세한다.[12]

$$Na_2WO_4 + CaCl_2 = CaWO_4\downarrow + 2NaCl \quad (9.9)$$

(4) $CaWO_4$의 산분해

고품위 회중석이나 식(9.9)에서 얻어진 $CaWO_4$는 식(9.3)과 같이 가열한 진한 염산으로 분해하여 Ca을 제거한 텅스텐산(H_2WO_4)으로 만든다. Decant법으로 얻어진 H_2WO_4를 충분히 수세하여 가용성인 Ca을 제거한다.[14]

(5) 텅스텐산암모늄($(NH_4)_2WO_4$) 용액의 생성

텅스텐산암모늄 용액은 다음 식과 같이 H_2WO_4 슬러지에 암모니아수를 첨가하고 용해시켜 만든다.

$$H_2WO_4 + 2NH_4OH = (NH_4)_2WO_4 + 2H_2O \quad (9.10)$$

H_2WO_4의 용해반응은 발열반응이지만, 반응을 완전하게 달성시키기

위해 가압·가온한다. 그리고 생성된 $(NH_4)_2WO_4$ 용액은 냉각 후 여과하여 분리한다. 이때 H_2WO_4에 잔류하던 미분해 $CaWO_4$ 등이 미용해 잔사로 남으므로 회수 공정으로 보낸다.[12]

(6) APT의 정출(crystallization)

텅스텐산암모늄($(NH_4)_2WO_4$) 용액을 감압 가열하여 1/10 정도까지 농축시키면 판상의 APT가 정출된다. 이 과정에서 Mo과 Na은 각각 1/10 및 1/5~1/10 정도까지 감소하는 등 정제 효과도 우수한 편이다.[12] 또 고순도 APT의 정출 조건을 달리하면 다른 용도로도 사용할 수 있으며, W과 WC 분말을 비롯한 형광안료, 촉매, 전자접점, 전자관 재료 등의 출발원료로 사용하기도 한다.[4]

3) 금속으로의 환원

그림 9.5에는 APT로부터 만들어지는 주요 중간상들을 나타내었다.[16] 고순도 W 분말은 APT 자체를 출발원료로 사용하여 만들기도 하지만, 대부분은 공기나 불활성 분위기에서 APT를 배소 및 하소한 WO_3(yellow oxide)나

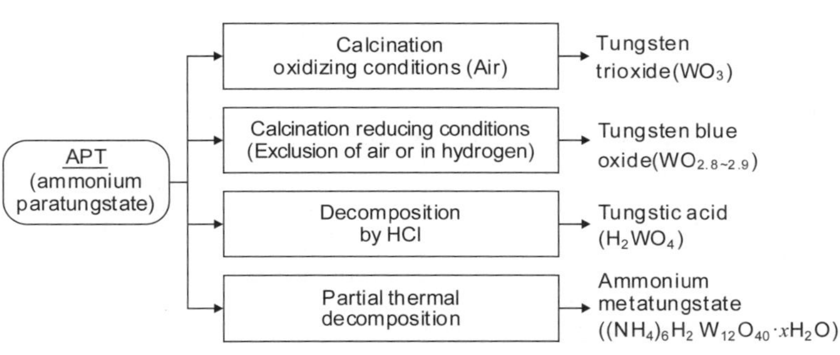

그림 9.5. APT에서 만들어지는 주요 중간상

$WO_{2.8\sim2.9}$(blue oxide)를 수소로 환원하여 만든다.

WO_3 분말의 수소환원에 사용되는 가열 환원로에는 두 가지 형태가 있다.

① 각형 환원로(pusher type furnace): 원료 분말을 충진한 스테인리스강으로 만든 보트를 일정 시간마다 노 내로 밀어 넣는다. 노 내는 600~1,100 ℃에서 몇 개의 다른 온도로 제어한다.

② 회전 환원로(rotary furnace): 보트를 사용하지 않고, 회전하는 노 내에 원료 분말을 정량 공급한다.

WO_3 분말을 700~1,000 ℃의 수소 기류 중에서 약 3시간 동안 가열하여 환원하면 W 분말이 얻어지며, 총괄 반응식은 다음과 같다.

$$WO_3 + 3H_2 = W + 3H_2O \quad (9.11)$$

그림 9.6에는 H_2(g)에 의한 WO_3 → α-W의 환원반응 경로를 나타내었다.[17] 환원반응은 다음의 세 가지 경로를 거쳐 일어나며, 각각의 반응 경로와 대략적인 온도 범위는 다음과 같다.

$$WO_3 \rightarrow WO_{2.9} \rightarrow [\beta - W] \rightarrow [\alpha - W] \quad (500\sim575\ ℃) \quad (9.12)$$

$$WO_3 \rightarrow WO_{2.9} \rightarrow WO_2 \rightarrow [\alpha - W] \quad (575\sim900\ ℃) \quad (9.13)$$

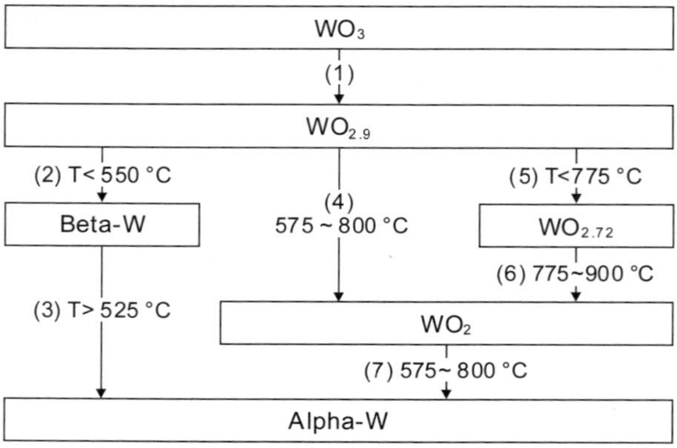

그림 9.6. WO_3에서 α-W으로의 환원반응 경로

$$WO_3 \rightarrow WO_{2.9} \rightarrow WO_{2.72} \rightarrow WO_2 \rightarrow [\alpha - W] \quad (775\text{~}900\ ℃) \qquad (9.14)$$

한편 그림 9.6의 괄호 속 번호는 다음과 같다.[18]

(1) 고온의 수소 분위기에서 WO_3가 환원되어 최초로 생성되는 것은 $WO_{2.9}$이며, 반응 온도에 따라 (2), (4), (5)의 경로를 거쳐 환원된다.

(2) 550 ℃ 이하에서 환원반응이 지속되면 β-W으로 된다.

(3) 525 ℃ 이상에서는 β-W이 α-W으로 상변태된다.

(4) 575~800 ℃ 구간에서 환원시키면 $WO_{2.9} \rightarrow WO_2$로 환원된다.

(5) 775 ℃ 이하에서는 $WO_{2.9} \rightarrow WO_{2.72}$로 환원된다.

(6) 775~900 ℃ 구간에서는 $WO_{2.72} \rightarrow WO_2$로 환원된다.

(7) 575~800 ℃ 구간에서는 $WO_2 \rightarrow \alpha$-W으로 환원되며, $WO_3 \rightarrow \alpha$-W 반응의 율속단계이다.

표 9.4에는 WO_3를 W으로 환원하는 과정에서 생성되는 주요한 산화물들의 몇 가지 물성을 나타내었다.[18] 각각의 환원 과정에서 WO_3는 노란색(yellow), $WO_{2.9}$는 암청색(blue), WO_2는 갈색(brown)을 나타낸다.

표 9.4. WO_3를 W으로 환원하는 과정에서 생성되는 주요한 상들의 물성

Formula	$WO_3(\alpha)$	$W_{20}O_{58}(\beta)$ $WO_{2.9}$	$W_{18}O_{49}(\gamma)$ $WO_{2.72}$	$WO_2(\delta)$	β-W	α-W
Color	yellow	blue	red violet	brown violet	grey	grey
Structure	TG-OR*	MC*	MC*	TG-MC*	cubic	bcc
Comp. range		$WO_{2.92}$ ~$WO_{2.84}$	$WO_{2.75}$ ~$WO_{2.65}$	$WO_{2.05}$ ~$WO_{2.00}$	-	-
Density(g/cm^3)	7.27	7.15	7.96	10.82	19.0	19.4
M.P.(℃)	1,472	-	-	-	-	3,410
B.P.(℃)	-	-	-	-	-	5,660
Sublimation (℃)	≧1,300	>1,400 $WO_{2.9}$ →$WO_{2.72}$	>1,400 $WO_{2.72}$ →WO_2	-	-	-

* TG: tetragonal, OR: orthorhombic, MC: monoclinic

WO_3는 700 ℃ 이상의 수소 분위기에서 약 3시간 동안 환원하면 100 %의 환원율을 나타낸다. 각 환원 과정에서, $WO_3 \rightarrow WO_2$의 반응 속도는 빠르지만 $WO_2 \rightarrow W$의 반응 속도는 느린데, 이러한 환원반응 속도는 환원 온도, WO_3 장입량, 수소의 유량(유속), 수증기량 등의 영향이 크다. 그리고 환원된 W 분말의 평균 입도는 원료의 종류, 충진량, 수소 가스의 유량과 순도, 환원 온도 등의 영향을 많이 받는다.[19] 일반적인 입도는 0.3~8 μm 정도지만 환원 방법이나 LiOH, NaOH 등의 첨가제를 달리하면 보다 큰 입자를 제조할 수도 있다.

4) 텅스텐 카바이드의 제조

초경합금으로 사용하는 WC 분말은 W과 C을 다음 식과 같이 직접 반응시켜 만든다.

$$W + C = WC \tag{9.15}$$

수소로 환원한 W 분말과 6.2~6.3 %의 C 분말을 충분히 혼합하여 그라파이트제 도가니에 장입한 다음, 진공이나 수소 분위기 중의 탄화로에서 원하는 WC 분말의 입도에 맞추어 약 1,400 ℃(1,300~2,000 ℃)로 가열하면 H_2와 C, W 사이의 활발한 기상반응에 의해 WC가 만들어진다.[19] WC 분말의 입도는 원료인 W 분말의 크기에 의존하지만 0.5~20 μm 정도로 되며, 탄화반응에서 입자가 성장하므로 0.5 μm 이하의 미세 분말을 만드는 것은 쉽지 않다. 탄화반응이 완료된 WC는 충격 파쇄기 등으로 분쇄한다.

한편 일반적으로 WC는 식(9.15)의 반응으로 만들지만, 다음 식과 같이 WO_3와 탄소(또는 CO_2)를 수소 분위기에서 반응시키는 직접 탄화반응으로 만들기도 하며, WO_3와 C의 배합비에 따라 0.1~0.3 μm 정도의 WC 분말을 만들 수도 있다.

$$WO_3 + 4C = WC + 3CO \tag{9.16}$$

이러한 직접 탄화반응은 $WO_3 \rightarrow WO_2 \rightarrow W \rightarrow W_2C \rightarrow W$로 일어나는 것으로 생각하고 있다. 그러나 수소 분위기 중에서 가열하면 WO_3는 C보다 선행하여 H_2에 의해 환원되며, 이때의 반응식은 다음과 같다.[20]

$$WO_3 + H_2 = H_2O + WO_2 \tag{9.17}$$

$$WO_2 + 2H_2 = 2H_2O + W \tag{9.18}$$

$$W + C = WC \tag{9.19}$$

따라서 수소환원으로 생성된 H_2O가 고온에서 C과 반응하므로 탄소량과 입도, 형상이 양호한 WC 분말을 얻기 힘들다.[21] Miyake 등은 이러한 문제점을 해결하기 위해 질소 분위기 중에서 WO_3 분말을 탄소로 환원한 후 수소 분위기에서 탄화하는 2단계법을 제안하였다.[22] 질소 분위기에서의 1단계 환원에서는 배합 탄소량, 반응 온도 등에 따라 잔존 탄소량의 변동이 있지만, 수소 분위기의 반응에서는 침탄에 의한 탄소량 변동이 적어 직접 탄화반응에 의한 WC보다 정밀한 탄소량 제어가 가능한 것으로 보고하였다.

한편 그림 9.7에는 Allied Materials사의 2단계 로터리 킬른에서 WO_3와 카본 블랙(carbon black)으로 직접 WC를 만드는 공정도를 나타내었다.[21,23] 평균 입자 크기는 78 nm(4.88 m^2/g)인 것으로 알려져 있다. 최근에는 이러한 2단계의 직접 탄화법을 이용하여 나노 크기의 WC를 제조하기도 하였다.[24,25] 그리고 WO_3 분말을 CH_4-H_2의 혼합가스로 환원-탄화한 결과도 보고되어 있다.[26,27]

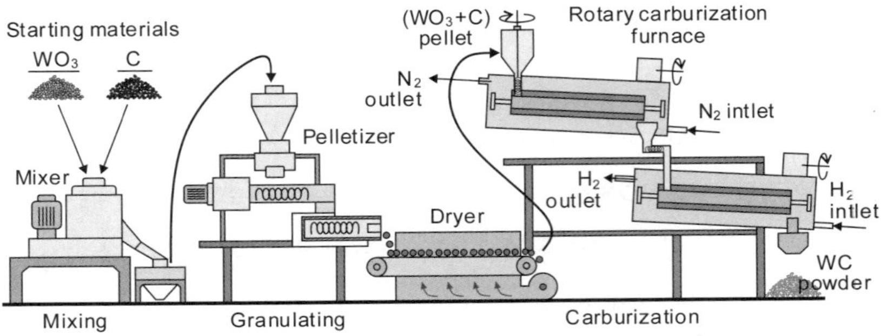

그림 9.7. LMT(Allied Materials)의 초미세 WC 제조 공정도

4. 텅스텐의 리사이클링

1) 텅스텐 및 합금 스크랩

W은 초경합금으로 많이 사용되며, 스크랩의 형상에 따라 분말상의 소프트 스크랩(soft scrap)과 고형의 하드 스크랩(hard scrap)으로 구분한다. 소프트 스크랩은 초경합금의 소재 회사나 초경공구 회사에서 발생하는 것으로, W 함유량은 다르나 초경 원료분말 제조 공정 중에 발생하는 폐W 및 폐WC 분말과 초경 제품 연삭 중에 발생하는 연삭 슬러지 등이 있다. 그리고 하드 스크랩에는 절삭칩, 드릴, 금형 등이 있다.[28] 또 초경합금 스크랩은 발생원에 따라 제조 공정에서 발생하는 것과 사용 후 폐기되는 초경공구로 구분할 수 있다. 제조 공정에서 발생하는 것으로는 가공 절단편이나 불량품, 연삭 및 연마 슬러지 등이 있으며, 대부분 제조 공정으로 순환시켜 재이용하거나 별도로 회수하여 리사이클링하기도 한다.

그림 9.8에는 ITIA*에서 보고한 2016년 기준의 W 리사이클링에 관한 물질 흐름을 나타내었다.[29] 제품 생산에 필요한 수요량(108,500톤)의 약 35 %는 스크랩을 리사이클링한 것에서 공급되지만, 사용 후 제품(EoL)에서 리사이클링되는 것은 30 % 수준이다. W은 WC로 가장 많이 사용되지만, 연간 약 67,000톤이 폐기되는 실정이므로 WC 등의 리사이클링이 중요하다.

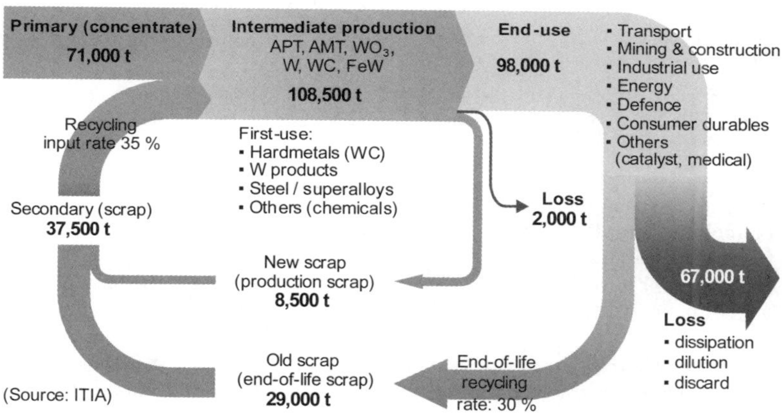

그림 9.8. 2016년 기준의 전 세계 W 물질흐름(Source: ITIA 2018)

표 9.5에는 스크랩 종류에 따른 불순물과 W 농도를 나타내었는데,[4,30] 초경합금 등에 W 함유량이 가장 많은 것을 알 수 있다. 특히 인서트형 초경합금 절삭공구들은 대부분 완전히 소모되기 전에 국부적인 마모로 더 이상 제 기능을 발휘하지 못하여 전량 폐기한다. 따라서 이러한 초경합금 스

---

* ITIA: International Tungsten Industry Association

크랩들을 효율적으로 리사이클링할 수 있는 기술을 개발해야 한다. 특히 중국 의존도가 높은 W 자원의 안정적인 공급을 위해서 장기적으로 순환 이용이 가능한 공급선 확보를 위해서도 리사이클링이 필요하다.

표 9.5. WC 스크랩의 종류, W 함유량, 주요 불순물 및 스크랩 발생원

Scrap type	W (wt%)	Impurities	Scrap sources
W powder (high purity and pure)	98~99	-	Generated during powder metallurgy & machining
Oxide dispersed W alloys (Oxide: ZrO_2, ThO_2, CeO_2, La_2O_3)	96~98	Hf, La, Mo, Re, Ta, Ti, Y	W-Re alloy used in thermonuclear fusion reactor components as of its refractory & low-sputtering properties; erosion/radiation cause damage to the components such as diverters & protection tiles
WC hard metal pieces or tool bits scraps (containing Co & Ta)	60~97	C, Co, Cu, Fe, Ti	Petroleum & mining industries
Heavy metal based W alloys	92~94	Co, Fe, Ni	Alloying, aerospace & defense industries
Heavy metal turnings or alloy powder scraps	92~97	Co, Cu, Fe, Mn, Ni	Defense & civil industries, generated during powder metallurgy & machining of the parts
Waste, W-Cu boring dust, W-Cu powder & green compacts	60~90	Co, Cu, Fe	Electronic industries
Cutting sludge	70~80	Nb, Al, Mo	Generated hardmetal carbides such as WC sludge, grinding swarf, overspray, filters, and grindings powder
Grinding sludge	30~60	Co, Cr, Fe, Ni, Si, Ta	
Metallurgical sludge/cake	3~20	Mo, Ni, Co, Al, Si	Land residues disposed of recover from the tailings & the effluents of other metallurgical processes
Metallurgical dusts	5~15	Co, Cr, Fe Mo, Ni, etc.	
W-Ni spent catalysts	5~15	Al, Fe, Mo, P, S, Si	In the form of turning & swarf

2) 초경합금 등의 리사이클링 개요

W 합금 등의 리사이클링 기술에는 WC 분말 재생의 직접 처리, 화학적 처리에 의한 APT 제조, 초경합금 중 바인더 금속만 제거하는 반직접법 및 용융법이 있다. 그림 9.9에 이러한 W 합금 등의 리사이클링 기술 개요를 나타내었다.[31,32]

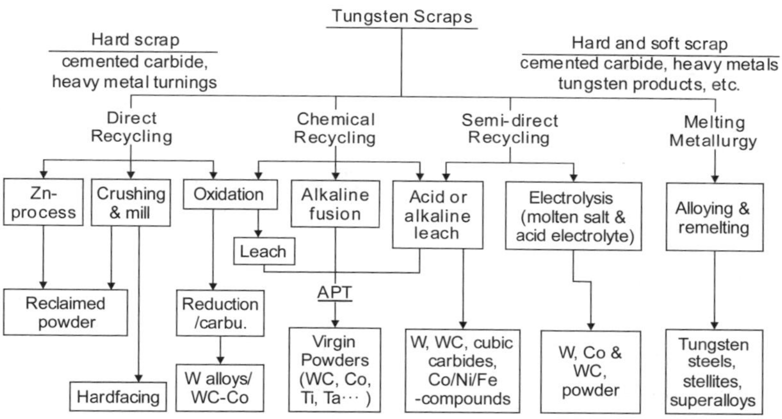

그림 9.9. 텅스텐 스크랩의 리사이클링 기술 비교

Zeiler 등의 분류[7]에 의하면 직접 처리법(direct recycling)은 물리적 또는 화학적인 방법을 통하여 스크랩과 동일한 조성의 분말로 리사이클링하는 방법이다. 따라서 가능한 한 스크랩이 고순도여야 한다. 화학적 처리법(chemical recycling)은 기본적으로 스크랩을 화학적인 방법에 의한 순수한 APT나 산화-환원반응에 의한 W 합금이나 WC-Co 분말로 리사이클링하는 방법이다. 특히 APT로 리사이클링하는 것은 정광을 처리하는 방법과 유사하지만, W 금속이나 WC를 알칼리 용액 중에 용해될 수 있는 W^{+6}로 변환하기 위해 공기를 이용하거나 화학적으로 산화시켜

야 한다. 반직접법(semi-direct recycling)은 W의 2~3성분계 합금의 바인더 성분을 산이나 알칼리 용액에 의한 선택적 용해로 제거하는 방법이다. 용융법(melting metallurgy)은 W 스크랩을 W 합금강 등을 제조하기 위한 원료인 페로텅스텐의 대체재로 사용하는 방법이지만, 더 이상 W으로 리사이클링하지는 못한다.

3) 직접 처리법

초경합금 스크랩에서 WC 분말을 재생하는 직접 처리법으로는 아연 처리법, 저온 분쇄법, 고온 처리법, 산 침출법 등이 개발되어 있다.

(1) 아연 처리법(zinc process)

아연 처리법은 트렌트(Edward Moore Trent)[33]가 1944년에 황동을 인발하는 다이(WC+Co)가 고온에서 아연에 의해 손상되는 것으로부터 고안한 방법이다. 초기에는 스크랩을 아연으로 처리한 후 Zn와 WC의 바인더 금속으로 사용된 Co를 산 침출로 제거하였으나, 1971년에 Barnard 등이 상대적으로 증기압이 높은 Zn를 진공 증류하여 제거하는 방법을 개발하였다.[34] 현재 적용되고 있는 아연 처리법은 Barnard 등의 특허에 기초한 것이며, 다음의 2단계 반응으로 폐초경합금을 리사이클링 한다.[35]

① Co-Zn의 합금화

② 증류에 의한 합금 중의 Zn 제거

그림 9.10에 이러한 아연 처리법의 공정도를 모식적으로 나타내었다.[4,36] 흑연 도가니 중에서 용융시킨 아연 용탕에 초경합금을 침지시키면

Zn와 Co가 합금화되어 부피가 팽창하므로 쉽게 분쇄할 수 있다. 또 초경합금이 950 ℃ 이상의 Zn 증기와 접촉하면 층상 조직이 만들어진다. Zn-Co의 합금화가 완료되면 Zn의 융점(907 ℃) 이상으로 승온 및 감압하여 Zn를 증발시켜 제거하면 초경합금에 기공이 생성되므로 쉽게 분쇄할 수 있다.

이와 같이 아연 처리법은 초경합금 스크랩이 직접 WC-Co 분말로 리사이클링되지만, 회수한 합금 분말의 품질이 떨어지고, 동일한 초경 제품에 적용하기 위해서는 동일한 WC 입도별로 분류하여 처리해야 하는 단점이 있다. 그러나 아연법은 공업적 기술이 이미 검증되어 상용화된 공법

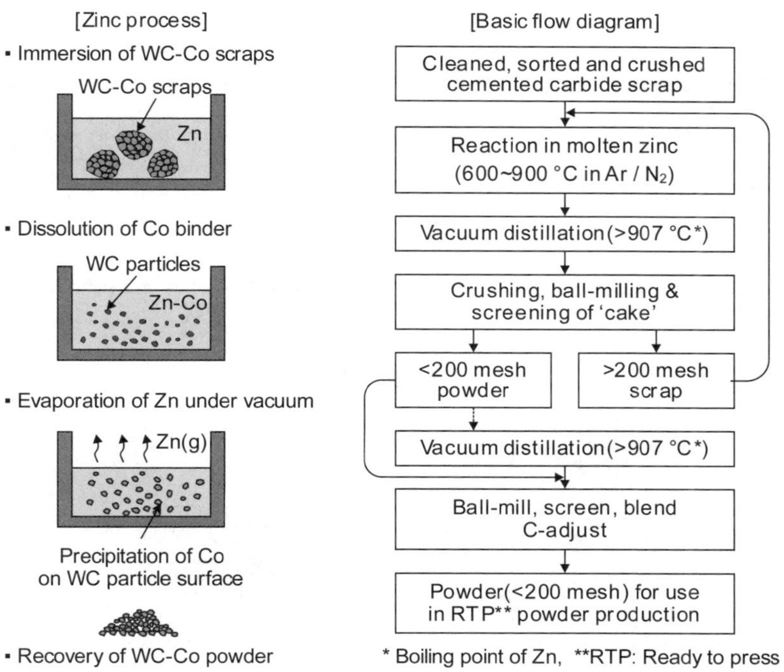

그림 9.10. 초경합금 스크랩의 아연 처리법 공정도

으로, 설비와 공정이 비교적 간단하며 친환경적이고 경제적이라는 장점이 있어 널리 사용되고 있다. Nakamura 등은 Zn 대신에 Sn을 이용하여 WC 입자를 회수하였으나, WC의 회수율이 낮고, WC 중의 Sn 화합물 등을 염산으로 제거하여야 하는 등의 문제점이 있었다.[37]

(2) 콜드 스트림법(cold-stream process)

초경 스크랩은 특성상 파쇄가 곤란하지만 금속의 저온취성을 이용하여 냉각시키면 파쇄하기 쉽다. 콜드 스트림법은 아연 처리법이 개발되기 전까지 범용적으로 사용한 방법으로, 그림 9.11에 콜드 스트림법 장치를 나타내었다.[38] 사전에 3 mm 이하로 분쇄한 초경 스크랩을 고압의 공기와 함께 벤추리 노즐(Venturi nozzle)을 통과시켜 고압용기(blast chamber) 중의 초경질 타깃(target)에 분사시켜 분쇄한다. 이때 벤추리 노즐의 출구에서 공기 팽창으로 용기 내부가 단열 냉각되어 0 ℃ 이하가 되는 원리로 조대한 입자들이 저온에서 충돌하면서 분쇄되며, 큰 입자들

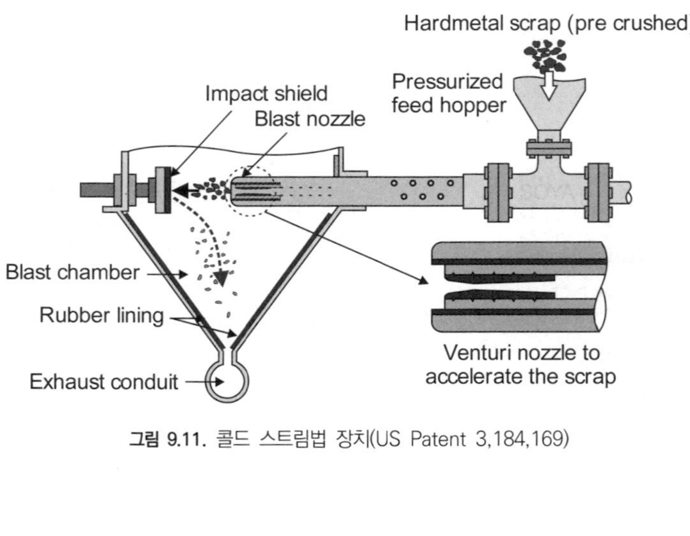

그림 9.11. 콜드 스트림법 장치(US Patent 3,184,169)

은 재분쇄한다. 이러한 저온 파쇄법은 WC 등의 과도한 산화를 방지할 수 있어서 아연 처리법으로 리사이클링한 WC 분말을 분쇄하는 데도 사용한다. 그러나 Co 함유량이 높은 초경합금은 분쇄하기 힘들며, 리사이클링재의 품질 문제 때문에 아연 처리법이나 고온 처리법 등과 마찬가지로 한정된 용도로만 사용한다.[4]

(3) 고온 처리법(high temperature treatment)

고온 처리법은 초경합금 스크랩을 선별하여 세척·건조 후 Co 함유량에 따라 1,800~2,300 ℃에서 열처리한 다음 파·분쇄하는 방법이다. 초경합금을 고온에서 열처리하면 합금 중의 바인더 금속인 Co 중의 용존 가스가 발포되어 부풀어 올라 쉽게 분쇄되는 스펀지 상태가 된다. 발포된 스크랩을 냉각하여 조 크러셔(jaw crusher)나 롤 크러셔(roll crusher) 등으로 1차 파쇄를 하고, 이어서 어트리터 밀(attritor mill)로 미분쇄하고 조성을 조정하여 재생 WC-Co 분말로 만든다.[39] 그러나 고온 처리법으로 회수한 분말은 WC 입자가 커서 한정된 용도로만 사용할 수 있으며, 경제성, 생산성 등의 문제로 공업화에 이르지는 못하였다.

(4) 산화-환원 처리법

WC-Co 합금 스크랩을 600 ℃ 이상의 산화 분위기(대기)에서 W 산화물과 $CoWO_4$로 산화시키고 이어서 수소로 환원한다. 환원 생성물을 다시 카본과 혼합하여 탄화시키면 WC-Co 혼합 분말을 얻을 수 있다.[40] 한편 800 ℃의 공기 분위기에서 W-NiCo, W-NiCu, W-NiFe 등의 가공 공정에서 발생한 터닝(turning) 스크랩을 산화시켜 분쇄하고 채질한

후, 900~1,000 ℃의 수소 분위기에서 환원시켜 리사이클링하는 방법도 알려져 있다.[41,42]

4) 화학적 처리법

화학적 처리법은 W 정광의 습식 분해법을 응용하여 초경합금 스크랩 중의 W을 APT 상태로 추출하여 리사이클링하는 것이다. 따라서 W 광석의 분해와 마찬가지로 스크랩을 산화-가성소다 침출, 용융염 용해, 산 침출 등의 방법으로 처리한다. 특히 화학적 처리법은 W 정광 처리 설비를 가진 회사에서 현재까지 적용하고 있는 공법으로, 처리 공정이 길고 습식 공정이어서 환경부하가 크지만, 아연법과 더불어 상용화되어 있는 리사이클 공정이다.*

(1) 산화-가성소다 침출법

초경합금 스크랩을 산화시켜 가성소다(NaOH)로 침출하여 W을 텅스텐산나트륨 용액으로 추출하고, 탈Si 처리 등을 한 후에 텅스텐산칼슘으로 침전시키는 것이다. 그림 9.4의 습식처리법과 같은 방법이므로 원소재와 동등한 품질의 W이나 WC 분말로 리사이클링할 수 있으며, 그림 9.12에 공정도를 나타내었다.

우선 초경합금 스크랩의 산소에 의한 산화반응은 다음 식과 같다.

$$WC + 5/2O_2 = WO_3 + CO_2 \qquad (9.20)$$

$$WC + Co + 3O_2 = CoWO_4 + CO_2 \qquad (9.21)$$

---

* 대구텍 안동길 박사의 사신(2021.10.)

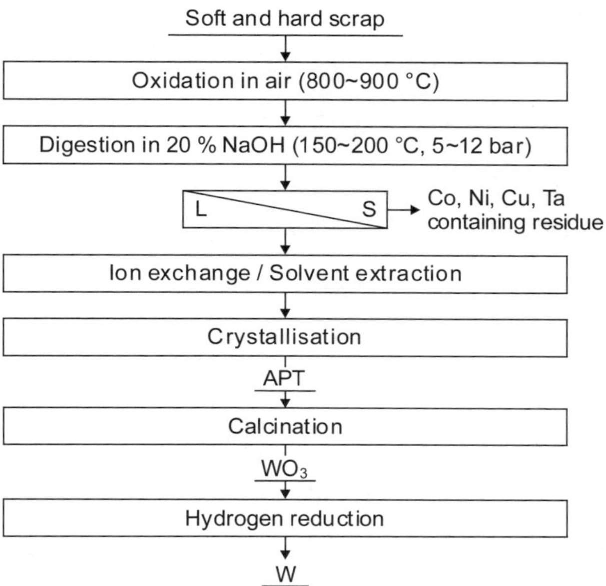

그림 9.12. 산화-가성소다(NaOH) 침출법의 공정도

산화된 스크랩을 분쇄하고 체가름(sieving)하여 작은 입자들만 가성소다로 다음 식과 같이 침출하며,[39] 큰 입자들은 산화 공정으로 되돌려 보낸다.

$$WO_3 + 2NaOH = Na_2WO_4 + H_2O \qquad (9.22)$$

$$CoWO_4 + 2NaOH = Na_2WO_4 + Co(OH)_2 \qquad (9.23)$$

이 방법은 공정이 복잡할 뿐만 아니라, 대형 스크랩은 산화와 파쇄에 많은 시간이 소요되는 문제점이 있었다. 그러나 최근에는 이온 교환법이나 용매 추출법 등을 적용한 공정 간소화 및 잔사 중의 유가금속 회수 기술이 발달하여 선호하는 공정이 되었다.[29] 특히 정광을 처리하는 W 제련 시설이 구비된 곳에서는 쉽게 적용할 수 있는 처리법이다.

(2) 용융염 용해법(Alkaline fusion)

용융염 용해법은 고온의 $NaNO_3$ 등을 이용해 초경합금 등을 산화와 동시에 용해하는 방법으로, 그림 9.13과 그림 9.14에 장치의 모식도와 처리 공정도를 나타내었다.[43]

용융염 용해법에서 WC의 용해반응은 다음과 같다.[44]

$$WC(s) + 3NaNO_3(l) + 1/4O_2(g) = Na_2WO_4(l) + 1/2Na_2O(l) + 3NO(g) + CO_2(g) \quad (9.24)$$

$$WO_3(powder) + Na_2O(l) = Na_2WO_4(l) \quad (9.25)$$

특히 $NaNO_3$의 산화력이 강하여 Co, Ta, Ti, V, Cr, Ni 등의 불순물도 산화된다. 또 V과 Cr은 수용성인 $NaVO_3$, Na_2CrO_4가 되므로 WC 분말에 의해 다음 식과 같은 치환반응으로 Cr_2O_3가 만들어진다.[44]

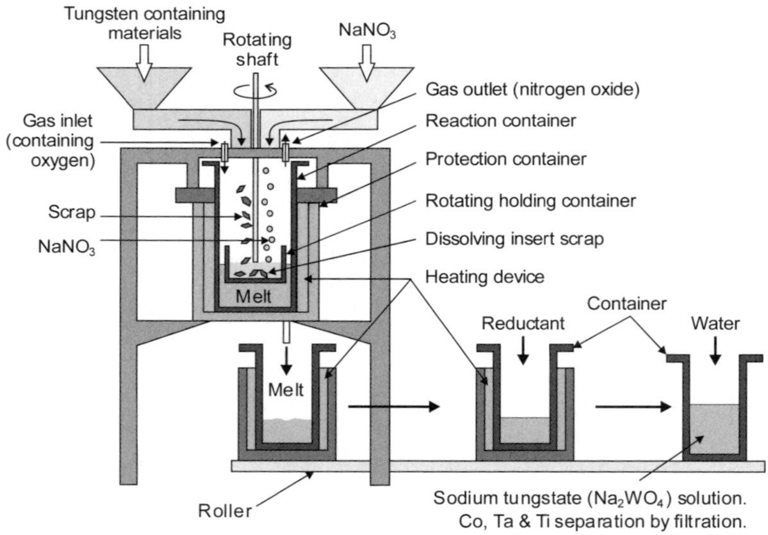

그림 9.13. 용융염 용해법 장치의 모식도

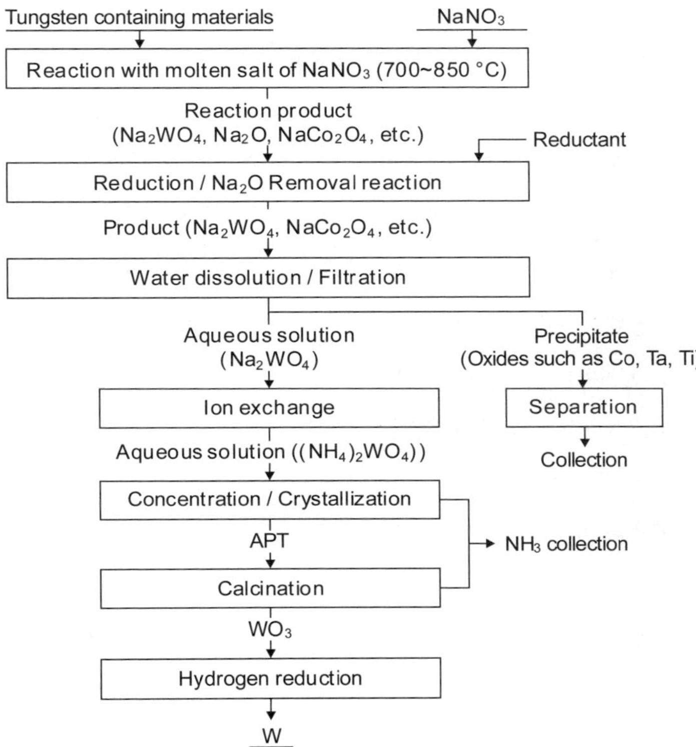

그림 9.14. 용융염 용해법의 기본 공정도

$$WC(powder) + Na_2CrO_4 + 5/4O_2 = Na_2WO_4 + 1/2Cr_2O_3 + CO \quad (9.26)$$

용융염 용해 과정에서 생성된 NO(g) 등은 다음 식과 같이 정화한다.

$$4NO + 4NH_3 + O_2 = 4N_2 + 6H_2O \quad (9.27)$$

생성물을 수 침출하여 Na_2WO_4만 용해시키고 잔사로 남는 Ta, Ti, Co, Cr 등의 불용성 산화물을 분리한다. Na_2WO_4 용액은 이온 교환에 의해 $(NH_4)WO_4$ 용액으로 만들어 W 정광 처리와 동일한 방법으로 농축하고 정출시키면 APT가 만들어지며, 이후의 공정도 동일하다.

(3) 산 침출법

초경합금 슬러지 등의 소프트 스크랩은 하드 스크랩보다 비표면적이 커서 산 침출이 비교적 쉬운 장점이 있다. 왕수(aqua regia)로 소프트 스크랩을 용해시켜 Co를 침출하고, W은 H_2WO_4로 회수하였다. 그리고 APT까지 만드는 공정은 그림 9.4의 습식처리법을 적용할 수 있다. 특히 이 방법은 왕수의 강한 산화력을 이용하므로 별도의 산화 공정이 필요 없으며, 용해반응은 다음 식과 같다.[45]

$$HNO_3 + 3HCl = NOCl + 2H_2O + Cl_2 \tag{9.28}$$

$$Co + 3NOCl = CoCl_3 + 3NO \tag{9.29}$$

$$2Co + 3Cl_2 = 2CoCl_3 \tag{9.30}$$

$$WC + 5HNO_3 + 5HCl = H_2WO_4 + 5NOCl + 4H_2O + CO_2 \tag{9.31}$$

(4) 전해 침출법

WC-Co 스크랩의 전해 침출은 전해질에 따라 차이는 있으나 적은 에너지와 한 번의 공정으로 리사이클링할 수 있는 장점이 있다. 특히 다른 리사이클링법과 비교하여 고순도의 생성물을 얻을 수 있다. 전해질로는 산(H_2SO_4, HCl, H_3PO_4, HNO_3)이나 알칼리(NaOH, NH_3) 용액을 사용한다.[46] 전해 침출에서 양극(anode, scrap)에서는 음이온인 WO_4^{2-}와 Co 양이온(2+, 3+)이 용출되어 나오고, Co는 음극(cathode)에 석출되며, 용액에 잔류하는 Co는 전해 채취로 회수할 수 있다. 그리고 고융점인 WC 등은 용해되지 않고 양극 슬라임(slime)으로 전해 셀의 바닥에 모인다. 다만 전해 침출에서는 스크랩 표면의 부동태화를 방지해야 하지만, 여러 가지 첨가제를 이용하여 해결하고 있다. 그림 9.15에는 산 용액

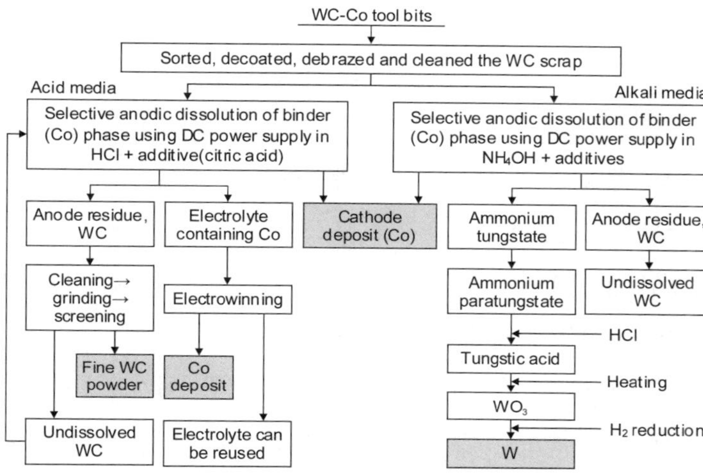

그림 9.15. 산 및 알칼리 전해질에 의한 전해 침출 공정도 비교

과 알칼리 용액에 의한 전해 침출 공정의 예를 나타내었다.[46~48]

W은 pH가 높은 알칼리 용액에서 잘 용해되므로 NaOH 전해질을 많이 사용한다. 따라서 알칼리 용액에서 WC는 전해 침출되어 Na_2WO_4(sodium tungstate) 용액이 되며, Co는 음극에 석출된다. NaOH 용액의 전해 침출에서 순W 분말을 얻으려면 좀 더 많은 단계를 거쳐야 한다. 특히 중간 생성물 중의 Na을 세정, 여과, 분리, 석출 등의 여러 단계를 거쳐서 제거해야 하므로 많은 시간이 필요하다. 그러나 그림 9.15에서와 같이 수산화암모늄(ammonium hydroxide electrolyte NH_4OH) 용액에서는 WC-Co 스크랩으로부터 순수한 Co를 음극에 석출시키고, W은 여러 가지 중간 화합물이나 W 분말로 회수할 수 있다.[46]

한편 WC-Co 스크랩을 1,700 ℃에서 재용융한 후 전해 침출하여 Co는 음극에 석출시키고 5~20 μm 크기의 WC 분말을 회수한 예도 있

다.[49] 그리고 NaCl-KCl계[50]나 NaF-KF계[51] 용융염에서 전해하여 회수하기도 하였다.

5) 반직접법(Semi-direct recycling)과 용융법

(1) 산, 알칼리 침출법

초경합금 등의 바인더 금속은 대부분 산에 잘 용해되므로, 염산 등으로 바인더 금속만 침출시키면 W이나 WC를 회수할 수 있다. Cu, Ag 등과 같이 귀한(noble) 바인더 금속에는 산화제를 첨가하기도 한다. 산화제로 산소를 주입하면서 다음 식과 같이 초산(acetic acid, HAc) 용액으로 바인더 금속인 Co를 제거하기도 하였다.[52]

$$Co + 1/2O_2 + 2H^+ = Co^{2+} + H_2O \quad (9.32)$$

$$Co^{2+}(aq.) + HAc = Co(HAc)^{2+}(aq.) \quad (9.33)$$

Fe, Ni Co 등의 바인더 금속은 다음 식과 같이 표준 전극전위의 차이가 크다.

$$Fe^{3+} + e = Fe^{2+},\ E^0 = 0.771\ V \quad (9.34)$$

$$Co^{2+} + 2e = Co(s),\ E^0 = -0.28\ V \quad (9.35)$$

따라서 이러한 전위 차이를 이용하여 다음 식과 같이 $FeCl_3$ 수용액으로 Co만 용출시키고, WC 입자를 회수하기도 하였다.[53]

$$2FeCl_3 + Co = 2FeCl_2 + CoCl_2 \quad (9.36)$$

한편 상온에서 $FeCl_3$ 수용액으로 W-Cu계 합금 스크랩을 용해하여 Cu를 약 0.3 wt%까지 제거한 예도 있으며,[54] 산화제로 H_2O_2를 연속적으로 공급하면서 2.0 mol/L HCl 용액에 초경합금 중의 Co만 침출하기도 하였다.[55] 또 110 ℃의 염산 용액으로 WC-Co계 합금 스크랩 중의

Co만 선택 용해하여 제거해 원소재와 동등한 수준의 WC 분말을 얻은 예도 있다.[56] 한편 공업화되지는 못했으나 스크랩 중의 바인더 금속을 아민 용액[57]이나 탄산나트륨 용액으로 용해할 수도 있다.

(2) 비수용매법(solvometallurgy)

초경합금 스크랩 중의 바인더 금속을 염산, 질산, 황산, 인산 등의 무기산으로 침출하여 WC만 회수할 수 있으나, W이 H_2WO_4가 되거나 환경적인 문제점 등이 있다. 따라서 친환경적인 유기용매 침출법이 주목받고 있다.[58] Piredda 등은 solvometallurgy법[59]인 말레산(maleic acid, $C_4H_4O_4$) 에탄올 용액으로 초경합금 스크랩 중의 Co만 선택적으로 침출하였으며, 반응식은 다음과 같다.[60]

$$Co + 2H_2Mal. + 4H_2O = H_2 + Co(HMal.)_2(H_2O)_4 \quad (9.37)$$

$$[WC - Co] + 2H_2Mal. + 4H_2O = H_2 + WC + Co(HMal.)_2(H_2O)_4 \quad (9.38)$$

상온에서도 단시간 안에 Co만 침출되는 등 비수용매법은 향후 친환경 리사이클링 기술이 될 수 있을 것이다.

(3) 용융법

초합금(super alloy)이나 스텔라이트(stellite) 등의 특수 합금은 고순도 스크랩이 필요하지만, 일반 철강재는 어느 정도 불순물이 함유된 스크랩도 사용한다. 전기로 등에서 W 합금 스크랩과 철 스크랩을 용융하고, AOD 등으로 정련하여 고속도강 등의 철 합금을 만들고 있다. 다만 이와 같이 용융정련으로 일반 철강재를 만들면 더 이상 W 등으로는 리사이클링할 수 없다.

5. 종합

텅스텐은 대표적인 고융점 희소금속으로, 초경합금을 비롯한 고속도강 등의 특수강에 사용되고 있으며, 2020년 기준 전 세계 생산량은 약 84,000톤이다. 전 세계 W 생산량의 약 84 %가 중국에서 생산되고 있으므로 자원의 안정적인 공급과 순환경제를 구축하기 위해서는 리사이클링이 필요하다. 국제시장에서 W은 정광을 습식으로 처리한 APT나 하소한 WO_3 등이 유통되고 있으며, WO_3 등을 수소로 환원하여 만든다.

W을 함유한 초경합금 스크랩 등은 직접 WC 분말로 회수하는 방법이나 W 정광을 처리하는 기술을 응용하는 등 물리화학적 처리를 거쳐 리사이클링하고 있다. 특히 화학적 처리법으로 회수한 W이나 WC의 품질은 광석에서 만들어진 W/WC와 동등한 수준이다. 비록 처리 공정이 복잡하지만 W 정광의 처리 설비와 기술을 보유한 곳에서는 적용하고 있는 방법이다. 향후 W 자원의 특정 지역 편중에 따른 가격 변동과 수급 불안을 해소하기 위해 해외로 유출되는 W 스크랩을 국내에서 리사이클링할 수 있는 상용화 기술을 개발해야 하며, 이러한 W 2차 자원의 리사이클링 확대는 탄소중립 정책에도 기여할 수 있을 것이다.

[참고문헌]

1 손호상, 2020: 범용금속의 리사이클링, p.17, 경북대학교출판부.

2 E. Lassner and W.-D. Schubert, 1999: Tungsten - Properties, Chemistry, Technology of the Element, Alloys, and Chemical Compounds p.77, Kluwer Academic / Plenum Publishers, New York, US.

3 W. B. Jensen, 2008: Why Tungsten Instead of Wolfram?, J. Chemical Education 85(4), pp.488-489.

4 Ho-Sang Sohn, 2021: Current Status of Smelting and Recycling Technologies of Tungsten, J. Korean Powder Metall. Inst. 28(4), pp.342-351.

5 E. Lassner and W.-D. Schubert, 1999: Tungsten - Properties, Chemistry, Technology of the Element, Alloys, and Chemical Compounds p.215, Kluwer Academic / Plenum Publishers, New York, US.

6 J.-W. Song, S.-H. Lee, H.-S. Hong, et al., 2012: Industrial Supply Chain Trend of Domestic Tungsten, J. Kor. Powd. Met. Inst. 19(1), pp.79-86.

7 B. Zeiler, A. Bartl, and W. D. Schubert, 2021: Recycling of tungsten: Current share, economic limitations, technologies and future potential, International Journal of Refractory Metals and Hard Materials 98, pp.1-25.

8 USGS, http://minerals.usgs.gov/minerals/pubs/historical-statistics/.

9 T. E. Graedel, E. M. Harper, N. T. Nassar, and Barbara K. Reck, 2015: On the materials basis of modern society, PNAS 112(20), pp.6295-6300.

10 SMR GmbH, 2020: Tungsten in 2019, End Use Consumption, pp.6-7, ITIA.

11 Hyeong Hun Ahn and Man Seung Lee, 2018: Hydrometallurgical Processes for the Recovery of Tungsten from Ores and Secondary Resources, J. of Korean Inst. of Resources Recycling 27(6), pp.3-10.

12 S. Yamada, Y. Yamamoto, A. Ichida, and T. Nagasaka, 1993: Metallurgy of Tungsten at Tokyo Tungsten Co., Ltd, Shigen-to-Sozai 109(12), pp.1175-1180.

13 손호상, 2019: 자원리사이클링공학 p.223, 경북대학교출판부.

14 S. Morimoto, 1981: Metallurgy of Tungsten and Molybdenum at Japan New Metals Co., Ltd., J. of the Mining and Metallurgical Inst. of Japan, 94, pp.850-854.

15 X. Liansheng, Z. Qixiu, G. Bofan, and H. Shaoying, 2001: Separation of molybdenum from tungstate solution by a combination of moving packed bed

and fluid bed ion-exchange technique, Inter. J. of Refractory Metals & Hard Materials 19, pp.145-148.

16 E. Lassner and W.-D. Schubert, 1999: Tungsten, Properties, Chemistry, Technology of the Element, Alloys, and Chemical Compounds p.208, Kluwer Academic / Plenum Publishers, New York, US.

17 T. R. Wilken, W. R. Morcom, C. A. Wert, and J. B. Woodhouse, 1976: Reduction of Tungsten Oxide to Tungsten Metal, Metall. Trans. B 7B, pp.589-597.

18 R. Haubner, W. D. Schubert, E. Lassner, et al., 1983: Mechanism of Technical Reduction of Tungsten: Part 1 Literature Review, International Journal of Refractory Metals and Hard Materials 2(3), pp.108-115.

19 Dong-Gil Ahn, 2008: Tungsten Status and Cemented Carbide Development, Bull. of KIM 21(4), pp.28-33.

20 A. Hara, M. Miyake, and T. Yamamoto, 1975: Studies on Direct Carburization of WC from the Mixture of WO_3 and Carbon, J. Jpn. Soc. Powder Powder Metallurgy 22(1), pp.12-16.

21 M. Miyake and A. Hara, 1979: On the Carbothermic Reduction of WO_3 Powder in Nitrogen Atmosphere, J. Jpn. Soc. Powder Powder Metallurgy 26(2), pp.72-77.

22 M. Miyake, A. Hara, and T. Sho, 1979: The Direct Production of WC from WO_3 by Using Two Rotary Carburization Furnace, J. Jpn. Soc. Powder Powder Metallurgy 26(3), pp.90-95.

23 K. Brookes, 2006: What's in a name? Nano experts seek definitions, Metal Powder Report 61(11), pp.24-26.

24 M. Mizukami, Y. Yamoamoto, N. Asada, et al., 2006: Manufactureing of Nano-sized WC Powder by Direct Carburization of WO_3, J. Jpn. Soc. Powder Powder Metallurgy 53(2), pp.154-159.

25 H. Wua, Q. Wanga, M. Qin, et al., 2020: Synthesis of tungsten carbide nano-powders by direct carbonization of tungsten oxide and carbon: Effects of tungsten oxide source on phase structure and morphology evolution, Ceramics International 46, pp.8787-8795.

26 A. Lofberg, A. Frennet, G. Leclercq, et al., 2000: Mechanism of WO_3 Reduction and Carburization in CH_4/H_2 Mixtures Leading to Bulk Tungsten Carbide Powder Catalysts, Journal of Catalysis 189, pp.170-183.

27 S. Cetinkaya and S. Eroglu, 2017: Thermodynamic Analysis and Synthesis of Fine WC Powder in the WO_3-CH_4-H_2 System Using Excessive CH_4, JOM 69(10), pp.2003-2008.

28 T. Hayshi, F. Sato, K. Sasaya, and A. Ikegaya, 2016: Industrialization of Tungsten Recovering from Used Cemented Carbide Tools, SEI Technical Riview 189, pp.8-14.

29 B. Zeiler, W. D. Schubert, and A. Bartl, 2018: Recycling of Tungsten, p.5, Tungsten Newsletter May 2018, ITIA.

30 P. K. Katiyar and N. S. Randhawa, 2020: A comprehensive review on recycling methods for cemented tungsten carbide scraps highlighting the electrochemical techniques, International Journal of Refractory Metals & Hard Materials 90, pp.1-14.

31 W. D. Schubert and B. Zeiler, 2019: Recycling of Tungsten, p.3, Tungsten Newletter August 2019, ITIA.

32 B. Zeiler, A. Bartl, and W.-D. Schubert, 2021: Recycling of tungsten: Current share, economic limitations, technologies and future potential, International Journal of Refractory Metals and Hard Materials 98, pp.1-25.

33 E. M. Trent, 1946: Process of Separating Hard Constituents from Sintered Hard Metals, US Patent 2,407,752.

34 P. G. Barnard, A. G. Startiper, and H. Kenworthy, 1971: Reclamation of refractory carbides from carbide materials, US Patent 3,595,484.

35 K.-S. Kim, I.-H. Kim, C.-G. Lee, and C.-B. Song, 2020: A Basic Study on the Recycling of Wasted Cemented Carbide by the Zn Bath Process(I), J. of Korean Inst. of Resources Recycling 29(6), pp.35-40.

36 E. Altuncu, F. Ustel, A. Turk, et al., 2013: Cutting-Tool Recycling Process with the Zinc-Melt Method for Obtaining Thermal-spray Feedstock Powder (WC-Co), Materials and technology 47(1), pp.115-118.

37 M. Nakamura and M. Tagusari, 2005: Recycling Technique of WC Fine Powder Contained in Cemented Carbides by Tin Impregnation Method, J. Jpn. Soc. Powder Powder Metallurgy 52(5), pp.317-321.

38 L. S. Friedman, K. C. Zagielski, and L. A. Adanas, 1965: Apparatus for Pneumaticall Pulverizing Material, US Patent 3,184,169.

39 S. Morita, T. Ohtsuka, and O. Maeda, 2007: Production of Tungsten at Japan New Metals Co., Ltd., MMIJ 123(12), pp.707-710.

40 A. G. Hartline, J. A. Campbell, and T. T. Magel, 1976: Process for reclaiming cemented metal carbide, US Patent 3,953,194.

41 H. Yuehui, C. Libao, H. Baiyun, and P. K. Liaw, 2003: Recycling of heavy metal alloy turnings to powder by oxidation-reduction process, Int. Journal of Refractory Metals & Hard Materials 21, pp.227-231.

42 A. A. Alhazza, 2009: Oxidation and reduction of tungsten alloy swarf, Int. Journal of Refractory Metals & Hard Materials 27, pp.705–710.

43 Y. Yamamoto, K. Sasaya, T. Fudo, et al., 2016: Method for producing sodium tungstate, method for collecting tungsten, apparatus for producing sodium tungstate, and method for producing sodium tungstate aqueous solution, US Patent 9,249,479 B2.

44 T. Ishida, T. Itakura, H. Moriguchi, and A. Ikegaya, 2012: Development of Technologies for Recycling Cemented Carbide Scrap and Reducing Tungsten Use in Cemented Carbide Tools, SEI TECHNICAL REVIEW 75, pp.38-46.

45 Jae-chun Lee, Eun-young Kim, Ji-Hye Kim, et al., 2011: Recycling of WC–Co hardmetal sludge by a new hydrometallurgical route, Int. Journal of Refractory Metals and Hard Materials 29, pp.365-371.

46 P. K. Katiyar and N. S. Randhawa, 2020: A comprehensive review on recycling methods for cemented tungsten carbide scraps highlighting the electro-chemical techniques, International Journal of Refractory Metals & Hard Materials 90, 105251, pp.1-14.

47 J. C. Lin, J. Y. Lin, and S. P. Jou, 1996: Selective dissolution of the cobalt binder from scraps of cemented tungsten carbide in acids containing additives, Hydrometallurgy 43, pp.47–61.

48 C. D. Vanderpool and T. K. Kim, 1991: Electrolytic method for producing ammonium paratungstate from cemented tungsten carbide, US Patent 5,021,133.

49 F. Sun, Z. Zhao, and X. Chen, 2019: Recovery of WC and Co from cemented carbide scraps by remelting and electrodissolution, International Journal of Refractory Metals & Hard Materials 80, pp.23–29.

50 Q. Zhang, X. Xi, Z. Nie, et al., 2019: Electrochemical dissolution of cemented carbide scrap and electrochemical preparation of tungsten and cobalt metals, International Journal of Refractory Metals & Hard Materials 79, pp.145–153.

51 X. Xi, Q. Liu, Z. Nie, et al., 2018: Electrochemical preparation of tungsten and cobalt from cemented carbide scrap in NaF–KF molten salts, International Journal of Refractory Metals & Hard Materials 70, pp.77-83.

52 C. Edtmaier, R. Schiesser, C. Meissl, et al., 2005: Selective removal of the cobalt binder in WC/Co based hardmetal scraps by acetic acid leaching, Hydrometallurgy 76, pp.63–71.

53 H. Marsubara, K. Ohashi, O. Maeda and K. Hijikata, Japanese Patent, 52-108302(A) (1977).

54 A. Masoudi and H. Abbaszadeh 2013: Tungsten Direct Recovery from W-Cu Alloy Scrap by Selective Digestion via $FeCl_3$ Aqueous Solution, American Journal of Materials Science and Engineering, 1(1), pp.1-5.

55 G. Kucher, S. Luidold, C. Czettl, and C. Storf, 2020: Successful control of the reaction mechanism for semi-direct recycling of hard metals, Int. Journal of Refractory Metals & Hard Materials 86, 105131, pp.1-7.

56 T. Kojima, T. Shimizu, R. Sasai, and H. Itoh, 2005: Recycling process of WC-Co cermets by hydrothermal treatment, J. of Materials Science 40, pp.5167-5172.

57 W. M. Shwayder, 1972: Process for Recovery of Refractory Carbide Particles from Pieces of Cemented Carbides, US Patent 3,635,674.

58 M. Orefice, H. Audoor, Z. Li, and K. Binnemans, 2019: Solvometallurgical route for the recovery of Sm, Co, Cu and Fe from SmCo permanent magnets, Separation and Purification Technology 219, pp.281-289.

59 K. Binnemans and P. T. Jones, 2017: Solvometallurgy: An Emerging Branch of Extractive Metallurgy, J. Sustain. Metall. 3, pp.570–600.

60 A. O. Amadou, G. P. De Gaudenzi, G. Marcheselli et al., 2021: A new facile solvometallurgical leaching method for the selective Co dissolution & recovery from hard metals waste, Int. Journal of Refractory Metals & Hard Materials 98, 105534, pp.1-9.

10

몰리브데넘

Molybdenum

제10장 | # 몰리브데넘

Molybdenum

1. 서론

몰리브데넘(molybdenum, Mo)은 주기율표의 6족에 속하는 은백색의 전이금속이며, 융점이 2,623 ℃인 고융점 금속이다. Mo은 지각 중 원소 존재도가 1.20 ppm(57위)[1]이며, 전 세계 연간 생산량이 약 30만 톤인 희소금속이다. Mo은 흑연이나 납광석인 방연광(PbO) 등과 구분이 어려워 18세기까지 그 실체를 제대로 인식하지 못하였다. 실제로 몰리브데넘이란 원소명도 '납'을 뜻하는 그리스어 'molybdos(lead)'에서 유래하였다.[2]

Mo은 1778년 스웨덴의 과학자인 쉐레(Carl Wilhelm Scheele)가 휘수연광(molybdenite, MoS_2)을 질산과 반응시켜 분리한 산화물로 발견되었으나, 그 이전부터 무의식 중에 소량이지만 철강의 합금원소로 사용되어 왔다.* 1781년 쉐레의 친구인 옐름(Peter Jacob Hjelm)이 처음으로 삼산화몰리브데넘(MoO_3)을 탄소로 환원하여 금속 Mo 분말을 얻었으며,[3] 1891년 프랑스의 슈나이더사(Schneider & Co.)에서 처음으로 Mo

* 14세기 초의 일본도(Japanese sword)에 소량의 Mo이 함유되어 있었다.

을 장갑 철판의 합금원소로 사용하였다. Mo의 밀도가 W의 절반에 불과하여 많은 종류의 철강 합금에서 W을 대체하였으나,[2] 실질적으로 제1차 세계대전 시기에 Mo을 첨가한 철강을 탱크나 항공기 엔진에 사용하면서부터 대량으로 쓰이게 되었다.[4]

표 10.1에 Mo의 물리화학적 성질을 나타내었다.[5] Mo은 비중이 10.23 g/cm^{3}이며, 융점이 2,623 ℃이고, 비등점은 4,639 ℃인 고융점 금속으로 열팽창률이 매우 낮으며, 전기전도도와 열전도율이 우수한 특성을 가지고 있다. 그리고 고온에서 전성과 연성이 풍부하며 주조와 압연이 쉬운 금속이다. 또 Mo은 융점이 높고 기계적 강도 및 강성이 우수하여 주로 특수강용 합금원소로 사용되고 있다. 그 외에도 조명용 기구, 석유화학용 촉매, 석유 정제용 촉매, 금속 타깃 등으로 사용되고 있다.

표 10.1. 몰리브데넘의 물리화학적 성질

Chemical symbol/Atomic number		Mo / 42
Atomic weight (g/mol)		95.95
Density (g/cm^3)	room temp.	10.23
	liquid(at m.p.)	9.33
Melting point (℃)		2,623
Boiling point (℃)		4,639
Specific heat C_P (J/(mol·K)		24.06
Heat of fusion (kJ/mol)		37.48
Heat of vaporization (kJ/mol)		598
Magnetic ordering		paramagenetic
Thermal conductivity (W/(m·K))		138
Electrical resistivity(at 20 ℃) (nΩ·m)		53.4
Elastic constants of polycrystalline metal (20 ℃) (GPa)	Young's modulus	324.8
	Rigidity modulus	125.6
	Bulk modulus	261.2
Mohs hardness		5.5
Crystal structure		bcc

금속 Mo은 몰리브데나이트(molybdenite, MoS_2)를 산화 배소하여 MoO_3로 만들고, 공기 중에서 1,000 ℃로 가열하여 승화·정제하거나, 습식 처리에 의해 몰리브데넘산암모늄을 거쳐서 정제한 후 수소로 환원하여 만든다. 또 철강의 합금원소로 사용되는 페로몰리브데넘(Fe-Mo)은 MoO_3를 알루미늄과 페로실리콘에 의한 금속 열환원 반응으로 제조한다.[6]

2. 몰리브데넘의 생산량과 용도

그림 10.1에는 Mo 함량 기준 정광의 전 세계 연간 생산량의 변화를 나타내었다.[7] Mo은 제1차 세계대전(1914~1918)부터 대량 사용되기 시작하였으나, 실질적으로 사용된 것은 1930년대부터이며, 제2차 세계대전 때 전성기를 맞이하였다. 그 이후 Mo의 생산량이 급감하였으나 민수용으로의 개발이 확대되어 1950년대부터 다시 증가하기 시작하였다. Mo은 주로 철강재의 합금원소로 사용되므로 2000년대의 철강 생산량 급증[8]과 함께 Mo 생산량도 현저하게 증가하였다.

그림 10.2에는 2020년 기준 Mo 광석의 국가별 매장량과 생산량 비율을 나타내었다.[9] Mo 광석의 주요 산지는 중국, 북미와 남미의 서부지역 등이다. 제2차 세계대전 시기에는 미국이 전 세계 Mo의 90 %를 공급하였으나,[4] 현재는 중국이 전 세계 매장량의 약 46 %를 차지하며, 광산 생산량도 약 41 %를 차지할 정도로 자원의 편재가 심한 금속이다. 특히 중국, 칠레, 미국, 페루, 멕시코 등 5개국이 전 세계 생산량의 약 94

%를 차지하고 있다. 우리나라의 Mo 주요 산지는 충북의 제천과 단양, 전북의 장수, 경북의 울진, 강원도의 영월과 평창 등이지만 대부분 수입에 의존하고 있다.

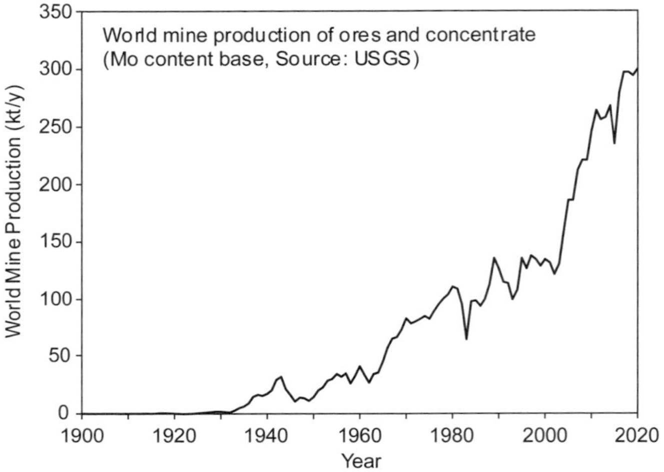

그림 10.1. Mo 광석의 전 세계 연간 생산량 변화

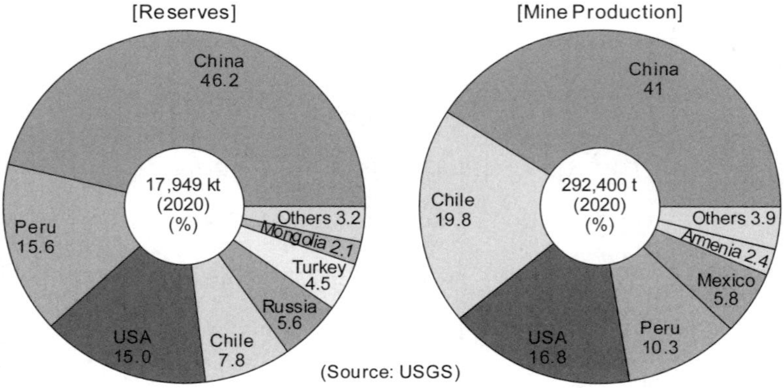

그림 10.2. 2020년 기준의 국가별 Mo 매장량과 생산량 비율

그림 10.3에는 Mo의 용도를 나타내었다.[10,11] Mo은 융점이 2,623 ℃인 대표적인 고융점 금속으로 기계적 강도 및 강성이 우수한 특성을 갖고 있으며, 또 열전도도와 전기전도도가 우수하다. 특히 다른 금속과 합금하면 경도를 증가시키는 동시에 내열성과 내식성을 증가시키는 특징이 있다. 따라서 전 세계적으로 특수강이나 특수 합금의 첨가원소로 사용되고 있다. 현재 Mo의 약 70 %는 스테인리스강, 슈퍼 알로이를 비롯한 철강재의 합금원소로 사용되고 있으며, 나머지는 금속 Mo이나 화학 제품에 사용되고 있다.[12] 특히 Mo의 고융점 특성을 활용하여 항공, 전자, 군수산업 등의 첨단 고부가가치 산업용 부품을 제조하기 위한 연구가 다방면으로 진행되고 있다.[13] 그리고 고순도 MoO_3는 석유 정제용 촉매나 석유화학용 촉매로 사용되며, 그 수요도 증가하고 있으므로 폐촉매가 Mo의 중요한 2차 자원이 되었다. 또 MoS_2는 흑연과 층상 구조가 동일하면서 마찰계수가 낮아 공업용 윤활유나 엔진오일의 첨가제로도 사용되고 있다.

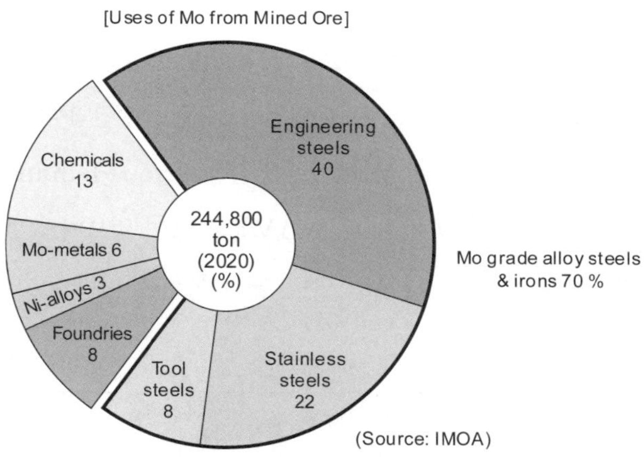

그림 10.3. 2020년 기준의 Mo 용도

3. 몰리브데넘의 제련

1) 몰리브데넘의 원료

Mo은 자연 상태에서 순금속으로 존재하지 않으며, 다른 원소와 결합되어 있다. 금속 Mo의 원료가 되는 Mo 광석은 휘수연광(molybdenite, MoS_2)이 가장 중요하며, 흑연과 비슷하지만 비중은 약 4.7 g/cm^{3}로 훨씬 무겁다. 순수한 MoS_2는 59.95 %Mo과 40.05 %S로 이루어져 있으나, 원광석 중의 Mo 품위는 0.01~0.50 % 정도이며, 부유 선광 등으로 MoS_2가 80~95 %인 정광을 얻는다.[14] 그리고 MoS_2는 미국의 Henderson Molybdenum Mine과 같이 주 광석(primary mines)으로부터 얻어지는 것과, 미국의 Bingham Canyon Mine과 같이 Cu 광산이나 W 광산의 부산물(by-product mines)로서 얻어지는 것, 구리 광산에서 동시에 채굴되는 것(co-product mines) 등이 있다.[6] 전 세계 Mo의 약 40 %는 휘수연광(Mo ≈ 0.25 %)을 부유 선별 및 침출 정제하여 품위를 높인 정광을 원료로 사용하여 만든다. 나머지 60 % 정도는 구리 광석의 부산물을 원료로 사용하여 만들고 있다.[14] 그 외에 Mo을 함유한 광석으로는 몰리브데넘연광 또는 수연연광(wulfenite, $PbMoO_4$), 수연광(molybdite, MoO_3), 수연철광(ferrous-tetramolybdite, $FeMoO_4$), 포웰라이트(powellite, Ca(Mo,W)O_4) 등이 있으며,[14,15] 표 10.2에 Mo 함유 원광석의 종류와 Mo 함량 등의 특성을 나타내었다.[16]

표 10.2. Mo 함유 원광석의 특성

Mineral name	Formula	Mo (%)	Density (g/cm^3)	Structure
Ferrimolybdite	$Fe_2(MoO_4)_3 \cdot 8H_2O$	39.1	3	Orthorhombic
Ilsemannite	$Mo_3O_8 \cdot nH_2O$	-	-	Amorphous

Mineral name	Formula	Mo (%)	Density (g/cm^3)	Structure
Jordisite	MoS_2	59.9	-	Amorphous
Koechlinite	$(BiO)_2MoO_4$	15.7	8.26	Orthorhombic
Lindgrenite	$Cu_3(MoO_4)_2(OH)_2$	35.2	4.26	Monoclinic
Molybdenite	MoS_2	59.9	4.6~5.1	Hexagonal
Molybdite	MoO_3	66.7	4.72	Orthorhombic
Mourite	$UO_2 \cdot 5(MoO_2(OH)_2)$	44.4	4.225	Monoclinic
Powellite	$CaMoO_4$	48.0	4.26	Tetragonal
Chilliagite	$PbMoO_4$	19.0	7.5	Tetragonal
Umohoite	$UO_2MoO_4 \cdot 4H_2O$	19.1	4.55~4.93	Variable
Wulfenite	$PbMoO_4$	21.1	6.815	Tetragonal

2) 삼산화몰리브데넘의 제조와 정제

(1) 삼산화몰리브데넘의 제조

몰리브데나이트 정광의 유황 함유량이 32~35 % 정도로 매우 높아 페로몰리브데넘(FeMo)이나 금속 Mo으로 직접 제련할 수 없다. 따라서 제련하기 전에 예비처리에서 산화 배소하는 건식법이나 습식법으로 MoS_2를 MoO_3로 만든다.

그림 10.4에는 Mo 제품의 전체적인 생산 계통도를 나타내었다.[17] 우선 건식법은 MoS_2를 산화 배소하여 MoO_3로 만드는 것이다. MoO_3는 약 600 ℃에서 승화하기 시작하여 700 ℃ 이상이 되면 격렬하게 반응하고, 약 795 ℃가 되면 용융한다. 따라서 배소 온도를 600~700 ℃ 정도로 유지해야 하며, 산화 배소 반응식은 다음과 같다.

$$2MoS_2 + 7O_2 = 2MoO_3 + 4SO_2 \tag{10.1}$$

$$MoS_2 + 6MoO_3 = 7MoO_2 + 2SO_2 \tag{10.2}$$

$$2MoO_2 + O_2 = 2MoO_3 \tag{10.3}$$

특히 산화 배소반응은 발열반응이므로 별도의 연료는 필요 없지만, 반응이 진행됨에 따라 국부적인 온도 상승으로 MoO_3의 승화나 용융이 일어날 수 있으므로 노 내의 온도 제어가 중요하다. 반응이 완료된 MoO_3는 약 0.05 %의 S를 함유한다. 배소로에서 배출되는 가스 중에는 약 1.5~2.0 %의 SO_2가 함유되어 있어 직접 황산을 제조하기에는 부적합하므로 별도로 처리하거나, 여분의 유황을 첨가하여 SO_2의 농도를 높여서 황산으로 제조하기도 한다.

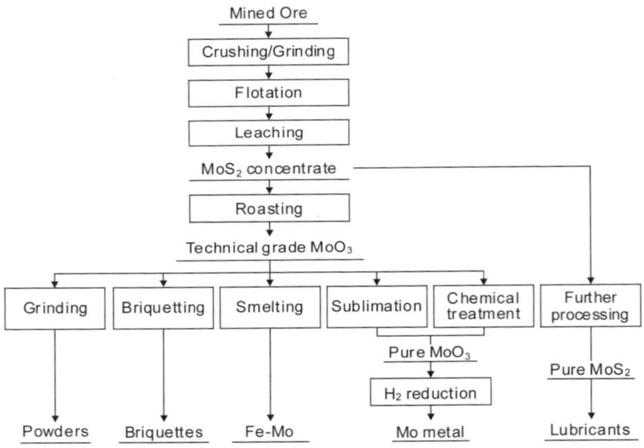

그림 10.4. Mo 제품의 생산 계통도

몰리브데나이트를 대량으로 처리하기 위해 다단 배소로(multi hearth kiln)나 로터리 킬른을 사용하고 있다. 배소가 완료되면 소광은 황색을 띠게 된다. 그림 10.5에는 몰리브데나이트의 다단 배소로와 조업 시 노 내 온도 분포와 황화물, 산화물의 농도 분포를 나타내었다.[18] 그림에서와 같이 대부분의 MoS_2가 MoO_2로 산화되었을 때 비로소 MoO_3가 만들어진다. 즉 MoS_2가 MoO_3보다 적어지면 MoO_2가 곧바로 MoO_3로 산화된다.

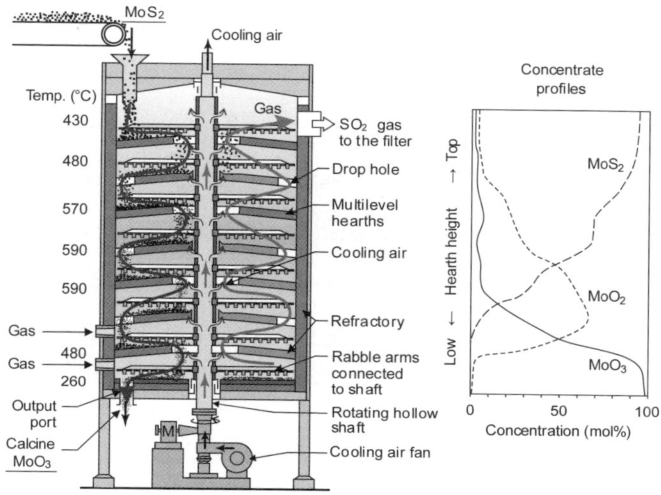

그림 10.5. 다단 배소로와 높이에 따른 온도 분포 및 황화물과 산화물 농도 분포

한편 Mo 정광 중에는 Cu 등의 불순물이 함유되어 있으므로 제강용 FeMo 등을 제조하는 경우 고순도의 MoO_3가 필요하다. 따라서 MoO_3를 제조할 때 MoS_2 중의 Cu를 침출시켜 제거하거나, MoO_3에서 Cu를 침출시켜 제거할 수 있는데, 그림 10.6에 각각의 공정을 나타내었다. 산

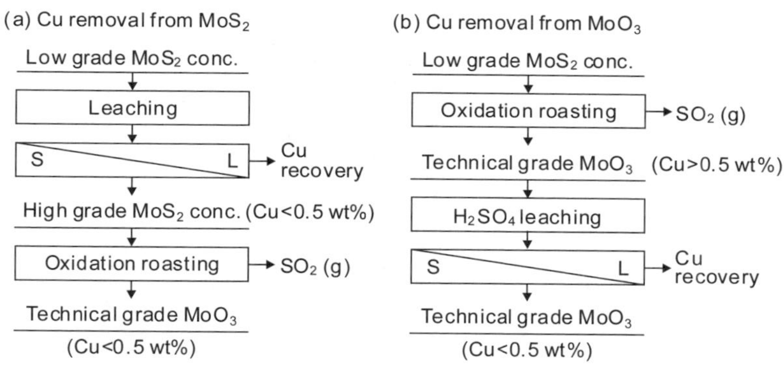

그림 10.6. 산화 배소 전(a)과 후(b)의 Cu 제거 공정도

화 배소 전 Cu 제거 공정은 sodium cyanide, ferric chloride, hydrochloric acid법 등이 잘 알려져 있으며, 산화 배소 후의 Cu 제거 공정은 주로 황산 침출법을 사용하고 있다.[19]

한편 산화 배소(건식법)에 의한 MoO_3의 제조는 대기 오염원인 SO_2 가스가 발생하므로 electro-oxidation process(EOP), alkali fusion process(AFP), aqueous autoclave oxidation process(AAOP) 등의 습식법이 개발되었으며, 그림 10.7~그림 10.9에 각각의 공정도를 나타내었다.[20]

EOP와 AFP, AAOP의 반응식은 각각 다음과 같다.

$$2MoS_2 + 9OCl^- + 6OH^- = MoO_4^{2-} + 2SO_4^{2-} + 3H_2O \tag{10.4}$$

$$MoS_2 + 3Na_2CO_3 + 9/2O_2 = Na_2MoO_4 + 2Na_2SO_4 + 3CO_2 \tag{10.5}$$

$$MoS_2 + 6NaOH + 9/2O_2 = Na_2MoO_4 + 2Na_2SO_4 + 3H_2O \tag{10.6}$$

그러나 습식법은 중국이나 남미 등 일부에서만 사용하고 있으며, 대부분은 건식법으로 MoO_3를 만들고 있다.

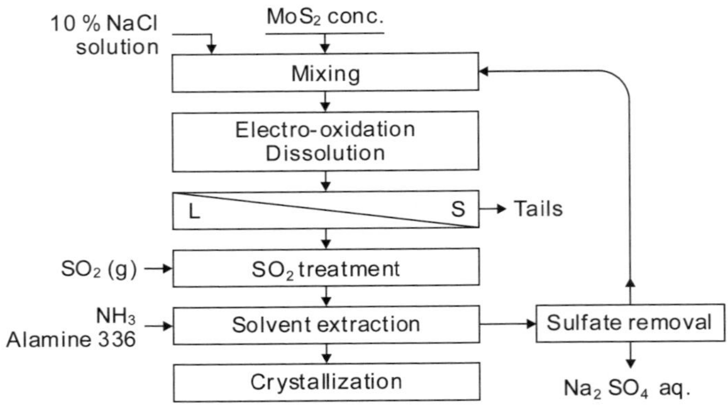

그림 10.7. Electro-oxidation process(EOP)의 공정도

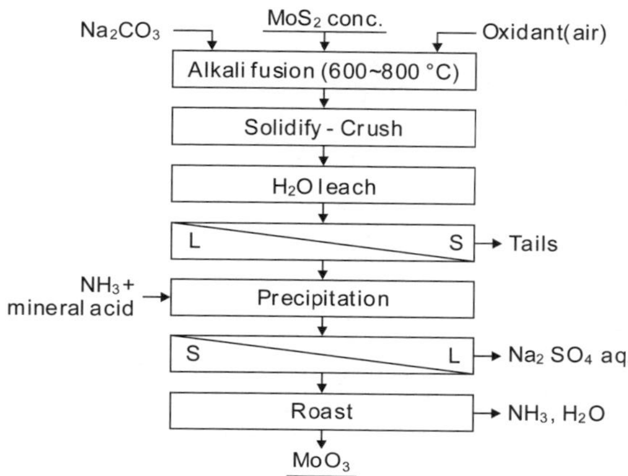

그림 10.8. Alkali fusion process(AFP)의 공정도

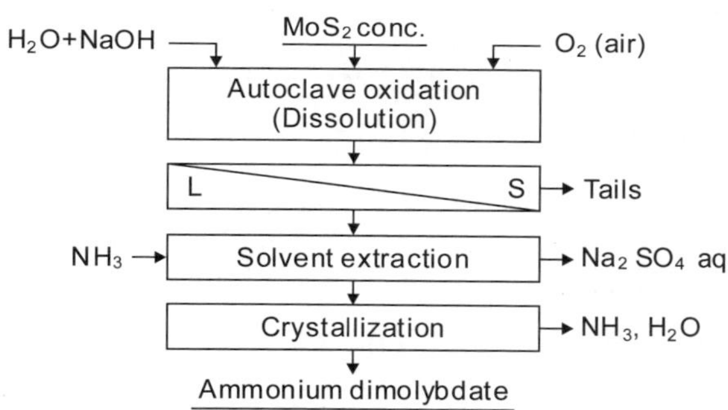

그림 10.9. Aqueous autoclave oxidation process(AAOP)의 공정도

(2) 삼산화몰리브데넘의 정제

대표적인 Mo 광석과 배소광의 조성을 표 10.3에 나타내었다.[6] 대부분의 배소광에는 Fe이 다량 함유되어 있으며, 그 외에도 Al, Mg 등이 함유되어 있다. 특히 Si은 SiO_2로서 5~10 % 정도 함유되어 있으며, 광석 종류에 따라 W도 함유되어 있다. 따라서 고순도 금속 Mo을 얻기 위해서

표 10.3. 몰리브데나이트와 배소광의 조성 예(wt%)

Type	MoS_2	MoO_3	Fe	P	S	Cu
Molybdenite	85.40	-	0.84	0.012	-	0.05
Calcine 1	-	90.06	0.66	0.012	0.028	0.04
Calcine 2	-	88.73	0.41	0.005	0.086	0.05
Calcine 3	-	90.20	0.79	0.033	0.023	0.25

는 원료인 MoO_3의 정제가 필요하다.

MoO_3의 정제에는 승화법과 습식법이 있다. 우선 승화법에 의한 정제는 공업용 MoO_3를 약 1,000~1,100 ℃의 전기로 중에 장입하여 공기를 불어 넣으면서 가열하고 백 필터에서 포집하면 순도가 99.97 % 이상인 MoO_3를 얻는다. 그러나 실수율은 60~70 % 정도로 매우 낮은 편이다.

습식정제법은 W 정광과 마찬가지로 MoO_3가 암모늄염이 되기 쉬운 성질을 이용하며,* 그림 10.10에 이러한 습식정제의 공정도를 나타내었다. 분쇄한 배소광(MoO_3)을 약 75 ℃의 온수로 세정하여 K과 같은 알칼리성 불순물을 제거한다. 그런 다음 산으로 처리하여 Cu 등과 같이 암모니아에 용해되기 쉬운 불순물을 사전에 제거한다. 또 암모니아에 난용성인 Mo의 저급 산화물이 존재하면 산화 처리를 한다. 이와 같이 예비처리한 MoO_3를 다음 식과 같이 40~80 ℃의 암모니아수로 용해하여 몰리브데넘산암모늄 용액을 만든다.

$$MoO_3 + 2NH_3 + H_2O = (NH_4)_2MoO_4 \tag{10.7}$$

이것을 증발 농축하면 ammonium dimolybdate(ADM) 결정이 생성된다.

* 제9장 W 제련 참조

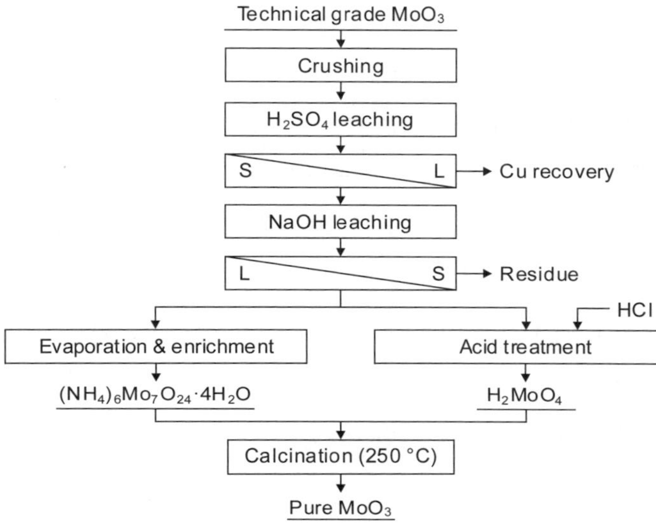

그림 10.10. MoO_3의 습식정제 공정도

$$2(NH_4)_2MoO_4 = (NH_4)_2MoO_7 + 2NH_3 + H_2O \tag{10.8}$$

ADM을 약 420 ℃의 로터리 킬른 등에서 하소(calcination)하면 순수한 MoO_3를 얻을 수 있다.[21] 다른 방법으로는, 몰리브데넘산암모늄 수용액에 염산을 첨가하여 몰리브데넘산으로 만들고 이것을 하소하여 순수한 MoO_3를 얻는다.

3) 금속 몰리브데넘의 제조

Mo 화합물을 환원하여 금속 Mo을 얻는 방법으로는 고체 환원제인 C, Na, K, Al 등을 사용할 수 있으나 불순물 함유량이 높아진다. 다른 방법으로는 $MoCl_5$의 수소환원, Mo 카르보닐의 열분해, 용융염 전해 등이 있으나, 가장 경제적이고 고순도의 Mo을 얻는 방법은 고순도 MoO_3

나 몰리브데넘산암모늄을 수소로 환원하는 것이다.[22]

MoO_3는 약 700 ℃ 이상에서는 현저하게 승화하고 국부적인 발열반응에 의해 용융되므로 수소에 의한 1단계 환원법은 실수율 측면에서 적용하기가 곤란하다. 그러나 수소를 사용하여 2단계(MoO_3→MoO_2→Mo)로 환원하면 높은 실수율로 금속 Mo 분말을 제조할 수 있다. MoO_3의 수소가스에 의한 각 단계별 환원반응은 다음과 같다.[23]

$$MoO_3 + H_2 = MoO_2 + H_2O,\ \Delta G^0_{(1)} = -74{,}775 - 28.685\,T\ (\mathrm{J/mol}) \quad (10.9)$$

$$1/2MoO_2 + H_2 = 1/2Mo + H_2O,\ \Delta G^0_{(2)} = 38{,}580 - 27.53\,T(\mathrm{J/mol}) \quad (10.10)$$

식(10.9)에 나타낸 1단계 환원(MoO_3→MoO_2)은 온도와 관계없이 항상 $\Delta G^0 < 0$이므로 자발적인 반응이 일어난다. 그러나 식(10.10)의 2단계 환원(MoO_2→Mo)은 1,401 K 이상이 되어야 $\Delta G^0 < 0$이 되어 자발적인 환원반응이 일어난다.

한편, 상기한 각 반응식의 평형상수 K는 다음 식과 같이 나타낼 수 있으며, MoO_3, MoO_2, Mo의 활동도를 1로 가정할 수 있으므로 P_{H_2O}/P_{H_2}와 같게 된다.[23]

$$K_{(1)} = \exp\left(-\frac{\Delta G^0_{(1)}}{RT}\right) = \frac{a_{MoO_2}\cdot P_{H_2O}}{a_{MoO_3}\cdot P_{H_2}} = \frac{P_{H_2O}}{P_{H_2}} \quad (10.11)$$

$$K_{(2)} = \exp\left(-\frac{\Delta G^0_{(2)}}{RT}\right) = \frac{a^{1/2}_{Mo}\cdot P_{H_2O}}{a^{1/2}_{MoO_2}\cdot P_{H_2}} = \frac{P_{H_2O}}{P_{H_2}} \quad (10.12)$$

그림 10.11에는 식(10.11)과 식(10.12)로부터 온도에 따른 $\log(P_{H_2O}/P_{H_2})$를 나타내었다.[23] 1단계 환원에서는 온도가 상승할수록 P_{H_2O}/P_{H_2}값이 감소하지만, MoO_3가 승화하는 온도인 약 973 K보다 낮은 온도에서는 매우 높은 값을 나타내어 식(10.9)의 반응이 쉽게 일어나 수소의 이용 효율은 100 %가

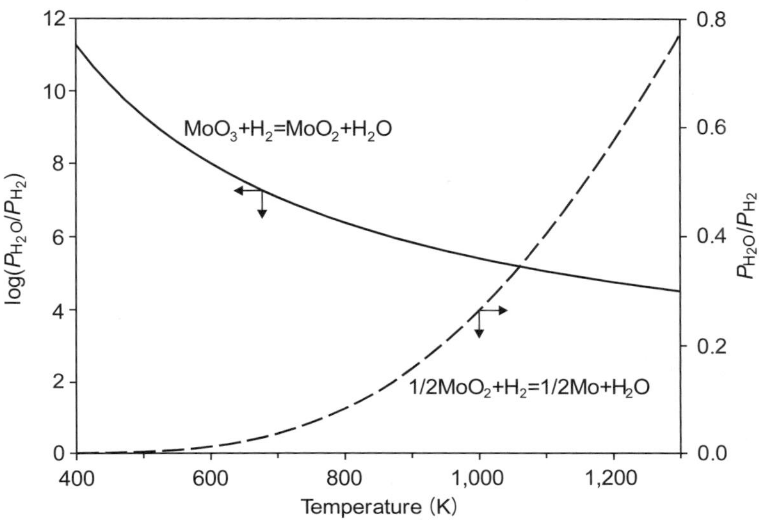

그림 10.11. MoO_3의 1, 2단계 환원 반응 시 온도에 따른 P_{H_2O}/P_{H_2} 변화

된다.

2단계 환원반응에서는 1단계 반응과 달리 온도가 높을수록 P_{H_2O}/P_{H_2}값이 높아지지만, 1단계 반응과 비교하면 1,300 K에서도 P_{H_2O}/P_{H_2} 0.8 이하 수준으로 비교적 값이 낮다. 따라서 수소의 이용율은 20~30 % 정도이므로 반응을 촉진하기 위해서는 반응 온도를 높여서 평형 상수값을 크게 하고 H_2를 과잉으로 공급하여 생성되는 H_2O를 제거하여야 한다. 또한 반응 면적을 크게 하기 위해 입도를 작게 할 필요가 있다. 그리고 2단계 환원반응 후의 배기가스 중에는 다량의 수소가 함유되어 있으므로 H_2O를 제거한 후 1단계 환원반응으로 보내어 수소 이용률을 높이고 있다.

그림 10.12에는 200 ℃부터 1,100 ℃까지 10 ℃/min의 속도로 승온하면서 발생하는 H_2O의 분압을 측정한 결과를 나타내었다.[23] 시료는 공

업용 MoO_3이며 정제하지 않은 것이다. 약 500 ℃부터 1차 환원반응이 일어나고 600 ℃에서 수증기 분압이 최곳값을 나타내었다. 그리고 약 700 ℃부터 2차 환원반응이 일어나며 995 ℃에서 최곳값을 나타내어 수소에 의해 MoO_3가 단계적으로 환원되는 것을 알 수 있다.

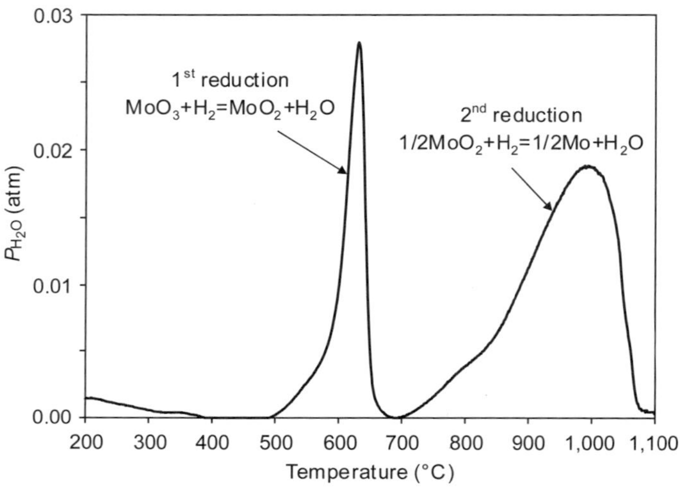

그림 10.12. MoO_3의 수소환원에서 온도에 따른 H_2O 발생 거동

그림 10.13에는 Harper사에서 엔지니어링한 rotary+pusher type의 수소 환원로에 의한 금속 Mo의 제조 공정도를 나타내었다.[24] 주요한 설비 구성은 ADM을 MoO_3로 하소하는 rotary reactor, 수소에 의한 MoO_3의 1단계 환원을 위한 rotary reactor, pusher type의 2단계 환원로, 수소 리사이클링을 위한 건조 설비, 배기가스 처리 설비 등으로 되어 있다. Rotary+pusher type의 경우 에너지, 설비비, 유지 보수 등의 면에서 우수하다고 알려져 있다. 그리고 금속 Mo의 품질면에서도 우수한 것으로 알려져 있다.[25]

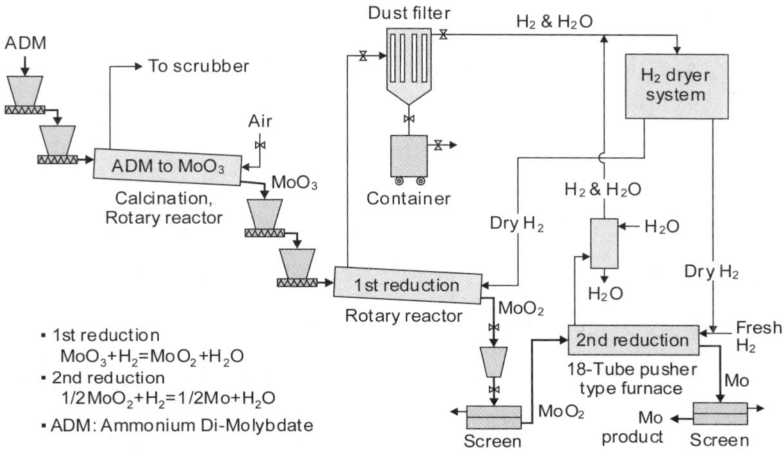

그림 10.13. Harper사의 rotary+pusher type의 수소 환원로에 의한 금속 Mo 제조 공정도

이와 같이 만들어진 금속 Mo은 대부분 분말 상태이며, 괴상으로 만들기 위해서는 분말 야금법과 진공 용해 주조법을 사용한다. 분말 야금법에 의한 괴상화는 W의 경우와 흡사하다. 분말을 압축하여 고온의 진공이나 수소 가스 분위기 중에서 소결하고 냉간·열간 가공을 거쳐 판재, 봉재, 선재 등을 제조한다. 분말 야금법은 제조 비용이 저렴하고 스크랩 발생이 적은 장점이 있으나, 더 이상의 정제는 할 수 없다.

진공 용해 주조에는 진공 아크로 주조(vacuum arc casting, VAC)와 전자 빔 용해(electron beam melting, EBM)가 이용되고 있다. VAC 공정은 분말을 압축 성형하여 전극으로 만들고, 이 전극을 진공 중의 수냉 동 도가니에서 용융하는 것으로, 타이타늄의 진공 아크 재용해(VAR)와 유사하다.* EBM법도 진공 중의 수냉 동 도가니를 사용하지만, VAC 공정보다 낮은 압력(고진공)에서 이루어진다. 그리고 고온의 진공 분위기에서 용융이 일어나므로 증기압이 낮은 원소의 증발 제거가 가능하여 고순도의 금속 Mo을 제조할 수 있는 장점이 있다.[26]

4) 페로몰리브데넘의 제조

금속 Mo은 융점이 2,623 ℃로 고융점이므로 제강 공정에서 합금원소로 첨가하기에는 부적합하여 대부분 페로몰리브데넘(FeMo)으로 제조하거나, MoO_3를 브리케팅하여 사용한다. FeMo 중의 Mo 함유율이 60 % 정도가 되면 융점이 약 1,800 ℃이므로 가장 많이 사용되고 있다. 그림 10.14에는 원료에 따른 FeMo 제조법을 나타내었다.[27] 일반적으로 MoO_3를 사용하여 FeMo을 제조하지만, calcium molybdate나 ferrimolybdate를 사용하면 플럭스인 CaO나 철원을 별도로 첨가하지 않아도 되는 장점이 있다.[28]

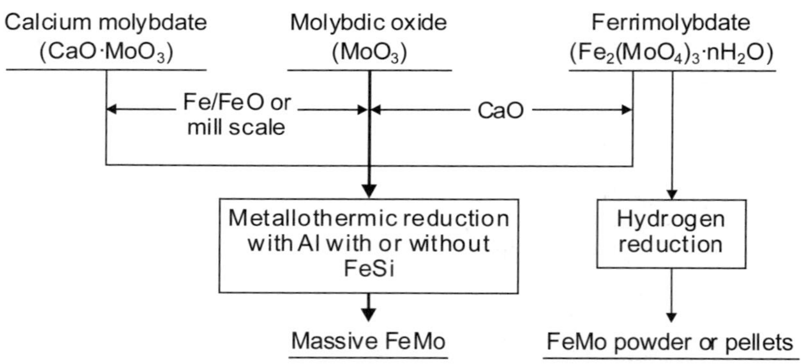

그림 10.14. 원료에 따른 페로몰리브데넘 제조법

* 제7장 타이타늄 참조

FeMo 제조법에는 테르밋 반응이라 불리는 금속 열환원법과 전기로법이 있다. 전기로법은 Mo 광석을 탄소로 환원하는 방법으로, 산화광이나 황화광을 모두 사용할 수 있으나 Mo_2C의 생성이 우선하여 고탄소품이 만들어지므로 최근에는 잘 사용하지 않는다.

현재 대부분의 저탄소 FeMo은 MoO_3를 원료로 사용하여 금속 열환원법으로 제조하고 있다. 규소 환원만으로는 열량이 부족하여 일정 수준의 알루미늄을 첨가하여 환원하고 있는데, 반응식은 다음과 같다.[29]

$$\frac{2}{3}MoO_3 + Si = \frac{2}{3}Mo + SiO_2, \tag{10.13}$$

$$\Delta G^0 = -469{,}194 + 65.10\,T \ \text{(J/mol Si)}$$

$$MoO_2 + Si = Mo + SiO_2, \tag{10.14}$$

$$\Delta G^0 = -342{,}544 + 19.50\,T \ \text{(J/mol Si)}$$

$$\frac{1}{2}MoO_3 + Al = \frac{1}{2}Mo + \frac{1}{2}Al_2O_3, \tag{10.15}$$

$$\Delta G^0 = -483{,}786 + 9.17\,T \ \text{(J/mol Al)}$$

$$\frac{3}{4}MoO_2 + Al = \frac{3}{4}Mo + \frac{1}{2}Al_2O_3, \tag{10.16}$$

$$\Delta G^0 = -388{,}798 + 3.86\,T \ \text{(J/mol Al)}$$

FeMo의 실제 제조 공정에서 사용하는 환원제는 알루미늄과 페로실리콘(FeSi)을 일정한 비율로 혼합한 것이며, FeSi은 환원제인 동시에 철원으로 작용한다. 그리고 철원이 부족하면 철 스크랩이나 산화철 등을 첨가하기도 한다. 착화제를 이용하여 점화되면 격렬한 반응으로 다량의 가스가 발생한다. 그림 10.15에는 배합원료 500 g을 사용하여 실험실 규모로 제조한 FeMo(a)의 모습과, 제조 중 가스가 발생한 상태(b)를 나타내었다.[6]

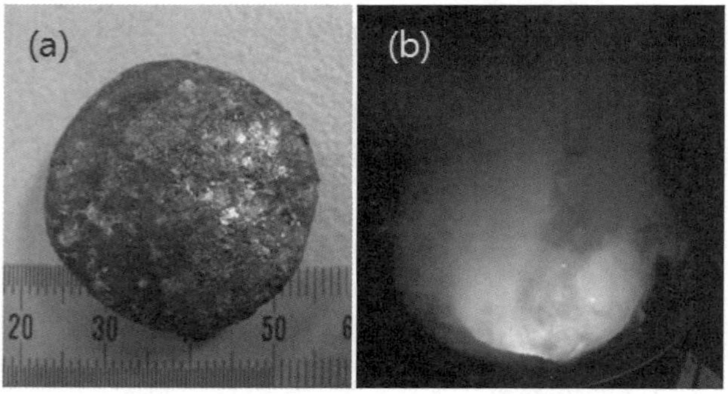

그림 10.15. 실험실 규모로 제조한 FeMo(a)과 제조 중 가스가 발생한 상태(b)

그림 10.16에는 금속 열환원 반응로의 예를 나타내었다.[30] 반응로는 노 벽과 반구형의 바닥이 분리되어 제품을 쉽게 들어낼 수 있도록 한다. 노체의 직경(D)은 1,700~1,800 mm, FeMo이 모이는 반구형의 바닥을 제외한 슬래그층의 높이(H)는 700~800 mm이며, 반응이 원활하게 일어나려면 H/D를 약 0.47이 되도록 한다. 그리고 노의 상부에는 배기가스 배출을 위한 후드를 설치하여야 한다.

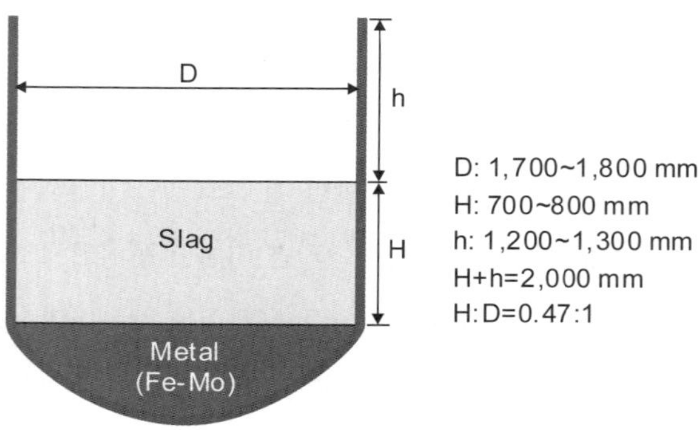

그림 10.16. 금속 열환원에 의한 FeMo 제조로의 제원

4. 몰리브데넘의 리사이클링

1) 몰리브데넘 함유 스크랩의 리사이클링

Mo의 70 %는 스테인리스강을 비롯한 합금강에 사용되고 있다. 이와 같이 합금용으로 사용된 Mo은 대부분 전기로에서 스테인리스강이나 합금강을 제조할 때* 2차 자원으로 사용되고 있다.[31] 그림 10.17에는 Mo 스크랩의 라이프 사이클을 나타내었다.[32]

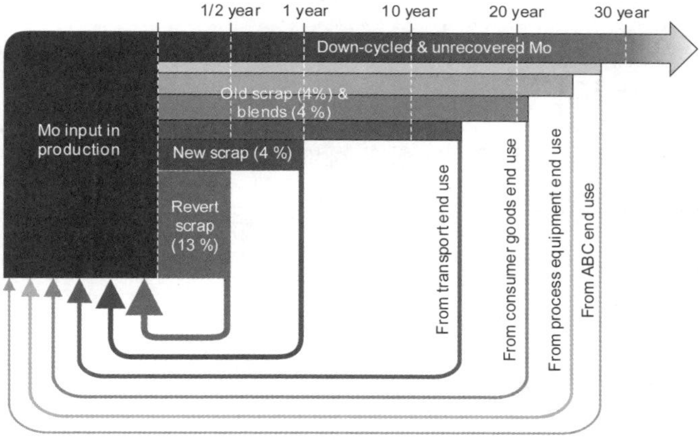

그림 10.17. 몰리브데넘 스크랩의 라이프 사이클(2011)

우선 회수 스크랩(revert scrap)은 제강 공정에서 잉곳의 가장자리를 절단한 것 등이며, 생성됨과 동시에 곧바로 재용해된다. New scrap은 철강 제품 생산 과정에서 발생한 것이다. 일반적으로 수집업자를 통하여 반년 안에 제강 공장으로 회수되어 재용해된다. 노폐 스크랩(old scrap)

---

* 제3장 니켈과 코발트 그림 3.26 참조.

은 제품의 수명이 다하여 회수된 것이다. 이러한 스크랩도 수집업자를 통해 회수되지만, 회수 기간은 5년에서 50년까지 매우 다양하다. 혼합 스크랩(blends scrap)은 원래 사용하던 제품과 다른 스크랩 소스에서 발생한 것이 혼합된 것으로, 316계열의 스테인리스강을 제조할 때 Ni기 합금 스크랩 등이 혼합된 것들이다.[32]

이러한 Mo 함유 스크랩은 일반 철강 스크랩과 마찬가지로 전기로(EAF) 등에서 재용해하여 리사이클링한다. 재용해 과정에서 스크랩 중의 Mo은 용탕으로 흡수되어 새로운 제품으로 만들어진다. 다만 Mo 함유 철강재를 일반 스크랩과 선별할 수 없으므로 Mo 함유량이 문제가 되지 않는 일반 철강재가 되기도 한다. 특히 스크랩의 출처가 다양하여 Mo 함유 스크랩에 Cu, Zn 등이 포함된 예도 있으므로 EAF에서 용해하기 전에 제거하여야 한다. 따라서 Mo 함유 철 스크랩의 등급 분류와 불순물 관리를 개선할 필요가 있다.[33]

2) 폐촉매에서의 몰리브데넘 회수

Mo은 촉매(catalyst)로 널리 사용되고 있다. Mo 촉매는 석유나 석유화학, 석탄 액화 공정 등에서 이산화황의 배출을 감소시키기 위한 탈황용으로 가장 많이 쓰이고 있다. 수소화 탈황(hydrodesulfurization, HDS) 촉매로는 Co-Mo, Ni-Mo, Ni-W 등의 2원계 황화물 촉매가 공업적으로 널리 사용되고 있다. Mo, Co, Ni, W 황화물 단독으로는 HDS 활성을 나타내지 않으나 2원계가 되면 각각의 금속 황화물 사이에 강한 복합효과가 나타난다.[34] HDS 촉매는 다공질의 담체에 촉매 기능을 하는 2원계의 활성금속이 담지되어 있으며, 그림 10.18에 촉매 담체의 나노 구조와 표면 모식도를 나타내었다.[34,35] 이러한 촉매의 수명이 다하면 재생하기도 하지만, 폐촉매에서는 유가금속을 회수하고 있다.

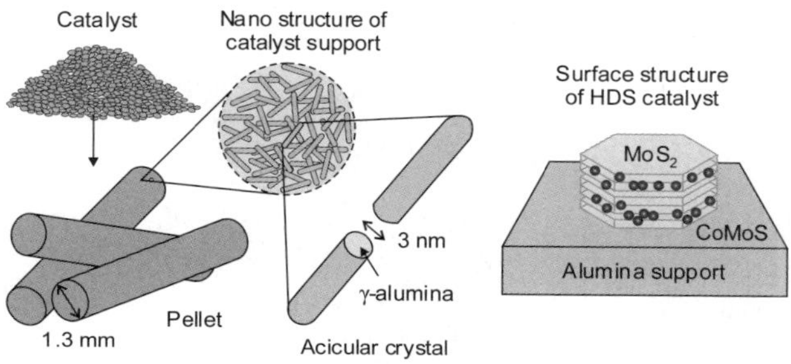

그림 10.18. 촉매 담체의 나노 구조와 촉매 표면 모식도

그림 10.19에는 폐촉매에서 Mo을 추출하는 공정들을 종합하여 간략하게 나타내었다.[33] 폐촉매에서 Mo을 추출하는 공정에는 건식법과 습식법 및 바이오법이 있으며, 습식법에는 직접 침출과 배소-침출법 등이 있다.

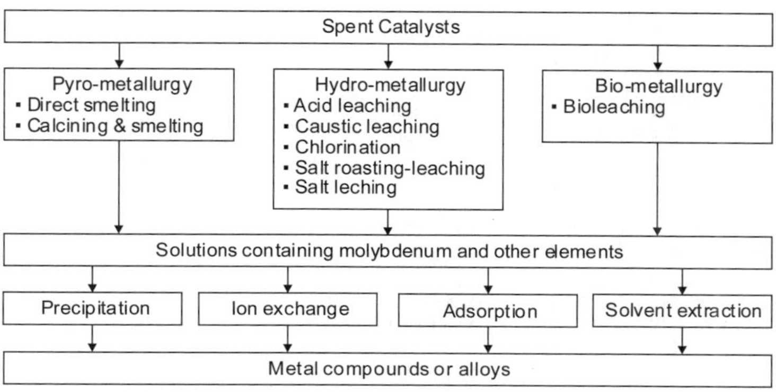

그림 10.19. 폐촉매에서의 Mo 추출 공정 비교

(1) 습식법

폐촉매 중 Mo, V, Ni 등의 유가금속을 다양한 습식처리로 회수하고

있다. 그림 10.20에는 폐촉매의 대표적인 두 가지 습식처리 공정을 나타내었다.[36] 우선 폐촉매 전체를 용해하는 방법으로는 배소(roasting) 후 침출하는 방법과 직접 침출하는 방법이 있다. 그리고 유가금속만 선택적으로 용해하는 방법에도 배소 후 침출하는 방법과 직접 침출법이 있다. 침출 시에는 주로 진한 염산, 진한 황산, 묽은 황산+과산화수소 등을 사용한다. 직접 침출에는 고압 침출과 고온 침출 등이 있다.

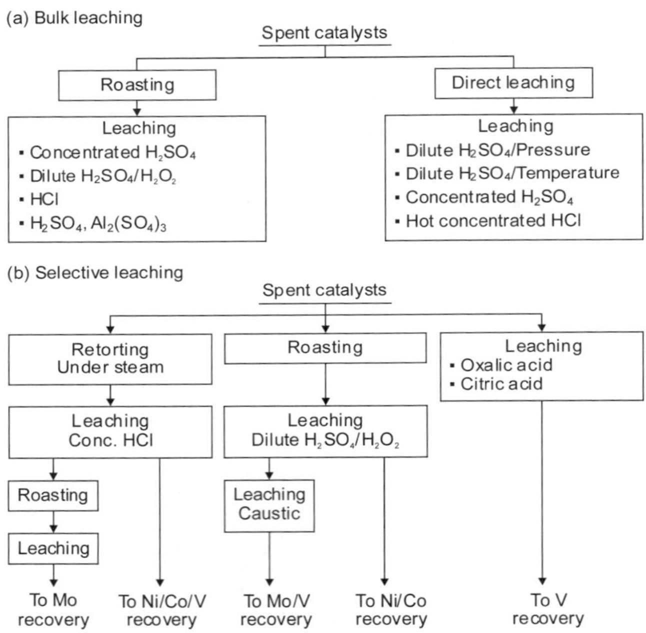

그림 10.20. 폐촉매의 습식처리 공정

그림 10.21에는 배소-침출법의 한 예로서 Mo, V, Ni, Co 등을 함유한 폐촉매를 800~850 ℃에서 배소하고 황산으로 침출하여 유가금속을 회수하는 Metrex법의 공정 개념도를 나타내었다.[36] 폐촉매를 파쇄하고

선별 등을 거친 후 원료의 성상에 따라 유동층이나 회전로에서 배소하여 C 등을 제거한다. 이어서 황산으로 침출하여 담체인 알루미나와 금속을 분리하고, 용액 중의 금속이온은 용매 추출로 Mo을 회수하고 또 V, Co, Ni 등을 회수한다.[37]

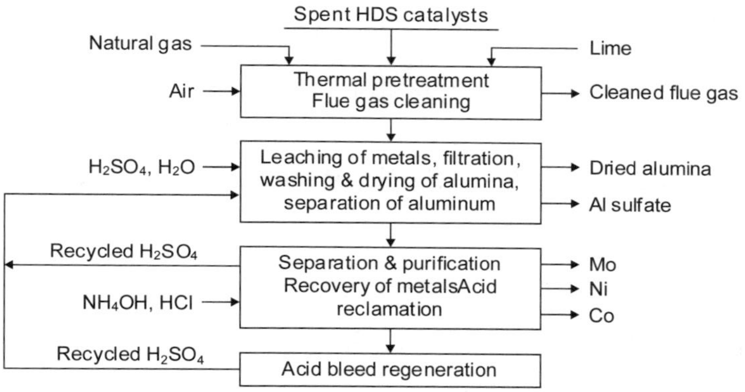

그림 10.21. Metrex의 폐촉매 배소-침출법의 개념도

(2) 건식법

폐촉매의 건식처리법에는 직접 용융환원법과 산화배소 후 용융정련하는 두 가지 방법이 있으며, 그림 10.22에 이러한 폐촉매의 건식 처리법을 비교하여 나타내었다.[36] 직접 용융 환원법은 전기로에서 코크스를 환원제로 사용하여 폐촉매를 용융 환원하는 방법으로, 생석회나 석회석을 플럭스로 사용한다. 그리고 폐촉매 중 유가금속의 포집금속(collector metal)으로 철 스크랩 등을 첨가하며, Mo, Ni 등이 환원되어 포집금속 중의 합금상으로 회수된다.

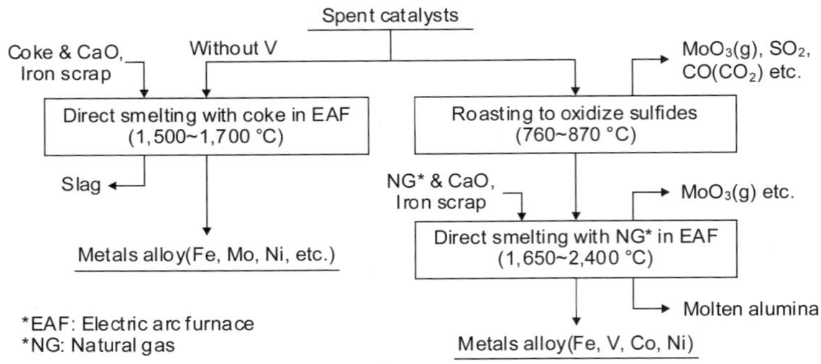

그림 10.22. 폐촉매의 건식 처리법

산화 배소 후 정련하는 방법에서는 V 등이 함유된 폐촉매를 산화성 분위기에서 배소하여 폐촉매 중의 Mo을 MoO_3 상태로 휘발시켜 백 필터(bag filter)에 포집한다. 이러한 과정에서 폐촉매 중의 S나 C도 산화되어 제거된다. 이후에 소광(calcine)을 전기로에서 고온으로 정련하는데, 이 공정에서도 잔류하는 Mo이 MoO_3로 휘발하므로 백 필터에서 포집하여 회수한다. 천연가스를 환원제로 사용하여 V, Co, Ni 등을 금속상으로 환원하며, 플럭스로 CaO를 첨가하고 포집금속으로 철 스크랩을 첨가하기도 한다. 그리고 용융 알루미나가 생성되므로 주기적으로 배출시키고 새로운 소광을 첨가해야 한다. 금속상의 회수율은 약 99 % 수준인 것으로 알려져 있다.[36]

3) 기타 2차 자원에서의 몰리브데넘 회수

(1) 산세 폐액 중의 Mo 회수

램프 산업에서 W 필라멘트를 제조할 때 매우 미세한 W 와이어가 Mo 맨드렐(mandrel) 와이어와 로드(rod) 주위에 감겨서 코일형 코일을 형성한다.[38] 코일 형상으로 감긴 코일을 열처리하고 일정한 크기로 절단한 후 질산과 황산을 혼합한 용액(HNO_3:H_2SO_4:H_2O=1:0.6:0.8) 중에 침지시켜 다음 식과 같이 Mo을 용해하여 제거한다.

$$2HNO_3(l) + Mo(s) = MoO_3(s) + 2NO(g) + H_2O(l) \tag{10.17}$$

$$MoO_3(s) + 2H_2SO_4(l) = MoO_2(HSO_4)_2(l) + H_2O(l) \tag{10.18}$$

이러한 과정에서 Mo이 80~90 g/L 함유된 폐액이 발생한다. 그림 10.23에는 이러한 산세 폐액 중의 Mo을 MoO_3로 회수하는 공정도를 종합하여 나타내었다.[27]

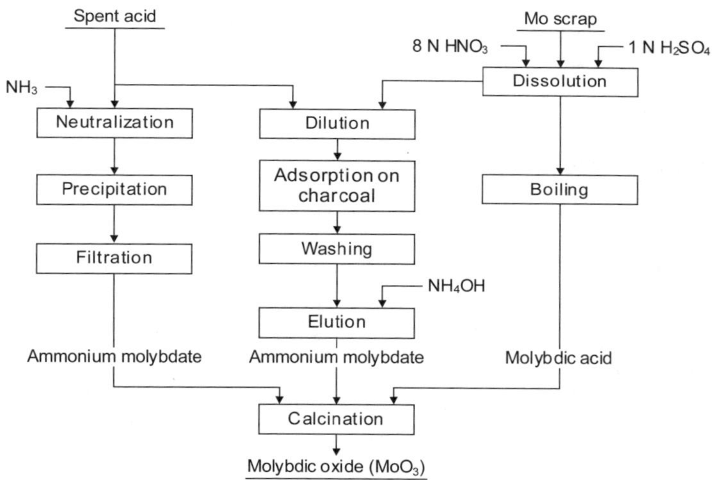

그림 10.23. 산세 폐액 중 Mo 회수 공정도

Pak 등은 이러한 산세 폐액 중의 Mo을 그림 10.24와 같이 $NH_3(g)$로 중화하여 ammonium tetramolybdate($4MoO_3 \cdot 2NH_3 \cdot H_2O$)를 석출시켜 회수하고 건조 후 500 ℃의 공기 중에서 산화 배소하여 MoO_3 분말을 얻었다. 그리고 MoO_3 분말을 수소로 환원하여 금속 Mo 분말을 얻었다.[39]

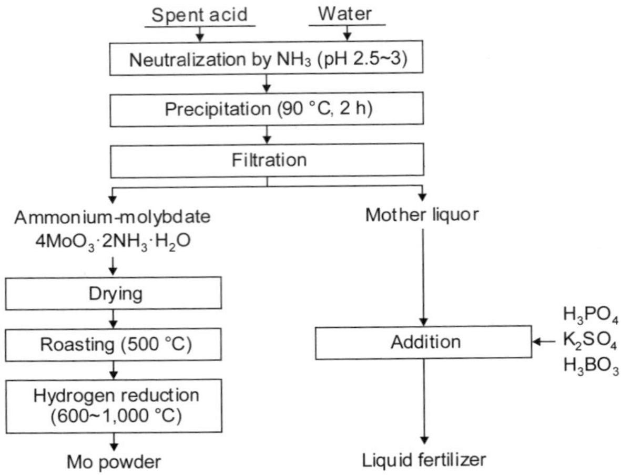

그림 10.24 Mo 함유 산세 폐액 중 Mo 회수 공정도

(2) $MoSi_2$ 발열체에서 Mo의 회수

$MoSi_2$는 금속간화합물로서 고온의 산화성 분위기에서 발열체로 널리 사용되고 있다. 발열체의 수명은 약 3~6년 정도이며 Mo 2차 자원으로 사용할 수 있다. 이러한 $MoSi_2$는 500 ℃의 산화성 분위기에서 MoO_3와 SiO_2로 분해된다.[40]

$$2MoSi_2 + 7O_2 = 2MoO_3 + 4SiO_2 \tag{10.19}$$

Kong 등은 이러한 현상을 이용하여 $MoSi_2$ 발열체에서 MoO_3를 회수하였다. 우선 발열체를 약 1.4 μm까지 분쇄한 후 500 ℃에서 산화 배소하였다. 그리고 MoO_3의 건식 정제법을 응용하여 산화된 발열체 분말에 공기를 불어 넣으면서 약 950 ℃로 가열하여 MoO_3를 휘발·포집하여 회수하였다.[41]

5. 종합

몰리브데넘(Mo)은 W, Ta 및 Nb과 함께 대표적인 고융점 내열금속으로, 연간 생산량이 약 30만 톤에 불과한 데다 중국, 칠레 페루 등 특정 지역에서만 생산되는 희소금속이다. Mo의 약 70 %는 FeMo의 형태로 스테인리스강 등 철강재의 합금원소로 사용되고 있다. 그리고 고순도 MoO_3는 석유화학용 촉매 등으로 사용되고 있다. Mo은 MoS_2를 산화 배소시킨 MoO_3를 수소로 환원하여 만들지만, FeMo은 금속 열환원 반응으로 만들고 있다. Mo 함유 스크랩의 대부분은 전기로에서 용해하여 리사이클링되고 있으므로, 실질적인 리사이클링 대상이 되는 것은 폐촉매와 산세 폐액 등이다. 폐촉매의 경우 건식, 습식, 건식+습식 등의 방법으로 Mo을 비롯하여 Ni, Co, V 등을 회수하고 있으며, 산세 폐액 중의 Mo은 대부분 습식으로 처리하여 회수하고 있다. 이러한 2차 자원에서의 Mo은 대부분 천연 광석에서 Mo을 추출하는 기술을 응용하여 회수하고 있다.

[참고문헌]

1 손호상, 2020: 범용금속의 리사이클링, p.17, 경북대학교출판부.

2 IMOA, 1998: Molybdenum, p.4, International Molybdenum Association, BSC Print Ltd., London.

3 A. Batsmanova, M. Liabin, Y. Stepanova and S. Watt, 2017: Molybdenum in the spotlight, Science in School 41, pp.30-34.

4 P. C. H. Mitchell, T. Outteridge, K. Kloska, et al., 2020: Molybdenum and Molybdenum compounds, p.2, Ullmann's Encyclopedia of Industrial Chemistry, Wiley-VCH Verlag GmbH & Co. KGaA, Weinheim.

5 W. M. Haynes, David R. Lide, and Thomas J. Bruno, 2014: CRC Handbook of Chemistry and Physics 95th Ed., CRC Press.

6 손호상, 박종일, 최승덕, 2010: 고순도 몰리브덴 제조기술 현황, 재료마당 23(3), pp.15-23.

7 T. D. Kelly and G. R. Matos, 2014: U.S. Geological Survey, 2014, Molybdenum statistics, USGS.
http://minerals.usgs.gov/minerals/pubs/historical-statistics/.

8 Ho-Sang Sohn, 2020: Recycling of Ferrous Scraps, J. of Korean Inst. of Resources Recycling 29(1), pp.3-16.

9 D. E. Polyak, 2021: Molybdenum, U.S. Geological Survey, Mineral Commodity Summaries.

10 https://www.imoa.info/molybdenum-uses/molybdenum-uses.php

11 G. Lee, A. Carter, A. Gargiulo, and J. Miqdadi 2021: Molybdenum profile for supply chain due diligence and responsible sourcing, p.8, TDi Sustainability.

12 International Molybdenum Association(IMOA), (http://www.imoa.info/)

13 박민서, 김영도, 박준표, 최승덕, 2008: 몰리브덴의 응용과 기술 개발 동향, 재료마당 21(4), pp.15-19.

14 C. H. Park, H. S. Jeon, B. G. Kim, and O. H. Han, 2009: Recovery of Roasting-Molybdenite Concentrate by Froth Flotation, Kor. J. Mater. Res. 19(12), pp.661-666.

15 P. C. H. Mitchell, T. Outteridge, K. Kloska, et al., 2020: Molybdenum and Molybdenum compounds, p.3, Ullmann's Encyclopedia of Industrial Chemistry, Wiley-VCH Verlag GmbH & Co. KGaA, Weinheim.

16 Man Seung Lee and Seung Hoon Choi, 2018: Aqueous Chemistry of Molybdenum, J. of Korean Inst. of Resources Recycling 27(4), pp.44-49.

17 IMOA, 1998: Molybdenum, p.8, International Molybdenum Association, BSC Print Ltd., London.

18 P. C. H. Mitchell, T. Outteridge, K. Kloska, et al., 2020: Molybdenum and Molybdenum compounds, p.8, Ullmann's Encyclopedia of Industrial Chemistry, Wiley-VCH Verlag GmbH & Co. KGaA, Weinheim.

19 김병수, 손정수, 이재천, 전호석, 2008: 몰리브덴 및 몰리브덴 화합물 제조기술 현황, 재료마당 21(4), pp.20-27.

20 R. R. Dorfler and J. M. Laferty, 1981: Review of Molybdenum Recovery Processes, JOM 33, pp.48-55.

21 C. S. Oh, Y. O. Park, N. Hasolli et al., 2015: Isothermal Decomposition of Ammonium Molybdate to Molybdenum Trioxide in a Fluidized Bed Reactor, Korean J. Mater. Res. 25(10), pp.547-551.

22 박평주, 이승이, 김수식, 백영현, 1980: 비철제련공학, p.550, 희중당.

23 Ho-Sang Sohn, Hyang-Jun Yi, and Jong-Il Park, 2011: Reduction Behavior of MoO_3 to MoO_2 by Ar-H_2 Gas Mixture, J. of Korean Inst. of Resources Recycling 20(4), pp.71-77.

24 Harper International, 2021: Controlling The Properties of Molybdenum Powder, AZoM, viewed 04 July 2022, https://www.azom.com/article.aspx?ArticleID=9329.

25 K. Brookes, 2004: New ways to make moly as it enters nano-phase production, Metal Powder Report 59(2), pp.18-21.

26 G. S. Choi, K. I. Rhee, and D. H. Lee, 1995: Effect of the Number of Electron Beam Drip Melting on the Characteristics of Molybdenum Ingot, J. of the Korean Foundarymen's Society 15(3), pp.283-290.

27 A. K. Suri and C. K. Gupta, 1997: Production of Ferromolybdenum from Indian Resources, Procd. of National Workshop on Ferro Alloy Industries in the Liberalised Economy, pp.71-82, Ed. by A. K. Vaish et al., NML Jamshedpur, India.

28 S. P. Pattnaik, T. K. Mukherjee and C. K. Gupta, 1981: Ferromolybdenum from Ferrimolybdate, Metall. Trans. B 12B, pp.770-773.

29 V. P. Elvutin, Yu. A. Pavlov, B. E. Levin, and E. M. Alekseev, 1957: Production of Ferroalloys Electrometallurgy, pp.267-268, Trans. by B. Shapira, The Israel Program for Scientific Translations 1961.

30 赵乃成, 张启轩, 2003: 铁合金生産实用技术手册, p.214, 北京冶金工业出版社.

31 손호상, 2020: 범용금속의 리사이클링, pp.86-130, 경북대학교출판부.

32 IMOA, 2013: Molybdenum scrap sacves resources, Brochure of IMOA, www.imoa.info.

33 W. Kurylak, 2016: Molybdenum, Innovation potential in the recovery of refractory metals from urban mines, p.13, MSP Refram, Contact Number 68893, IMN.

34 Y. Okamoto, I. Hiromitsu, and T. Kubota, 2009: Surface Design for Hydrodesulfurization Catalysts and their Active Site Structure, Hyomen Kagaku 30(2), pp.92-97.

35 A. Muto, Y. Ueda, and D. Takeda, 2021: Hydrodesulfurization Catalyst Using Novel Hybrid Support Composed of Alumina and Titania, Chiyoda Technical Review 2(3), pp.1-10.

36 L. Zeng and C. Y. Cheng, 2009: A literature review of the recovery of molybdenum and vanadium from spent hydrodesulphurisation catalysts Part I: Metallurgical processes, Hydrometallurgy 98, pp.1–9.

37 M. Marafi and A. Stanislaus, 2008: Spent hydroprocessing catalyst management: A review Part II. Advances in metal recovery and safe disposal methods, Resources, Conservation and Recycling 53, pp.1–26.

38 H. R. Heytmeijer, 1981: Rapid and Efficient Recovery of Molybdenum from Spent Mandrel Dissolving Acid Solution, U.S. Patent 4,307,065.

39 J. J. Pak, J. O. Jo, C. H. Park, et al., 2008: Recovery of Molybdenum from Spent Acid by Ammonia Gas Neutralization, Materials Transactions 49(1), pp.202-207.

40 K. Yanagihara, K. Przybylski, and T. Maruyama, 1997: The Role of Microstructure on Pesting During Oxidation of $MoSi_2$ and $Mo(Si,Al)_2$ at 773 K, Oxidation of Metals 47, pp.277-293.

41 G. Kong, X. Du, X. Cai, et al., 2019: Recycling Molybdenum Oxides from Waste Molybdenum Disilicides: Oxidation Experimental Study and Photocatalytic Properties, Oxidation of Metals 92, pp.1–12.

11

바나듐

Vanadium

제11장 | # 바나듐

Vanadium

1. 서론

바나듐(vanadium, V)은 주기율표의 5족 원소로 전이금속(transition metals)에 속하며, 지각 중 원소 존재도가 0.01 %(20위)인 비교적 풍부한 원소이다.[1] V은 carnotite, roscoelite, vanadinite, mottramite, patronite 등 많은 광물 중에 함유되어 있으나, 대부분 지각 중에 분산되어 희석된 상태로 존재하므로 천연 V 광석의 품위가 낮아 희소금속에 속한다.

V은 18세기에 멕시코에서 갈연광(vanadinite, $Pb_2(VO_4)_3Cl$)으로 발견되었으며, 1801년 델 리오(Andres Manuel del Rio)가 이 광석에서 미지의 원소를 추출하였다. 델 리오는 여러 가지 색을 내는 이 원소를 panchromium(all colors)이라 명명하였다. 그 후 화합물을 가열하면 선명한 붉은 색이 된다는 것이 밝혀져 에리트로늄(erythronium, red)으로 개명하였다. 그러나 1805년 프랑스의 화학자인 콜레-데스카틸(Hippolyte Victor Collet-Descotils)이 델 리오의 새로운 원소는 단지 불순물이 섞인 크로뮴(Cr)이란 잘못된 주장을 하였고, 델 리오는 결국 콜레-데스카틸의 의견을 받아들여 그의 주장을 철회하였다.* 1831년 스웨덴의 화학자

인 세프스트레임(Nils Gabriel Sefström)이 전로의 제강 슬래그에서 철광석에 함유된 V을 검출하였고, 같은 해 독일의 화학자 뵐러(Friedrich Wöhler)에 의해 이 원소가 이전에 델 리오가 발견했던 원소인 V이라는 사실이 밝혀졌다. 이때 V이 매우 아름다운 형형색색을 띠고 있었으므로, 스칸디나비아 신화의 사랑과 미의 여신 바나디스(Vanadis)*의 이름을 따 Vanadium이라 명명하였다.[2,3]

한편 1831년 베르셀리우스(Jöns Jacob Berzelius)†가 순수한 금속 V을 얻었다고 발표했지만 로스코(Henry Enfield Roscoe)에 의해 질화바나듐(VN)으로 밝혀졌다. 1867년, 로스코는 염화 바나듐(vanadium(II) chloride, VCl_2)을 수소로 환원하여 순수한 금속 V을 얻는 데 성공하였으며,[4] 1927년에는 V_2O_5를 Ca으로 환원하여 순수한 V을 만들었다.[5] 특히 V은 합금강으로 포드 자동차 모델 T‡의 섀시 재료에 적용되면서 대량으로 사용되게 되었다.

표 11.1에는 V의 물리화학적 성질을 같은 족에 속하는 Nb, Ta과 비교하여 나타내었다. V은 은백색으로, 염산, 알칼리 수용액, 묽은 알콜 등에는 용해되지 않으며, 질산, 진한 황산, 불산에는 잘 용해된다. 상온의 공기 중에서는 표면에 산화물 피막을 만들며, 염소와 반응하면 염화바나듐이 된다. 고온의 공기 중에서 산화시키면 갈색, 회색, 흑색, 암갈색 등

---

* 화학백과, 대한화학회

* The Nordic goddess Vanadis, alias Freya. 원래의 이름은 프레이야(Freya)인데 바니르족 출신이어서 바나디스로 불리기도 했으며, 뇨르드의 딸이자 프레이의 누이이다.

† Jöns Jacob Berzelius: 1824년 K_2ZrF_6를 금속 칼륨(K)으로 환원하여 금속 Zr을 분리

‡ Ford Model T: 1908년부터 1927년까지 포드 자동차 회사에서 제조·판매한 자동차. "미국의 자동차 시대를 열다(put America on wheels)"라는 말이 있을 정도로 선풍적인 인기를 끌어, 자동차의 대중화를 이룩한 역사적인 자동차 모델이다.(https://ko.wikipedia.org)

으로 바뀐다. 또 V은 융점(1,910 ℃)이 Nb나 Ta보다는 낮으나 고융점 금속에 속한다.

V 원료는 크게 광석류와 폐자원류로 분류할 수 있으며, 대부분 자철광을 원료로 하는 철강의 부산물인 슬래그(바나듐 슬래그) 등으로부터 회수하고 있다.[6] 또 원유(주로 중질유)에 유황과 함께 V이 많아 석유 정제 시의 탈황 촉매나 화력발전소의 중유 촉매, 플라이 애쉬(fly ash) 등에서도 회수하고 있다.[7]

표 11.1. 주기율표의 5족 원소인 V, Nb, Ta의 물리화학적 성질 비교

Symbol/Atomic number		V/23	Nb/41	Ta/73
Atomic weight (g/mol)		50.9415	92.906	180.948
Density(g/cm^3)	room temp.	6.0	8.57	16.4
	liquid(at m.p.)	5.5	-	15
Melting point (℃)		1,910	2,477	3,017
Boiling point (℃)		3,407	4,744	5,458
Specific heat C_P (J/(mol·K)		24.89	24.60	25.36
Heat of fusion (kJ/mol)		21.5	30	36.57
Heat of vaporization (kJ/mol)		444	689.9	753
Magnetic ordering		para-magenetic	para-magnetic	para-magnetic
Thermal conductivity (W/(m·K))		30.7	53.7	57.5
Electrical resistivity at 20 ℃ (nΩ·m)		197	152	122
Mohs hardness		6.7	6.0	6.5
Crystal structure		bcc	bcc	bcc

2. 바나듐의 생산량과 용도

그림 11.1에는 V 광석과 정광의 전 세계 연간 생산량(V 함량 기준)

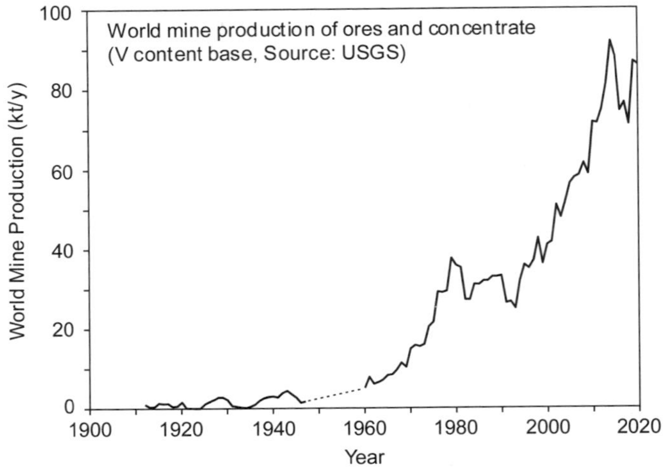

그림 11.1. 전 세계 V 광석(V 함량 기준)의 연간 생산량 변화

변화를 나타내었다.[8] V은 주로 철강재의 합금원소로 사용되어, V 생산량은 1960년대부터 증가하기 시작하였으나, 2000년대의 철강 생산량 급증에 따라 유사한 경향으로 현저하게 증가한 것을 알 수 있다.

그림 11.2에는 2020년 기준 V의 국가별 매장량과 생산량 비율을 나타내었다.[9] V은 중국이 전 세계 매장량의 약 43 %를, 광산 생산량의 약 62 %를 차지한다. 또 러시아에도 많은 양이 매장되어 있는 등 특정 지역에 편재되어 있다. 우리나라에도 V 함유 자철광이 있으며, 이를 활용하기 위해 활발한 연구들이 수행되고 있다.[10,11]

그림 11.3에는 V의 용도를 나타내었다.[12] V은 철강 재료에 소량만 첨가하여도 철강의 강도나 내열성이 높아지므로 V 소비량의 약 90 % 이상이 철강 첨가재이며, 고장력강(자동차용 강판, 교량, 철근), 구조용강, 공구강 등에 사용된다. V은 페로바나듐(FeV)으로 만들어 철강에 첨가하며, Cr, Mo

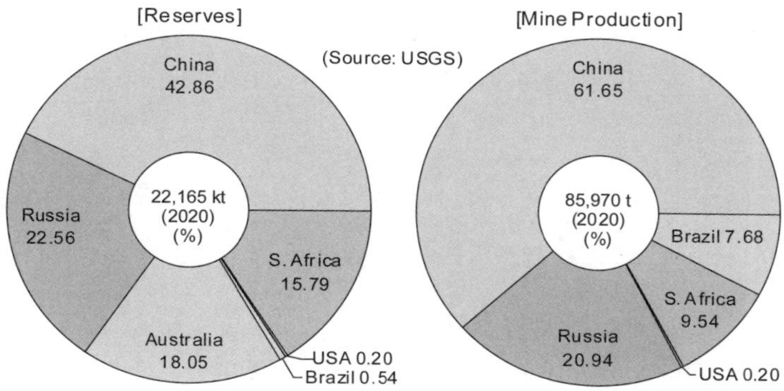

그림 11.2. 전 세계 V 광석의 매장량과 광석 생산량

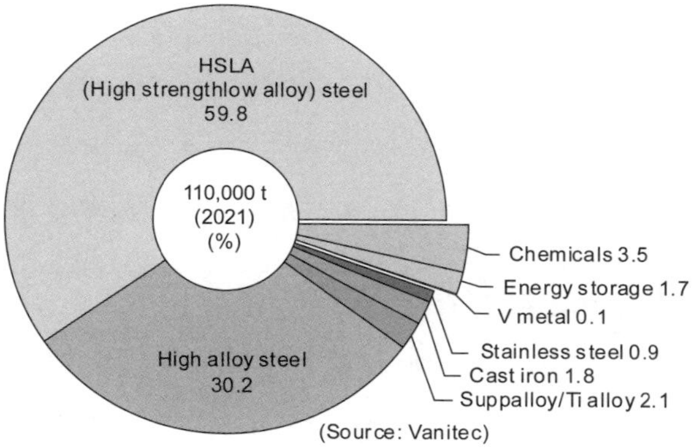

그림 11.3. 2021년 기준의 바나듐 용도

등의 다른 금속과 함께 사용한다. 또 금속 V은 Ti, Al 등에 합금원소로 첨가된다. 특히 Al 6 %, V 4 %를 함유하는 Ti 합금(Ti-6Al-4V)은 가벼우면서 피로강도, 파괴인성, 가공성 등의 특성을 겸비한 합금으로 항공기 제트엔진의 팬 블레이드(fan blade), 팬 디스크(fan disk) 등에 사용된다. 그 외에도 원자력 산업, 우주 산업 등의 분야에서 중요한 역할을 하고 있다. 또 금속

V은 스퍼터링 타깃재나 수소저장 합금 등에도 사용되고 있다. 최근에는 차세대 배터리인 레독스 플로 배터리(Redox flow battery)*의 구성 재료로 주목받고 있다.

V 화합물로는 오산화바나듐, 메타바나듐산암모늄, 메타바나듐산소다, 메타바나듐산칼륨 등이 제조되고 있다. 이러한 화합물은 석유 정제 공정에서 탈황 촉매로 이용되고 있다. 그 외에도 전자 재료, 안료, 시약 등에 사용되고 있다.[7] 특히 V_2O_5 촉매는 SO_2 가스로부터 황산을 제조할 때 SO_3로 산화시키는 촉매로 사용되고 있다.

3. 바나듐의 제련

1) 바나듐의 원료와 제련 개요

V의 원료는 크게 광석류와 폐자원류로 분류할 수 있다. 광석류에는 인광석, 함티탄자철광, 철-바나듐 정광, 우라늄-바나듐 정광 등이 있고, 약 60종 이상의 V 함유 광물이 알려져 있다. 표 11.2에 주요한 V 함유 광물을 나타내었다.[13] V 광물 자체는 화성암 중에 독립한 광물로 존재하는 것은 드물고, 대부분은 퇴적암 중에 있으며, 반 이상은 콜로라도 고원의 우라늄 광상 지대에서 발견되어 있다.[14] 우리나라에도 경기 북부 지역에 함바나듐 티탄철광이 부존되어 있는 것으로 알려져 있다.[10]

---

* 장말의 레독스 플로 전지(Redox flow battery) 참조

표 11.2. 주요 V 광석

Mineral	Formula	V (%)	V_2O_5 (%)	Occurrence
Carnotite	$K_2[(UO_2)_2/V_2O_8]\cdot 3H_2O$	10.3	18.3	Colorado
Corvusite	$V_2^{4+}\cdot V_{12}^{5+}\ O_{34}\cdot n\ H_2O$	40.8	72.8	-
Descloizite	$Pb(Zn,Cu)[OH/VO_4]$	12.7	22.7	-
Francevillite	$(Ba,Pb)[(UO_2)_2/V_2O_8]\cdot 5H_2O$	9.9	17.7	-
Magnetite	$Fe_2^{2+}\cdot Fe^{3+}O^4$	< 0.5~1.5	< 1.2~2.7	In Titanomagnetite ores; e.g., Bushveld, Republic of South Africa
Montroseite	(V,Fe)OOH	45.4	81	-
Mottramite	$Pb(Cu,Zn)[OH/VO_4]$	10.5	18.8	-
Patronite	VS_4 or V_2O_5	16.8	Ca. 30	In asphaltites; e.g., Mina Ragra, Peru
Roscoelite	$KV_2(OH)_2/AlSi_3O_{10}$	11.2~14.0	20~25	In Uranium vanadium ores; e.g., Colorado Plateau, Utah, United States
Tyuyamunite	$Ca(UO_2)_2\cdot V_2O_8\cdot 5\text{-}8H_2O$	11.1	19.8	
Vanadinite	$Pb_2(VO_4)_3Cl$	10.2	18.2	In Pb, Zn & Cu vanadate ores; e.g., Otavi Mountains, Namibia. Arizona and New Mexico

V의 주요 자원에는 바나듐 함유 제철 슬래그(함티탄 자철광으로부터 철강재 생산 시 발생하는 슬래그), ferro-phosphorous 슬래그, 석유 잔재물, 폐촉매, fly ash와 bottom ash 등이 있으며, 그림 11.4에는 이러한 V의 주요 자원과 V 함유량을 나타내었다.[15] 2020년 기준으로 V의 72 %는 V 슬래그로부터 만들어지며, 17.6 %는 광석으로부터, 그리고 10.4 %는 2차 자원으로부터 만들어진다.[16] V 함유 티탄철광석(vanadium titano-magnetite, VTM)을 원료로 제조된 철강 슬래그에는 6~24 % 정도의 V이 함유되어 있으며, 주로 중국, 러시아, 남아공에서 공급되고 있다.[17] 다만 품질 문제 등으로 촉매용의 고순도 V을 제조할 수 없으며, 대부분 FeV의 원료로 사용한다.

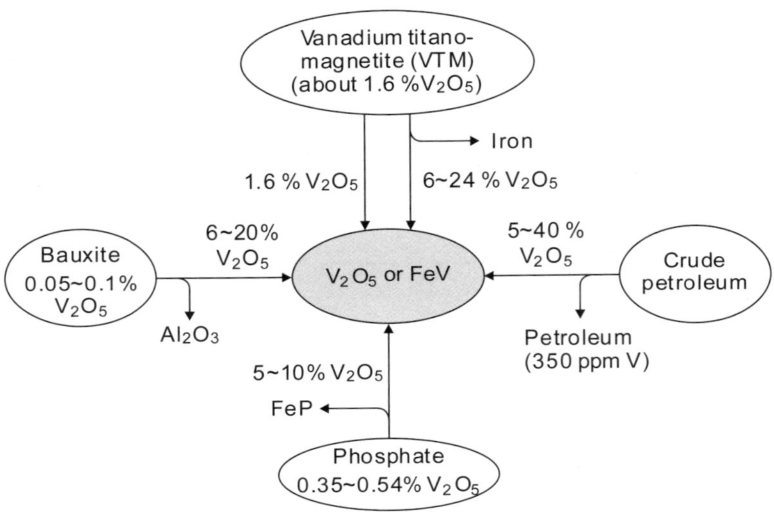

그림 11.4. 바나듐 추출을 위한 주요 원료

가장 많이 사용되는 바나듐의 최종 제품은 페로바나듐(FeV), 오산화바나듐(V_2O_5)이며, 금속 V이나 FeV은 일반적으로 V_2O_5를 출발원료로 사용하여 제조한다. V_2O_5를 제조하기 위한 주공정은 선광, 염화 배소, 산 침출, 알칼리 침출, 용매 추출/이온 교환 그리고 침전 등으로 구성되어 있다. FeV은 V_2O_5를 환원제인 알루미늄, 카본 또는 실리콘(페로실리콘)과 배합하여 열환원법(thermic reduction)으로 제조한다. 특히 Al을 환원제로 사용하면 발열량이 많아 별도의 열원을 필요로 하지 않으며, 철 스크랩을 혼합하고 플럭스로 석회석이나 형석을 첨가한다. 금속 V은 FeV과 마찬가지로 탄소 열환원법이나 알루미늄 열환원법으로 제조한다. 특히 고순도의 V을 제조하기 위해서는 V-Al(15~25 wt%)의 조합금을 제조한 후 전자빔 등을 이용하여 정련한다.

2) 바나듐 슬래그로부터 V_2O_5 제조

V 원료 중에서 VTM이 가장 풍부하지만, 일반적으로 0.1~2.0 wt%의 V_2O_5를 함유하고 있으며, V_2O_5가 1 wt% 이상이면 직접 V 추출을 위한 원료로 사용한다. 1 wt% 미만이면 V 추출을 위한 경제성 확보를 위해 철강 정련 공정을 거친 V 슬래그를 만들어 사용한다. 그림 11.5에는 VTM으로부터 V을 추출하는 공정을 종합하여 나타내었다.[18]

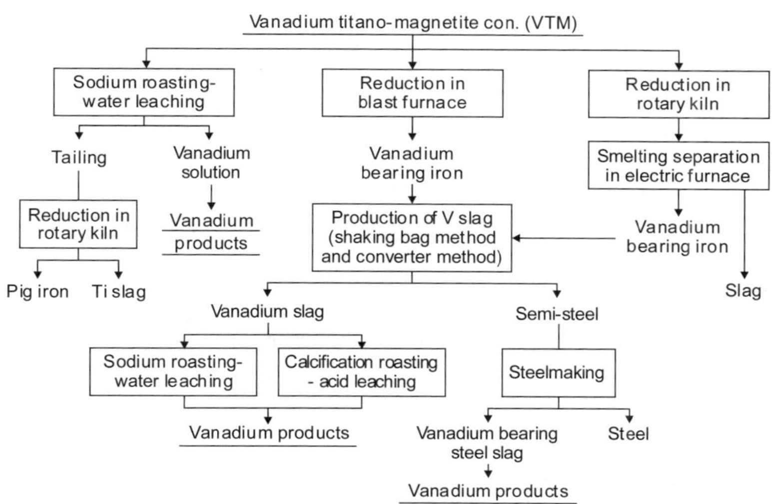

그림 11.5. VTM에서 바나듐 제품을 생산하는 공정도

(1) V 슬래그의 제조

VTM 중 V_2O_5가 1 % 이하이면 철강 제련 공정에서 철을 생산하면서 부산물로 발생하는 슬래그로부터 V_2O_5를 회수한다. 특히 2020년 기준으로 전 세계 V 공급량의 72 %는 V 슬래그로부터 만들어졌다. 그림 11.6에는 VTM에서 V 슬래그를 제조하는 공정을 종합하여 모식적으로 나타내었다.[19,20]

우선 VTM을 소결하여 용광로(고로, blast furnace)에서 코크스로 환원하면 용선과 TiO_2가 많은 슬래그로 분리된다. 용선을 전로(basic oxygen furnace, BOF)에서 플럭스를 첨가하지 않고 산소로 예비정련하여 약 3 wt% C의 용철과 V이 많은 V 슬래그로 분리한다. V 슬래그를

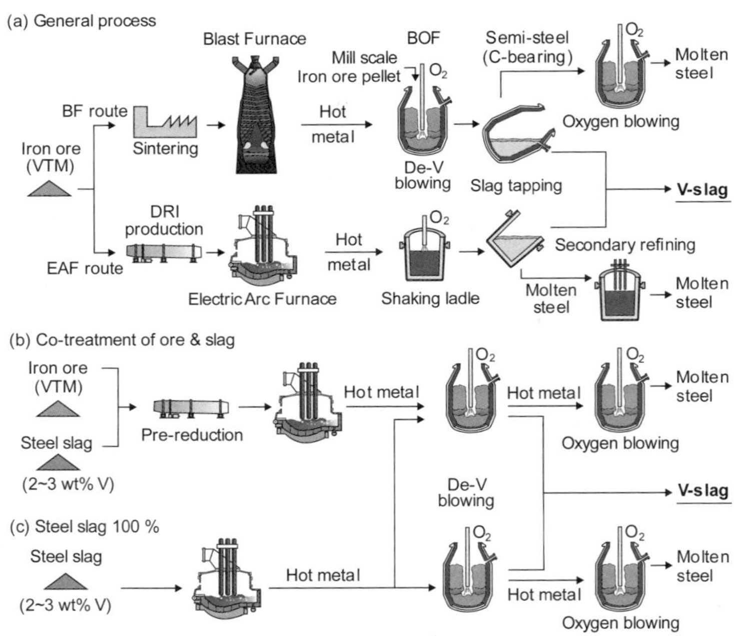

그림 11.6. VTM 등에서 V 슬래그를 제조하는 공정

파쇄하여 자력 선별에 의해 철분을 제거하면 Fe가 없는 V 슬래그를 얻을 수 있다. 다른 방법으로는 VTM을 킬른 등에서 환원한 후 전기로에서 용융하고 shaking 레이들에서 산소를 취입하여 V이 많은 슬래그를 분리하고 있다. 한편 VTM과 V 함유 슬래그를 동시에 처리하는 방법과 V 함유 슬래그만 정련하여 V이 많이 함유된 슬래그를 만드는 방법도 알려져 있다. 이러한 V 함유 슬래그를 정련하여 FeV을 만든다.

(2) V 슬래그의 배소

V 슬래그를 비롯한 여러 가지 V 함유 자원으로부터 V_2O_5(또는 V_2O_3)를 만들어 FeV 등의 제품을 만들고 있다. 그림 11.7에는 V 함유 자원에서 V_2O_5까지 석출시키는 공정도를 나타내었다.[15] V 슬래그는 배소(roasting)한 후에 침출하기도 하지만 직접 침출하기도 한다. V 슬래그에서 V을 추출하기 위해서는 침출하여야 하지만, V 슬래그가 스피넬상으로 존재하므로

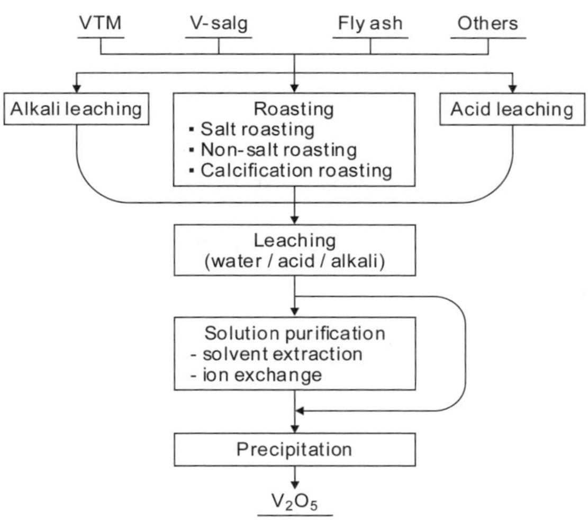

그림 11.7. 바나듐 추출 공정도

배소하여 물이나 황산, 알칼리 등으로 쉽게 침출되도록 한다. 배소 처리 방법에는 염 배소, 산화 배소, 석회 배소 등이 있다.

① 염 배소(salt roasting)

염 배소는 V 슬래그를 NaCl, Na_2SO_4, Na_2CO_3 등과 함께 배소하여 V을 $NaVO_3$(sodium vanadate)로 만들어 수 침출할 수 있도록 하는 것이며, 고온에서의 반응식은 다음과 같다.[21]

$$2NaCl + V_2O_5 + H_2O = 2NaVO_3 + 2HCl \text{ at } 800\text{~}900\ ℃ \quad (11.1)$$

with vapor

$$2NaCl + V_2O_5 = 2NaVO_3 + Cl_2(g) \text{ at } 800\text{~}900\ ℃ \quad (11.2)$$

without vapor

$$Na_2SO_4 + V_2O_5 = 2NaVO_3 + SO_3(g) \text{ at } 1{,}200\text{~}1{,}230\ ℃ \quad (11.3)$$

$$Na_2CO_3 + V_2O_5 = 2NaVO_3 + CO_2(g) \text{ at } 900\text{~}1{,}200\ ℃ \quad (11.4)$$

$NaVO_3$는 황산이나 물로 침출하여 V을 용해시킬 수 있으나, 황산 침출은 Ca, Mg, Fe 등의 불순물도 같이 용해되어 선택성이 적으며, pH를 조정하면서 수 침출하면 침출의 선택성을 높일 수 있다. 특히 배소 공정에서 Ca 등과 결합하여 생성된 calcium vanadate(바나듐산 칼슘) 등에 Na_2CO_3를 첨가하여 배소하면 다음 식과 같이 물에 용해될 수 있는 $NaVO_3$가 만들어진다.[22]

$$2Ca \cdot 3V_2O_5 + Na_2CO_3 = 2CaCO_3 + 3NaVO_3 \quad (11.5)$$

② 산화 배소(oxidation or non-salt roasting)

산화 배소는 V 스피넬 주위의 Fe를 분해하여 V을 산에 침출 가능한

CaV_2O_7과 Mg_2VO_7으로 생성시키는 것으로, CaO와 MgO 함유량이 높은 슬래그를 처리할 때 사용한다. 배소반응은 $FeO·V_2O_3$ 스피넬이 몇 단계를 거쳐서 분해되는 것으로 알려져 있다.[23] 반응 초기에는 다음 식과 같이 $Fe_2O_3·V_2O_3$가 만들어지며, 이어서 $Fe_2O_3·V_2O_4$와 일부 Mg_2VO_4를 생성한다.

$$Fe_2V_2O_4 + O_2 = Fe_2O_3 \cdot V_2O_3 \tag{11.6}$$

$$2(Fe_2O_3 \cdot V_2O_3) + O_2 = 2(Fe_2O_3 \cdot V_2O_4) \tag{11.7}$$

$$2(Fe_2O_3 \cdot V_2O_3) + 8MgO + O_2 = 4Mg_2VO_4 + 2Fe_2O_3 \tag{11.8}$$

마지막 단계에서는 다음 식과 같이 V_2O_5, $Mn_2V_2O_7$과 $Mg_2V_2O_7$ 등이 생성된다.

$$2(Fe_2O_3 \cdot V_2O_4) + O_2 = 2V_2O_5 + 2Fe_2O_3 \tag{11.9}$$

$$2(Fe_2O_3 \cdot V_2O_4) + 4MgO + O_2 = 2Mg_2V_2O_7 + 2Fe_2O_3 \tag{11.10}$$

$$2Mg_2V_2O_4 + 2V_2O_5 + O_2 = 4Mg_2V_2O_7 \tag{11.11}$$

$$2(Fe_2O_3 \cdot V_2O_4) + 4MnO + O_2 = 2Mn_2V_2O_7 + 2Fe_2O_3 \tag{11.12}$$

이러한 반응은 400~1,000 ℃에서 표준 생성 자유에너지(ΔG^0)가 음의 값을 나타내어 산화 배소로 V 스피넬상의 분해가 가능한 것을 의미하며, 총괄반응은 다음과 같다.[19]

$$4/5FeV_2O_4 + O_2 = 2/5Fe_2O_3 + 4/5V_2O_5, \tag{11.13}$$

$$\Delta G^0 = -293.45 + 0.15T \ (\text{kJ/mol } O_2)$$

③ 석회 배소(calcification roasting)

석회 배소법은 Cr 함유량이 많은 V 슬래그에 적용하는 것으로, 다음 식과 같이 침출 가능한 CaV_2O_6, $Ca_3V_2O_8$, $CaCrO_4$ 생성물을 얻을 수 있다.

$$4/5FeV_2O_4 + 4/5CaO + O_2 = 4/5CaV_2O_6 + 2/5Fe_2O_3 \qquad (11.14)$$

$$\Delta G^0 = -439.86 + 0.21T \ (\mathrm{kJ/mol\ O_2})$$

$$4/5FeV_2O_4 + 12/5CaO + O_2 = 4/5Ca_3V_2O_8 + 2/5Fe_2O_3 \qquad (11.15)$$

$$\Delta G^0 = -655.92 + 0.44T \ (\mathrm{kJ/mol\ O_2})$$

$$4/7FeCr_2O_4 + 8/7CaO + O_2 = 8/7CaCrO_4 + 2/7Fe_2O_3 \qquad (11.16)$$

$$\Delta G^0 = -255.77 + 0.15T \ (\mathrm{kJ/mol\ O_2})$$

이러한 반응 역시 400~1,000 ℃에서의 ΔG^0는 음의 값을 나타내어 자발적인 반응이 일어난다. 다만 CaV_2O_6, $Ca_3V_2O_8$는 수 침출할 수 없으며, 황산이나 알칼리 용액으로 침출하여야 한다. 또 $CaCrO_4$는 산에 잘 용해되지 않으므로 V만 선택적으로 침출할 수 있으나, V의 침출률과 침출 속도가 낮다. 특히 첨가제 비용 절감 차원에서 CaO보다 $CaCO_3$가 유리하지만 CO_2가 발생되는 단점이 있다.[19]

한편 국내의 VTM을 1,150 ℃에서 CaO로 배소하여 황산으로 침출하였을 때 V의 86 %가 침출되었으나, Fe와 Ti도 각각 4.3 % 및 6.5 %가 침출되었다.[24]

④ 기타 배소

저융점인 NaOH(m.p. 318 ℃), KOH(m.p. 360 ℃) 등의 용융염이나, NaOH-Na_2CO_3, NaOH-$NaNO_3$, NaCl-KCl, NaOH-NaCl, $CaCl_2$-NaCl, NaCl-KCl-$AlCl_3$ 등의 혼합 용융염을 사용하여 배소하기도 한다. 특히 이러한 용융염 배소 생성물은 기존의 배소법에 비해 V 회수율이 월등히 높은 것으로 알려져 있다.[19] 그리고 배소 과정에서 마이크로웨이브를 활용하면 반응시간을 줄이고 전환율을 높일 수 있는 것으로 알려져 있다.[25]

(3) 배소 생성물의 침출[19]

V 슬래그를 배소한 후에 그림 11.7과 같이 물이나 산, 알칼리에 의한 침출로 V을 추출한다.

① 수 침출(water leaching)

염 배소한 V 슬래그나 VTM은 물을 이용하여 침출할 수 있으며, 반응식은 다음과 같다.[26]

$$NaVO_3 + H_2O = H_2VO_4^- + Na^+ \tag{11.17}$$

$$Na_4V_2O_7 + H_2O = 2HVO_4^{2-} + 4Na^+ \tag{11.18}$$

Cr이 함유되어 있는 경우의 반응식은 다음과 같다.

$$Na_2CrO_4 = CrO_4^{2-} + 2Na^+ \tag{11.19}$$

이러한 침출반응의 효율은 배소 공정에서 슬래그 중 V의 바나듐산나트륨(sodium vanadate)으로의 전환율에 의존하는 것으로 알려져 있다. 그리고 수 침출에서는 V과 Cr의 분리가 중요한 문제이며, 용액 중의 Na^+ 이온을 회수하는 것 또한 필요하다.

② 산 침출(acid leaching)

염 배소나 석회 배소한 생성물을 H_2SO_4를 사용하여 다음 식과 같이 침출하기도 한다.

$$2NaVO_3 + 2H_2SO_4 = (VO_2)_2SO_4 + Na_2SO_4 + 2H_2O \tag{11.20}$$

$$Na_4V_2O_7 + 3H_2SO_4 = (VO_2)_2SO_4 + 2Na_2SO_4 + 3H_2O \tag{11.21}$$

$$CaV_2O_6 + 2H_2SO_4 = (VO_2)_2SO_4 + CaSO_4 + 2H_2O \tag{11.22}$$

$$Ca_3V_2O_8 + 4H_2SO_4 = (VO_2)_2SO_4 + 3CaSO_4 + 4H_2O \tag{11.23}$$

Cr이 함유된 경우에는 다음 식과 같이 침출된다.

$$Na_2CrO_4 + H_2SO_4 = H_2CrO_4 + Na_2SO_4 \quad (11.24)$$

$$CaCrO_4 + H_2SO_4 = H_2CrO_4 + CaSO_4 \quad (11.25)$$

이러한 황산 침출에서 V과 Cr의 침출률은 약 95 % 이상을 나타내므로 매우 효과적인 방법이지만, 저가의 Na/Ca염이 부산물로 생성되며, V이나 Cr과 함께 P, Si, Fe, Mn 등도 함께 침출되어 용액의 정제 공정이 복잡해지는 문제점도 있다.[19]

③ 알칼리 침출(alkaline leaching)

알칼리 침출은 알칼리/나트륨 또는 암모늄염을 사용하며, Na_2CO_3를 이용한 침출 반응은 다음 식과 같다.

$$2NaVO_3 + Na_2CO_3 + 2H_2O = (VO_2)_2CO_3 + 4NaOH \quad (11.26)$$

$$Na_2V_2O_7 + Na_2CO_3 + 2H_2O = (VO_2)_2CO_3 + 4NaOH \quad (11.27)$$

$$CaV_2O_6 + Na_2CO_3 = 2NaVO_3 + CaCO_3 \quad (11.28)$$

$$Ca_3V_2O_8 + 3Na_2CO_3 = 2Na_3VO_4 + 3CaCO_3 \quad (11.29)$$

한편 암모늄염을 이용한 침출반응은 다음 식과 같다.

$$2NaVO_3 + (NH_4)_2CO_3 = 2NH_4VO_3 + Na_2CO_3 \quad (11.30)$$

$$Na_4V_2O_7 + 2(NH_4)_2CO_3 = (NH_4)_4V_2O_7 + 2Na_2CO_3 \quad (11.31)$$

$$CaV_2O_6 + (NH_4)_2CO_3 = 2NH_4VO_3 + CaCO_3 \quad (11.32)$$

$$Ca_3V_2O_8 + 3(NH_4)_2CO_3 = 2(NH_4)_3VO_4 + 3CaCO_3 \quad (11.33)$$

알칼리 침출은 V에 대한 선택성이 높아 고순도의 V 용액을 얻을 수 있으며, 암모늄염을 사용하는 경우 저온에서도 침출이 가능한 장점이 있다. 다만 나트륨염을 사용하면 V의 최대 침출률이 90 % 수준에 불과하며, 암모늄염을 사용하면 더 낮아진다는 문제점도 있다. 그리고 암모니아의 증발도 고려해야 한다.

④ 기타

침출 과정에서 초음파를 가하면 침출 시간을 줄이고 침출 효율을 높일 수 있는 것으로 알려져 있다. 초음파를 가하면 배소광 입자에 기계적인 에너지가 가해져 보다 미세하게 파쇄되므로 침출액과의 접촉 면적이 증대하기 때문이다.[27]

(4) 직접 침출법

V 슬래그의 배소를 생략하고 직접 침출하기도 한다. 직접 침출에는 용매에 따라 산 침출과 알칼리 침출이 있으나, 가압 침출과 전해산화 침출의 두 가지 방법이 알려져 있다.[19]

① 가압 침출(pressure leaching)

상압에서의 산이나 알칼리 침출에서는 V 슬래그 중의 V이나 Cr을 효과적으로 추출하기 곤란하다. 고온에서 가압하면서 산으로 침출하면 보다 효과적으로 V을 추출할 수 있다. Mu 등은 140 ℃, 200 g/L H_2SO_4, 0.5 MPa의 산소분압 조건에서 120분 동안 침출하여 V의 97.9 %, Fe의 94.5 %를 침출하였다.[28]

② 전해산화 침출(electro-oxidation leaching)

전해산화 침출은 침출 반응기 중에 전극을 침지시키고 전기장을 가하여 V을 높은 산화 상태로 바꾼다. 알칼리 침출에서 750~1,000 A/m^2의 전류밀도를 가하여 95 %의 V을 추출하였다.

(5) 침출액의 정제와 농축

V 슬래그나 광석을 염 배소한 후 침출하면 불순물인 Si은 수용성의 규산나트륨을 생성하여 V과 함께 용해된다. 따라서 이러한 불순물은 V을 회수하기 전에 제거하여야 하며, 또 후속 공정에서 V의 추출률을 높이기 위해서 농축하여야 한다.

① 불순물 제거

침출액 중의 Si은 침전물을 생성하여 용매 추출을 방해하므로 사전에 제거하여야 한다. 실리카 성분은 pH 3.0~3.5에서 알룸(alum)* 으로 처리하면 제거할 수 있다. 따라서 V 침출액 중의 Si 성분은 황산 알루미늄과 황산으로 처리하여 제거하며,[29] 반응식은 다음과 같다.[19]

$$\mathrm{Si-OH+Al-OH=(Si-O-Al)\cdot}x\mathrm{H_2O} \tag{11.34}$$

한편 P은 V이나 암모늄 이온과 결합하여 헤테로폴리산(heteropoly acids)을 형성한다. P은 45 ℃, pH 9.5~11 조건에서 Mg^{2+} 이온으로 제거할 수 있으며, 반응식은 다음과 같다.[19]

$$\mathrm{Mg^{2+}+HPO_4^{2-}+}x\mathrm{H_2O=MgHPO_4\cdot}x\mathrm{H_2O} \tag{11.35}$$

$$\mathrm{Mg^{2+}+PO_4^{3-}+}x\mathrm{H_2O=Mg_3H(PO_4)_2\cdot}x\mathrm{H_2O} \tag{11.36}$$

또 Mg염 외에도 Ca염이나 Al염으로 P을 제거할 수 있다.

---

* 알룸(alum): 명반(明礬) 또는 백반(白礬)으로 황산 알루미늄, 알칼리 금속, 암모늄 등 황산염과의 복염

② 용매 추출

V 침출액은 아민 콜렉터를 이용한 용매 추출로 정제할 수 있다. 알킬 인산은 V을 4가 상태로 추출하는 데 효과적이며, 일반적으로 희토류나 U의 용매 추출에 사용된다. 다만 V과 U이 동시에 침출되어 있으면 pH와 Eh의 조정이 필요하다.[26]

(6) V의 석출

V 용액의 pH를 2 근처로 조정하면 5가 V의 용해도가 낮아 다음 식과 같이 V_2O_5로 회수할 수 있으며, 바나듐산 중의 V은 가수분해되어 침전된다.[26]

$$2H_3VO_4 = V_2O_5 + 3H_2O \tag{11.37}$$

그리고 침출액 중의 V은 암모니아와 반응하여 불용성 화합물을 만든다. 따라서 침출액에서 V_2O_5를 얻고자 하는 경우 AMV(ammonium metavanadate, NH_4VO_3)를 만들어 침전시키고 하소(calcination)한다. 침출액 중에 $(NH_4)_2SO_4$나 NH_4Cl을 첨가하면 다음 식과 같이 AMV 침전물이 생성된다.

$$2NaVO_3(aq.) + (NH_4)_2SO_4(s) = 2NH_4VO_3(s) + Na_2SO_4(aq.) \tag{11.38}$$

$$NaVO_3(aq.) + NH_4Cl(s) = NH_4VO_3(s) + NaCl(aq.) \tag{11.39}$$

상온에서 AMV의 물에 대한 용해도(5.2 g/L)가 낮으므로 상온에서도 침전반응이 잘 일어나며, 용액 중 NH_4Cl의 농도가 증가하면 AMV의 용해도는 더욱 더 낮아진다.[30]

침전물인 AMV를 건조한 후 약 450 ℃의 로터리 킬른 등에서 하소하면 다음 식과 같이 분해되어 V_2O_5 분말이 만들어진다.

$$2NH_4VO_3(s) = V_2O_5(s) + 2NH_3(g) + H_2O(g) \tag{11.40}$$

V_2O_5 분말을 용융, 주조하여 플레이크(flake)상으로 만든다. 또 직접 FeV을 제조하는 경우 환원로에서 V_2O_5 분말을 수소나 천연가스 등을 이용하여 다음 식과 같이 V_2O_3로 환원하여 사용하기도 한다.[31,32]

$$2NH_4VO_3(s) + 2CO(g) \tag{11.41}$$
$$= V_2O_3(s) + 2NH_3(g) + H_2O(g) + 2CO_2(g)$$

3) 광석으로부터 V_2O_5 제조

VTM 중 V_2O_5가 1 wt% 이상이면 직접 V 추출을 위한 원료로 사용된다. VTM 중의 V은 페로바나듐 스피넬($FeO \cdot V_2O_3$)상으로 존재하여 일반적인 광물 처리 공정에서는 추출하기 곤란하므로 배소 등의 전처리를 통해 스피넬상을 분해하여야 한다. V 슬래그도 원료광석이나 처리 방법에 따라 조성에는 차이가 있으나, 광물학적으로 V은 $(Fe,Mg,Mn)(V,Cr)_2O_4$나 $(Fe,Mn)_2(V,Ti)O_4$와 같은 스피넬상으로 olivine ($(Fe,Mg)_2SiO_4$), fayalite (Fe_2SiO_4) 등의 기지에 분산되어 존재한다.[19] 따라서 VTM 중의 V 추출률을 높이기 위해 배소 처리 등을 한다.

Bushveld Minerals(남아프리카공화국)와 Maracas Menchen Mine(브라질)에서는 VTM 광물을 파쇄 및 분쇄하고 자력 선별을 거친 정광을 염 배소(salt roasting)한 후, 수 침출과 침전 및 고온 처리를 통해 바나듐을 회수한다.[24] 그림 11.8에는 VTM을 소다 배소-수 침출하여 V을 직접 추출하는 공정도를 나타내었다.[18] 수 침출하여 얻은 용액을 정제한 후, $(NH_4)_2SO_4$나 NH_4Cl을 첨가하여 V을 AMV(ammonium meta vanadate)나 APV(ammonium poly vanadate)로 만든다. 그리고 이러한 것을 하소하여 V_2O_5로 회수한다.

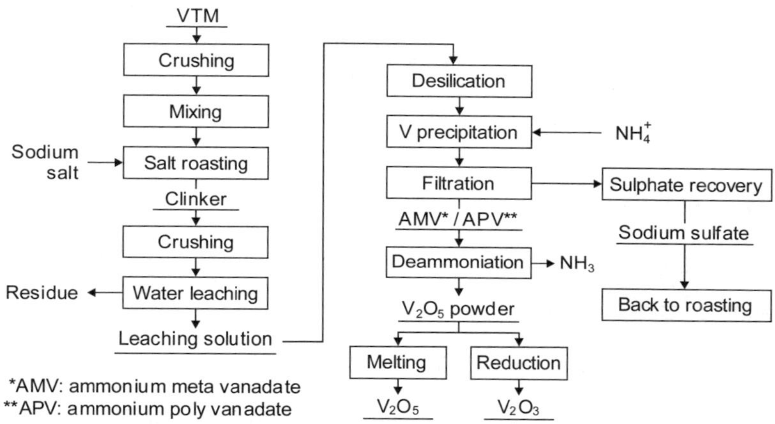

그림 11.8. VTM의 소다 배소-수 침출에 의한 V의 직접 추출 공정도

4) 금속 V의 제조

금속 V은 산화물이나 염화물을 C, Al, Si, Ca, Mg, H_2 등으로 환원하여 제조할 수 있으며, 그림 11.9에 출발원료에 따른 환원 방법과 환원제를 나타내었다.

탄소 열환원은 1,700 ℃ 이상에서 일어나지만, C이 고온에서 V 중에

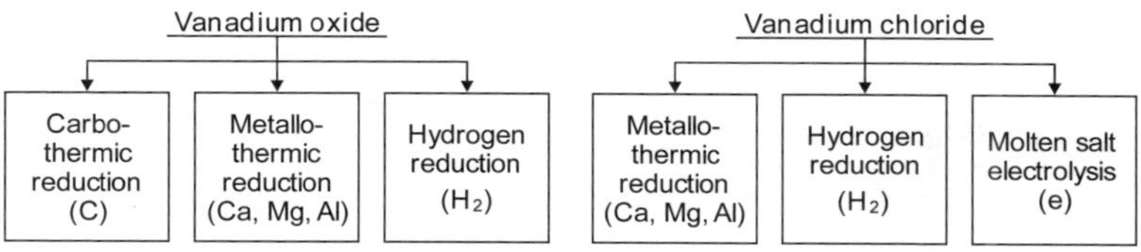

그림 11.9. 출발원료에 따른 금속 V 제조법

용해되어 VC나 VC_2가 생성되므로 고순도 V의 제조에 적합하지 않다. Al 열환원에서는 Al이 낮으면 산소 농도가 높고, 산소 농도가 낮으면 Al 농도가 높아지며 슬래그로의 V 손실이 있으나, 공업적으로 Al 열환원법을 가장 많이 사용하고 있다. Si 열환원은 계 내에 Fe가 있을 때 FeV 제조에 사용하고 있다.

(1) V 산화물의 탄소 열환원

V 산화물의 탄소 열환원은 1,700 ℃ 이상에서 일어나지만, C이 고온에서 V 중에 용해되어 VC나 VC_2가 생성될 수 있다. V_2O_5, V_2O_4, V_2O_3, VO, V(O)s를 거쳐서 최종적으로 V이 만들어진다. 그리고 VC는 VC_2와 V(C)s를 거쳐서 단계적으로 V까지 환원된다. 우선 1,000 ℃ 이하에서는 다음과 같은 반응이 일어난다.[33]

$$V_2O_5 + CO = 2VO_2 + CO_2 \tag{11.42}$$

$$2VO_2 + CO = V_2O_3 + CO_2 \tag{11.43}$$

1,000 ℃ 이상에서는 다음과 같은 반응이 일어난다.

$$V_2O_3 + 5C = 2VC + 3CO \tag{11.44}$$

$$2V_2O_3 + VC = 5VO + CO \tag{11.45}$$

$$VO + 3VC = 2V_2C + CO \tag{11.46}$$

$$VO + V_2C = 3V + CO \tag{11.47}$$

(2) V 산화물의 Al 열환원법

금속 V은 융점이 1,910 ℃로 고융점이며, 탄소, 산소, 질소 등과의 친화력이 높아 고순도화가 곤란한 금속이다. 따라서 회수한 오산화바나듐을 Al 금속 열환원법으로 조금속까지 만든 후, 3회에 걸친 전자빔 용해로 고순도 V을 제조하고 있다.

V_2O_5의 Al 열환원 반응은 다음과 같다.

$$\frac{2}{5}V_2O_5 + \frac{4}{3}Al = \frac{4}{5}V + \frac{2}{3}Al_2O_3 \tag{11.48}$$

$$\Delta G^0 = -540{,}097 + 24.8\,T \ \text{(J)}$$

Al 열환원 반응에서 Al 소비량을 줄이기 위해 V_2O_5를 V_2O_3로 예비환원하여 사용하기도 한다.

$$\frac{2}{3}V_2O_3 + \frac{4}{3}Al = \frac{4}{3}V + \frac{2}{3}Al_2O_3 \tag{11.49}$$

$$\Delta G^0 = -319{,}453 + 63.93\,T \ \text{(J)}$$

이러한 Al 열환원 반응은 발열을 수반하는 자발적인 반응으로, 고체의 V_2O_5(또는 V_2O_3) 분말과 금속 Al 분말을 혼합하여 점화시키면 환원반응의 진행과 동시에 발열반응으로 온도가 급격하게 상승한다. 따라서 단시간에 환원반응이 진행되며, 반응 도중에는 액체상의 V 화합물이 생성되고 반응 종료 후에는 Al이 고용된 조금속 V이 얻어진다.

한편 Al 열환원 반응에서는 V의 실수율을 높이기 위해 과잉의 Al 환원제를 사용하며, 공업적으로 제조된 조금속 V에는 15~25 wt%Al이 함유되어 있다. 따라서 고순도 V을 제조할 때는 전자빔 용해를 반복하여 Al을 휘발 제거시켜 정제한다.[34] 이 과정에서 V 중의 산소는 Al의 저급 산화물로서 함께 제거되지만, N, Si 등은 제거되지 않으며, V의 순도는 99.93 wt% 정도이다.[35]

(3) V 산화물의 Ca 열환원법

V_2O_5의 Al 열환원법에서는 V-Al의 합금상이 만들어져 반복적인 전자

빔 용해를 거쳐야 하므로 생산성이 낮은 단점이 있다. 따라서 Al 열환원법을 대체하기 위해 많은 연구들이 이루어지고 있다. 그중에서 V 산화물의 Ca 열환원법은 Al 열환원법이 확립되기 전부터 많이 연구되어 온 방법으로 반응식은 다음과 같다.[36]

$$V_2O_5 + 5Ca + 5CaCl_2 = 2V + 5(CaO \cdot CaCl_2) \quad (11.50)$$

Ca 열환원 반응도 급격한 발열반응이어서 2,400 ℃까지 온도가 상승하지만, V_2O_5의 융점은 695 ℃에 불과하여 생성한 금속 V이 반응기 내벽에 고착되거나, 반응기와 반응하여 불순물이 혼입되는 등의 문제점이 있었다.

출발원료로 저급 산화물인 V_2O_3를 사용하면 V_2O_5보다 발열량이 낮으며, V_2O_3의 융점(1,965 ℃)이 높아 반응 용기에 의한 오염을 낮출 수 있다. Gregory 등은 V_2O_5를 수소로 환원하여 저급 산화물인 V_2O_3로 만들고 Ca 열환원법으로 고순도의 금속 V을 만드는 방법을 개발하였으며, 반응식은 다음과 같다.[37]

$$V_2O_3(s,l) + 3Ca(l) = 2V(s,l) + 3CaO(s,l) \quad (11.51)$$

Ca 열환원법은 간단하고 쉽게 고순도의 금속 V을 만들 수 있는 우수한 프로세스이지만, 금속 V과 슬래그의 분리가 어렵고, 실수율이 낮은 문제점을 가지고 있다. 그리고 반응 용기나 환원제 중의 불순물이 금속 V으로 분배되는 문제점이 있으나 아직 효과적인 해결책은 개발되지 않고 있다.[34]

(4) V 산화물의 수소환원

V 산화물을 수소로 환원하여 금속 V을 만들 수 있다. V의 수소환원은

W이나 Mo과 마찬가지로 V의 고급 산화물에서 저급 산화물로 환원된 후 다시 금속으로 환원된다. V_2O_5를 600 ℃의 수소 분위에서 약 3시간 동안 유지한 후 다시 900~1,000 ℃에서 5시간 동안 유지하면 금속 V이 얻어지며, 표준 상태에서 V 산화물의 수소에 의한 환원반응의 자유에너지는 다음과 같다.[33]

$$V_2O_5 + H_2 = V_2O_4 + H_2O, \ \Delta G^0 = -91{,}630 - 68.20T \ (J) \tag{11.52}$$

$$V_2O_5 + 2H_2 = V_2O_3 + 2H_2O, \ \Delta G^0 = -166{,}732 - 76.15T \ (J) \tag{11.53}$$

$$V_2O_5 + 3H_2 = 2VO + 3H_2O, \ \Delta G^0 = -14{,}244 - 111.0T \ (J) \tag{11.54}$$

(5) V 염화물의 환원

할로겐화물을 원료로 이용하면 산화물 원료에 비하여 산소 농도를 더 쉽게 낮출 수 있으므로 고순도 금속 V의 제조법으로 발전할 수 있다. V 염화물은 Li, Na, Ca, Mg, K 및 H_2 등에 의해 금속 V으로 환원할 수 있다.

Ti 제련법을 개발한 Hunter는 1923년에 VCl_3를 다음 식과 같이 Na으로 환원하여 99.5 % 정도의 금속 V 분말을 얻었다. 그러나 반응 부산물인 NaCl을 침출 제거해야 하고, NaCl에서 Na을 재생하는 것이 곤란한 점 등 제조 비용의 문제로 실용화되지 못하였다.[34]

$$VCl_3 + 3Na = V + 3NaCl \tag{11.55}$$

그 후 다음 식과 같이 VCl_2를 Mg으로 환원하는 방법이 개발되어 고순도의 금속 V을 만들 수 있었다.[38] 그러나 V 염화물은 Ti 염화물과 마찬가지로 대기 중의 수분과 쉽게 반응하며, $VOCl_3$나 VOCl의 제거가 어렵고 프로세스가 복잡하므로 설비의 대형화가 곤란하여 실용화되지 못하였다.[34]

$$VCl_2 + Mg = V + MgCl_2 \tag{11.56}$$

한편 V 염화물은 수소에 의해 고급 염화물에서 저급 염화물을 거쳐 다음 식과 같이 금속 V까지 환원된다. 다만 저급 염화물의 수소환원은 1,500 ℃ 이상의 고온이 필요하다.[33]

$$2VCl_2 + H_2 = 2V + 2HCl \tag{11.57}$$

(6) 용융염 전해

금속 V은 $NaVO_3$를 용융염 전해하여 만들 수도 있다. 특히 $NaVO_3$를 출발원료로 사용하므로 암모늄염의 생성이나 하소를 생략할 수 있는 장점이 있다. 공정 조성의 $CaCl_2$-NaCl 용융염 중에서 $NaVO_3$를 전해하면 다음 식과 같이 우선 CaV_2O_6가 만들어진다.

$$2NaVO_3 + CaCl_2 = CaV_2O_6 + 2NaCl \tag{11.58}$$

CaV_2O_6를 용융염 전해하면 CaV_2O_4가 만들어져 용융염 중 V_2O_3의 용해도가 증가한다. 따라서 전극 근처에서 CaV_2O_4는 금속 V으로 환원되며, 각각의 반응식은 다음과 같다.[39]

$$CaV_2O_6 + 4e^- = CaV_2O_4 + 2O^{2-} \tag{11.59}$$

$$CaV_2O_4 + 6e^- = CaO + 2V + 3O^{2-} \tag{11.60}$$

5) 바나듐 합금의 제조

표 11.3에는 FeV의 규격을 나타내었다.[35] V 산화물은 Fe가 있을 때 활동도가 감소하여 환원이 촉진되며, FeV은 융점이 낮아지므로 산소 용해도가 순V보다 훨씬 낮아진다. 따라서 Fe가 있을 때 V 산화물을 C, Si, Al 등으로 환원하여 FeV을 만들 수 있다. 그러나 C 열환원은 V 탄화물을

생성하며, Si 열환원은 여러 단계를 거쳐야 하고 V 실수율도 낮아 선호하지 않는다. 따라서 FeV 60 이상은 대부분 Al 열환원 반응으로 만든다.

표 11.3. 페로바나듐의 품위와 조성 (wt%)

FeV	V	Si	Al	C
FeV 40	35~48	2.0	0.5	0.5
FeV 50	48~60	2.0	0.3	0.5
FeV 60	50~65	<1.5	<2.0	<0.15
FeV 80	78~82	1.5	<1.5	0.15

(1) Al 열환원 반응에 의한 FeV 제조

Al은 매우 강력한 환원제로서, 1897년에 Gordon Schmitt가 Al 열환원 반응에 의한 FeV 제조법을 개발하였다. AMV나 APV를 산화성 분위기에서 하소하여 만든 V_2O_5나 환원성 분위기에서 하소하여 만든 V_2O_3와 Al을 혼합하여 반응시키면 발열반응에 의해 많은 열이 발생한다. 온도를 낮추기 위해 FeV 스크랩을 혼합하기도 하며, 생석회(CaO)를 첨가하면 슬래그의 융점이 2,050 ℃에서 약 1,700 ℃까지 낮아지고 슬래그의 유동성 향상으로 슬래그/금속의 분리도 원활하게 된다. Al 열환원 반응은 Si 전기열환원 반응보다 C 농도가 낮고 V 함량이 높은 FeV을 얻을 수 있다. 그림 11.10에는 단순 Al 열환원법과 전기 Al 열환원법의 공정도를 비교하여 나타내었다.[40,41]

Al 열환원 반응은 마그네시아(MgO) 내화물로 내장한 원통형 반응기에서 실시한다. 일반적인 반응기는 내경이 0.5~1.7 m, 높이 0.6~1.0 m 정도이다. 모든 장입물을 혼합하여 장입한 후 점화하면 곧바로 반응이 개시되며, 0.5~1 ton/batch 생산의 경우 수 분 이내에 반응이 완료된다. 1~2일간 냉각한 후 반응기를 해체하여 하부의 금속상을 적절한 크기로 파쇄한다.

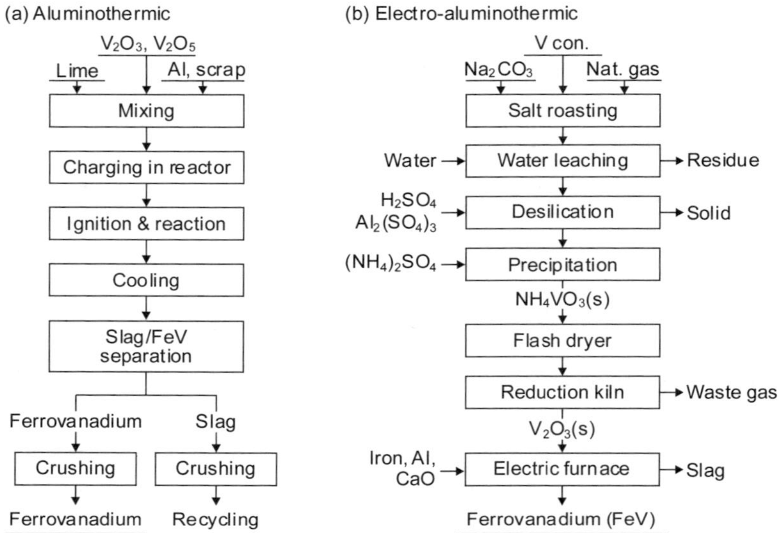

그림 11.10. Al 열환원법과 전기 Al 열환원법에 의한 FeV 제조 공정도

(2) 전기 Al 열환원 반응에 의한 FeV 제조

전기 Al 열환원도 일반 열환원법과 방법상의 차이는 없다. 출발원료로 V_2O_5, V_2O_3, calcium vanadate, vanadate ferrovanadium 등을 혼합하여 사용하기도 하지만 환원제로는 Al을 사용한다. 다만 Al의 산화 발열에 더하여 전기 에너지를 추가한 것이며, 일반적으로는 전기 아크로에서 2단계에 걸쳐서 용련 및 정련을 한다. 1단계에서는 CaO가 많은 슬래그 상태에서 환원 용련을 하고, 2단계에서는 슬래그를 배출한 후 정련제를 첨가하여 원하는 조성으로 조정한다. 2단계의 정련 슬래그는 V_2O_5 함유량이 높으므로 다음 사이클의 용련에서 원료로 사용한다.

그림 11.10(b)에는 Midwest Vanadium Ltd.의 전기 Al 열환원법에 의한 FeV 제조 공정도를 나타내었다.[41] 염 배소한 정광을 침출하고 불순

물을 제거한 후 암모늄염으로 추출한 V염을 환원성 분위기에서 하소하여 V_2O_3를 만든다. 그리고 V_2O_3를 Fe, Al, CaO와 함께 전기로에서 용련하여 FeV을 만들고 있다.

(3) V 슬래그의 직접 환원에 의한 FeV의 제조

V 품위가 높은 FeV은 V_2O_5나 V_2O_3를 출발원료로 사용하지만, V 품위가 낮은 FeV은 V 슬래그를 사용하여 만들기도 한다. V 슬래그로부터 FeV을 만들 때는 전기 아크로 중에서 슬래그 중의 산화철이 C, Si 또는 Si-Ca 등에 의해 우선적으로 환원이 일어나므로 남은 슬래그 중의 V 함유량이 높아지게 된다. 이어서 V이 많은 슬래그 중의 V이 C, Si 또는 Al에 의해 환원되어 FeV이 만들어진다.[40]

(4) V-Al계 모합금 제조

Ti의 Al6-V4 합금의 V은 V-Al 모합금을 첨가하여 제조한다. V-Al 2원계 상태도에 의하면 V이 많은 상에 Al의 용해도가 높은 것을 알 수 있다. 따라서 V-Al 모합금에는 V이 40 wt%에서 85 %까지 다양한 종류가 있다. V-Al은 금속 V의 제조와 마찬가지로 Al 열환원 반응으로 만든다. 발열반응에 따른 반응온도는 반응물의 장입량을 조절하여 맞춘다. 다만 V-Al 합금은 V보다 밀도가 낮고 슬래그와 밀도 차이가 크지 않아 금속과 슬래그의 분리성이 나쁘고, 슬래그성 개재물이 혼입되기도 한다.[35]

6) 금속 바나듐의 정제

금속 V을 제조하는 과정에서 불순물이 함유되므로 후속 공정에서의 가공이나 응용을 위해서 불순물을 제거해야 하는 경우가 있다. 주요한 불순물로는 기체상의 N, O를 비롯하여 C, Ca, Fe, Al, Cr, Cu, Mo, Ni, Pb, Ti, Zn 등이 있다. 조금속 V을 정제하면 99.9 %까지 순도가 올라가며, 전해정제까지 하면 99.99 %까지 정제된다. 조금속 V의 정제법에는 그림 11.11과 같이 진공 용융정제, 용융염 전해정제, 대용융 및 아이오딘법 등이 있다.[42]

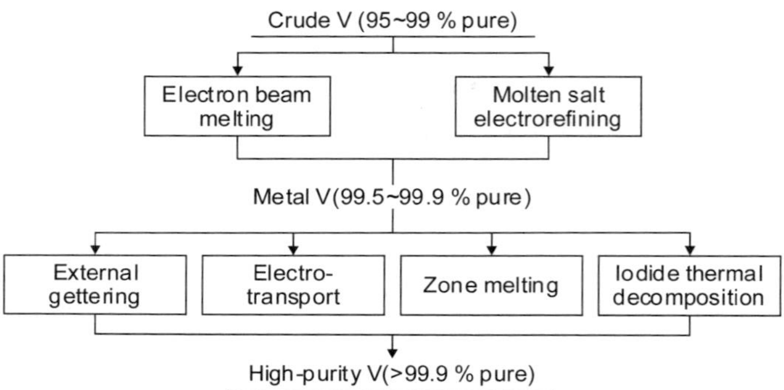

그림 11.11. 금속 V의 정제법 비교

(1) 전자빔 용융정제(electron beam melting refining)

V은 융점(1,910 ℃)이 높고 증기압이 낮아 진공 중에서 용해하면 많은 불순물 원소들을 제거할 수 있다. 그림 11.12에는 V과 몇 가지 순금속의 온도에 따른 증기압을 나타내었다.[43] V의 증기압은 대부분의 금속 불순물보다 낮으므로 진공 중에서 용해하면 불순물의 증발 제거가 가능하지만, 제거 한계는 열역학적으로 검토하여야 한다. 다만 W, Mo, Ta 등의 고융점 금속은 제거할 수 없다. O는 Al의 저급 산화물로 만들어 제거할 수 있으며, 특히 Al 열환원 반응으로 제조한 금속 V에는 비교적 높은 농

도의 Al이 함유되어 있으나 증발 속도가 높아 저농도까지 제거할 수 있다.

V의 정제는 전자빔 용융정제가 매우 유효한 방법이지만, 고온의 용융 상태를 유지해야 하고, 불순물의 제거는 용탕의 표면에서만 일어나므로 정제에 많은 에너지와 시간이 필요하다. 따라서 에너지 소비를 줄이면서 효율적인 정제가 가능한 저비용의 전자빔 용융정제 프로세스가 필요하다.

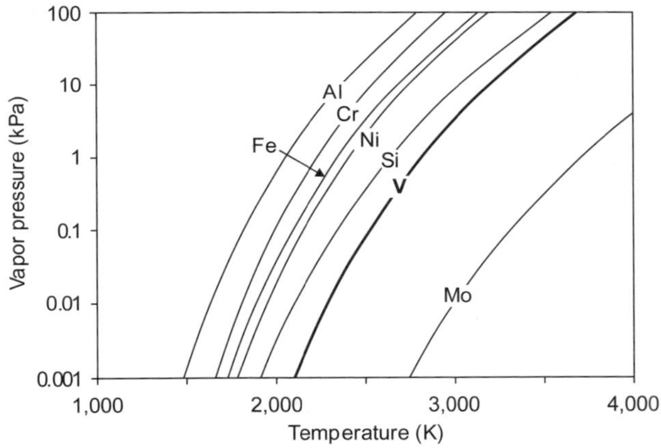

그림 11.12. 순금속의 온도에 따른 증기압

(2) 용융염을 이용한 전해정제

조금속 V을 LiCl-KCl-VCl_2 등의 염화물 전해욕 중에서 전해정제할 수 있다. 조금속 V을 양극(anode)으로 사용하고, 전도성과 내식성이 우수한 W, Mo, Ti 등을 음극(cathode)로 사용하여 전해정제를 하며, 각 전극에서의 반응은 다음과 같다.

$$\text{Anode: } V(\text{crude}) + 2Cl^- = VCl_2 \quad (11.61)$$

$$\text{Cathode: } VCl_2 + 2e = V(\text{pure}) + 2Cl^- \quad (11.62)$$

전해정제에서는 V보다 불활성인 금속 불순물과 C, O, N, Si 등의 비금속성 불순물들은 양극에 잔류하며, V보다 활성인 금속 불순물들은 전해질 중으로 용해되어 V과 함께 음극에 석출될 수 있다. 표 11.4에는 VCl_2 조성을 비롯한 전해욕 조성에 따른 전해정제 조건을 나타내었다.[42]

표 11.4. 용융염 전해정제의 용융염 조성과 전해정제 조건

Electrolyte	NaCl-KCl -VCl_2	$CaCl_2$-NaCl -VCl_2	LiCl-KCl -VCl_2	LiCl-KCl -VCl_3
Electrolysis temp. (℃)	800	620	620	450
Initial cathode current density (A/m^2)	3,229	3,229	3,170	2,848
Cathode current efficiency (%)	70	90	90	67
Purity of V (wt%)	99.42	99.80	99.85	97.5
Recover rate of V (%)	70	87	86	70

(3) 아이오딘법

조금속 V은 Ti, Zr 등과 마찬가지로 다음 식과 같이 아이오딘법으로 정제할 수 있다.

$$V(s,impure) + I_2(g) \xrightarrow{850\ ℃} VI_2(g) \xrightarrow{1,300\ ℃} V(s,pure) + I_2(g) \tag{11.63}$$

내화성의 원통형 용기 내에 조금속 V과 아이오딘(I_2)을 투입하고 진공으로 한 후 조금속 V을 가열한다. 조금속 V은 VI_2나 VI_3로 승화되고, 가열된 W이나 V 와이어에서 다시 열분해되어 99.9 wt% 이상의 고순도 금속 V을 제조할 수 있다.[44] 그러나 아이오딘법은 고순도의 금속 V을 얻을 수 있으나 반응 속도가 느리고 금속 V의 생성 속도도 매우 느려서 상용화되지 못하였다.

4. 바나듐의 리사이클링

V의 가치사슬(value chain)에 의하면 V 함유 2차 자원에는 다음과 같은 것이 있다.[45]

① 타이타늄 자철광의 선광 과정에서 발생하는 것

② 배소-침출 공정의 잔사

③ 다양한 용련 공정에서 발생하는 V 함유량이 적은 슬래그

④ 수명이 다한 철 및 철 합금 스크랩

⑤ 폐촉매와 플라이 애시(fly ash)

현실적으로 V의 리사이클링 대상이 되는 것은 철 및 철 합금 스크랩과 폐촉매, 플라이 애시 등이다.

1) 철 스크랩 중 바나듐의 회수

V은 약 90 %가 철강의 첨가원소로 사용되고 있으므로 V을 함유한 철 스크랩은 V의 주요한 2차 자원이지만, 대부분은 철 스크랩으로 전기로에서 재용해하여 리사이클링되고 있다. 철 스크랩은 자가 발생 스크랩(home scrap or new scrap)과 노폐 스크랩(obsolescent scrap or old scrap)으로 분류한다. 자가 발생 스크랩은 제강 공정에서 발생되는 것으로 재질 사양에 따라 분류하여 분위기 제어 유도로에서 원하는 조성의 철강으로 리사이클링한다. 노폐 스크랩은 수명이 다한 제품(EoL)에서 회수한 것으로 스크랩의 형상과 성분이 매우 다양하여 리사이클링률을 평가할 수 없다.

V 함유 철강재는 저V 함유 합금강(HSLA강 등), 특수강, V 합금으로

분류한다. 저V 함유 합금강은 대부분 일반 스크랩과 같이 용해되므로 리사이클링률은 거의 제로에 가깝다. 이는 특히 HSLA강 중의 V이 0.01~0.15 wt% 정도이므로 철 스크랩의 산화정련에서 산화되어 슬래그나 분진으로 분배되기 때문이다. 특수강이나 V 합금 스크랩 중의 V은 환원성 분위기의 전기로나 진공 용해 등을 통해 유사한 조성의 철강재로 리사이클링하고 있다.

2) 플라이 애시 중 바나듐의 회수

원유 중에는 최대 500 ppm 정도의 V이 미량원소로 함유되어 있다. 따라서 원유를 연소시키면 V을 비롯하여 Ni, Fe, Al, Si, S와 연소되지 못한 C 등을 다량 함유한 플라이 애시(fly ash)가 생성된다. 플라이 애시의 화학적 조성은 원유의 출처에 따라 다르지만, 일반적으로 2.5~40 %의 V_2O_5, 0.8~6 % NiO, 0.7~8.6 % Fe_2O_3, 0.5~14.6 % Al_2O_3, 2.5~24.8 % SiO_2, 2~30 % S, 1~54 % C이 함유되어 있다.[46] 따라서 이러한 플라이 애시는 V의 중요한 2차 자원이다.

플라이 애시 중의 V을 회수하는 공정에는 습식법과 건식법이 있다. 우선 그림 11.13에는 보일러 애시 중의 V을 습식으로 회수하는 공정을 나타내었으며,[15] 그림 11.14에는 오일 플라이 애시로부터 V을 습식으로 회수하는 공정도를 나타내었다.[46] 가장 일반적인 처리법으로는 직접 산이나 알칼리로 침출하는 방법과 배소한 후에 산이나 알칼리로 추출하는 방법이 있다. 특히 알칼리 침출법은 Fe로부터 V을 선택적으로 회수할 수 있는 장점이 있으나, 일부 실리카도 용해된다는 단점이 있다. 황산으로 침출하면 실리카는 용해되지 않지만 Ni과 V이 동시에 침출되어 알칼리 침출법에 비해 선택성은 약한 것으로 알려져 있다.[47] 이후의 공정은 정광에서 V을 추출하는 것과 유사하다.

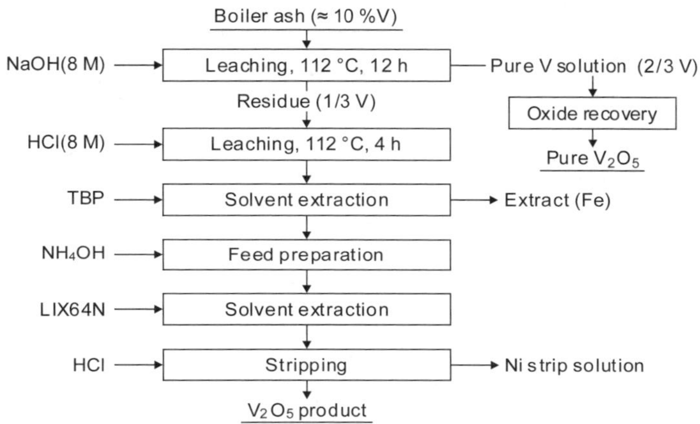

그림 11.13. Boiler ash 중 V의 습식 회수 공정도

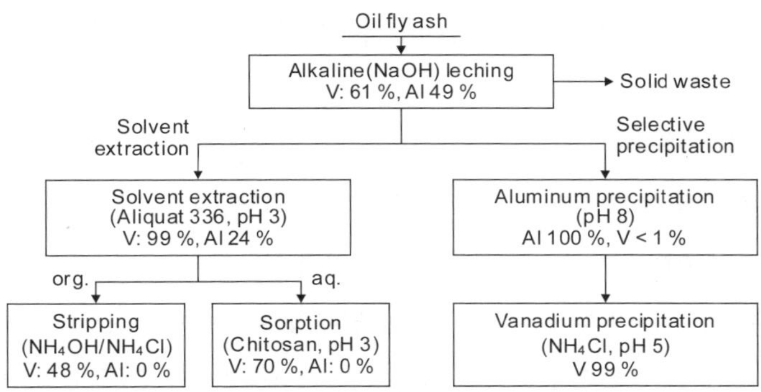

그림 11.14. Oil fly ash 중 V의 습식 회수 공정도

그림 11.15에는 플라이 애시 중 V의 건식 회수 공정을 나타내었다.[15] 습식법과 달리 대부분 FeV, FeNi 등의 합금철로 회수하거나, V 슬래그로 회수하여 V 추출의 원료로 사용하고 있다.

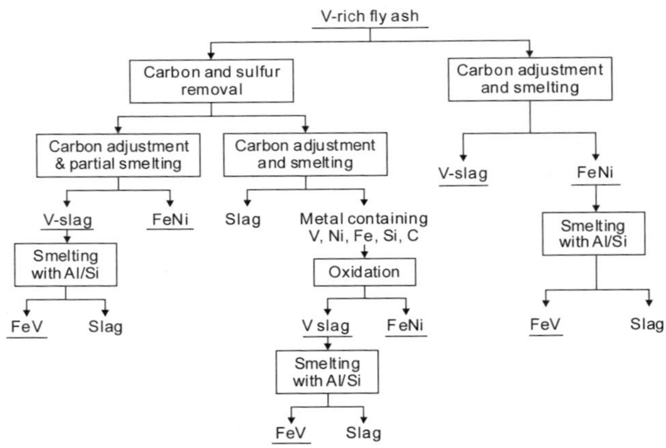

그림 11.15. Fly ash 중 V의 건식 회수 공정도

5. 폐촉매에서 바나듐과 몰리브데넘의 회수

1) 탈황 폐촉매

중유 탈황 프로세스에는 간접탈황법과 직접탈황법이 있다. 여기에 사용하는 촉매는 모두 Mo을 주성분으로 하며 Ni, Co 등이 알루미나에 담지되어 있는 것이 대부분이다.* 직접 탈황법에서는 중유 중의 V, Ni 등이 유황과 함께 촉매 표면이나 세공에 부착되어 촉매의 활성이 열화한다. 따라서 이러한 탈황촉매 중에는 5~16 %S, 1~8 %Mo, 1~13 %V, 1~3 %Ni, 10~30 %C 등이 Al_2O_3와 함께 함유되어 있다. 표 11.5에는 탈황

* 그림 10.18. 촉매 담체의 나노구조와 촉매 표면 모식도 참조

표 11.5. 탈황 폐촉매의 조성(wt%) 예

성분	Mo	V	Ni	Co	Fe	P	S	AS*	기타**
간접탈황	6~9	<0.5	0.5~1	1.5~3	1~2	0.5~3	3~8	Bal.	3~15
직접탈황	3~6	0.5~12	2~3	0.5~1	0.5~1	<1.5	8~12	Bal.	5~20

*AS: Al_2O_3+SiO_2, **기타: 수분+유분

방법에 따른 촉매 중의 유가금속 함유량을 나타내었다.[48]

2) 폐촉매에서 바나듐과 몰리브데넘의 회수

탈황 폐촉매에서의 유가금속 회수는 폐촉매 중의 유분, 수분, 유황 등을 제거한 후에, V 정광이나 V 슬래그에서 V을 추출하는 것과 유사하게 배소하고 침출하여 V과 Mo을 용해하고, 그 용액으로부터 V과 Mo을 회수하는 것이 일반적이다. 이러한 배소-침출법에는 소다 배소법과 저온 배소법이 있으며, 그림 11.16에 폐촉매의 일반적인 처리 공정도를 나타내었다.[48]

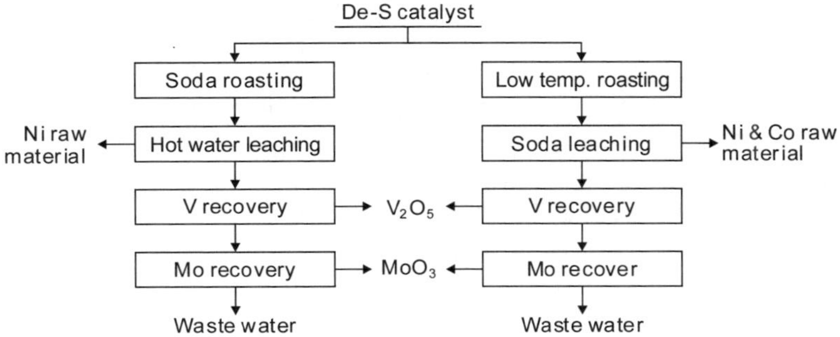

그림 11.16. 폐촉매의 일반적인 처리 공정도

한편 그림 11.17에는 Taiyo Koko사의 폐촉매 처리 공정도를 나타내었다.[48] 탈황 폐촉매는 중유의 조성에 따라 성분 변동이 크므로 배소 전에

5~10종류의 촉매를 혼합하여 V, Mo의 품위를 조정한다. 그리고 $NaVO_3$, Na_2MoO_4의 나트륨염을 만드는 데 필요한 이론 양보다 2~2.5배 정도 많은 Na_2CO_3를 첨가하고 혼합하여 배소한다. 이 공정에서 원료 중의 탄소와 유황은 기체상으로 제거된다. 촉매 중의 Ni이나 Co는 고온 배소과정에서 담체인 알루미나와 스피넬형의 안정한 화합물을 만들기 때문에 침출 공정에서 불용성 잔사로 남으므로 Ni 제련의 원료로 공급한다.

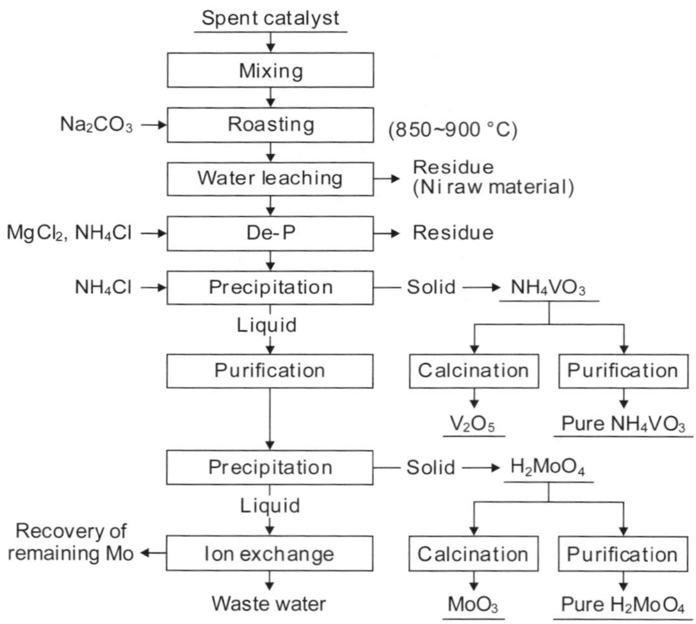

그림 11.17. Taiyo Koko사의 폐촉매 처리 공정도

배소 후의 촉매는 파쇄하고 온수로 침출하여 가용성의 나트륨염을 용해시킨다. 고액 분리한 침출여액은 탈린(De-P)한 후에 염화암모늄을 첨가하여 NH_4VO_3를 석출시킨다. 이것을 하소하여 오산화바나듐으로 만들

거나 정제하여 고순도품을 만들고 있다. V을 석출시킨 여액은 이온 교환법 등으로 정제한 후, 염산을 첨가하여 몰리브덴산으로 회수하고 하소하여 MoO_3로 만든다.

6. 종합

V은 Nb, Ta과 함께 주기율표의 5족에 속하는 전이금속이다. 지각 중에 비교적 풍부한 원소이지만, 분산되어 희석된 상태로 존재하므로 희소금속으로 분류된다. V 자원에는 광석류와 폐자원류가 있으며, 금속 V의 90 % 이상은 철강 첨가재로 사용되고 있다. V 공급량의 약 72 %는 함티탄 자철광(VTM) 중의 V을 제철 공정에서 V 슬래그로 회수하여 만들고 있다. 기본적으로는 V 원료를 배소한 후 침출하거나 직접 알칼리 침출, 산 침출 후 정제 등의 공정을 거쳐서 V_2O_5로 회수한다. 금속 V은 V 산화물이나 염화물을 금속 열환원, 수소 열환원, 용융염 전해 등의 방법으로 만들며, FeV의 대부분은 Al 열환원법으로 만들고 있다. 금속 V의 정제는 전자빔 용해법을 사용하고 있으며, 용융염을 이용한 전해정제법도 알려져 있다. 철 스크랩 중의 V은 전기로에서 재용해하여 리사이클링하고 있으며, 플라이 애시, 폐촉매 중의 V이나 기타 유가금속은 천연광석의 제련법을 응용하여 회수하고 있다. 특히 V은 차세대 2차 전지인 레독스 플로 배터리의 구성 재료로 주목받고 있으므로, 효율적인 V 제련 및 리사이클링 기술의 개발이 필요할 것이다.

레독스 플로 전지(Redox flow battery)[49~51]

레독스 흐름 전지 또는 흐름 전지라고 불린다. 배터리의 필수 4대 구성요소인 양극, 음극, 전해질, 분리막으로 구성되어 있는 전기화학적 에너지 저장장치(electrochemical cell)이며, 그림 11.18에 개략도를 나타내었다. 흐름 전지는 일반적인 2차 전지에서의 액체 전해질과 달리 액체 상태의 전해질이 배터리 내에서 흐르기 때문에 붙여진 이름이다. 액체 전해질이 전지 내에서 흐르기 위해서는 펌프와 같은 보조 장치가 필요하다. 또 기존 배터리에서는 고체 전극물질의 산화·환원(레독스 반응)으로 에너지를 저장하지만, 흐름 전지는 전해질 내에 용해되어 있는 활성물질(이온)의 레독스 반응으로 에너지를 저장하는 것이 가장 큰 차이점이자 특징이라 할 수 있다.

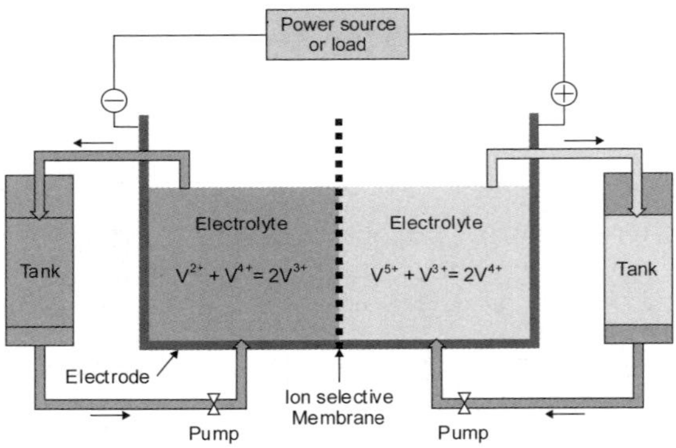

그림 11.18. 레독스 플로 전지의 개략도

전지의 작동을 위해서는 양극 및 음극용 전해액에 전이금속이나 Actinide계와 같은 활성물질을 용해하여 양극 및 음극용 전해질을 제조해야 한다. 개별 전해질을 각자의 외부 탱크에 저장한 후 펌프를 이용하여 전지 내로 공급하면, 전극/전해질 계면에서 일어나는 산화·환원반응으로 전하를 충전하거나 방전한다. 충·방전에 의해 발생하는 두 전해질 사이의 이온 교환을 제어하기 위해서 이온 교환막(ion selective membrane)을 분리막으로 사용한다. 액체 상태의 전해질이 배터리의 외부에 저장되므로 다른 2차 전지와 달리 용량 및 출력 밀도 조절이 손쉽다. 외부 탱크 확장으로 이용 가능한 전해질 양의 증가는 흐름 전지의 저장 용량을 증가시킬 수 있다. 전지 구성의 변화를 통하여 출력 밀도의 조절이 가능하며, 전해질의 선택을 통하여 에너지 밀도를 각자 제어할 수 있다는 중요한 특징을 갖는다.

[참고문헌]

1 손호상, 2020: 범용금속의 리사이클링, p.17, 경북대학교출판부.

2 P. Cintas, 2004: The Road to Chemical Names and Eponyms: Discovery, Priority, and Credit, Angew. Chem. Int. Ed. 43, pp.5888–5894.

3 N. G. Sefström, 1831: Ueber das Vanadin, ein neues Metall, gefunden im Stangeneisen von Eckersholm, einer Eisenhütte, die ihr Erz von Taberg in Småland bezieht, Annalen der Physik und Chemie. 97 (1), pp.43–49.

4 H. E. Roscoe, 1870: XIX. Researches on vanadium, Proc. R. Soc. Lond., pp.1837–1842.

5 J. W. Marden and M. N. Rich, 1927: Vanadium, Industrial and Engineering Chemistry 19(7), pp.786–788.

6 박경호, 손정수, 2010: 바나듐 자원과 제련기술의 현황과 전망, 재료마당 21(4), pp.4-14.

7 JOGMEC, 2019: バナジウム(V), 鉱物資源マテリアルフロー 2018, p.221, JOGMEC.

8 C. A. DiFrancesco, M. J. Magyar, and D. E. Polyak, 2019: Vanadium Statistics, U.S. Geological Survey.

9 D. E. Polyak, 2021: Vanadium, U.S. Geological Survey, Mineral Commodity Summaries, January 2021.

10 H. Jeon, Y. Han, S. Baek, et al., 2022: Current Status and Necessity of Separation Technology to Secure Vanadium Mineral Resources, Resources Recycling 31(2), pp.3-11.

11 Y. Kim, K. Choi, H. Park, and K. W. Chung, 2022: Thermodynamic Evaluation of Sulfate-Roasting Process for the Vanadium Extraction from Korean VTM Ore, Resources Recycling 31(2), pp.49-55.

12 https://twitter.com/VanitecVanadium/status/1493129542134910976

13 P. Meshram, J. Kumari, Abhilash, and B. D. Pandey, 2014: Extraction of V_2O_5 from Bayer's Sludge - An Overview, Procd. of IBAAS 2014 Binder Vol. III, pp.170-183, Nov. 27-29, 2014, Visakhapatnam, India.

14 K. Nakayama, 2014: Vanadium resources and their metallogenesis, Shigen-Chishitsu 64(1), pp.31-53.

15 G. Ye, 2006: Recovery of Vanadium from LD slag, A state of the art report, Part 1 - Facts and metallurgy of Vanadium, Jernkontorets Forskning Report JK 88031, Sweden.

16 L. Grech, 2021: Vanadium Industry Profile- Can vanadium emulate lithium's rise?, Research Report, Corporate Connect.

17 山本広規, 山本万里奈, 阿部和彦, 千葉樹, 2015: バナジウムのサプライチェーン―安定供給上の課題―, 金属資源レポート 45(1), pp.392-400.

18 F. Gao, A. U. Olayiwola, B. Liu, et al., 2021: Review of Vanadium Production Part I: Primary Resources, Mineral Processing and Extractive Metallurgy Review, DOI: 10.1080/08827508.2021.1883013

19 Jae-chun Lee, Kurniawan, Eun-young Kim, et al., 2021: A review on the metallurgical recycling of vanadium from slags: towards a sustainable vanadium production, J. of Materials Research and Tech. 12, pp.343-364.

20 M. Lindvall, 2017: A Study on Vanadium Extraction from Fe-V-P Melts Derived from Primary and Secondary Sources, p.1, Doctoral Thesis of KTH Royal Institute of Technology, Stockholm, Sweden.

21 S. Nkosi, P. Dire, N. Nyambeni, and X.C. Goso, 2017: A comparative study of vanadium recovery from titaniferous magnetite using salt, sulphate, and soda ash roast-leach processes, Procd. of 3rd Young Professionals Conference, pp.191-200, Innovation Hub, Pretoria, 9–10 March 2017, The Southern African Institute of Mining and Metallurgy.

22 X. C. Goso, H. Lagendijk, M. Erwee. and G. Khosa, 2016: Indicative Vanadium Deportment in the Processing of Titaniferous Magnetite by the Roast–Leach and Electric Furnace Smelting Processes, Procd. of Hydrometallurgy Conference 2016: Sustainable Hydrometallurgical Extraction of Metals, pp.69-80, Cape Town, 1–3 August 2016, The Southern African Institute of Mining and Metallurgy.

23 M. Li, S. Zheng, B. Liu, et al., 2017: A Clean and Efficient Method for Recovery of Vanadium from Vanadium Slag: Nonsalt Roasting and Ammonium Carbonate Leaching Processes, Mineral Processing and Extractive Metallurgy Review 38(4), pp.228-237.

24 D. J. Shin, S. H. Joo, D. Lee, et al., 2021: Vanadium Leaching Behavior from Domestic Vanadium Bearing Titanomagnetite Ore through CaO Roasting, Resources Recycling 30(4), pp.27-34.

25 M. Wang, B. Chen, S. Huang, et al., 2017: A novel technology for vanadium and chromium recovery from V-Cr-bearing reducing slag, Hydrometallurgy 171, pp.116-122.

26 R. Gilligan and A. N. Nikoloski, 2020: Rorie Gilligan, Aleksandar N. Nikoloski, Minerals Engineering 146, 106, pp.1-18.

27 J. Wen, T. Jiang, H. Gao, et al., 2018: Comparison of ultrasound-assisted

and regular leaching of vanadium and chromium from roasted high chromium vanadium slag, JOM 70(2), pp.155-160.

28 W. Mu, T. Zhang, Z. Dou, et al., 2011: Oxygen pressure acid leaching of vanadium slag, Applied Mechanics and Materials 79, pp.242-247.

29 P. B. Queneau and C. E. Berthold, 1986: Silica in Hydrometallurgy: An Overview, CMQ 25(3), pp.201-209.

30 T. K. Mukherjee and C. K. Gupta, 1993: Extraction of Vanadium from an Industrial Waste, High Temperature Materials and Processes 11(1-4), pp.189-206.

31 H. G. Hess and S. Stelberger, 1989: Vanadium Production and Application, Procd. of INFACON '89, 5th International Ferroalloys Congress, pp.44-49, April 23-26, 1989, New Orleans, USA.

32 D. R. Swinbourne, T. Richardson, and F. Cabalteja, 2016: Understanding ferrovanadium smelting through computational thermodynamics modelling, Trans. Inst. Min Metall. C 125(1), pp.45-55.

33 B. Yang, J. He, G. Zhang, and J. Guo, 2021: Ch 12 Vanadium metal, Vanadium - Extraction, Manufacturing, and Applications, Metallurgical Industry Press, Published by Elsevier Ltd.

34 A. Miyauchi and T. H. Okabe, 2010: Development of New Manufacturing Technology for Vanadium Metal and Alloys, J. Japan Inst. Metals 74(11), pp.701-711.

35 G. Bauer et al., 2016: Vanadium and Vanadium Compounds, Ullmann's Encyclopedia of Industrial Chemistry, Wiley-VCH Verlag GmbH & Co. KGaA, Weinheim.

36 J. W. Marden and M. N. Rich, 1927: Vanadium, Ind. Eng. Chem. 19(1927) pp.786-788.

37 E. D. Gregory, 1951: Production of Ductile Vanadium by Calcium Reduction of Vanadium Trioxide, J. Electrochem. Soc. 98, pp.395-399.

38 T. T. Campbell, J. L. Schaller. and F. E. Block, 1973: Preparation of High-Purity Vanadium by Magnesium Reduction of Vanadium Dichloride Metall. Trans. 4, pp.237-241.

39 W. Weng, M. Wang, X. Gong, et al., 2016: One-step electrochemical preparation of metallic vanadium from sodium metavanadate in molten chlorides, Int. Journal of Refractory Metals and Hard Materials 55, pp.47-53.

40 B. Yang, J. He, G. Zhang, and J. Guo, 2021: Ch. 10 Ferrovandium, Vanadium - Extraction, Manufacturing, and Applications, Metallurgical Industry Press,

Elsevier Ltd.

41 D. R. Swinbourne, T. Richardson and F. Cabalteja, 2016: Understanding ferro-vanadium smelting through computational thermodynamics modelling, Mineral Processing and Extractive Metallurgy 125(1), pp.45-55.

42 R. Yuan, S. Li, Y. Che, et al., 2021: A critical review on extraction and refining of vanadium metal, International Journal of Refractory Metals and Hard Materials 101, 105, 696.

43 D. Rappleye and R. Haun, 2021: Production of Pure Vanadium: Industry Review and Feasibility Study of Electron Beam Melt Refining of V-Al Alloys, Journal of Sustainable Metallurgy 7, pp.755-766.

44 O. N. Carlson and C. V. Owen, 1961: Preparation of High-Purity Vanadium Metal by the Iodide Refining Process, J. Electrochem. Soc. 108, pp.88-93.

45 L. S. Okvist, X. Hu, J. Eriksson, et al., 2018: 23 Vanadium, Production Technologies of CRM from Secondary Resources, p.173, SCREEN D4.2, Swerea.

46 R. Navarro, J. Guzman, I. Saucedo, et al., 2007: Vanadium recovery from oil fly ash by leaching, precipitation and solvent extraction processes, Waste Management 27, pp.425-438.

47 A. Akcil, F. Vegliò, F. Ferella, et al., 2015: A review of metal recovery from spent petroleum catalysts and ash, Waste Manag. 45, pp.420-433.

48 H. Yoshinaga, 2007: Recovery of Molybdenum and Vanadium from Spent Catalyst, MMIJ 123(12), pp.768-771.

49 전상은(경북대학교 금속신소재공학과) 사신

50 Z. Ogumi, 2009: 전기화학(Electrochemistry), pp.146-148, 정순기 역, 사이텍미디어(SciTech).

51 W. Wang and V. Sprenkle, 2016: Redox flow batteries go organic, Nature Chemistry 8, pp.204-206.

12

나이오븀과 탄탈럼

Niobium and Tantalum

제12장 | # 나이오븀과 탄탈럼

Niobium and Tantalum

1. 서론

나이오븀(niobium, Nb)과 탄탈럼(tantalum, Ta)은 바나듐(V)과 함께 주기율표의 5족에 속하는 전이금속으로 대표적인 고융점 금속이다. Nb의 지각 중 원소 존재도는 20 ppm(33위)이며, Ta은 2.0 ppm(52위)[1]으로 Nb의 1/10에 불과하다. Nb과 Ta은 반응성이 높아 소재화하기 힘든 희소금속이지만, 과학기술 및 산업적으로 매우 중요한 원소이다.

1734년에 매사추세츠 광산에서 발견한 미지의 광물 콜럼바이트(columbite)를 윈스럽(John Winthrop)이 런던의 대영박물관으로 보냈다. 1801년 영국의 화학자인 해쳇(Charles Hatchett)이 이 광물에서 새로운 원소를 발견하여 Nb이 알려지게 되었다. 당시에는 북아메리카의 시적인 이름인 콜럼비아(Columbia)에서 따온 콜럼비움(columbium)으로 명명[2]하였으며 이 이름이 오랫동안 사용되었다. 1844년 독일의 화학자 로제(Heinrich Rose)가 나이오븀이란 명칭을 제안하였지만, 1949년에야 이 명칭이 공식화되어 오늘날에 이르고 있다.

Ta은 1802년에 스웨덴의 과학자 에크베리(Anders Ekberg)가 발견하였으나, Nb과 특성이 유사하여 Ta이 별도의 원소로 확인된 1864년까지는 Nb과 혼동되었다.[3] 1903년 볼턴(Werner von Bolton)에 의해 비교적 순수한 Ta이 만들어져 전구의 필라멘트용으로 사용하였다. Nb과 Ta은 둘 다 그리스 신화에 나오는 비극적인 인물의 이름을 따서 지은 것으로, Nb은 니오베(Niobe)*에서 유래했으며, Ta은 니오베의 아버지인 탄탈루스(Tantalus)†의 이름을 따서 지은 것이다.[4]

표 12.1에는 Nb과 Ta의 물리화학적 성질을 같은 족의 V과 비교하여 나타내었다. Nb은 광택이 있는 회색의 전성과 연성이 풍부한 금속이다. 융점(2,477 ℃)은 높으나 밀도(8.57 g/cm^3)가 낮으며, 내식성과 초전도체 특성을 가지고 있다. 특히 Nb은 철강과 비슷한 경도와 연전성을 가지고 있으며, 철강에 소량만 첨가하여도 철강의 강도와 내열성이 향상되므로 철강 첨가재로 사용되고 있다.

Ta은 백금과 유사한 은회색을 띠며, 밀도, 전성, 연성이 높고 매우 단단하지만 가공하기 쉬운 금속이다. 그리고 Ta은 왕수에도 용해되지 않는 등 백금과 동등한 내식성을 가지고 있으면서, 융점은 실용 금속 중에서 W(3,422 ℃) 다음으로 높은 3,017 ℃로 내열성이 우수하다. 특히 Ta은 금속 중에서 가장 안정한 양극산화피막을 만드는데, 이 피막의 유전율은

---

* 니오베: 리디아의 왕 탄탈로스의 딸이며, 테바이의 왕 암피온의 아내이다. 암피온과의 사이에 7명의 아들과 7명의 딸을 두었는데, 아폴론과 아르테미스 남매만을 낳은 레토 여신보다 자신이 더 훌륭하다고 자랑하다가, 이에 화가 난 레토 여신이 자신의 자식들로 하여금 니오베의 자식들을 모두 죽이게 하였다고 한다.

† 탄탈루스: 그리스 신화에 나오는 리디아의 왕. 저주받은 탄탈로스 가문의 시조이며, 니오베의 아버지이다. 탄탈루스는 신들의 총애를 받았으나 자만하여 함부로 천기를 누설하고 신들을 시험하다 저승인 타르타로스에서 영원한 형벌을 받게 되었다. 이후 탄탈로스 가문에서는 5대에 걸쳐 피비린내 나는 골육상쟁이 벌어진다.

Al 피막의 2.7배에 달할 정도로 매우 높다. 따라서 Ta 콘덴서(condenser)는 Al 콘덴서의 1/60 크기로도 동등한 성능을 나타냄으로써 휴대용 기기 등의 소형화에 크게 기여하고 있다. Nb과 Ta은 이러한 특별한 성질들로 인해 생산량은 적으나 현대 산업의 핵심금속이 되었다.

표 12.1. V, Nb, Ta의 물리화학적 성질 비교

Symbol/Atomic number		V/23	Nb/41	Ta/73
Atomic weight (g/mol)		50.9415	92.906	180.948
Density(g/cm^3)	room temp.	6.0	8.57	16.4
	liquid(at m.p.)	5.5	-	15
Melting point (℃)		1,910	2,477	3,017
Boiling point (℃)		3,407	4,744	5,458
Heat of fusion (kJ/mol)		21.5	30	36.57
Heat of vaporization (kJ/mol)		444	689.9	753
Specific heat C_P (J/(mol·K))		24.89	24.60	25.36
Magnetic ordering		para-magenetic	para-magnetic	para-magnetic
Thermal conductivity (W/(m·K))		30.7	53.7	57.5
Electrical resistivity(at 20 ℃) (nΩ·m)		197	152	122
Mohs hardness		6.7	6.0	6.5
Crystal Structure		bcc	bcc	bcc

2. 나이오븀과 탄탈럼의 생산량과 용도

그림 12.1에는 Nb과 Ta의 함유량 기준 전 세계 광산 생산량의 변화를 나타내었다.[5] Nb과 Ta의 생산량은 1990년대 후반부터 급격하게 증가하였다. 특히 1990년대까지의 Nb 연간 생산량은 2만 톤을 넘지 못했으나, 그 이후 철강 생산량, 특히 특수강 생산량의 증가와 함께 급격히

증가하였다. 그럼에도 현재 Nb의 연간 생산량은 십만 톤에 못 미치며, Ta도 1990년대부터 현저히 증가하였으나 현재는 연간 2,000톤 미만으로 생산되고 있다.

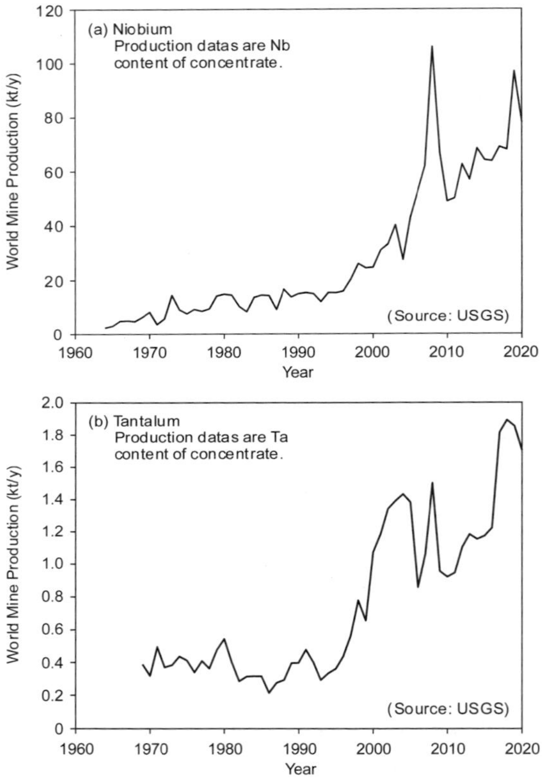

그림 12.1. Nb과 Ta의 연간 전 세계 광산 생산량(Nb, Ta 함량 기준) 변화

그림 12.2에는 2020년 기준 Nb과 Ta의 국가별 매장량과 생산량 비율을 나타내었다.[6] 브라질이 전 세계 Nb 매장량의 90 %를, 생산량의 88 %를 차지하며, 이어서 캐나다에 9 % 정도가 매장되어 있는 등 특정 국

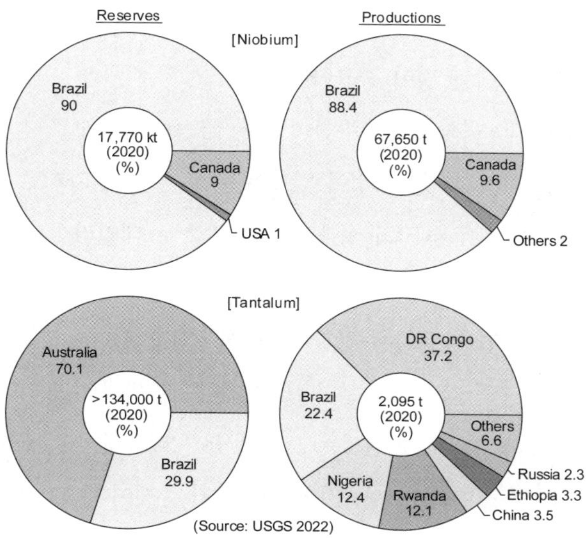

그림 12.2. Nb과 Ta의 국별 매장량과 생산량 비율

가에만 편재되어 있다. USGS 자료에 의하면 Ta의 매장량은 호주(70.1 %)와 브라질만 공개되어 있으며, 미국에도 약 55,000톤이 매장되어 있으나, 2021년 기준의 가격으로는 경제성이 없는 것으로 알려져 있다.[7] 생산 국가를 보면 아프리카에도 상당량이 매장되어 있는 것으로 추정되지만, 분쟁광물*로 지정되어 공개하지 않고 있다. 2020년 기준의 Ta 생산량은 콩고공화국(37.2 %)이 가장 많고, 이어서 브라질, 나이지리아, 르완다 등이며, 중국도 약 3.5 %를 생산하고 있다. 이처럼 Nb과 Ta은 특정 지역에 편재되어 있을 뿐만 아니라 생산량도 적고 생산국도 한정되어

* 분쟁광물(conflict minerals): 분쟁지역 및 고위험 국가를 원산지로 하는 주석(tin), 탄탈럼(tantalum), 텅스텐(tungsten), 금(gold)의 네 가지 광물로 3T&G라고도 한다. 콩고민주공화국을 포함해 수단, 르완다, 브룬디, 우간다, 콩코, 잠비아, 앙골라, 탄자니아, 중앙아프리카 10개국에서 채굴된다.

있는 희소금속이지만, 현대 산업에서 핵심적인 금속이다. 따라서 안정적인 공급선을 확보하는 것이 중요하다.

Nb은 내열성과 내식성이 우수하여 다른 금속에 합금으로 첨가하면 현저하게 성능을 향상시키는 특성이 있으며, 주로 철강 첨가재로 사용된다. Nb은 페로나이오븀(FeNb)의 형태로 고장력강, 스테인리스강 등의 고급 강재에 첨가되어 자동차 외판 패널과 배기계 부품, 건축 토목 구조재, 석유 라인 파이프, 압력 용기용 강판 등에 사용되고 있다.

Ta은 콘덴서용의 금속 Ta 분말 및 선재가 전 세계 수요의 약 1/3을 차지할 정도로 많다. Ta 콘덴서는 노트북 PC, 테블릿 PC, 스마트폰 등 정보통신 기기의 소형화, 고성능화에 필수적인 존재이며, 그 외에도 액정 TV, 디지털 카메라, 비디오 카메라 등 디지털 가전이나 자동차 부품 등에 사용되고 있다. 또 Ta은 내열, 내식 재료, 내열 합금(superalloy)의 첨가원소, 스퍼터링 타깃(sputtering target) 등에 사용되고 있으며, Ta 산화물이나 탄화물 등의 화합물은 절삭공구, 광학렌즈 등에도 사용되고 있다. 그러나 분쟁광물인 Ta은 매장량과 생산량이 적고 고가여서 Ta 사용량을 줄이고, 화학적 성질이 유사한 Nb으로 대체하려 하고 있다.

그림 12.3에는 가공회사 출하량을 기준으로 한 2009년과 2019년의 Nb과 Ta의 용도(금속 함유량 기준)를 비교하여 나타내었다.[8] Nb 제품의 생산량은 지속적으로 증가하여 2019년에는 2009년의 약 2배가 된 반면, Ta 제품의 생산량은 2011년에 2,500톤을 초과하기도 하였으나 2019년에는 오히려 감소하였다. Nb의 제품 생산량은 Ta의 약 45배에 가깝지만, 90 % 이상은 고장력강, 스테인리스강 등 합금강용 FeNb으로 사용되고 있으며, Nb 합금만 대폭 감소하였을 뿐 나머지는 큰 차이가 없는 수

준이다. 그러나 Ta은 비교적 다양한 용도로 사용되고 있는 것을 알 수 있다. 휴대용 전자기기의 커패시티 콘덴서에 필수적인 금속이지만, 커패시티용 분말 사용 비중은 약간 감소하였고 야금용 분말은 대폭 증가하였다.

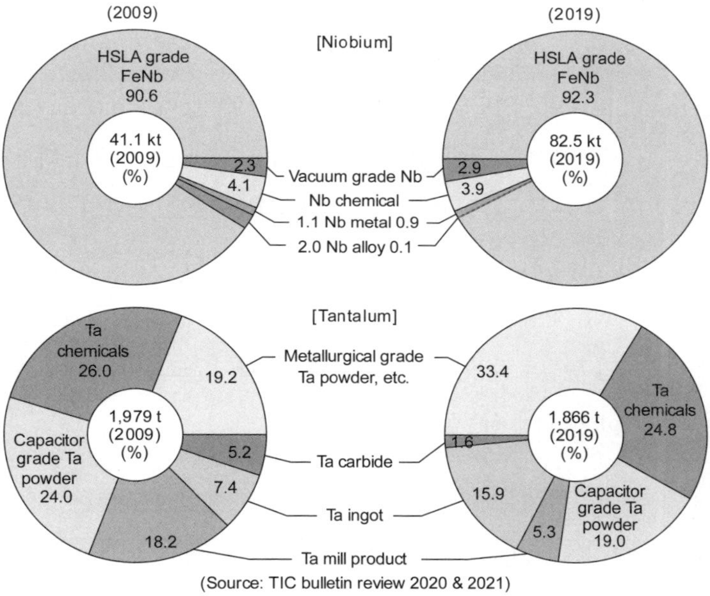

그림 12.3. 2009년과 2019년의 Nb과 Ta의 용도 비교

3. 나이오븀의 제련

1) 나이오븀과 탄탈럼의 원료

표 12.2에는 Nb과 Ta의 주요 광물 및 조성 범위를 나타내었다.[9] Nb

과 Ta은 화학적 성질이나 원자의 이온 반경이 비슷하여 강력한 지구화학적 공존성을 갖고 있으므로 단독으로 존재하는 경우는 거의 없다. 자연계에 존재하는 형태로는 Nb과 Ta 산화물이 결합된 형태, 또는 다른 원소와 결합하여 컬럼바이트(columbite)나 탄탈라이트(tantalite)로 존재한다. 이들 원소의 가장 중요한 광석으로는 열수광상의 일종인 columbite-tantalite, 탄산염광의 일종인 파이로크로아(pyrochlore), Nb과 Ta을 함유하는 주석광 등이 있다. Columbite-tantalite는 Mn과 Fe이 이질동상(isomorphous)을 이루고 있으며 화학적으로 철망간 탄탈라이트-컬럼바이트($(Fe,Mn)(Ta,Nb)_2O_6$)로 이루어져 있다. Ta 함량이 높으면 탄탈라이트, Nb 함량이 높으면 컬럼바이트로 부르며, 이들 두 원소의 함량이 비슷하면 탄탈로컬럼바이트로 부른다.[10] 파이로크로아는 대부분 Nb 합금철(FeNb) 제조에 사용되고 있다.

표 12.2. 나이오븀과 탄탈럼 광석

Mineral	Chemical formula	Nb_2O_5(wt%)	Ta_2O_5(wt%)
Columbite	$(Fe,Mn)(Nb,Ta)_2O_6$	46.8~81.2	5.3~31.2
Tantalite	$(Fe,Mn)(Ta,Nb)_2O_6$	0.3~26.8	56.5~86.2
Pyrochlore	$(Na,Ca,Ce)_2(Nb,Ta,Ti)_2(O,OH,F)_7$	34.3~86.8	Tr. to 4.3
Microlite	$(Na,Ca)_2(Ta,Nb,Ti)_2(O,OH,F)_7$	Tr. to 3.4	73.7~86.0
Tapiolite	$(Fe,Mn)(Ta,Nb)_2O_6$	0~35	Up to 86
Ixiolite	$(Ta,Nb,Fe,Sn,Mn)_4O_8$	8.3	68.96
Wodginite	$(Ta,Nb,Sn,Mn,Fe,Ti)O_2$	1.35~7.1	67.5~70.1
Loparite	$(Ce,La,Na,Ca,Sr)(Ti,Nb)O_3$	9.7~15.1	0.8~1.0
Lueshite	$NaNbO_3$	81.1	Tr.
Latrappite	$(Ca,Na)(Nb,Ti,Fe)O_3$	43.9	NP
Euxenite	$(Y,Ca,Ce,U,Th)(Nb,Ta,Ti)_2O_6$	21~34	1~22
Strüverite	$(Ti,Ta,Fe)O_2$	6.5~9.3	33.1~35.5
Ilmenorutile	$Fe_x(Nb,Ta)_{2x}4Ti_{1-x}O_2$	Up to 33	Up to 14

2) 광석의 분해 및 Nb_2O_5와 Ta_2O_5의 분리

Nb과 Ta은 항상 컬럼바이트와 탄탈라이트에 공존하므로 Nb_2O_5와 Ta_2O_5로 분리하기 위해서는 광석을 분해하여야 한다. 광석의 분해 방법에는 불산 분해법, 알칼리 용융법, 염화법이 있으며, 각각 불화물, 산화물, 염화물 등으로 만들고 있다.

표 12.3에는 원료물질의 분해 및 침출 효율을 종합하여 나타내었다.[11] Nb_2O_5는 마이크로웨이브를 이용한 황산에 의한 분해와 $B_4Li_2O_7$(lithium tetraborate)를 이용한 용융과 황산 침출에서만 거의 100 % 가까이 용해

표 12.3. Nb과 Ta의 분해 및 침출 효율 종합

Materials	Dissolution methods	Dissolution media	Dissolution efficiency (%)	
			Ta	Nb
Ta_2O_5 Nb_2O_5	Microwave	H_2SO_4 HCl HNO_3 H_3PO_4 Aqua regia (L/S=100:1)	9.7 - 4.2 6.8 3.9	99.2 2.3 0.1 84 0.09
	Lithium tetraborate fusion	HNO_3 H_2SO_4 H_3PO_4 (L/S=10:2.1)	24 - 95	0.1 100 -
Nb-Ta bearing minerals	Direct agitation leaching	H_2SO_4+HNO_3 (L/S=3:1)	94	99.5
Nb_2O_5, Ta_2O_5	Alkaline roasting Water leaching	KOH (KOH to Nb_2O_5/Ta_2O_5 mass ratio 5:1)	~95	~95
Nb low grade concentrate	Alkaline roasting Water leaching	NaOH (L/S = 10:1)	65	65
Low-grade Nb-Ta ore	Alkaline roasting Water leaching	KOH (KOH to ore mass ratio 2:1)	94	95
Low-grade Nb-Ta ore	Alkaline leaching	KOH (KOH to ore mass ratio 7:1)	95.6	98.7

되는 것을 알 수 있다. 그러나 Ta_2O_5는 HCl, HNO_3, H_2SO_4, H_3PO_4, HCl+HNO_3 등의 용액에서 거의 용해되지 않는 것을 알 수 있다.

(1) 불산 분해법-용매 추출법

대부분의 Nb-Ta 광석은 HF나 HF+HNO_3/H_2SO_4에 효과적으로 침출된다. 따라서 정광의 불산 분해법은 상업적으로 가장 많이 사용하는 방법이며, MIBK(Methyl Isobutyl Ketone) 추출법과 분별 결정법이 있다. 그림 12.4에 MIBK 추출법의 공정도[12]를 나타내었다.

정광을 볼 밀 등으로 미분쇄하고, 용해조에서 70 % HF(불화수소산)로 용해하며, 불산에 의한 광석의 분해반응은 다음과 같다.[13]

$$Nb_2O_5 + 10HF = 2H_2NbOF_5 + 3H_2O \quad (12.1)$$

$$Ta_2O_5 + 14HF = 2H_2TaF_7 + 5H_2O \quad (12.2)$$

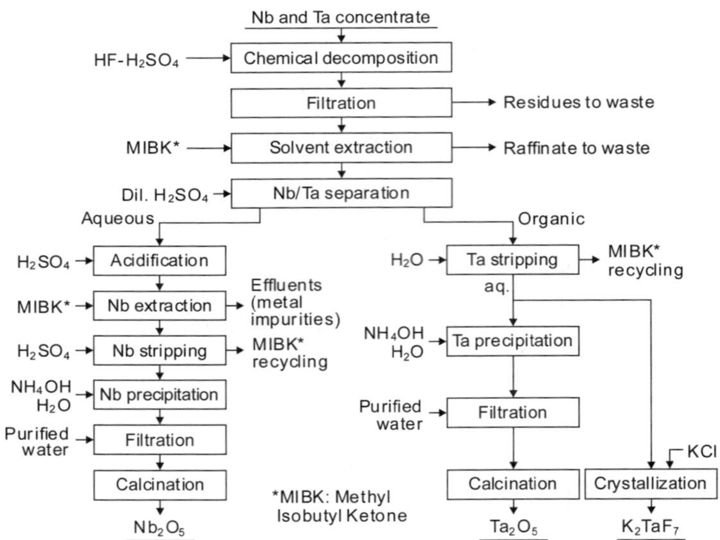

그림 12.4. 불산용해-MIBK법에 의한 Nb과 Ta의 분리

불산으로 용해한 후 Ta_2O_5+Nb_2O_5의 펄프 100 g/L에 대해 4 M 이상의 황산을 첨가하고, 이어서 필터 프레스 등으로 잔사를 여과하여 분리한다. 여액은 중성 추출제인 MIBK로 용매 추출하여 Nb과 Ta은 유기상으로, Fe, Mn, Si 등의 불순물은 수상에 남겨 제거하며, 추출반응은 다음과 같다.

$$4HF + NbF_7^{2-} + 3MIBK = H_2NbF_7 \cdot 3MIBK + 2HF_2^- \tag{12.3}$$

$$4HF + TaF_7^{2-} + 3MIBK = H_2TaF_7 \cdot 3MIBK + 2HF_2^- \tag{12.4}$$

저HF 농도에서는 NbF_7^{2-} 이온보다 $NbOF_5^{2-}$ 이온이 수상에서 안정하므로, Nb과 Ta 함유 유기상에 묽은 황산을 첨가하여 Nb만 수상으로 역추출하고, Ta은 유기상에 남겨서 분리한다. 그리고 유기상 중의 Ta은 물로 역추출하여 Ta 수용액을 만든다. 각각의 수용액에 NH_4OH 수용액을 첨가하여 수산화물로 만들어 침전시키고 여과, 건조 및 하소하여 Nb과 Ta의 산화물을 얻는다.[14]

일반적으로는 Nb과 Ta은 용매 추출로 분리하지만, 혼합산의 이온 강도를 낮추어 가면서 Nb을 수용액 중으로 추출하기도 한다. 다음 식과 같이 용액에 암모니아를 첨가하여 Nb_2O_5로 추출하거나, KF를 첨가하여 Nb의 불화칼륨 착체를 만들어 침전시킨다.

$$2H_2(NbOF_5) + 10NH_4OH = Nb_2O_5\downarrow + 10NH_4F + 7H_2O \tag{12.5}$$

$$H_2(NbOF_5) + 2KF = K_2(NbOF_5)\downarrow + 2HF \tag{12.6}$$

Nb을 분리한 후 정제된 $H_2(TaF_7)$ 용액은 암모니아 수용액으로 중화시켜 Ta_2O_5의 수화물로 만들고 하소하여 Ta_2O_5를 얻는다.

$$2H_2(TaF_7) + 14NH_4OH = Ta_2O_5\downarrow + 14NH_4F + 9H_2O \tag{12.7}$$

또 Nb과 마찬가지로 다음식과 같이 KF를 첨가하여 불화칼륨의 착체

(potassium heptafluorotantalate)를 만들어 침전시킨다.

$$H_2(TaF_7) + 2KF = K_2(TaF_7)\downarrow + 2HF \tag{12.8}$$

한편 Marignac법에서는 $H_2(NbOF_5)$와 $H_2(TaF_7)$ 혼합물을 $K_2(NbOF_5)$와 $K_2(TaF_7)$의 혼합물로 바꾸어 각각의 물에 대한 용해도 차이를 이용한 분별 결정법(fractional crystallization)으로 분리하기도 하였다.

(2) 알칼리 용융법

그림 12.5에 알칼리 용융법에 의한 정광의 분해 공정도를 나타내었다.[15] NaOH나 Na_2CO_3 또는 각각의 혼합물과 함께 정광을 용융하여 다음 식과 같이 Nb과 Ta을 나이오븀산소다(sodium niobate)와 탄탈산소다(sodium tantalate)로 만들며, Mn의 경우도 동일하다.[16]

$$Fe(NbO_3)_2 + 6NaOH = 2Na_3NbO_4 + FeO + 3H_2O \tag{12.9}$$

$$Fe(TaO_3)_2 + 6NaOH = 2Na_3TaO_4 + FeO + 3H_2O \tag{12.10}$$

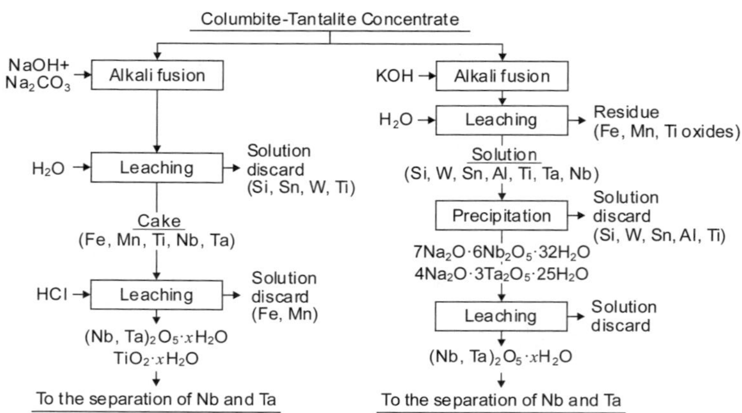

그림 12.5. 알칼리 용융법에 의한 정광의 분해 공정도

용융물을 냉각한 후에 수 침출하여 물에 가용성인 Si, Sn, W, Al 등의 불순물을 제거하고, 잔사를 회수한다.

$$12Na_3NbO_4 + 43H_2O = 7Na_2O \cdot 6Nb_2O_5 \cdot 32H_2O(s) + 22NaOH \quad (12.11)$$

$$Na_3TaO_4 + 30H_2O = 4Na_2O \cdot 3Ta_2O_5 \cdot 25H_2O(s) + 10NaOH \quad (12.12)$$

잔사를 가열하면서 다음 식과 같이 20 % HCl로 침출하면 Nb과 Ta은 각각 나이오븀산과 탄탈산이 되어 침전되고, 산에 가용성인 나머지 불순물들이 제거된다.[17]

$$7Na_2O \cdot 6Nb_2O_5 + 14HCl + (x-7)H_2O = 6Nb_2O_5 \cdot xH_2O(s) + 14NaCl \quad (12.13)$$

$$4Na_2O \cdot 3Ta_2O_5 + 8HCl + (x-4)H_2O = 3Ta_2O_5 \cdot xH_2O(s) + 8NaCl \quad (12.14)$$

침출 후 산화물은 불산으로 용해하여 분별 결정법(Marignac process)이나 용매 추출로 정제하고 Nb과 Ta으로 분리한다.

(3) 염화법

염화법은 Ti이나 Zr, Mg 등의 제련에서도 사용하는 것으로, 천연광석 등을 환원 염화하는 방법과 합금철인 FeNb이나 FeTa을 염화하는 두 가지 방법이 있다. 그림 12.6에는 정광 염화법의 공정도를 나타내었다.[18] 우선 광석의 환원 염화에서는 천연광석이나 정광에 코크스와 피치를 혼합하여 단광으로 만들어 건조시킨 후, 약 900 ℃에서 염소 가스와 반응시켜 다음 식과 같이 염화하며, Ti의 염화반응과 마찬가지로 산소를 제거하기 위한 C이 필요하다.

$$1/5Nb_2O_5(s) + C + Cl_2(g) = 2/5NbCl_5(g) + CO(g) \quad (12.15)$$

$$1/5Ta_2O_5(s) + C + Cl_2(g) = 2/5TaCl_5(g) + CO(g) \quad (12.16)$$

염화 과정에서 Si, Sn, Ti 등의 4염화물(tetrachloride)들은 $NbCl_5$, $TaCl_5$, $WOCl_4$와 함께 증류되며, 나머지 불순물들은 잔사에 남아 제거된다. 그리고 Nb과 Ta 염화물은 수소에 의한 선택적 환원으로 분리한다. 즉, $TaCl_5$가 환원되지 않는 조건인 450~550 ℃에서 $NbCl_5$는 H_2에 의해 다음 식과 같이 쉽게 환원된다.[19]

$$NbCl_5(g) + H_2(g) = NbCl_3(s) + 2HCl(g) \quad (12.17)$$

H_2와 함께 기체상의 혼합 염화물을 500~550 ℃로 가열된 반응기에 공급하면 $NbCl_3$가 생성되어 반응기 벽에 응축되며, $TaCl_5$는 기체 상태에서 콘덴서로 흘러가 응축된다.

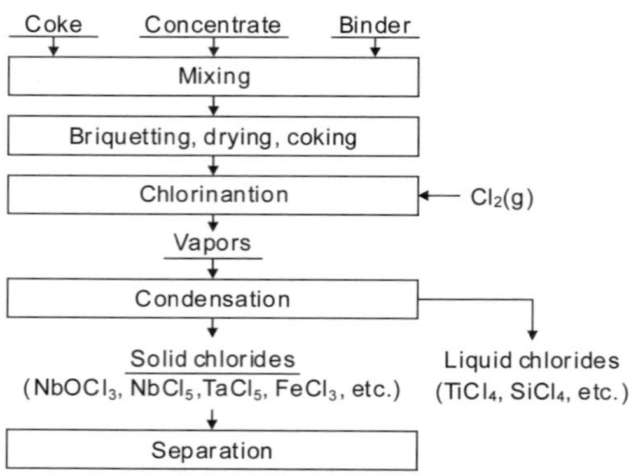

그림 12.6. 정광 염화법의 공정도

합금철 염화법은 보다 간단하고 경제적인 방법으로, Al 열환법이나 전기열 환원법으로 합금철을 만들고, 이것을 NaCl과 함께 NaCl-$FeCl_3$ 용탕에 공급하여 염화한다. 이러한 반응에서 $NaFeCl_4$가 염화제로 작용하므로, 용탕에 염소 가스를 공급하여 $NaFeCl_4$를 지속적으로 생성시켜야 하며, 반응식은 다음과 같다.

$$FeTaNb + NaCl + 7NaFeCl_4 = Ta/NbCl_5 + 8NaFeCl_3 \tag{12.18}$$

$$8NaFeCl_3 + 4Cl_2(g) = 8NaFeCl_4 \tag{12.19}$$

특히 합금철(FeNb, FeTa)로부터 만들어진 $NbCl_5$와 $TaCl_5$는 순도가 매우 높으며, $NbCl_5$는 고순도 Nb_2O_5 제조나 Nb의 화학증착(CVD)에 사용한다.[12]

3) 나이오븀 제련의 개요

Nb_2O_5로부터 금속 Nb, 합금철, Ni-Nb 합금 등을 만들며, 그림 12.7에 정광으로부터 이러한 제품군을 만드는 과정을 간략히 나타내었다.[20] 금속 Nb이나 Ta의 제조에는 산화물의 환원, 불화물이나 염화물의 환원, 용융염 전해법 등이 있다.

그림 12.8에는 Nb 원료로부터 상기한 원료의 분해 방법을 포함하여 Nb 제품을 만드는 공정도를 나타내었다.[21]

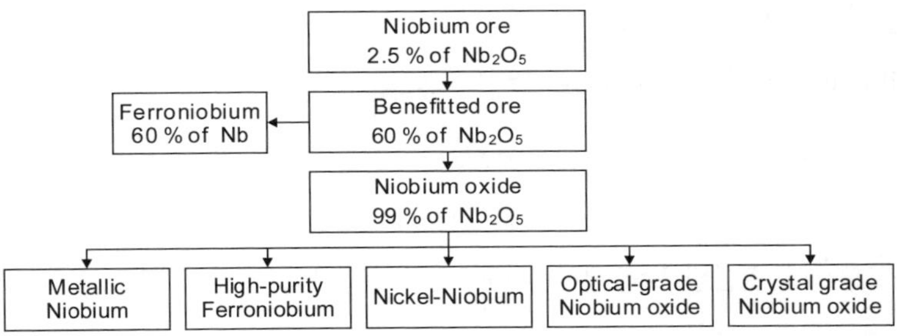

그림 12.7. Nb 광석으로부터 만들어지는 제품

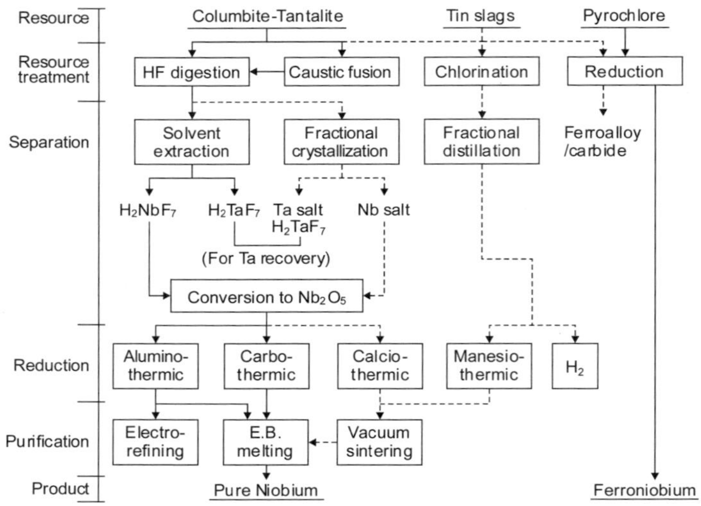

그림 12.8. Nb 원료로부터 Nb 제품을 만드는 공정도

4) 나이오븀 산화물의 환원

(1) Al 열환원

Nb 산화물은 Al, Ca, C 등을 사용한 열환원 반응으로 환원할 수 있으나, 금속 Nb의 90 % 이상은 Al 열환원 반응으로 만들고 있다. 그림 12.9에 Al 열환원 공정으로 Nb을 만드는 공정도와 반응조를 모식적으로 나타내었으며,[22] Al 열환원의 총괄반응식은 다음과 같다.[23]

$$3Nb_2O_5 + 10Al = 6Nb + 5Al_2O_3 \tag{12.20}$$

$$\Delta G^0 = -925{,}300 + 136.2T \ \text{(J/mol } Nb_2O_5)$$

다만 Al 열환원 반응에서는 다음과 같은 여러 단계의 저급 산화물을 거쳐서 금속 Nb으로 환원된다.

$$2Nb_2O_5 + 2Al = 6NbO_2 + Al_2O_3 \tag{12.21}$$

$$3NbO_2 + 2Al = 3NbO + Al_2O_3 \tag{12.22}$$

$$3NbO + 2Al = 3Nb + Al_2O_3 \tag{12.23}$$

열역학적으로 NbO가 가장 안정하여 슬래그에는 NbO상으로 분배되는 것으로 추정되며, 따라서 Nb 산화물의 Al 열환원 반응은 식(12.23)이 율속 단계이다.

Al 열환원법인 ATR(Alumino Thermic Reduction)법에서는 Al을 과잉으로 사용하여 Nb-Al 합금을 만들고, 이것을 진공 중에서 아크로나 전자빔으로 용해하여 Al을 증발 제거하고 저산소의 C-free Nb을 만들고 있다.[24,25]

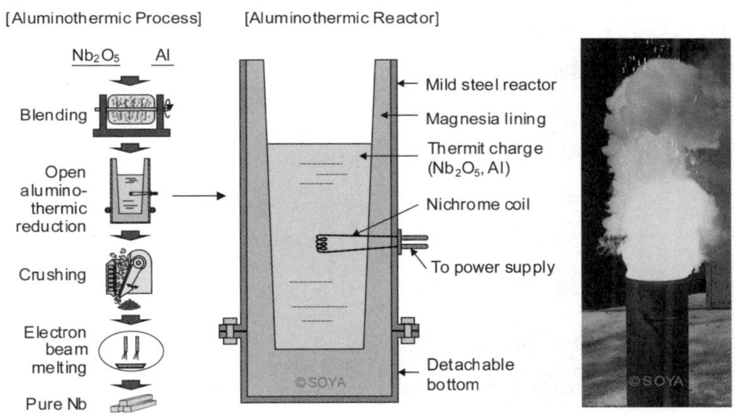

그림 12.9. Al 열환원 반응에 의한 Nb 제조 공정도와 반응기

(2) 탄소 열환원

산화물의 탄소 열환원은 C과 Nb 산화물을 혼합하여 단광으로 만들고, 약 1,950 ℃의 진공로에서 2단계에 걸쳐서 환원하며, 각각의 반응식은 다음과 같다.[26,27]

$$Nb_2O_5(s) + 7C(s) = 2NbC(s) + 5CO(g) \quad (12.24)$$

$$5NbC(s) + Na_2O_5(s) = 7Nb(s) + 5CO(g) \quad (12.25)$$

탄소 열환원으로 만들어진 Nb 중에는 반응 중에 생성된 NbC, Nb_2C, NbO_2, NbO 등이 포함되어 있으므로 [O], [C] 등을 제거하기 위한 전자빔 용해 등 고온에서의 정련이 필요하다. 전자빔 용해 후 [C], [O], [N]은 각각 80, 100, 90 ppm 수준을 나타낸다.[28]

한편 Nb과 Ta은 1,600 ℃ 정도의 질소 분위기에서 질화물이 안정하고, 1,800 ℃ 이상의 진공 분위기에서는 각각의 질화물이 분해되는 성질을 이용하여 질화물을 경유하는 방법도 알려져 있다. 이 경우에도 질소 분위기 중에서 산화물을 탄소 열환원하고, 이어서 진공 분위기에서 분해시켜 고순도의 금속을 얻을 수 있다.[28]

(3) Ca 열환원

Ca에 의한 열환원 반응으로도 금속 Nb를 만들 수 있다. 특히 Ca의 경우 열역학적으로 현저한 발열반응이어서 슬래그/금속의 분리가 쉬운 장점이 있다. Nb은 Nb_2O_5와 Ca을 혼합하여 마그네시아로 내장한 보트에 장입하고, 약 950 ℃의 Ar 분위기 중에서 2시간 정도 반응시켜서 환원한다. 생성물을 물과 묽은 염산으로 침출하여 CaO를 제거하면 Nb 분말을 얻을 수 있다.[28]

괴상의 Nb은 고온에서의 환원이 필요하므로 봄베(bombe)형 반응기를 사용한다. 반응기에 의한 오염을 방지하기 위해 마그네시아(MgO)로 내장한 반응기 중에 Nb_2O_5와 Ca을 장입하여 반응시킨다. 그러나 Ca 열환원은 제조 비용이 높다는 단점이 있다. 특히 알루미늄은 끓는점이 높으

며, 저융점의 알루미나(Al_2O_3) 슬래그를 만들 수 있으므로 Al 환원이 보다 유리하다.[28]

(4) Mg 열환원 및 수소 환원

Nb_2O_5를 Mg으로 환원할 수도 있으나, Mg으로 환원하면 다음 식과 같이 magnesium niobate가 만들어지는 문제점이 있다.

$$Nb_2O_5 + MgO = MgNb_2O_6 \qquad (12.26)$$

Nb_2O_5의 수소 환원은 반응 온도에서 자유에너지 변화 값이 양이므로 일어나지 않는다. 일부에서는 NiO와 함께 환원하여 Ni-Nb 합금을 만든 후 Mond법으로 Ni 카보닐을 만들어 Ni을 제거하기도 하였다. 그리고 CaH_2를 이용하여 다음 식과 같이 확산환원법으로 Nb을 제조하기도 하였다.[29]

$$Nb_2O_5(s) + 5CaH_2(s) = 2Nb(s) + 5CaO(S) + 5H_2(g) \qquad (12.27)$$

한편 Luidold 등은 Nb_2O_5를 수소로 환원하여 NbO_2로 만들고, 이어서 사이클론 반응기에서 Mg으로 환원하여 금속 Nb를 만들었으며, 각각의 반응식은 다음과 같다.[30]

$$Nb_2O_5 + H_2(g) = 2NbO_2 + H_2O(g) \qquad (12.28)$$

$$NbO_2 + 2Mg = Nb + 2MgO \qquad (12.29)$$

반응생성물인 MgO와 미반응한 Mg은 묽은 염산으로 침출하여 제거하고, Nb 분말을 회수하였다.

5) 나이오븀 염화물 및 불화물의 환원

(1) 염화물의 환원

파이로크로어(pyrochlore) 정광을 Al 열환원하여 얻은 페로나이오븀을 염화시키고, 염화물을 증류분리하면 순$NbCl_5$를 얻을 수 있다. $NbCl_5$를 Ti 제련에서와 같이 Mg(Kroll법)이나 Na(Hunter법)* 으로 환원하여 금속 Nb을 얻을 수 있으며, 각각의 반응식은 다음과 같다.

$$2NbCl_5(l,g) + 5Mg(l) = 2Nb(s) + 5MgCl_2(l) \tag{12.30}$$

$$NbCl_5(l,g) + 5Na(l) = Nb(s) + 5MgCl(l) \tag{12.31}$$

이러한 반응은 열역학적으로 산화물의 탄소 열환원이나 염화물의 수소 환원에 비하여 쉽게 일어나는 반응이지만, 흡습성이 강한 염화물의 취급 등에 주의하여야 한다.

한편 $NbCl_5$를 수소 가스나 수소 플라스마로 환원하여 금속 Nb을 얻을 수 있으며, 수소에 의한 $NbCl_5$의 직접 환원반응은 다음과 같다.

$$2NbCl_5(g) + 5H_2(g) = 2Nb(s) + 10HCl(g) \tag{12.32}$$

Nb의 염화물에는 $NbCl_4$를 비롯하여 여러 종류의 저급 염화물이 존재하지만, Nb_3Cl_8이 안정하며, $NbCl_5$에서 Nb_3Cl_8로 되는 반응과 Nb_3Cl_8의 환원이 동시에 일어나면서 Nb이 생성된다. $NbCl_5$와 H_2의 반응은 약 400 ℃에서 개시하여 1,200 ℃ 이상에서 Nb이 생성된다. $NbCl_5$는 H_2 기류 중에서 다음 식과 같이 $Nb_3Cl_8(s)$를 생성하며,[29] $Nb_3Cl_8(s)$는 $NbCl_2(s)$ 등을 거쳐서 금속 Nb으로 환원된다.

$$3NbCl_5(g) + 7/2H_2(g) = Nb_3Cl_8(s) + 7HCl(g) \tag{12.33}$$

이러한 $NbCl_5(g)$의 $H_2(g)$에 의한 환원은 1,000~1,200 ℃로 가열한 노내에서 기상환원으로 Nb를 제조하지만, 제조비용이 높아 CVD법 등에 의한 금속 Nb막이나 초미분말 제조 등 특수한 용도에 국한되어 있다.[29]

---

* 제7장 타이타늄 참조

(2) 불화물의 환원

불화물인 K_2NbF_7을 불활성 분위기의 900~1,000 ℃에서 다음 식과 같이 Na으로 환원하여 금속 Nb 분말을 얻을 수 있다.

$$K_2NbF_7(l) + 5Na(l) = Nb(s) + 2KF(s) + 5NaF(s) \qquad (12.34)$$

다만 K_2NbOF_5에 의해 K_2NbF_7이 오염되면서 금속 Nb의 산소 함유량이 높아지므로 주의하여야 한다.

또 K_2NbF_7를 용융염 전해하여 금속 Nb를 얻을 수 있으며, 전해반응은 다음과 같다.[29]

$$NbF_7^{2-} + 5Cl^- = Nb + 5/2Cl_2 + 7F^- \qquad (12.35)$$

전해욕으로는 K_2NbF_7-NaCl-KCl계를 사용하며, 전해조는 흑연을 사용한다. 원료인 K_2NbF_7은 전해조 상부의 피더(feeder)로부터 공급한다. 전해욕 온도를 650~700 ℃로 유지하고 K_2NbF_7을 공급하면서 직류가열에 의해 염을 용해하며, 400 A/cm^{2}의 전류밀도에서 전해한다.

6) 페로나이오븀(Ferroniobium)의 제조

Nb 제품의 90 % 이상이 페로나이오븀(FeNb, Nb 40~70 wt%)으로 만들어져 철강의 합금용으로 사용되고 있다. 일반적으로 FeNb은 Nb 산화물의 Al 열환원에 의해 제조하며, 철분이 부족하면 산화철을 혼합하여 FeNb을 제조하기도 한다. Nb의 출발원료로는 컬럼바이트와 파이로크로아(pyrochlore) 정광을 사용하며, Nb_2O_5 및 산화철의 Al에 의한 열환원 반응은 다음과 같다.[31]

$$3Nb_2O_5 + 10Al = 6Nb + 5Al_2O_3,\ \Delta H^0_{298} = -276.1\ \text{kJ/mol Al} \qquad (12.36)$$

$$Fe_2O_3 + 2Al = 2Fe + Al_2O_3,\ \Delta H^0_{298} = -438.7\ \text{kJ/mol Al} \qquad (12.37)$$

Al 열환원은 발열반응이지만, 반응을 지속하기 위한 열량으로는 부족하다. 따라서 미리 예열하거나 BaO_2, CaO, $KClO_4$, $KClO_3$, $NaNO_3$ 등을 혼합하여 다음 식과 같이 반응시킴으로써 열량을 보충하기도 한다.

$$6NaNO_3 + 10Al = 3Na_2O + 5Al_2O_3 + 3N_2 + heat \quad (12.38)$$

CBMM사의 11 t/charge의 FeNb을 제조하기 위한 장입 원료량을 표 12.4에 나타내었다.[31]

표 12.4. CBMM사의 FeNb 제조 원료 장입 조건

Raw material	Charge amount (kg)	Remark
Pyrochlore concentrate	18,000	Nb_2O_5 60 %
Fe oxide	4,000	Fe 68 %
Al powder	6,000	
Fluorspar (CaF_2)	750	
Lime (CaO)	500	

7) 금속 나이오븀의 정제

조금속 Nb은 원료 및 제련 과정에서 함유된 불순물을 제거하기 위해 정제하여야 한다. Nb은 융점이 높으므로 고온 처리에 의해 불순물을 증류하여 제거할 수 있다. 그러나 Nb은 비교적 활성인 금속으로 대부분의 타 원소와 쉽게 반응하므로 고진공이나 불활성 분위기에서 고온 처리를 하여야 한다. 따라서 아크용해나 진공 소결보다는 전자빔 용해를 많이 이용하며, 용해 사이클에 따라 여러 불순물들을 제어할 수 있다.

4. 탄탈럼의 제련

그림 12.10에는 제3절에서 설명한 원료의 분해 방법을 포함하여 Ta 원료에서 Ta 제품을 만드는 공정도를 나타내었다.[32] 금속 Ta의 원료에는 광석과 주석(Sn) 제련 슬래그가 있다.* Ta을 함유한 Sn 제련 슬래그를 전기로 중에서 코크스와 반응시켜 탄화물로 만들고, 이것을 정제 및 알칼리 처리하여 Ta이 농축된 정광을 만든다. 이 정광을 광석 처리와 마찬가지로 불산분해-용매 추출법으로 Ta을 분리한 수용액을 암모니아로 중화,

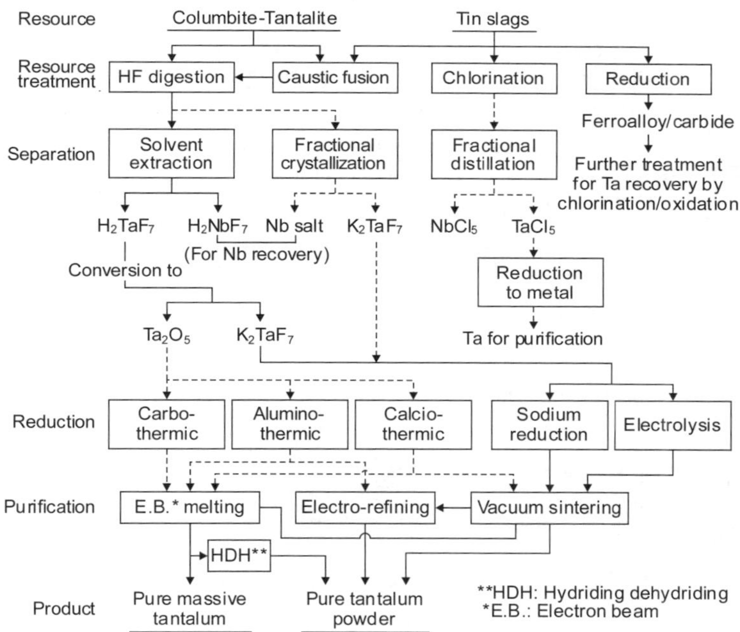

그림 12.10. Ta 원료로부터 Ta 제품을 만드는 공정도

---

* 제4장 주석 참조

가수분해하여 수산화물로 침전시킨다. 이어서 하소하여 Ta_2O_5를 만들거나, KF 등을 첨가하여 K_2TaF_7을 얻는다. 표 12.5에는 출발원료에 따른 환원 방법을 종합하여 나타내었다.[33]

표 12.5. 출발원료에 따른 금속 Ta 제조법 비교

Process		Reductant	Product	Post reduction	Remark
MTR* of K_2TaF_7	Closed bomb	Na	Powder	Aq. leaching	Capacitor grade powder
	Agitated bath	Na	Powder	Aq. leaching	Capacitor grade powder
	Graphite Crucible	Al	Al_3Ta	Al removal by alloying with Cu followed by Cu-Al removal	Ta powder
FSE** of K_2TaF_7	Halide containing melt	electron	Powder	C removal followed by vacuum sintering	Capacitor grade Ta powder
	Oxide (Ta_2O_5) containing melt	electron	Powder	C removal followed by vacuum sintering	Capacitor grade Ta powder
Oxide Reduction	MTR in Ar	Ca-$CaCl_2$	Powder	Aq. Leaching, V/S	Higher Oxygen, yield 90 %
	MTR in closed bomb	Ca with S	Massive	EB melt refining	Yield: 70~75 %
		Al with S	Massive	EB melt refining	Cheaper, yield 88 %
		Al with Fe, Mn, Si	Massive	EB melt refining	Yield: 85~88 %
	Open top reactor	Al-$KClO_3$	Massive	FS electrofining	Ta-4.7Al alloy, yield 84 %
	Carobthermic	C	Sponge	Vacuum sintering	Commercial process
	Carbonitro-thermic	C-N_2	Sponge	Thermal decom.	Yield: +96 %

*MTR: metallothermic reduction, **FSE: fused salt electrolysis

1) 탄탈럼 불화물 및 염화물의 환원

(1) 불화물의 Na 환원

공업적인 금속 Ta의 제조는 고체상태의 K_2TaF_7을 약 800 ℃의 액체 Na으로 환원하는 Hunter법을 사용하며, 반응식은 다음과 같다.[34]

$$K_2TaF_7(s) + 5Na(l) = Ta(s) + 2KF(l) + 5NaF(l) \tag{12.39}$$

그림 12.11에는 Na으로 환원하는 공정도와,[28] 환원 반응기의 모식도

를 나타내었다.[35] Na에 의한 환원반응은 격렬한 발열반응이므로 KCl, NaCl, KF, NaF 등을 희석제로 첨가하며, 환원반응에 의해 생성된 NaF와 KF는 이러한 희석제(diluent) 중으로 용해된다. 반응이 완료된 후 용융염을 냉각하여 알콜이나 온수로 침출, 제거하고 분말상의 조금속 Ta을 얻는다. 조금속 Ta은 산세하고 진공 열처리하여 탈수소를 하거나, 전자빔 용해로 Ta 잉곳을 얻기도 한다. Ta 분말은 조금속을 분쇄하거나 전자빔 용해한 잉곳을 수소화하여 분쇄한 후 진공 열처리로 탈수소하는 HDH(hydriding dehydryding)법으로 만든다.

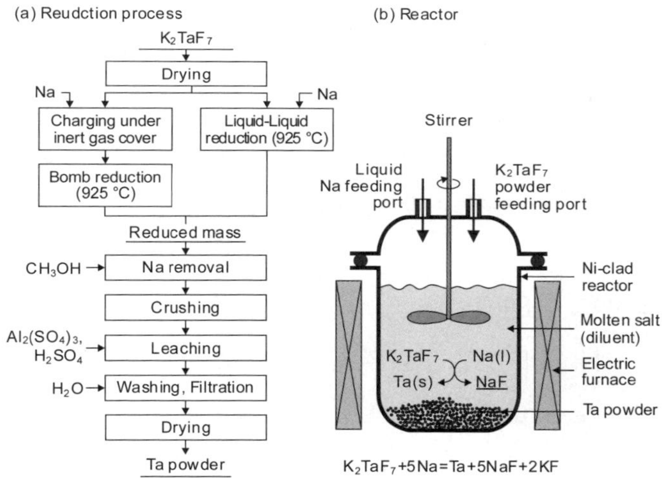

그림 12.11. K_2TaF_7의 Na 환원 공정도(a)와 환원 반응기의 모식도(b)

한편 Kolosov 등은 Na 대신에 K을 사용하여 다음 식과 같이 K_2TaF_7을 환원하였으나, 생성된 Ta은 스펀지상으로 응집되어 있었으며, 비표면적도 적어 커패시터로는 부적합하다고 보고하였다.[36]

$$K_2TaF_7(s) + 5K(l) = Ta(s) + 7KF(l) \tag{12.40}$$

(2) 염화물의 Mg 환원

다음 식과 같이 $TaCl_5$를 금속 Mg으로 환원할 수 있다.

$$2TaCl_5 + 5Mg = 2Ta + 5MgCl_2 \quad (12.41)$$

이러한 금속 열환원 반응은 전기화학적으로 중성의 화학종인 원료와 환원제가 확산하여 물리적으로 접촉함으로써 반응이 진행한다.

한편 이러한 금속 열환원 반응은 이온과 전자를 운반하는 물질이 반응계 내에 존재하면 원료와 환원제가 물리적으로 접촉하지 않아도 전기화학적인 산화환원반응으로 진행할 수 있다. Park 등은 상기한 반응을 다음과 같이 금속 도전체를 매개한 반응(electronically mediated reaction, EMR)으로 나타내었으며,[37,38] 물리적인 접촉이 없어도 열환원 반응이 가능하였다.

$$5Mg = 5Mg^{2+} + 10e^- \ (\text{site } 1) \quad (12.42)$$

$$2TaCl_5 + 10e^- = 2Ta + 10Cl^- \ (\text{site } 2) \quad (12.43)$$

(3) 염화물의 수소환원

수소를 사용하여 $TaCl_5$를 다음 식과 같이 환원할 수 있다.

$$2TaCl_5(g) + 5H_2(g) = 2Ta(s) + 10HCl(g) \quad (12.44)$$

Park 등은 CVC(chemical vapor condensation) 원리를 이용하여 1,400 ℃에서 $TaCl_5$ 증기와 H_2를 반응시켜 14~56 nm 크기의 Ta 분말을 얻었다.[39]

2) 탄탈럼 불화물의 용융염 전해

그림 12.12에는 K_2TaF_7을 용융염 전해하여 커패시터용의 고순도 Ta

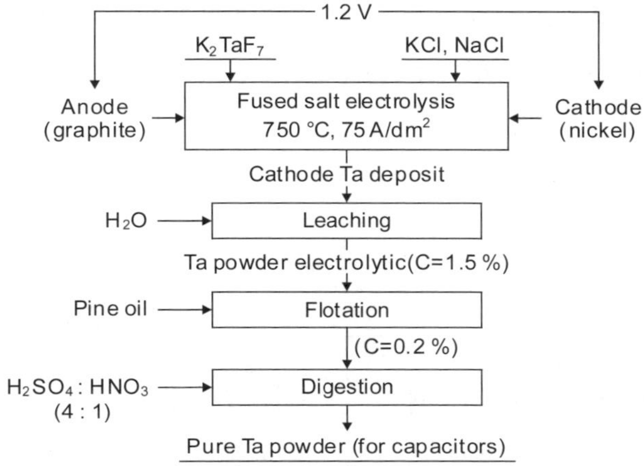

그림 12.12. K_2TaF_7의 용융염 전해에 의한 Ta 분말 제조 공정도

분말을 제조하는 공정도를 나타내었다.[33] 전해질은 KCl-NaCl의 공정 조성에 25 wt% K_2TaF_7을 첨가하여 사용하였으며, 흑연 도가니 중에서 700~800 ℃에서 K_2TaF_7의 분해전압인 1.2 V 이상에서 전해한다. 용융염 전해를 위한 도가니로 흑연을 사용하기 때문에 Ta 분말 중에 1~1.5 %C이 함유되지만, pine oil을 이용한 부유 선별에 의해 0.2 %C까지 낮출 수 있다. 또 황산+질산의 혼산으로 침출하여 C을 23 ppm까지 낮추어 커패시터용 Ta 분말을 얻었다. 한편 Ta_2O_5를 55.0 % KCl, 27.5 %KF, 17.5 %K_2TaF_7의 전해욕 중에 첨가하여 용융염 전해를 하기도 한다.[40]

3) 탄탈럼 산화물의 환원

산화물은 취급이 쉽고 가격도 저렴하며, 또 탄소는 물론 금속 열환원 반응으로 환원할 수 있으므로 금속 Ta을 만들기에 적합한 출발원료이다. 특히 Ta은 고융점 금속이므로 고온의 진공 처리에 의해 끓는점이 낮은

불순물을 제거할 수 있어서 고순도의 Ta을 얻을 수 있다. 환원제로는 C, Ca, Al, Mg 등이 있으며, 그림 12.13에 산화물의 환원법을 종합하여 나타내었다.[33]

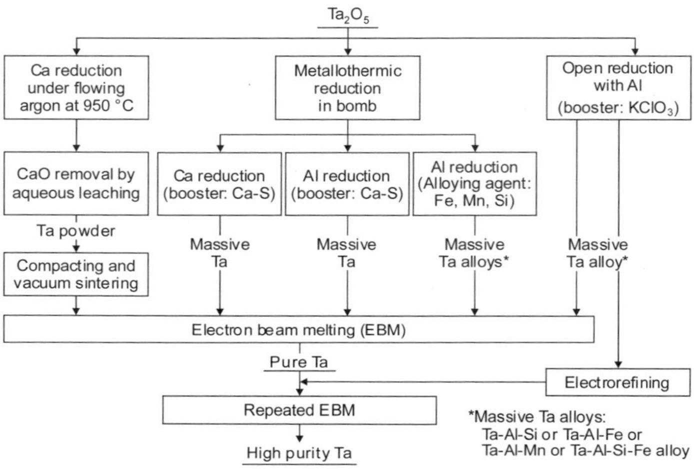

그림 12.13. Ta 산화물의 환원법 비교

(1) 탄탈럼 산화물의 Ca 열환원

Ta_2O_5를 Ca으로 환원할 수 있으며, 반응식은 다음과 같다.[41]

$$Ta_2O_5(s) + 5Ca(l) = 2Ta(s) + 5CaO(s) \tag{12.45}$$

$$\Delta G^0 = -1187,200 + 144.275T \ (J/mol)$$

Ca에 의한 환원반응은 발열반응이지만 생성 Ta 입자의 크기는 약 1 μm 이하로, 그림 12.14와 같이 반응온도의 영향을 받는다.[41] 부산물인 CaO가 생성 Ta의 입자들 사이에 갇혀 질산 침출에서도 제거되지 못하여 산소 농도는 1 wt% 정도를 나타내었다.

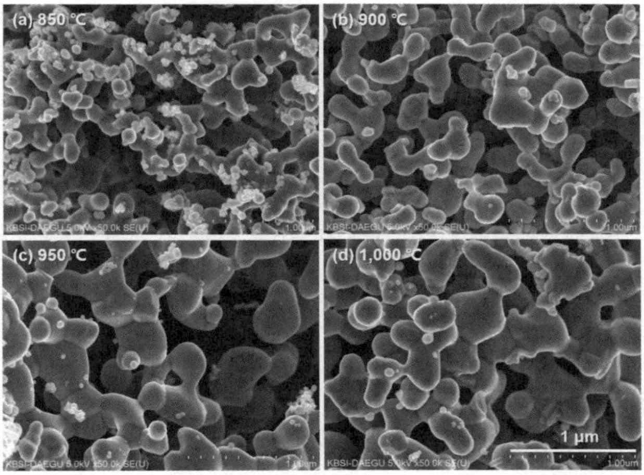

그림 12.14. 반응 온도에 따른 생성 Ta 입자 형상(molar ratio Ca/Ta_2O_5=10, reaction time 30 min.)

괴상의 Ta은 Nb와 마찬가지로 봄베형 반응기를 이용하지만, 보다 고온에서 반응시켜 금속-슬래그의 분리가 쉽도록 (Ca+S)를 heat booster로 첨가하여 반응시킨다. 한편 Ar 분위기의 950 ℃에서 $CaCl_2$(l) 중의 Ca에 의해 환원하고, 반응계면에서 부산물인 CaO를 $CaCl_2$에 용해시켜 곧바로 제거할 수 있다. 반응이 완료된 후 생성물인 CaO와 $CaCl_2$는 물과 묽은 HCl로 침출하여 제거한다. 생성된 Ta 중의 산소 농도는 약 6,000 ppm 수준이지만, 진공 열처리나 전자빔 용해에 의해 30 ppm 이하까지 낮출 수 있다.[42]

(2) 탄탈럼 산화물의 Al 열환원

다음 식과 같이 Al 열환원 반응으로 Ta_2O_5를 환원할 수 있다.

$$3Ta_2O_5(s) + 10Al(l) = 6Ta(s) + 5Al_2O_3(s) \tag{12.46}$$

다만 이 반응은 Ca 열환원보다 발열량이 부족하여 S를 첨가한다. S를 첨가하면 Al과 반응하여 Al_2S_3가 생성되면서 부족한 열량을 보충할 수 있으며, 슬래그의 융점을 낮추는 효과도 있다.[33] Brito 등은 부족한 열량을 보충하기 위해 수소 플라스마 반응기를 사용하였다. 그리고 Al과 함께 $KClO_3$를 촉진제로 첨가하고, Fe, Mg, Si 등으로 Ta의 2원계 및 3원계 합금으로 만들어 금속상의 융점을 낮추기도 한다. 생성된 합금은 전자빔으로 용해 정련하여 합금 성분을 제거할 수 있다.

(3) 탄탈럼 산화물의 C 열환원

Ta_2O_5를 C으로 열환원할 수 있으나, Ca이나 Al과 달리 3단계의 반응으로 금속 Ta을 얻을 수 있다. 우선 Ta_2O_5와 C을 혼합하여 약 1,700 ℃의 10^{-3} torr 분위기에서 반응시켜 다음 식과 같이 TaC를 얻는다.[43]

$$Ta_2O_5(s) + 7C(s) = 2TaC(s) + 5CO(g) \tag{12.47}$$

1단계 반응의 생성물인 TaC를 Ta_2O_5와 혼합하여 펠릿으로 만들고, 2,100 ℃의 고진공(10^{-5} torr) 분위기에서 반응시키면 다음 식과 같이 Ta 스펀지가 만들어진다.

$$Ta_2O_5(s) + 12TaC(s) = 7Ta_2C(s) + 5CO(g) \tag{12.48}$$

$$Ta_2O_5(s) + 5Ta_5C(s) = 12Ta(s) + 5CO(g) \tag{12.49}$$

마지막으로 스펀지상의 Ta을 수소화시켜 파쇄하고 스펀지 Ta 중의 잔류 C 농도에 따라 성분 조정을 하며, 최종적으로 진공 소결하거나 전자빔으로 용해하여 정련한다.

한편 금속 Nb과 마찬가지로 Ta 질화물을 경유하는 방법도 알려져 있다. TaN은 질소 분위기의 1,650 ℃ 이하에서는 안정하지만 진공 분위기의 1,800 ℃ 이상에서는 분해된다. 따라서 Ta_2O_5를 C과 혼합하여 펠릿으로 만들어 질소 분위기 중에서 탄소 열환원 반응으로 TaN을 만들고, 이어서 0.01 Pa의 진공 분위기 중에서 약 2,150 ℃로 가열하면 TaN이 분해되어 금속 Ta 스펀지를 얻을 수 있다.[33]

4) 금속 탄탈럼의 정제

상기한 여러 가지 방법으로 제조한 조금속 Ta은 고온에서 진공 열처리를 하거나 전자빔 용해에 의해 정제한다. 그리고 용융염을 사용한 전해정제에 의해 고순도 Ta을 얻기도 한다.

일반적으로 금속 및 탄소 열환원법으로 만들어진 조금속 중에는 Al, Mg, Ca, Fe, Si, Mn, Cr 등의 금속성 불순물이 함유되어 있다. 이러한 불순물은 고온의 진공 열처리에 따른 증발을 이용하여 제거할 수 있다. 특히 2,600 K 이상에서 이러한 불순물의 증기압은 10^{-3} torr 정도를 나타내기 때문에 진공 열처리나 전자빔 용해 분위기를 10^{-4} torr 정도로 유지하면 쉽게 제거할 수 있다. Choi 등은 Ta을 9×10^{-5} mbar의 분위기에서 전자빔으로 용해시켜 C, N, O를 비롯한 나머지 금속성 불순물을 제거하여 5N급의 Ta으로 정제하였다.[44]

5. 나이오븀과 탄탈럼의 리사이클링

1) 나이오븀의 리사이클링

Nb은 현재 리사이클링이 잘되지 않는 원소이다. 대부분의 Nb은 스테인리스강과 HSLA(high strength law alloy)강의 합금원소로 존재한다. 표 12.6에 슈퍼알로이 중 Nb과 Ta의 함유량을 나타내었다. 특히 Nb의 리사이클링률이 높지 않은 것은 리사이클링 과정에서 스크랩의 조성에 대한 관심이 많지 않아 대부분의 Nb이 철 스크랩의 용융 공정에서 저급 강철로 희석되거나 슬래그로 분배되어 손실되고 있기 때문이다. 따라서 Nb의 리사이클링률을 높이기 위해서는 스크랩의 세밀한 분류가 필요하다. 특히 자동차에 사용된 HSLA강이나 스테인리스강을 잘 분류하여 재용해하면 Nb의 리사이클링률이 개선될 것이다.[45]

표 12.6. Superalloy 중 Nb, Ta 함유량

Material number	Short name	Content Σ(Nb+Ta)	Brands
2.4600	NiMo29Cr	Up to 0.40 %	NicroferR 6629, HastelloyR B-3
2.4619	NiCr22Mo7Cu	Up to 0.50 %	InconelR G-3, NicroferR 4823hMo
2.4660	NiCr20CuMo	8 × C up to 1.00 % (C≤ 0.07 %)	NicroferR 3620, IncoloyR alloy 20
2.4856	NiCr22Mo9Nb	3.15 %~4.15 %	InconelR 625, NicroferR 6020
2.4868	NiCr19Fe19Nb5Mo3	4.7 %~5.5 %	InconelR 718, NicroferR 5219

(1) 철 스크랩 및 슈퍼알로이 중 Nb 회수

Nb이 함유된 철 스크랩이나 슈퍼알로이를 전기로에서 용해하면 Nb은 쉽게 산화되어 슬래그상으로 분배되므로 슬래그를 재처리하지 않으면 Nb은 손실된다. 특히 슈레더 등에서는 일반 탄소강과 스테인리스강으로만 분류할 뿐 별도로 합금강을 분류하지 않으므로 Nb의 대부분은 슬래

그상으로 손실된다고 할 수 있다.

슈퍼알로이는 종류가 다양한 만큼 합금원소도 매우 다양하여[46] 리사이클링이 힘들다. 특히 전기로에서 재용해하는 경우 많은 합금원소들이 산화되어 슬래그로 분배된다. 이러한 문제점을 해결하기 위해 산 침출 등의 방법도 제안되어 있으나 대부분 Ni, Co 등의 리사이클링을 위한 것으로 Nb에 대해서는 잘 알려져 있지 않다.

(2) PCB 등에서의 Nb 회수

Montero 등은 칼럼 침출(column leaching)법으로 PCB(printed circuit boards) 중의 Au, Ag, Cu와 함께 Nb을 회수하였으며, 그림 12.15에 공정도를 나타내었다.[47] PCB를 3.33~0.42 mm로 파쇄하여 NaCN으로 pH 11에서 장시간 용해하였다. PCB 중 Nb의 약 48 %가 침출되었으며, 용액 중 Nb은 활성탄(activated carbon)으로 98.2 %까지 회수하였다.

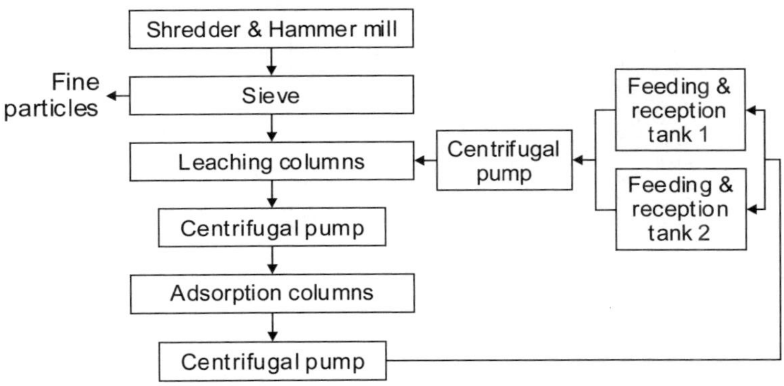

그림 12.15. PCB 중 Nb 회수 공정도

(3) Nb 함유 선재 중 Nb 회수

Nb-Ti 합금으로 초전도 선재를 제조하는 공정에서 여러 종류의 Nb 함유 스크랩이 발생한다. 초전도 선재는 Cu 선재(파이프) 내에 Nb-Ti의 극세선이 들어가 있다. 따라서 양극산화 용출에 의해 Cu를 제거하고 Nb-Ti은 염화 처리를 한다. 초전도 선재를 anode와 cathode로 사용하여 H_2SO_4-$CuSO_4$ 전해액 중에서 Cu의 전해정제와 동일한 원리로 Cu를 용출시켜 Nb-Ti 세선을 분리하여 회수한다.[29]

Nb과 Ti은 염화시켜 분리한다. 약 200 ℃로 가열한 Nb-Ti 세선과 건조한 $Cl_2(g)$는 격렬하게 반응하여 다음 식과 같이 염화된다.

$$Nb-Ti(S)+2/9Cl_2(g)=NbCl_5(s)+TiCl_4(l) \qquad (12.50)$$

생성된 $NbCl_5$(m.p. 204 ℃, b.p. 253 ℃)와 $TiCl_4$(m.p. -24 ℃, b.p. 136 ℃)의 융점 및 끓는점 차이를 이용하여 증류에 의해 분리할 수 있다.

Nb_3Sn 선재는 Cu-Sn 파이프와 Nb 봉을 압출하고 열처리하여 Sn을 확산시켜 만든다. 따라서 Nb-Ti 선재의 경우와 마찬가지로 Cu는 전해법으로 제거하지만, 선재 가장자리의 Cu가 용출되고 이어서 Cu와 Sn이 동시에 용출된다. 그러나 일부 Sn이 Nb 중에 잔류하므로 염화시켜 분리한다. 특히 $SnCl_4$(m.p. -33 ℃, b.p. 114.1 ℃)와 $NbCl_5$의 증기압 차이가 크고 상호 용해도가 없으므로 쉽게 분리하여 정제할 수 있다. Cu를 제거한 Nb_3Sn을 진공 아크로나 플라스마 용해로 Sn을 휘발시켜 분리하고 Nb 잉곳을 얻기도 한다.[29]

2) 탄탈럼의 리사이클링

그림 12.3에 나타낸 바와 같이 Ta은 콘덴서용의 금속 Ta 분말 및 선

재가 전 세계 수요의 약 1/3을 차지할 정도로 많다. 또 Ta은 내열, 내식 재료, 합금 첨가원소, 스퍼터링 타깃 등에 사용되고 있으며, Ta 산화물이나 탄화물 등의 화합물은 절삭공구, 광학렌즈 등에도 사용되고 있다. 이러한 Ta의 다양한 용도는 결국 EoL 제품에 다양하게 분포되어 서로 다른 루트를 통하여 수집되므로 Ta 리사이클링의 장애로 작용하고 있다. 특히 커패시터나 기타 전자부품 중에 들어 있는 Ta의 농도가 매우 낮다는 점에서 Ta의 리사이클링이 더욱 복잡해지고 있다.

(1) Ta 커패시터 중의 Ta 회수

Ta 콘덴서는 폐차, 폐전기·전자기기(WEEE, 전자 폐기물, 특히 휴대용 전자 제품, 컴퓨터, TV, 통신 인프라의 부품), 항공·우주 및 군사용 제품에 포함되어 있다. 커패시터는 전자 회로나 인쇄 회로 기판 등에 솔더링되어 있다. 일반적으로는 제품에서 커패시터의 작은 부분에만 Ta이 포함되어 있으므로 수명이 다한 전자부품에서의 Ta 리사이클링률이 낮은 것으로 알려져 있다. Ta 리사이클링의 핵심 과제는 다양한 재료에서 Ta을 함유하는 커패시터의 수집 및 분리이다.

Okabe 등은 콘덴서를 고온의 대기 중에서 산화시켜 내부의 Ta을 분리하였으며, 그림 12.16에는 Ta 콘덴서의 모식도와 Ta 회수 공정도를 나타내었다.[48] Ta 콘덴서는 미세한 Ta 분말을 소결한 콘덴서 전극, SiO_2 분말을 배합한 고 난연성의 에폭시 수지제 케이스 및 전극에 연결된 단자로 구성되어 있다. Ta은 콘덴서 무게의 40~50 % 정도를 차지하며, 전극인 소결체에 매우 높은 농도로 집중되어 있다. 이러한 콘덴서를 약 1,150 K의 공기 중에서 산화시키면 에폭시 수지는 분말로 변하고 Ta 분

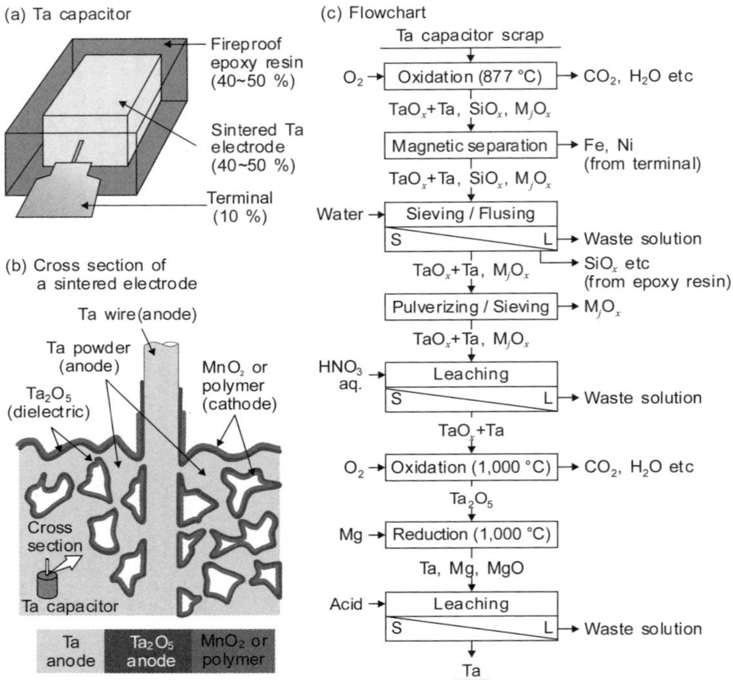

그림 12.16. Ta 커패시터의 모식도(a)와 단면(b) 및 Ta 회수 공정도(c)

말 소결체는 원형을 유지한 채 산화되어 체질에 의해 양자를 쉽게 분리할 수 있었다. 이후 자력 선별에 의해 Fe, Ni 등의 자성체를 분리하고, Ta 외의 금속(Cu 등)은 질산으로 침출하여 제거하였다. 그리고 TaO_x 및 Ta을 재산화시키거나 곧바로 Mg으로 환원하여 금속 Ta 분말을 회수하였다. Ta 분말의 크기는 약 0.3 μm이고 순도는 99 % 정도였으며, 주요 불순물은 에폭시 수지 중의 Si이 혼입된 것으로 전자 재료용의 고순도 Ta을 얻기 위해서는 별도의 화학적 처리가 필요하다.

Okabe 등은 고순도의 Ta을 회수하기 위해 Ti 제조를 위한 Kroll법을

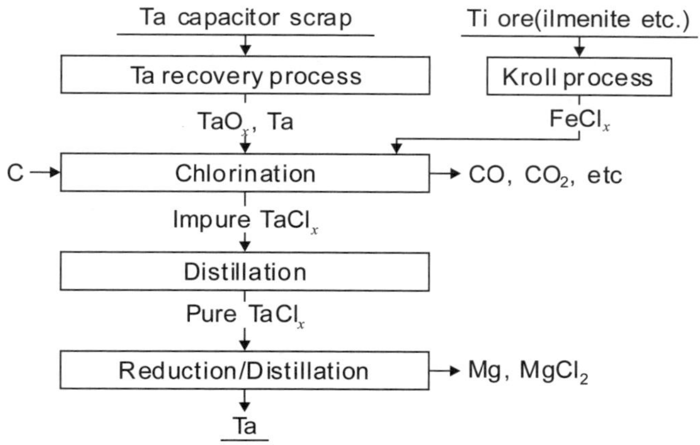

그림 12.17. 염화에 의한 고순도 Ta 회수 공정도

응용하여 Ta 산화물 및 Ta을 염화시켜 Mg으로 환원하였으며, 그림 12.17에 공정도를 나타내었다. Ta의 염화는 다음 식과 같이 일메나이트의 선택염화에서 생성된 염화철($FeCl_2$)을 사용하였으며, 생성물인 $TaCl_5$는 증류하여 고순도화하였다.[48]

$$2Ta(s) + 5FeCl_2(s,g) = 2TaCl_5(g) + 5Fe(s) \tag{12.51}$$

$$Ta_2O_5(s) + 5FeCl_2(s,g) + 5C(s) = 2TaCl_5(g) + 5Fe(s) + 5CO(g) \tag{12.52}$$

한편 Chen 등은 Okabe 등의 결과와 유사한 방법으로 Ta 콘덴서의 에폭시 수지를 열분해하여 제거하고, 자력 선별 및 Ta 이외의 금속 불순물을 선택적으로 침출하여 제거하였다. 그리고 회수한 Ta 잔사는 염화시켜 $TaCl_5$로 회수하였다.[49] 자력 선별한 후의 Ta 등을 염산으로 고압 침출하여 Ta을 포함한 기타 금속들을 용해한 후, alamine 336으로 용매추출하고 HNO_3로 탈거하여 98 % 이상의 Ta을 회수하였다.[50]

Katano 등은 질소 분위기 중 수증기와 NaOH를 이용하여 Ta 콘덴서의 에폭시 수지를 분해시켜 Ta 소결체를 회수하였으며, 그림 12.18에 공정도를 나타내었다.[51] 특히 NaOH 첨가로 에폭시 수지의 분해가 원활하게 일어나 Ta 소결체의 회수가 가능하였다.

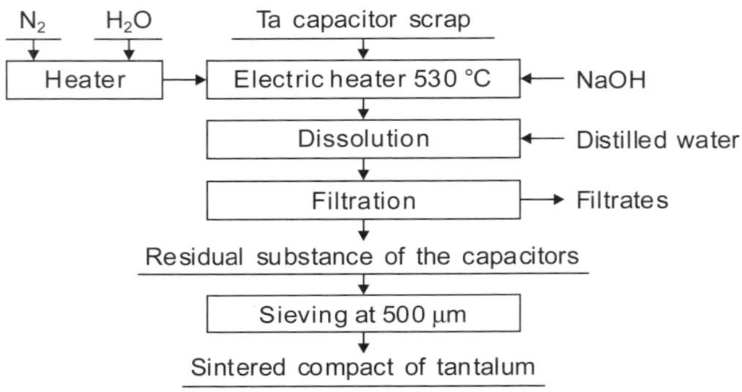

그림 12.18. 수증기+NaOH를 이용한 에폭시 분해와 Ta 소결체의 회수 공정도

(2) 금속 Ta 및 합금 스크랩의 리사이클링

금속 Ta은 전자재료용 반도체 타깃으로 사용된 후 스크랩으로 배출되고 있다. 이러한 금속 Ta을 전자빔으로 용해하여 4N5급으로 고순도화한 경우도 있다.[52] 그러나 전자빔 용해는 고가의 설비와 운용단가 문제 등으로 상용화가 쉽지 않은 실정이다. 이러한 문제점을 해결하기 위해 Ta 선삭 스크랩을 수소화-탈수소화(hydride-dehydride, HDH)법을 이용하여 Ta 분말로 재생하기도 하였다.[53]

Ta을 함유한 슈퍼알로이 등의 합금은 Ta을 별도로 회수하지 않고 재용해하여 사용하는 것이 일반적이다. 그러나 Ta이 8 wt%까지 함유된 합금에서는 Ta을 회수하는 것이 경제적일 수 있다. 이러한 관점에서 Ta 함유

합금을 전기화학적으로 분해하여 Ta을 회수하였다.[54] 특히 슈퍼알로이의 직류 전해는 합금의 표면에 부동태 피막이 생성되어 분해가 쉽지 않다. 따라서 음극과 양극 모두에 슈퍼 알로이를 사용하고 60~80 ℃의 15~25 wt%HCl 용액 중에서 낮은 주파수(0.1-1 Hz)로 PR(periodic reverse) 전해로 부동태 피막의 생성을 방지하여 용해시켰다. 합금 중의 Co, Ni, Cr 등은 용해되고 Ta, W, Hf 등은 고체의 산화물로 회수하였다.

한편 Olbrich 등은 용융염으로 슈퍼알로이를 용해하여 유가금속을 회수하였다.[55] 용융염은 60~95 %NaOH, 5~40 wt%Na_2SO_4로 구성되어 있으며, 산화제로 $NaNO_3$나 $K_2S_2O_8$을 첨가하였다. 슈퍼알로이의 용해는 900~1,050 ℃의 용융염에 공기나 산소를 불어넣으면서 실시하였다. 용융염을 냉각하여 파쇄하고 수 침출하여 Mo, W, Re 등을 수용액으로 제거하고, 잔사를 자력 선별하여 Ni, Co 등을 제거하였다. 남은 비자성체인 Al, Cr, Ti, Zr, Hf, Nb, Ta 등은 산화물로 회수하였다. Ta은 약 15 % 정도이며 Ta 제련의 원료로 사용하였다.

WC 중의 Ta을 회수하기도 하지만 대부분 W과 Co의 회수가 주목적이다. Kamimoto 등은 초경합금을 용융염 전해하여 W 등은 용해시키고 Ta은 산화물로 회수하였다.[56]

6. 종합

본 장에서는 고융점 전이금속으로 주기율표상의 5족에 속하며, 동일한 광석에서 산출되는 Nb과 Ta의 제련과 리사이클링 기술에 대하여 설명하였다. Nb과 Ta은 희소금속으로 연간 생산량은 각각 7만 톤 및 2,000톤 수준에 불과하지만, 현대 산업의 핵심금속이며 한정된 지역에서만 산출되는 분쟁광물로서 안정적인 공급선을 확보하는 것이 중요하다. Nb은 주로 철강 첨가재로 사용되며, Ta은 콘덴서용으로 사용되고 있다. Nb과 Ta은 컬럼바이트와 탄탈라이트에 공존하므로 Nb_2O_5와 Ta_2O_5로 분리하기 위해 광석을 분해하여야 하며, Nb_2O_5와 Ta_2O_5로 만들어 금속으로 환원하고 있다. 특히 Nb은 Nb_2O_5를 Al 열환원 반응으로 환원시켜 FeNb을 만들고 있다. Nb은 대부분 스테인리스강 등의 합금강에 사용되고 있으나 함량이 낮아 철 스크랩의 용융 과정에서 슬래그로 분배되는 경우가 대부분이다. Ta은 콘덴서에 사용된 것이 많으므로 이를 회수하기 위해 많은 연구들이 이루어져 있다. 특히 Nb과 Ta은 한정된 지역에서만 산출되는 핵심금속이므로 안정적인 공급선을 확보하기 위해 지상자원에서의 효율적인 회수기술의 개발이 필요하다.

[참고문헌]

1 손호상, 2020: 범용금속의 리사이클링, p.17, 경북대학교출판부.

2 C. Hatchett, 1802: An Analysis of a mineral Substance from North America, caontaining a Metal hitherto unknown, Philosophical Transactions of the Royal Society of London 92, pp.49–66.

3 K. S. and J. Papp, 2014: Niobium and Tantalum—Indispensable Twins, http://dx.doi.org/10.3133/fs20143054, USGS.

4 K. J. Schulz, N. M. Piatak, and J. F. Papp, 2017: Niobium and Tantalum, p.M2, Professional Paper 1802-M, USGS.

5 T. D. Kelly and G. R Matos, 2014: U.S. Geological Survey, 2014, Niobium (columbium) statistics, Historical statistics for mineral and material commodities in the United States, U.S. Geological Survey Data Series 140.

6 C. A. Friedline, 2022: Niobium (Columbium), U.S. Geological Survey, Mineral Commodity Summaries.

7 C. A. Friedline, 2022: Tantalum, U.S. Geological Survey, Mineral Commodity Summaries.

8 TIC, 2021: TIC Bulletin Review 2021, pp.20-24, Tantalum-Niobium International Study Center.

9 K. J. Schulz, N. M. Piatak, and John F. Papp, 2017: Niobium and Tantalum, p.M5, Professional Paper 1802-M, USGS.

10 Young-Yoon Choi, 2007: Status of Niobium, Tantalum Resource and Processing Technology, 재료마당 21(8), pp.21-27.

11 T. H. Nguyen and M. S. Lee, 2019: A review on the separation of niobium and tantalum by solvent extraction, Mineral Processing and Extractive Metallurgy Review 40(4), pp.265-277.

12 S. Albercht, C. Cymorek, and J. Eckert, 2011: Niobium and Niobium Compounds, In: Ullmann's Encyclopedia of Industrial Chemistry, Germany, Wiley Online Library, Berlin, pp.1-12.

13 K. V. Mirji, Sheela and N. Saibaba, 2016: Technological Challenges in Extractive Metallurgy and Refining of Nb, Ta and Preparation of their Compounds & Alloys, Materials Today: Proceedings 3, pp.3151-3161.

14 N. Sato, K. Mimura, and M. Nanjo, 1988: Intelligent Metallurgy of Rare Metals (II) Niobium(II), From Primary Production of High Purification, Bulletin of the Research Institute of Mineral Dressing and Metallurgy, Tohoku University

43(2), pp.252-269.

15 F. Bourgeois, E. Andreiadis, and J. M. Lambert, 2017: Tantalum and Niobium production, REFRAM - Final Conference Brussels, 9-10 March 2017.

16 A. N. Zelikman, O.E. Krein, and G.V. Samsonov, 1964: Ch. III Tantalum and Niobium, Metallurgy of Rare Metals, pp.110-111, Second Edition, Revised and Enlarged Edited by L. V. Belyaevskaya, NASA TT F-359.

17 박평주 등, 1980: 비철금속제련, p.606, 대한금속학회, 탑출판사.

18 F. Bourgeois, E. Andreiadis, and J. M. Lambert, 2017: Tantalum and Niobium production State of the art, REFRAM-Final Conference, Brussels, 9-10 March 2017.

19 A. N. Zelikman, O. E. Krein, and G. V. Samsonov, 1964: Ch. III Tantalum and Niobium, Metallurgy of Rare Metals, pp.129-130, Second Edition, Revised and Enlarged Edited by L. V. Belyaevskaya, NASA TT F-359.

20 A. R. Alves and A. dos R. Coutinho, 2019: Life cycle assessment of niobium: A mining and production case study in Brazil, Minerals Engineering 132, pp.275-283.

21 C. K. Gupta, 1984: Extractive metallurgy of niobium, tantalum, and vanadium, International Metals Reviews 29(6), pp.405-444.

22 G. R. Kamat and C. K. Gupta, 1971: Open Aluminothermic Reduction of Columbium (Nb) Pentoxide and Purification of the Reduced Metal, Metall. Trans. 2, pp.2817-2823.

23 S. Sattelberger and G. Löber, 2001: Production of High Purity Niobium Masteralloys, Niobium Science & Technology, Proceedings of the International Symposium Niobium 2001, pp.97-104.

24 H. A. Wilhelm, F. A. Schmidt, and T. G. Ellis, 1966: Columbium metal by the aluminothermic reduction of Cb_2O_5. JOM 18, pp.1303-1308.

25 J. Eckert, 1997: 28 Nibioum, p.1411, Handbook of Extractive Metallurgy, Vol. III: Precious Metals, Refractory Metals, Scattered Metalls, Radioactive Metals, Rare Earth Metal, Ed. by Fathi Habashi, WILEY-VCH.

26 S. Albrecht, C. Cymorek, and J. Eckert, 2000: Niobium and Niobium Compounds, p.141, Ullmann's Encyclopedia of Industrial Chemistry. Wiley-VCH Verlag GmbH & Co. KGaA.

27 A. N. Zelikman, O. E. Krein, and G. V. Samsonov, 1964: Ch. III Tantalum and Niobium, Metallurgy of Rare Metals, pp.142-144, Second Edition, Revised and Enlarged Edited by L. V. Belyaevskaya, NASA TT F-359.

28 D. K. Bose, 1992: Pyrometallurgy of Niobium, Tantalum and Vanadium-

Development Work at Bhabha Atomic Research Centre, Mineral Processing and Extractive Metallurgy Review 10, pp.217-237.

29 N. Sato and M. Nanjo, 1988: Intelligent Metallurgy of Rare Metals (II) Niobium(III), Advanced Separation Process and Recycling, Bulletin of the Research Institute of Mineral Dressing and Metallurgy, Tohoku University 44(1), pp,123-137.

30 S. Luidold, H. Antrekowitsch, and R. Ressel, 2007: Production of niobium powder by magnesiothermic reduction of niobium oxides in a cyclone reactor, Inter. J. of Refractory Metals & Hard Materials 25, pp.423–432.

31 Clóvis Antonio de Faria Sousa, 2001: The Evolution of FeNb Manufacturing, Niobium Science & Technology, Proceedings of the International Symposium Niobium 2001, Orlando, pp.89-96.

32 C. K. Gupta, 1984: Extractive metallurgy of niobium, tantalum, and vanadium, International Metals Reviews 29(6), pp.405-444.

33 D. K. Bose and C. K. Gupta, 2002: Extractive Metallurgy of Tantalum, Mineral Processing and Extractive Metallurgy Review: An International Journal, 22, pp.389-412.

34 S. W. Cho, G. Shim, J. S. Park, et al., 2006: Making of Tantalum Powder Using the Hunter Process, METALS AND MATERIALS International 12(1), pp.51-56.

35 B. Yuan and T. H. Okabe, 2007: Production of fine tantalum powder by preform reduction process using Mg–Ag alloy reductant, J. of Alloys and Compounds 443, pp.71–80.

36 V. N. Kolosov, M. N. Miroshnichenko, V. M. Orlov, and T. Yu. Prokhorova, 2005: Potassium-Reduced Tantalum Powders, Russian Journal of Applied Chemistry 78(4), pp.538-540.

37 T. H. Okabe and D. R. Sadoway, 1988: Metallothermic reduction as an electronically mediated reaction, J. Mater. Res.13(12), pp.3372-3377.

38 I. Park, T. H. Okabe, and Y. Waseda, 1998: Tantalum powder production by magnesiothermic reduction of $TaCl_5$ through an electronically mediated reaction (EMR), Journal of Alloys and Compounds 280, pp.265–272.

39 K. Y. Park, H. J. Kim, and Y. J. Suh, 2007: Preparation of tantalum nanopowders through hydrogen reduction of $TaCl_5$ vapor, Powder Technology 172, pp.144–148.

40 A. N. Zelikman, O. E. Krein, and G. V. Samsonov, 1964: Metallurgy of Rare Metals, p.137, Izdatel'stvo Metallurgiya Moskva.

41 Jung-Woo Ha, Ho-Sang Sohn, and Jae-Young Jung, 2012: Tantalum Powder Preparation from Ta_2O_5 by Calciothermic Reduction, Korean J. Met. Mater. 50(11), pp.823-828.

42 M. Baba, Y. Ono, and R. O. Suzuki, 2005: Tantalum and niobium powder preparation from their oxides by calciothermic reduction in the molten $CaCl_2$, Journal of Physics and Chemistry of Solids 66, pp.466–470.

43 C. K. Gupta, 2003: 4 Pyrometallurgy, Chemical Metallurgy Principles and Practice, p.372, WILEY-VCH Verlag GmbH & Co. KGaA, Weinheim.

44 G. S. Choi, et al., 2009: Preparation of 5N grade tantalum by electron beam melting, Journal of Alloys and Compounds 469, pp.298–303.

45 W. Kurylak, 2016: Innovation potential in the recovery of refractory metals from urban mines, p.17, MSP-REFRAM D4.3, EC Scientific Officer.

46 R. R. Srivastava, Min-seuk Kim, Jae-chun Lee et al., 2014: Resource recycling of superalloys and hydrometallurgical challenges, J. Mater. Sci. 49, pp.4671–4686.

47 R. Montero, A. Guevara, and E. D. L. Torre, 2012: Recovery of gold, silver, copper and niobium from Printed Circuit Boards using Leaching Column Technique, J. Earth Sci. Eng. 2(10), pp.590-595.

48 K. Mineta and T. H. Okabe, 2005: Recycling Process for Tantalum from Capacitor Scraps and Chlorination by Utilizing Chloride Wastes, Shigen-to-Soazai 121, pp.274-290.

49 W. S. Chen, C. Y. Hsiao, and C. H. Lee, 2022: Recovery of Tantalum and Manganese from Epoxy-Coated Solid Electrolyte Tantalum Capacitors through Selective Leaching and Chlorination Processes, Materials 15, 656.

50 W. S. Chen, H. J. Ho and C. H. Lee, 2019: Hydrometallurgical Process for Tantalum Recovery from Epoxy-Coated Solid Electrolyte Tantalum Capacitors, Materials 12, 1220.

51 S. Katano, T. Wajima, and H. Nakagome, 2014: Recovery of Tantalum Sintered Compact from Used Tantalum Condenser Using Steam Gasification with Sodium Hydroxide, APCBEE Procedia 10, pp.182–186.

52 J. W. Yu, S. H. Choi, J. J. Sim et al., 2019: Fabrication of 4N5 Grade Tantalum Wire from Tantalum Scrap by EBM and Drawing, Arch. Metall. Mater. 64(3), pp.935-941.

53 J. Lee, C. G. Lee, J. H. Park, and J. H. Yoon, 2018: Study on Manufacture of Tantalum Powder from Tantalum Scrap using Hydride-Dehydride Process (HDH Process), J. of Korean Inst. of Resources Recycling 27(5), pp.30-37.

54 V. Stoller, A. Olbrich, J. Meese-Marktscheffel, et al., 2003: Electrochemical dissolution process for disintegrating superalloy scraps, EP1312686A2, 공개특허 10-2009-0033855(초합금의 전기 화학적 분해를 위한 처리 방법).

55 A. Olbrich, A., J. Meese-Marktscheffel, V. Stoller, et al., 2009: Recycling of superalloys with the aid of an alkali metal salt bath, US Patent 20090255372Al.

56 Y. Kamimoto, M. Kamiya, R. Kasuga, et al., 2015: Electrochemical Leaching of Tungsten from Hard Metal Alloy Using Molten Sodium Hydroxide, Materials Trans. 56(5), pp.733-737.

13

귀금속

Precious Metals

제13장 | # 귀금속

Precious Metals

1. 서론

금(aurum, gold, Au), 은(argentum, silver, Ag)과 백금족 금속(Platinum Group Metals, PGMs)인 루테늄(ruthenium, Ru), 로듐(rhodium, Rh), 팔라듐(palladium, Pd), 오스뮴(osmium, Os), 이리듐(iridium, Ir), 백금(platinum, Pt)의 6가지 원소를 더한 8가지의 원소를 귀금속(precious metals)이라 한다. 그림 13.1에는 이러한 귀금속의 기본 물성[1]을 주기율표와 함께 나타내었다. 백금족 금속 중에서 밀도가 약 12 g/cm^{3}인 Ru, Rh, Pd을 경백금족, 밀도가 약 22 g/cm^{3}인 Os, Ir, Pt을 중백금족으로 구분한다.[2] Os은 산소와 반응하기 쉽고, 분말은 상온에서도 유독한 산화물이 되므로 합금용 외에는 그다지 사용되지 않는 금속이지만,[3] 그 외의 귀금속은 장식품이나 공업 제품으로 널리 이용되고 있다.

금, 은은 고대 7금속으로 인류의 역사와 함께한 금속들이다.[4] 특히 화폐금속(coin metals)으로도 불리는 주기율표의 11족 금속인 Cu, Ag, Au는 자연 상태에서 순금속으로도 존재하여 쉽게 사용할 수 있었다. 은은 금보다 늦은 B.C. 4000년경 아나톨리아 반도의 카파도키아(Cappadocia)에서

	IA	IIA	IIIB	IVB	VB	VIB	VIIB	VIIIB			IB	IIB	IIIA	IVA	VA	VIA	VIIA	VIIIA
	1	2	3	4	5	6	7	8	9	10	11	12	13	14	15	16	17	18
1	H																	He
2	Li	Be											B	C	N	O	F	Ne
3	Na	Mg											Al	Si	P	S	Cl	Ar
4	K	Ca	Sc	Ti	Nb	Cr	Mn	Fe	Co	Ni	Cu	Zn	Ga	Ge	As	Te	Br	Kr
5	Rb	Sr	Y	Zr	Ta	Mo	Tc	Ru	Rh	Pd	Ag	Cd	In	Sn	Sb	Po	I	Xe
6	Cs	Ba	La	Hf	Ta	W	Re	Os	Ir	Pt	Au	Hg	Tl	Pb	Bi	Po	At	Rn

Platinum Group Metals (PGMs)			
44 Ruthenium(Ru) 101.07 g/mol m.p. 2,334 °C b.p. 4,147 °C ρ 12.1 g/cm³	45 Rhodium(Rh) 102.906 g/mol m.p. 1,963 °C b.p. 3,695 °C ρ 12.41 g/cm³	46 Palladium(Pd) 106.42 g/mol m.p. 1,554.8 °C b.p. 2,963 °C ρ 12.02 g/cm³	47 Silver(Ag) 107.868 g/mol m.p. 961.78 °C b.p. 2,162 °C ρ 10.50 g/cm³
76 Osmium(Os) 190.23 g/mol m.p. 3,033 °C b.p. 5,008 °C ρ 22.587 g/cm³	77 Iridium(Ir) 192.217 g/mol m.p. 2,446 °C b.p. 4,428 °C ρ 22.562 g/cm³	78 Platinum(Pt) 195.084 g/mol m.p. 1,768.2 °C b.p. 3,825 °C ρ 21.45 g/cm³	79 Gold(Au) 196.967 g/mol m.p. 1,064.18 °C b.p. 2,836 °C ρ 19.3 g/cm³
Precious Metals (PMs)			

그림 13.1. 주기율표와 귀금속의 기본 물성

회취법(cupellation)으로 은립을 제조한 것이 가장 오래된 것으로 알려져 왔다.[5] 그러나 실제로는 금보다 앞서 발견된 것으로, B.C. 6000년경 터키 도무즈테페(Domuztepe) 유적지에서 자연은을 열처리하고 담금질(quenching)한 흔적이 남아 있는 은관 비드(Ag tube bead)가 발견되어[6,7] 구리, 납에 이어서 인류가 사용한 세 번째 금속이 되었다. 특히 은은 금보다 발견하기가 어려웠고, 사금에 비해 사은의 산출량이 적어 은광석에서 회취법으로 은을 추출하기 전에는 금보다 고가였다.

금은 1972년에 불가리아의 바르나*(the Varna I cemetery in Bulgaria, B.C. 4600~B.C. 4200년) 유적지에서 금 유물이 발견되어[8,9]

* 바르나(불가리아어: Варна)는 불가리아 동해안의 흑해와 바르나 호 연안에 위치한 도시로 바르나 주의 주도다. 유럽에서 가장 오래된 도시의 하나로, B.C. 4000년경에 문명을 형성한 것으로 보이는 대규모 선사 시대 유적도 발견되었다.

이때부터 인류가 금을 사용한 것으로 여기고 있다. 금은 인류에게 있어서 고대부터 현재까지 가장 가치 있는 금속으로 여겨져 왔다. 특히 이집트는 고대 주요 금 생산국으로, 금이 먼지같이 많은 나라로 알려지기도 했다. 나일강 근처에는 250여 개의 금 광산이 있었으며, 이집트 제18왕조의 파라오인 투탕카멘의 무덤에서 출토된 금의 양은 무려 약 11톤에 달했다고 한다. 당시 국제 무역의 수단으로 금을 사용하면서 누비아(Nubia)의 엄청난 금으로 인해 이집트는 부유한 국가가 되었다. 또 무게가 11.3 g인 세켈(Shekel) 금화는 당대 중동에서 표준 측정 단위가 되었으나, 실제로 이 금화에는 대략 2/3가 금이고 1/3이 은이며 자연 상태에서 산출되는 광물인 일렉트럼(electrum)이 포함되어 있었다. 순금으로 된 최초의 금화는 B.C. 560년 소아시아의 리디아 왕국에서 주조된 것으로 알려져 있으며, B.C. 50년에는 로마인들도 아우레우스(Aureus)라 불리는 금화를 발행하기 시작했다.[10]

19세기 말까지, 화폐로서 금의 역사는 세 개의 주요 시기로 나눌 수 있다.[11]

① 1870~1914년: 금 본위제(전 세계의 공통 회계 단위로 사용)

② 1945~1971년: 브레튼 우즈 체제(Bretton Woods system) US$ 35 per troy ounce

③ 1971년~: 글로벌 자유 변동 환율 체제

한편 백금(Pt)은 아주 소량이지만 고대 이집트 제18왕조 시대에 파라오의 장신구로 사용되었다. 현재 가장 오래된 Pt 제품은 파리의 루브르 박물관에서 소장하고 있는 테베의 작은 상자(The Casket of Thebes)로,[12] 이집트 테베(Thebes)의 여성 신관 세페누펫트(Shepenupet II)의 무덤에서 출토된 것이며, B.C. 720~B.C. 659년경의 것으로 추정하고 있다. 그리고 Pt은 10세기경 남미에서 장신구로 이용되었지만, 1735년에 스페인의 울로아*(Antonio de Ulloa)가 자신의 저서인 『남미의 서해안 탐험기』에 새롭게 발견한 금속 덩어리를 언급하면서 유럽에도 알려지게 되었다. 울로아가 남미 콜롬비아의 초코(Choco) 지방에 있는 핀토(Pinto) 강가에서 백색을 띤 금속 덩어리를 발견하였는데, 외관이 Ag와 비슷하여 '핀토강가의 보잘것없는 은(platina del Pinto)'이라 부르면서 알려졌으며, Pt의 원소명인 'platinum'은 'platina'에서 유래한 것이다.[13,14]

표 13.1에는 주기율표의 11족인 동, 은, 금의 물리화학적 성질을 비교하여 나타내었다. 금은 전성과 연성이 우수하며 녹슬지 않고 광택을 잃지 않으면서 가공할 수 있어서 옛날부터 장식품, 화폐, 미술 공예품 등으로 사용되어 왔다. 특히 높은 전기 전도성과 열 전도성을 가지면서 화학적으로도 안정하고 내산화성이 뛰어나 전기·전자 부품의 도금 피막으로 널리 사용되고 있다. 공기 중에서는 고온에서도 안정하지만, 400 ℃ 정도에서는 염소, 불소와 반응하여 Au_2Cl_6 등의 할로겐화합물이 된다. 물이나 일반적인 산에는 용해되지 않으나 왕수나 시안화물에는 용해된다.

은도 금과 마찬가지로 옛날부터 공예품, 식기, 화폐 등으로 사용되어 왔다. 은은 연성과 전성이 금과 구리 다음으로 우수하며, 상온에서의 전기 저항률은 금속 중에서 가장 낮다. 특히 열 전도성과 전기 전도성은 금속 중에서 가장 높아 전기 접점, IC 리드 프레임의 도전 재료로 전기·전자 산업 및 태양광 발전용 솔라 판넬 등에 널리 이용되고 있다. 또 빛 반

* Antonio de Ulloa(1716-1795): 스페인의 해군 장교로 탐험가이면서 천문학자이며, 미국 루이지애나주의 첫 번째 총독을 역임하기도 했다.

사율이 금속 중에서 가장 높아 거울이나 반사 필름 등에 이용되고 있다. 그리고 사진의 감광제로 가장 많이 사용되었으나, 디지털 카메라와 스마트폰이 일반화되면서 사용량이 급감하였다.

표 13.1. 금, 은, 동의 물리화학적 성질

Symbol/Atomic number		Cu/29	Ag/47	Au/79
Atomic weight (g/mol)		63.546	107.868	196.967
Density (g/cm^3)	at 20 ℃	8.96	10.50	19.3
	at m.p.	8.02	9.32	17.31
Melting point (℃)		1,084.62	961.78	1,064.18
Boiling point (℃)		2,562	2,162	2,856
Heat capacity at 25 ℃ (J/(mol·K))		24.440	25.350	25.418
Enthalpy of fusion (kJ/mol)		13.26	11.30	12.55
Ground-state configuration		$3d^{10}4s^1$	$4d^{10}5s^1$	$5d^{10}6s^1$
Ionization energy (eV)		7.7264	7.5762	9.2255
Thermal conductivity (W/(m·K))		401	429	318
Electrical resistivity at 25 ℃ (nΩ·m)		17.12	16.17	22.55
Cry. structure		fcc	fcc	fcc
Abundance in Earth's crust (rank/ppm)		26/60	67/0.075	72/0.004

표 13.2에는 백금족 금속의 물리화학적 성질을 나타내었다. 백금족 금속은 매우 희소한 금속이지만 Os을 제외하면 화학적으로 안정하여 산이나 알칼리에도 강하고, 융점이 높아 내열성이 우수하며, 특이한 촉매 특성이 있어 자동차용 배기가스 촉매나 도가니, 전자부품, 수소연료전지의 전극 촉매, 정밀센서 등 다양한 산업 분야의 핵심금속으로 사용되고 있다. 이러한 부품에서 백금족 금속을 대체할 만한 새로운 재료가 개발되기 전에는 백금족 금속의 수요가 계속 증가할 것으로 예상하고 있다.[15] 특히 백금족 금속은 전체의 연간 생산량이 500톤에도 미치지 못하며, 남아프리카공화국과 러시아 등 극히 일부 국가의 한정된 지역에만 매장되어 있

고, 국제 정세에 민감한 금속이다. 따라서 첨단 산업을 지탱하는 백금족 금속의 안정적 공급을 위해서는 2차 자원의 리사이클링이 필요하다.[14]

표 13.2 백금족 금속의 물리화학적 성질

Property	Lighter PGMs			Heavier PGMs		
	Ruthenium	Rhodium	Palladium	Osmium	Iridium	Platinum
Symbol/Atomic number	Ru/44	Rh/45	Pd/46	Os/76	Ir/77	Pt/78
Atomic weight (g/mol)	101.07	102.91	106.42	190.23	192.22	195.08
Density at 20 ℃ (g/cm^3)	12.1	12.41	12.02	22.587	22.56	21.45
Melting point (℃)	2,334	1,964	1,555	3,033	2,446	1,768.2
Boiling point (℃)	4,150	3,695	2,963	5,012	4,428	3,825
Vickers hardness	240	101	41	350	220	41
Electrical resistivity (mΩ·cm at 0 ℃)	7.1	4.3	9.78	8.1	4.7	9.6
Thermal Conductivity (W/(m·K))	117	150	71.8	87.6	147	71.6
Tensile strength (kg/mm)	165	71	17	-	112	14
Crystal structure	hcp	fcc	fcc	hcp	fcc	fcc
Abundance in Earth's crust (rank/ppm)	75/ 0.0010	77/ 0.0010	69/ 0.0150	73/ 0.0015	76/ 0.0010	71/ 0.0050

2. 귀금속의 생산량과 용도

그림 13.2에는 금, 은과 백금족 금속 광산의 전 세계 연간 생산량 변화를 비교하여 나타내었다.[16] 귀금속 중에서는 Ag의 생산량이 가장 많으며, Au는 Ag의 약 1/8, 백금족 금속은 Au의 1/7 정도에 불과하다. Au,

Ag의 생산량은 비철금속 생산량 증대와 함께 1980년대부터 큰 폭으로 증가하였으며, 백금족 금속의 1962년까지의 생산량은 연간 50톤 미만에 불과하였다. 그 이후 산업화에 따른 백금족 금속의 수요 증가에 따라 급격하게 증가하여 현재는 연간 500톤 정도를 생산하고 있다.

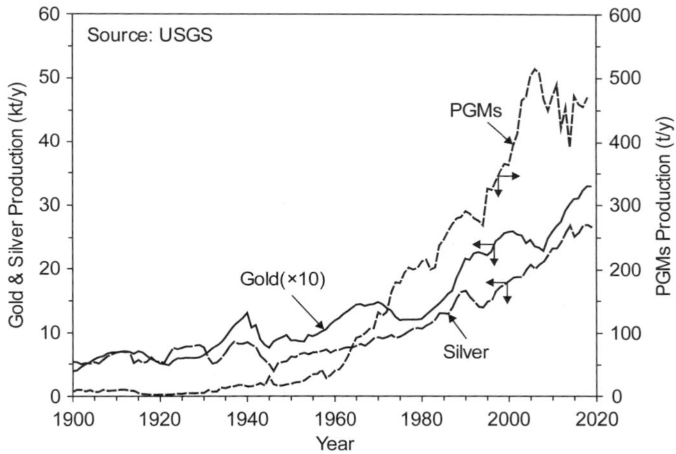

그림 13.2. 귀금속의 연간 광산 생산량 변화(1900~2019)

1) 금의 공급과 수요

그림 13.3에는 2000년대의 전 세계 연간 금 공급량과 수요량의 변화를 나타내었다. 전 세계의 연간 금 공급량(광산 생산량, 스크랩, 기타 포함)은 2009년부터 4,000톤을 초과하였으며, 2018년에는 약 4,500톤이 공급되었다. 특히 2009년에는 스크랩에 의한 공급량이 42 % 수준이지만, 2013년부터는 30 % 이하로 감소하였으며, 최근 5년간의 스크랩 공급량 평균은 약 27 % 수준이다. 이와 같이 금 스크랩의 공급량이 감소한 것은 달러화 표시 금값의 안정과 자국 통화의 상승으로 자국 통화 표시

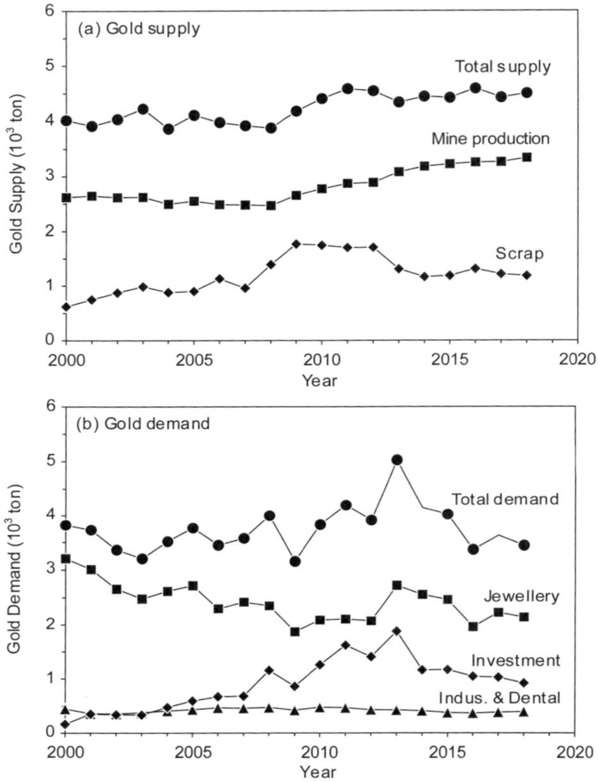

그림 13.3. 금 공급량과 수요량의 연간 변화 비교(2000~2018)

금값이 낮아져 스크랩 재고가 방출되지 않았기 때문이었다.[17]

한편 금 수요 중에서 보석 등 장식품이 차지하는 비율이 80 %를 초과하기도 하였으나, 지속적으로 감소하여 최근에는 60 % 수준에 머물러 있다. 그러나 투자 목적의 수요는 지속적으로 증가하여 2018년에는 27 % 수준이지만, 리사이클링되는 전자용, 치과용, 기타 공업용의 수요는 11 % 수준인 연간 약 391톤이다.

표 13.3에는 2020년 기준의 전 세계 금 매장량과 광산 생산량을 나타내었다.[18] 금의 매장량은 호주와 러시아가 압도적으로 많으며, 금의 생산량은 중국, 호주, 러시아, 미국 순으로 많은 것을 알 수 있다. 우리나라에서는 LS MnM, 고려아연 등에서 제련 부산물로 금을 생산하고 있다.

표 13.3. 전 세계 금 매장량과 광산 생산량(2020, USGS)

Countary	Reserves		Mine production	
	t	%	t	%
Argentina	1,600	2.96	59	1.95
Australia	11,000	20.33	328	10.84
Brazil	2,400	4.44	78	2.58
Burkina Faso	-	-	58	1.92
Canada	2,200	4.07	170	5.62
China	2,000	3.70	365	12.06
Colombia	0	0.00	48	1.59
Ghana	1,000	1.85	125	4.13
Indonesia	2,600	4.81	86	2.84
Kazakhstan	1,000	1.85	63	2.08
Mexico	1,400	2.59	102	3.37
Papua New Guinea	1,100	2.03	54	1.78
Peru	2,000	3.70	87	2.87
Russia	6,800	12.57	305	10.08
South Africa	5,000	9.24	96	3.17
Sudan	-	-	90	2.97
Tanzania	-	-	47	1.55
United States	3,000	5.55	193	6.38
Uzbekistan	1,800	3.33	101	3.34
Other countries	9,200	17.01	572	18.90
World total (rounded)	54,100	100	3,027	100

2) 은의 공급과 수요

그림 13.4에는 2000년대의 전 세계 연간 은 공급량과 수요량 변화를 나타내었다.[19] 광산으로부터의 생산량은 지속적으로 증가하는 경향을 나

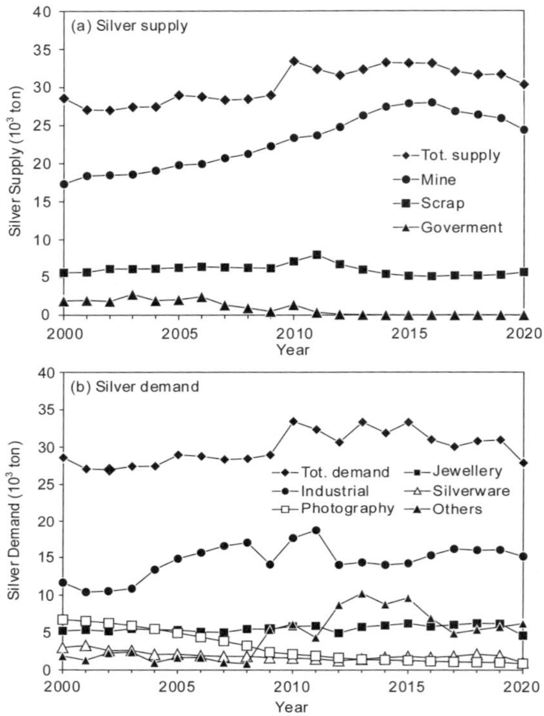

그림 13.4. 은 공급량과 수요의 연간 변화 비교(2000~2020) (Source: World Silver Survey, The Silver Institute)

타내었으나 2015년부터는 하락하는 추세이며, 전체 은 공급량 역시 하락하는 추세이다. 스크랩으로부터의 은 공급량은 2010년까지 큰 변동 없이 21.5 % 수준으로 공급되었으나, 2013년부터 급격하게 하락하는 추세를 나타내었다. 최근 5년간의 전체 공급량에 대해 스크랩이 차지하는 비율은 약 15 %에 머물고 있다. 이러한 요인으로는 은 가격이 2010년부터 급등한 후, 2012년부터 다시 급락하였기 때문일 것이다.

은의 수요는 산업용이 가장 많으며, 보석·장식용으로도 많이 사용되고 있다. 특히 스마트폰과 디지털 카메라가 일반화되면서 사진용 수요는 점점 감소하고 있지만, 산업용 수요는 향후에도 점점 증가할 것으로 예상된다.

표 13.4에는 2020년 기준 은의 전 세계 광산 생산량과 매장량을 나타내었다.[20] 은 매장량은 페루, 호주, 폴란드, 러시아, 중국 순으로 많다. 은 생산량은 멕시코가 가장 많으며, 페루, 중국, 러시아 등에서도 많은 양이 생산되고 있다. 우리나라에서는 비철 제련의 부산물로 상당한 양의 은이 생산되고 있다.

표 13.4. 전 세계 은 매장량과 광산 생산량 (2020, USGS)

Country	Reserves		Mine production	
	ton	%	ton	%
Argentina	-	-	710	3.02
Australia	90,000	16.95	1,340	5.70
Bolivia	22,000	4.14	930	3.95
Chile	26,000	4.90	1,580	6.72
China	41,000	7.72	3,380	14.37
Kazakhstan	-	-	435	1.85
Mexico	37,000	6.97	5,540	23.56
Peru	120,000	22.60	2,770	11.78
Poland	67,000	12.62	1,250	5.32
Russia	45,000	8.47	1,320	5.61
USA	26,000	4.90	1030	4.38
Other countries	57,000	10.73	3,230	13.74
World total	531,000	100.00	23,515	100.00

3) 백금족 금속의 공급과 수요

그림 13.5에는 비교적 생산량이 많은 백금족 금속인 Pd, Pt과 Rh의 광산 공급량(a)과 수요량(b)의 변화를 나타내었다.[21~24] Pt의 공급량은 큰 폭의 변화가 없으나, Pd의 광산 공급량은 2006년부터 감소하는 추세를

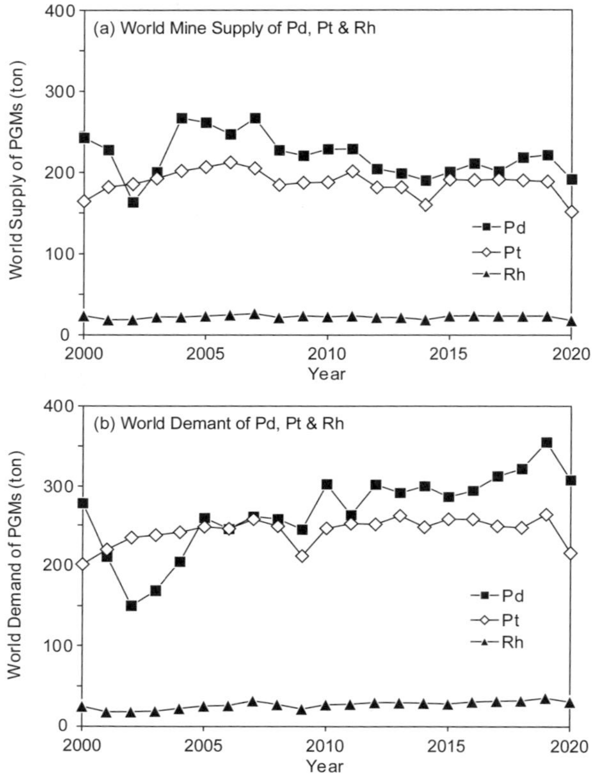

그림 13.5. 백금족 금속(Pd, Pt, Rh)의 전 세계 연간 공급량과 수요량 변화

보이고 있다. 2021년도에 광산에서 공급된 Pd 및 Pt의 양은 각각 193톤, 211톤 수준이지만, Rh은 24톤 정도에 불과하다.

Pd은 대부분이 촉매로 사용되며, 2010년부터 수요가 꾸준히 증가하여 공급량보다 많은 편이지만 부족분은 2차 자원에서 충당하고 있다. Pt은 주로 촉매와 보석 및 장식용으로 사용되지만, 최근에는 수요와 공급에 큰 변동이 없다. 다만 자동차용 폐촉매 스크랩의 리사이클링에 의한 공급량 증가로 공급량이 많은 실정이지만, 국제정세에 따라 변동이 있을 것으로 예상된다. Rh 역시 대부분 촉매에 사용되고 있지만 연간 수요는 30톤에도 미치지 못하여 수요보다 공급이 많은 실정이다.

표 13.5에는 2020년 기준 전 세계 백금족 금속의 매장량과 광산 생산량을 나타내었다.[25] 전 세계 백금족 금속의 매장량은 약 7만 톤에 불과하며, 그중 90 %는 남아프리카공화국에 매장되어 있다. Pd과 Pt을 합친 연간 생산량은 400톤 미만이며, Pd은 러시아와 남아공, Pt은 남아공에서 대부분 공급되고 있다.*

표 13.5. 백금족 금속의 매장량과 광산 생산량 (2020, USGS)

Country (2020)	Reserves (t)	Mine production (t)	
		Pd	Pt
USA	900	14.6	4.2
Canada	310	20	7
Russia	4,500	93	23
S. Africa	63,000	73.5	112
Zimbabwe	1,200	12.9	15
Other	-	2.67	4.32
Total	69,910	216.67	165.52

그림 13.6에는 2021년도의 Pt, Pd, Rh의 공급원별 공급량과 수요량을 비교하여 나타내었다.[26] Pt은 광산 공급량과 스크랩 공급량을 더한 전체 공급량의 약 59 %가 남아공에서 공급되며, 러시아에서도 약 8 %가 공급되어 지역적 편재가 매우 심하다. 그리고 Pt은 자동차용 폐촉매에서

* USGS와 기타 귀금속 관련 회사나 단체의 통계에 약간의 차이가 있음

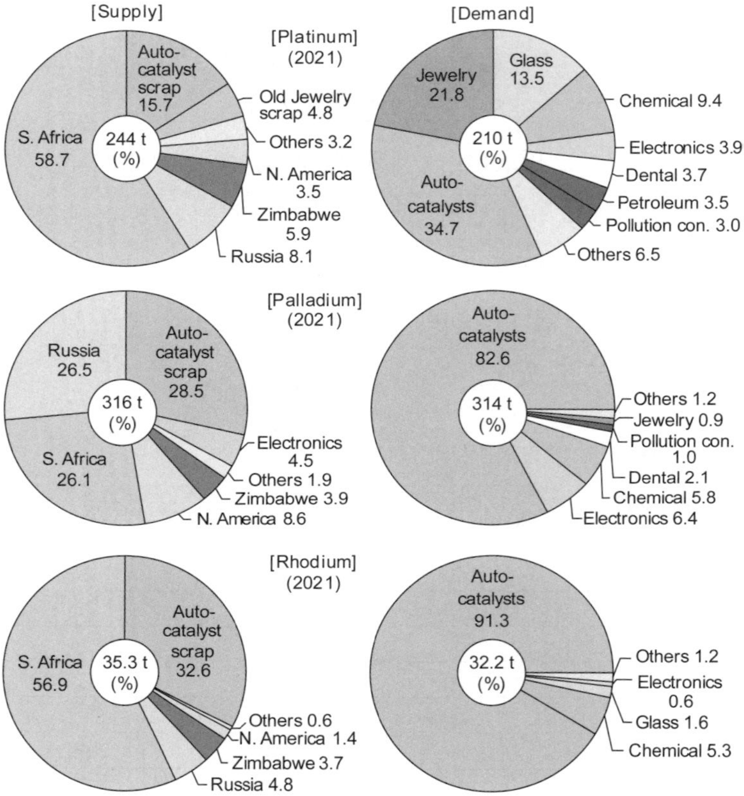

그림 13.6. 백금족 금속의 공급원에 따른 연간 공급량과 수요

약 16 %, 중고 보석/장신구 등에서 약 5 %가 공급되고 있다. Pt의 수요는 자동차 촉매용과 보석용이 약 57 %를 차지하며, 유리 산업과 화학장치 등에도 사용되고 있다.

Pd의 약 67 %는 광산에서 공급되며, 나머지는 폐촉매, 장신구, 기타 등으로부터 리사이클링한 것이다. Pd 수요의 약 83 %는 자동차 배기가스 촉매용으로 사용되고 있다. Rh은 2021년도의 전 세계 공급량이 35.3

톤에 불과하며, 자동차의 폐촉매를 리사이클링하여 공급된 약 33 %를 제외하면 광산에서 생산된 것은 약 24톤에 불과하다.

Ru(루테늄)과 Ir(이리듐)의 생산량은 알려져 있지 않으므로, 그림 13.7에 최근의 용도별 수요량 변화만 나타내었다. Ru과 Ir은 수요에 따라 각 나라의 비축물량이 방출된다. Ru은 연간 약 32~37톤의 수요가 있으며, 대부분 화학 제품이나 전기·전자 산업에서 소비되고 있다. Ir의 수요는 Ru의 약 1/4 정도인 7.2~7.9톤 정도이다.[25]

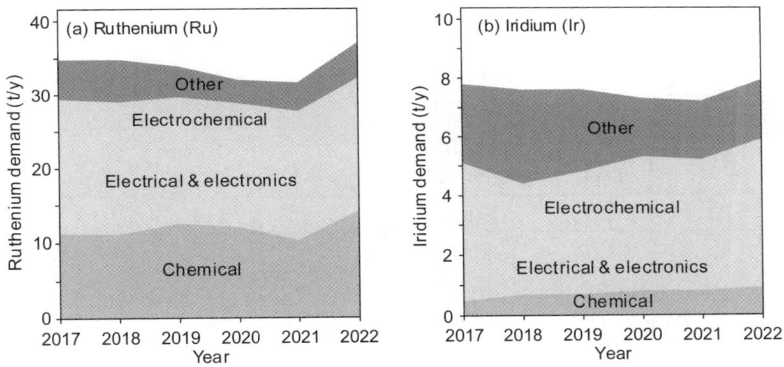

그림 13.7. 전 세계 Ru과 Ir의 수요량 변화(Source: PGM market report May 2022)

3. 귀금속 수용액의 열역학

일반적으로 귀금속의 상호분리와 정제는 습식제련법을 이용하므로 귀금속 수용액의 화학적 성질 등에 대해 알아본다. 귀금속 중에서도 백금족 금속은 화학적 성질이 유사하여 상호 간의 분리가 어렵다. 특히 수용액에서는 화학적 성질이 유사할 뿐만 아니라 각각의 백금족 금속이 동시에 다양한 이온종을 형성하고 있으므로 그러한 용존 상태를 이해하고 제어하는 것이 중요하다. 표 13.6에 귀금속의 산화 상태와 많이 사용되는 염화물 이온계에서의 대표적인 이온종을 나타내었다. 대부분의 귀금속은 왕수나 염산-염소계에 용해되므로 귀금속의 용존 상태를 이해하여야 회수·정제에 적용되는 방법이나 조건을 최적화할 수 있다.[27]

표 13.6. 귀금속의 대표적인 가수와 염화물계의 이온종

Metal	State	Complex	Compound
Ag	Ag(I)	AgCl, $[AgCl_2]^-$	$Ag(CN)_2^-$
Au	Au(I) Au(III)	$[AuCl_2]^-$ $[AuCl_4]^-$	$Au(CN)_2^-$ $Au(CN)_4^-$
Pt	Pt(II) Pt(IV)	$[PtCl_4]^{2-}$ $[PtCl_6]^{2-}$	
Pd	Pd(II)	$[PdCl_4]^{2-}$	
Rh	Rh(III)	$[RuCl_6]^{3-}$	
Ir	Ir(III) Ir(IV)	$[IrCl_6]^{3-}$ $[IrCl_6]^{2-}$	
Ru	Ru(III) Ru(IV) Ru(VIII)	$[RuCl_6]^{3-}$	 RuO_2 RuO_4
Os	Os(IV) Os(VIII)	$[OsCl_6]^{2-}$	 OsO_4

수용액 중의 귀금속 이온은 염화물 이온이 여러 개 배위하고, 몇 개의 클로로(chloro, Cl^-) 착체(complexes)를 형성하여 평형을 유지하면서 용존한다. 2가의 귀금속 이온에 대한 염화물 이온의 수차 생성반응은 다음과 같다.

$$M^{2+} + Cl = [MCl]^{+} \tag{13.1}$$

$$MCl + Cl = [MCl_2] \tag{13.2}$$

$$MCl_2 + Cl = [MCl_3]^- \tag{13.3}$$

$$MCl_3 + Cl = [MCl_4]^{2-} \tag{13.4}$$

임의의 조건에서 어떤 이온 종이 많이 존재하는지는 배위자(ligand) 농도와 착체 생성 상수로부터 추산할 수 있다. 염화물 이온의 농도가 높으면 수차반응이 진행되어 고차의 음이온(anion) 착체가 형성된다. 일반적으로 귀금속은 진한 산에 용해되는 경우가 많으므로, 대부분 음이온 착체로 용존되어 있다. 다만 세정액처럼 염화물 이온의 농도가 낮으면 양이온(cation)으로 용존되어 있다. 이러한 백금족 금속의 용존 상태를 이해하는 것은 이온 교환수지나 이온 교환막, 용매 추출에 이용하는 시약 등을 선정할 때 매우 효과적인 수단이 된다.

표 13.7에는 수용액에서 귀금속의 표준 생성 자유에너지를 나타내었으며,[28] 표 13.8에는 25 ℃에서 귀금속의 표준 전극전위를 나타내었다.

표 13.7. 수용액 중 귀금속의 열역학 데이터

Metal	Formula	ΔG^0_{298}(kJ/mol)	Metal	Formula	ΔG^0_{298}(kJ/mol)
Au	Au^+ Au^{3+} $Au(CN)_2^-$ $AuCl_4^-$	163.2 433.5 285.8 -235.1	Ag	Ag^+ $Ag(CN)_2^-$ $Ag(NH_3)_2^+$	77.124 305.4 -17.24
Pt	Pt^{2+} $PtCl_3^-$ $PtCl_4^{2-}$ $PtCl_6^{2-}$	254.8 -221.7 -364.4 -482.7	Ru	RuO_4 RuO_6^- RuO_4^{2-} $Ru(OH)_2^{2+}$ $RuCl_5(OH)^{2-}$	-147.2 -245.5 -303.7 -213 -705.7
Pd	Pd^{2+} $PdCl_4^{2-}$ $PdCl_6^{2-}$	176.5 -417.1 -430.0	Ir	$IrCl_6^{2-}$ $IrCl_6^{3-}$	-573 -736
Rh	$RhCl_6^{3-}$	-848.5	Os	OsO_4	-301.85

표 13.8. 귀금속의 표준 전극전위 (25 ℃)

Reaction	E^0(V)	Reaction	E^0(V)
$Au^+ + e = Au$	1.692	$Ag^+ + e = Ag$	0.7996
$Au^{2+} + e = Au^+$	1.800	$Ag^{2+} + e = Ag^+$	1.980
$Au^{3+} + 2e = Au^+$	1.401	$Ag^{3+} + 2e = Ag^+$	1.9
$Au^{3+} + 3e = Au$	1.498	$AgCl + e = Ag + Cl^-$	0.2223
$AuCl_4^- + 3e = Au(s) + 4Cl^-$	1.002	$AgCN + e = Ag + CN^-$	-0.017
$Pt^{2+} + 2e = Pt$	1.18	$Pd^{2+} + 2e = Pd(s)$	0.951
$Pt^{4+} + 4e = Pt$	1.150	$[PdCl_4]^{2-} + 2e = Pd + 4Cl^-$	0.591
$[PtCl_4]^{2-} + 2e = Pt + 4Cl^-$	0.755	$[PdCl_6]^{2-} + 2e = [PdCl_4]^{2-} + 2Cl^-$	1.288
$[PtCl_6]^{2-} + 2e = [PtCl_4]^{2-} + 2Cl^-$	0.68	$Pd(OH)_2 + 2e = Pd + 2OH^-$	0.07
$Rh^+ + 3e = Rh$	0.600	$Ir^{3+} + 3e = Ir$	1.156
$Rh^{3+} + 3e = Rh$	0.758	$[IrCl_6]^{3-} + 3e = Ir + 6Cl^-$	0.77
$RhCl_6^{3-} + 3e = Rh(s) + 6Cl^-$	0.431	$[IrCl_6]^{2-} + e = [IrCl_6]^{3-}$	0.867
$RhOH^{2+} + H^+ + 3e = Rh + H_2O$	0.83	$[IrCl_6]^{2-} + 4e = Ir + 6Cl^-$	0.860
$Ru^{2+} + 2e = Ru$	0.455	$OsO_4 + 8H^+ + 8e = Os + 4H_2O$	0.838
$Ru^{3+} + e = Ru^{2+}$	0.2487	$OsO_4 + 4H^+ + 4e = OsO_2 + 2H_2O$	1.02
$RuO_2 + 4H^+ + 4e = Ru^{2+} + 2H_2O$	1.120	$[OsCl_6]^{2-} + e = [OsCl_6]^{-3}$	0.850
$RuO_4^- + e = RuO_4^{2-}$	0.59		
$RuO_4 + e = RuO_4^-$	1.00	Source: CRC Handbook of Chemistry and Physics 95th Ed. 2014-2015	
$RuO_4 + 8H^+ + 8e = Ru + 4H_2O$	1.038		

그림 13.8에는 Au, Ag와 H_2O계에서 모든 화학종의 농도가 10^{-4} M일 때의 전위(E)-pH도를 나타내었으며, Au의 몇 가지 산화-환원반응의 전위는 다음과 같다.

$$Au = Au^+ + e, \tag{13.5}$$

$$E = E^0 + 2.303\frac{RT}{F}\log\left(\frac{[Au^+]}{[Au]}\right) = 1.692 + 0.0591\log[Au^+] \ (V)$$

$$Au = Au^{3+} + 3e, \ E = 1.498 + 0.0197\log[Au^{3+}] \ (V) \tag{13.6}$$

$$Au + 3H_2O = Au(OH)_3 + 3H^+ + 3e \tag{13.7}$$

$E = 1.457 - 0.0591\mathrm{pH}$ (V)

$$Au(OH)_3 = AuO_2 + H_2O + H^+ + e \tag{13.8}$$

$E = 2.63 - 0.0591\mathrm{pH}$ (V)

Ag의 몇 가지 산화-환원반응의 전위는 다음과 같다.

$$Ag = Ag^+ + e,\quad E = 0.799 + 0.0591\log[Ag^+]\ (V) \tag{13.9}$$

$$2Ag + H_2O = Ag_2O + 2H^+ + 2e, \tag{13.10}$$

$E = 1.173 - 0.0591\mathrm{pH}$ (V)

$$Ag + H_2O = AgO^- + 2H^+ + e, \tag{13.11}$$

$E = 2.220 - 0.1182\mathrm{pH} + 0.0591\log[AgO^-]$ (V)

$$2Ag^+ + 3H_2O = Ag_2O_3 + 6H^+ + 4e, \tag{13.12}$$

$E = 1.670 - 0.0886\mathrm{pH} - 0.0295\log[Ag^+]$ (V)

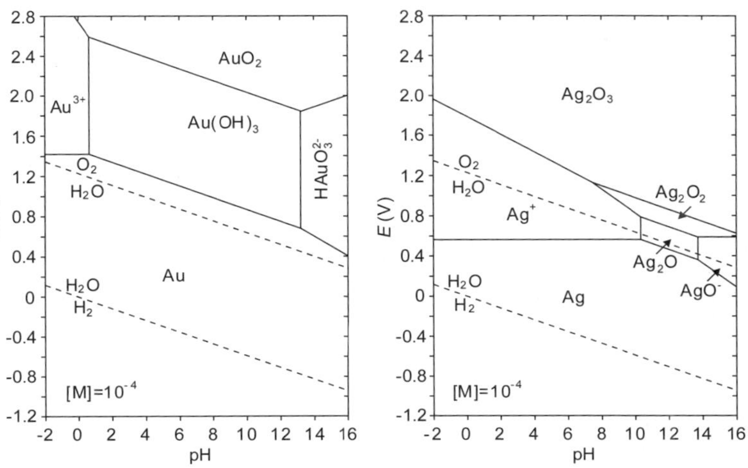

그림 13.8. Au-H_2O, Ag-H_2O계의 E-pH도

4. 금, 은의 제련

1) 금, 은 제련의 원료

금과 은은 지각 내에 광범위하게 존재하지만, 금의 지각 중 원소 존재도는 4×10^{-7} %(72위)로 매우 낮으며, 은도 7×10^{-6} %(67위)에 불과하다. 금은 산출 상태나 발견되는 위치에 따라서 산금(山金)과 사금(砂金)의 두 종류로 나뉜다.

① 산금(山金, vein gold): 텔루륨(Te)과 안티몬(Sb)의 화합물인 $AuTe_2$, $AuSb_2$를 제외하면, 보통 자연금 또는 일렉트럼(electrum, 보통 60 %Au 이상의 금·은 합금)의 미세한 입자로 석영맥 중에서 황철석(pyrite, FeS_2), 방연석(galena, PbS), 텅스텐 광물 등과 함께 산출된다. 특히 구리, 납, 아연 등의 황화광 속에서 미립의 자연금으로 존재하므로 이러한 금속의 제련 부산물로도 회수하고 있다.

② 사금(砂金, placer gold): 산금에서 유래하는 풍화 잔류 광상에서 산출되는 것으로 하천에서 발견되는 모래 크기만 한 금이다.

은을 함유하는 광석은 248개에 이를 정도로 많이 있으나,[29] 주로 휘은광(argentite, Ag_2S)으로 산출되며, 금속상으로는 Au와 합금상으로 존재한다. 대표적인 은 광석에는 다음의 것들이 있다.

① 자연은: Ag, Electrum(Au-Ag)

② 휘은광: Argentite(Ag_2S)

③ 화섬은광: Pyargyrite(Ag_3SbS_3)

④ 염홍은광: Polybasite(Ag_3AsS_3)

⑤ 각은광: Cerargyrite(AgCl)

2) 금, 은의 습식제련

금·은의 제련 방법은 수선법, 아말감법, 청화법, 염화법, 전해 슬라임법 등이 있으며, 그림 13.9에 일반적인 금 제련 공정을 비교하여 나타내었다. 습식제련에서는 침출하는 방법에 따라 heap leaching, agitation leaching, vat leaching 등이 있다.

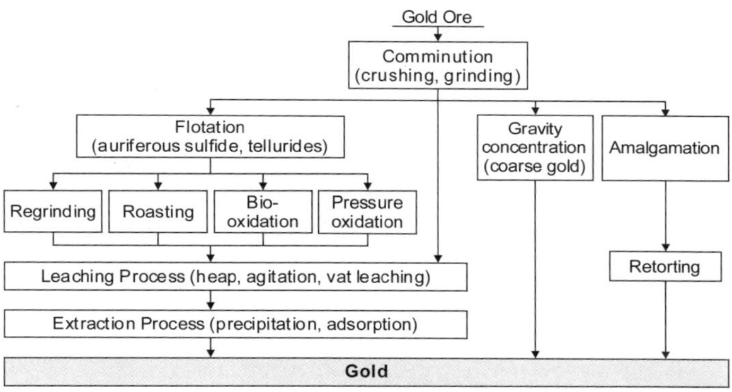

그림 13.9. 금 제련법의 분류

(1) 청화법(Cyanide process)

금·은 광석의 습식제련은 반응 용기에 따라 몇 가지로 구분할 수 있으나, 용매 관점에서는 청화법이 주류이다. 금은 화학적으로 매우 안정하지만, 왕수나 산화제가 존재하는 묽은 청화액에 쉽게 용해된다. 용액 중에 시안이온(CN^-)이 있으면 금이나 은은 시안 착체를 생성하여 수용액 중에 안정하게 존재할 수 있으며, 산소를 산화제로 이용할 수 있다.[30] 따라서 청화법에서는 공기(산소)나 기타의 산화제를 이용하여 귀한(noble) 금속인 금·은을 pH=9~11의 시안이온을 함유하는 수용액 중에 용해시킨다. 시안이온 등의 착체 형성제가 존재하면 금속 이온이 착체를 형성하여 낮은 전위와 중성이나 알칼리 영역에서도 가수분해되지 않고 수용액 중에 안정하게 존재한다. 침출용매로 시안화물(cyanide, KCN, NaCN 등)을 사용하며, 대체 용매로는 티오요소(thiourea, $CS(NH_2)_2$)가 있다. NaCN을 이용한 금의 용해반응은 다음 식과 같으며, 은에 대해서는 Au를 Ag로 치환하면 된다.

$$2Au + 4NaCN + 1/2O_2 + 2H_2O = 2NaAu(CN)_2 + 2NaOH + H_2O \quad (13.13)$$

금의 침출에 미치는 시안이온의 영향에 대해 알아본다. 우선 금의 용해반응은 다음과 같이 나타낼 수 있다.

$$Au^+ + e = Au, \quad (13.14)$$

$$\Delta G^0_{298} = -163.2 \text{ kJ/mol}, \quad E = 1.692 - 0.0591\log[Au^+]$$

그리고 Au^+와 CN^-은 다음 식과 같이 착체를 생성한다.

$$Au^+ + 2CN^- = Au(CN)_2^-, \quad \Delta G^0_{298} = -222.2 \text{ kJ/mol} \quad (13.15)$$

위의 두 식을 합치면 다음과 같다.

$$Au(CN)_2^- + e = Au + 2CN^-, \quad \Delta G^0_{298} = 59 \text{ kJ/mol} \quad (13.16)$$

$$\therefore E = -0.611 - 0.0591\log\left(\frac{[CN^-]^2}{[Au(CN)_2^-]}\right) \quad (13.17)$$

그리고 약산인 HCN은 다음과 같이 분해되며, pH가 낮아지면 단독의 CN^- 이온이 환원된다.

$$HCN = H^+ + CN^-, \quad \Delta G^0_{298} = 52.7 \text{ kJ/mol} \quad (13.18)$$

따라서 이 식을 위의 식에 대입하면 다음 식과 같이 나타낼 수 있다.

$$Au(CN)_2^- + e + 2H^+ = Au + 2HCN, \quad \Delta G^0_{298} = -46.49 \text{ kJ/mol} \quad (13.19)$$

시안이온의 가수분해 영향을 더하여 다음과 같은 E-pH의 관계식을 얻을 수 있다.

$$E = 0.481 + 0.0591\log[Au(CN)_2^-] - 0.118\log([CN^-]_{tot.} - 2[Au(CN)_2^-]) + 0.118\log(5.78\times10^{-10} + [H^+]) \quad (13.20)$$

위의 식으로부터 25 ℃, $[CN^-]_T=10^{-2}$, $[Au(CN)_2^-]=10^{-3}$ & 10^{-6} mol/L의 조건에서 Au-H_2O-CN계와 $[Ag(CN)_2^-]=10^{-4}$ mol/L의 조건에서 Ag-H_2O-CN계의 전위(E)-pH도를 그림 13.10에 나타내었다.[30] 그림으로부터 금이나 은이 시안 착체를 형성하면 용액의 pH 상승에 따라 금·은의 용해 전위가 급격하게 낮아져 수용액 중으로 쉽게 용해되며, 또 은보다 금이 더 잘 용해되는 것도 알 수 있다.

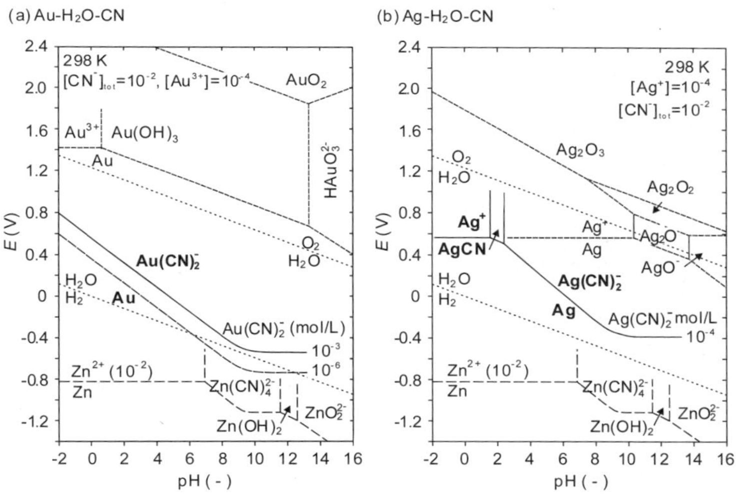

그림 13.10. 25 ℃, $[CN^-]_T=10^{-2}$, $[Au(CN)_2^-]=10^{-3}$ & 10^{-6} mol/L의 Au-H_2O-CN계 및 $[Ag(CN)_2^-]=10^{-4}$ mol/L 조건의 Ag-H_2O-CN계의 전위(E)-pH도

그림 중에는 $[Zn^{2+}]=10^{-2}$ mol/L일 때의 Zn-CN-H_2O계 E-pH 관계를 같이 나타내었다. 그림으로부터 금, 은의 시안화물은 Zn로 쉽게 환원되어 금속상의 Au, Ag를 회수할 수 있는 것을 알 수 있다.

그림 13.11에는 시안 용액 중 고-액 반응에 의한 Au의 용해반응 기구를 모식적으로 나타내었다.[31] Au의 용해는 고-액 계면에서의 불균일 반응에 의해 일어나므로 광석 중 Au의 용해는 다음과 같은 과정을 거쳐서 일어난다.[32]

① 용액 중으로의 산소 흡착

② 액상 경계층을 통한 고-액 계면으로의 시안이온과 산소의 물질이동

③ 고-액 계면에서의 전기화학적인 반응

④ 고체 표면에서 금-시안 착체의 탈착

⑤ 탈착된 생성물이 액상 경계층을 통과하여 용액 본체로 이동

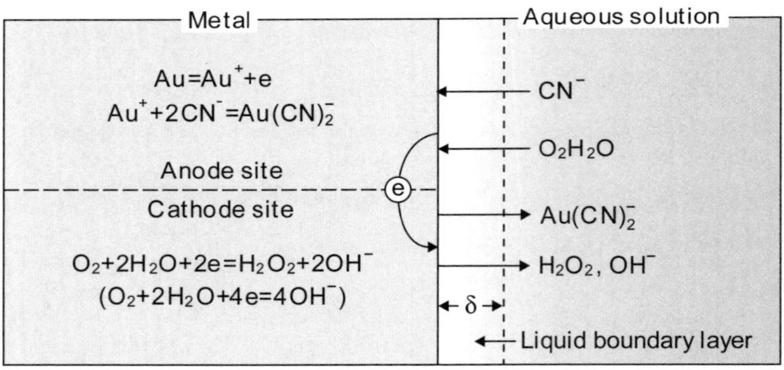

그림 13.11. 시안 용액 중 고-액 반응에 의한 Au의 용해

그림 13.12에는 청화법에 의한 금·은의 제련 공정도를 나타내었다. 규산질 금·은광을 조파쇄(jaw & cone crusher)한 후, 소석회($Ca(OH)_2$), 청화액과 혼합하고, 미분쇄(conical & tube mill)와 동시에 식(13.13)과 같이 침출한다. 실제의 청화법에서 사용되는 대표적인 침출액은 NaCN 0.1 %, pH 9~11, Au 2 g/t, Ag 20 g/t의 용액이다.

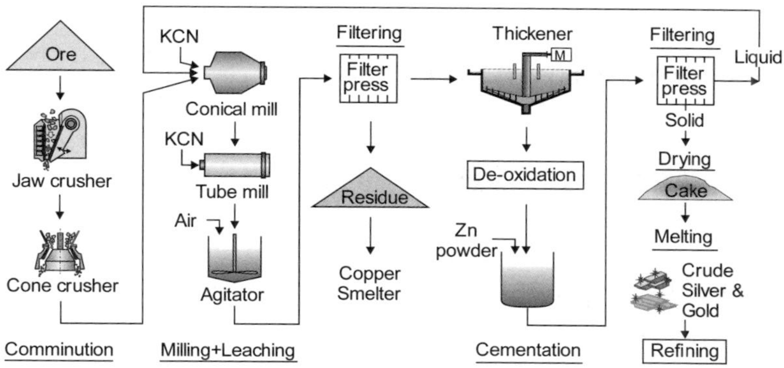

그림 13.12. 청화법에 의한 금·은 제련 공정도의 예

(2) 야적 침출법(Heap leaching)

그림 13.13에 금 광석의 야적 침출법을 모식적으로 나타내었다. 야적 침출법은 1980년대에 들어서 개발된 역사가 짧은 제련법이지만, 대량 처리가 가능하므로 코스트가 저렴하여 호주나 미국 등에서 저품위광의 개발이 가능하게 되었다. 그러나 기후에 좌우되기 쉽고 시안 화합물이라는 맹독성 약품을 사용하므로 환경 문제를 일으키기 쉬워 이 방법을 적용할 수 있는 장소는 한정되어 있다. 야적 침출법은 야외에 방수가 되는 합성수지 시트를 깐 침출 밧트(bat)를 두고, 그 위에 금광석을 쌓아 올린 후 광석의 윗부분에서 시안 화합물을 분무한다. 일정 시간이 지나면 금이 시

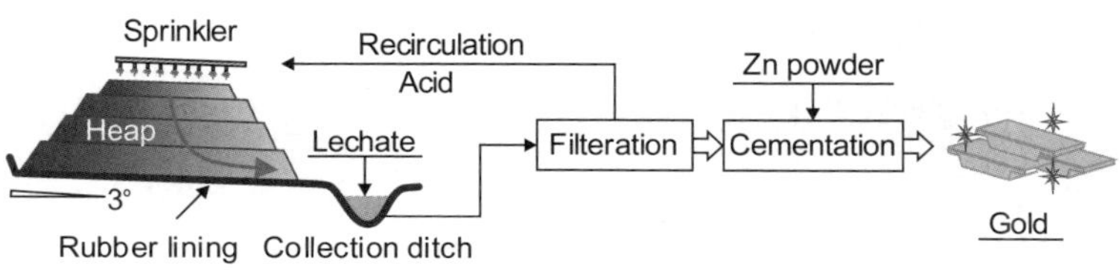

그림 13.13. 금광석의 야적 침출법

안 화합물에 용해되어 밧트에 모인다. 이 용액을 여과하고 아연 분말을 첨가하면 금이 석출되어 침전된다.

(3) 염화법(Chlorination method)

염화법은 금 광석에 수분을 첨가한 후 염소 가스와 반응시켜 금을 가용성의 $AuCl_3$로 추출하는 것이다. $AuCl_3$의 수용액에 황화수소(H_2S)를 불어넣으면 금이 침전된다. 그러나 청화법이 금, 은 제련의 보편적인 방법으로 자리 잡으면서 더이상 염화법은 사용하지 않는다.

은 광석의 염화법에는 염화 배소법과 염화-아말감법이 있다. 염화 배소법에서는 Ag를 AgCl로 만들어 식염수나 $Na_2S_2O_3$ 용액으로 침출한 후, Cu, Na_2S, CaS_5 등으로 Ag를 침전시켜 회수한다. 황화은은 직접 아말감이 만들어지지 않으므로 염화한 후에 아말감으로 만든다. 최근에는 청화법 잔사 중의 Au, Ag를 $CaCl_2$와 함께 배소하여 기체상의 Au, Ag 염화물로 만들어 회수하기도 하였다.[33]

(4) 금, 은의 회수

청화액으로 침출한 금·은은 다음과 같은 방법으로 회수한다.

① 아연 분말이나 알루미늄에 의한 치환 침전

② 목탄이나 활성탄에 의한 흡착

③ 이온 교환 수지에 의한 흡착

④ 황화소다에 의한 치환 침전

⑤ 전해법

공업적으로는 아연 분말에 의한 치환 침전법인 Merrill-Crowe법이 널리 사용되고 있으며 회수율 또한 높다. 우선 침출 후의 광액(pulp)을 여과하여 잔사(고체)를 제거하고, Zn 분말의 소모를 감소시키기 위해 산소 제거탑에서 감압하여 용존산소를 감소시킨 후 Zn 분말을 첨가하여 치환 환원법으로 청화 침전물을 얻는다.

Zn 분말에 의한 Au, Ag의 치환반응(cementation)은 국부적인 anode 및 cathode 반응에 의한 전기화학적인 반응에 의해 진행된다. 그림 13.14에는 이러한 치환반응으로 Au(or Ag)가 석출되는 것을 모식적으로 나타내었으며,[34] Zn가 용해되는 반응은 다음과 같다.

$$Zn + 4CN^- + 1/2O_2 + H_2O = Zn(CN)_4^{2-} + 2OH^- \tag{13.21}$$

$$Au(CN)_2^- + Zn = 2Au + Zn(CN)_4^{2-} \tag{13.22}$$

$$Zn + H_2O + 2Au(CN)_2^- = 2Au + HZnO_2 + 3H^+ + 4CN^- \tag{13.23}$$

이와 같이 Zn도 청화액에 용해되므로 이론값의 15~20배 정도의 Zn가 필요하다.

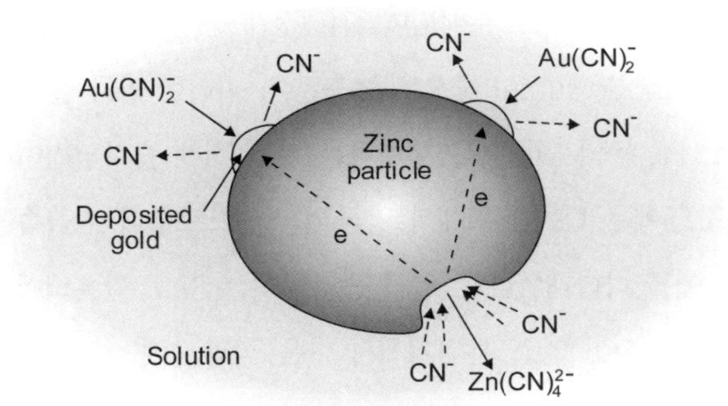

그림 13.14. Au가 Zn 분말 표면에 석출되는 기구의 모식도

금이 없는 은광석을 처리한 경우 다음 식과 같이 황화소다를 침전제로 사용할 수 있다.[35]

$$2NaAg(CN)_2 + Na_2S = Ag_2S + 4NaCN \qquad (13.24)$$

이 반응은 청화소다를 재생할 수 있는 장점이 있으나 금의 침전은 전혀 일어나지 않는다. 그리고 Al에 의한 침전반응은 다음과 같다.

$$2NaAg(CN)_2 + 4NaOH + 2Al \qquad (13.25)$$

$$= 2Ag + Na_2Al_2O_4 + 4NaCN + 4H$$

회수한 금·은을 세척 및 건조, 배소 후, 플럭스로 소다회, 규사, 붕사 등을 첨가하여 도가니 중에서 용융하여 불순물을 슬래그로 만들고, 금·은은 합금 양극으로 주조하여 전해정제에 의해 Ag와 Au를 분리한다. Au, Ag의 리사이클링에서도 침출한 후에 Zn 분말로 침전시키고 전해정제로 분리하기도 한다.

3) 전해 슬라임법

Cu나 Pb의 건식제련에서 정광(concentrate), 플럭스, 폐PCB 기판 중의 Au, Ag는 Cu나 Pb로 분배되며, 전해정제 공정에서 용해되지 못하고 양극 슬라임(anode slime) 중으로 농축된다. 이러한 양극 슬라임에서 Ag와 Au, Pt, Pd 등의 귀금속을 회수하는 것을 전해 슬라임법이라 한다.[14]

그림 13.15에는 LS MnM에서 양극 슬라임으로부터 귀금속을 회수하는 공정의 예를 나타내었다.[36] 양극 슬라임에는 Se도 함유되어 있으므로 400~600 ℃의 SO_2 가스 분위기에서 다음 식과 같이 SeO_2으로 만들어 휘발시켜 회수한다.

$$Ag_2Se(s) + SO_2(g) = Ag_2S(s) + SeO_2(g) \qquad (13.26)$$

$$Se(s) + O_2(g) = SeO_2(g) \qquad (13.27)$$

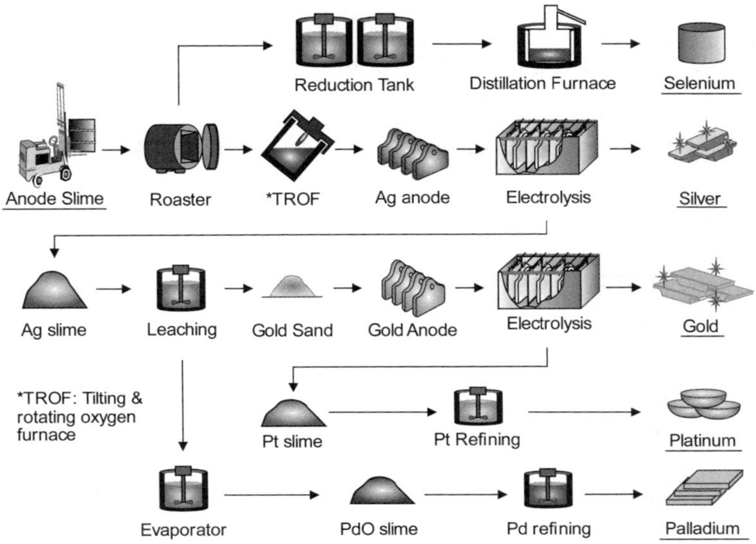

그림 13.15. 전해 슬라임법에 의한 귀금속 회수 공정의 예(LS MnM)

배소 공정에서 Se을 제거한 슬라임을 1,100~1,200 ℃의 TROF(tilting & rotating oxygen furnace)에서 소다회, 붕사 등을 첨가하여 용융·산화시켜 Pb는 슬래그로 제거하며, 나머지 귀금속을 환원시킨다. TROF에서의 Pb와 Ag의 산화반응은 다음 식과 같다.[14]

$$PbSO_4 + BaSO_4 + Ag_2SO_4 + 2Na_2CO_3 \quad (13.28)$$

$$= 2Na_2SO_4 + PbO + BaSO_4 + Ag_2O + 2CO_2(g)$$

$$Ag_2SO_4 + Na_2CO_3 = Ag_2O + Na_2SO_4 + CO_2(g) \quad (13.29)$$

$$Ag_2SO_4 = 2Ag + SO_2(g) + O_2(g) \quad (13.30)$$

귀금속들이 함유된 Ag 합금을 양극판으로 주조하고 전해정제하여 순 Ag를 회수한다. 양극 중의 Au, Pt, Pd 등 나머지 귀금속은 Cu 전해정제와 마찬가지로 양극 슬라임이 되어 전해조 바닥으로 모인다. 이 Ag 슬라임 중의 Pd을 침출시켜 분리한 후, 잔사를 Au 양극판으로 주조하여 전해정제로 고순도의 Au를 회수한다. Au의 전해정제에서 발생한 Au 슬라임은 별도로 처리하여 Pt을 회수한다.

4) 기타 제련법

(1) 직접 채취법

금광석으로부터 금을 직접 채취하는 방법으로 중력 선별법(Gravity concentration process)의 일종인 수선법이 잘 알려져 있다. 금의 비중과 맥석의 평균 비중이 각각 19.3, 2.6 g/cm^{3}로 차이가 큰 것을 이용하는 것이며, 특히 금은 연성이 있어서 파쇄한 금광석에서 분리된 금 입자는 더 이상 분쇄되지 않으므로 중력 선별을 이용하여 회수할 수 있다. 수선법은 물을 사용하여 사금을 채취하는 것으로 선광법으로도 활용되고 있다.[37] 이러한 인력에 의한 금 채취법(artisanal gold miners)으로 널리 사용되는 방법에는 흔들 접시(panning), 통류(sluicing), 지그법(jigging), 테이블법, 원심분리법 등이 있다.[38] 최근에는 사금 채취를 위한 휴대용 키트를 판매하고 있기도 하지만 지그(jig)를 많이 사용하고 있다.[39] 그림 13.16에는 사금 채취용의 팬과 sluice box의 모식도를 나타내었다.

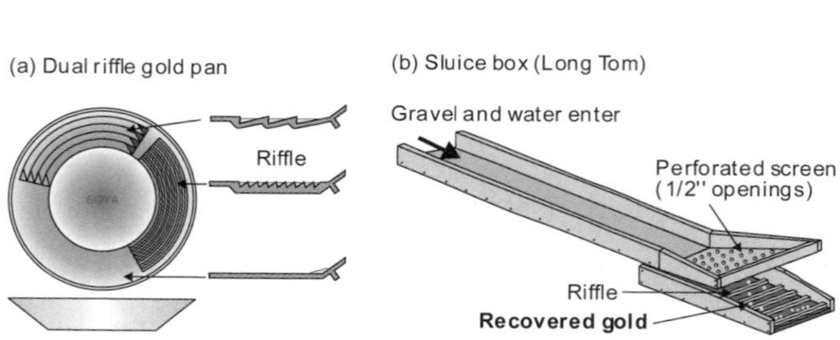

그림 13.16. 사금 채취용의 팬과 sluice box

(2) 아말감법(Amalgamation process)

수은(Hg)은 Pt, Fe, Ni, Co, Mn을 제외한 다른 금속을 용해시켜 화합물인 아말감을 만든다. 따라서 아말감법은 이 원리를 이용하여 광석 중의 Au, Ag를 채취하는 방법이다. 광석을 볼밀이나 로드밀 등으로 분쇄하여 금 입자와 암석을 분리한 후, 수은을 첨가하여 아말감을 만든다. 불순물을 여과, 세정한 후 수은을 제거하기 위해 밀폐된 증류기 중에서 아말감을 가열하여 수은을 증발시키고 금을 회수한다. 그림 13.17에는 두 가지의 아말감법 공정도를 수은의 물질 수지와 함께 나타내었다.[40]

아말감법은 설비비가 적어 소규모의 금 회수법으로 널리 이용되어 왔으나, 수은 중독에 의한 피해가 심각한 문제로 되어 있다. 특히 소규모 인력에 의한 금 채굴인 ASGM(Artisanal and Small-Scale Gold Mining)은 아프리카, 아시아, 중남미 등의 약 70개국에서 실시하고 있으며, 전 세계 금 생산량의 15~25 % 정도를 차지하는 것으로 알려져 있다.[41]

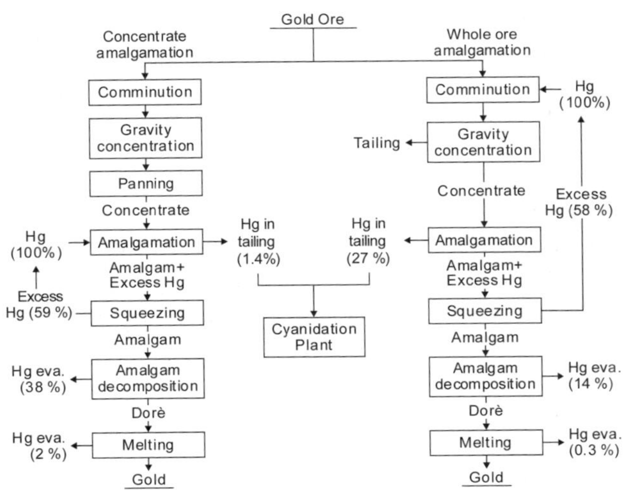

그림 13.17. 아말감법의 종류에 따른 공정도와 수은의 물질 수지

(3) 회취법(cupellation)

회취법(灰吹法)은 금·은·납의 합금을 산화 분위기에서 용융하여 납을 산화납 슬래그로 분리하여 제거하고 금·은을 회수하는 방법이다. 광석 중의 금·은을 정량분석할 때나 제련 공정에서 발생하는 부산물 중의 금·은을 회수하는 데 이용된다.

『연산군일기』에 의하면 1503년 납광석에서 은을 분리하여 추출하는 단천연은법(端川鍊銀法)이라는 회취법에 의해 은을 대량 생산할 수 있는 기술을 개발한 것으로 기록되어 있다.[42]

5. 백금족 금속의 제련

1) 백금족 금속의 제련 원료

백금족 금속의 광석에는 사백금이나 남아공 및 캐나다의 Pt 함유 황화광 등이 있으며, 표 13.9에 백금족 금속을 함유한 대표적인 광석을 나타내었다.[43]

표 13.9. 백금족 금속을 함유한 주요 광석

Sulfide minerals		Gange minerals	
Braggite	(Pt,Pd)S	Alteration silicates	Hydrated minerals
Chalcopyrite	$CuFeS_2$	Chromite spinel	$FeCr_2O_4$
Isoferroplatinum	Pt_3Fe	Olivine	$(Mg, Fe)_2SiO_4$
Laurite	$(Ru,Ir,Os)S_2$	Plagioclase /feldspar	$NaAlSi_3O_8$–$CaAl_2Si_2O_8$
Pentlandite	$(Fe,Ni,Co)_9S_8$	Pyroxenes	$(Mg,Fe)SiO_3$–$Ca(Mg,Fe)Si_2O_6$
Pyrite	FeS_2	Hematite	Fe_2O_3
Pyrrhotite	$Fe_{1-x}S_x$	Quarz	SiO_2

2) 백금족 금속의 건식제련

백금족 금속은 원료 광석이나 제련소 입지에 따라 서로 다른 제련법으로 만들어진다. 그림 13.18에는 남아공의 AAP(Anglo American Platinum)에서 Ni과 Cu 황화광으로부터 백금족 금속을 추출하는 공정도를 나타내었다.[44~46] 황화광을 원료로 사용하므로 우선 백금족 금속을 100~600 ppm 정도 함유한 정광을 전기로에서 1차 정련하여 맥석 등의 불순물을 제거한다. 이때 백금족 금속은 매트(matte)상으로 분배되며, 600~2,500 ppm 정도로 농축된다.[14]

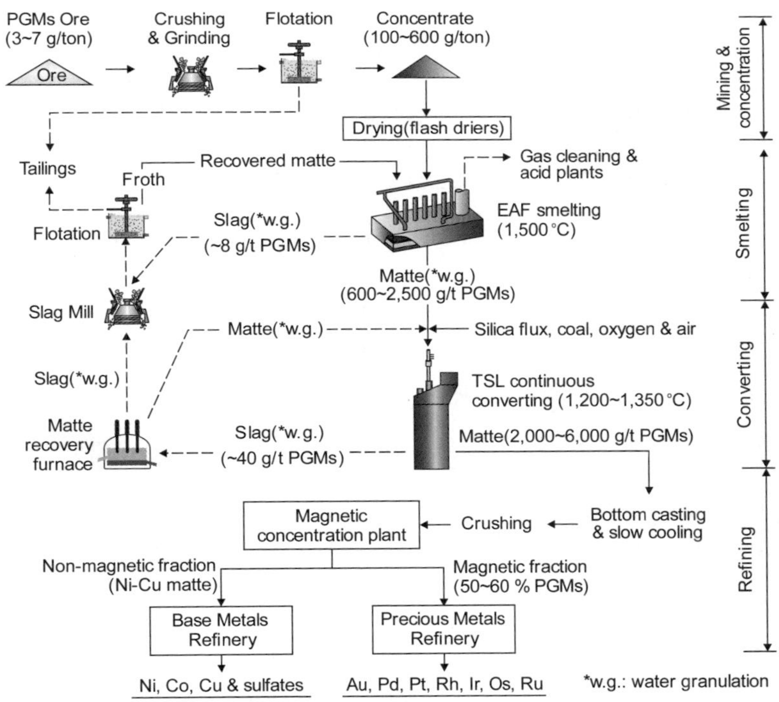

그림 13.18. 백금족 금속의 일반적인 제련 공정도의 예(Anglo American Platinum)

그림 13.19에는 선광하여 얻은 정광에서 매트를 만드는 그림 13.18의 전기로 제련에서 반응로 부분만 모식적으로 나타내었다.[47] 전기로 제련에서는 황화물 정광을 그림과 같이 복수 전극의 침지 아크 전기로(폭 8 m, 길이 26 m, 출력 30~40 MW)에 투입하여 용해한다. 용해된 광석은 산화물(슬래그)과 황화물(매트)의 2상으로 분리되며, 밀도가 큰 황화물 매트는 노 바닥에 모이고, 맥석 성분을 포함한 밀도가 낮은 산화물은 부상하여 전기로 슬래그로 배출된다.[14]

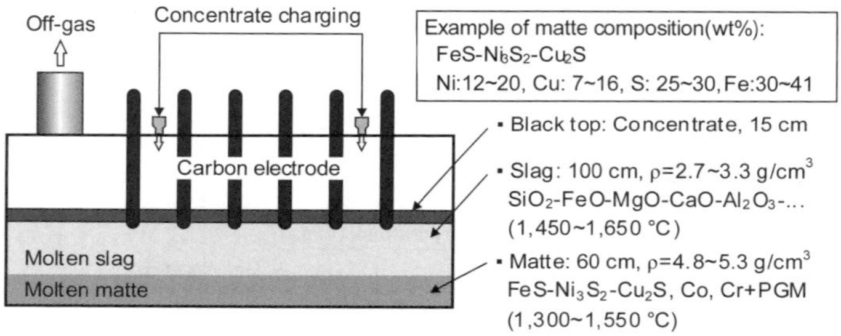

그림 13.19. 전기로 제련의 반응로와 전기로 제련에서 얻어진 슬래그와 매트의 수직 단면 모식도

백금족 금속이 농축된 전기로 매트는 전로공정(PS converter, TSL* 등)으로 옮겨 산화반응으로 매트 중의 Fe과 S를 각각 산화철과 SO_x로 제거한다. 이때 매트 중의 백금족 금속이 2,000~6,000 ppm 정도로 농축된 Ni_3S_2-Cu_2S-FeS의 전로 매트(~50 wt% Ni, ~30 wt% Cu, ~20 wt% S)가 만들어지며, 습식 공정으로 보내어 백금족 금속과 Ni이나 Cu를 회수한다.[14]

---

* PS converter: Pierce-Smith converter, TSL: Top submerged Lance

3) 백금족 금속의 습식제련

(1) 용해

전로 매트 중의 주성분인 Cu, Ni 및 Co 등 일반 금속(base metal)은 산 침출로 분리하여 회수하며, 산에 용해되지 않는 백금족 금속의 잔사를 분리하여 백금족 금속별로 추출한다. 비한 금속을 침출하여 분리한 잔사를 산화 배소하면 Ir, Rh, Ru은 산화되어 묽은 왕수에 용해되지 않지만, Ag는 AgCl의 침전물이 되므로 분리할 수 있다. 백금족 금속을 왕수나 $HCl+Cl_2(g)$로 용해하면 $PtCl_6^{2-}$와 같은 안정한 클로로 착체가 생성된다. 최근에는 이러한 분리 용해 기술을 사용하지 않고, 대부분 백금족 금속 전체를 $HCl+Cl_2(g)$로 용해한 후 용매 추출 기술 등을 이용하여 개별 금속으로 분리한다.*

(2) 결정화 및 침전

백금족 금속 용액 중의 각 금속은 클로로 착체의 용해도 차이를 이용하여 분리하거나 정제한다. 예를 들어 용액 중의 Pt은 NH_4Cl을 첨가하여 다음 식과 같이 분리할 수 있다.[48]

$$PtCl_6^{2+}(aq.) + 2NH_4^+(aq) = (NH_4)_2PtCl_6(s) \qquad (13.31)$$

$(NH_4)_2PtCl_6$(ammonium hexachloroplatinate)는 ‘yellow salt’라 부르며, 이것을 가열하면 분해되어 조금속 스펀지가 된다. 조금속 스펀지를 다시 왕수에 용해시킨 후 NH_4Cl을 이용하여 침전시킨 후 하소하면 다음 식과 같이 순수한 Pt 스펀지가 얻어진다.[49,50]

---

* 제13장 제7절 4)항 습식법에 의한 귀금속의 회수 참조

$$3(NH_4)_2PtCl_6(s) = 3Pt(s) + 2NH_4Cl(g) + 16HCl(g) + 2N_2(g) \quad (13.32)$$

그림 13.20에는 남아공의 Amplats사 귀금속 제련 공정을 나타내었다.[47] 매트 중의 비한 금속을 암모니아, 황산, 염산, 전해 등에 의한 침출법으로 분리하고 남은 침출 잔사를 재침출하여 침전 분리 및 용매 추출법을 비롯한 다양한 방법으로 분리하여 각각의 귀금속을 회수한다. 특히 귀금속의 습식 추출은 각 귀금속의 품위나 불순물 원소의 종류에 따라 다양한 방법을 사용하고 있다. 이러한 백금족 금속의 습식제련에서는 다단계의 처리 공정을 거치므로 백금족 금속의 회수에 많은 시간과 비용이 소요된다.

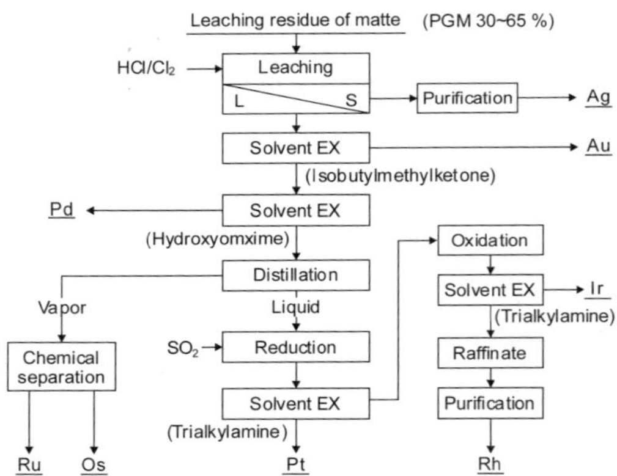

그림 13.20. PS전로 매트의 침출 잔사로부터 귀금속을 추출하는 Amplats사의 제련 공정 예

6. 귀금속의 정제

천연광석이나 2차 자원에서 회수한 귀금속은 주로 습식법으로 분리하고 정제하여 고순도의 금속으로 회수하며, 귀금속 종류에 따라 여러 가지

방법을 조합하여 정제한다. 기본적으로는 용해 및 침전 분리법을 적용하지만, 이온 교환법, 용매 추출법, 전해 채취법, 산화 증류법 등을 필요에 따라 조합한 복합 프로세스로 정제한다.[14]

1) 용해 및 침전 분리법

Au-Ag 합금을 HNO_3나 진한 H_2SO_4 용액으로 끓이면 Ag는 용해되고 Au가 남아 분리할 수 있다. 다만, 이때 Ag는 Au의 2~3배 정도가 필요하므로 경우에 따라 Ag를 첨가하기도 한다. 회수한 Au는 세척한 후 붕사를 첨가하여 용융하면 99.9 %의 Au를 얻을 수 있다. Ag가 함유된 용액은 Cu를 첨가하여 치환 침전으로 회수하지만, 현재는 이러한 용해 침전법 대신에 전해법을 사용한다.

Au, Ag의 침전 분리는 회수한 유가물 원료 중의 Au, Ag를 산이나 알칼리 용액으로 침출시켜 용해한 후, 용해도가 작은 귀금속의 염으로 침전시켜 정제하는 방법이다. 그러나 한 번만에 필요한 순도까지 정제할 수 없으므로 용해와 침전 분리를 반복하여야 한다. 그리고 이러한 작업은 회분식의 수작업이어서 최근에는 연속 작업이 가능한 용매 추출이나 이온 교환법 등으로 바뀌고 있다. 표 13.10에는 귀금속을 정제하는 침전 분리

표 13.10. 귀금속의 정제에 이용되는 침전 분리법

귀금속	침전물	방법
Au	Au 분말	Hydrozine(N_2H_4), SO_2에 의해 환원
Ag	AgCl	HCl, NaCl로 침전 생성
Pt	$(NH_4)_2PtCl_6$	포화 NH_4Cl 액을 첨가하여 침전 생성
Pd	$PdCl_2(NH_3)_2$	암모니아, HCl을 첨가하여 침전 생성
Rh	$(NH_4)_3Rh(NO_2)_6$	NH_4NO_2를 첨가하여 침전 생성
Ir	$(NH_4)_2IrCl_3$	포화 NH_4Cl 액을 첨가하여 침전 생성

법과 귀금속별 침전물을 나타내었다.[27]

한편 백금족 금속 분말을 묽은 질산으로 처리하면 대부분의 Pd, Pb, Fe, Cu 등은 용해되고 Pt와 Rh은 소량만 용해되어 Pt, Ir, Ru, Os이 잔사로 남는다. 이 잔사를 $HCl:HNO_3:H_2O$=8:2:90의 용액으로 처리하면, Pt만 용해되고 Ir, Ru, Os은 잔사로 남는다. 용액에 염산을 첨가하고 140~150 ℃로 가열하여 NO_3 이온을 완전히 제거한 후, 다시 염산으로 용해시키고, Ru의 침전을 방지하기 위해 NaCl을 첨가한 후 NH_4Cl을 첨가하면 Pt은 $(NH_4)_2PtCl_6$로 침전되므로,[51] 식(13.32)와 같이 하소하여 Pt을 회수할 수 있다.

2) 전해정제

순도가 약 99 %인 조은과 조금은 순도를 더욱더 높이기 위해 전해정제를 하며, 표 13.11에 금, 은의 전해정제 조건을 나타내었다.[52] 금의 전해정제는 Wohlwill법을 이용하며, 양극에는 조금(Au>94 %)을, 음극에는 순금판을 사용하고, 전해액으로는 약산성의 $HAuCl_4$ 용액(Au 50~80 g/L)을 사용하여 전해하며, 유리 HCl을 30~60 g/L를 첨가한다. 양극에서는 금의 용해, 음극에서는 금의 석출이 일어나며, 각각의 반응식은 다음과 같다.

$$Au + 3Cl^- + HCl + 3e = HAuCl_4 \tag{13.33}$$

$$HAuCl_4 + 3H^+ + 3e = Au + 4HCl \tag{13.34}$$

전해정제 중 양극(조금)의 부동태화를 방지하기 위해 교류와 직류 전원을 병용하면서 전해정제를 한다. 전해법에서는 순도 99.99 % 이상까지 정제되고, 얻어진 전해 Au는 잉곳으로 주조하여 Au 지금으로 공급한다.[27]

표 13.11. 금, 은의 전해정제 조건 예

금속	전해액 주성분	전해액 조성(g/L)	온도(℃)	전류밀도(A/m^2)
Au	$HAuCl_4$+HCl (Wohlwill법)	Au 50~80 free HCl 30~60	60~70	200~400
Ag	$AgNO_3$+HNO_3 (Moebius법)	Ag 50 free HNO_3 5~10	35~40	250

한편 금은 3가뿐만 아니라 1가로도 용해되므로, 1가의 염에서는 다음 식과 같이 분말상의 금 침전물이 전해 석출 금의 1/10 정도로 생성된다.[53]

$$3HAuCl_2 = 2Au + 2HCl + HAuCl_4 \tag{13.35}$$

은의 전해정제에는 Moebius법이 널리 사용되고 있다. 양극으로는 조금은판(Ag 90 % 이상, Au 1~5 %)을, 음극으로는 순은판이나 스테인리스판을 사용한다. 전해액으로는 약산성의 $AgNO_3$ 용액(Ag 40~50 g/L)을 사용하며, 35~40 ℃에서 양극을 전해포로 감싸서 전해한다. Ag가 음극판에 덴드라이트상으로 석출하므로 긁어내면서 전해를 한다. 얻어진 전해 Ag는 세척한 후 잉곳으로 주조하여 공급하며, Ag 지금의 순도는 99.99 % 이상이다.[27] 이 과정에서 양극 중의 불순물인 Au, Pt, Te, Pb($PbSO_4$)의 일부는 anode slime으로 침전된다. 그리고 Cu, Pb, Bi 등은 용액 중으로 용해되어 들어간다. 다만 Cu는 많으면 은과 함께 음극에 석출되므로 50 g/L 이하로 관리한다.

3) 용매추출법

화학적 성질이 유사한 백금족 금속들은 침전-분리를 수없이 반복해야 원하는 순도를 얻을 수 있지만, 처리시간이 길어지고 정제 비용도 많아진다. 따라서 공업적인 백금족 금속의 정제는 연속조업이 가능한 용매 추출법을 사용하고 있다. 대표적으로 용매 추출법을 적용하는 곳으로는 Vale(Acton), Alglo American Platinum(APP), Johnson Matthey 등이 있으며, 그림 13.21에 공업적으로 적용되고 있는 용매 추출 프로세스의 예를 나타내었다.[54]

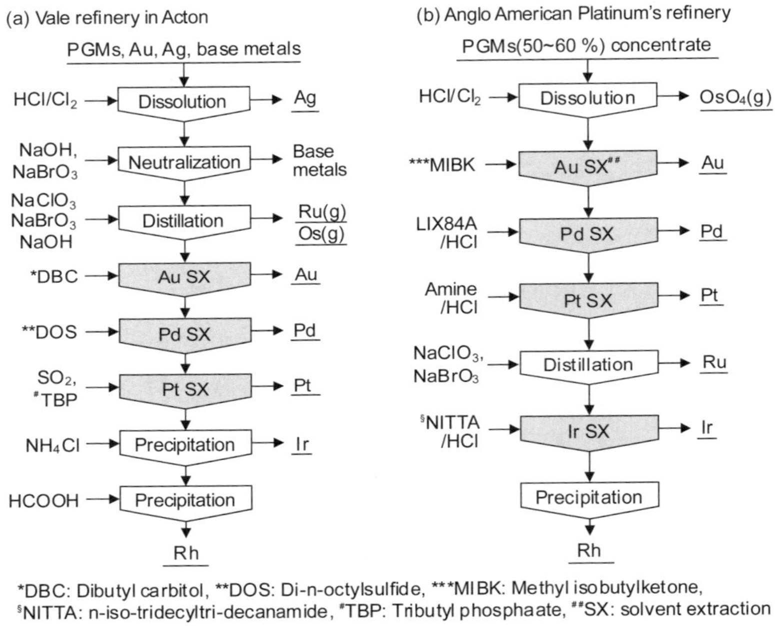

그림 13.21. 용매 추출에 의한 백금족 금속의 분리 공정 예 (a) Vale refinery, (b) Anglo American Platinum's refinery

그림 13.21(a)에 나타낸 Vale에서는 우선 백금족 금속이 함유된 여러 가지 원료를 산화제로 염소를 사용한 염산 용액으로 용해한다. 이때 Ag는 AgCl로 침전분리된다. 이어서 NaOH를 중화제로 첨가하여 Ni, Cu 등을 분리한다. 그리고 $NaClO_3$ 등의 산화제를 첨가하여 Os과 Ru을 각

각 OsO_4, RuO_4로 산화시키고 증류하여 회수한다. 남은 용액에 HCl을 첨가하고 DBC(Dibutyl carbitol)로 Au를 용매 추출한다. 추출된 유기상 중의 Au는 옥살산(oxalic acid)으로 역추출하여 Au 분말로 환원한다. 이어서 수상 중의 Pd을 DOS(Di-n-octylsulfide)로 추출하고 암모니아 용액으로 역추출하여 회수한다. 또 Pt은 TBP(tributyl phosphate)로 용매 추출하고, 남은 수상에 NH_4Cl을 첨가하여 Ir을 $(NH_4)_2IrCl_6$로 침전시켜 분리하고 마지막으로 Rh을 회수한다.

한편 그림 13.21(b)에는 AAP의 공정을 나타내었으나, Johnson Matthey와 유사하다. 원료는 염산 용액과 산화제인 염소로 용해하며, 이때 Os은 OsO_4로 산화되어 기체로 제거하여 회수하며, Ag는 AgCl로 침전시켜 회수한다.[54] 이후의 귀금속 회수 방법은 사용하는 용매 추출제 등은 다르나 기본적으로는 Vale 공정과 유사한 방법으로 정제하여 각각의 귀금속을 분리하여 회수하고 있다.

4) Miller법

Miller법은 각 귀금속과 염소 가스의 친화력 차이를 이용하는 건식 정제법이다. 원리적으로는 Au보다 Ag, Cu, Fe, Zn 등의 염소에 대한 친화력이 큰 것을 이용하여 염화제거하는 방법이다. 백점토 도가니 중에 조지금(crude Au)을 넣어 붕사로 덮고 약 1,150 ℃로 용융하여 염소 가스, 혹은 염소 가스와 공기를 같이 불어넣어 정제한다. 이 방법은 비용이 적게 들며, 정제 시간도 짧은 장점이 있으나, 99.5 % 이상의 Au를 얻기 힘들어 최근에는 잘 사용하지 않는다.[55]

7. 귀금속의 리사이클링

그림 13.22에는 금과 은을 포함한 귀금속의 라이프 사이클을 나타내었다.[56] 공정 스크랩의 경우, 위탁처리 계약, 전처리, 시료 채취, 분석, 회수를 거쳐서 재생자원(recycled materials)에 이르기까지의 흐름을 나타내었다.

귀금속의 리사이클링 기술에는 건식법과 습식법이 있으며, 일반적으로 스크랩 중의 귀금속을 건식제련법으로 농축하고, 이어서 습식제련법으로 귀금속 종류별 분리와 정제를 하는 경우가 많다. 그림 13.23에는 스크랩으로부터 백금족 금속을 회수하는 공정도를 나타내었다.[57] 귀금속은 상대적으로 고가이므로 스크랩의 평가와 분석, 선별 등이 중요하다. 그리고 귀금속 스크랩을 비철금속의 건식제련 공정이나 전용 처리 정련소에서 처리하여 포집금속으로 농축시키지만, 습식으로만 처리하여 회수하기도 한다. 건식제련 공정에서 농축된 귀금속은 전해정제나 침출, 정제 등의 습식제련 공정을 거쳐서 종류별로 회수한다.

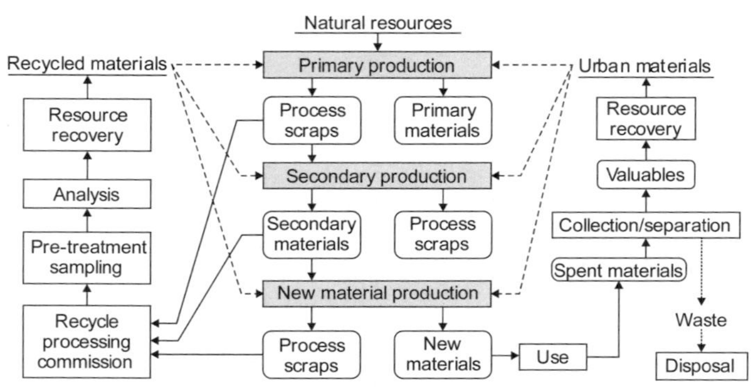

그림 13.22. 귀금속의 라이프 사이클(life cycle)

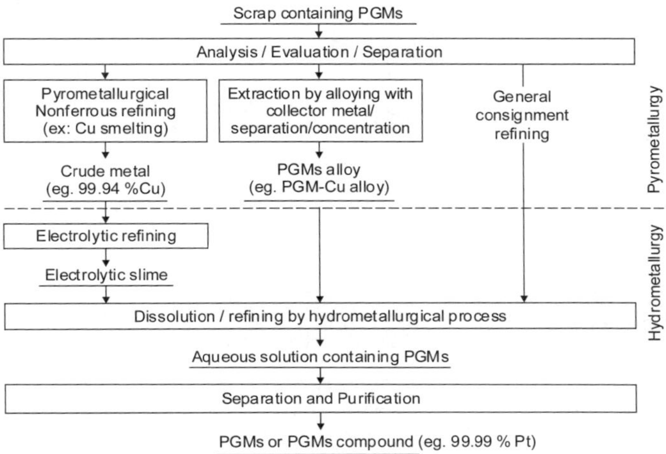

그림 13.23. 백금족 금속 함유 스크랩의 리사이클링 공정도

1) 리사이클링 원료와 전처리

귀금속의 리사이클링 원료를 알기 위해서는 용도를 파악할 필요가 있다. 표 13.12에 귀금속의 주된 용도와 회수 예를 나타내었다.[27] 귀금속의 주된 이용 분야에는 전기·전자통신, 화학공업, 표면처리, 의료 관계, 기타 장식용품 등이 있다. 이러한 분야에서 발생하는 귀금속 리사이클링의 원료는 상태에 따라 다음과 같이 두 가지로 구분한다.

- 고체 원료: 귀금속 스크랩, IC칩, 리드프레임, 액정, PCB 기판, 폐촉매 등
- 액체 원료: 금, 은 함유 도금 폐액, 산이나 알칼리 폐액

이러한 원료들로부터 귀금속을 회수하기 위해서는 파쇄, 선별, 여과, 농축 등의 적절한 전처리가 필요하다.

우선 원료의 적절한 전처리를 위하여 다음과 같은 사항에 대해서 검토한다.

표 13.12. 귀금속의 용도와 회수 예

이용 분야	회수물 형태	회수 귀금속 종류	용도	회수 예
전기 전자 통신 공업	귀금속 단체 및 합금	Au, Ag, Pt, Rh, Pd, Ru	선, 판, 괴, 분말, 접점, 땜납, 도가니, 박판, 전극, 노즐, 열전대	조Au, 조Ag, Au선, Ag 분말, 각종 접점, Au/Ag 땜납, Pt 도가니, Ag 백킹, Pt-Rh 열전대
	라이닝재	Au, Ag, Pt, Rh, Pd, Ru	접점, 커넥터, 리드 스위치	인레이, 톱레이, 오버레이, 리벳, 클래드(clad) 와이어, 다층 클래드, 프레스 스크랩
	코팅 스크랩	Au, Ag, Pt, Pd, Ru	증착, 페인트, 페이스트, 기판	Au, Ag, Pt 증착 스크랩, 세라믹 기판, 증착 mica, 콘덴서
	도금 스크랩	Au, Ag, Pt, Rh, Pd	프린트 기판, 전극, 전자기기, IC, LSI, CPU, MPU, 리드선, 커넥터	단자 Au 도금 기판, 스템, 리드선, Au 도금 커넥터, Au 도금 스프링, Ag 도금 테이프, Au 도금 부착랙
화학 공업	귀금속 단체 및 합금	Au, Ag, Pt, Rh, Pd	도가니, 파이프, 패킹, 망, 박판, 노즐, 열전대, 발열체	Pt 도가니, Ag 백킹, Pt 촉매망, Ag 호일, Ag 파이프, Au-Pd 도가니, Pt-Rh망
	라이닝재	Pt, Rh	집게, 핀셋, 반응조	Pt 라이닝 집게, Pt 라이닝 핀셋
	촉매	Au, Ag, Pt, Rh, Pd	폐촉매(각종형상) 담지촉매	알루미나 담체, 코디라이트계 담체 카본 담체, 펠렛 담체, 하니컴 담체
	약품	Pt, Pd, Ag	각종 회수물	염화 Pt, 염화 Pd, 염화 Ag
	전극 스크랩	Au, Ag, Pt	단체 전극, 크래드 전극	해수 전해 전극, 폐액 전해 처리 전극
표면 처리	도금액	Au, Ag, Pt, Rh, Pd	각종 도금액 보충제	시안 함유 Au 도금액, 비시안계 도금액, 무전해 Au 도금액
	회수액	Au, Ag, Pt, Rh, Pd	산 및 알칼리 폐액, 흡출방지액	Au 왕수액, Au 드랙아웃액, 질산 Ag
	박리액	Au, Ag, Pt, Rh, Pd	각종 박리액	Au 박리 시안액, Ag 박리 시안액 Au 에칭액
	회수물	Au, Ag, Pt, Rh, Pd	활성탄, 이온 교환 수지, 필터, 여과자슬러지	Au 흡착 이온 교환 수지, Au 흡착 활성탄, Au 소각회, 결정, 염화 Ag
의료 관계	귀금속 단체 및 합금, 라이닝재	Au, Ag, Pt, Rh, Pd	치과용, 침, 수술 기구 치과용 실험 기구	Au판, Au박, Pt박, Pt선 Au, Pd 합금판, 캐럿(carat) Au판
	필름, 정착액	Au, Ag		뢴트겐 필름, 고감도 필름, 정착액
장식 관계	귀금속 단체 및 합금, 라이닝재	Au, Ag, Pt, Pd	각종 장식품, 화폐, 안경 프레임, 캐럿 Au	반지, 금화, 목걸이, Au 분말

① 함유된 귀금속과 그 외 물질의 종류와 추정량

② 방사능 오염 유무(소량이라도 혼입되면 전체 공정이 방사능으로 오염됨)

③ 가공 방법과 그 상태

④ 액체의 경우 액 조성과 액의 종류

귀금속을 함유하는 원료의 전처리에는 다음과 같은 것이 있다.

① 소성(하소): 귀금속 함유 폐촉매, 수지, 귀금속 함유 활성탄 등

② 분쇄: 알루미나 담체 귀금속 폐촉매, 유리(액정), 세라믹 등은 파·분쇄하여 침출 등을 쉽게 한다. 또 플라스틱 등에 몰딩되어 있는 IC 칩 등의 부품과 리드 프레임 등은 고속 전단파쇄기에서 파쇄하여 선별이 쉽도록 한다.

③ 분급: 귀금속 부착물에 혼입되어 있는 이물질 제거

④ 자력 선별: 귀금속 스크랩 중 철분 등의 제거

⑤ 여과: 귀금속 함유 도금 폐액 중의 이물질 제거, 약품에 의한 귀금속이나 유가물의 고액 분리

⑥ 박리: 금, 은이 표면에 노출되어 있으면 시안 용액 등으로 박리 용해한다.

2) 귀금속의 리사이클링 순서

귀금속을 함유하는 리사이클링 원료에서 귀금속을 회수하는 순서는 크게 나누어 평가, 회수와 농축, 정제의 3단계로 이루어져 있다. 그림 13.24에는 이러한 귀금속의 리사이클링 순서를 나타내었다.[27,58]

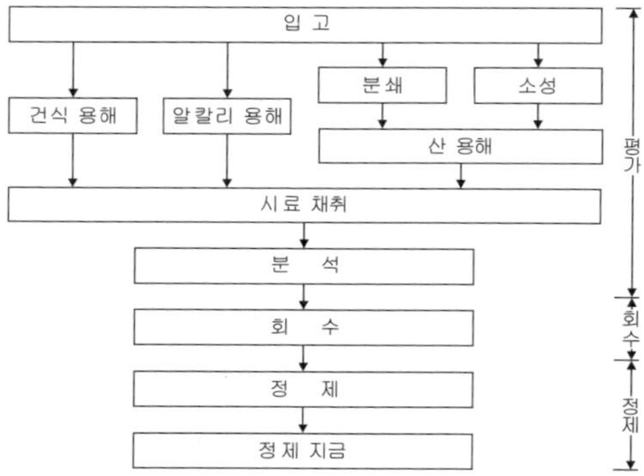

그림 13.24. 귀금속의 입수부터 회수정제까지의 순서도

(1) 평가

평가는 원료에 들어 있는 귀금속의 종류와 함유량을 결정하는 것이다. 특히 귀금속 리사이클링 원료 중 귀금속의 농도는 매우 낮고 분산되어 있으며, 고가이므로 원료로부터 분석시료를 정확하게 얻기 위한 전처리와 시료채취, 귀금속 함유량을 정밀하게 구하기 위한 분석과 원료의 계량이 필요하다.

귀금속을 함유하는 고체 원료 중 금속괴나 선재, 도금된 것 등은 산이나 알칼리 용액으로 용해하여 시료를 채취한다. 수지나 세라믹에 몰딩되어 있는 CPU나 메모리 등은 파쇄, 소성, 용해를 반복하여 액체 상태로 만들어 시료를 채취한다. 또 세라믹이나 산화물과 복합체로 되어 있는 원료는 플럭스와 함께 용융하여 산화물 성분을 분리한 후 금속 성분의 채취와 계량을 한다. 그리고 침전물 등이 없는 균일한 액체는 교반 후 곧바로 시료를 채취하고, 침전물 등이 혼입되어 있으면 여과 등의 처리를 한 후에 시료를 채취한다.

귀금속 함유량이 높은 것은 중량법으로, 함유량이 매우 낮은 것은 산이나 알칼리에 용해하여 원자흡광분석(AA)이나 고주파 유도결합 플라스마

발광분광분석(ICP) 등의 기기분석으로 함유량을 결정한다. 귀금속 함유량의 분석결과는 직접 금액에 반영되므로 정밀한 평가기술이 필요하다.[27]

(2) 회수와 농축

회수 공정은 원료 중의 귀금속 농도가 매우 낮으므로 귀금속을 농축하여 조분리하는 것을 의미한다. 이때 귀금속이 전량 회수될 수 있도록 하는 것이 중요하다. 용액 중의 귀금속은 환원제에 의한 환원이나 Zn 등의 금속에 의한 치환반응을 이용한 회수, 이온 교환 수지나 활성탄에 흡착시키는 방법, 용매 추출로 회수와 분리 및 정제하는 방법, 전해 채취 등의 방법이 있다.

고체 원료는 전처리한 후에 산이나 알칼리 용액으로 귀금속을 침출하여 회수한다. 그러나 고체 중의 귀금속 함유량이 적고 산이나 알칼리에 잘 침출되지 않거나 습식 처리의 경제성이 없는 경우는 Fe나 Cu 등과 합금화시켜 농축하는 건식회수법을 이용한다. 세라믹 성분 등이 많으면 포집금속, 플럭스와 함께 용융하여 귀금속을 합금화시켜 금속 성분과 플럭스 성분을 분리하여 농축하는 방법도 사용하고 있다. 건식법에서 농축된 Cu 중의 귀금속은 침출한 후에 분리·정제한다.[27]

(3) 정제

정제는 회수 공정에서 조분리한 귀금속의 불순물을 필요한 순도까지 제거하는 것이다. Au는 99.99 % 이상의 지금(地金)이 유통되고 있고, 전기·전자 산업 분야에서는 99.999 %까지 정제된 고순도의 것을 사용하고 있다. 백금족 금속인 Pd, Rh, Ir, Ru은 99.9 % 이상이지만, 일반적으로는 99.95 %까지 정제한다.[27]

3) 건식법에 의한 귀금속의 회수

자동차용 촉매, 석유화학용 촉매, 세라믹에 몰딩되어 있는 반도체 칩 등은 건식법으로 처리하여 농축하기도 한다. 이러한 귀금속을 함유하는 원료는 천연광석을 원료로 사용하는 제련 공정에 투입하면 높은 실수율로 귀금속을 농축하여 리사이클링할 수 있다. 그러나 이 방법은 공장 입지에 제약이 있으며, 귀금속 회수까지 장시간이 소요되는 문제점이 있다. 기본적으로는 건식법으로 스크랩 중의 귀금속을 농축하고, 습식법으로 정제하여 회수하는 것이 바람직하다.

그림 13.23에 나타낸 것처럼 스크랩 중의 귀금속 농축은, 비철금속 제련 공정을 이용하는 경우와 전용로에서 처리하는 방법이 있지만, 기본적으로 포집 금속 중으로 귀금속을 합금화시켜 농축하는 방법이다. 구리나 납의 제련 공정에서는 귀금속이 포집되어 있는 조금속의 전해정련에서 발생한 anode slime으로부터 그림 13.15와 같은 공정을 거쳐 종류별로 회수한다.

귀금속 스크랩을 전용로에서 처리할 때도 Cu나 Fe 등의 포집 금속에 귀금속을 농축시켜 회수한다. 특히 품위가 일정한 자동차용 폐촉매와 같은 귀금속 스크랩을 다량 확보할 수 있다면 전용로에서 처리하여 회수하는 것이 경제적일 수 있다.

4) 습식법에 의한 귀금속의 회수

귀금속의 습식 처리는 원료를 수용액 상태로 만들어 침전분리, 용매 추출 등의 습식정제법으로 처리하여 귀금속을 종류별로 회수하는 방법이다. 특히 상기한 바와 같이 건식법에서도 귀금속을 포집 금속 등에 농축시킨 후 침출 공정을 거쳐서 회수하는 경우가 대부분이다. 습식법의 첫 단계는 고체 상태의 원료를 파쇄하여 미분으로 만든 후, 염산, 질산, 황산 등의 산이나 알칼리, 시안화소다 용액으로 귀금속 성분을 최대한 침출하는 것이다. 침출액의 선정은 원료 중의 귀금속 종류, 조성, 형태, 정제 공정에서의 적합도 등에 의해 결정되며, 표 13.13에는 침출액의 종류와 귀금속의 용해성을 나타내었다.[27]

표 13.13. 침출액 종류와 귀금속의 용해성

Reagent	Ag	Au	Ru	Rh	Pd	Os	Ir	Pt	STS**
Conc. H_2SO_4 aq.	◎	×	×	▲	◎	◎	×	×	◎
Conc. HNO_3 aq.	◎	×	×	×	◎	×	×	▲	×
HCl(aq.)+Cl_2(g)	SL*	◎	▲	▲	◎	▲	▲	◎	◎
Aqua regia	SL*	◎	▲	▲	◎	▲	▲	◎	◎
Alkali cyanide+ oxidizing agent	◎	◎	-	-	◎	-	-	◎	×

-: No data, ◎: Dissolves at room temperature or when heated
▲: Dissolves if the metal is fine powders or alloy
×: No dissolution, *SL: slime(AgCl), **STS: Stainless steel

고체 원료 중의 각 귀금속을 용해하고 회수하는 방법은 다음과 같다.[59]

(1) 금의 용해와 환원

고체 상태의 금은 아래 식들과 같이 왕수나 시안 화합물, 그리고 염산-염소 가스를 이용하여 침출한다. 그러나 왕수를 이용하면 질산성 질소(nitrate nitrogen)에 의한 환경문제에 주의하여야 한다. 그리고 시안 화합물의 맹독성에도 주의하여야 한다. 대표적인 금의 용해반응은 다음과 같다.

$$Au + 4HCl + HNO_3 \rightarrow HAuCl_4 + 2H_2O + NO \quad (13.36)$$

$$2Au + 4KCN + 2H_2O + (O) = 2KAu(CN)_2 + 2KOH \quad (13.37)$$

$$2Au + 2HCl + 3Cl_2 = 2HAuCl_4 \quad (13.38)$$

침출액 중의 금은 아래 식들과 같이 아황산염이나 아연 분말을 사용하여 환원하며, 전해법으로 환원하는 경우는 염화금 산용액을 전해액으로 하고, 양극은 금판을 사용하여 전해한다.

$$2HAuCl_4 + 3Na_2SO_3 + 3H_2O = 3Na_2SO_4 + 8HCl + 2Au \quad (13.39)$$

$$2HAuCl_4 + 3Zn = 3ZnCl_2 + 2HCl + 2Au \quad (13.40)$$

$$2KAu(CN)_2 + Zn = K_2Zn(CN)_4 + 2Au \quad (13.41)$$

(2) 은의 용해와 환원

고체 상태의 Ag는 다음 식과 같이 질산이나 시안 화합물을 이용하여 침출한다.

$$3Ag + 4HNO_3 = 3AgNO_3 + 2H_2O + NO \quad (13.42)$$

$$2Ag + 4KCN + H_2O + (O) = 2KAg(CN)_2 + 2KOH \quad (13.43)$$

Ag는 질산에 용해되며, 염화물 이온이 존재하는 왕수 등에서는 일부 $AgCl_2^-$ 이온으로 용해되지만 AgCl의 침전물이 생성되어 용해가 진행되지 못한다. 따라서 Ag 함유량이 많은 회수물은 질산으로 Ag를 미리 용해하고, 잔사는 왕수로 용해한다. 용액 중의 Ag는 다음 식과 같이 아연 분말을 이용하여 환원한다.

$$2AgNO_3 + Zn = Zn(NO_3)_2 + 2Ag \quad (13.44)$$

$$2KAg(CN)_2 + Zn = K_2Zn(CN)_4 + 2Ag \quad (13.45)$$

순도를 높이려면 질산 용액 중에서 은을 양극으로 하여 전해정제를 한다.

(3) 백금의 용해와 환원

Pt은 다음 식과 같이 왕수로 용해하여 염화물 착체를 만들며, 가열강한 염산 용액 중에 산화제로 염소를 불어넣으면서 용해할 수도 있다.[28]

$$Pt + 8HCl + 2HNO_3 = H_2PtCl_6 + 2NOCl + 4H_2O \quad (13.46)$$

$$3Pt + 18HCl + 4HNO_3 = 3H_2PtCl_6 + 4NO + 8H_2O \quad (13.47)$$

$$Pt + 2HCl + 2Cl_2 = H_2PtCl_6 \quad (13.48)$$

또 과산화수소를 염산 용액에 첨가하여 생성되는 Cl_2(g)나 HClO(hypochlorous acid)가 산화제로 작용하여 백금족 금속이 용해되기도 한다.[28] 용액 중의 Pt은 다음 식과 같이 Zn 분말이나 포름산염(formate)* 으로 환원한다.

$$H_2PtCl_6 + 3Zn = Pt + 3ZnCl_2 + H_2 \quad (13.49)$$

그리고 알칼리로 염화백금산(H_2PtCl_6) 용액을 중화시킨 후 다음 식과 같이 포름산염을 첨가하여 환원하기도 한다.

$$Na_2PtCl_6 + 2HCOONa = Pt + 4NaCl + 2HCl + CO_2 \quad (13.50)$$

또 다음 식과 같이 염화암모늄(NH_4Cl)을 첨가하여 생성된 침전물인 염화백금산 암모늄을 하소하여 Pt을 얻기도 한다.

$$H_2PtCl_6 + 2NH_4Cl = (NH_4)_2PtCl_6 + 2HCl \quad (13.51)$$

$$3(NH_4)_2PtCl_6 = 3Pt + 18HCl + 2N_2 + 2NH_3 \quad (13.52)$$

(4) 팔라듐의 용해와 환원

Pd은 왕수로 용해하면 $PdCl_2$와 $PdCl_4$가 생성되지만 증발시켜 결정을 만들면 전부 $PdCl_2$가 되며, $PdCl_2$를 묽은 염산 용액으로 사용한다.

$$Pd + 3HCl + HNO_3 = PdCl_2 + 2H_2O + NOCl \quad (13.53)$$

Pd의 환원은 아연 분말이나 포름산염을 이용한다.

---

* 포름산염(formate, methanoate): 포름산이온(CHOO- or HCOO-)을 함유하는 화합물

$$PdCl_2 + Zn = ZnCl_2 + Pd \quad (13.54)$$

$$PdCl_2 + HCOONa = HCl + NaCl + CO_2 + Pd \quad (13.55)$$

$PdCl_2$의 염산 용액에 염화암모늄(ammonium chloride, NH_4Cl)을 첨가하고, 또 질산을 첨가하여 따뜻하게 하면 적색의 ammonium hexachloropalladate(IV)($Cl_6H_8N_2Pd$)의 침전이 생성되며, 이것을 하소하면 금속 Pd이 만들어진다.

또 $PdCl_2$의 염산 용액에 암모니아수를 첨가하면 황갈색의 디클로로아민(dichloroamine) 팔라듐인 $Pd(NH_3)_2Cl_2$가 만들어지고, 다시 암모니아수를 첨가하면 황색의 디클로로테트라아민 팔라듐(Tetraammine palladium(II) chloride, $[Pd(NH_3)_4]Cl_2$) 용액이 된다. 여기에 염산을 첨가하여 pH 1~2로 만들면 황색의 $Pd(NH_3)_2Cl_2$의 침전이 생기며, 이것을 하소하면 금속 Pd이 만들어진다.

(5) 기타 백금족 금속의 용해

덩어리 상태의 Rh, Ru, Ir 등의 백금족 원소는 왕수에도 용해되지 않지만, 매우 미세한 분말로 만들거나 합금화에 의해 분산시키면 용해된다. 백금족 금속이 분산된 상태의 원료를 염소 가스 분위기 중에서 NaCl과 함께 가열하여 반응시키면 다음 식과 같이 가용성 염을 형성하므로 쉽게 용해시킬 수 있다.[27]

$$Ir + 2NaCl + 2Cl_2 = Na_2IrCl_6 \quad (13.56)$$

한편 Rh은 다음 식과 같이 산화성 분위기에서 $KHSO_4$와 함께 가열하여 반응시키면 용해시킬 수 있다.

$$4Rh + 3O_2 + 12KHSO_4 = 2Rh_2(SO_4)_3 + 6K_2SO_4 + 6H_2O \quad (13.57)$$

5) 귀금속의 습식 회수 공정 예

(1) 전기·전자부품에서 Au, Ag의 회수

Au, Ag 회수물은 Au와 Ag의 혼합비에 따라 다른 순서로 회수한다. Ag가 많은 것은 질산 용해 후 습식법에 의한 환원이나 AgCl로 침전 분리하고, 환원 후 전해정제나 습식법으로 정제를 한다. Au가 많은 것은 왕수에 용해한 후 여액을 습식환원(조금 회수)하고, 조금을 습식 정제하여 정제 금 분말(4N: 99.99 %)을 얻는다. Tanaka 귀금속에서의 회수·정제 공정도를 그림 13.25에 나타내었다.[58]

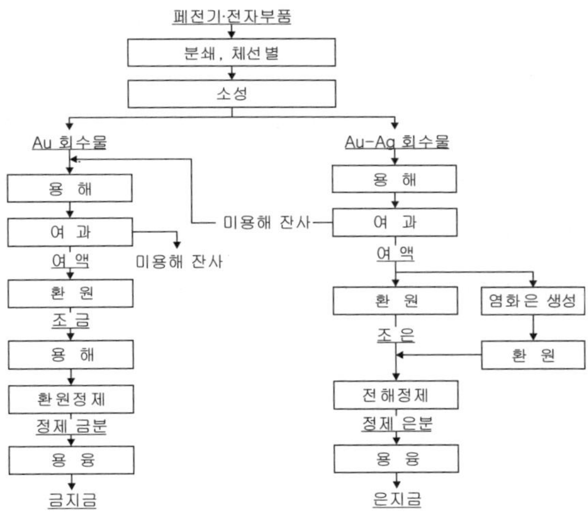

그림 13.25. 전기·전자부품에서 Au, Ag의 회수 공정도

(2) 도금 치구에서 Au, Ag의 회수

Au, Ag가 도금 치구(rack 등) 등에 얇은 피막으로 존재할 때는 시안화 알칼리에 산화제를 첨가한 용액을 이용하여 표면의 Au, Ag를 선택적으로 용해하고 치구는 재이용할 수 있다. 박리되어 용해된 Au, Ag는

Zn, Al 분말 등 수소보다 비한 금속 분말에 의한 치환 침전(cementation)법으로 회수한다.

회수한 조금, 조은은 정제 공정으로 보내며, 용액 중에 프리 시안이 많으면 Zn 분말의 소비가 많으므로 비효율적인 경우도 있다. 이런 경우에는 전해 석출로 Au, Ag를 회수하기도 한다. 시안 용액으로부터 Au, Ag 회수는 Pt을 도금한 Ti판(불활성 전극)을 이용하여 전해 석출한다. 이러한 전해 회수 장치는 시판되고 있기도 하며, 도금 폐액에서의 귀금속 회수 장치로도 이용되고 있다.

증착 치구의 경우, 증착되는 워크나 적층 구조에 따라 Au는 물론 각종 금속이 여러 종류에 걸쳐서 적층되어 있다. 따라서 적층된 금속의 구성에 따라 박리 순서를 정하고 구성된 금속의 종류에 따라 박리액을 선정한다. 또 몇 가지 약품을 병용하여 적층된 것에서 반복적으로 귀금속이나 다른 금속을 박리하여 세정 및 크린룸 내에서 청정화한 후, 치구를 리사이클링하기도 한다. 그림 13.26에는 이러한 치구에서의 귀금속 회수 공정도를 나타내었다.[58]

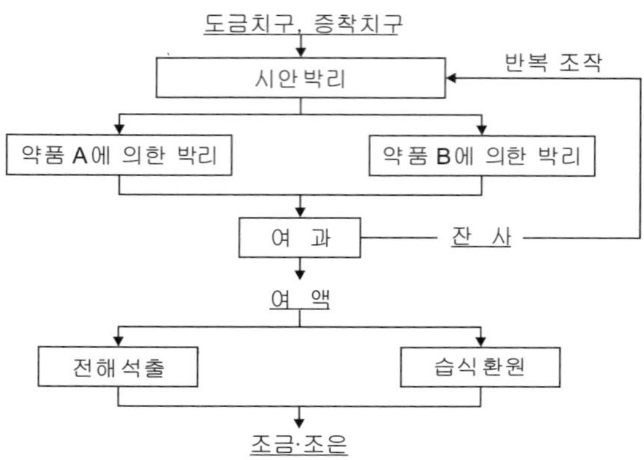

그림 13.26. 도금 치구의 귀금속 회수 공정도

(3) 도금 폐액에서 귀금속의 회수

PCB, 컨넥트, 리드 프레임 등의 제조 공정에서는 최종 표면 처리로 금, 은 등의 귀금속 도금을 하고 있다. 특히 금도금은 내식성이 우수하여 와이어 본딩 접합이나 납땜의 신뢰성이 우수하여 폭넓게 사용되고 있다. 또 Pd은 촉매활성이 높아, 무전해 구리도금이나 무전해 니켈도금을 위한 촉매 특성을 부여하는 공정에 사용되고 있다. 그러나 귀금속은 고가이기 때문에 가능한 한 사용량을 줄이고 있으며, 부품에 부착되지 않고 공정 중에 남아 있는 귀금속은 회수하여 유가물로 매각하거나, 도금용 원료로 재이용하고 있다.[60]

귀금속 함유 도금 폐액에는 사용 후 귀금속 도금액 외에도 회수수, 수세수 등이 있다. 또 박리액도 정기적 혹은 부정기적으로 발생하며, 무전해 도금의 전처리로 사용되는 촉매 특성 부여액도 정기적으로 교환하여야 하므로 폐액이 발생한다. 도금 폐액 등 귀금속 농도가 매우 묽은 용액은 이온 교환 수지나 활성탄에 의한 흡착으로 회수하기도 한다. 용액 중에 귀금속 농도가 높으면 용매 추출법이나 전해환원으로 정제까지 하고 있다. 예를 들어 금도금 공정에서 50 mg/L Au 이상의 것은 전해 회수 장치를 이용하며, 그 이하이면 이온 교환 수지를 이용하는 것이 적합하다.[58]

8. 귀금속 폐촉매의 리사이클링

1) 귀금속 촉매

표 13.14에는 각 백금족 금속의 주요한 용도를 나타내었으며,[61] Os

표 13.14. 백금족 금속의 용도

Product	Application	Ru	Rh	Pd	Os	Ir	Pt
Aircraft engines	Turbine blades, spark plugs						●
Automobiles	Pollution control catalyst		●	●			●
	Spark plugs			●		●	●
	Airbag initiators, engine control sensors						●
	Electronics for engine management systems	●		●			●
Chemical & petroleum	Plastics, polyester, pharmaceutical ingredients, high octane gasoline, silicones, fertilizers and explosives	●	●	●		●	●
Computers	Thin layer in hard disks to increase memory storage capacity	●					●
Electronic equipment	Connectors, resistors, lasers, printed circuits, capacitors	●		●		●	●
Fuel cells	Electric vehicles, standby & auxiliary power, domestic power & heating	●					●
Glass & ceramics	Glass fiber, display glass, optical glass, ceramic glass, tableware, decorative patterns and finishes		●				●
Jewelry	Rings, pendants, chains, watch cases & straps		●	●			●
Dental restorations	Dental inlays, bridges, crowns	●		●		●	●
Medical & Biomedical	Implants, antitumor drugs, cancer screening, treatments for heart disease	●	●	●	●	●	●

외의 나머지는 촉매로 가장 많이 사용되고 있다. 따라서 이러한 폐촉매에서의 유가금속 회수에 대해 많은 연구들이 수행되었다.[62~68]

폐촉매로부터 백금족 금속을 리사이클링하기 위해서는 촉매의 구조를 이해하는 것이 필요하며, 그림 13.27에 자동차용 촉매의 가장 기본적인 구조를 나타내었다.[14] 일반적으로 담체(support)로는 하니컴 구조를 가지는 코디에라이트(cordierite, $2MgO{\cdot}Al_2O_3{\cdot}5SiO_2$)를 사용하며, 담체 내부는 고온에서도 높은 표면적이 유지되는 Al_2O_3 등의 다공질 산화물이나 촉매반응을 촉진하는 산화물(CeO_2, ZrO_2)이 도포되어 있다. 이러한 산화물 위에 미립의 귀금속이 담지되어 있다. 다만 다단계로 코팅하여 다층이 되어 있기도 하며, 촉매의 상류부와 하류부를 다르게 코팅하기도 한다. 이러한 촉매 중의 귀금속량은 자동차의 종류나 촉매에 따라 다르지만, ~10 g 정도인 것으로 예상한다.[14]

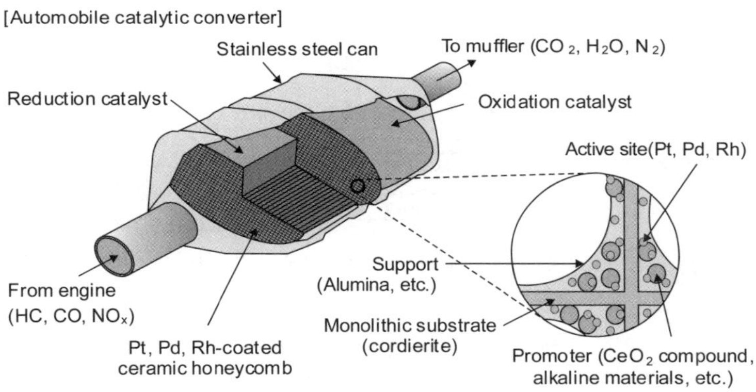

그림 13.27. 전형적인 자동차 촉매의 구조

2) 폐촉매의 습식처리

Pt이나 Pd 등은 화학적으로 안정하여 수용액 중으로 침출시키는 것이 쉽지 않아 산화제와 착화제를 사용한다. 그러나 금속상의 Rh 등이 고농도로 함유되어 있으면 침출반응의 속도가 느리고 금속 표면이 산소와 결합하면서 부동태화되어 산화제와 착화제에 의해서도 쉽게 침출되지 않는다. 그리고 폐촉매의 습식 처리는 많은 양의 침출용매를 사용하므로 폐액 처리 등 환경문제도 있다.

그러나 폐촉매의 양이 많지 않을 때는 건식법보다 습식법이 유리할 수 있다. 귀금속 폐촉매의 습식 처리법으로는 그림 13.28과 같이 귀금속 직접 침출법과 담체 용해법이 있다.[63]

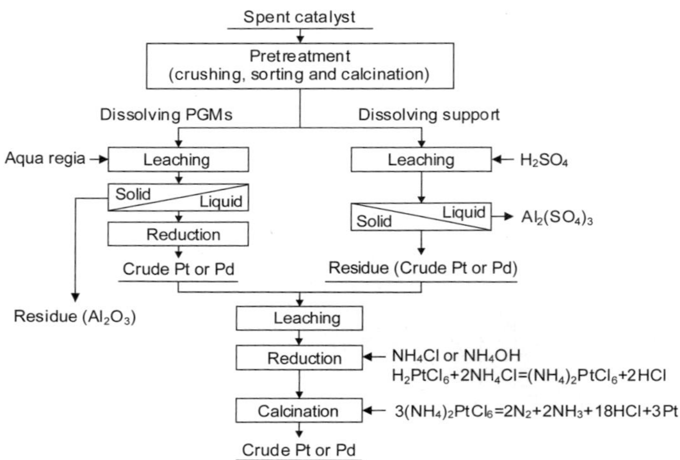

그림 13.28. 귀금속 폐촉매의 습식처리 공정도

(1) 백금족 금속의 직접 침출

백금족 금속은 다공질 담체에 분산되어 있으므로 담체를 미분쇄하여야 효율적인 침출이 가능하다. 미분쇄한 담체는 다음과 같이 침출한다.

① 왕수나 HCl+산화제($NaClO_3$, NaOCl, Cl_2 가스)로 백금족 금속을 직접 침출

② 고온·고압의 오토클레이브에서 NaCN이나 I_2으로 직접 침출

이러한 백금족 금속의 직접 침출에서는 침출액이 침출 잔사인 다공질의 알루미나 등으로 흡수되어 침출액의 약 1~2 %가 손실되기도 한다. 백금족 금속이 고가이므로 손실량은 적어도 금액적으로는 부담이 된다.[69]

(2) 담체 용해법

담체를 미분쇄하고 소성하여 황산(H_2SO_4)으로 담체만 침출시킨다. 특히 석유화학용 폐촉매의 알루미나 담체가 황산에 잘 용해되는 특성을 이용한 것으로, 황산에 불용성인 백금족 금속을 농축시켜 회수할 수 있다. 담체 용해법은 백금속 금속의 회수율이 높고, 용해된 담체도 활용할 수 있으므로 보다 경제적인 방법이 될 것이다.[63]

3) 폐촉매의 건식처리

백금족 금속의 함유량이 일정하고 다량으로 발생하는 자동차용 폐촉매 등은 건식법으로 처리하는 것이 경제적이다. 폐촉매의 건식처리에서도 천연광석의 귀금속 회수와 마찬가지로 백금족 금속을 Fe나 Cu 등의 포집금속으로 분배시켜 습식법으로 분리하며, 대표적으로 플라스마 아크 용융법과 Rose법이 알려져 있다.

(1) 플라스마 아크 용융법

그림 13.29에는 Fe을 포집금속으로 사용하는 플라스마 아크 용융법으로 폐촉매 중의 백금족 금속을 회수하는 Multimetco사의 공정을 나타내었다. 기본적으로는 폐촉매의 전처리, 1차 용융, 슬래그의 재용융 및 합금의 습식처리로 구성되어 있다. 1차 용융에서는 폐촉매 담체와 함께 플럭스

인 CaO, 환원제인 C, 그리고 포집금속인 Fe을 장입하여 1,500~1,600 ℃에서 용융시킨다. 이때 노의 천정에 달려 있는 음극(텅스텐제)을 10 rpm 전후의 속도로 회전시켜 균일한 가열과 반응이 촉진되도록 한다. 1차 용융에서의 포집금속은 주기적으로 출탕하고 냉각한 후 습식처리를 위해 파쇄한다. 그리고 1차 용융에서 생성되는 슬래그에 분배된 백금족 금속을 회수하기 위해 재용융 및 분리한다. 슬래그를 사이펀식으로 연속출탕하여 냉각, 파쇄한 후, 1차 용융과 동일한 공정으로 2차 용융을 하여 포집금속과 2차 슬래그로 분리한다. 1, 2차 용융에서 회수한 포집금속은 귀금속 정련공정으로 보내어 Pt, Pd, Rh으로 분리한다.[70]

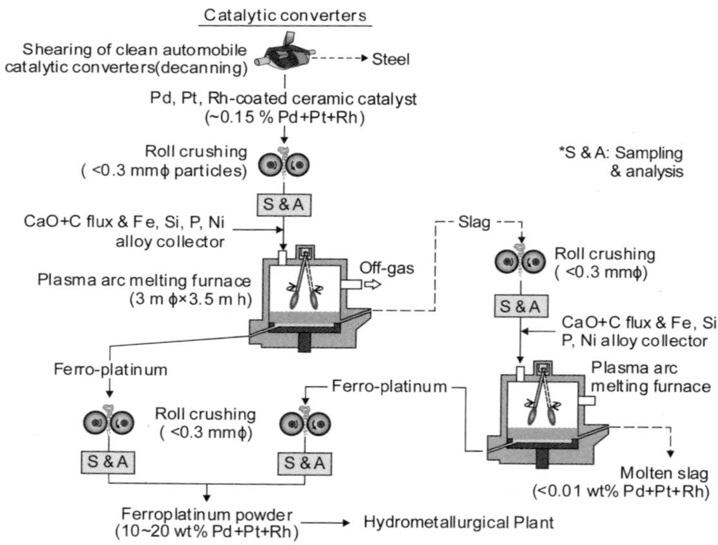

그림 13.29. 자동차 폐촉매의 리사이클링 공정도

(2) Rose법

Rose법도 자동차용 폐촉매를 환원제, 플럭스와 함께 용융시켜 백금족

금속을 회수하는 방법이지만, Cu와 Cu_2O를 포집금속으로 사용한다. Rose법은 일본의 PGM사가 개발한 방법이며, 명칭은 로듐(Rh)의 어원인 장미에서 따온 것으로, 그림 13.30에 공정도를 나타내었다. 원리는 제련 공정 활용법이나 플라스마 용융법과 동일하게 유가금속을 포집금속으로 분배시켜 회수하는 방법이다. 다만 1단계 용융에서 Cu_2O도 포집제로 사용하므로 저융점 슬래그를 만들 수 있으며, 2단계에서는 포집합금(Cu)을 Cu_2O로 직접 산화시키므로 귀금속이 더욱더 농축되는 장점이 있다.[57]

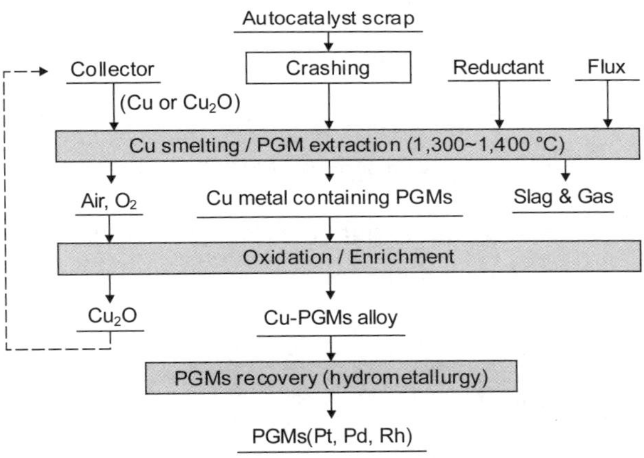

그림 13.30. Rose법에 의한 백금족 금속의 회수 공정도

4) 염화에 의한 백금족 금속의 분리회수

Okabe 등은 왕수 등의 강력한 산화제를 사용하지 않고 염산 등으로 백금족 금속을 용해하는 프로세스를 제안하였다. 염화물 증기를 공급하여 복잡한 형상의 폐기물 중에 함유된 백금족 금속을 높은 효율로 반응시켜 산에 쉽게 용해되는 화합물을 생성시키는 것으로, 기상반응을 통한 분리와 정제를 할 수 있는 새로운 방법이 될 것이다.[71] 그림 13.31에는

그 예로서 $FeCl_2$ 증기로 백금족 금속을 Fe와 합금화시키고, 파쇄 후 자력 선별하여 염산 등으로 Fe를 용해시켜 제거하고 백금족 금속을 회수하는 프로세스를 나타내었다.[72,73]

기상 중의 $FeCl_2$는 다음 식과 같이 분해되어 $FeCl_3(g)$를 생성한다.

$$3FeCl_2(g) = Fe(s, in\,PGMs) + 2FeCl_3(g) \tag{13.58}$$

이때 생성된 기상 중의 $FeCl_3(g)$는 다음 식과 같이 철로 만들어진 반응 용기나 철 스크랩과 반응하여 $FeCl_2(g)$를 생성한다.

$$3FeCl_3(g) + Fe(s) = 3FeCl_2(g) \tag{13.59}$$

따라서 총괄반응은 다음과 같다.

$$Fe(s) = Fe(s, in\,PGMs) \tag{13.60}$$

이러한 프로세스는 유해한 폐액의 발생이 적은 장점이 있으며, 향후 보다 친환경적인 프로세스로 발전할 수 있을 것으로 기대되고 있다.

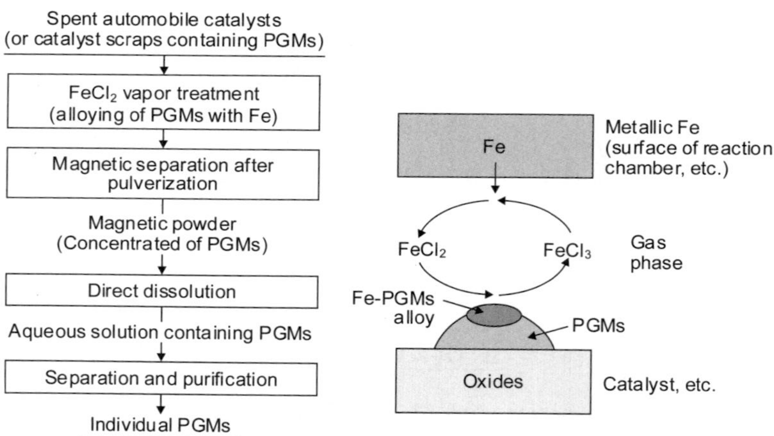

그림 13.31. 염화에 의한 백금족 금속의 분리 공정도

9. 종합

금, 은과 6개의 백금족 금속을 귀금속으로 분류한다. 이들 금속은 지각 중 원소 존재도가 매우 낮은 희소금속이지만 현대산업의 핵심금속으로 자리잡았다. 특히 금, 은은 지각 중 원소 존재도가 매우 낮으며, 백금족 금속은 남아공, 러시아 등 극히 한정된 국가의 특정 지역에 편재되어 있는 대표적인 희소금속이다. 따라서 이러한 귀금속의 안정적인 공급을 위해서는 리사이클링이 필수적이다. 본 장에서는 귀금속의 순환이용을 위한 제련 기술과 리사이클링 기술에 대하여 알아보았다.

금의 대부분은 장신구나 투자용으로 소비되지만, 일부는 은과 함께 전기·전자부품에 사용되고 있다. 은도 장신구, 식기 등에 사용되지만 산업용으로 가장 많이 소비되고 있다. 금, 은의 1차 지금의 대부분은 습식제련법으로 만들어지고 있지만, 상당량은 구리, 납, 아연 등의 비철금속 제련의 공정 부산물에서 건식 및 습식의 복합 제련으로 회수하고 있다. 이러한 금, 은의 제련법은 2차 자원에서의 회수에도 적용되고 있다.

한편 백금족 금속 전체의 연간 공급량은 500톤 미만이지만, 그중에서 Pd과 Pt을 제외한 나머지 백금족 금속은 생산량이 잘 알려져 있지 않고, 공급량은 수십 톤 미만에 불과하다. 천연광석에서의 백금족 금속은 구리나 니켈의 건식제련으로 농축한 후, 습식제련으로 정제 및 분리하여 생산한다. 백금족 금속의 최대 용도는 자동차 배기가스 정화용 촉매이므로, 폐촉매의 리사이클링이 중요하다. 폐촉매 등에서의 백금족 금속의 회수도 천연광석과 유사하게 건식제련에서 백금족 금속을 포집금속에 농축시킨 후 습식으로 처리한다. 그러나 폐촉매 등 2차 자원 수급량이 많지 않으면 습식으로 처리하기도 한다.

금의 무게를 나타내는 단위

1 troy ounce = 1,097 ordinary ounces

1 troy ounce = 480 grains

1 troy ounce = 31.1 grams

1,000 troy ounces = 31.3 kilograms

1 gram = 0.03215 troy ounces

1 kilogram = 32.15 troy ounces

1 tonne = 32.150 troy ounces

1 ordinary ounce = 0.9115 troy ounces

1 ordinary pound = 14.58 troy ounces

금의 순도를 나타내는 단위

Percent Gold (%)	European System (fine)	Karat System (karat)
100	1,000	24
91.7	917	22
75.0	750	18
58.5	585	14
41.6	416	10

[참고문헌]

1 C. R. Hammond, 2014: Sec. 4 Properties of the Elements and Inorganic Compounds, CRC Handbook of Chemistry and Physics 95th Ed. (2014–2015), pp.4.44-4.101, Ed. by Haynes, W. M., CRC Press.

2 R. T. Jones, 2005: An overview of Southern African PGM smelting, Procd. of Nickel and Cobalt 2005: Challenges in Extraction and Production, 44th Annual Conference of Metallurgists, pp.147-178, 21-24 August 2005, Calgary, Alberta, Canada.

3 Y. Yamabe-Mitarai, 2011: Effective Use of Platinum Group Metals, J. Japan Inst. Metals 75(1), pp.10-20.

4 F. Habashi, 2008: The Seven Metals of Antiquity, Trans. Inst. Min. Metall. C 117(3), pp.190-191.

5 E. Pernicka, 2004: Silver production by cupellation in the fourth millennium BC at Tepe Sialk, pp.69–72, In S. M. Shahmirzadi (Ed.), The potters of Sialk. Archaeological report monograph series.

6 E. Carter, S. Campbell, and S. Gauld, 2003: Elusive Complexity: New Data from Late Halaf Domuztepe in South Central Turkey, Paléoricnt. 29(2), pp.117-134.

7 J. W. Lehner and K. A. Yener, 2014: Ch. 20 Organization and Specialization of Early Mining and Metal Technologies in Anatolia, p.538, Archaeometallurgy in Global Perspective: Methods and Syntheses, Ed. by B.W. Roberts, C. P. Thornton, Springer, New York.

8 R. I. Kostov, 2017: Symmetry of Form and Weight: Standardization of Gold and Mineral Artifacts from the Varna Chalcolithic Necropolis(5th Millennium BC), Symmetry: Culture and Science 28(4), pp.421-430.

9 V. Leusch, B. Armbruster, E. Pernicka, and V. Slavčev, 2015: On the Invention of Gold Metallurgy: The Gold Objects from the Varna I Cemetery (Bulgaria)—Technological Consequence and Inventive Creativity, Cambridge Archaeological Journal 25(1), pp.353–376.

10 The History of Gold, National Mining Association.

11 UNCTAD, 2015: Commodities at a Glance, Special issue on gold p.4, United Nations.

12 C. Barnard and A. Fones: 2012: The Platinum Decathlon – A Tribute to the Foresight of Antoine Baumé, Platinum Metals Rev. 56(3), pp.165–176.

13 F. Habashi, 2003: Two hundred years platinum group metals, Metall 57, pp.732-739.

14 Injoon Son and Ho-Sang Sohn, 2021: Smelting of Platinum Group Metals and Recycling of Spent Catalyst, Resources Recycling 30(3), pp.18-29.

15 Man-Seung Lee and Jin-Young Lee, 2009: Ionic Equilibria of Pt(IV), Pd(II) and Rh(III) in Hydrochloric Acid Solution, J. of Korean Inst. of Resources Recycling 18(1), pp.30-37.

16 T. D. Kelly and G. R. Matos, 2014: U.S. Geological Survey Platinum-group metals statistics, Historical statistics for mineral and material commodities in the United States: U.S. Geological Survey Data Series 140, accessed 2019, at http://minerals.usgs.gov/minerals/pubs/historical-statistics/.

17 R. O'Connell et al., 2018: GFMS GOLD SURVEY 2018, p.9, Thomson Reuters, Tanaka Precious Metals.

18 K. N. Sheaffer, 2022: Gold, U.S. Geological Survey, Mineral Commodity Summaries, January 2022.

19 R. O'Connell et al., 2018: WORLD SILVER SURVEY 2018, Thomson Reuters, London, UK.

20 C. S. Anderson, 2022: Silver, U.S. Geological Survey, Mineral Commodity Summaries, January 2022.

21 P. Klapwijk, P. Walker, P. Ryan, et al., 2010: Platinum & Palladium Survey 2010, pp.21-26, GFMS Limited, London, UK.

22 R. O'Connell, C. Alexander, R. Strachan, et al., 2017: GFMS Platinum Group Metals Survey 2017, pp.18-22, GFMS Limited, London, UK.

23 R. O'Connell et al., 2018: GFMS Platinium Group Metals Survey 2018, Thomson Reuters, London, UK.

24 C. Alexander, S. Litosh, B. Alway, et al., 2019: GFMS Platinum Group Metals Survey 2019, pp.18-21, GFMS Limited, London, UK.

25 Ruth F. Schulte, 2022: Platinum-group metals, p.127, Mineral Commodity Summaries 2022, U.S. Geological Survey, Reston, Virginia.

26 A. Cowley, 2022: PGM market report May 2022, pp.43-53, Johnson Matthey.

27 J. Sibata and A. Okuda, 2002: Recycling Technology of Precious Metals, Sigen-to- Sozai 118(1), pp.1-8.

28 Manseung Lee, 2010: Chemical Properties and Dissolution Technology of Platinum Group Metals in Solutions, J. of Korean Inst. of Resources Recycling 19(5), pp.3-12.

29 W. C. Butterman and H. E. Hilliard, 2004: Mineral Commodity Profiles, Silver, p.8, U.S. Geological Survey.

30 粟倉泰弘, 1997: 湿式による浸出・回収, 資源と素材 113(12), pp.932-935.

31 F. Habashi, 1967: Kinetics and Mechanism of Gold and Silver Dissolution in Cyanide Solutions, Montana Bureau of Mines Geological Bulletin 59, pp.1-42.

32 J. C. Yannopoulos, 1991: The Extractive Metallurgy of Gold, p.145, Van Nostrand Reinhold, NY, USA.

33 H. Li, A. Ma, C. Srinivasakannan, et al., 2018: Investigation on the recovery of gold and silver from cyanide tailings using chlorination roasting process, Journal of Alloys and Compounds 763, pp.241-249.

34 G. Chi, M. C. Fuerstenau, and J. O. Marsden, 1997: Study of Merrill-Crowe processing. Part I: Solubility of zinc in alkaline cyanide solution, Int. J. Miner. Process 49, pp.171-183.

35 박평주, 이승이, 김수식, 백영현, 1980: 비철제련공학, p.288, 대한금속학회, 탑출판사.

36 손호상, 2019: 자원리사이클링공학, p.303, 경북대학교출판부.

37 M. M. Veiga and A. J. Gunson, 2020: Gravity Concentration in Artisanal Gold Mining, Minerals 10(11), pp.1026-1075.

38 손호상, 2019: 자원리사이클링공학, p.91, 경북대학교출판부.

39 W. M. Ambrós, 2020: Jigging: A Review of Fundamentals and Future Directions, Minerals 10(11), pp.998-1029.

40 P. C. Velásquez-López, M. M. Veiga, and K. Hall, 2010: Mercury balance in amalgamation in artisanal and small-scale gold mining: identifying strategies for reducing environmental pollution in Portovelo-Zaruma, Ecuador, Journal of Cleaner Production 18, pp.226–232.

41 L. J. Esdaile and J. M. Chalker, 2018: The Mercury Problem in Artisanal and Small-Scale Gold Mining, Chem. Eur. J. 24, pp.6905-6916.

42 손호상, 2020: 범용금속의 리사이클링, p.298, 경북대학교출판부.

43 N. J. Andrew, B. van Beek, A. Lexmond, and J. H. Zietsman, 2014: Effect of Feed Composition Fluctuations on a Platinum Furnace Energy Balance and Slag Temperature. The Southern African Institute of Mining and Metallurgy, Pyrometallurgical Modelling-Principles and Practices, Kempton Park, South Africa, 4-5 August 2014. pp.117-126.

44 M. Jacobs, 2006: Process description and abbreviated history of Anglo Platinum's Waterval Smelter. In R. T. Jones (Ed.), Pyro 2006 – Southern African

pyrometallurgy 2006 international conference (pp.17–34). SAIMM.

45 International Platinum Group Metals Association, The Primary Production of Platinum Group Metals (PGMs), www.ipa-news.com

46 P. Sinisalo and M. Lundström, 2018: Refining Approaches in the Platinum Group Metal Processing Value Chain—A Review. Metals 8, 203.

47 T. H. Okabe, 2007: Current Status of Platinum Group Metals and Recycling Technologies, Materia Japan 46(8), pp.522-529.

48 Frank K. Crundwell et al., 2011: Extractive Metallurgy of Nickel, Cobalt and Platinum-Group Metals, p.491, Elsevier Ltd. UK.

49 이응조, 1985: 습식제련공학, p.159, 문운당.

50 Frank K. Crundwell et al., 2011: Extractive Metallurgy of Nickel, Cobalt and Platinum-Group Metals, p.494, Elsevier Ltd. UK.

51 조만형, 이재하, 1993: 비철금속제련공학, p.229, 한양대학교출판부.

52 梅津良昭, 1997: 電解プロセス, 資源と素材(Sigen-to-Sozai) 113(12), pp.945-947. (https://doi.org/10.2473/shigentosozai.113.945)

53 박평주, 이승이, 김수식, 백영현, 1980: 비철제련공학, p.296, 대한금속학회, 탑출판사.

54 H. Narita, T. Suzuki, and R. Motokawa, 2017: Recent Research in Solvent Extraction of Platinum Group Metals, J. Japan Inst. Met. Mater. 81(4), pp.157-167.

55 박평주, 이승이, 김수식, 백영현, 1980: 비철제련공학, p.295, 대한금속학회, 탑출판사.

56 Y. Kayanuma, S. Mizuhashi, and Y. Shindo, 2017: The Present State and Problems of Precious Metals Recycling, J. Japan Inst. Met. Mater. 81(4), pp.152-156.

57 T. H. Okabe, H. Nakada and K. Morita, 2008: Recovery Technology of Platinum Group Metals, J. The Surface Science Society of Japan 29(10), pp.592-600.

58 A. Okuda, 2007: Recycling of Precious Metals at Tanaka Kikinzoku Kogyo K.K., MMIJ 123(12), pp.737-740.

59 新井 陽太郎, 2011: レアメタル・貴金属の回収技術の基礎, 工業教育資料337号, pp.8-11, 2011-05, 実教出版株式会社.

60 S. Mizuhashi and T. Honda, 2015: Recovery of Precious Metals from Plating Solutions and their Derivatives - On-site Precious Metals Recovery System, J. The Surface Finishing Society of Japan 66(3), pp.81-85.

61 C. Hagelüken, 2012: Recycling the Platinum Group Metals: A European Perspective, Platinum Metals Rev. 56(1), pp.29–35.

62 J. C. Lee, J. K. Jeong, M. S. Kim, et al., 2004: Recovery of Platinum Group Metals from Spent Automotive Catalysts by Hydrochloric Acid Leaching, J. of Korean Inst. of Resources Recycling 13(5), pp.28-36.

63 J. C. Lee, J. Jeong, B. S. Kim, et al., 2004: Sulfuric Acid Dissolution of Carriers for Recovering Platinum from the Spent Petroleum Catalysts, J. of Korean Inst. of Resources Recycling 13(1), pp.14-21.

64 S. Harjanto, Y. Cao, A. Shibayama, et al., 2006: Leaching of Pt, Pd and Rh from Automotive Catalyst Residue in Various Chloride Based Solutions, Materials Trans. 47(1), pp.129-135.

65 S. Nakamura, N. Kojima, and K. Yokoyama, 2007: Current Status of Recycling PGMs from Scrapped Autocatalysts. MMIJ 123(12), pp.799-802.

66 W. T. Kim, H. S. Kim, S. B. Cho, et al., 2008: Effect of Attrition Scrubbing on the Recovery of Platinum Group Metals from Spent Automobile Catalytic Converters, J. of Korean Inst. of Resources Recycling 17(5), pp.28-36.

67 P. P. Sun, and M. S. Lee, 2013: Recovery of Pt from the Chloride Leaching Solution of Spent Catalysts by using Column Extractor, J. of Korean Inst. of Resources Recycling 22(6), pp.26-32.

68 K. Fujima, T. Morimoto, H. Itoigawa, et al., 2017: Development of a Process for Recycling Platinum Group Metals Using Molten Alkali Metal Chlorides, J. Japan Inst. Met. Mater. Vol. 81, No. 4 (2017), pp.168-177.

69 이재천, 2009: 폐촉매 재활용, 리싸이클링백서2009, (사)한국자원리싸이클링학회, p.281.

70 T. H. Okabe and Katsuhiro Nose, 2011: Pyrometallurgical Recycling Processes for Rare Metals and Platinum Group Metals, Material Cycles and Waste Management Research 22(1), pp.50-57.

71 T. H. Okabe, 2019: Smelting, Refining, and Recycling of Precious Metals, Materia Japan 58(10), pp.557-562.

72 Y. Taninouchi and T. H. Okabe, 2018: Recovery of Platinum Group Metals from Spent Catalysts Using Iron Chloride Vapor Treatment, Metall. Meter. Trans. B 49B, pp.1781-1793.

73 Y. Taninouchi and T. H. Okabe, 2018: Effective Alloying Treatment for Platinum Using Iron Chloride Vapor, Materials Trans. 59(1), (2018) pp.88-97.

14

희토류 원소

Rare Earth Elements

제14장 | # 희토류 원소

Rare Earth Elements

1. 서론

희토류 원소(rare earth elements, REEs)는 그림 14.1에 나타낸 주기율표의 3족에 속하는 스칸듐(scandium, Sc), 이트륨(yttrium, Y)과 란타넘(lanthanum, La, 57)부터 루테튬(lutetium, Lu, 71)까지 15개의 란타넘족(lanthanids)을 더한 17개 화학 원소를 통틀어 이르는 말이다. 이러한 희토류 원소는 +3가 이온의 최외각 전자 배치가 모두 s^2p^6의 폐각* 구조로 되어 있으며, 수용액 중에서의 성질이 서로 흡사한 등 화학적 성질이 유사하다. 또 이들은 광물 속에 그룹으로 함께 존재하기 때문에 통틀어 희토류라 부른다.[1]

희토류 원소는 1787년에 스웨덴의 아레니우스(Carl Axel Arrhenius)가 스톡홀름 근교의 위테르비(Ytterby)라는 마을에서 검정색의 석탄처럼 생긴 미지의 광석을 발견하면서 알려지게 되었다.[2] 가돌린(John Gadolin)이 이 광석을 분석하여 당시에는 알려지지 않았던 원소가 38 %나 함유되어

---

* 폐각(閉殼, closed shell): 전자궤도에서 최외각의 s궤도와 p궤도의 전자를 합쳐서 최대 수인 8개의 전자가 들어 있는 상태를 폐각이라 하며, 이러한 상태를 폐각 구조라 한다.

	IA	IIA	IIIB	IVB	VB	VIB	VIIB	VIIIB			IB	IIB	IIIA	IVA	VA	VIA	VIIA	VIIIA
	1	2	3	4	5	6	7	8	9	10	11	12	13	14	15	16	17	18
1	H																	He
2	Li	Be											B	C	N	O	F	Ne
3	Na	Mg											Al	Si	P	S	Cl	Ar
4	K	Ca	**Sc**	Ti	Nb	Cr	Mn	Fe	Co	Ni	Cu	Zn	Ga	Ge	As	Te	Br	Kr
5	Rb	Sr	**Y**	Zr	Ta	Mo	Tc	Ru	Rh	Pd	Ag	Cd	In	Sn	Sb	Po	I	Xe
6	Cs	Ba	**La**	Hf	Ta	W	Re	Os	Ir	Pt	Au	Hg	Tl	Pb	Bi	Po	At	Rn

Lanthanide Elements

21 **Sc** 44.96 1,541 2.99	Light REEs*	57 **La** 138.91 918 6.15	58 **Ce** 140.12 798 8.16	59 **Pr** 140.91 931 6.78	60 **Nd** 144.24 1,021 7.01	61 **Pm** 145 1,042 7.26	62 **Sm** 150.36 1,074 7.52	63 **Eu** 151.97 822 5.24	64 **Gd** 157.25 1,313 7.90
39 **Y** 88.91 1,522 4.47	Heavy REEs*	65 **Tb** 158.93 1,356 8.23	66 **Dy** 162.50 1,412 8.55	67 **Ho** 164.93 1,474 8.80	68 **Er** 167.26 1,529 9.07	69 **Tm** 168.93 1,545 9.32	70 **Yb** 173.04 819 6.97	71 **Lu** 174. 97 1,663 9.84	g/mol m.p.(°C) g/cm³

Rare Earth Elements (REEs)

*REEs: Rare Earth Elements (USGS classification)

그림 14.1. 주기율표상의 희토류 분류

있다는 사실을 밝혀냈다. 그리고 1794년에 가돌린이 이 광석에서 새로운 원소인 이트륨(Y)을 발견하여 'rare earth'라 명명하면서 희토류의 역사가 시작되었다.[2] 그리고 이 광석은 가돌린의 업적을 기리기 위해 '가돌리나이트(gadolinite)'로 불리게 되었다. 그러나 희토류 원소는 화학적 성질이 유사하여 상호 분리가 곤란하였으며, 100년 이상이 지난 1907년에 이르러서야 모든 희토류 원소가 분리되었다.

희토류 원소를 발견한 초기에는 희토류 혼합물을 발화석이나 연마제 등으로 사용하였을 뿐, 그 외에는 특별한 용도가 없었다. 그러나 희토류 분리 기술이 발달하면서 희토류 원소 자체나 화합물의 특수한 화학적·광학적·자기적 특성이 밝혀져 현재는 다양한 기능성 재료의 구성원소로 사용되고 있다. 현재 희토류 원소는 형광 재료나 레이저 소자, 영구자석이나 수소저장합금, 연료전지 등에 사용되어 첨단산업을 지탱하는 핵심 소재가 되었다.[3]

희토류 원소는 이름과 달리 지각 중에 상대적으로 풍부하게 분포한다. 표 14.1에 나타낸 바와 같이 세륨(Ce)은 지각 중 원소 존재도에서 66.5

표 14.1. 지각 중 희토류 원소의 존재도

No.	Z	Element	Symbol	ppm
1	8	Oxygen	O	46.10 %
3	13	Aluminium	Al	8.23 %
4	26	Iron	Fe	5.63 %
24	30	Zinc	Zn	70
25	58	Cerium	Ce	66.5
26	29	Copper	Cu	60
27	60	Neodymium	Nd	41.5
28	57	Lanthanum	La	39
29	39	Yttrium	Y	33
31	21	Scandium	Sc	22
36	82	Lead	Pb	14
39	59	Praseodymium	Pr	9.2
40	62	Samarium	Sm	7.05
41	64	Gadolinium	Gd	6.2
42	66	Dysprosium	Dy	5.2
43	68	Erbium	Er	3.5
44	70	Ytterbium	Yb	3.2
51	63	Europium	Eu	2.0
55	67	Holmium	Ho	1.30
58	65	Terbium	Tb	1.20
60	71	Lutetium	Lu	0.80
61	69	Thulium	Tm	0.52
67	47	Silver	Ag	0.075
78	75	Rhenium	Re	0.0007
-	61	Promethium	Pm	-

■: Rare earth elements, □: Others

ppm(25위)으로, 구리(60 ppm, 26위)와 비슷한 양이며, Nd, La, Y은 27~29위, Sc도 31위일 정도로 풍부한 원소들이다.[4] 그러나 희토류 원소는 지구화학적 성질로 인해 경제성 있는 농축된 형태로는 거의 산출되지 않는다. 또 1947년에 발견된 원자 번호 61번인 프로메튬(Pm)은 안정한 동위체가 없어 현재의 천연 환경에서는 존재하지 않는 원소이다.[1]

한편 희토류 원소는 원소가 발견된 광석의 계통과 원자량으로부터 란타넘족 중에서도 La부터 가돌리늄(Gd)까지를 경희토류 원소(LREE, light rare earth element)라 하고, 터븀(Tb)부터 Lu까지를 Y과 함께 중희토류 원소(HREE, heavy rare earth element)라 부른다. 4f 전자 셸(electron shell)에 쌍전자(paired electrons)를 가지고 있지 않으면 LREE, 가지고 있으면 HREE로 분류한 것이다.[5] 그리고 이 중에서 Sm, Eu, Gd, Tb, Dy을 중간희토류(middle rare earth element)라고도 하는데, 엄밀한 정의는 아니다.

희토류 원소의 이름은 북유럽, 특히 스칸디나비아반도에서 유래한 것이 많은데, 표 14.2에는 각 희토류 원소의 어원을 나타내었다.[6] 원자 번호 21번인 스칸듐(Sc)은 스칸디나비아반도에서, 69번인 툴륨(Tm)은 스칸디나비아의 옛 이름인 Thule에서, 67번인 홀뮴(Ho)은 스톡홀름의 옛 이름인 Holmia에서 유래했으며, 원자 번호 64번인 가돌리늄(Gd)만 가돌린을 기념하기 위해 명명되었다.

표 14.2. 희토류 원소 명칭의 어원[6]

Z	Symb.	Name	희토류 원소 명칭의 유래
21	Sc	Scandium 스칸듐	희토류 원소가 처음 발견된 Scandinavia의 라틴어 'Scandia'에서 유래
39	Y	Yttrium 이트륨	희토류 원소가 발견된 스웨덴의 마을 이름인 'Ytterby'에서 유래
57	La	Lanthanum 란타넘	숨겨진 것을 의미하는 그리스어 'lanthanein'에서 유래
58	Ce	Cerium 세륨	로마 신화에 등장하는 농업과 모성애의 여신 이름을 딴 왜소행성인 'Ceres'에서 유래
59	Pr	Praseodymium 프라세오디뮴	그리스어의 '프라시오스(prasios)' 또는 녹색과 쌍둥이를 의미하는 '디디모스(didymos)'에서 유래
60	Nd	Neodymium 네오디뮴	그리스어의 'neos' 또는 새로움과 쌍둥이를 의미하는 '디디모스(didymos)'에서 유래
61	Pm	Promethium 프로메튬	그리스 신화에 등장하는 불의 신 '프로메테우스(Prometheus)'에서 유래
62	Sm	Samarium 사마륨	사마르스카이트(samarskite)를 발견한 Vasili Samarsky-Bykhovets(1803~1870)의 이름을 따서 명명된 광물인 'samarskite'에서 유래
63	Eu	Europium 유로퓸	'유럽(Europe)'에서 유래
64	Gd	Gadolinium 가돌리늄	희토류를 발견한 Johan Gadolin을 기념하기 위한 광물인 '가돌리나이트(gadolinite)'에서 유래
65	Tb	Terbium 터븀	희토류 원소가 발견된 스웨덴의 Ytterby에 있는 마을 이름에서 유래
66	Dy	Dysprosium 디스프로슘	'잡기 어렵다'는 뜻의 그리스어 'dysprositos'에서 유래
67	Ho	Holmium 홀뮴	스톡홀름의 중세 라틴어 이름인 'Holmia'에서 유래
68	Er	Erbium 어븀	희토류 원소가 발견된 스웨덴의 Ytterby에 있는 마을 이름에서 유래
69	Tm	Thulium 툴륨	신화 속에서 지구의 가장 북쪽인 'Thule'(스칸디나비아의 옛 이름)에서 유래
70	Yb	Ytterbium 이터븀	희토류 원소가 발견된 스웨덴의 Ytterby에 있는 마을 이름에서 유래
71	Lu	Lutetium 루테튬	파리의 라틴어 이름인 'Lutetia'에서 유래

※ 한글 원소명은 대한화학회의 규정을 따랐다.

2. 희토류 원소의 생산량과 용도

그림 14.2에는 1900년부터 전 세계 희토류 원소 산화물의 연간 생산량 변화를 나타내었다.[7] 희토류 원소는 1950년대부터 본격적인 생산이 시작되어 서서히 생산량이 증가하다가 1980년대부터 산업 고도화에 따라 생산량이 현저하게 증가하였다. 최근에는 첨단산업에서의 수요가 늘고 전기자동차 보급이 활성화되면서 모터용 자석의 수요 증가에 따라 생산량이 급격하게 증가하였다.

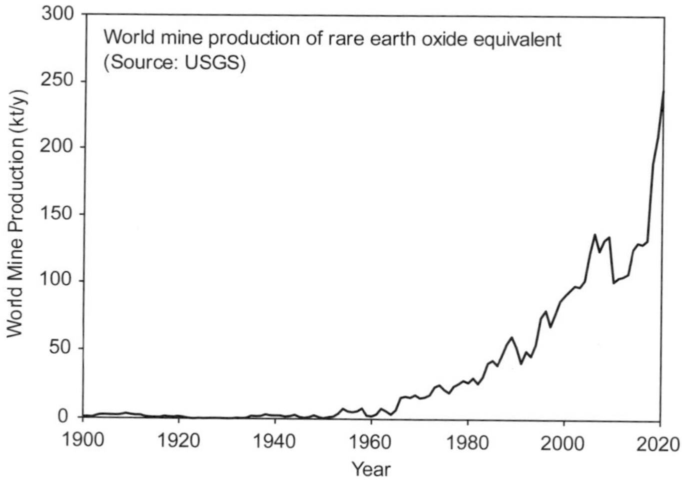

그림 14.2. 희토류 원소 산화물의 전 세계 연간 생산량 변화

그림 14.3에는 2020년을 기준으로 국가별 희토류 원소 산화물의 매장량과 생산량을 나타내었다.[8] 희토류 원소의 매장량은 중국이 약 35 %로 가장 많으며, 이어서 베트남, 브라질, 러시아 등에도 상당한 양이 매장되어 있다. 희토류 원소의 생산량은 중국이 57.2 %를 차지하는 등 일

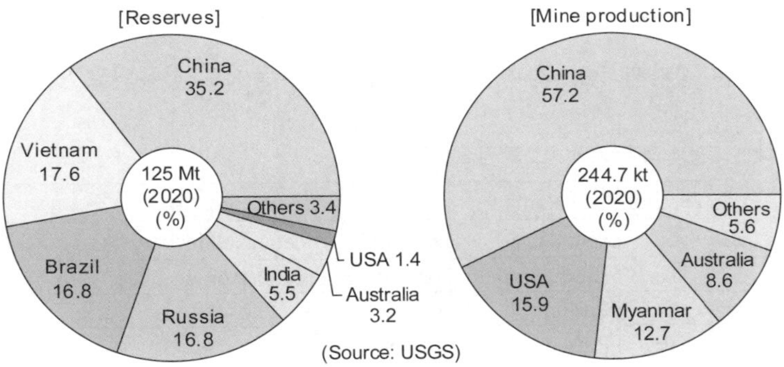

그림 14.3. 2020년 기준의 전 세계 희토류 원소 산화물(REO)의 매장량과 생산량

부 국가에서 전체의 약 94 %를 생산할 정도로 편재가 심하다. 향후 전기자동차의 보급 활성화에 따른 희토류 원소의 수요 증가가 예상되므로 안정적인 공급선을 확보하는 것이 시급한 실정이다.

표 14.3에는 희토류 원소의 용도를 나타내었다.[3] 희토류는 화학적·전기적·자성적·발광적 특성이 독특하면서 방사선 차폐 효과도 탁월하다. 광섬유 제조에 사용되는 Gd이나 Er은 미량만 첨가해도 빛의 손실이 일반 광섬유의 1 %까지 낮아진다. Tb을 사용한 합금은 열을 가하면 자성을 잃고 냉각시키면 자성을 회복하는 특성이 있다. 그리고 스마트폰, 하이브리드 자동차, 고화질 TV, 태양광 발전, 항공우주산업 등의 첨단산업에서 희토류가 안 쓰이는 곳이 없다. 특히 전기자동차의 보급에 따라 Fe-Nd-B-Dy계 자석의 수요가 늘어나면서 이러한 희토류 원소의 안정적인 공급을 위한 리사이클링도 주목받게 되었다.

그림 14.4에는 희토류 원소의 용도별 사용 비율을 나타내었다.[9,10] 희토류 원소의 약 26 %는 자석용(휴대폰, 풍력 발전 터빈, 전기자동차 모터 등)으로, 약 19 %는 합금원소(주강 및 주철, 초합금, NiMH 배터리,

연료전지, 수소 저장합금 등)로 사용되고 있다. 또 촉매(자동차용, 화학장치, 경유 첨가제 등), 연마재, 광학, 유리산업 등에도 사용되고 있다.

표 14.3. 기능성 재료로서의 희토류 원소 응용

	Z	Symbol	Name	Applications
	21	Sc	Scandium	Al-Sc alloy, Metal halide lamp(ScI_3)
Light REEs	57	La	Lanthanum	Battery, Hydrogen storage alloy, Sensor
	58	Ce	Cerium	Glass, Catalyst, Phosphor
	59	Pr	Praseodymium	Magnet($Pr_2Fe_{14}B$)
	60	Nd	Neodymium	Magnet($Nd_2Fe_{14}B$), Laser(YAG: Nd^{3+})
	61	Pm	Promethium	Radiation source
	62	Sm	Samarium	Magnet($SmCo_5$, Sm_2Co_{17}, $Sm_2Fe_{12}N_{2.3}$)
	63	Eu	Europium	Phosphor, Reactor materials
	64	Gd	Gadolinium	Magneto-optical recording media, Reactor materials
Heavy REEs	39	Y	Yttrium	Phosphor, Magneto-optical recording media
	65	Tb	Terbium	Magnetostrictive materials, Phosphor
	66	Dy	Dysprosium	Magnet, Magnetostrictive materials
	67	Ho	Holmium	Solar cell
	68	Er	Erbium	Phosphor, Superconducting material
	69	Tm	Thulium	Superconducting material
	70	Yb	Ytterbium	Phosphor, Radiation source, Optics materials
	71	Lu	Lutetium	Emitter, Catalyst

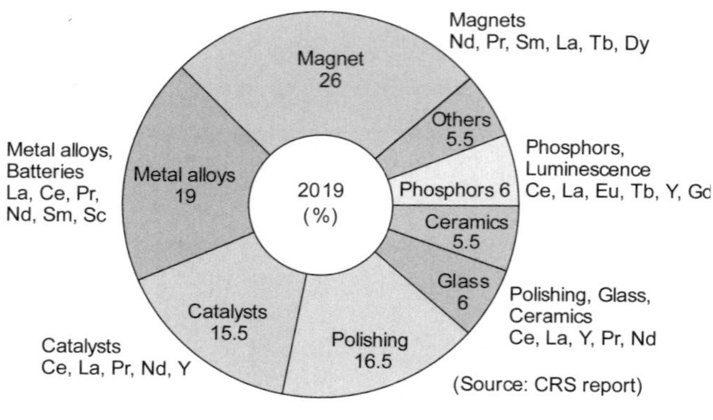

그림 14.4. 희토류 원소의 용도

3. 희토류 원소의 제련

희토류 원소는 화학적 성질이 매우 비슷하여 광석 중의 각 원소를 상호 분리하여 정제하기가 매우 어렵다. 우선 그림 14.5에는 희토류 원소를 광석에서 금속까지 제련하는 단계를 나타내었다. 희토류 원소의 제련 공정은 선광을 거친 광석(정광)의 처리, 분리·정제, 금속으로의 환원, 고순도화 등 네 가지로 분류할 수 있다.

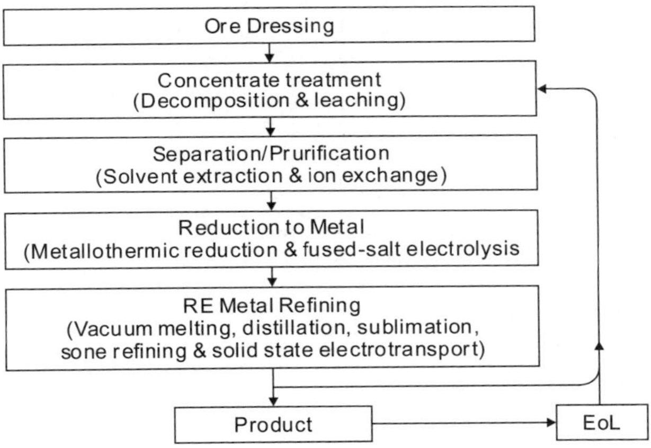

그림 14.5. 희토류 원소의 제련 공정

1) 희토류 원소의 원료

표 14.4에는 희토류 원소의 대표적인 광물과 각각의 광물 중에 함유되어 있는 희토류 원소 산화물의 농도를 나타내었다.[3,11] 희토류 원소를 함유한 주요 광석에는 경희토류 원소의 불탄산염계인 바스트나사이트(bastnäsite, (RE)(CO_3)F)와 인산염계인 모나자이트(monazite, (RE)(PO_4SiO_4))가 있으

며, 중희토류 원소의 인산염계인 제노타임(xenotime) 등이 있다. 이러한 광물은 지구상에 널리 분포되어 있으므로 자원적으로 풍부한 편에 속한다. 그러나 이러한 희토류 광석에는 희토류 원소와 이온 반경이 유사한 우라늄(U)이나 토륨(Th) 등의 방사성 원소가 함유된 경우가 많다. 따라서 광석으로부터 희토류 원소를 생산할 때 농축된 방사성 원소의 처리가 중요하다. 또 이러한 희토류 광석 중에는 중희토류의 함유 비율이 경희토류에 비해 매우 적어 중희토류 생산에는 적합하지 않다.[3]

표 14.4. 대표적인 희토류 원소 광물

Oxide		Percentage of each RE oxides among all of RE oxides in the representative minerals for REM (wt%)			
		Bastnäsite[a]	Monazite[b]	Xenotime[c]	Ion clay[d]
Light REEs	La_2O_3	33.2	21.5	1.24	1.82
	CeO_2	49.1	45.8	3.13	0.37
	Pr_6O_{11}	4.34	5.3	0.49	0.74
	Nd_2O_3	12.0	18.6	1.59	3.00
	Sm_2O_3	0.789	3.1	1.14	2.82
	Eu_2O_3	0.118	0.8	0.01	0.12
	Gd_2O_3	0.166	1.8	3.47	6.85
Heavy REEs	Tb_2O_3	0.0159	0.29	0.91	1.29
	Dy_2O_3	0.0312	0.64	8.32	6.67
	Ho_2O_3	0.0051	0.12	1.98	1.64
	Er_2O_3	0.0035	0.18	6.43	4.85
	Tm_2O_3	0.0009	0.03	1.12	0.70
	Yb_2O_3	0.0006	0.11	6.77	2.46
	Lu_2O_3	0.0001	0.01	0.99	0.36
	Y_2O_3	0.0913	2.5	61.0	65.00

a: Produced from Mountain Pass, U.S.A.
b: Produced from North Stradbroke Island, Australia.
c: Produced from Lahat Perak, Malaysia.
d: Produced from Longnan, China. Ion adsorption ore

중희토류는 중국 남부 룽난(Longnan)* 지방의 이온 흡착형(ion clay) 광상으로 불리는 풍화 광산에서 생산된다. 이온 흡착광은 고온 다습한 기후에서 화강암 등이 긴 세월에 걸쳐서 풍화될 때, 방사성 원소가 비바람에 씻겨 나가고 중희토류만 점토층에 흡착되어 지표에 남은 광상이다. 따라서 이러한 광상은 방사성 원소가 없으며, 광석 중의 희토류 원소를 산으로 쉽게 용출시킬 수 있어서 매우 양호한 광상이지만, 기후의 영향을 받으므로 특정 지역에만 편재되어 있다.[3]

2) 희토류 원소 광석의 처리

그림 14.6에는 희토류 원소 정광의 분해 공정을 비교하여 나타내었다.[12] 희토류 원소 광석을 선광하여 희토류 원소 산화물(rare earth oxide, REO)의 함량이 30~70 %인 희토류 원소 정광(concentrate)으로

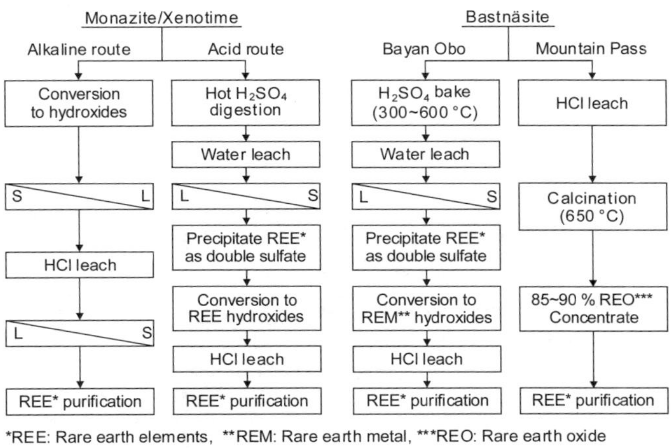

그림 14.6. 희토류 원소 정광에서의 REE 추출 공정 비교

---

* 룽난(Longnan, 隴南, 농남): 중국 간쑤성 동남부의 지급시. 진나라의 발상지로 광공업이 발달해 있으며, 석탄, 구리, 납, 아연, 석유, 금과 같은 광물자원의 산지이다.

만들고, 이어서 산 분해법, 가성소다 분해법, 습식 염화법, 직접 염화법 등으로 맥석 등의 불순물을 제거한다.[13] 황산 분해법은 정광의 용해 처리 능력은 높으나 황산에 의한 설비 부식과 환경문제가 있으며, 정광 중에 다량으로 함유되어 있는 P의 회수가 곤란하여 현재는 P이나 F의 회수가 뛰어난 가성소다 분해법으로 바뀌었다. 가성소다 분해법은 황산 분해법과 달리 희토류 원소의 품위가 높은 미분의 정광을 사용해야 하지만, 설비의 유지보수, 조업자 및 환경 보호 등에 유리하고, P의 회수가 가능하여 대부분의 모나자이트 분해 공정은 알칼리 분해법인 가성소다 분해법으로 바뀌었다.[14] 이하에 광석 종류별 처리 기술에 대해 알아본다.

(1) 모나자이트의 분해

모나자이트($(RE)(PO_4SiO_4)$)의 분해에는 황산 분해법과 가성소다 분해법이 있으며, 그림 14.7에 각각의 공정도를 비교하여 나타내었다.[14,15]

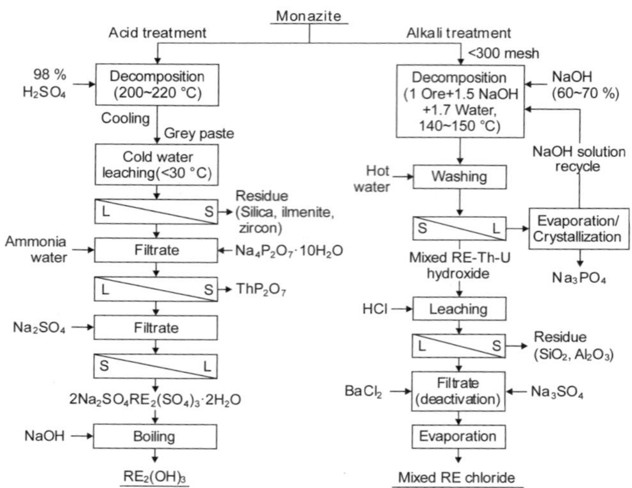

그림 14.7. 모나자이트의 황산 분해법과 가성소다 분해법 비교

① 황산 분해법

모나자이트 정광과 진한 황산(정광의 2.5~3배 정도)을 혼합하여 200~300 ℃에서 2~3시간 가열하면 다음 식과 같이 분해된다.[16](RE: rare earth elements)

$$(RE,\ Th)PO_4 + xH_2SO_4 = RE_2(SO_4)_3 + Th(SO_4)_2 + H_3PO_4 \quad (14.1)$$

페이스트상의 반응 생성물을 냉각하여 침출조 중의 냉수 중에 30 ℃가 넘지 않도록 주의하여 첨가한다. 희토류 원소와 Th의 황산염은 물에 용해되고, 용해되지 않은 실리카, 일메나이트, 지르콘 등의 잔사는 여과하여 분리한다.

여액에 암모니아수를 첨가하여 약산성으로 만들고, Th 화학 당량의 1~1.2배의 10 % 피로린산 소다(sodium pyrophosphate, $Na_4P_2O_7$) 용액을 첨가하여 Th을 다음 식과 같이 피로린산 Th으로 침전시킨다. 이것을 여과·분리하여 Th과 희토류 원소 함유 용액으로 분리한다.

$$Th(SO_4) + Na_4P_2O_7 = ThP_2O_7 + 2Na_2SO_4 \quad (14.2)$$

희토류 원소가 함유된 여액 중에 Na_2SO_4를 RE_2O_3의 4배만큼 첨가하면 Ce족 희토황산나트륨 복염($2Na_2SO_4RE_2(SO_4)_3 \cdot 2H_2O$)이 석출된다. 이것을 여과·수세하면 안정하고 처리가 쉬운 희토류 원소 추출을 위한 출발원료로 사용할 수 있다.[16] 이러한 황산 분해법은 1885년에 모나자이트 제련이 시작된 이래 유일한 처리법으로 실시되어 왔으나, 1952년에 알칼리 분해법이 보급되면서 1975년부터는 사용하지 않게 되었다.[17]

② 가성소다 분해법

가성소다(NaOH) 분해법은 300메시 이하로 분쇄한 정광을 가성소다 용액으로 분해하는 방법이다. 미분 정광을 140~150 ℃의 가성소다 용액(정광 1, 가성소다 1.5, 물 1.7) 중에서 강력히 교반하면서 3시간 정도 유지하면 다음 식과 같이 희토류 원소의 혼합 수산화물과 Th 수산화물, 인산소다로 분해된다.

$$(RE, Th)PO_4 + xNaOH = RE(OH)_3 + Th(OH)_4 + Na_3PO_4 \quad (14.3)$$

이것을 고온인 상태에서 여과하면 수용성인 인산염은 제거되고, 희토류 원소가 포함된 수산화물 침전을 얻을 수 있다. 여액을 137 ℃가 될 때까지 가열하여 농축하면 인산소다 결정이 석출되며, 남은 진한 가성소다 용액(47 %)은 침출 공정에 순환 사용한다.[16]

한편 Th과 복합 희토류 원소의 수산화물 케이크는 다음 식과 같이 진한 염산을 첨가하여 침출한다.[14]

$$RE(OH)_3 + 3HCl = RECl_3 + 3H_2O \quad (14.4)$$

여기에 마그네시아나 암모니아를 첨가하여 pH를 5.6까지 천천히 올리면 염기도 차이에 의해 희토류 수산화물은 용해되고 Th 수산화물은 미용해 잔사로 남으므로 여과하여 분리할 수 있다.

③ 고온 처리법 및 직접 염화법

모나자이트를 고온에서 처리하는 방법도 있다.[18] 모나자이트를 980~1,190 ℃에서 $CaCl_2$와 $CaCO_3$를 사용하여 환원과 황화 분위기에서 반응시켜, 희토류 원소의 산황화물(oxysulfide)과 산염화물(oxychloride) 및 Th이 풍부한 산화물과 함께 calcium chlorophosphate(chloropatite, $Ca_5(PO_4)_3Cl$)를 생성시킨다.[19] 반응 생성물을 3 % 염산으로 처리하면 대부분의 희토류 원소는 용해되지만, Th 산화물은 용해되지 않는다. 가성소다 분해법보다 반응 시간이 짧으며, 300 mesh까지 분쇄할 필요가 없고, Th 산화물을 염산으로 처리하여 분리할 수 있다. 그러나 희토류 원소의 회수율이 89 % 정도로 94 %인 가성소다 분해법보다 낮으며, 인의 회수가 곤란하다는 단점이 있다.[18]

고온 처리의 다른 방법으로 직접 염화법이 있다. 모나자이트와 코크스를 혼합한 펠릿을 900 ℃의 염소 분위기에서 가열하면 모나자이트 중 희토류 원소 성분의 85 % 이상을 염화물로 회수할 수 있다. 이 염화물 중에는 Th과 P이 함유되어 있지 않으므로 후속 공정이 비교적 간단해지는 장점이 있다.[18]

(2) 바스트나사이트의 분해

① 염산 침출

그림 14.8에는 바스트나사이트의 염산 및 황산 침출 공정도를 비교하여 나타내었다.[14] 우선 불탄산염계인 바스트나사이트((RE)(CO_3)F) 정광을

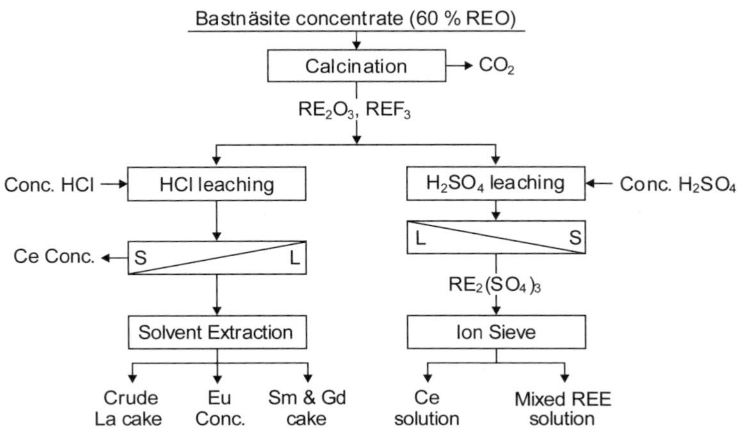

그림 14.8. 바스트나사이트의 염산 및 황산 침출 공정도 비교

하소(calcination)하여 탄산염을 분해시키는데, 이때 Ce은 4가로 산화된다. 하소광을 염산으로 침출하여 희토류 원소를 용액으로 회수하고, 불용성인 Ce은 잔사로 남긴다. 용액으로 회수된 희토류인 La, Eu, Sm, Gd 등은 용매 추출법으로 각각 분리하며, 잔사인 Ce분은 건조하여 Ce 정광으로 만든다.[16]

한편 정광을 하소하지 않고 직접 90 ℃의 진한 염산과 반응시켜 희토류 원소의 염화물로 회수하기도 하며, 반응식은 다음과 같다.[14]

$$RE_2(CO_3)_3REF_3 + 9HCl = 2RECl_3(solution) + REF_3(solid) + 3HCl + 3H_2O + 3CO_2 \quad (14.5)$$

침출·여과 후 얻어진 고체 REF_3는 96 ℃의 20 %NaOH 용액에서 4시간 동안 반응시켜 다음 식과 같이 수산화물로 만든다.

$$REF_3 + 3NaOH = RE(OH_3) + 3NaF_3\uparrow \quad (14.6)$$

이 희토류 수산화물은 염산 용액으로 침출시켜 희토류 염화물로 제조한다.

$$RE(OH_3) + 3HCl = RECl_3 + 3H_2O \quad (14.7)$$

이러한 반응으로 생성된 희토류 원소 염화물 용액을 증발시켜 용액이나 고체 상태의 희토류 원소 화합물을 제조한다.[14,18]

② 황산 침출

황산에 의한 바스트나사이트의 침출은 하소-황산 침출로 구성되어 있다. 하소광 중 희토류 원소는 황산 용액에 의해 효과적으로 침출되며 반응식은 다음과 같다.[14]

$$RE_2O_3 + 2REF_3 + 6H_2SO_4 = 2RE_2(SO_4)_3 + 6HF + 3H_2O \quad (14.8)$$

황산 침출 후, 정광 중에 가장 많은 Ce을 이온 교환 수지로 선택적으로 회수하여 염화 Ce 용액으로 만들며, 나머지 성분은 혼합된 형태로 분리 공정에 보낸다.

③ 직접 염화법

바스트나사이트의 직접 염화법은 Goldschmidt사에서 개발된 것으로, 탈수 처리 없이 용융·전해할 수 있는 무수 염화물을 얻을 수 있다. 또 원광석 중 대부분의 불순물을 염화시켜 휘발·제거할 수 있는 장점이 있다.[16] 이 방법은 바스트나사이트는 물론 모나자이트와 제노타임의 처리에도 적합한 것으로 알려져 있으며, 희토류의 염화반응은 다음과 같다.[18]

$$RE_2O_3 + 3C + 3Cl_2 = 2RECl_3 + 3CO \qquad (14.9)$$

우선 원광석을 80메시 이하로 분쇄한 다음 활성탄소, 점결제, 물과 혼합하여 펠릿(브리켓)을 만든다. 펠릿을 건조시킨 후 1,000~1,200 ℃의 염화로에 장입하고 염소 가스 기류 중에서 반응시키면 희토류 염화물이 생성되어 노 바닥에 모인다. 희토류 염화물을 출탕하여 응고시킨 것을 파쇄하여 용융염 전해법에 의한 mischmetal 제조의 원료로 공급한다.

(3) 제노타임의 분해

제노타임은 모나자이트와 마찬가지로 희토인산염 광물이어서 분해 정제법이 기본적으로 모나자이트와 동일하다. 그림 14.9에 제노타임의 몇 가지 처리법을 비교하여 나타내었다.[20]

황산법에서는 250~300 ℃에서 93 % 정도의 진한 황산으로 1~2시간 침출하면 정광 중의 희토류 성분이 가용성의 황산염 형태로 만들어진다.[20] 또 가성소다법에서는 400 ℃의 용융 가성소다(NaOH) 중에 정광 분말을 천천히 첨가하고 반응 종료 후 상온까지 냉각시킨다. 반응 생성물을 물로 침출하면 인산소다와 과잉의 가성소다가 물에 녹아 제거된다. 미용해 잔사인 희토류 산화물을 여과·분리하여 소량의 염산으로 침출하고 여과한다. 여액에 옥살산(oxalic acid)을 첨가하여 희토 옥살산염으로 회수하고, 900 ℃에서 소성하면 Y_2O_3가 만들어진다.[16]

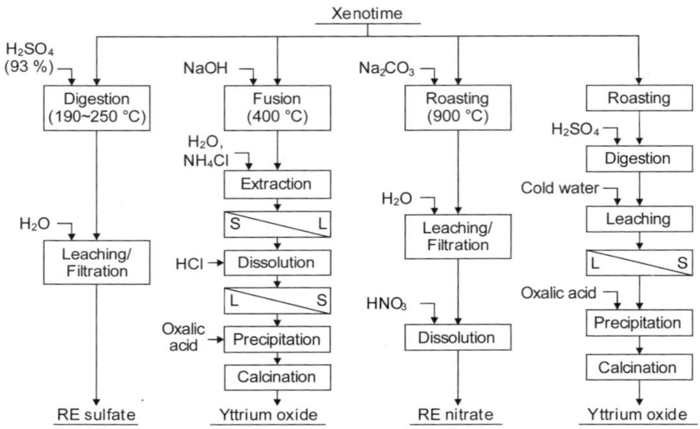

그림 14.9. 제노타임의 처리법 비교

3) 희토류 원소의 분리와 정제

정광을 분해 처리하면 각종 희토류 혼합물이 농축된 용액이나 케이크가 얻어진다. 희토류 원소의 분리와 정제는 Fe, Ca 등 희토류 원소 이외의 각종 불순물을 제거하는 것과 희토류 원소 상호 간의 분리로 구분할 할 수 있다.[21]

(1) 불순물 제거

희토류 원소 이외의 원소인 Fe, Na, Si, Ca 등은 화학적 성질의 차이가 크므로 비교적 간단하게 분리할 수 있다. 일반적으로 희토류 원소가 함유된 수용액을 옥살산(oxalic acid, H_2C_2O)과 반응시켜 희토류를 난용성인 옥살산염의 침전으로 회수하고 동시에 Fe 등의 불순물을 제거한다. 그 외의 알칼리 금속이나 알칼리 토류 금속의 불순물은 원소에 따라 수산화물이나 탄산염 침전 생성법으로 제거할 수 있다.[21]

(2) 희토류 원소 간 분리

희토류 17원소 중 분리 정제의 대상이 되는 것은 천연에 존재하지 않는 Pm과 원광석이 다른 Sc을 제외한 15원소이다. 희토류 원소들은 물리화학적 성질이 매우 유사하여 각각의 원소를 분리하기가 어려워 1940년대에 와서야 공업적인 고순도 희토류 원소의 정제 기술이 나왔다.[21]

현재 공업화된 분리 정제 기술은 화학적 성질의 미소한 차이를 이용한 것으로, 분리 정제 기술 면에서 특히 중요한 화학적 성질은 다음과 같다.[18,21]

① 수용액 중에서 모든 원소는 원자가가 +3가일 때 공통적으로 안정하며, 이온 결합성이 매우 강하다.

② 각 원소의 +3가 이온은 이온 반경과 전자 구조가 유사하여 다른 화학종과의 결합력에는 큰 차이가 없다.

③ Ce만 조건에 따라 용액 중에서도 +4가로 안정하며, Eu만 조건에 따라 용액 중에서도 +2가로 안정하다.

희토류 원소의 공업화된 분리 정제법에는 다음과 같은 것들이 있다.

① 분별 결정법(fractional crystallization)

② 분별 침전법(fractional precipitation)

③ 선택적 산화·환원법(selective oxidation and reduction)

④ 이온 교환법(ion exchange)

⑤ 용매 추출법(solvent extraction)

이 중에서 현재는 용매 추출법이 주류이며, 용매 추출법으로 모든 희토류 원소를 분리할 수 있다. 분별 침전법은 Ce과 Eu의 특수한 분리에 사용되며, 이온 교환법은 소량 생산에서 보완적인 역할을 담당하고 있다.[22]

① 분별 결정법(fractional crystallization)

분별 결정법은 희토류 원소의 화합물이 물이나 산에 용해될 때의 용해도 차이를 이용하여 원소별로 분리하는 것이다. 용해도가 높은 희토류 복염은 용액상에 농축되지만, 용해도가 낮은 물질들은 주로 고체상에 잔류한다. 따라서 희토류 복염의 용해·결정 및 분리 공정을 반복 처리하면 희토류를 원소별로 분리할 수 있으며, 각 희토류의 순도는 희토류 복염의 용해도 차이와 분별 결정화 횟수에 의존한다. 분별 결정법은 장치가 간단하고 조업이 쉽지만, 효율성이 매우 낮아 고순도 물질을 얻기 위해서는 수백 또는 수천 번의 분별 결정 조작을 해야 한다. 그리고 이 공정은 높은 노동력을 요하는 반면, 생산성 및 회수율이 낮아 대량 생산에는 부적합하다.[23]

② 분별 침전법(fractional precipitation)

분별 침전(석출)법의 원리는 분별 결정법처럼 희토류 원소 화합물 사이의 용해도 차이를 이용한 것이지만, 희토류 혼합 용액 중에 침전제 등의 시약을 첨가하여 용해도가 낮은 화합물로 석출·침전시켜 분리하는 것이다. 이때 용해도가 높은 기타 화합물은 용액 중에 남기 때문에 여과·분리하여 얻은 침전물을 수차례에 걸쳐 다시 침전·여과 및 용해를 반복하면 희토류를 각 원소별로 분리할 수 있다. 분별 침전법은 특히 희토류 성분을 light, middle, heavy REE로 분리하는 데 적합하며, 이온 교환이나 용매 추출 공정이 도입되기 전까지 널리 사용되었다. 다만 La은 수화반응이 잘 일어나지 않아 분별 침전이 어렵다.[18]

희토류 성분이 용해된 용액에 Na_2SO_4를 첨가하면 La, Ce, Pr, Nd, Sm 등은 $RE_2(SO_4)_3 \cdot Na_2SO_4 \cdot nH_2O$를 형성하며 석출된다. 한편 Ho, Er, Tm, Yb, Lu, Y의 황산염은 물에 잘 용해되지만 Eu, Gd, Dy 황산염의 용해도는 중간 정도이다.[18]

③ 선택적 산화·환원법(selective oxidation and reduction)

선택적 산화·환원법은 희토류 원소의 원자가 차이에 따른 특성을 이용하여 분리하는 방법이다. 특히 희토류 원소 중 가장 풍부한 Ce은 3가에서 4가로 산화되면 염기도가 약해져 Ce 수산화물로 쉽게 전환되므로 다른 3가 희토류 원소들과 분리할 수 있다. 실제 공정에는 두 가지 방법이 있다. 첫 번째는 Ce과 희토류 산화광의 혼합광을 묽은 산으로 3가 상태의 희토류만 침출시키는 방법이다. 두 번째는 희토류 성분을 진한 산으로 완전히 용해시킨 용액에 산화제로 공기를 지속적으로 주입하는 방법인데, 3가 Ce은 다음 반응식과 같이 4가 Ce으로 전환된다.

$$2Ce(OH)_3 + \frac{1}{2}O_2 = 2Ce(OH)_4 \tag{14.10}$$

수산화물은 질산에 쉽게 용해되기 때문에 용액의 pH를 잘 조절하면, 3가 희토류 원소의 수산화물은 용해되지만 4가의 Ce 수산화물은 용해되지 않으므로 여과하여 분리한다. 이때 얻은 CeO_2는 한 번의 조작으로 약 90 % 순도를 얻을 수 있으며, 상업적으로도 이용되고 있다.[23] 그림 14.10에는 선택적 산화에 의해 Ce을 분리하는 공정도를 나타내었다.[24]

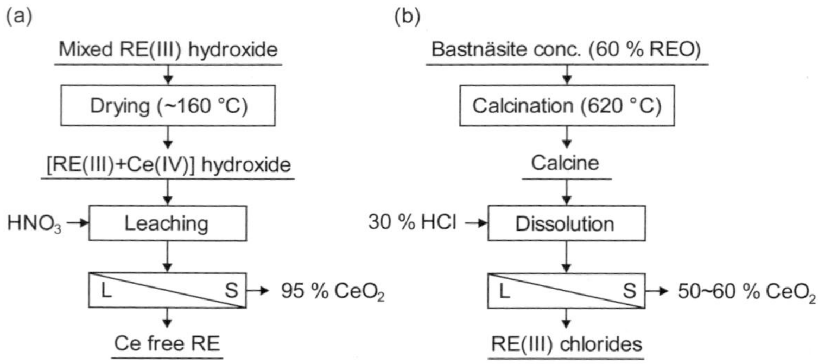

그림 14.10. 선택 산화에 의한 Ce의 분리: (a) 혼합 희토류 수산화물의 저온 건조, (b) 희토류 정광의 하소

한편 Sm, Eu, Yb 등을 2가 상태로 환원시키면 다른 희토류 성분으로부터 분리할 수 있다. 그러나 Ce과 달리 Sm, Eu, Yb 등은 그 농도가 매우 낮아 다른 공정으로 농축시킨 후 환원하여 분리해야 한다.[18] 특히 Eu^{3+}는 금속 환원법(cementation)과 전해 환원법 등으로 환원시킬 수 있다. 염산 용액에 Zn를 첨가하여 Eu^{3+}를 Eu^{2+}로 환원시키며, 이어서 황산이온이나 염산을 첨가하여 $EuSO_4$나 $EuCl_2$ 등으로 석출시켜 분리하는데, 반응식은 다음과 같다.[23]

$$2Eu^{3+} + Zn(s) = 2Eu^{2+} + Zn^{2+} \tag{14.11}$$

$$Eu^{2+} + SO_4^{-} = EuSO_4(s) \tag{14.12}$$

$$EuSO_4 + Na_2CO_3 = EuCO_3 + Na_2SO_4 \tag{14.13}$$

$$EuCO_3 + 2HCl = EuCl_2 + H_2O + CO_2 \tag{14.14}$$

④ 이온 교환법(ion exchange)

이온 교환법은 이온 교환성 합성수지를 교환체로 사용하여 희토류 이온과 교환체 관능기의 교환반응으로 수용액 중의 목적이온을 흡착시킨 후, 이를 적절한 용리제(eluent)를 사용하여 이온 교환체에서 이탈시켜 목적금속을 분리·회수하는 방법이다.[25]

$$[RE-H^{+}_{resin}]+Ln^{3+}_{(aq.)}=[RE-Ln_{resin}]+H^{+}_{(aq.)} \tag{14.15}$$

강산성 양이온 교환수지를 충진한 다수의 이온 교환탑을 설치하고, 희토류 농축물을 산에 용해하여 pH와 농도를 조정한 공급액을 앞쪽 몇 개의 교환탑에 흘려 포화 상태까지 흡착시킨다. 뒤쪽의 탑에는 H^{+}나 Cu^{2+} 등의 이온을 흡착시켜 두는데, 이를 보유 베드(retaining bed)라 하고, 미리 흡착시킨 이온을 보유 이온이라 한다. 보유 이온은 킬레이트제의 석출을 방지하는 역할을 한다. 희토류가 흡착되어 있는 앞쪽의 이온 교환탑에 희토류 원소와 착체를 형성하는 착화제인 킬레이트제가 함유된 용리액을 흘린다. 착화제와 강한 친화성을 가지는 희토류 이온은 착체를 형성하여 수지에서 탈착되고, 이어서 보유 이온이 착화제와 결합하여 수지에서 탈착되며 희토류 이온은 수지에 흡착된다. 이처럼 탈착과 흡착을 반복하면서 보유 베드의 아래로 흘러간다. 이 과정에서 착화제와 강한 친화성을 갖는 희토류 이온이 먼저 용리되고, 친화성이 강한 순서대로 보유 베드 중에 전개되어 마침내 이온 교환탑의 말단에서 착화제와의 친화성 순서대로 희토류 이온이 분리되어 용출된다.[16]

이와 같이 이온 교환법도 희토류 원소 간의 근소한 화학적 성질의 차이를 이용한 방법이다. 이온 교환법에서 중요한 역할을 하는 것은 이온 교환 수지와 킬레이트제이다. 희토류 이온은 이온 교환 수지에 흡착되거나 킬레이트제와 킬레이트 화합물을 만들면서 교환탑 내에서 천천히 이동하며, 희토류 원소 사이의 이동 속도 차이는 희토류와 킬레이트제의 결합력 차이에 따른 것이다. 결합력은 안정도 상수 또는 생성상수로 나타낸다. 일반적으로 EDTA, HEDTA(hydroxy ethyl ethylene diamine triacetic acid) 등을 사용한다.

이온 교환법은 사용하는 약품인 킬레이트제 등이 고가이며 회수가 어렵고, 얻어진 희토류 용액의 농도(2~10 g REO/L)가 용매 추출법에서 얻어진 것보다 훨씬 묽으며, 회분식 조작이라는 단점이 있다.[18]

⑤ 용매 추출법

용매 추출법은 액-액 추출법(liquid-liquid extraction)이라 하며, 서로 혼합되지 않는 2액상(일반적으로 수상과 유기상) 간의 물질 분배를 이용하는 방법으로, 원소 간 분리를 위한 가장 유력한 수단이다.[16] 희토류 금속을 용매 추출로 분리하면 180 g REO/L 정도로 희토류 원소를 다량 추출할 수 있는 장점이 있다.[18] 다만 용매 추출법은 이온 교환법과는 달리 동시에 여러 원소를 분리할 수 없으므로 혼합물로부터 개개의 원소를 얻기 위해서는 분리 방법의 조합이 중요하다.

희토류 원소 X가 들어 있는 수용액을 유기상과 잘 혼합하여 가만히 두면 유기상에도 X가 존재한다. 이때 수상(aqueous)과 유기상(organic)에서 희토류 원소 X의 비율을 분배비(D, distribution coefficient)라 부르며, 다음 식과 같다.

$$D_X = [X]_O / [X]_A \qquad (14.16)$$

분배비 D는 희토류 원소 간에 근소하게 차이가 나며, 분배비의 크기

순서인 추출의 용이도순으로 원소를 나열한 것을 추출 서열이라 부른다. 두 종류의 희토류 원소인 X, Y 혼합물에서 X와 Y의 분배비에 근소한 차이가 있을 때, 이 차이를 다음 식으로 나타내고 X와 Y의 분리계수(separation factor)라 부른다.

$$\beta_X^Y = \frac{D_Y}{D_X} = \frac{[Y]_O/[Y]_A}{[X]_O/[X]_A} \tag{14.17}$$

분리계수가 1이면 수상 중의 [X]/[Y]비와 유기상 중의 [X]/[Y]비가 같으며, X와 Y는 분리할 수 없다. 분리계수가 1보다 크면 유기상 중에 Y가 좀 더 농축되어 있어 어느 정도 분리가 가능하다. 표 14.5에는 염산 용액에서 D2EHPA로 희토류 성분을 분리할 때의 분리계수를 나타내었다.[26]

표 14.5. RE(III)-HCl-HDEHP 추출계에서 희토류 원소의 분리계수(β_X^Y)

Y	X												
	Ce	Pr	Nd	Sm	Eu	Gd	Tb	Dy	Ho	Er	Tm	Yb	Lu
La	2.14	2.28	2.43	11.8	26.3	44.6	71.1	101	125	212	319	414	425
Ce		1.07	1.14	5.2	12.3	20.9	33.3	47.2	58.4	99.1	149	193	199
Pr			1.06	5.16	11.5	19.5	31.1	41.1	54.7	92.7	139	181	186
Nd				4.86	10.8	18.3	29.2	41.5	51.3	87.1	131	170	175
Sm					2.23	3.75	6.02	8.55	10.6	17.9	27.0	35.1	36.0
Eu						1.69	2.70	3.83	4.74	8.04	12.0	15.7	16.2
Gd							1.60	2.26	2.80	4.75	7.15	9.30	9.55
Tb								1.42	1.76	2.98	4.48	5.83	5.90
Dy									1.24	2.10	3.16	4.11	4.22
Ho										1.70	2.55	3.31	3.41
Er											1.50	1.90	2.01
Tm												1.30	1.34
Yb													1.03

β_X^Y in the extraction from 0.1 M HCl solution with 0.2 M DEHPA in kerosene.

용매 추출은 기본적으로 추출(extraction)-세정(scrubbing)-역추출(stripping)의 세 가지 공정으로 구성되어 있으며, 그림 14.11에 기본 공정도를 모식적으로 나타내었다.[27] 추출은 희석제로 희석한 유기용매와 목적성분인 금속원소를 용해한 수용액을 혼합·접촉시켜 목적성분을 유기상으로 추출하는 공정이다. 세정은 목적성분을 추출한 유기상을 세정하여 추출된 불순물을 제거하는 공정이다. 그리고 역추출은 유기상에 추출된 목적성분을 산 등을 사용하여 유기상과 수상을 혼합·접촉시켜 수상으로 역추출하는 공정이다.[16]

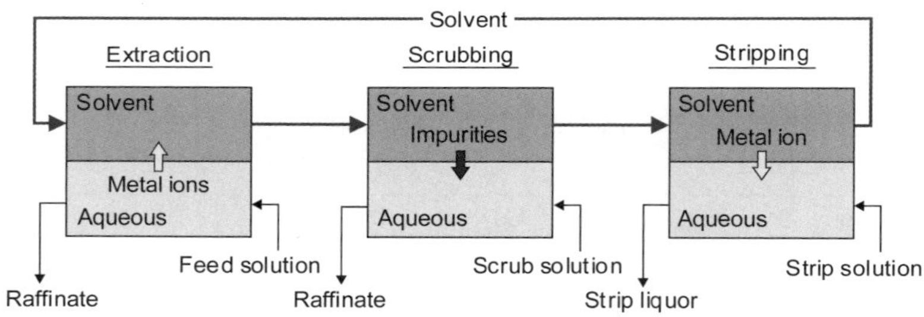

그림 14.11. 용매 추출의 기본 공정도

공업적으로 이용되는 용매 추출 장치로는 믹서 세틀러, 로터리 디스크 칼럼, 펄스 칼럼(pulse-column), 원심추출기 등이 있으며, 그림 14.12에 믹서 세틀러의 모식도(a)와 수상 및 유기상의 흐름(b)을 나타내었다.[28] 실험실에서 용매를 추출·분리할 때는 분액 깔때기에 혼합물이 함유된 수용액과 유기용매를 넣고 일정 시간 동안 교반한 후 방치하면 비중 분리가 일어나므로 콕(cock)을 열어서 비중이 큰 액상을 분리한다. 단 1회의 추출만으로는 목적성분의 추출이 충분하지 않으므로 그림에서와 같이 다단 향류(counter current) 접촉으로 추출한다.

희토류 원소의 용매 추출에 사용되는 추출제는 D2EHPA(di-2-ethyl hexyl phosphoric acid), Amine 336 [R,N(R=C_{10}~C_{12})], TBP (tri-butyl phosphate), PC88A 등이 있으며, 희석제로는 케로신 등을 사용하고 있다. 다만 희석제도 희토류 원소의 추출에 영향을 미치는데, kerosene > cyclohexane > CCl_4 > xylene > benzene 순으로 희토류 원소의 추출률이 감소한다.

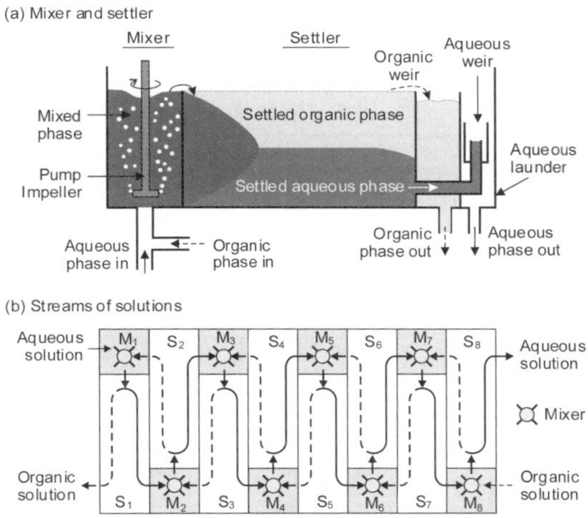

그림 14.12. 용매 추출 장치인 믹서 세틀러의 모식도(a)와 수상 및 유기상의 흐름(b)

표 14.6에는 용매 추출에 의해 고순도 희토류 원소를 생산하는 공정의 특징을 나타내었다.[18] 특히 Rhône-Poulenc 공정은 용매 추출만으로도 99.999 %의 고순도 희토류 원소를 생산할 수 있는데, 그림 14.13에 공정도를 나타내었다.[18,29]

표 14.6. 용매 추출에 의한 희토류 원소 추출 공정의 특징

Process	Ore	Medium	Solvent	Products
Denison Mines	Uranium processing	HNO_3	D2EHPA	REO concentrate (30 %Y_2O_3 + 60 %RE_2O_3)
Indian Rare Earths	Monazite	HCl	PC88A	La, Pr, Nd, Sm, Eu, Th, U
Megon	Xenotime	H_2SO_4	D2EHPA	99.995 %Y_2O_3
Molycorp	Bastnasite	HCl	D2EHPA	99.9 %Eu_2O_3, Y, Gd, Tb, Dy, Ho, Er, Tm, Lu
Rhône-Poulenc	Monazite	HCl HNO_3	D2EHPA TBP Amine	All the REEs with purities > 99.999 % are produced almost entirely by solvent extraction.

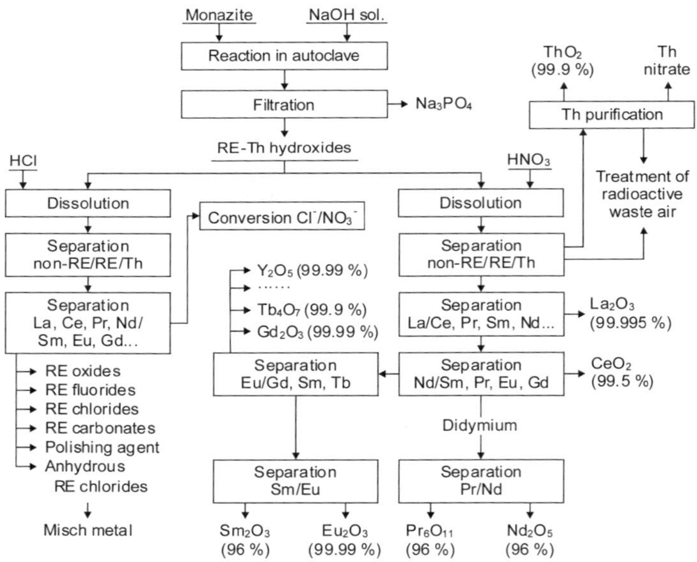

그림 14.13. Rhône-Poulenc의 용매 추출에 의한 희토류 원소 분리 공정

4) 금속으로의 환원

희토류 원소를 금속으로 만드는 것은 출발원료에 따라 금속 열환원법, 금속 열환원 증류법, 금속 열환원 확산법, 염화물 전해법, 불화물욕 산화

물 전해법, 불화물 전해법 등 매우 다양한 방법이 알려져 있다. 공업적 제조법과 적용 금속을 표 14.7에 나타내었다.[30]

표 14.7. 희토류 원소의 공업적 제조법

환원 방식	주원료	부원료	적용 금속의 예
금속 열환원법	불화희토	Ca	Eu, Sm, Tm, Yb를 제외한 전체 REE
금속 열환원 증류법	산화희토	MM*	Eu, Sm, Tm, Yb
염화물 용융염 전해법	무수 염화희토	NaCl, $CaCl_2$	La, Ge, MM*, Nd-Fe
산화물 용융염 전해법	불화희토 산화희토	LiF, BaF_2	La, Ce, MM*, Pr-Fe, Dy-Fe, Al-Y
환원확산법	산화희토	Ca, Co, Fe 등	Sm-Co, Nd-Fe-B

*MM: Misch metal

(1) 출발원료

환원을 위한 출발원료로는 산화물, 불화물, 무수 염화물 등을 사용한다. 이 중에서 제조와 취급이 가장 용이한 것은 산화물이지만, 열역학적으로 안정한 희토류 산화물을 환원하기가 어려워 불화물이나 무수 염화물을 사용하기도 한다.[30]

① 산화물: 용매 추출법 등으로 분리·정제한 희토 용액에 옥살산(oxalic acid, HOOC-COOH, 90.03 g/mol)을 첨가하여 희토 옥살산염을 침전시켜 여과·세정하고 소성하여 산화물로 만든다.

② 불화물: 정제한 희토류 용액에 불산을 첨가하여 불화희토의 침전을 만들고, 여과·세척한 후 옥살산염이 생성되지 않는 온도에서 소성하여 만든다.

③ 무수 염화물: 염화희토 용액을 농축하여 6수염 결정을 만들고, 이것을 가열·탈수하여 무수염으로 만든다.

(2) 금속 열환원법(Metallothermic reduction method)

금속을 환원제로 사용하는 금속 열환원법은 열역학적 치환 환원반응이지만, 일반적으로 희토류 화합물은 표준 자유에너지의 음의 값이 매우 큰 난환원성이므로 출발원료에 따른 환원제의 선택이 중요하다. 희토류 염화물을 Ca으로 환원하는 방법도 있으나, 공업적으로는 희토류 불화물(REF)을 Ca으로 환원하며, 반응식은 다음과 같다.[14]

$$REF_3 + 1.5Ca = RE + 1.5CaF_2 \qquad (14.18)$$

그림 14.14에는 Ca을 환원제로 사용하여 희토류 불화물(REF)을 환원하는 장치의 예(a)를 나타내었다.[31] 반응 원료의 밀도가 낮아 반응 용기가 커야 하지만, 그림과 같이 원료를 상부의 파이렉스제 호퍼에 장입하고 장입 밸브 제어용 튜브를 승강하여 필요한 양의 원료를 Ta제 반응 도가니에 장입한다. 장입된 원료가 반응하여 용융하면 부피가 줄어들므로 원료를 다시 장입하고 생성물이 도가니를 채울 때까지 이러한 작업을 반복한다.

희토류 불화물 분말과 식(14.18)의 이론량보다 약간 많은 입상의 금속 Ca을 혼합하여 장치 내의 Ta제 용기에 투입하고, 진공으로 배기한 후 Ar 분위기에서 온도를 올려 반응을 진행한다. 환원반응은 800~1,000 ℃에서 시작하며 발열반응이다.[30] 생성된 희토류 금속과 슬래그인 CaF_2를 쉽게 분리하기 위해 양쪽이 모두 용융되도록 최종 온도를 1,450 ℃ 이상까지 올린다. 환원 후 냉각된 희토류 금속과 슬래그를 분리하고, 얻어진 희토류 금속은 진공 용해하여 소량 함유되어 있는 Ca 등을 제거한다.

한편 고융점인 이트륨(Y)은 환원 시에 Mg(약 30 %)을 공존시켜 융점이 낮은 Y-Mg 모합금(약 900 ℃)으로 만들어 Mg을 증류하여 분리하는 방법도 있다. 그림 14.14(b)에 장치의 모식도를 나타내었다.[31] 우선 Mg

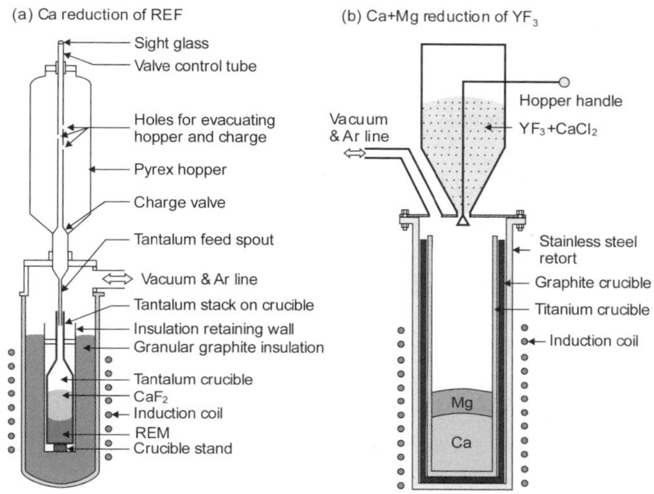

그림 14.14. 칼슘에 의한 불화희토류의 환원 장치

과 Ca을 Ti제 도가니에 넣고 진공 중에서 750 ℃로 가열하여 불순물과 가스 등을 제거하고, 불활성 분위기 중에서 900 ℃로 가열한 후, 상부의 호퍼에서 YF_3와 $CaCl_2$를 서서히 첨가한다. 첨가 종료 후에 950 ℃로 승온시켜 금속상과 슬래그상을 쉽게 분리되도록 하고, 냉각 후에 금속을 회수하여 적절한 크기로 파쇄한다. 환원반응으로 얻어진 금속은 950 ℃의 진공 중에서 증류하여 Mg과 Ca을 제거해 금속상의 Y 스펀지를 얻는다. 스펀지를 압축 성형하여 봉상으로 만들어 소모 전극식 진공 아크 용해로 빌릿을 만든다.[32]

(3) 금속 열환원 증류법(Metallothermic reduction and distillation method)

Sm, Eu, Tm, Yb은 안정한 2가의 화합물이 존재하여 일반적인 금속 열환원법이나 용융염 전해법으로는 환원이 진행되지 않는다. 특히 Sm은

Sm^{3+}에서 Sm^{2+}로 환원되면 오히려 분해전압이 높아져 전해법으로 제조하기 곤란하다.[14] 그러나 이러한 원소는 다른 희토류에 비하여 증기압이 높으므로 열환원 증류법으로 만들 수 있다. 그림 14.15에는 희토류의 온도에 따른 증기압을 나타내었다.[30] 환원제는 같은 족의 란타넘(La)이나 미시메탈(MM)을 사용하고, 산화물을 환원하면서 생성된 금속을 계 외로 증발시키고 응축부에서 냉각시켜 회수한다. Sm의 경우 반응식은 다음과 같다.

$$Sm_2O_3 + 2MM = 2Sm\uparrow + MM_2O_3 \quad (MM: \text{ mischmetal}) \qquad (14.19)$$

$$Sm_2O_3 + 2La = 2Sm\uparrow + La_2O_3 \qquad (14.20)$$

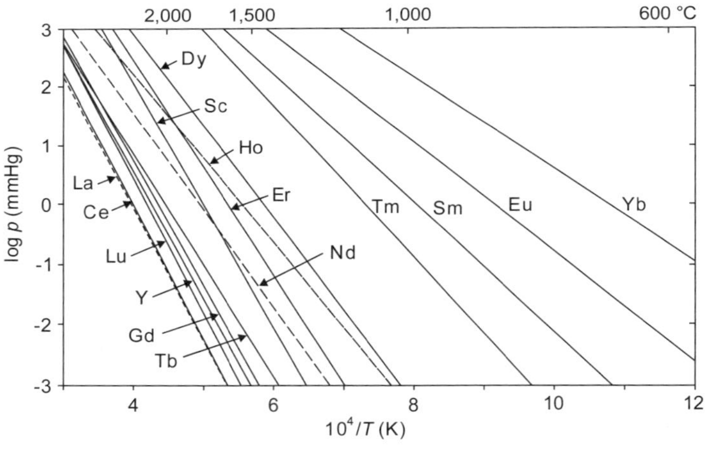

그림 14.15. 희토류 금속의 온도에 따른 증기압(mmHg)

그림 14.16에는 사마륨(Sm)의 환원 증류 장치를 나타내었다.[30] 산화사마륨과 미시메탈 칩을 혼합하고, 압축 성형하여 Ta제 도가니에 장입한다. 반응조 내부를 10^{-3}~10^{-5} torr의 분위기로 만든 후 1,300~1,400 ℃

로 가열하면 미시메탈의 환원 작용으로 금속 Sm이 생성되어 증기가 된다. Sm 증기는 상부의 수냉부에 층상으로 증착하며, 증류하여 만들었으므로 순도가 높은 금속을 얻을 수 있다. Eu과 Yb도 이 방법으로 제조할 수 있으며, 반응 온도는 1,150~1,200 ℃ 정도이다.

산화물 용융염 전해법으로 미시메탈을 제조하는 곳에서는 상기 반응 후 남은 산화물 희토류를 원료로 사용하여 다시 미시메탈을 만들므로 폐기물이 나오지 않는 친환경적인 제조법이 될 수 있다.

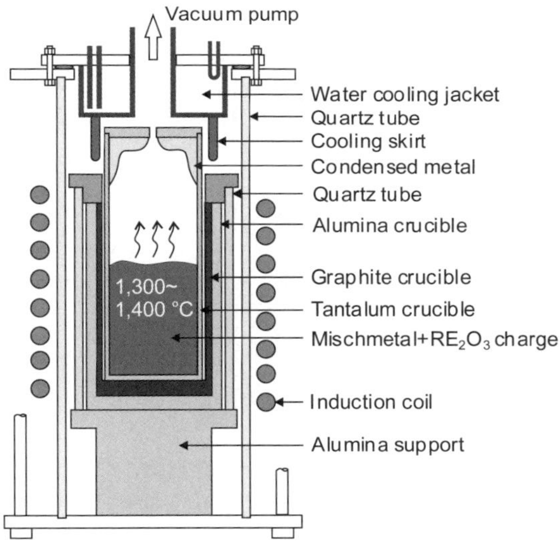

그림 14.16. Sm 환원 증류 장치의 예

(4) 금속 열환원 확산법

금속 열환원 확산법은 원료로부터 직접 합금을 제조하는 방법으로 개발되었다. 미국(Reduction-Diffusion, RD법)과 독일(Co-Reduction)에서 거의 같은 시기인 1973년에 환원 확산법이라는 명칭으로 $SmCo_5$

합금 분말 제조법으로 개발되었지만, 기본적으로는 동일한 환원법이다. NdFeB 합금에도 적용하고 있으며, Ca에 의한 환원 반응식의 예는 다음과 같다.[14,30,33]

$$\frac{15}{2}Nd_2O_3 + \frac{45}{2}Ca + 72Fe + \frac{4}{30}Fe_{40}B_{60} \xrightarrow[\text{vac.}]{1,200\,℃} Nd_{15}Fe_{77}B_8 + \frac{45}{2}CaO \quad (14.21)$$

$$Sm_2O_3 + 3Ca + 10Co \xrightarrow[\text{vac.}]{1,150\,℃} 2SmCo_5 + 3CaO \quad (14.22)$$

$$Sm_2O_3 + 3CaH_2 + 10Co \xrightarrow[H_2]{1,150\,℃} 2SmCo_5 + 3CaO + 3H_2\uparrow \quad (14.23)$$

그림 14.17에는 RD법에 의한 $SmCo_5$의 제조 공정도를 나타내었다.[34] 초기에는 산화희토류 분말(Sm_2O_3+Co_3O_4)을 혼합하여 Co를 수소로 환원시킨 후, Ca을 혼합하여 열처리, 파쇄, 수세 및 진공 건조를 거쳐서 RD 분말을 제조하였다. 이후 그림 14.17(b)와 같이 Sm_2O_3와 금속 Co, CaH_2를 혼합하여 열처리하는 방식으로 개선되었다. 반응이 완료된 후 냉각, 분쇄하여 물이나 묽은 산으로 Ca, CaO를 제거하고 건조하면 합금 분말이 얻어진다.

한편 Co-Reduction법(그림 14.17(a))은 독일의 Goldschmidt에서 공업화한 방법으로, 산화물 상태인 Sm_2O_3, Co_3O_4, Fe_2O_3 등을 금속 Ca과 반응시켜 합금을 제조하는 방법(1,100~1,200 ℃, 진공 분위기)으로 반응식은 다음과 같다.

$$Sm_2O_3 + Co_3O_4 + 7Co + 7Ca = 2SmCo_5 + 7CaO \quad (14.24)$$

$$\frac{15}{2}Nd_2O_3 + 10Fe_2O_3 + 57Fe + 8B + 52.5Ca = Nd_{15}Fe_{77}B_8 + 52.5CaO \quad (14.25)$$

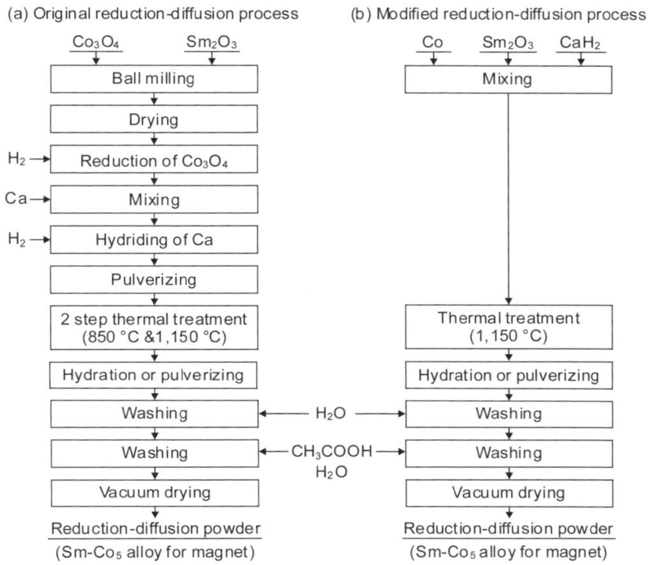

그림 14.17. 환원 확산법에 의한 $SmCo_5$ 제조 공정도

(5) 염화물의 용융염 전해법

초기 희토류 금속의 대량 수요는 미시메탈이었기 때문에 용융염 전해법은 주로 미시메탈 제조에서부터 발전하여 온 방법으로, 융점이 낮은 La, Ce, Nd, Pr 등의 단일 희토류 금속의 제조에도 널리 사용되고 있다. 공업적으로는 염화물욕-염화물 전해와 불화물욕-산화물, 불화물욕-불화물 전해 등이 있다.

염화물의 용융염 전해는 미시메탈은 물론 단일 희토류 금속을 공업적으로 생산하는 중요한 방법이다. 그림 14.18에 대형 염화물 전해 장치의 예를 나타내었다.[14] 조염화희토류($RECl_3 \cdot 6H_2O$)를 가열·탈수하여 제조한 무수 희토류 염화물과 전해욕의 융점과 점도를 조정하기 위해 NaCl이나

$CaCl_2$ 등을 소량 혼합하여 전해조에 장입하고 용융시킨 후, 800~900 ℃에서 흑연 anode와 금속(Mo) cathode로 전해한다. 이때의 전해환원 반응은 다음 식과 같다.

$$2RECl_3 = 2RE^{3+} + 6Cl^- \tag{14.26}$$

$$2RE^{3+} + 6e^- = 2RE\,(\text{in cathode}) \tag{14.27}$$

$$6Cl^- = 3Cl_2\uparrow + 6e^-\,(\text{in anode}) \tag{14.28}$$

전압은 10~15 V, anode 전류밀도는 0.5~1 A/cm^2, cathode 전류밀도는 1~10 A/cm^2 정도이다. 전해할 때 흑연 양극 표면에서는 염소가스가 발생하고, 음극 표면에서는 희토류 금속이 석출된다. 염소 가스는 수산화나트륨 용액으로 세정하여 차아염소산나트륨으로 회수한다.

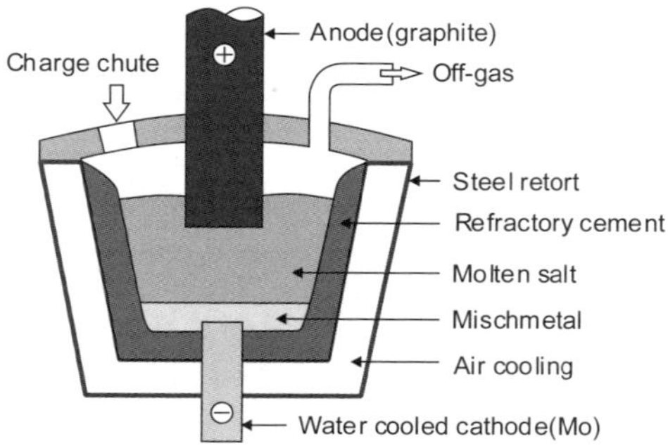

그림 14.18. 염화물 용융염 전해 장치의 예

(6) 불화물욕 산화물 전해법(oxide-fluoride electrolysis)

불화물욕에 희토류 산화물을 투입하여 전해하는 방법으로, 기본 개념은 알루미늄의 전해제련[35]과 동일하다. 희토류 산화물은 불화물이나 염화물과 달리 안정도가 매우 높고 흡습성이 없는 안정한 물질이다. 800~1,100 ℃의 전해 온도에서 산화물의 이론 분해전압은 2.4~2.6 V

이지만, 불화물은 4.6~5.6 V로 높은 편이다. 그러나 NdF_3는 융점이 1,373 ℃로 높아 단독으로는 용융염 전해에 사용하기 곤란하다. LiF(융점 483 ℃), BaF_2(융점 1,353 ℃)를 적절히 첨가하면 700 ℃의 융점을 갖는 삼원 공융 혼합염을 만들 수 있으며, 여기에 수 %의 희토류 산화물을 용해시킬 수 있다. 일반적인 미시메탈의 제조에서는 REF_3 50 %, LiF 30 %, BaF_2 20 %의 조성을 갖는 혼합 용융염을 사용한다.[14]

그림 14.19에는 Nd 합금 제조 장치의 예를 나타내었다.[36] Nd은 화학적으로 매우 활성인 원소이며, 산소나 탄소 등과 친화력이 매우 강하여 고순도의 금속을 제조하기 위해서는 고도의 환원 기술이 필요한 원소이다. 광석 중의 Nd을 습식 프로세스에 의해 고순도의 산화물 원료(Nd_2O_3)로 만든다. 이것을 그림과 같이 800~1,100 ℃의 용융염(불화물+산화물) 중에 투입하여 용해하면 이온성 유체가 되어 전기분해에 의해 금속 Nd이 얻어진다. 특히 철을 소모식 전극(음극)으로 사용하는 Nd의 용융염 전해에서는 연속적으로 자석 합금용의 Nd-Fe 액체 합금을 직접 제조할 수 있는 장점이 있다. 그러나 불화물을 함유하는 용융염을 사용하므로 장치와 조업 관리가 곤란한 문제점도 있다.

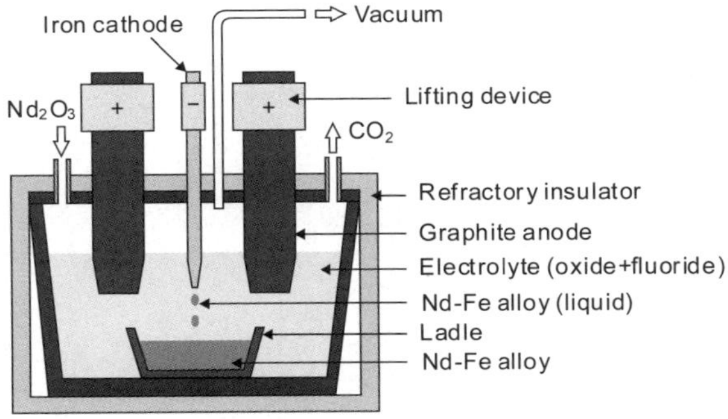

그림 14.19. 용융염 전해법에 의한 Nd 전해 장치의 예

그림 14.20에는 Leno에서 공업화한 La과 Ce의 연속 전해 장치 모식도를 나타내었다.[37] 이 방법에서는 63 %CeF_3-16 %BaF_3-21 %LiF 조성의 불화물 전해욕 중에 La이나 Ce 산화물을 연속적으로 공급하여 전해한다.

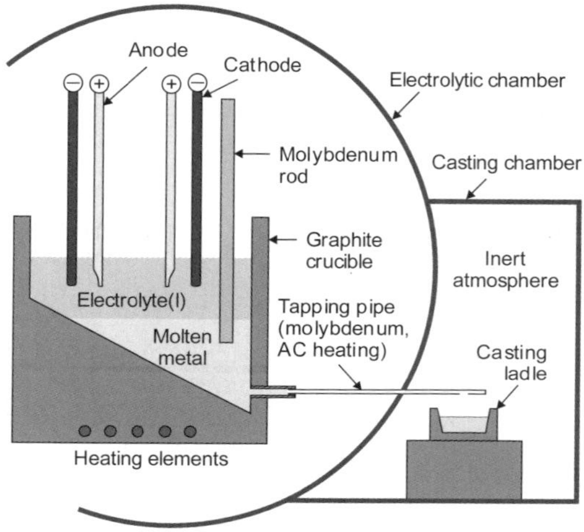

그림 14.20. Leno의 연속 전해 장치 모식도

(7) 불화물 전해법(electrolysis of fluoride)

흑연 양극을 사용한 불화물 전해에서는 산소가 전극의 탄소와 결합하여 양극 표면에 양극 효과*라 불리는 전기 부도체 막을 형성한다. 그러나 LiF를 다량 함유한 용융염과 양극 효과가 잘 일어나지 않는 흑연 전극을 사용하면 불화물도 쉽게 전해할 수 있다. 이 방법으로 Nd-Fe-B 자석용인 Nd 모합금을 제조한다. NdF 40~76%, LiF 24~59%의 혼합 용

* 용융염 전해 시 불용성 anode에서 가스가 발생하며, 정상적인 상태에서는 기포가 되어 연속적으로 anode 표면을 이탈하여 욕의 표면으로 방출된다. 그러나 전류 밀도가 어느 정도 이상이 되면 발생 가스가 anode 표면을 덮어서 전극과 전해욕의 접촉을 끊어 전류가 통과하기 곤란하게 되는데, 이러한 현상을 양극 효과(anode effect)라 부른다.

용염과 흑연 양극 및 소모성의 순철 음극을 사용하면, 900~950 ℃, 8~12 V에서 전해할 수 있다. 특히, 금속 석출량에 대응하는 NdF를 투입하면 연속적으로 전해할 수 있다. 이때의 전류 효율은 70~72 %이며, Nd 76~81 %, Fe 19~24 %의 합금이 만들어진다. 다만 배기되는 불소가스의 무해화 처리를 위한 설비비가 많이 든다는 문제점이 있다.[14]

5) 희토류 원소의 정제

금속 열환원법이나 용융염 전해로 제조한 금속의 순도는 각각 3N, 2N 정도이다. 따라서 기능성 소재로 사용하려면 고순도화가 필요하다.[33] 조금속의 고순도화 방법에는 진공 용해, 증류, 승화, 대용융(zone melting) 및 고상전해(electrotransport) 등이 있다.

희토류 원소 중의 불순물로는 원료에서 유래하는 타 희토류 원소, 환원제나 용융염에서 유래하는 Ca, 불화물 등과 반응 장치에서 유래하는 Ta, W 등의 고융점 금속, 그리고 H, N, O 등의 기체 불순물 등이 있다.

(1) 용융 정제

열환원법이나 용융염 전해로 제조한 금속을 고주파 진공 용해로에서 용해하여 휘발성 물질, 불화물 등의 혼입 불순물을 제거한다. 특히 Ca, CaF_2, H, N, O 등은 진공 용해로 쉽게 제거할 수 있다. 도가니 등에 의한 오염이 있는 경우에는 아크 용해, 전자빔 용해 등을 이용한다.[38]

(2) 증류 정제

그림 14.15에 나타낸 바와 같이 Sm, Eu, Yb과 같이 증기압이 높은

금속은 선택적으로 증발이나 승화시켜 정제한다. 특히 Ta과 같이 증기압이 낮은 불순물을 쉽게 분리할 수 있다. 보다 높은 순도가 필요한 경우에는 증류 정제와 분별 증류를 연결하여 고순도로 정제할 수 있다.[33]

(3) 고상 전해법(electrotransport purification)

고체를 고온으로 가열하면 고체의 체적이 팽창하고 격자점이 증가하여 이온이 이동하기 쉬워진다. 고상 전해법은 여기에 전압을 걸어서 불순물 이온을 움직이는 방법이다. 금속을 봉상으로 가공하여 직류 대전류(약 200 A/cm^2)를 흘리면 불순물이 양쪽 끝으로 농축되어 중앙부에 고순도 금속이 얻어진다. 그림 14.21에 고상 전해법의 원리를 모식적으로 나타내었다.[39] 특히 이 방법은 5N 이상을 필요로 하는 Gd의 정제에 이용되고 있다.[40] 다만 고상 전해법의 경우 Sm이나 Eu과 같이 증기압이 높은 금속에는 적용할 수 없으며, 정제 효율을 높이려면 10^{-10} torr 이상의 고진공이나 초고순도의 불활성 분위기가 필요하다.

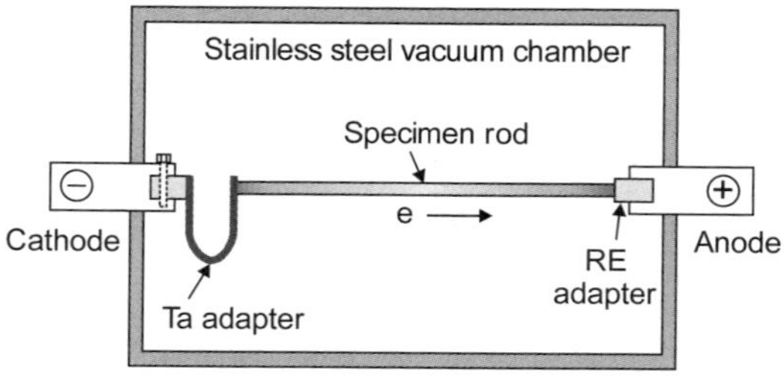

그림 14.21. 고상 전해법의 원리

(4) 대용융법(zone melting)

가늘고 긴 냉각 보트 중에 희토류 금속을 넣고, 고진공이나 고순도 Ar

가스 분위기 중에서 고주파 유도 코일을 이용하여 한쪽 끝을 용해시키고, 용해된 부분을 천천히 이동시킨다. 이 처리를 10회 이상 반복하여 정제한다. 금속 불순물 제거는 쉬우나 질소 등의 제거는 어려우며, 특히 분위기에 의한 오염에 주의하여야 한다. 그림 14.22에는 냉각 보트에 의한 존 멜팅 정제 장치의 예를 나타내었다.[41]

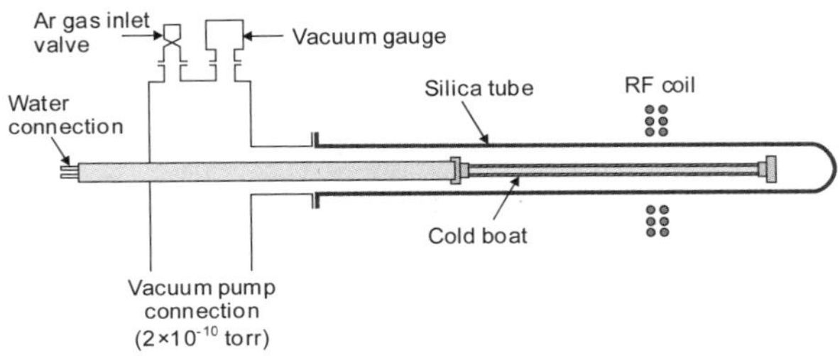

그림 14.22. 냉각 보트에 의한 대용융 정제 장치의 예

(5) 플럭스에 의한 정제

Pr(m.p. 935 ℃)을 금속 Ca으로 환원한 후, 슬래그를 제거한 금속상을 Ta제 도가니에서 1,550 ℃, 15분간 CaF_2-Ca 플럭스로 용해하여 정제한다. 이 방법으로 처리 전 9,360 ppm의 산소가 265 ppm까지 감소하였다.[42]

4. 희토류 원소의 리사이클링

희토류 원소는 비교적 고가이고 다른 금속과의 분리도 쉬워 리사이클

링의 경제성을 확보할 수 있다. 그러나 철, 알루미늄 등의 범용금속에 비해 사용량이 매우 적은 편이고, 사용 후 기기 등으로부터 회수할 때 분산도가 너무 커서 수집 비용 면에서 문제점이 있다.[30] 그러나 최근 전기자동차가 보급되면서 희토류 자석의 사용량이 증가하여 이러한 문제점이 해소될 가능성이 있다. 따라서 영구자석용 희토류 원소의 리사이클링에 대해 알아본다.

그림 14.23에 희토류 원소의 이상적이고 간단한 리사이클링 관련 물질 흐름을 나타내었다.[43] 희토류 원소를 함유한 EoL(end of life) 제품은 희토류 산화물이나 금속을 생산하기 위해 희토류 원소의 품위를 높이는 전처리를 한다. 품위를 높인 스크랩은 새로운 제품 생산을 위한 원료로 공급한다. 한편 EoL 제품이 전기로나 비철금속 제련로로 보내지면, 희토류 원소는 슬래그나 더스트로 분배되어 경제성 있는 회수가 곤란하게 된다.

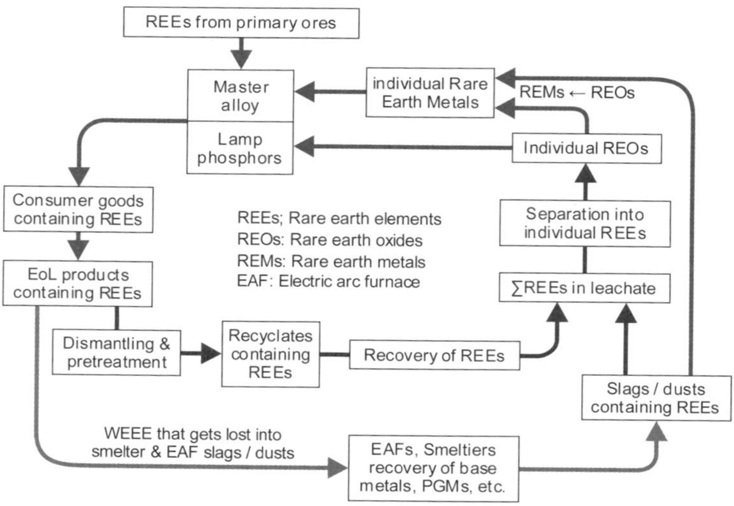

그림 14.23. 희토류 원소의 라이프 사이클과 관련 기술

1) 희토류 원소 스크랩

표 14.8에는 희토류 원소의 용도별 함유량을 나타내었으며, 표 14.9에는 자석, Ni-MH 배터리 및 형광램프로부터 리사이클링할 수 있는 양을 나타내었다.[43] 표 14.3과 그림 14.4에 나타낸 바와 같이 희토류 원소는 다양한 용도에 사용되고 있으나, 실제 EoL에서 리사이클링되는 양은 많지 않다. 일부 연마재로부터 리사이클링하기도 하지만, 주로 자석이나 배터리 등으로부터 리사이클링할 수 있다. 따라서 이러한 제품의 리사이클링에 대해 알아본다.

표 14.8. 희토류 원소의 용도와 조성(%)

Application	La	Ce	Pr	Nd	Y	Sm	Gd	Tb	Dy	Eu	Other
Auto catalysts	5	90	2	3							
Battery alloys	50	34	3	10		3					
Ceramics	17	12	6	12	53						
FCC	90	10		-							
Glass additives	24	66	1	3	2						4
Magnets			23	70			2	0.2	5		
Metallurgy	26	52	5	17							
Phosphors	8.5	11		-	69		1.8	4.6	-	4.9	
Polishing	31	65	4	-							
Others	19	39	4	15	19	2	1				

※ 조성 %는 용도별 추정 평균값이며, 제조업체에 따라 차이가 있을 수 있다.

표 14.9. 자석 등에서 희토류 원소를 리사이클링할 수 있는 잠재력

REEs Application	Estimated average lifetime (years)	Estimated REE stocks in 2020 (t)	Estimated REE old scrap in 2020 (t)
Magnets	15	300,000	20,000
Lamp phosphors	6	25,000	4,167
Ni-MH batteries	10	50,000	5,000
Total	-	375,000	29,167

2) 희토류 원소 자석의 리사이클링

하드 디스크 등에 사용되는 영구자석은 NdFeB 합금에 소량의 Pr, Gd, Tb, Dy 등이 함유되어 있으며, 그 외 소량의 SmCo 자석도 사용되고 있다. 따라서 희토류 자석의 리사이클링은 대부분 Nd-Fe-B계 자석에 대한 것이다.

그림 14.24에 Nd-Fe-B계 자석의 물질 흐름을 나타내었다.[3] 일반적으로 원재료인 희토류 원소나 합금은 중국에서 수입된다. 자석의 제조는 원료의 용해, 합금의 분쇄, 성형, 소결, 절삭 가공, 착자* 등의 공정으로 구성되어 있으며, 이러한 제조 공정에서 다량의 스크랩이 발생한다. 대부분의 스크랩은 산소 등의 불순물 농도가 높거나 규격 외의 것, 합금을 가공할 때 발생하는 절삭 분말 등이다. 그리고 자석을 제조할 때는 절삭 가공 시에 절삭 스크랩(슬러지, sludge)이 발생하고 각 단계에서 규격 외

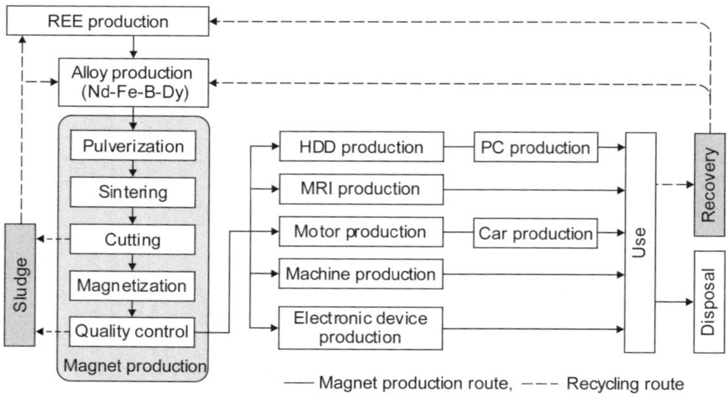

그림 14.24. 희토류 원소 자석의 물질 흐름

---

* 착자(magnetization): 자석 재료를 성형하는 단계에서는 자기를 띠고 있지 않으므로, 자석이 되도록 자력을 넣는 작업을 '착자'라 한다.

스크랩이 발생한다. 따라서 합금 원료에서 최종 제품까지의 실수율은 60~70 % 정도로 낮은 편이다.

표 14.10에 Nd-Fe-B계 소결자석의 리사이클링 기술에 대해 분류하여 나타내었다.[36] 자석합금의 리사이클링 기술에는 제련의 상공정에 원료로 공급하는 소재 재생법(material recycling method), 자석합금의 원료로 재생하는 합금 재생법(alloy recycling method), 자석합금으로 재이용하는 자석 재생법(magnet recycling method) 등 세 가지로 분류할 수 있다.

표 14.10 Nd-Fe-B계 소결자석의 리사이클링 기술

<table>
<tr><td rowspan="2">Material recycling method</td><td>Wet process</td><td>1) Fluorides precipitation
2) Oxalates precipitation
3) Hydrosulfate crystallization
4) Nitrate precipitation</td></tr>
<tr><td>Dry process</td><td>5) Chemical vapor transport, CVT
6) Selective reduction and distillation
7) Selective extraction</td></tr>
<tr><td>Alloy recycling method</td><td colspan="2">1) Regeneration by electrolysis
2) Remelting
• Melting with flux
• Melting by high-frequency induction heating
• EBM(electron beam melting)
• AM(arc melting)
• Zone melting
• etc.
3) Reduction / de-oxidation by hydrogen or calcium
4) De-oxidation by calcium / halide flux
5) Electrochemical de-oxidation</td></tr>
<tr><td>Magnet recycling method</td><td colspan="2">1) Magnet alloy recycling (Reuse of magnet alloy scrap powder)
2) Cascade recycling (Reuse of the magnet alloy to low-spec application)</td></tr>
</table>

자석의 제조 공정에서 발생하는 슬러지는 탄소나 실리콘 등 절삭 공구의 재료가 함유되어 있을 뿐만 아니라 물이나 기름 등에 의해 오염되고 부분적으로 산화되어 있다. 따라서 이러한 슬러지는 대부분 제련 프로세스의 상공정으로 보내어 소재로 재생하고 있다. 플럭스나 금속 Ca 등으로 정련하는 방법도 있으나 품질이나 비용 등의 문제로 실용화되지 못하고 있다.[36]

(1) 습식법

습식법은 기본적으로 광석에서 희토류 원소를 분리하는 기술을 적용한다. 그림 14.25에는 습식법에 의한 자석 스크랩의 리사이클링 공정도의 예를 나타내었다.[3] 습식법은 현재 희토류를 함유한 슬러지 처리 방법의 주류가 되어 있다. 그러나 강산에 의한 용해와 옥살산이나 불산을 이용하는 다단 프로세스로서 용액의 조정이 어렵고 다량의 폐액이 발생하므로 다량으로 발생하는 제품 스크랩의 처리 방법으로서는 환경부하가 높아질 것이 예상되고 있다.

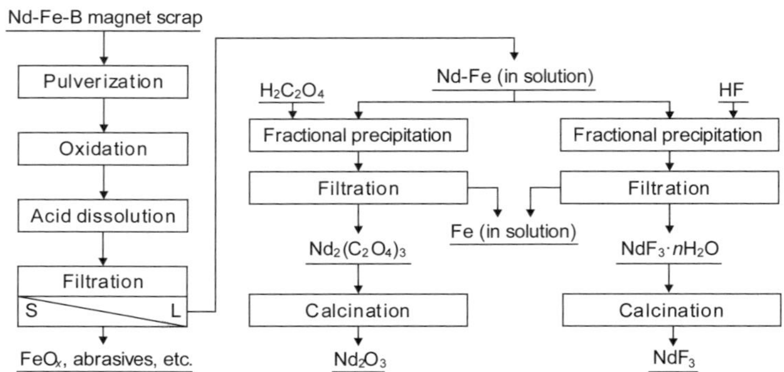

그림 14.25. 습식법에 의한 Nd-Fe-B 자석 스크랩으로부터 Nd 회수

한편 습식법에서 무기산*으로 폐자석을 용해시키면 자석 조성의 약 70 %를 차지하는 철(Fe)도 상당량이 용해되어 산이나 알칼리의 소비량의 많아지는 문제점이 있다. 폐자석 스크랩을 산화 배소하여 철을 산에 잘 용해되지 않는 Fe_2O_3로 만들면 희토류 원소만 선택적으로 용해할 수 있다.[44] 그리고 희토류 정광 처리에서 희토류를 원소별로 분리하는 용매 추출 등의 기술을 활용하면 스크랩 리사이클링에서도 희토류를 원소별로 분리할 수 있다.

(2) 건식법

스크랩으로부터 저비용, 높은 효율로 희토류 금속을 회수하는 신기술이 보고되고 있다. 그림 14.26에는 건식 제련법에 의한 희토류 원소 자석의 리사이클링 기술을 종합하여 나타내었다.[45] 자석의 리사이클링 공정은 크게 제련형 공정(extraction, —)과 정련형 공정(refining, ---)으로 구분할 수 있다.

우선 스크랩에서 희토류 원소를 추출하는 제련형 공정에서는 순수한 희토류 원소를 추출한다. 정련형 공정에서는 스크랩 중의 유해한 원소를 제거한 후 희토류 자석으로 재생한다. 이러한 처리 공정은 스크랩의 형태나 오염 정도에 따라 선택을 달리할 필요가 있다. 특히 산소 등에 의한 오염이 심한 스크랩(swarf 등)은 제련형 공정을 적용하는 것이 유리하지만, 처리 시간이 길며 환경부하 등을 감안하여야 한다.[46] 비교적 오염이 적은 수명이 다한 제품(EoL)에서 회수한 스크랩은 정련형 공정으로 처리

* 무기산(mineral acid): 무기화합물의 화학반응으로 얻어진 산. 염산, 질산, 인산, 황산 등이 있다.

하는 것이 적합하다. 특히 정련형 공정은 처리 시간이 짧고 에너지 소비도 적은 장점이 있다.

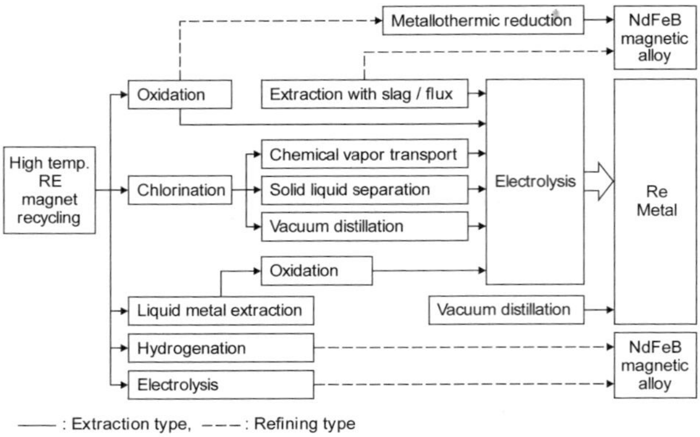

그림 14.26. 건식법에 의한 희토류 원소 자석의 리사이클링 공정 비교

그림 14.27에는 제련형 공정인 화학 기상 수송법(chemical vapor transport, CVT)[47,48]과 선택 환원 및 증류에 의한 희토류 분리[49]의 공정도를 나타내었다.[3] CVT는 고온에서 자석합금 스크랩과 $AlCl_3$ 증기를 반응시켜 희토류를 함유하는 높은 증기압의 착체를 합성하고, 각 착체의 증기압 차이를 이용하여 분리·회수하는 기술이다. 선택 환원과 증류도 CVT와 같은 원리이지만 염화물의 2가와 3가의 증기압 차이가 큰 것을

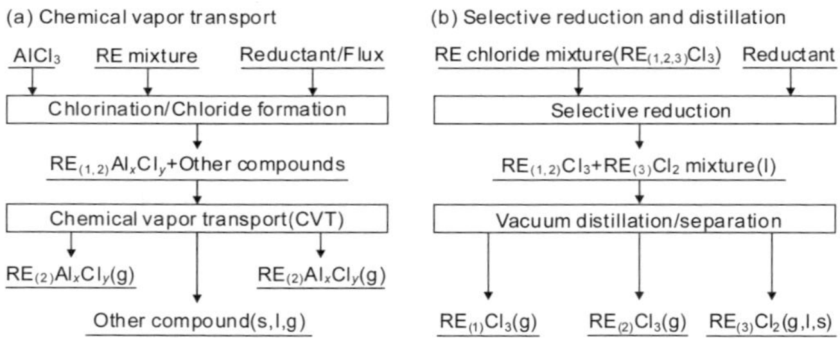

그림 14.27. CVT에 의한 REM 분리(a)와 선택 환원과 증류에 의한 REM 분리(b) 공정도

이용하여 분리 효율을 높인 것이다.[3]

그림 14.28에는 용융금속(Mg, Ag 등)을 추출제로 사용하여 자석 스크랩 중의 Nd을 추출하는 공정도(a)[50]와 염화물의 할로겐화물을 이용한 추출 공정도(b)를 나타내었다.[3] 추출제의 경우 스크랩을 활용할 수 있으며, 희토류를 산화시키지 않고 선택적으로 추출할 수 있다. 또 할로겐화물을 추출제로 이용하면 자석 중의 희토류 원소가 선택적으로 염화되므로 용융염 중에 침출시켜 분리할 수 있는 데다, 증기압 차이를 이용하면 희토류 원소끼리의 상호 분리도 가능하다.

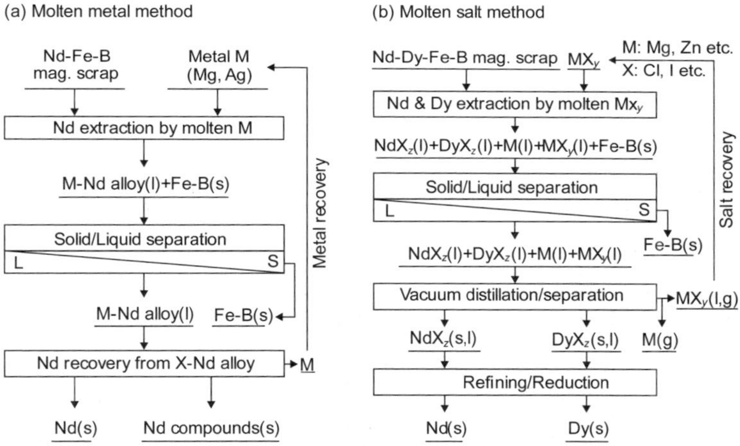

그림 14.28. 금속(a) 및 할로겐화물(b)을 이용한 REM의 분리·회수 공정도

(3) 용융염 전해

용융염 전해를 이용하여 스크랩에서 희토류 원소를 분리할 수도 있다. 그림 14.29에 용융염 전해를 이용한 희토류 원소의 분리와 회수 개념도를 나타내었다.[44,51] 우선 희토류 원소를 함유하는 자석 등의 스크랩을 양

극(anode)으로 사용하여 양극 용해(anodic dissolution)시킨다. 용해된 희토류 원소의 이온을 합금 격막의 양극실(음극으로 작용) 측에서 다음 식과 같이 환원하여 희토류 합금을 만들고 격막 중으로 확산시킨다.

$$M + xRE(III) + 3xe = [M - RE_x] \quad (14.29)$$

여기서 M은 합금 모재가 되는 Ni 등의 금속,[52] RE는 Dy 등의 희토류 원소이며 용융염 중에 3가 이온으로 존재하는 것으로 가정하였다. 합금 격막의 음극실(양극으로 작용) 측에서는 상기한 반응식의 역반응이 일어나 희토류 원소만 선택적으로 용해되어 희토류 원소 이외의 불순물을 분리할 수 있다. 최종적으로는 음극실 중에 용해된 희토류 이온을 음극(cathode)상에 석출시키거나 Fe 등과의 합금으로 환원·석출시켜 회수할 수 있다.[44]

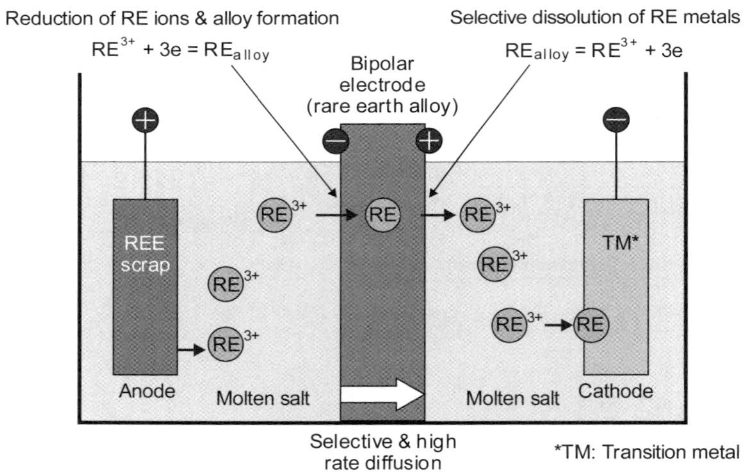

그림 14.29. 용융염 전해와 합금 격막을 이용한 희토류 원소의 분리 및 회수 프로세스의 개념도

5. 종합

희토류 원소는 3족에 속하는 Sc, Y을 비롯해 La~Lu까지 15개의 란타넘족을 더한 17개의 화학 원소를 지칭하는 것으로, 화학적 성질이 유사하고 광물 중에 그룹으로 함께 존재하기 때문에 통틀어 희토류라 부른다. 희토류 원소 중에서 Ce, Nd, La, Y, Sc 등은 이름과 달리 상대적으로 풍부한 원소들이지만, 지구화학적인 성질로 인해 경제성 있는 농축된 형태로는 산출되지 않아 대표적인 희소금속으로 분류되고 있다. 이러한 희토류 원소의 산화물 기준 연간 생산량은 25만 톤에 못 미치고 있다. 그러나 희토류 원소는 독특한 화학적·전기적·자성적·발광적 특성 등이 있어서 첨단산업을 지탱하는 핵심금속으로 자리 잡았다.

희토류 원소의 제련은 선광을 거친 광석(정광)의 처리, 분리·정제, 금속으로의 환원, 고순도화 등 네 가지로 분류할 수 있다. 희토류 원소 정광의 분해는 광석의 종류에 따라 산 처리, 알칼리 처리 등이 있으며, 희토류 원소의 분리와 정제 효율은 용매 추출 기술의 발전에 따라 비약적으로 향상되었다. 희토류 원소를 금속으로 만드는 것은 출발원료에 따라 금속 열환원법, 금속 열환원 증류법, 금속 열환원 확산법, 염화물 전해법, 불화물욕 산화물 전해법, 불화물 전해법 등 매우 다양한 방법이 알려져 있다. 그리고 희토류 원소의 정제는 진공 용해, 증류, 승화, 대용융(zone melting) 및 고상 전해(electrotransport) 등을 적용하고 있다. 희토류 원소의 용도 중 희토류 자석의 비중이 높아 일반적으로 희토류 자석의 리사이클링에 대한 많은 연구 결과들이 보고되어 있다. 이러한 희토류 자석 중 희토류 원소의 회수는 기본적으로 희토류 원소의 제련 기술을 응용한 것이 대부분이다.

[참고문헌]

1 N. Krishnamurthy and C. K. Gupta, 2016: Extractive Metallurgy of Rare Earths 2nd Ed., p.1, CRC Press, NY, USA.

2 C. T. Horovitz, 1999: History of Yttrium and Scandium. In: Biochemistry of Scandium and Yttrium, pp.1-27, Part 1: Physical and Chemical Fundamentals. Biochemistry of the Elements, vol 13A. Springer, Boston, MA.

3 S. Shirayama and T. H. Okabe, 2009: Current Status of Rare Earth Alloy Magnet and Pyrometallurgical Recycling Technology, Molten Salts 52(2), pp.71-82.

4 손호상, 2020: 범용금속의 리사이클링, p.17, 경북대학교출판부.

5 J. Gambogi, 2017: Rare Earths, 2017 Minerals Yearbook, p.60.1, USGS.

6 J. H. L. Voncken, 2016: The Rare Earth Elements - An Introduction, p.10, SpringerBriefs in Earth Sciences, Springer Nature.

7 T. D. Kelly and G. R. Matos, 2014: Rare earth statistics, Historical statistics for mineral and material commodities in the United States: U.S. Geological Survey Data Series 140.

8 Daniel J. Cordier, 2022: Rare Earths, U.S. Geological Survey, Mineral Commodity Summaries, January 2022.

9 B. S. Tracy, 2020: An Overview of Rare Earth Elements and Related Issues for Congress, p.9, Congressional Research Service R46618.

10 H. Royen and U. Fortkamp, 2016: Rare Earth Elements- Prurification, Separation and Reycling, IVL Report No. C 211, p.24, IVL Swedish Environmental Research Institute Ltd.

11 D. I. Bleiwas and J. Gambogi, 2013: Preliminary Estimates of the Quantities of Rare-Earth Elements Contained in Selected Products and in Imports of Semimanufactured Products to the United States, 2010, U.S. Geological Survey, Reston, Virginia, USA.

12 H. Royen and U. Fortkamp, 2016: Rare Earth Elements- Prurification, Separation and Recycling, IVL Report No. C 211, p.9, IVL Swedish Environmental Research Institute Ltd.

13 R. Hasegawa, 1985: Metallurgy and Physical Properties of Rare Earths: Trend in Recent Research and Development, Testu-to-Hagane 71(16), pp.1837-1845.

14 Hyungkyu Park, Jinyoung Lee, Sungwook Cho and Joonsoo Kim, 2012:

Overview on the Technologies for Extraction of Rare Earth Metals, J. of Korean Inst. of Resources Recycling 21(3), pp.74-83.

15 N. Krishnamurthy and C. K. Gupta, 2016: Extractive Metallurgy of Rare Earths 2nd Ed., p.255, 256, CRC Press, NY, USA.

16 S. Mukai, 1985: Mineral Processing and Refining of Rare Earth Elements, Tetsu-to-Hagane 71(6), pp.633-644.

17 金屬鑛業事業團資源情報センター, 1995: 發電機用超傳導材料開發狀況調査報告書-レアアースの製造技術, p.2. 金屬鑛業事業團.

18 Manseung Lee and Hoseok Jeon, 2010: Extractive Metallurgy and Separation of Rare Earth Ores, J. of Korean Inst. of Resources Recycling 19(6), pp.27-35.

19 N. Krishnamurthy and C. K. Gupta, 2016: Extractive Metallurgy of Rare Earths 2nd Ed., p.260, CRC Press, NY, USA.

20 N. Krishnamurthy and C. K. Gupta, 2016: Extractive Metallurgy of Rare Earths 2nd Ed., pp.269-270, CRC Press, NY, USA.

21 金屬鑛業事業團資源情報センター, 1995: 發電機用超傳導材料開發狀況調査報告書-レアアースの製造技術, p.95, 金屬鑛業事業團.

22 H. Royen and U. Fortkamp, 2016: Rare Earth Elements- Prurification, Separation and Reycling, IVL Report No. C 211, p.11, IVL Swedish Environmental Research Institute Ltd.

23 유효신, 2003: 희토류원소별 분리기술 동향, 기술동향분석보고서, 한국과학기술정보연구원.

24 N. Krishnamurthy and C. Kumar Gupta, 2016: Extractive Metallurgy of Rare Earths 2nd Ed., p.280, CRC Press.

25 Yeun Shik Kim, 1989: Application and Extraction of Rare Earth Metals, Bull. of the Korean Inst. of Metals 2(3), pp.205-218.

26 R. G. Bautista, 1995: Separation chemistry. In: Gschneidner, K.A., Jr. and Eyring, L. (Eds.), Handbook on the Physics and Chemistry of Rare Earths, vol. 21, pp.1-28, Elsevier Science.

27 손호상, 2019: 자원리사이클링공학, p.231, 경북대학교출판부.

28 손호상, 2019: 자원리사이클링공학, p.237, 경북대학교출판부.

29 N. Krishnamurthy and C. K. Gupta, 2016: Extractive Metallurgy of Rare Earths 2nd Ed., p.321, CRC Press.

30 R. Ohmachi and T. Goto, 1991: Production of Rare Earth Metals and Their Recycling, Resource Processing 38(3), pp.138-143.

31 N. Krishnamurthy and C. K. Gupta, 2016: Extractive Metallurgy of Rare Earths 2nd Ed., p.374, 377, CRC Press.

32 金屬鑛業事業團資源情報センター, 1995: 發電機用超傳導材料開發狀況調査報告書-レアアースの製造技術, p.120, 金屬鑛業事業團.

33 J. D. Shim, 1989: Metallurgy of the Rare-earths and Application to New frunctional materials. Bull. of the Korean Inst. of Metals 2(3), pp.219-228.

34 N. Krishnamurthy and C. K. Gupta, 2016: Extractive Metallurgy of Rare Earths 2nd Ed., p.552, CRC Press.

35 Ho-Sang Sohn, 2019: Recycling Technology of Aluminum, J. of Korean Inst. of Resources Recycling 28(2), pp.3-13.

36 岡部 徹, 2007: 希土類金屬の製造技術とリサイクル, 金屬 77(6), pp.598-604.

37 金屬鑛業事業團資源情報センター, 1995: 發電機用超傳導材料開發狀況調査報告書-レアアースの製造技術, p.136, 金屬鑛業事業團.

38 金屬鑛業事業團資源情報センター, 1995: 發電機用超傳導材料開發狀況調査報告書-レアアースの製造技術, p.123, 金屬鑛業事業團.

39 O. N. Carlson, F. A. Schmidt, and D. T. Peterson, 1975: Purification of Rare-Earth Metals by Electrotransport, J. Less Common Metals 19, pp.277-286.

40 R. G. Jordan and D. W. Jones, 1973: The Purification of the Rare-Earth Metals: I. Solid State Electrolysis of Gadolinium, J. of the Less-Common Metals 31, pp.125-141.

41 D. Fort, D. W. Jones, B. J. Beaudry, and K. A. Gschneidner, Jr, 1981: Zone Refining of Rare Earth Metals: Lanthanum, Cerium and Gadolinium, J. Less Common Metals 81, pp.273-292.

42 金屬鑛業事業團資源情報センター, 1995: 發電機用超傳導材料開發狀況調査報告書-レアアースの製造技術, p.127, 金屬鑛業事業團.

43 K. Binnemans, P. T. Jones, B. Blanpain, et al., 2013: Recycling of rare earths: a critical review, Journal of Cleaner Production 51, pp.1-22.

44 M. Tanaka, K. Koyama, H. Narita, and T. Oishi, 2011: Studies on the Recycling Technologies for Rare Metals Mainly by Hydrometallurgical Methods, Materia Japan 50(4), pp.161-167.

45 M. Firdaus, M. A. Rhamdhani, Y. Durandet, et al., 2016: Review of High-Temperature Recovery of Rare Earth (Nd/Dy) from Magnet Waste, J. Sustain. Metall. 2, pp.276-295.

46 O. Takeda, K. Nakano, and Y. Sato, 2014: Recycling of rare earth magnet waste by removing rare earth oxide with molten fluoride, Mater. Trans. 55(2),

pp.334–341.

47 G. Adachi, K. Murase, K. Shinozaki, and K. Machida, 1992: Mutual Separation Characteristics for Lanthanoid Elements via Gas Phase Complex with Alkaline Chlorides, Chem. Lett., pp.511-514.

48 T. Ozaki, J. Jiang, K. Murase, et al., 1998: Mutual Separation Characteristics for the Yttrium and Lanthanides with Chemical Vapor Transport Process Mediated by Metal Chloride Gaseous Complexes, J. Alloys Comp. 265, pp.125-131.

49 T. Uda, S. Komarov, and M. Hirasawa, 2001: Dry Separation Process for Rare Earth by Vacuum Distillation of Di and Triiodide Mixture, Materials Trans. 42, pp.1813-1819.

50 T. H. Okabe, O. Takeda, K. Fukuda, and Y. Umetsu, 2003: Direct Extraction and Recovery of Neodymium Metal from Magnet Scrap, Materials Transactions 44(4), pp.798-801.

51 M. Firdaus, M. Akbar Rhamdhani, Y. Durandet et al., 2016: Review of High-Temperature Recovery of Rare Earth (Nd/Dy) from Magnet Waste, J. Sustain. Metall. 2, pp.276–295.

52 S. Kobayashi, T. Nohira, K. Kobayashi, et al., 2012: Electrochemical Formation of Dy-Ni Alloys in Molten LiF-CaF_2-DyF_3, J. of The Electrochemical Soc. 159(12), pp.E193-E197.

부록

[부록 1] 물질의 몰 비열

$C_P = a + bT + cT^{-2} + dT^2$ $(J \cdot mol^{-1} \cdot K^{-1})$

물질	a	$b \times 10^3$	$c \times 10^{-5}$	$d \times 10^6$	온도범위/K
Ag(s)	21.3	8.54	1.51	-	298~m.p.
Ag(l)	30.5	-	-	-	m.p.~1600
Al(s)	20.7	12.4	-	-	298~m.p.
Al(l)	31.8	-	-	-	m.p.~2400
Al_2O_3(s)	106.6	17.8	-28.5	-	298~1800
AlN(s)	34.4	16.9	-8.37	-	298~1500
C(흑연)	0.109	38.94	-1.48	-17.38	298~1100
CO(g)	28.4	4.1	-0.46	-	298~2500
CO_2(g)	44.14	9.04	-8.54	-	298~2500
Ca(α)	25.37	-7.263	-	23.7	298~720
Ca(l)	29.3	-	-	-	m.p.~1757
CaO(s)	49.62	4.52	-6.95	-	298~1177
CaS(s)	45.2	7.74	-	-	298~2000
Cr(s)	24.4	9.87	-3.7	-	298~m.p.
Cr(l)	39.3	-	-	-	m.p.
Cr_2O_3(s)	119.4	9.20	-15.6	-	350~1800
Cu(s)	22.6	6.28	-	-	298~m.p.
Cu(l)	31.4	-	-	-	m.p.~1600
Cu_2O(s)	62.34	23.8	-	-	298~1200
CuO(s)	38.8	20.1	-	-	298~1250
Cu_2S(α)	81.59	-	-	-	298~376
Cu_2S(β)	97.28	-	-	-	376~623
Fe(α,δ)	37.12	6.167	-	-	298~1809
Fe(γ)	24.5	8.45	-	-	1187~1674
Fe(l)	41.8	-	-	-	m.p.~1873
FeO(s)	51.80	6.78	-1.59	-	298~1200
Fe_3O_4(α)	91.55	202	-	-	298~900
Fe_3O_4(β)	200.8	-	-	-	900~1800
Fe_2O_3(α)	98.28	77.8	-14.9	-	298~950

[부록 1] 물질의 몰 비열

물질	a	$b \times 10^3$	$c \times 10^{-5}$	$d \times 10^6$	온도범위/K
$Fe_2O_3(\beta)$	151.0	-	-	-	950~1050
$Fe_2O_3(\gamma)$	132.6	7.36	-	-	1050~1750
$FeS(\alpha)$	21.7	110.5	-	-	298~411
$FeS(\beta)$	72.80	-	-	-	411~598
$H_2(g)$	27.3	3.3	0.50	-	298~3000
$H_2O(g)$	30.0	10.7	0.33	-	298~2500
$H_2S(g)$	32.7	12.4	-1.9	-	298~2000
Mg(s)	22.3	10.3	-0.431	-	298~m.p.
Mg(l)	32.6	-	-	-	m.p.~1150
$MgCl_2(s)$	79.08	5.94	-8.62	-	298~m.p.
$MgCl_2(l)$	92.47	-	-	-	m.p.~1500
MgO(s)	48.99	3.14	-11.7	-	298~3098
$Mn(\alpha)$	23.8	14.1	-1.57	-	298~990
$Mn(\beta)$	34.9	2.8	-	-	990~1360
$Mn(\gamma)$	25.2	14.9	-1.85	-	298~1410
$Mn(\delta)$	46.44	-	-	-	1410~1517
Mn(l)	46.0	-	-	-	m.p.~b.p.
MnO(s)	46.48	8.12	-3.7	-	298~1800
MnS(s)	47.70	7.53	-	-	298~1803
Mo(s)	5.18	1.66	-	-	-
Mo(l)	41.8	-	-	-	-
$N_2(g)$	27.9	4.27	-	-	298~2500
$Ni(\alpha)$	17.0	29.5	-	-	298~633
Ni(l)	38.5	-	-	-	m.p.~2000
$NiO(\alpha)$	-20.9	157.2	16.3	-	298~525
$NiO(\beta)$	58.07	-	-	-	525~565
NiS(s)	38.9	26.8	-	-	298~670
$O_2(g)$	30.0	4.2	-1.7	-	298~3000
Pb(s)	23.6	9.75	-	-	298~m.p.

[부록 1] 물질의 몰 비열

물질	a	$b \times 10^3$	$c \times 10^{-5}$	$d \times 10^6$	온도범위/K
Pb(l)	32.4	-3.10	-	-	m.p.~1200
PbS(s)	44.60	16.4	-	-	298~900
S_2(g)	36.5	0.67	-3.8	-	298~3000
Si(s)	23.9	2.5	-4.1	-	298~m.p.
Si(l)	25.6	-	-	-	m.p.~1873
$SiO_2(\alpha)$	17.9	88.12	-	-	298~523
$SiO_2(\beta)$	72.76	1.30	-41.4	-	523~1995
Sn(white)	21.6	18.2	-	-	298~m.p.
Sn(l)	34.7	-9.2	-	-	510~810
V(s)	20.5	10.8	0.8	-	298~m.p.
V_2O_3(s)	122.8	19.9	-22.7	-	298~1800
Zn(s)	22.4	10.0	-	-	298~m.p.
Zn(l)	31.4	-	-	-	m.p.~1200
ZnO(s)	48.99	5.10	-9.12	-	298~1600

[부록 2] 물질의 표준생성열, 표준엔트로피, 융점, 끓는점

물질	ΔH^0_{298} /kJ·mol^{-1}	S^0_{298} /J·mol^{-1}·K^{-1}	m.p./K	b.p./K
Ag(s)*	0	42.55±0.20	1234.93	2435
Al(s)*	0	28.30±0.10	933.47	2792
Al(g)*	+330.0±4.0	164.554±0.004	-	-
Al_2O_3(s)*	-1675.7±1.3	50.91±0.1	2323	-
AlN(s)	-318.4±2.1	20.17±0.1	-	-
C(흑연)*	0	5.74±0.10	-	-
CO(g)*	-110.53±0.17	197.660±0.004	-	-
CO_2(g)*	-393.51±0.13	213.785±0.010	-	
Ca(s)*	0	41.59±0.40	1115.15	1757
Ca(g)**	+177.8±0.8	154.887±0.004	-	-
CaO(s)	-634.92±0.90	38.1±0.4	-	-
CaS(s)	-476.1±10.0	56.5±1.3	-	-
Cr(s)	0	23.64±0.21	2180.15	2944
Cr(g)	+397.5±4.2	174.18	-	-
Cr_2O_3(s)	-1129.7±10	81.2±0.8	-	-
Cu(s)*	0	33.15±0.08	1357.77	2833
Cu(g)*	+337.4±1.2	166.398±0.004	-	-
Cu_2O(s)	-167.4±2.9	93.09±0.4	-	-
CuO(s)	-155.2±3.3	42.7±0.21	-	-
Cu_2S(s)	-79.5±1.3	120.9±2.1	-	-
Fe(s)	0	27.28±0.13	1811.15	3134
Fe(g)	+415.5±1.3	180.37	-	-
$FeCl_2$(s)	-342.3±0.8	117.99±2.1	-	-
$Fe_{0.95}O$(s)	-264.4±1.3	58.79±0.8	1651	-
Fe_3O_4(s)	-1116.7±4.2	151.46±2.5	1870	-
Fe_2O_3(s)	-821.3±3.3	87.4±0.4	1867	-
FeS(s)	-100.4±2.5	60.29±0.21	1468	-

[부록 2] 물질의 표준생성열, 표준엔트로피, 융점, 끓는점

물질	ΔH^0_{298} /kJ·mol^{-1}	S^0_{298} /J·mol^{-1}·K^{-1}	m.p./K	b.p./K
$H_2(g)^*$	0	130.680±0.003	-	-
$H_2O(g)^*$	-241.826±0.040	188.835±0.010	-	-
$H_2S(g)$	-20.6±0.5	205.81±0.05	-	-
Hf(s)	0	43.6	2496.15	4876
$HfO_2(s)$	-1144.7	59.3	3073	≒5673
$HfCl_4$			705.15 tp	590.15 sp
$Mg(s)^*$	0	32.67±0.10	923.15	1363
$Mg(g)^*$	+147.1±0.8	148.648±0.003	-	-
$MgCl_2(s)$	-641.4±0.8	89.62±0.8	987	1691
$MgO(s)^*$	-601.60±0.30	26.95±0.15	-	-
MgS(s)	-351.5±3.3	50.33±0.8	-	-
Mn(s)	0	32.01±0.08	1519.15	2334
Mn(g)	+283.26±4.2	173.59	-	-
MnO(s)	-384.9±2.1	59.8±0.04	-	-
MnS(s)	-213.4±2.1	80.3±0.8	1803	-
Mo(s)	0	28.66±0.21	2895.15	4912
Mo(g)	+658.1±5.4	181.84	-	-
$MoO_2(s)$	-587.9±1.7	50.00±1.3	-	-
$MoS_2(s)$	-275.31±5.9	62.59±1.05	-	-
$N_2(g)^*$	0	191.609±0.004	-	-
Ni(s)	0	29.87±0.21	1728.15	3186
Ni(g)	+430.1±2.1	182.09	-	-
NiO(s)	-240.6±2.1	38.1±0.4	2228	-
NiS(s)	-94.14±3.8	52.93±0.8	-	-
$O_2(g)^*$	0	205.152±0.005	-	-

[부록 2] 물질의 표준생성열, 표준엔트로피, 융점, 끓는점

물질	ΔH^0_{298} /kJ·mol^{-1}	S^0_{298} /J·mol^{-1}·K^{-1}	m.p./K	b.p./K
Pb(s)*	0	64.80±0.30	600.61	2022
Pb(g)*	+195.2±0.8	175.375±0.005	-	-
PbO(赤)	-219.41±0.8	66.32±0.8	1159	-
PbS(s)	-98.3±2.5	91.34±1.7	1386	-
S(斜方)	0	31.88±0.21	368.35^{tr}	717.76
S_2(g)*	+128.60±0.30	228.03	-	-
SO_2(g)*	-296.81±0.20	248.223±0.050	-	-
Si(s)*	0	18.81±0.008	1687.15	3538
Si(g)*	+450±8	167.981±0.004	-	-
SiO_2(s)*	-910.7±1.0	41.46±0.20	1995	-
Sn(white)*	0	51.18±0.08	505.08	2859
Sn(g)*	+301.2±1.5	168.492±0.004	-	-
SnO_2(s)*	-577.63±2.0	49.04±1.0	-	-
Ti(s)*	0	30.72±0.1	1941.15	3560
Ti(g)*	473±3	180.298±0.010	-	-
$TiCl_4$(g)*	-763.2±3.0	353.2±4.0	249.03	409.61
TiO_2(s, ru)*	-944.0±0.8	50.62±0.30	2116	≒3273
V(s)	0	28.95±0.4	2183.15	3680
V(g)	+515.5±7.9	182.17±0.8	-	-
V_2O_3(s)	-1218.8±6.3	98.07±1.3	-	-
W(s)	0		3687.15	5828
WO_2(s)			≒1773	2003
WO_3(s)			1746	≒1973
WC(s)			3058	-
Zn(s)*	0	41.63±0.15	692.68	1180
Zn(g)*	+130.40±0.40	160.990±0.004	-	-

[부록 2] 물질의 표준생성열, 표준엔트로피, 융점, 끓는점

물질	ΔH^0_{298} /kJ·mol^{-1}	S^0_{298} /J·mol^{-1}·K^{-1}	m.p./K	b.p./K
ZnO(s)*	-350.46±0.27	43.65±0.40	-	-
Zr(s)	0	39.0	2127.15	4679
$ZrCl_4$			710 tp	604 sp
ZrO_2(s)			2710	4573

tp: triple point, sp: sublimation point
* CRC Handbook of Chemistry and Physics, 95th Ed.

[부록 3] 표준 자유에너지 변화

$\Delta G^0/\mathrm{J}= A + BT\log T + CT = -19.15\,T\log K$

반응식	$\Delta G^0/\mathrm{J}= A + BT\log T + CT$			온도범위 (K)
	A	B	C	
$2Ag(s)+Cl_2(g)=2AgCl(s)$	-246230		97.61	298-730
$2Ag(s)+Cl_2(g)=2AgCl(l)$	-206180		44.02	730-1235
$2Ag_2O(s)+4NO_2(g)+O_2(g)=4AgNO_3(s)$	-564440		830.29	298-460
$4Ag(s)+O_2(g)=2Ag_2O(s)$	-61530		134.05	298-460
$4Ag(s)+S_2(g)=2Ag_2S(s)$	-170160		68.91	451-1115
$4Ag(s)+S_2(g)=2Ag_2S(l)$	-151080		51.80	1115-1235
$4Ag(l)+S_2(g)=2Ag_2S(l)$	-192810		85.61	1235-1500
$2Ag(s)+SO_2(g)+O_2(g)=Ag_2SO_4(l)$	-404340	-127.57	679.65	930-1234
$2Al(s)+Cl_2(g)=2AlCl(g)$	-109190		-162.10	298-933
$2Al(l)+Cl_2(g)=2AlCl(g)$	-146220		-123.17	933-2000
$2/3Al(s)+Cl_2(g)=2/3AlCl_3(g)$	-390490		34.03	298-933
$2/3Al(l)+Cl_2(g)=2/3AlCl_3(g)$	-400070		44.17	933-2000
$2/3Al(s)+F_2(g)=2/3AlF_3(s)$	-1003480		170.35	298-933
$2/3Al(l)+F_2(g)=2/3AlF_3(s)$	-1004480		171.43	933-1548
$2/3Al(l)+F_2(g)=2/3AlF_3(g)$	-819700		52.09	1548-2000
$2Al(s)+N_2(g)=2AlN(s)$	-637980		211.32	298-933
$2Al(l)+N_2(g)=2AlN(s)$	-659280		234.15	933-2500
$4Al(l)+O_2(g)=2Al_2O(g)$	-371820		-90.57	933-2000
$4/3Al(s)+O_2(g)=2/3Al_2O_3(s)$	-1116200		207.31	298-933
$4/3Al(l)+O_2(g)=2/3Al_2O_3(s)$	-1126890	-38.70	218.81	933-2327
$1/3Al_2O_3(s)+SO_3(g)=1/3Al_2(SO_4)_3(s)$	-197020		307.57	600-1100
$9/2Al_2O_3(s)+B_2O_3(s)=1/2(9Al_2O_3\cdot 2B_2O_3)(s)$	-63730		-39.06	298-723
$2Al_2O_3(s)+B_2O_3(s)=2Al_2O_3\cdot B_2O_3(s)$	-68190		1.58	298-723
$2Al_2O_3(s)+B_2O_3(l)=2Al_2O_3\cdot B_2O_3(s)$	-99080		44.19	723-1308
$4Al(s)+3C(s)=Al_4C_3(s)$	-209730		42.60	298-933
$4Al(l)+3C(s)=Al_4C_3(s)$	-258690		94.86	933-1800
$2Al(s)+As_2(g)=2AlAs(s)$	-422480		173.80	298-933
$2Al(l)+As_2(g)=2AlAs(s)$	-442580		195.43	933-2013
$2Al(s)+P_2(g)=2AlP(s)$	-473340		180.71	298-933
$2Al(l)+P_2(g)=2AlP(s)$	-499130		208.24	933-1800
$2Al(s)+Sb_2(g)=2AlSb(s)$	-284410		228.31	298-933

[부록 3] 표준 자유에너지 변화

반응식	ΔG^0/J= $A+BT\log T+CT$			온도범위 (K)
	A	B	C	
$2Al(l)+Sb_2(g)=2AlSb(s)$	-305320		250.72	933-1333
$2Al(l)+Sb_2(g)=2AlSb(l)$	-228650		193.24	1333-1800
$2As(s)=As_2(g)$	187530		-160.33	298-875
$2/3As(s)+Cl_2(g)=2/3AsCl_3(g)$	-173760		28.74	403-875
$4/3As(s)+O_2(g)=2/3As_2O_3(s)$	-436110		175.38	298-582
$4/3As(s)+O_2(g)=2/3As_2O_3(l)$	-424410		155.28	582-670
$4/3As(s)+O_2(g)=1/3As_4O_6(g)$	-396130		112.76	670-875
$4/5As(s)+O_2(g)=2/5As_2O_5(g)$	-369850		191.26	298-875
$2As(s)+S_2(g)=2AsS(s)$	-269790		169.22	298-580
$2As(s)+S_2(g)=2AsS(l)$	-248270		131.99	580-844
$4/3As(s)+S_2(g)=2/3As_2S_3(s)$	-239150		163.27	298-585
$4/3As(s)+S_2(g)=2/3As_2S_3(l)$	-211370		155.61	585-875
$2B(s)+N_2(g)=2BN(s)$	-500950		165.42	298-2000
$4/3B(s)+O_2(g)=2/3B_2O_3(l)$	-823170		143.45	723-2329
$4B(s)+C(s)=B_4C(s)$	-64280		5.03	298-2000
$Ba(s)+Cl_2(g)=BaCl_2(s)$	-856430		156.51	298-1002
$Ba(l)+Cl_2(g)=BaCl_2(s)$	-859780		159.93	1002-1235
$Ba(l)+Cl_2(g)=BaCl_2(l)$	-816240		124.61	1235-2000
$2Ba(s)+O_2(g)=2BaO(s)$	-1097760		188.52	298-1002
$2Ba(l)+O_2(g)=2BaO(s)$	-1114860		205.67	1002-2286
$2Ba(s)+S_2(g)=2BaS(s)$	-1050730		201.67	298-1001
$2Ba(l)+S_2(g)=2BaS(s)$	-1077630		228.03	1001-2000
$BaO(s)+CO_2(g)=BaCO_3(g)$	-289440	-131.01	597.21	298-1646
$BaO(s)+H_2O(g)=Ba(OH)_2(s)$	-153200		143.32	298-681
$BaO(s)+H_2O(g)=Ba(OH)_2(l)$	-118050		91.18	681-1305
$BaO(s)+SO_3(g)=BaSO_4(s)$	-530420	-14.94	238.55	298-1623
$2Be(s)+O_2(g)=2BeO(s)$	-1220000		203.57	298-1560
$2Be(l)+O_2(g)=2BeO(s)$	-1237290		207.82	1560-2742
$2/3Bi(l)+Cl_2(l)=2/3BiCl_3(l)$	-235150		106.28	545-712

[부록 3] 표준 자유에너지 변화

반응식	ΔG^0/J= $A + BT\log T + CT$			온도범위 (K)
	A	B	C	
$2/3Bi(l)+Cl_2(g)=2/3BiCl_3(g)$	-185540		36.54	712-1835
$4/3Bi(l)+O_2(g)=2/3Bi_2O_3(s)$	-390740		193.99	545-1098
$4/3Bi(l)+O_2(g)=2/3Bi_2O_3(l)$	-314130		123.10	1098-1835
$4/3Bi(l)+S_2(g)=2/3Bi_2S_3(s)$	-272840		186.24	545-1048
$1/3Bi_2O_3(s)+SO_3(g)=1/3Bi_2(SO_4)_3$	-261120		207.46	298-1098
$1/2C(s)+Cl_2(g)=1/2CCl_4(g)$	-53120	-11.70	105.33	349-800
$1/2C(s)+H_2(g)=1/2CH_4(g)$	-34560	25.63	-32.68	298-1200
$2C(s)+O_2(g)=2CO(g)$	-221840		-178.01	298-3000
$C(s)+O_2(g)=CO_2(g)$	-393500		-2.99	298-3000
$2CO(g)+O_2(g)=2CO_2(g)$	-565160		172.03	298-3000
$C(s)+S_2(g)=CS_2(g)$	-10530		-7.22	319-2000
$2CO(g)+S_2(g)=2COS(g)$	-182480		156.98	298-2000
$Ca(s)+Cl_2(g)=CaCl_2(s)$	-799110		162.27	298-1045
$Ca(l)+Cl_2(g)=CaCl_2(l)$	-758550		115.42	1115-1774
$Ca(s)+F_2(g)=CaF_2(\alpha)$	-1232310	-22.91	242.41	298-1115
$Ca(l)+F_2(g)=CaF_2(\alpha)$	-1236520	-28.90	264.44	1115-1424
$Ca(l)+F_2(g)=CaF_2(\beta)$	-1206100		152.04	1424-1690
$2Ca(s)+O_2(g)=2CaO(s)$	-1267840		206.40	298-1115
$2Ca(l)+O_2(g)=2CaO(s)$	-1285360		222.20	1115-1774
$2Ca(g)+O_2(g)=2CaO(s)$	-1576180		386.12	1774-3200
$CaO(s)+CO_2(g)=CaCO_3(s)$	-175930		150.69	298-1127
$CaO(s)+H_2O(g)=Ca(OH)_2(s)$	-106740		135.64	298-793
$1/2CaO(s)+Al_2O_3(s)$ $=1/2(CaO\cdot 2Al_2O_3)(s)$	-8290		-14.83	298-2038
$3CaO(s)+Al_2O_3(s)=3CaO\cdot Al_2O_3(s)$	-11890		-33.32	298-1808
$CaO(s)+Al_2O_3(s)=CaO\cdot Al_2O_3(s)$	-18260		-18.07	298-1873
$2CaO(s)+Fe_2O_3(s)=2CaO\cdot Fe_2O_3(s)$	-38490		-9.75	873-1708
$CaO(s)+Fe_2O_3(s)=CaO\cdot Fe_2O_3(s)$	-37610		1.98	950-1489
$CaO(s)+SiO_2(s)=CaSiO_3(\alpha)$	-89120		0.50	298-1483
$CaO(s)+SiO_2(s)=CaSiO_3(\beta)$	-83260		-3.43	1483-1816
$2CaO(s)+SiO_2(s)=Ca_2SiO_3(s)$	-126360		-5.02	298-1673
$CaO(s)+SO_3(g)=CaSO_4(s)$	-477600	-174.10	776.59	1100-1638

[부록 3] 표준 자유에너지 변화

반응식	ΔG^0/J= $A+BT\log T+CT$			온도범위 (K)
	A	B	C	
$2Ca(s)+S_2(g)=2CaS(s)$	-1073150		192.57	673-1115
$2Ca(l)+S_2(g)=2CaS(s)$	-1091530		209.08	1115-1774
$1/2Ca(s)+C(s)=1/2CaC_2(s)$	-27160		-15.40	298-1115
$1/2Ca(l)+C(s)=1/2CaC_2(s)$	-30670		-12.35	1115-1774
$Cd(l)+Cl_2(g)=CdCl_2(s)$	-391380		156.53	594-842
$Cd(l)+Cl_2(g)=CdCl_2(l)$	-346710		103.52	842-1039
$Cd(g)+Cl_2(g)=CdCl_2(g)$	-436640		190.11	1039-1236
$2Cd(l)+O_2(g)=2CdO(s)$	-524250		210.00	594-1039
$2Cd(g)+O_2(g)=2CdO(s)$	-712290		391.10	1039-1755
$2Cd(l)+S_2(g)=2CdS(s)$	-444450		191.97	594-1039
$2Cd(g)+S_2(g)=2CdS(s)$	-634710		375.09	1039-1633
$3CdO(s)+SO_3(g)=CdSO_4\cdot 2CdO(s)$	-497690		359.66	1100-1273
$1/2(CdSO_4\cdot 2CdO(s))+SO_3(g)$ $=3/2CdSO_4(s)$	-161920		92.05	1100-1273
$2/3Ce(s)+Br_2(g)=2/3CeBr_3(s)$	-597840		143.29	298-1005
$2/3Ce(l)+Br_2(g)=2/3CeBr_3(l)$	-560060		106.31	1071-1730
$2/3Ce(s)+Cl_2(g)=2/3CeCl_3(s)$	-697970		157.56	298-1071
$2/3Ce(l)+Cl_2(g)=2/3CeCl_3(l)$	-651550		113.64	1080-1997
$2/3Ce(s)+F_2(g)=2/3CeF_3(s)$	-1122680		163.35	298-1071
$2/3Ce(l)+F_2(g)=2/3CeF_3(s)$	-1113640		154.86	1071-1710
$2/3Ce(l)+F_2(g)=2/3CeF_3(l)$	-1046090		115.30	1710-2000
$2/3Ce(s)+I_2(g)=2/3CeI_3(s)$	-491520		144.76	298-1033
$2/3Ce(l)+I_2(g)=2/3CeI_3(l)$	-456020		109.98	1071-1780
$4/3Ce(s)+O_2(g)=2/3Ce_2O_3(s)$	-1195540		187.47	298-1071
$4/3Ce(l)+O_2(g)=2/3Ce_2O_3(s)$	-1194340		186.26	1071-2450
$Ce(s)+O_2(g)=CeO_2(s)$	-1087910		205.87	298-1071
$Ce(l)+O_2(g)=CeO_2(s)$	-1085520		203.68	1071-2500
$4/3Ce(s)+S_2(g)=2/3Ce_2S_3(s)$	-917200		190.65	298-1071
$4/3Ce(l)+S_2(g)=2/3Ce_2S_3(s)$	-921690		194.80	1071-2163
$Ce(l)+S_2(g)=CeS_2(s)$	-745030		192.55	298-1071

[부록 3] 표준 자유에너지 변화

반응식	ΔG^0/J= $A+BT\log T+CT$			온도범위 (K)
	A	B	C	
$Co(s)+Cl_2(g)=CoCl_2(s)$	-318120	-43.58	270.38	298-994
$Co(s)+Cl_2(g)=CoCl_2(l)$	-273430	-39.72	214.12	994-1354
$Co(s)+Cl_2(g)=CoCl_2(g)$	-166040	-84.55	275.20	1354-1768
$2Co(s)+O_2(g)=2CoO(s)$	-468200		140.98	298-1768
$3/2Co(s)+O_2(g)=1/2Co_3O_4(s)$	-458360		193.73	298-1226
$CoO(s)+SO_3(g)=CoSO_4(s)$	-289660	-115.60	573.96	890-1250
$9/4Co(s)+S_2(g)=1/4Co_9O_8(s)$	-331540		166.57	298-1048
$3/2Co(s)+S_2(g)=1/2Co_3O_4(s)$	-305600		172.34	298-953
$Co(s)+S_2(g)=CoS_2(s)$	-279780		182.67	298-1100
$Cr(s)+Cl_2(g)=CrCl_2(s)$	-390150		119.56	298-1088
$Cr(s)+Cl_2(g)=CrCl_2(l)$	-333910		67.19	1088-1576
$2/3Cr(s)+Cl_2(g)=2/3CrCl_3(s)$	-365400		143.64	298-1088
$4/3Cr(s)+O_2(g)=2/3Cr_2O_3(s)$	-754900		170.00	298-2000
$Cu(s)+Cl_2(g)=CuCl_2(s)$	-222920	-36.19	253.93	298-862
$2Cu(s)+Cl_2(g)=2CuCl(l)$	-225340		39.22	709-1357
$2Cu(s)+Cl_2(g)=2CuCl(g)$	175230		-169.12	298-1357
$2Cu(s)+Cl_2(g)=2/3Cu_3Cl_3(g)$	-176800		5.03	298-1357
$4Cu(s)+O_2(g)=2Cu_2O(s)$	-338300		146.63	298-1357
$4Cu(l)+O_2(g)=2Cu_2O(s)$	-380110		177.35	1357-1517
$4Cu(l)+O_2(g)=2Cu_2O(l)$	-243390		87.34	1517-2000
$2Cu(s)+O_2(g)=2CuO(s)$	-306220		173.30	298-1357
$4Cu(s)+S_2(g)=2Cu_2S(s)$	-262400		61.00	298-1357
$4Cu(l)+S_2(g)=2Cu_2S(s)$	-235480		41.26	1357-1400
$4Cu(l)+S_2(g)=2Cu_2S(l)$	-282000		74.52	1400-1600
$2Cu(s)+S_2(g)=2CuS(s)$	-234070		154.88	298-774
$Cu_2O(s)+Fe_2O_3(s)=2CuFeO_2(s)$	-42710		16.38	1091-1470
$CuO(s)+Fe_2O_3(s)=2CuFe_2O_4(s)$	19400	3.50	-37.52	700-1400
$2CuO(s)+SO_3(g)=CuO\cdot CuSO_4(s)$	-217690	-21.59	240.96	800-1200
$CuO\cdot CuSO_4(s)+SO_3(g)=2CuSO_4(s)$	-216650	-21.59	253.55	700-1100
$2Cu_2S(s)+4FeS(s)+S_2(g)=4CuFeS_2(s)$	-436560	-248.80	1055.84	298-830

[부록 3] 표준 자유에너지 변화

반응식	ΔG^0/J= $A+BT\log T+CT$			온도범위 (K)
	A	B	C	
$2/3Dy(s)+Cl_2(g)=2/3DyCl_3(s)$	-662900		163.58	298-924
$2/3Dy(s)+Cl_2(g)=2/3DyCl_3(l)$	-616300		113.77	924-1682
$2/3Dy(l)+Cl_2(g)=2/3DyCl_3(l)$	-600670		104.15	1682-1810
$2/3Dy(s)+F_2(g)=2/3DyF_3(s)$	-1123600		158.74	298-1430
$2/3Dy(s)+F_2(g)=2/3DyF_3(l)$	-1071880		122.53	1430-1682
$2/3Dy(l)+F_2(g)=2/3DyF_3(l)$	-1072850		123.10	1682-2000
$4/3Dy(s)+O_2(g)=2/3Dy_2O_3(s)$	-1235650		190.14	298-1682
$4/3Dy(l)+O_2(g)=2/3Dy_2O_3(s)$	-1243600		194.38	1682-2000
$2/3Er(s)+Cl_2(g)=2/3ErCl_3(s)$	-660030		158.66	298-1049
$2/3Er(s)+Cl_2(g)=2/3ErCl_3(l)$	-613830		114.64	1049-1795
$2/3Er(s)+F_2(g)=2/3ErF_3(s)$	-1121210		160.29	298-1419
$2/3Er(s)+F_2(g)=2/3ErF_3(l)$	-1060170		116.87	1419-1795
$2/3Er(l)+F_2(g)=2/3ErF_3(l)$	-1070410		122.59	1795-2000
$Eu(s)+Br_2(g)=EuBr_2(s)$	-746730		173.66	298-956
$Eu(l)+Br_2(g)=EuBr_2(l)$	-702690		130.06	1090-1797
$2/3Eu(s)+Br_2(g)=2/3EuBr_3(s)$	-530580		167.36	298-663
$2/3Eu(s)+Cl_2(g)=2/3EuCl_3(s)$	-620450		167.17	298-897
$2/3Eu(s)+Cl_2(g)=2/3EuCl_3(l)$	-570530		110.98	897-1090
$2/3Eu(l)+Cl_2(g)=2/3EuCl_3(l)$	-574210		114.44	1090-1300
$2/3Eu(s)+F_2(g)=2/3EuF_3(s)$	-1051880		169.37	298-1090
$2/3Eu(l)+F_2(g)=2/3EuF_3(s)$	-1029330		148.03	1090-1650
$4/3Eu(s)+O_2(g)=2/3Eu_2O_3(s)$	-1102730		200.05	298-1090
$4/3Eu(l)+O_2(g)=2/3Eu_2O_3(s)$	-1098910		195.86	1090-1350
$1/5Fe(s)+CO(g)=1/5Fe(CO)_5(g)$	-34240		112.63	298-800
$Fe(s)+Cl_2(g)=FeCl_2(s)$	-338480		121.93	298-950
$Fe(s)+Cl_2(g)=FeCl_2(l)$	-287640		68.33	950-1293
$Fe(s)+Cl_2(g)=FeCl_2(g)$	-160330		-29.43	1293-1809
$2/3Fe(s)+Cl_2(g)=2/3FeCl_3(s)$	-264830		138.28	298-577
$2/3Fe(s)+Cl_2(g)=1/3Fe_2Cl_6(g)$	-221730		61.73	604-1809
$2Fe(s)+O_2(g)=2'FeO'(s)$	-528860		129.46	298-1650
$2Fe(s)+O_2(g)=2'FeO'(l)$	-477560		97.06	1650-1809

[부록 3] 표준 자유에너지 변화

반응식	ΔG^0/J= $A+BT\log T+CT$			온도범위 (K)
	A	B	C	
$3/2Fe(s)+O_2(g)=1/2Fe_3O_4(s)$	-543240		149.00	880-1809
$4/3Fe(s)+O_2(g)=2/3Fe_2O_3(s)$	-541430		166.92	298-1809
$2'FeO'(s)+SiO_2(s)=Fe_2SiO_4(s)$	-33260		15.27	298-1490
$2'FeO'(l)+SiO_2(s)=Fe_2SiO_4(l)$	24480		-21.59	1500-1700
$'FeO'(s)+Al_2O_3(s)=FeAl_2O_4(s)$	-33140		6.11	298-1644
$FeO(s)+SO_3(g)=FeSO_4(s)$	-266060	-31.00	290.03	298-944
$1/3Fe_2O_3(s)+SO_3(g)$ $=1/3Fe_2(SO_4)_3(s)$	-203300	-34.10	297.19	700-1000
$2Fe(s)+S_2(g)=2FeS(s)$	-312470		118.41	598-1461
$2Fe(s)+S_2(g)=2FeS(l)$	-240670		69.16	1461-1809
$2Fe(l)+S_2(g)=2FeS(l)$	-265370		82.82	1809-2000
$2'FeS'(s)+S_2(g)=2'FeS_2'(s)$	-362750		376.56	600-1100
$3Fe(s)+C(s)=Fe_3C(s)$	13780		-12.31	1000-1410
$4/3Ga(l)+O_2(g)=2/3Ga_2O_3(s)$	-729080		218.56	303-1998
$2Ga(l)+As_2(g)=2GaAs(s)$	-346080		223.11	303-1511
$2Ga(l)+P_2(g)=2GaP(s)$	-356680		225.45	303-1740
$2Ga(l)+Sb_2(g)=2GaSb(s)$	-327070		213.15	303-985
$2/3Gd(s)+Br_2(g)=2/3GdBr_3(s)$	-581180		156.41	298-1058
$2/3Gd(s)+Br_2(g)=2/3GdBr_3(l)$	-535620		113.28	1058-1585
$2/3Gd(s)+Cl_2(g)=2/3GdCl_3(s)$	-670060		160.14	298-875
$2/3Gd(s)+Cl_2(g)=2/3GdCl_3(l)$	-627730		111.57	875-1585
$2/3Gd(l)+Cl_2(g)=2/3GdCl_3(l)$	-614390		102.78	1585-1919
$2/3Gd(s)+F_2(g)=2/3GdF_3(s)$	-1127520		159.16	298-1505
$2/3Gd(l)+F_2(g)=2/3GdF_3(l)$	-1079840		126.53	1585-2000
$2/3Gd(s)+I_2(g)=2/3GdI_3(s)$	-454290		144.43	298-1204
$2/3Gd(s)+I_2(g)=2/3GdI_3(l)$	-399080		98.43	1204-1585
$4/3Gd(s)+O_2(g)=2/3Gd_2O_3(s)$	-1214540		187.64	298-1550
$Ge(s)+O_2(g)=GeO_2(s)$	-554000		173.01	298-1210
$Ge(l)+O_2(g)=GeO_2(s)$	-575460		190.43	1210-1409
$Ge(l)+O_2(g)=GeO_2(l)$	-556160		176.86	1409-1993

[부록 3] 표준 자유에너지 변화

반응식	$\Delta G^0/J = A + BT\log T + CT$			온도범위 (K)
	A	B	C	
$H_2(g)+Cl_2(g)=2HCl(g)$	-188270		-12.10	298-2000
$H_2(g)+F_2(g)=2HF(g)$	-548600		-6.72	298-2000
$2H_2(g)+O_2(g)=2H_2O(g)$	-493070		109.88	298-3000
$2H_2(g)+S_2(g)=2H_2S(g)$	-177760		96.75	298-2000
$2Hg(l)+Cl_2(g)=2HgCl(g)$	161180		-141.69	298-629
$2Hg(g)+Cl_2(g)=2HgCl(g)$	36770		56.40	629-2000
$2Hg(l)+O_2(g)=2HgO(s)$	-180930		213.99	298-629
$2Hg(l)+S_2(g)=2HgS(s)$	-234540		212.61	298-629
$HgO(s)+SO_3(g)=HgSO_4(s)$	-225760	-32.71	284.25	298-720
$Hg(l)+Se(l)=HgSe(s)$	-60260		26.22	493-629
$2Hg(g)+Se_2(g)=2HgSe(s)$	-352120		354.82	629-969
$4/3In(l)+O_2(g)=2/3In_2O_3(s)$	-616030		210.37	430-2183
$2In(l)+S_2(g)=2InS(s)$	-397480		207.87	430-953
$4/3In(s)+S_2(g)=2/3In_2S_3(s)$	-362730		189.75	430-1371
$2In(l)+As_2(g)=2InAs(s)$	-309300		207.80	430-1216
$2In(l)+P_2(g)=2InP(s)$	-323050		218.60	430-1344
$2In(l)+Sb_2(g)=2InSb(s)$	-294910		201.61	430-798
$2In(l)+Sb_2(g)=2InSb(l)$	-191760		72.17	798-1200
$2K(l)+Cl_2(g)=2KCl(s)$	-873990		191.88	336-1036
$2K(g)+Cl_2(g)=2KCl(l)$	-949300		264.85	1044-1710
$4K(l)+O_2(g)=2K_2O(s)$	-723520		280.56	336-980
$4K(g)+O_2(g)=2K_2O(l)$	-919220		469.44	1031-1325
$4K(l)+S_2(g)=2K_2S(s)$	-885880		278.08	336-1036
$K_2O(s)+CO_2(g)=K_2CO_3(s)$	-395880		152.77	298-1154
$K_2O(s)+H_2O(g)=2KOH(s)$	-241660		110.69	298-679
$K_2O(s)+H_2O(g)=2KOH(l)$	-201190		49.67	679-1154
$2/3La(s)+Br_2(g)=2/3LaBr_3(s)$	-629960		150.69	298-1061
$2/3La(l)+Br_2(g)=2/3LaBr_3(l)$	-588190		112.33	1193-1980
$2/3La(s)+Cl_2(g)=2/3LaCl_3(s)$	-708490		155.50	298-1131
$2/3La(l)+Cl_2(g)=2/3LaCl_3(l)$	-646910		101.45	1193-2000

[부록 3] 표준 자유에너지 변화

반응식	$\Delta G^0/\mathrm{J}= A+BT\log T+CT$			온도범위 (K)
	A	B	C	
$2/3La(s)+F_2(g)=2/3LaBr_3(s)$	-1129460		160.12	298-1193
$2/3La(l)+F_2(g)=2/3LaBr_3(s)$	-1118830		150.72	1193-1766
$2/3La(l)+F_2(g)=2/3LaBr_3(l)$	-1066980		121.24	1766-2000
$2/3La(s)+I_2(g)=2/3LaI_3(s)$	-503820		145.31	298-1051
$2/3La(l)+I_2(g)=2/3LaI_3(l)$	-459550		103.74	1193-1925
$4/3La(s)+O_2(g)=2/3La_2O_3(s)$	-1192800		186.49	298-1193
$4/3La(l)+O_2(g)=2/3La_2O_3(s)$	-1195950		189.19	1193-2000
$4/3La(s)+S_2(g)=2/3La_2S_3(s)$	-928650		185.48	298-1193
$4/3La(l)+S_2(g)=2/3La_2S_3(s)$	-935100		190.93	1193-2000
$2Li(l)+Cl_2(g)=2LiCl(s)$	-819100		166.37	454-883
$2Li(l)+Cl_2(g)=2LiCl(l)$	-771120		111.79	883-1605
$4Li(l)+O_2(g)=2Li_2O(s)$	-1207370		273.37	454-1605
$Li_2O(s)+CO_2(g)=Li_2CO_3(s)$	-222110		154.93	298-993
$Li_2O(s)+CO_2(g)=Li_2CO_3(l)$	-153750		85.87	993-1300
$Li_2O(s)+H_2O(g)=2LiOH(s)$	-127630		132.69	298-744
$Li_2O(s)+H_2O(g)=2LiOH(l)$	-66480		51.33	744-1312
$Mg(s)+Cl_2(g)=MgCl_2(s)$	-641490		156.88	298-923
$Mg(l)+Cl_2(g)=MgCl_2(l)$	-599670		114.21	980-1366
$Mg(g)+Cl_2(g)=MgCl_2(l)$	-717580		200.49	1366-1691
$2Mg(s)+O_2(g)=2MgO(s)$	-1202700		214.28	298-923
$2Mg(l)+O_2(g)=2MgO(s)$	-1217280		230.08	923-1366
$2Mg(g)+O_2(g)=2MgO(s)$	-1461830		410.87	1366-3098
$MgO(s)+CO_2(g)=MgCO_3(s)$	-99970		173.02	298-812
$MgO(s)+H_2O(g)=Mg(OH)_2(s)$	-79740		146.85	298-700
$MgO(s)+SiO_2(s)=MgSiO_3(s)$	-41390		7.72	298-1850
$2MgO(s)+SiO_2(s)=Mg_2SiO_4(s)$	-67310	-69.37	6.02	298-2171
$MgO(s)+SO_3(g)=MgSO_4(s)$	-328700		421.29	1000-1428
$2Mg(s)+S_2(g)=2MgS(s)$	-816730		185.59	298-923
$2Mg(l)+S_2(g)=2MgS(s)$	-833260		203.48	923-1366
$2Mg(g)+S_2(g)=2MgS(s)$	-1080470		384.53	1366-2000
$Mn(s)+Cl_2(g)=MnCl_2(s)$	-478660		128.10	298-923
$Mn(s)+Cl_2(g)=MnCl_2(l)$	-432790		78.42	923-1500

[부록 3] 표준 자유에너지 변화

반응식	ΔG^0/J= $A+BT\log T+CT$			온도범위 (K)
	A	B	C	
$2Mn(s)+O_2(g)=2MnO(s)$	-765060		148.96	298-1519
$2Mn(l)+O_2(g)=2MnO(s)$	-801100		173.02	1519-2083
$MnO(s)+SiO_2(s)=MnSiO_3(s)$	-27960		2.42	298-1564
$3/2Mn(s)+O_2(g)=1/2Mn_3O_4(s)$	-692000		172.42	298-1519
$3/2Mn(l)+O_2(g)=1/2Mn_3O_4(s)$	-704250		180.46	1519-1835
$Mn(s)+O_2(g)=MnO_2(s)$	-521430		181.94	298-803
$MnO(s)+SO_3(g)=MnSO_4(s)$	-292720	-38.31	318.00	298-973
$2Mn(s)+S_2(g)=2MnS(s)$	-554100		127.28	298-1519
$2Mn(l)+S_2(g)=2MnS(s)$	-593390		153.17	1519-1803
$2Mn(l)+S_2(g)=2MnS(l)$	-541680		124.49	1803-2000
$Mo(s)+O_2(g)=MoO_2(s)$	-570230		164.94	298-2000
$2/3Mo(s)+O_2(g)=2/3MoO_3(s)$	-494660		165.71	298-1074
$4/3Mo(s)+S_2(g)=2/3Mo_2S_3(s)$	-392570		174.01	298-2050
$1/3N_2(g)+H_2(g)=2/3NH_3(g)$	-28720	19.46	11.32	298-1500
$N_2(g)+O_2(g)=2NO(g)$	180490		-24.90	298-2000
$1/2N_2(g)+O_2(g)=NO_2(g)$	32010		63.71	298-2000
$2Na(l)+Cl_2(g)=2NaCl(s)$	-819120		172.80	371-1074
$2Na(g)+Cl_2(g)=2NaCl(l)$	-927890		258.82	1154-1738
$2Na(l)+F_2(g)=2NaF(s)$	-1149130		207.93	371-1154
$2Na(g)+F_2(g)=2NaF(l)$	-1240810		291.27	1269-2063
$Na(l)+1/3Al(l)+F_2(g)$ $=1/3Na_3AlF_6(l)$	-1125490		206.50	1285-2273
$4Na(l)+O_2(g)=2Na_2O(s)$	-835060		277.03	371-1154
$4Na(g)+O_2(g)=2Na_2O(s)$	-1157660		553.90	1154-1405
$4Na(g)+O_2(g)=2Na_2O(l)$	-1041780		472.32	1405-2000
$4Na(l)+S_2(g)=2Na_2S(s)$	-880740		263.18	371-1154
$4Na(g)+S_2(g)=2Na_2S(l)$	-1257720		580.74	1192-1600
$Na_2O(s)+SiO_2(s)=Na_2SiO_3(s)$	-234740		9.02	298-1362
$Na_2O(s)+CO_2(s)=Na_2CO_3(s)$	-310570		131.76	723-1123
$Na_2O(s)+CO_2(s)=Na_2CO_3(l)$	-278200		102.80	1123-1405
$Na_2O(l)+CO_2(s)=Na_2CO_3(l)$	-318130		131.37	1405-2000
$Na_2O(s)+SO_3(s)=Na_2SO_4(s)$	-575870	-50.09	315.01	600-1157

[부록 3] 표준 자유에너지 변화

반응식	ΔG^0/J= $A+BT\log T+CT$			온도범위 (K)
	A	B	C	
$4/5Nb(s)+O_2(g)=2/5Nb_2O_5(s)$	-754030		166.99	298-1783
$4/5Nb(s)+O_2(g)=2/5Nb_2O_5(l)$	-687010		128.88	1783-2000
$2/3Nd(s)+Br_2(g)=2/3NdBr_3(s)$	-610380		154.40	298-955
$2/3Nd(s)+Br_2(g)=2/3NdBr_3(l)$	-575690		117.97	955-1289
$2/3Nd(l)+Br_2(g)=2/3NdBr_3(l)$	-567630		111.81	1289-1859
$2/3Nd(s)+Cl_2(g)=2/3NdCl_3(s)$	-691490		157.94	298-1032
$2/3Nd(s)+Cl_2(g)=2/3NdCl_3(l)$	-640240		107.84	1032-1289
$2/3Nd(l)+Cl_2(g)=2/3NdCl_3(l)$	-642500		109.59	1289-1976
$2/3Nd(s)+F_2(g)=2/3NdF_3(s)$	-1115350		158.36	298-1289
$2/3Nd(l)+F_2(g)=2/3NdF_3(s)$	-1108590		152.67	1289-1650
$2/3Nd(l)+F_2(g)=2/3NdF_3(l)$	-1064280		125.88	1650-2000
$2/3Nd(s)+I_2(g)=2/3NdI_3(s)$	-477360		151.55	298-1060
$2/3Nd(s)+I_2(g)=2/3NdI_3(l)$	-428520		105.47	1060-1289
$2/3Nd(l)+I_2(g)=2/3NdI_3(l)$	-430830		107.56	1289-1777
$4/3Nd(s)+O_2(g)=2/3Nd_2O_3(s)$	-1201760		185.00	298-1289
$4/3Nd(l)+O_2(g)=2/3Nd_2O_3(s)$	-1208130		189.78	1289-2000
$4/3Nd(s)+S_2(g)=2/3Nd_2S_3(s)$	-876800		193.28	298-1289
$4/3Nd(l)+S_2(g)=2/3Nd_2S_3(s)$	-895780		208.05	1289-2000
$Ni(s)+Cl_2(g)=NiCl_2(s)$	-301710		146.36	298-1128
$1/4Ni(s)+CO(g)=1/4Ni(CO)_4(g)$	-39550		100.16	298-1728
$2Ni(s)+O_2(g)=2NiO(s)$	-468580		169.44	298-1728
$2Ni(l)+O_2(g)=2NiO(s)$	-494910		184.68	1728-2228
$NiO(s)+Fe_2O_3(s)=NiO\cdot Fe_2O_3(s)$	-17730		-5.33	855-1500
$2Ni(s)+S_2(g)=2NiS(s)$	-287480		153.91	670-850
$3Ni(s)+S_2(g)=Ni_3S_2(s)$	-277150		100.12	828-1079
$3Ni(s)+S_2(g)=Ni_3S_2(l)$	-241460		66.94	1079-1700
$NiO(s)+SO_3(g)=NiSO_4(s)$	-248070		198.82	900-1200
$3Ni(s)+Ti(s)=Ni_3Ti(s)$	-143140		-8.05	298-1653
$Ni(s)+Ti(s)=NiTi(s)$	-68040		11.33	298-1583
$1/2Ni(s)+Ti(s)=1/2NiTi_2(s)$	-42710		6.03	298-1257
$2P(s,\ red)=P_2(g)$	176900		-165.80	298-703

[부록 3] 표준 자유에너지 변화

반응식	ΔG^0/J= $A+BT\log T+CT$			온도범위 (K)
	A	B	C	
$2P(l, white)=P_2(g)$	140220		-124.17	317-552
$2/5P_2(g)+O_2(g)=1/5P_4O_{10}(g)$	-631620		201.20	552-1973
$Pb(l)+Cl_2(g)=PbCl_2(l)$	-324340		102.74	774-1223
$Pb(l)+Cl_2(g)=PbCl_2(g)$	-189480		-7.63	1223-2020
$2Pb(s)+O_2(g)=2PbO(s)$	-438340		198.17	298-601
$2Pb(l)+O_2(g)=2PbO(s)$	-439340		200.40	601-1159
$2Pb(l)+O_2(g)=2PbO(l)$	-368880		139.58	1159-1897
$2Pb(l)+S_2(g)=2PbS(s)$	-324220		174.76	601-1387
$2Pb(l)+S_2(g)=2PbS(l)$	-277040		140.65	1387-1587
$PbO(l)+SiO_2(s)=PbO\cdot SiO_2(l)$	-2930		-9.25	1159-1800
$5PbO(l)+SO_3(g)=PbSO_4\cdot 4PbO(s)$	-304890		128.45	800-1108
$3/2(PbSO_4\cdot 4PbO(s))+SO_3(g)$ $=5/2(PbSO_4\cdot 2PbO(s))$	-298650	-70.33	357.61	889-1168
$2(PbSO_4\cdot 2PbO(s))+SO_3(g)$ $=3(PbSO_4\cdot PbO(s))$	-367860	-70.33	435.47	889-1223
$PbSO_4\cdot PbO(s)+SO_3(g)=2PbSO_4(s)$	-309620	-70.33	407.52	800-1139
$2/3Pr(s)+Br_2(g)=2/3PrBr_3(s)$	-620590		154.56	298-966
$2/3Pr(s)+Br_2(g)=2/3PrBr_3(l)$	-482110		31.55	966-1204
$2/3Pr(l)+Br_2(g)=2/3PrBr_3(l)$	-577530		111.34	1204-1909
$2/3Pr(s)+Cl_2(g)=2/3PrCl_3(s)$	-699000		155.87	298-1059
$2/3Pr(s)+Cl_2(g)=2/3PrCl_3(l)$	-653090		112.33	1059-1204
$2/3Pr(l)+Cl_2(g)=2/3PrCl_3(l)$	-651240		111.18	1204-1982
$2/3Pr(s)+F_2(g)=2/3PrF_3(s)$	-1121250		158.74	298-1204
$2/3Pr(l)+F_2(g)=2/3PrF_3(s)$	-1114450		152.99	1204-1672
$2/3Pr(l)+F_2(g)=2/3PrF_3(l)$	-1057720		119.10	1672-2000
$2/3Pr(s)+I_2(g)=2/3PrI_3(s)$	-493610		144.49	298-1011
$2/3Pr(s)+I_2(g)=2/3PrI_3(l)$	-459880		111.14	1011-1204
$2/3Pr(l)+I_2(g)=2/3PrI_3(l)$	-454930		107.34	1204-1803
$4/3Pr(s)+O_2(g)=2/3Pr_2O_3(s)$	-1202730		190.22	298-1204
$4/3Pr(l)+O_2(g)=2/3Pr_2O_3(s)$	-1210970		197.12	1204-2000
$7/6Pr(s)+O_2(g)=1/6Pr_7O_{12}(s)$	-1108530		208.73	298-1184
$Pr(s)+O_2(g)=PrO_2(s)$	-972800		193.64	298-500

[부록 3] 표준 자유에너지 변화

반응식	ΔG^0/J= $A+BT\log T+CT$			온도범위 (K)
	A	B	C	
$Pr(s)+S_2(g)=2PrS(s)$	-1028810		210.46	298-1204
$Pr(l)+S_2(g)=2PrS(s)$	-1049700		227.72	1204-2000
$3/2Pr(s)+S_2(g)=1/2Pr_3S_4(s)$	-902700		202.45	298-1204
$3/2Pr(l)+S_2(g)=1/2Pr_3S_4(s)$	-917610		214.77	1204-2000
$Pt(s)+O_2(g)=PtO_2(s)$	168330		1.41	298-2000
$2S(l)=S_2(g)$	115350		-132.59	388-717
$2S(g)=S_2(g)$	-430790		119.85	298-2000
$3/2S_2(g)=S_3(g)$	-53750		72.21	298-1300
$2S_2(g)=S_4(g)$	-110210		142.63	400-2000
$3S_2(g)=S_6(g)$	-277600		311.58	298-1200
$4S_2(g)=S_8(g)$	-402300		451.44	298-1200
$S_2(g)+O_2(g)=2SO(g)$	-117180		-14.06	298-2000
$1/2S_2(g)+O_2(g)=SO_2(g)$	-361660		72.48	298-2000
$1/3S_2(g)+O_2(g)=2/3SO_3(g)$	-306080		108.96	298-2000
$2Sb(s)=Sb_2(g)$	226740		-151.99	298-904
$2Sb(l)=Sb_2(g)$	171570		-91.38	904-1858
$4/3Sb(s)+O_2(g)=2/3Sb_2O_3(s)$	-469720		177.50	298-904
$4/3Sb(s)+O_2(g)=1/3Sb_4O_6(g)$	-430150		144.50	928-1858
$4/3Sb(s)+O_2(g)=2/5Sb_2O_5(s)$	-397600		191.91	298-798
$4/3Sb(s)+S_2(g)=2/3Sb_2S_3(s)$	-262470		158.16	298-823
$4/3Sb(s)+S_2(g)=2/3Sb_2S_3(l)$	-219710		106.21	823-904
$4/3Sb(l)+S_2(g)=2/3Sb_2S_3(l)$	-243470		132.61	904-1273
$2/3Sc(s)+F_2(g)=2/3ScF_3(s)$	-1069530		148.80	298-1812
$2/3Sc(s)+Cl_2(g)=2/3ScCl_3(s)$	-608230		154.18	298-1240
$2/3Sc(s)+Br_2(g)=2/3ScBr_3(s)$	-500950		146.28	298-1202
$4/3Sc(s)+O_2(g)=2/3Sc_2O_3(s)$	-1270590		196.36	298-1812
$Se(s)+O_2(g)=SeO_2(s)$	-224870		179.94	298-493
$Se(l)+O_2(g)=SeO_2(s)$	-229470		189.15	493-601
$Se(l)+O_2(g)=SeO_2(g)$	-119810		6.49	601-957

[부록 3] 표준 자유에너지 변화

반응식	$\Delta G^0/J = A + BT\log T + CT$			온도범위 (K)
	A	B	C	
$1/2Si(s)+Cl_2(g)=1/2SiCl_4(g)$	-332800		67.23	330-1685
$3/2Si(s)+N_2(g)=1/2Si_3N_4(s)$	-373100		166.16	298-1685
$3/2Si(l)+N_2(g)=1/2Si_3N_4(s)$	-435760		203.12	1685-2146
$2Si(s)+O_2(g)=2SiO(g)$	-204060		-164.43	298-1685
$Si(s)+O_2(g)=SiO_2(s)$	-904180		172.37	298-1685
$Si(l)+O_2(g)=SiO_2(s)$	-943040		195.31	1685-2001
$2Si(s)+S_2(g)=2SiS(g)$	97600		-166.13	298-1685
$Si(l)+C(s)=SiC(s)$	-72760		7.04	298-1685
$2/3Sm(s)+Cl_2(g)=2/3SmCl_3(s)$	-680780		162.36	298-950
$2/3Sm(s)+Cl_2(g)=2/3SmCl_3(l)$	-640810		120.38	950-1345
$2/3Sm(s)+F_2(g)=2/3SmF_3(s)$	-1107180		159.30	298-1348
$2/3Sm(l)+F_2(g)=2/3SmF_3(s)$	-1098480		152.64	1345-1572
$2/3Sm(l)+F_2(g)=2/3SmF_3(l)$	-1066170		132.07	1572-2000
$4/3Sm(s)+O_2(g)=2/3Sm_2O_3(s)$	-1216100		195.47	298-1345
$4/3Sm(l)+O_2(g)=2/3Sm_2O_3(s)$	-1228520		204.70	1345-2000
$Sn(l)+Cl_2(g)=SnCl_2(l)$	-305770		97.80	520-885
$1/2Sn(l)+Cl_2(g)=1/2SnCl_4(g)$	-238520		71.63	505-2000
$Sn(l)+O_2(g)=SnO_2(s)$	-579810		204.09	505-2140
$2Sn(l)+O_2(g)=2SnO(l)$	-516390		154.16	1250-1500
$2Sn(l)+O_2(g)=2SnO(g)$	13170		-100.42	505-2000
$2Sn(l)+S_2(g)=2SnS(s)$	-353280		195.78	505-1153
$2Sn(l)+S_2(g)=2SnS(l)$	-273520		126.56	1153-1477
$2Sn(l)+S_2(g)=2SnS(g)$	46850		-90.51	1477-2000
$2Sr(s)+O_2(g)=2SrO(s)$	-1180730		196.47	298-1050
$2Sr(l)+O_2(g)=2SrO(s)$	-1190200		205.41	1050-1685
$SrO(s)+CO_2(g)=SrCO_3(s)$	-264960	-68.96	394.47	298-1513
$SrO(s)+H_2O(g)=Sr(OH)_2(g)$	-133250		143.34	298-783
$4/5Ta(s)+O_2(g)=2/5Ta_2O_5(s)$	-810480		164.49	298-2058
$2/3Tb(s)+Cl_2(g)=2/3TbCl_3(s)$	-660990		159.85	298-855

[부록 3] 표준 자유에너지 변화

반응식	ΔG^0/J= $A+BT\log T+CT$			온도범위
	A	B	C	(K)
$2/3Tb(s)+Cl_2(g)=2/3TbCl_3(l)$	-617760		109.50	855-1630
$2/3Tb(s)+F_2(g)=2/3TbF_3(s)$	-1132200		158.70	298-1450
$2/3Tb(s)+F_2(g)=2/3TbF_3(l)$	-1071330		116.24	1450-1630
$2/3Tb(l)+F_2(g)=2/3TbF_3(l)$	-1082590		123.31	1630-2000
$2/3Tb(s)+I_2(g)=2/3TbI_3(s)$	-462180		144.48	298-1228
$2/3Tb(s)+I_2(g)=2/3TbI_3(l)$	-405270		98.02	1228-1625
$4/3Tb(s)+O_2(g)=2/3Tb_2O_3(s)$	-1237600		183.90	298-1630
$7/6Tb(s)+O_2(g)=1/6Tb_7O_{12}(s)$	-1099200		177.19	298-1385
$Te(l)+O_2(g)=TeO_2(s)$	-335480		194.58	723-1006
$Te(l)+O_2(g)=TeO_2(l)$	-301040		160.46	1006-1267
$1/2Th(s)+F_2(g)=1/2ThF_4(s)$	-1043550		146.24	298-1383
$Th(s)+O_2(g)=ThO_2(s)$	-1220540		180.67	298-2023
$1/2Ti(s)+Cl_2(g)=1/2TiCl_4(g)$	-381050		59.80	409-1939
$2Ti(s)+O_2(g)=2TiO(s)$	-1100130	-60.03	387.26	600-1939
$4/3Ti(s)+O_2(g)=2/3Ti_2O_3(s)$	-993860		166.20	298-1939
$6/5Ti(s)+O_2(g)=2/5Ti_3O_5(s)$	-967300		162.94	298-1939
$Ti(s)+O_2(g)=TiO_2(s)$	-936550		173.33	298-1939
$2Ti(\alpha)+N_2(g)=2TiN(s)$	-673320		186.84	298-1166
$2Ti(\beta)+N_2(g)=2TiN(s)$	-669070		183.14	1166-1939
$Ti(\alpha)+C(s)=2TiC(s)$	-183850		10.26	298-1166
$Ti(\beta)+C(s)=2TiC(s)$	-186670		12.64	1166-2000
$1/2U(s)+F_2(g)=1/2UF_4(s)$	-1594760	-1904.66	6566.56	298-1309
$1/2U(l)+F_2(g)=1/2UF_4(l)$	-915720		113.59	1405-1730
$1/3U(s)+F_2(g)=1/3UF_6(g)$	-714760		90.95	329-1405
$2U(s)+N_2(g)=2UN(s)$	-561410	52.85	-17.23	298-1405
$U(s)+O_2(g)=UO_2(s)$	-1081240		169.75	298-1405
$U(l)+O_2(g)=UO_2(s)$	-1084060		171.86	1405-3115
$3/4U(s)+O_2(g)=1/4U_3O_8(s)$	-891100		163.55	298-1405
$2/3U(s)+O_2(g)=2/3UO_3(s)$	-816300		168.34	298-1050
$U(s)+C(s)=UC(s)$	-96630		-8.00	298-1405
$U(l)+C(s)=UC(s)$	-111930		2.87	1405-2000

[부록 3] 표준 자유에너지 변화

반응식	ΔG^0/J= $A+BT\log T+CT$			온도범위 (K)
	A	B	C	
$4/3V(s)+O_2(g)=2/3V_2O_3(s)$	-800190		164.60	298-2190
$4/5V(s)+O_2(g)=2/5V_2O_5(s)$	-618730		171.60	298-943
$4/5V(s)+O_2(g)=2/5V_2O_5(l)$	-581050		131.84	943-1290
$W(s)+O_2(g)=WO_2(s)$	-583790		174.78	298-1803
$2/3W(s)+O_2(g)=2/3WO_3(s)$	-555270		162.24	298-1745
$W(s)+C(s)=WC(s)$	-39100		0.33	298-2000
$2/3Y(s)+Cl_2(g)=2/3YCl_3(s)$	-663260		150.22	298-994
$2/3Y(s)+Cl_2(g)=2/3YCl_3(l)$	-623300		110.31	994-1757
$2/3Y(s)+F_2(g)=2/3YF_3(s)$	-1139790		151.71	298-1428
$2/3Y(s)+F_2(g)=2/3YF_3(l)$	-1078310		108.11	1428-1799
$2/3Y(s)+I_2(g)=2/3YI_3(s)$	-469060		140.72	298-1273
$2/3Y(s)+I_2(g)=2/3YI_3(l)$	-415400		98.08	1273-1580
$4/3Y(s)+O_2(g)=2/3Y_2O_3(s)$	-1265920		188.20	298-1799
$Zn(l)+Cl_2(g)=ZnCl_2(l)$	-399740		124.71	693-1004
$Zn(g)+Cl_2(g)=ZnCl_2(g)$	-394070		102.03	1179-2000
$Zn(g)+F_2(g)=ZnF_2(l)$	-811530		210.10	1223-1776
$2Zn(l)+O_2(g)=2ZnO(s)$	-712540		215.91	693-1179
$2Zn(g)+O_2(g)=2ZnO(s)$	-929500		399.96	1179-2243
$2Zn(l)+S_2(g)=2ZnS(s)$	-548500		207.68	693-1179
$2Zn(g)+S_2(g)=2ZnS(s)$	-745870		375.25	1179-1907
$ZnO(s)+CO_2(g)=ZnCO_3(s)$	-73620		174.50	298-422
$2ZnO(s)+SiO_2(s)=Zn_2SiO_4(s)$	-36540		2.43	298-1300
$3/2ZnO(s)+SO_3(g)$ $=1/2(ZnO\cdot 2ZnSO_4(s))$	-239280	-31.80	274.60	800-1200
$ZnO\cdot 2ZnSO_4(s)+SO_3(g)=3ZnSO_4(\alpha)$	-224810		189.16	800-1007
$ZnO\cdot 2ZnSO_4(s)+SO_3(g)=3ZnSO_4(\beta)$	-164350		129.16	1007-1200
$1/2Zr(s)+Cl_2(g)=1/2ZrCl_4(g)$	-435950		58.11	609-2000
$Zr(s)+O_2(g)=ZrO_2(s)$	-1090960		180.14	298-2125

[부록 4] 298.15 K, 101.325 kPa (1 atm)에서 수용액의 표준전극전위

Reaction	$E°/V$	Reaction	$E°/V$
$Ag^+ + e = Ag$	0.7996	$Cr^{2+} + 2e = Cr$	-0.913
$Ag^{2+} + e = Ag^+$	1.980	$Cs^+ + e = Cs$	-3.026
$Ag^{3+} + 2e = Ag^+$	1.9	$Cu^+ + e = Cu$	0.521
$Ag^{3+} + e = Ag^{2+}$	1.8	$Cu^{2+} + 2e = Cu$	0.3419
$AgBr + e = Ag + Br^-$	0.07133	$Cu^{2+} + 2CN^- + e = [Cu(CN)_2]^-$	1.103
$AgCl + e = Ag + Cl^-$	0.22233	$CuI_2^- + e = Cu + 2I^-$	0.00
$AgCN + e = Ag + CN^-$	-0.017	$Cu(OH)_2 + 2e = Cu + 2OH^-$	-0.222
$AgNO_2 + e = Ag + 2NO_2^-$	0.564	$2Cu(OH)_2 + 2e = Cu_2O + 2OH^- + H_2O$	-0.080
$Ag_2SO_4 + 2e = 2Ag + SO_4^{2-}$	0.654	$Dy^{2+} + 2e = Dy$	-2.2
$Al^{3+} + 3e = Al$	-1.676	$Dy^{3+} + 3e = Dy$	-2.295
$Al(OH)_3 + 3e = Al + 3OH^-$	-2.30	$Dy^{3+} + e = Dy^{2+}$	-2.6
$AlF_6^{3-} + 3e = Al + 6F^-$	-2.069	$Er^{2+} + 2e = Er$	-2.0
$As + 3H^+ + 3e = AsH_3$	-0.608	$Er^{3+} + 3e = Er$	-2.331
$Au^+ + e = Au$	1.692	$Er^{3+} + e = Er^{2+}$	-3.0
$Au^{3+} + 2e = Au^+$	1.401	$Eu^{2+} + 2e = Es$	-2.812
$Au^{3+} + 3e = Au$	1.498	$Eu^{3+} + 3e = Eu$	-1.991
$Au^{2+} + e = Au^+$	1.8	$Eu^{3+} + e = Eu^{2+}$	-0.36
$AuOH^{2+} + H^+ + 2e = Au^+ + H_2O$	1.32	$F_2 + 2H^+ + 2e = 2HF$	3.053
$AuCl_4^- + 3e = Au + 4Cl^-$	1.002	$F_2 + 2e = 2F^-$	2.866
$Au(OH)_3 + 3H^+ + 3e = Au + 3H_2O$	1.45	$Fe^{2+} + 2e = Fe$	-0.447
$Bi^+ + e = Bi$	0.5	$Fe^{3+} + 3e = Fe$	-0.037
$(CN)_2 + 2H^+ + 2e = 2HCN$	0.373	$Fe^{3+} + e = Fe^{2+}$	0.771
$2HCNO + 2H^+ + 2e = (CN)_2 + 2H_2O$	0.330	$Ga^{3+} + 3e = Ga$	-0.549
$CO_2 + 2H^+ + 2e = HCOOH$	-0.199	$Ga^+ + e = Ga$	-0.2
$Ca^+ + e = Ca$	-3.80	$Gd^{3+} + 3e = Gd$	-2.279
$Ca^{2+} + 2e = Ca$	-2.868	$Ge^{2+} + 2e = Ge$	0.24
$Ca(OH)_2 + 2e = Ca + 2OH^-$	-3.02	$Ge^{4+} + 4e = Ge$	0.124
$Cd^{2+} + 2e = Cd$	-0.4030	$2H^+ + 2e = H_2$	0.00000
$Ce^{3+} + 3e = Ce$	-2.336	$H_2 + 2e = 2H^-$	-2.23
$CeOH^{3+} + H^+ + e = Ce^{3+} + H_2O$	1.715	$2H_2O + 2e = H_2 + 2OH^-$	-0.8277
$Cl_2(g) + 2e = 2Cl^-$	1.3583	$H_2O_2 + 2H^+ + 2e = 2H_2O$	1.776
$Co^{2+} + 2e = Co$	-0.28	$Hf^{4+} + 4e = Hf$	-1.55
$Co^{3+} + e = Co^{2+}$	1.92	$HfO_2 + 4H^+ + 4e = Hf + 2H_2O$	-1.505
$[Co(NH_3)_6]^{3+} + e = [Co(NH_3)_6]^{2+}$	0.108	$HfO(OH)_2 + H_{2O} + 4e = Hf + 4OH^-$	-2.50
$Co(OH)_2 + 2e = Co + 2OH^-$	-0.73	$Hg^{2+} + 2e = Hg$	0.851
$Co(OH)_3 + e = Co(OH)_2 + OH^-$	0.17	$Ho^{2+} + 2e = Ho$	-2.1

[부록 4] 298.15 K, 101.325 kPa (1 atm)에서 수용액의 표준전극전위

Reaction	$E°/V$	Reaction	$E°/V$
$Ho^{3+} + 3e = Ho$	-2.33	$O(g) + 2H^+ + 2e = H_2O$	2.421
$Ho^{3+} + e = Ho^{2+}$	-2.8	$O_2 + H_2O + 2e = OH_2^- + OH^-$	-0.076
$I_2 + 2e = 2I^-$	0.5355	$Pb^{2+} + 2e = Pb$	-0.1262
$In^+ + e = In$	-0.14	$PbCl_2 + 2e = Pb + 2Cl^-$	-0.2675
$Ir^{3+} + 3e = Ir$	1.156	$PbO_2 + 4H^+ + 2e = Pb^{2+} + 2H_2O$	1.455
$Ir_2O_3 + 3H_2O + 6e = 2Ir + 6OH^-$	0.098	$PbSO_4 + 2e = Pb + SO_4^{2-}$	0.3588
$K^+ + e = K$	-2.931	$Pd^{2+} + 2e = Pd$	0.951
$La^{3+} + 3e = La$	-2.397	$[PdCl_4]^{2-} + 2e = Pd + 4Cl^-$	0.591
$La(OH)_3 + 3e = La + 3OH^-$	-2.90	$Pd(OH)_2 + 2e = Pd + 2OH^-$	0.07
$Li^+ + e = Li$	-3.0401	$Pr^{2+} + 2e = Pr$	-2.0
$Mg^+ + e = Mg$	-2.70	$Pr^{3+} + 3e = Pr$	-2.353
$Mg^{2+} + 2e = Mg$	-2.372	$Pr^{4+} + e = Pr^{3+}$	3.2
$Mg(OH)_2 + 2e = Mg + 2OH^-$	-2.690	$Pt^{2+} + 2e = Pt$	1.18
$Mn^{2+} + 2e = Mn$	-1.185	$[PtCl_4]^{2-} + 2e = Pt + 4Cl^-$	0.755
$Mn^{3+} + e = Mn^{2+}$	1.5415	$[PtCl_6]^{2-} + 2e = [PtCl_4]^{2-} + 2Cl^-$	0.68
$Mn(OH)_2 + 2e = Mn + 2OH^-$	-1.56	$Pt(OH)_2 + 2e = Pt + 2OH^-$	0.14
$Mn(OH)_3 + e = Mn(OH)_2 + OH^-$	0.15	$Re^{3+} + 3e = Re$	0.300
$Mo^{3+} + 3e = Mo$	-0.200	$Rh^+ + e = Rh$	0.600
$MoO_2 + 4H^+ + 4e = Mo + 4H_2O$	-0.152	$Rh^{3+} + 3e = Rh$	0.758
$MoO_3 + 6H^+ + 6e = Mo + 3H_2O$	0.075	$[RhCl_6]^{3-} + 3e = Rh + 6Cl^-$	0.431
$3N_2 + 2H^+ + 2e = 2HN_3$	-3.09	$Ru^{2+} + 2e = Ru$	0.455
$N_2 + 2H_2O + 6H^+ + 6e = 2NH_4OH$	0.097	$Ru^{3+} + e = Ru^{2+}$	0.2487
$HNO_2 + H^+ + e = NO + H_2O$	0.983	$RuO_2 + 4H^+ + 2e = Ru^{2+} + 2H_2O$	1.120
$Na^+ + e = Na$	-2.71	$S + 2e = S^{2-}$	-0.4763
$Nb^{3+} + 3e = Nb$	-1.099	$S + 2H^+ + 2e = H_2S(aq)$	0.142
$Nb_2O_5 + 10H^+ + 10e = 2Nb + 5H_2O$	-0.644	$Sb + 3H^+ + 3e = SbH_3$	-0.510
$Nd^{3+} + 3e = Nd$	-2.323	$Sb_2O_3 + 6H^+ + 6e = 2Sb + 3H_2O$	0.152
$Nd^{2+} + 2e = Nd$	-2.1	$Sc^{3+} + 3e = Sc$	-0.2077
$Nd^{3+} + e = Nd^{2+}$	-2.7	$Se + 2e = Se^{2-}$	-0.670
$Ni^{2+} + 2e = Ni$	-0.257	$Se + 2H^+ + 2e = H_2Se(aq)$	-0.399
$Ni(OH)_2 + 2e = Ni + 2OH^-$	-0.72	$Se + 2H^+ + 2e = H_2Se$	-0.082
$NiO_2 + 4H^+ + 2e = Ni2^+ + 2H_2O$	1.678	$SeO_4^{2-} + H_2O + 2e = SeO_3^{2-} + 2OH^-$	0.05
$\ni O_2 + 2H_2O + 2e = \ni(OH)_2 + 2OH^-$	-0.490	$SiF_6^{2-} + 4e = Si + 6F^-$	-1.24
$O_2 + 2H^+ + 2e = H_2O_2$	0.695	$SiO_2(qtz) + 4H^+ + 4e = Si + 2H_2O$	0.857
$O_2 + 4H^+ + 4e = 2H_2O$	1.229	$SiO + 2H^+ + 2e = Si + H_2O$	-0.8

[부록 4] 298.15 K, 101.325 kPa (1 atm)에서 수용액의 표준전극전위

Reaction	$E°/V$	Reaction	$E°/V$
$Sm^{2+} + 2e = Sm$	-2.68	$TiOH^{3+} + H^+ + e = Ti^{3+} + H_2O$	-0.055
$Sm^{3+} + 3e = Sm$	-2.304	$Tl^+ + e = Tl$	-0.336
$Sm^{3+} + e = Sm^{2+}$	-1.55	$Tl^{3+} + 3e = Tl$	0.741
$Sn^{2+} + 2e = Sn$	-0.1375	$Tm^{2+} + 2e = Tm$	-2.4
$Sn^{4+} + 2e = Sn^{2+}$	0.151	$Tm^{3+} + 3e = Tm$	-2.319
$Sn(OH)_{3+} + 3H^+ + 2e = Sn^{2+} + 3H_2O$	0.142	$Tm^{3+} + e = Tm^{2+}$	-2.2
$SnO_2 + 4H^+ + 2e = Sn^{2+} + 2H_2O$	-0.094	$U^{3+} + 3e = U$	-1.66
$SnO_2 + 3H^+ + 2e = SnOH^+ + H_2O$	-0.194	$U^{4+} + e = U^{3+}$	-0.52
$Sr^+ + e = Sr$	-4.10	$V^{2+} + 2e = V$	-1.175
$Sr^{2+} + 2e = Sr$	-2.899	$V^{3+} + e = V^{2+}$	-0.255
$Sr(OH)_2 + 2e = Sr + 2OH^-$	-2.88	$V_2O_5 + 6H^+ + 2e = 2VO^{2+} + 3H_2O$	0.957
$Ta^{3+} + 3e = Ta$	-0.6	$V(OH)_4^+ + 2H^+ + e = VO^{2+} + 3H_2O$	1.00
$Ta_2O_5 + 10H^+ + 10e = 2Ta + 5H_2O$	-0.750	$W^{3+} + 3e = W$	0.1
$Tb^{3+} + 3e = Tb$	-2.28	$WO_2 + 4H^+ + 4e = W + 2H_2O$	-0.119
$Tb^{4+} + e = Tb^{3+}$	3.1	$WO_3 + 6H^+ + 6e = W + 3H_2O$	-0.090
$Te^{4+} + 4e = Te$	0.568	$WO_3 + 2H^+ + 2e = WO_2 + H_2O$	0.036
$Te + 2e = Te^{2-}$	-1.143	$Y^{3+} + 3e = Y$	-2.372
$Te + 2H^+ + 2e = H_2Te$	-0.793	$Yb^{2+} + 2e = Yb$	-2.76
$TeO_2 + 4H^+ + 4e = Te + 2H_2O$	0.593	$Yb^{3+} + 3e = Yb$	-2.19
$Th^{4+} + 4e = Th$	-1.899	$Yb^{3+} + e = Yb^{2+}$	-1.05
$ThO_2 + 4H^+ + 4e = Th + 2H_2O$	-1.789	$Zn^{2+} + 2e = Zn$	-0.7618
$Th(OH)_4 + 4e = Th + 4OH^-$	-2.78	$ZnO + H_2O + 2e = Zn + 2OH^-$	-1.260
$Ti^{2+} + 2e = Ti$	-1.628	$Zn(OH)_2 + 2e = Zn + 2OH^-$	-1.249
$Ti^{3+} + 3e = Ti$	-1.209	$Zr^{4+} + 4e = Zr$	-1.45
$Ti^{3+} + e = Ti^{2+}$	-0.369	$ZrO_2 + 4H^+ + 4e = Zr + 2H_2O$	-1.553
$TiO_2 + 4H^+ + 2e = Ti^{2+} + 2H_2O$	-0.502	$ZrO(OH)_2 + H_2O + 4e = Zr + 4OH^-$	-2.36

* CRC Handbook of Chemistry and Physics, 95th Ed.

[부록 5] 수용액계에서의 열역학 Data

화 학 식	상태	$\Delta G^0_{298\,K}$ (kJ/mol)	$\Delta H^0_{298\,K}$ (kJ/mol)	$S^0_{298\,K}$ (J/(mol · K))
H^+	aq	0	0	0
H_2	g	0	0	130.574
O_2	g	0	0	205.028
H_2O	l	-237.178	-285.830	69.91
OH^-	aq	-157.298	-229.994	-10.75
Al	c	0	0	28.32
Al^{3+}	aq	-485.0	-531.0	-321.7
$Al(OH)_3$	c	-1138	-1276	(71)
$Al_2O_3 \cdot H_2O$(boehmite)	c	-1825.5	-1974.8	96.86
$Al_2O_3 \cdot H_2O$(diaspore)	c	-1841	-2000	70.54
$Al_2O_3 \cdot 3H_2O$(gibbsite)	c	-2287.4	-2562.7	140.21
$H_2AlO_3^-$	aq	-1067.7	—	—
AlO_2^-	aq	-823.4	-918.8	-21
$Al(OH)_4^-$	aq	-1297.9	-1490.3	117
Ag	c	0	0	42.70
Ag^+	aq	77.124	105.579	72.68
Ag_2O	c	-11.21	-31.05	121.3
$Ag_2S(\alpha)$	c	-40.67	-32.59	144.01
AgCl	c	-109.805	-127.068	96.2
AgCN	c	156.9	146.0	107.19
$Ag(CN)_2^-$	aq	305.4	270.3	192
$Ag(NH_3)_2^+$	aq	-17.24	-111.29	245.2
Au	c	0	0	47.7
Au^{+*}	aq	163.2	—	—
Au^{3+}	aq	433.5	—	—
$Au(CN)_2^-$	aq	285.8	242.3	172
$AuCl_4^-$	aq	-235.1	-325.5	61
CO_2	g	-394.383	-393.51	213.639
HCO_3^-	aq	-587.06	-691.11	94.9
H_2CO_3	aq	-623.42	-698.7	191.11
CO_3^{2-}	aq	-528.10	-676.26	-53.1
$CH3COO^-$	aq	-372.46	-488.87	—
CH_3COOH	aq	-95.51	-488.45	—

[부록 5] 수용액계에서의 열역학 Data

화 학 식	상태	$\Delta G^0_{298\,K}$ (kJ/mol)	$\Delta H^0_{298\,K}$ (kJ/mol)	$S^0_{298\,K}$ (J/(mol · K))
Ca	c	0	0	41.6
Ca^{2+}	aq	-553.54	-542.83	-53.1
$Ca(OH)_2$	c	-898.56	-986.08	83.39
CaO	c	-604.04	-635.09	39.75
CaS	c	-477.4	-482.4	56.5
Cd	c	0	0	55.6
Cd^{2+}	aq	-77.580	-75.90	-73.2
$Cd(OH)_2$	c	-473.6	-560.7	96
$HCdO_2^-$	aq	-361.9	—	—
CdO	c	-228.4	-258.2	54.8
CdS	c	-156.5	-161.9	64.9
Cl_2	g	0	0	222.95
Cl^-	aq	-131.168	-167.456	55.2
Co	c	0	0	28.5
Co^{2+}	aq	-54.4	-58.2	-113
Co^{3+}	aq	120.9	—	
$Co(OH)_2$	c	-454.4	-539.7	79
$HCoO_2^-$	aq	-347.1	—	
$Co(OH)_3$	c	-596.6	-730.5	(84)
CoO	c	-214.22	-237.94	52.97
CoS^*	c	-82.8	-80.8	67.4
HCN	aq	119.7	—	—
CN^-	aq	172.4	150.6	94.1
Cr	c	0	0	23.8
Cr^{2+}	aq	-175.8	—	—
$Cr(OH)_2$	c	-587.8	—	—
Cr^{3+}	aq	-215.5	—	-307.5
$Cr(OH)_2^{2+}$	aq	-431.0	-474.9	-68.6
$Cr(OH)_3$	c	-900.8	-1033.8	80.3
H_2CrO_4	aq	-777.9	—	—
$HCrO_4^-$	aq	-773.6	-921.3	69.0
CrO_4^{2-}	aq	-736.8	-894.3	38.5
CrO_2^-	aq	-535.6	—	—

[부록 5] 수용액계에서의 열역학 Data

화 학 식	상태	$\Delta G^0_{298\,K}$ (kJ/mol)	$\Delta H^0_{298\,K}$ (kJ/mol)	$S^0_{298\,K}$ (J/(mol · K))
$Cr_2O_7^{2-}$	aq	-1319.6	-1522.9	213.8
Cr_2O_3	c	-1046.8	-1128.4	81.2
Cu	c	0	0	33.3
Cu^+	aq	50.00	71.67	40.6
Cu^{2+}	aq	65.52	64.77	-99.6
$Cu(OH)_2$	c	-356.9	-443.9	(79)
$HCuO_2^-$	aq	-257.0	—	—
CuO_2^{2-}	aq	-182.0	—	—
Cu_2O	c	-146.0	-168.6	93.14
CuO	c	-129.7	-157.3	42.64
Cu_2S	c	-86.2	-79.5	120.9
CuS	c	-53.6	-53.1	66.5
$CuSO_4$	c	-661.9	-771.36	109
$CuFeS_2$	c	-190.58	-190.4	124.98
$Cu(NH_3)_2^{2+}$	aq	-65.3	-151.0	263.6
$Cu(NH_3)_4^{2+}$	aq	-111.29	-348.5	273.6
Fe	c	0	0	14.6
Fe^{2+}	aq	-78.87	-89.1	-137.7
$Fe(OH)_2$	c	-486.6	-569.0	88
$HFeO_2^-$	aq	-379.2	—	—
Fe^{3+}	aq	-4.6	-48.5	-315.9
$FeOH^{2+}$	aq	-233.9	-282.0	-97.1
$Fe(OH)_3$	c	-696.6	-823.0	106.7
Fe_2O_3	c	-742.2	-824.2	87.40
Fe_3O_4	c	-1015.5	-1118.4	146.4
FeS	c	-100.4	-100.0	60.29
FeS_2	c	-166.9	-178.2	52.93
Fe_7S_8	c	-748.5	-736.4	485.8
Mg	c	0	0	32.5
Mg^{2+}	aq	-454.8	-466.85	-138.1
$Mg(OH)_2$	c	-833.58	-924.54	63.18
MnO(periclase)	c	-569.44	-601.70	26.94
MnS	c	-341.8	-346.0	50.33
Mn	c	0	0	31.8
Mn^{2+}	aq	-228.0	-220.75	-73.6

[부록 5] 수용액계에서의 열역학 Data

화 학 식	상태	$\Delta G^0_{298\,K}$ (kJ/mol)	$\Delta H^0_{298\,K}$ (kJ/mol)	$S^0_{298\,K}$ (J/(mol · K))
$Mn(OH)_2$	c	-615.0	-695.4	99.2
$HMnO_2^-$	aq	-505.8	—	—
MnO_4^{2-}	aq	-503.8	—	—
MnO_4^-	aq	-449.4	-542.7	190.0
MnS	c	-218.4	-214.2	78.2
MnO_2	c	-465.18	-520.03	53.05
NH_3	aq	-26.57	-80.29	111.3
NH_4^+	aq	-79.37	-132.51	113.4
Ni	c	0	0	30.1
Ni^{2+}	aq	-45.6	-54.0	-128.9
$Ni(OH)_2$	c	-447.3	-529.7	88
$HNiO_2^-$	aq	-349.2	—	—
$Ni(OH)_3$	c	-541.8	-678.2	(81.6)
NiO	c	-211.7	-239.7	37.99
NiS	c	-79.5	-82.0	52.97
Ni_3O_2	c	-197.1	-202.9	133.9
$Ni(NH_3)_6^{2+}$	aq	-250.1	-630.1	394.6
Pb	c	0	0	64.9
Pb^{2+}	aq	-24.39	-1.7	10.46
$Pb(OH)_2$	c	-452.3	-515.9	—
$HPbO_2^-$	aq	-338.82	—	—
PbO(yellow)	c	-187.90	-217.32	68.7
PbO(red)	c	-188.95	-218.99	66.5
PbS	c	-98.7	-100.4	91.2
$PbSO_4$	c	-813.20	-919.94	148.57
PbO_2	c	-217.36	-277.4	68.6
H_2S	g	-33.56	-20.63	205.69
H_2S	aq	-27.86	-39.7	121
HS^-	aq	-12.05	-17.6	62.8
S^{2-}	aq	85.8	33.1	-14.6
SO_4^{2-}	aq	-744.63	-909.27	20.1
HSO_4^-	aq	-756.01	-887.34	131.8
SO_2	aq	-300.70	-322.980	161.9
HSO_3^-	aq	-527.81	-626.22	139.7

[부록 5] 수용액계에서의 열역학 Data

화 학 식	상태	$\Delta G^0_{298\,K}$ (kJ/mol)	$\Delta H^0_{298\,K}$ (kJ/mol)	$S^0_{298\,K}$ (J/(mol · K))
SO_3^{2-}	aq	-486.6	-635.5	-29
Sn	c	0	0	51.5
Sn^{2+}(aq HCl)	aq	-27.2	-8.8	-17
Sn^{4+}(aq HCl)	aq	2.5	30.5	-117
$Sn(OH)_2$	c	-491.6	-561.1	155
$HSnO_2^-$	aq	-410	—	—
$Sn(OH)_6^{2-}$	aq	-1299	—	—
SnO	c	-256.9	-285.8	56.5
SnO_2	c	-519.7	-580.7	52.3
SnS	c	-98.3	-100	77
U	c	0	0	50.32
U^{3+}	aq	-520.37	-514.51	-125
U^{4+}	aq	-578.93	-613.45	-327
UO_2	c	-1031.5	—	—
UO_2^+	aq	-993.88	-1034.9	50
UO_2^{2+}	aq	-988.86	-1047.4	-71
UO_3	c	-1141.9	—	—
$UO_3 \cdot H_2O$	c	-1434.77	-1570.30	138
$U(OH)^{3+}$	aq	-809.41	-853.14	-125
$U(OH)_3$	c	-1100.97	—	—
$U(OH)_4$	c	-1470.74	—	—
UO_2SO_4	c	-1730.51	-1954.72	-54
$UO_2(CO_3)_3^{4-}$	aq	-2677.12	—	—
$UO_2(CO_3)_2(H_2O)_2^{2-}$	aq	-2601.83	—	—
UO_2CO_3	c	-1576.99	—	—
$UO_2(OH)_2 \cdot H_2O$	c	-1827.97	—	—
Zn	c	0	0	41.6
Zn^{2+}	aq	-147.03	-153.89	-112.1
$Zn(OH)_2$	c	-553.58	-641.91	81.2
$HZnO_2^-$	aq	-464.0	—	—
ZnO_2^{2-}	aq	-389.2	—	—
ZnO	c	-318.32	-348.28	43.64
ZnS(sphalerite)	c	-201.29	-205.98	57.7
$ZnSO_4$	c	-874.5	-982.8	119.7
$Zn(NH_3)_4^{2+}$	aq	-307.5	—	—

[부록 6] SI Units*

Table 1. SI base units

Base quantity	SI base unit	
	Name	Symbol
length	meter	m
mass	kilogram	kg
time	second	s
electric current	ampere	A
thermodynamic temperature	kelvin	K
amount of substance	mole	mol
luminous intensity	candela	cd

Table 2. Examples of SI derived units expressed in terms of SI base units

Derived quantity	SI base unit	
	Name	Symbol
area	square meter	m^2
volume	cubic meter	m^3
speed, velocity	meter per second	m/s
acceleration	meter per second squared	m/s^2
wave number	reciprocal meter	m^{-1}
mass density (density)	kilogram per cubic meter	kg/m^3
specific volume	cubic meter per kilogram	m^3/kg
current density	ampere per square meter	A/m^2
magnetic field strength	ampere per meter	A/m
amount-of-substance concentration (concentration)	mole per cubic meter	mol/m^3
luminance	candela per square meter	cd/m^2

* Barry N. Taylor : "Guide for the Use of the International System of Units(SI)", NIST Special Publication 811, 1995 Edition.

[부록 6] SI Units

Table 3. Value of selected physical constants

상 수	기호	값	단위
Faraday 상수	F	9.6485309×10^4	$C \cdot mol^{-1}$
Avogadro 수	N_A	6.0221367×10^{23}	mol^{-1}
기체상수	R	8.3145101	$J \cdot K^{-1} \cdot mol^{-1}$
기체상수	R	1.9872	$cal \cdot K^{-1} \cdot mol^{-1}$
기체상수	R	0.0820578	$L \cdot atm \cdot K^{-1} \cdot mol^{-1}$
Boltzmann 상수	k_B	1.380658×10^{-23}	$J \cdot K^{-1}$
중력가속도	g	980.665	$cm \cdot s^{-2}$
표준상태의 이상기체부피	-	22.41409	$L \cdot mol^{-1}$
Planck 상수	h	$6.6260755 \times 10^{-34}$	$J \cdot s$

Table 4. SI prefixes

Fraction	Prefix	Symbol	Fraction	Prefix	Symbol
10^{-1}	deci	d	10	deca	da
10^{-2}	centi	e	10^2	hecto	h
10^{-3}	milli	m	10^3	kilo	k
10^{-6}	micro	μ	10^6	mega	M
10^{-9}	nano	n	10^9	giga	G
10^{-12}	pico	p	10^{12}	tera	T
10^{-15}	femto	f	10^{15}	peta	P
10^{-18}	atto	a	10^{18}	exa	E

[부록 6] SI Units

Table 5. Conversion table for units

Units	Symbol	Value
Length		
meter(SI unit)	m	
centimeter	cm	$=10^{-2}$ m
angstrom	A	$=10^{-10}$ m
micron	μ	$=10^{-6}$ m
Volume		
cubic meter(SI unit)	m^3	
liter	L	$=dm^3=10^{-3}$ m^3
Mass		
kilogram(SI unit)	kg	
gram	g	$=10^{-3}$ kg
Energy		
joule(SI unit)	J	
erg	erg	$=10^{-7}$ J
rydberg	Ry	$=2.17987\times10^{-18}$ J
electron volt	eV	$=1.60218\times10^{-19}$ J
inverse centimeter	cm^{-1}	$=1.98645\times10^{-23}$ J
calorie(thermochemical)	cal	=4.184 J
liter atmosphere	1 atm	=101.325 J
Pressure		
pascal(SI unit)	Pa	
atmosphere	atm	=101325 Pa
bar	bar	$=10^5$ Pa
torr	Torr	=133.322 Pa
pounds pre square inch	psi	$=6.894757\times10^3$ Pa
Power		
watt(SI unit)	W	
horsepower	hp	=745.7 W
Angle		
radian(SI unit)	rad	
degree	o	$=\frac{2\pi}{360}\text{rad}=\left(\frac{1}{57.29578}\right)\text{rad}$